Python 全栈测试开发

视频案例版

吴泽木 著

· 北京 ·

内 容 提 要

《Python 全栈测试开发（视频案例版）》从 Python 实战实例讲起，逐步深入到以 Python 语言为基础的三大主流自动化测试领域：Web 自动化测试、APP 自动化测试以及接口自动化测试，重点介绍了使用 Python+Selenium3+Unittest 进行 Web 自动化测试、使用 Python+Appium 进行 APP 自动化测试和使用 Python+Requests+Pytest+Allure 实现接口自动化测试，并在最后辅以项目实战案例，让读者不但可以系统地学习各个类型自动化所对应 API 的相关知识，而且能对自动化底层框架开发有更为深入的理解和应用。

全书分为 15 章，涵盖的主要内容有 Python 实战实例、自动化测试基础、自动化框架 Selenium 剖析、自动化测试框架 unittest 设计及实现、Selenium Grid、移动端稳定性实战、移动端自动化测试框架、接口测试理论、Postman+Newman 实现接口自动化、接口从设计到开发全过程、Python+Requests 实现接口测试、主流测试框架 pytest+Allure 报告生成、Jenkins+Git 持续集成、Web 自动化项目实战（CRM 系统）和接口自动化项目实战（DSMALL 商城）。

本书系统完整，结构清楚，语言通俗易懂，案例丰富，实用性强，特别适合自动化测试入门读者和进阶读者阅读，也适合白盒测试工程师、Java 自动化测试工程师等其他编程爱好者阅读。另外，本书也适合作为相关培训机构的教材使用。

图书在版编目（CIP）数据

Python 全栈测试开发：视频案例版 / 吴泽木著.
-- 北京 ：中国水利水电出版社，2021.11 (2022.9重印)
ISBN 978-7-5170-9804-1

Ⅰ. ①P… Ⅱ. ①吴… Ⅲ. ①软件工具－程序设计
Ⅳ. ①TP311.561

中国版本图书馆 CIP 数据核字(2021)第 151851 号

书　　名	Python 全栈测试开发（视频案例版） Python QUANZHAN CESHI KAIFA
作　　者	吴泽木　著
出版发行	中国水利水电出版社 （北京市海淀区玉渊潭南路 1 号 D 座　100038） 网址：www.waterpub.com.cn E-mail：zhiboshangshu@163.com 电话：（010）62572966-2205/2266/2201（营销中心）
经　　售	北京科水图书销售有限公司 电话：（010）68545874　63202643 全国各地新华书店和相关出版物销售网点
排　　版	北京智博尚书文化传媒有限公司
印　　刷	三河市龙大印装有限公司
规　　格	190mm×235mm　16 开本　31 印张　732 千字
版　　次	2021 年 11 月第 1 版　2022 年 9 月第 2 次印刷
印　　数	3001—6000 册
定　　价	108.00 元

前　言

这个技术有什么前途

很多测试人员会遇到以下几个问题：第一，在公司中，测试人员的价值始终低于开发人员。第二，从业很多年，工作内容一直是功能测试，薪资达到瓶颈。第三，未来的职业规划很迷茫。

为什么有这些问题呢？因为测试人员的功能测试一直被开发人员认为就是点点的操作，没有任何技术性而言。一直从事功能测试，没有技术上的提升，薪资必然达到瓶颈。

本书可帮助读者学会当今主流的三大自动化测试：Web 自动化测试、APP 自动化测试和接口自动化测试。首先自动化测试是所有功能测试人员过渡最简单、最容易的一个阶段。自动化可以让相关人员不再从事枯燥的工作，而是进行脚本设计实现，这样不存在荣誉感比开发人员低的问题。其次，自动化的起步薪资可以说是多年功能测试的瓶颈薪资，将薪资和荣誉作为目标，那个人的未来规划就比较清晰了。

所以，这项技术使大家可以成为一名优秀的自动化测试工程师、白盒测试工程师，甚至可以通过本书成为测试管理者。

笔者的使用体会

本书每个章节的知识点都具有一定的广度和深度，大家可以细细地品味各个知识点的作用与意义。对于初学自动化或者是想要独立负责整个自动化测试项目的测试人员而言，本书是一个很好的引导者，它可以带领大家一起思考，一起提升，一起研究。

本书的特色

（1）大多数自动化测试书籍从 Python 语言的基础内容方面进行讲述，但是本书则是从 Python 的实战实例讲起以达到对 Python 知识点的罗列与梳理。

（2）大多数自动化测试书籍针对某一个自动化测试类型进行编写，但是本书实现了当今三大主流自动化（Web 自动化、APP 自动化和接口自动化）对应的各个 API 的介绍以及底层框架的设计。

（3）本书除了完成脚本和框架的设计以外，还扩展了对脚本的维护以及对系统的持续集成。

（4）本书设计了大量的实例，每个知识点的讲解通俗易懂，并能够达到举一反三的效果。

（5）为了将所有知识点应用到实际项目，最后两章结合真实项目完成了 Web 自动化和接口自动化的测试框架的开发。

本书的内容

这本书主要包括 5 部分内容：

Python 实例驱动：作为自动化测试的基础部分，本篇通过数据类型、循环逻辑、迭代器与生成器、装饰器、面向对象、多线程与多进程等多个应用实例来引出 Python 对应的各个知识点。

Python 与 Selenium 3 自动化测试实战：本篇包括 Web 基础和 Web 进阶。Web 基础主要介绍自动化测试的基础内容，Web 进阶主要介绍如何利用 Selenium 框架完成对应的业务脚本设计、如何设计和实现 unittest 自动化测试框架和如何利用 Selenium Grid 完成分布式的测试操作。

Python 与 Appium 自动化测试实战：本篇包括 APP 基础和 APP 进阶。APP 基础主要讲解如何实现移动端的稳定性测试；APP 进阶则讲解了移动端自动化测试框架，以及如何使用 Appium 完成 APP 的脚本设计。

接口自动化的主流框架及 CI：本篇主要包括接口基础、接口应用、接口进阶、接口高阶和 CI。接口基础主要介绍接口测试理论知识点；接口应用讲解如何利用 Postman 测试工具完成接口测试，并结合 Newman 实现报告生成；接口进阶则是讲解接口从设计到开发的全过程，以及使用 Django 框架完成基础接口的开发；接口高阶主要讲解如何实现 Python 与 Requests 框架搭建并完成接口自动化测试、如何融合 pytest 和 Allure 框架完成二次代码封装；CI 即完成主流的 Jenkins+Git 的持续集成，这一篇中除了实现脚本的版本管理以外，还实现了 Jenkins 的持续集成，通过 Jenkins 与 Git、GitHub、GitLab 等各平台整合完成操作。

项目实战：通过将 Web 自动化和接口自动化的知识点融合到项目实战中，实践于主流的 CRM 客户关系系统和 DSMALL 大型电商项目。本篇介绍了框架从无到有、从 0 到 1 的设计过程，以及如何维护整个框架、脚本的完整过程。

作者介绍

吴泽木，网名木头，自动化测试专家，北大青鸟、泽林教育总监级讲师，精通 Python 语言、Java 语言、自动化测试、性能测试调优及性能工具应用，拥有 2 年开发经验、8 年测试经验；涉及教育、电商、金融等行业，曾担任高级测试工程师、测试经理、测试总监和培训讲师等职位；善于采用理论结合实际的方式授课，逻辑清晰、专业性强，知识面广而深，备受广大学生喜爱。

本书读者对象

（1）有多年工作经验的功能测试工程师。
（2）初级自动化测试工程师。
（3）拥有一定编程语言基础的测试工程师。
（4）测试项目负责人。
（5）自动化测试讲师。
（6）性能测试及持续集成管理者。
（7）编程爱好者。
（8）大专院校相关专业师生。

本书资源获取及服务

本书提供配套的教学视频和项目案例源码，读者使用手机微信“扫一扫”功能扫描下面的二维码，或在微信公众号中搜索“人人都是程序猿”，关注后输入 PY8041 并发送到公众号后台，获取本书资源下载链接。将该链接复制到计算机浏览器的地址栏中，根据提示下载即可。

读者可加入 QQ 群 599620719，与其他读者交流学习。

致谢

本书能够顺利出版，是作者、编辑和所有审校人员共同努力的结果，在此深表谢意。同时，祝福所有读者在职场一帆风顺。

编　者

目　录

第一篇　Python 实例驱动

第二篇 Python 与 Selenium 3 自动化测试实战

第四篇　接口自动化的主流框架及 CI

第 15 章 接口自动化项目实战（DSMALL 商城）……448

视频讲解：10 集 1005 分钟

CHAPTER 1

第一篇

Python 实例驱动

第 1 章　Python 实战实例

自动化测试脚本的开发是基于计算机语言实现的，本书主要以 Python 语言为核心讲解自动化测试。为了让读者尽快学会 Python，本章以实战实例的形式为主，从每个实例中归纳总结相关的知识点，最终形成 Python 体系大纲。

本章主要涉及的知识点如下。

- 数据类型应用：学会如何灵活、准确地应用数据类型，让数据为我所用。
- 循环逻辑应用：在所有计算机语言程序设计中读者都需要具备常量、变量等基础知识及使用表达式比较各种值的能力。
- 迭代器、生成器应用：学会访问集合元素及实现延迟计算。
- 装饰器应用：学会如何对已经存在的对象完成额外功能的添加。
- 面向对象应用：一种程序设计思想，根据前辈们总结的经验，指导读者编写出更好的程序。
- 多线程、多进程应用：如何提高代码的执行效率。

注意：

> 本章主要通过实战实例完成 Python 知识点的罗列和梳理，为后期 Web、APP、接口等自动化脚本开发奠定基础。

1.1　数据类型实战实例

本节介绍数据类型实例实战。数据类型是开发语言中的重中之重，读者可以从数据类型的实例中找到学习的技巧。

1.1.1　实例一：字符串格式符问题

首先来了解什么是字符串。在 Python 中，字符串是一个不可变的对象类型，即所有修改和生成字符串的操作都是调用另一个内存片段中新生成的字符串对象实现的。

例如，"WOOD".lower()需要再划分另一个内存片段，并将返回的 wood 保存在此内存片段中。

在 Python 中如果需要实现格式化操作，直接使用%即可。下面主要介绍字符串格式变换的实例，其他常用字符串的操作方法读者可以直接查看相应的 API。

示例 1：存在一个变量 number=1，如果需要输出格式“001”应如何实现？

```
print("%03d"%number)
```

上面的实例中，变量 number 的数据类型是数值型，如果需要格式化字符串输出，则需要使用%d，相当于使用%d 替换 number 变量的真实值 1，即如果表达式是"%d"%number，那么结果实际是输出 1；而题目要求输出格式是 001，则需要在 1 前面添加两个 0，所以此时可以通过使用 03d 表示输出 3 位数值型；如果真实数值只有 1 位，则会在高位自动补 0 输出，所以结果可以得到 001。

注意：

> 此处有同学可能会想可不可直接使用 print(001)？若采用这种方式输出，终端会提示“不允许十进制整数前添加 0；八进制整型文字前可以使用 0 作为前缀”。

示例 2：存在一个变量 number1=1.222222，如果需要保留两位小数应如何实现？

```
print("%.2f"%number1)
```

上面的示例与示例 1 类似，示例 1 主要是对整数的处理，示例 2 主要是对小数的处理。小数的格式化输出需要使用%f，结合示例 1 综合分析可知保留两位小数表示为%.2f。

示例 3：存在一个变量 number2=1，如果需要输出“%d1”应如何实现？

```
print("%%d%d"%number2)
```

示例 3 需要输出“%d”字符串，在字符串格式化输出中%d 表示整型占位符，如果需要以字符串的形式输出，则需要在%d 前面添加%进行转义。所以上述代码中%%d 表示输出“%d”字符串，第二个%d 表示 number2 的占位符，即可得到结果“%d1”。

1.1.2　实例二：字符串驻留机制问题

在 Python 中会出现字符串驻留（intern）的情况，这是由于 CPython 的优化产生的，即在某些情况下尝试使用现有的不可变对象，而不是每次都创建一个新对象，这些驻留的对象在内部使用类似字典的结构（驻留池）进行驻留。在被驻留之后，许多变量可能指向内存中的相同字符串对象，从而节省内存。

简单来说，字符串驻留表示一种方法，能够实现仅仅存储一份相同而又不可变的字符串。字符串存储的非驻留机制与驻留机制如图 1.1 所示。

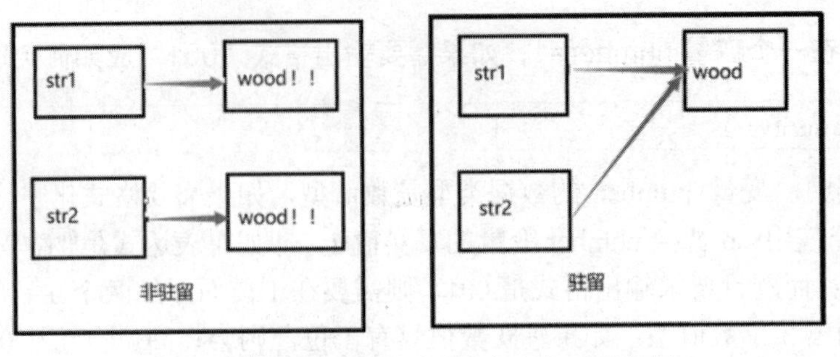

图 1.1 字符串存储的非驻留机制与驻留机制

1. 基本原理

系统会维护一个 interned 字典类型用于记录已经被驻留的字符串对象。在使用过程中，如果字符串对象 a 需要驻留，那么会在 interned 字典类型中检测其是否存在，若存在则指向存在的字符串对象，a 的引用计数减 1；若不存在，则记录 a 到 interned 字典中。

2. 字符串驻留实例

（1）字符串编译时驻留，非运行时不驻留。

```
str1="wood"+"programming"
print(str1 is "woodprogramming")
str2="wood"
str3="programming"
print(str2+str3 is "woodprogramming")
```

输出结果如下。

```
True
False
```

（2）如果字符串长度等于 0 或 1，则默认实现驻留。

```
str1=","
str2=","
print(str1 is str2)
str3=",,"
str4=",,"
print(str3 is str4)
```

输出结果如下。

```
True
False
```

如果字符串长度超过 1，则该字符串不会被驻留，所以返回的结果是 False。

（3）如果字符串长度大于 1，且只包含字母、数字、下划线时，则默认实现驻留。

```
str1="wood1_"
str2="wood1_"
print(str1 is str2)
str3="wood!"
str4="wood!"
print(str3 is str4)
```

输出结果如下。

```
True
False
```

如果字符串由其他类型的字符组成，则不会实现驻留。

（4）字符串由 intern 模块指定驻留。

```
from sys import intern
str1=intern("wood!@")
str2=intern("wood!@")
print(str1 is str2)
```

输出结果如下。

```
True
```

上述实例中的字符串“wood！@”中含有特殊字符，所以 str1 和 str2 并不会实现驻留，正常进行 is 判断时其返回的结果值应该是 False。但是本例通过调用 intern 模块的 intern 方法完成了字符串的驻留，所以此时 str1 is str2 返回的结果值是 True。

注意：

对于[-5, 256]之间的整数数字，Python 默认实现驻留。

1.1.3　实例三：字典键值对互换

说到字典，熟悉 Java 的读者肯定会联想到 Map 集合，它们都是以键值对的形式存储数据。其实字典也是 Python 中的一种常用数据结构，用于存放具有映射关系的数据。

定义语法：变量名={key1:value1,key2:value2,…}。

1. 键名定义要求

键名必须是可哈希的类型（如元组、字符串、数值型、……），不可哈希的类型（如列表、字典）无法定义，实际也是对应着可变对象（不可哈希）和不可变对象（可哈希）。

（1）可变对象：list，dict，set。

（2）不可变对象：tuple，string，int，float，bool。

2. 键名重名问题

在声明或者更新字典时，如果键名重复，则后续的键值对会覆盖前面的键值对。例如：

```
dict1={"username":"zhangsan","password":"123456","username":"lisi"}
```

输出结果如下。

```
{'username': 'lisi', 'password': '123456'}
```

上述示例中，username 后面声明的 lisi 值将前面声明的 zhangsan 值覆盖了，但并不会报错。

3. 字典键值对互换问题

存在一个字典 dict1={"username":"zhangsan","password":"123456"}，可以使用代码得到结果{"zhangsan":"username","123456":"password"}，操作如下。

```
{value:key for key,value in dict1.items()}
```

输出结果如下。

```
{'zhangsan': 'username', '123456': 'password'}
```

先使用 for 循环完成字典 dict1 的键值对获取，然后结合字典推导式即可实现要求。

将一个数据序列结构构建成另一个新的数据序列结构的过程称为推导式，又可以叫解析式，这也是 Python 语言中一种独特的特性。下面列举三种推导式对应的语法。

（1）列表（list）推导式：[expression(i) for i in old_list if condition(i)]。

（2）字典（dict）推导式：{key:value for key:value in iterable}。

（3）集合（set）推导式：{value for value in iterable}。

1.1.4 实例四：使用字典表示字符串统计结果

从控制台中随意输入一个字符串，然后统计每个字符在整个字符串中的个数，最后以字典的形式显示。

具体代码实现如下。

```
str2="wood programming is the best education"
result={}
for i in str2:
    result[i] = str2.count(i)
print(result)
```

输出结果如下。

```
{'w': 1, 'o': 4, 'd': 2, ' ': 5, 'p': 1, 'r': 2, 'g': 2, 'a': 2, 'm': 2, 'i': 3,
'n': 2, 's': 2, 't': 3, 'h': 1, 'e': 3, 'b': 1, 'u': 1, 'c': 1}
```

从上述示例中可以发现 Python 的内置函数是多么强大。此示例也是为了告诉大家，善于使用 Python 的内置函数可以很好地减少代码量，从而简化开发。

1.2　循环逻辑实战实例

既然已经了解了相关的数据类型，那么该如何高效地处理列表、元组、字典中的元素？如何在不同的条件下采取不同的措施？这需要应用循环逻辑来完成相应的操作。

另外，关于循环中 continue、break、pass、else 等知识点，都将在后面实战实例的章节中进行详解。

1.2.1　实例一：九九乘法表的四种形式

首先，分析一下九九乘法表的结构。

（1）1*1=1。

（2）1*2=2　2*2=4。

（3）1*3=3　2*3=6　3*3=9。

……

从上面可以发现，九九乘法表是一个二维的平面结构，由行与列构成，且第一列有九行，第二列有八行，第三列有七行……

进一步分析，发现第一列的第一个数都是 1，第二列的第一个数都是 2……

最后发现，第一列的第二个数依次递增，所以可以得出以下结论：

（1）需要两个循环解决，第一个循环控制行，第二个循环控制列。

（2）输出第一行后，循环输出第二行，每列之间使用空格隔开。

（3）每列的开始行对应循环到的行的初始值。

1. 左下角九九乘法表

```
for row in range(1,10):                         #控制行
    for col in range(1,row+1):                  #控制列
        print("%d*%d=%d"%(col,row,col*row),end="\t")
    print(" ")                                  #这里是用 print 的特性，进行换行输出
```

输出结果如下。

```
1*1=1
1*2=2   2*2=4
```

```
1*3=3  2*3=6   3*3=9
1*4=4  2*4=8   3*4=12  4*4=16
1*5=5  2*5=10  3*5=15  4*5=20  5*5=25
1*6=6  2*6=12  3*6=18  4*6=24  5*6=30  6*6=36
1*7=7  2*7=14  3*7=21  4*7=28  5*7=35  6*7=42  7*7=49
1*8=8  2*8=16  3*8=24  4*8=32  5*8=40  6*8=48  7*8=56  8*8=64
1*9=9  2*9=18  3*9=27  4*9=36  5*9=45  6*9=54  7*9=63  8*9=72  9*9=81
```

其中，end 是 print 函数内置方法，这里使用\t 进行格式化输出控制。使乘法表对齐，end="\t" 表示 print 不进行换行操作。

2. 左上角九九乘法表

```
for row in range(9,0,-1):                    #控制行，使用了倒序循环
    for col in range(1,row+1):               #控制列
        print("%d*%d=%d"%(col,row,col*row),end="\t")
    print(" ")
```

输出结果如下。

```
1*9=9  2*9=18  3*9=27  4*9=36  5*9=45  6*9=54  7*9=63  8*9=72  9*9=81
1*8=8  2*8=16  3*8=24  4*8=32  5*8=40  6*8=48  7*8=56  8*8=64
1*7=7  2*7=14  3*7=21  4*7=28  5*7=35  6*7=42  7*7=49
1*6=6  2*6=12  3*6=18  4*6=24  5*6=30  6*6=36
1*5=5  2*5=10  3*5=15  4*5=20  5*5=25
1*4=4  2*4=8   3*4=12  4*4=16
1*3=3  2*3=6   3*3=9
1*2=2  2*2=4
1*1=1
```

3. 右上角九九乘法表

```
for row in range(9,0,-1):                #控制行，使用了倒序循环
    for space in range(9-row):
        print("\t",end="\t")
    for col in range(row,0,-1):              #控制列
        print("%d*%d=%d"%(col,row,col*row),end="\t")
    print(" ")
```

输出结果如下。

```
9*9=81 8*9=72  7*9=63  6*9=54  5*9=45  4*9=36  3*9=27  2*9=18  1*9=9
       8*8=64  7*8=56  6*8=48  5*8=40  4*8=32  3*8=24  2*8=16  1*8=8
               7*7=49  6*7=42  5*7=35  4*7=28  3*7=21  2*7=14  1*7=7
                       6*6=36  5*6=30  4*6=24  3*6=18  2*6=12  1*6=6
                               5*5=25  4*5=20  3*5=15  2*5=10  1*5=5
                                       4*4=16  3*4=12  2*4=8   1*4=4
```

```
                                                3*3=9   2*3=6   1*3=3
                                                        2*2=4   1*2=2
                                                                1*1=1
```

内层循环中的第一个循环主要用于控制乘法表格式，即打印出空格，打印 9-row 个空格；第二个循环控制打印列，与前面两种的实现思路一致。

4. 右下角九九乘法表

```
for row in range(1,10):
    for space in range(9-row):
        print("\t",end="\t")
    for col in range(row,0,-1):
        print("%d*%d=%d"%(col,row,col*row),end="\t")
    print()
```

输出结果如下。

```
                                                                1*1=1
                                                        2*2=4   1*2=2
                                                3*3=9   2*3=6   1*3=3
                                        4*4=16  3*4=12  2*4=8   1*4=4
                                5*5=25  4*5=20  3*5=15  2*5=10  1*5=5
                        6*6=36  5*6=30  4*6=24  3*6=18  2*6=12  1*6=6
                7*7=49  6*7=42  5*7=35  4*7=28  3*7=21  2*7=14  1*7=7
        8*8=64  7*8=56  6*8=48  5*8=40  4*8=32  3*8=24  2*8=16  1*8=8
9*9=81  8*9=72  7*9=63  6*9=54  5*9=45  4*9=36  3*9=27  2*9=18  1*9=9
```

注意：

以上九九乘法表的四种实现方式都是只改变了循环中的条件，循环体并没有发生任何变化，所以可知：不同的逻辑条件，决定着不同的结果。

1.2.2　实例二：猜数游戏

扫一扫，看视频

猜数游戏可以作为一个小项目来实现，可以将 Python 的一些基础知识很好地融合起来。但初学者一般会直接写代码，不进行任何分析，这样对产出完整的结果及培养完善的业务逻辑思维是不利的。

需求：使用 Python 语言实现一个猜数小游戏（场景自拟）。

角色：计算机、玩家。

思路分析如下。

（1）游戏模式的定义：相当于可以设定游戏的等级，如简单模式、困难模式、地狱模式等。简单级别表示设置默认值（也就是结果数字），相当于内置一个默认的数字与用户猜的值进行比较；复杂级别表示计算机可以随机给出结果数字，使用户每次猜的结果数字都在发生变化；地狱级别表示其值的范围可以不限定，且可以设定多组数字同时猜。

（2）如果输入的数字等于计算机给出的数字，返回结果“恭喜您，猜对了”；反之，返回结果“抱歉，猜错了”。当然此处还可以给出具体提示，查看游戏规则。例如，“抱歉，猜错了，要大一点”或者“抱歉，猜错了，要小一点”等提示语。

（3）如果第一次猜错就直接退出游戏，那么用户的游戏体验肯定很差，所以可以设定游戏的次数。例如，游戏初始化时拥有 4 次机会，超过 4 次可以给用户提示，如是否退出游戏或重新进入游戏等。

（4）扩展：在第（3）步也可以扩展该项目，如直接添加充值模块等。用户可以通过充值模块完成游戏次数的购买，甚至可以设定猜对返现的操作。用户也可自主选择结束游戏还是继续游戏，如果选择结束游戏则退回当前的金额。

通过上面的简单分析可以发现，即使是一个简短的需求，只要不断地进行挖掘，也可以将该功能扩展、丰富得很强大。

猜数游戏的程序分析流程图如图 1.2 所示。其具体执行代码及相关说明如下。

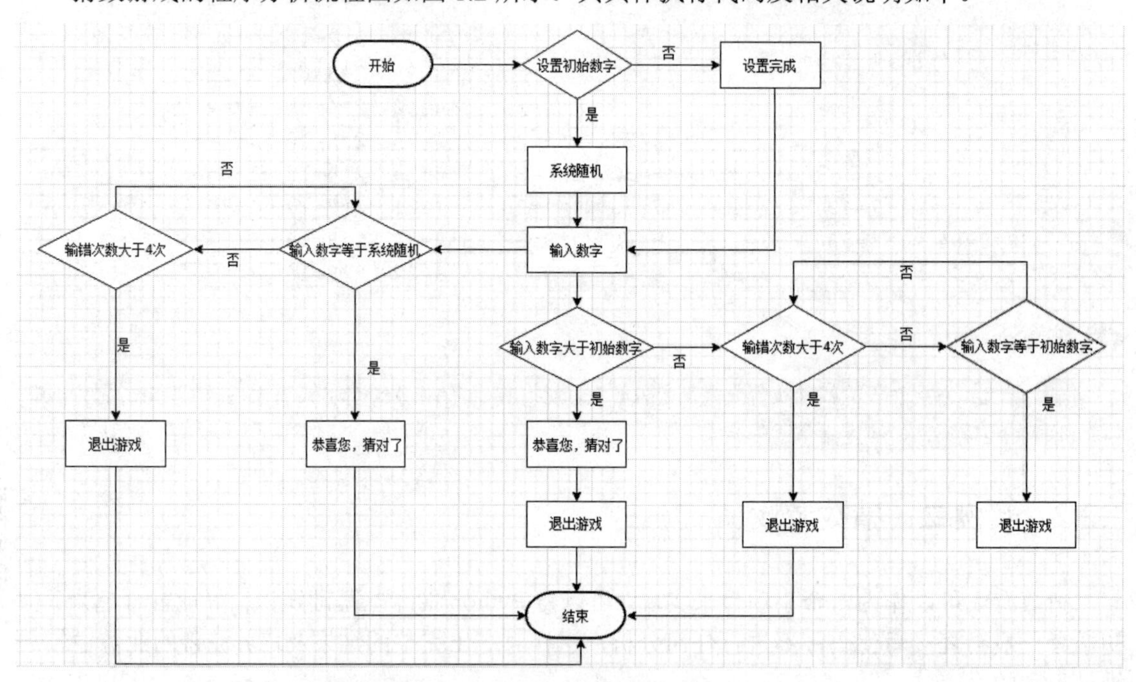

图 1.2　猜数游戏的程序分析流程图

（1）完成各种模式的选择，即计算机生成结果数据，示例代码如下。

```
import random                          #导入包
print("开始游戏")
#选择模式
```

```
choose = input("请选择游戏模式级别：\n1.简单\n2.困难\n3.地狱\n ")
if choose == "1":
    print("您选择的是简单模式！")       #手动设置数值
    computer_number=int(input("请手动选择一个 0～100 的整数\n "))
elif choose=="2":
    #此处默认设定随机数的范围为 0～100，当然此处可以继续设定自定义范围
    print("您选择的是困难模式！加油哦！")
    computer_number=random.randint(0,100)
elif choose=="3":
    #地狱模式获取多个数字，实现猜多个数
    print("您选择的是地狱模式！勇气可嘉哦！")
    count=input("请输入需要同时猜几个数")
    computer_number=[random.choice(range(0,101)) for i in range(int(count))]
else:
    print("请输入正确的指令~~")
```

（2）完成用户猜数操作，将用户输入的数与已经设定好的结果数进行比较，并给出对应的提示，示例代码如下。

```
#用户猜数数值的输入
user_number=int(input("请输入您想要猜的数字：\n "))
if choose!="3":
    if user_number==computer_number:
        print("恭喜您，猜对了")
    elif user_number>computer_number:
        print("抱歉，猜错了，要小一点")
    elif user_number<computer_number:
        print("抱歉，猜错了，要大一点")
else:
    if count-1>0:
        print("您需要猜%d 个数，还要输入%d 个数" % (count, count - 1))
        show_count=2          #该变量可以友好地提示用户还需要输入几个数
        while count-1>0:
            username=int(input("请输入您想要猜第%d 个数：\n "%show_count))
            count-=1
            show_count+=1
```

上述代码执行结果有以下两个：简单模式、困难模式只能够猜一次数，这样的游戏效果不太友好，所以需要增加游戏的次数；地狱模式，可以完成多个数的猜数操作，但是没有实现多个数的比较操作。基于上述场景，需要进一步优化代码，完善以上两个问题，示例代码如下。

```
guess_count=1  #声明游戏的次数，默认值为 1
while guess_count<=4:   #拥有 4 次机会
    #用户猜数数值的输入
```

```
        user_number=int(input("请输入您想要猜的数字：\n"))
        if choose!="3":
            if user_number==computer_number:
                print("恭喜您，猜对了")
                break   #直接结束游戏
            elif user_number>computer_number:
                print("抱歉，猜错了，要小一点")
                guess_count+=1
            elif user_number<computer_number:
                print("抱歉，猜错了，要大一点")
                guess_count+= 1
        else:
            #声明一个列表来装用户输入的数据
            user_list=[user_number]
            if count-1>0:
                print("您需要猜%d 个数，还要输入%d 个数" % (count, count - 1))
                show_count=2   #该变量可以友好地提示用户还需要输入几个数
                while count-1>0:
                    user_number=int(input("请输入您想要猜第%d 个数：\n "%show_count))
                    user_list.append(user_number)
                    count-=1
                    show_count+=1
                #使用 user_list 中的数据与之前生成的数据进行比较
            if user_list==computer_number:
                print("恭喜您，所有数都猜对了")
                break
            else:
            #此处可以继续提示具体哪个数错了，限于篇幅不再深入开发
                print("抱歉，您猜错了")
                guess_count += 1
#最后，游戏次数全部使用完毕，结束游戏
print("游戏次数全部使用完毕，游戏结束")
```

执行上述代码后选择简单模式和地狱模式的运行结果如图 1.3 和图 1.4 所示。

分析结果可以发现，实际简单模式下猜数的数值是一个一个输入的，地狱模式是需要根据程序的要求输入猜的数，这两个模式都需要重复调用。如果按照上述的方式实现会出现大量重复代码，所以可以引用函数或者面向对象来进行代码的封装。

封装完整代码可参考【\源代码\C1\Guess_Game.py】。

注意：

> 从项目需求分析到具体代码实现这一过程中可以发现，只要建立完整的分析思维，一步一步地完成，不仅会完成相应的需求，还可以实现额外的功能扩展（如充值系统）。

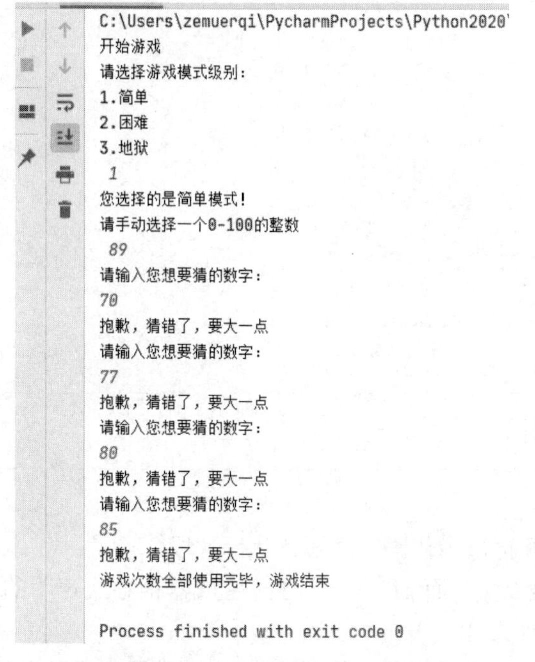

图 1.3　简单模式的运行结果

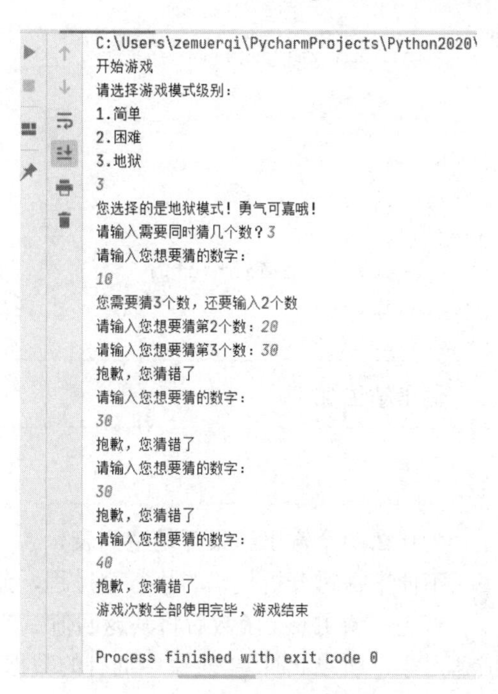

图 1.4　地狱模式的运行结果

1.3　迭代器、生成器实战实例

前面已经了解了序列的类型：字符串、列表、元组，而且可以通过使用索引进行循环取出其所包含的元素。但是在某些数据类型中是不存在索引结构的，如文件、集合、字典等，如果想从这些类型中取出对应的元素，则必须找出一种不依赖于索引的迭代方式，即迭代器。

假设现在要完成 100 万个元素存储，最先想到的肯定是直接使用列表生成式创建，但是这种实现方式不仅会占用较大的存储空间，而且如果只需要访问前几个元素，后面元素所占用的空间就会白费。在此种场景下列表的实现受到内存限制，其容量就必然是有限的。

所以，如果存在某种算法结构既可以存储列表元素，又可以依次推算提取元素，这样就不必创建完整的 list，从而节省大量的空间。在 Python 中，这种既可以循环遍历又可以计算的机制就是生成器。

1.3.1　实例一：经典面试题解析

扫一扫，看视频

1. 阅读下面代码，给出代码执行后的输出结果

```
def test():
```

```
    for i in range(4):
        yield i

g=test()
g1=(i for i in g)
g2=(i for i in g1)
g3 =(i for i in list(g1))
print(list(g1))
print(list(g2))
```

输出结果如下。

```
[]
[]
```

为什么两个输出结果都是空列表？

下面来探讨分析代码的执行全过程，通过拆解每步代码来理解该代码片段。

首先，调用 test 函数后将其返回值赋值给变量 g，而 g1 是一个通过生成器推导式声明的生成器对象，所以此时 g1 对象中拥有的数据是[0,1,2,3]。

然后，g2 也是一个通过生成器推导式声明的生成器对象，并且是从 g1 生成器中进行取值。如果此时没有 g3 对象，且没有 print(list(g1))操作，那么输出 list(g2)的结果是[0,1,2,3]；如果只没有 g3 对象，且输出语句不变，则 print(list(g1))的结果是[0,1,2,3]，而 print(list(g2))的结果是空列表；因为 print(list(g1))语句已经将生成器 g1 中的元素值全部取完了，所以此时 g2 生成器遍历 g1 生成器的结果就是空值。

经过以上分析，读者应该懂得添加 g3 对象后的执行结果了。

g3 对象也是一个通过生成器推导式声明的生成器对象，且直接引用了 list(g1)，说明已经将 g1 生成器中的值全部取完，根据生成器取值只能够取一次的规则，可以得知 g2 生成器取到的是 g1 生成器的空对象，即此时所有的元素已经存储在 g3 生成器中，g1 生成器已变为空对象，g2 生成器通过 g1 生成器的空对象取值后也是空值，所以两个输出结果都是空列表。

2. 进阶练习：阅读下面代码，给出代码最终执行结果及分析过程

```
def add(n,i):
    return n+i

def test():
    for i in range(4):
        yield i
g=test()
for n in [1,10,5]:
```

```
    g=(add(n,i) for i in g)

print(list(g))
```

输出结果如下。

```
[15, 16, 17, 18]
```

下面是分析过程。

首先，g 是一个生成器对象，在调用 test 函数后其值为[0,1,2,3]，然后进入 for 循环，在 for 循环中：

当 n=1 时，g=(add(n,i) for i in g)。

当 n=10 时，g=(add(n,i) for i in (add(n,i) for i in g))。

当 n=5 时，g= (add(n,i) for i in (add(n,i) for i in (add(n,i) for i in g)))。

因为最后才开始计算，所以当 n=5 时开始调用生成器 g：

g=(add(5,i) for i in (add(5,i) for i in (add(5,i) for i in test())))。

g=(add(5,i) for i in (add(5,i) for i in (add(5,i) for i in [0,1,2,3])))。

g=(add(5,i) for i in (add(5,i) for i in [5,6,7,8]))。

g=(add(5,i) for i in [10,11,12,13])。

即最后结果为 g=([15,16,17,18])。

1.3.2　实例二：使用匿名函数完成九九乘法表

在 Python 中，声明一个匿名函数使用 lambda 关键字。匿名函数不需要像标准函数那样使用 def 关键字进行定义，也不需要声明其函数名，这样定义可以提高代码的性能，也可以在调用时直接绕过函数的栈分配。其语法是：

lambda [arg1[, arg2, ..., argN]]: expression

上面的语法中，中括号里面的参数是可选的，如果声明了参数，那么参数在表达式中也要出现。

下面来举例说明 lambda 语句的使用方法，以九九乘法表为例，具体代码如下。

```
multiplication_table=lambda :'\n'.join([' '.join(['%2d *%2d = %2d' % (col, row,\
col * row)
for col in range(1, row + 1)]) for row in range(1, 10)])
print(multiplication_table())
```

通过分析代码可知，该段代码主要使用了匿名函数、列表推导式、循环嵌套、字符串拼接、rang 函数等知识点。

注意：

声明的匿名函数即使没有参数，在调用时也必须加小括号。如果没有加小括号，输出的将会是匿名函数的对象。

建议：

写一个匿名函数，可以先将整个代码通过顺序结构表示出来，然后综合推导式及匿名函数的定义语法进行使用即可。

1.4 装饰器实战实例

在实际编码过程中，针对某些已经完成编码的模块，而这些模块又存在一些重复或者相似的代码块时，可以通过创建装饰器来解决，这样就可以针对不同的模块需求使用对应的装饰器，同时源代码也可以去掉大量泛化的内容，从而使得源代码的逻辑更加清晰。

1.4.1 实例一：时间计时器装饰器

Python 中的装饰器其实就是一个函数，其调用方式是使用经典的语法糖@符号，它可以应用在类、方法、函数上。如果被装饰的方法或者函数存在参数，则需要通过装饰器的内层函数将参数进行传递；被装饰的函数调用时是否存在返回值，取决于内层函数是否将值进行返回。如果装饰器需要传入参数，则需要考虑三层函数，此时第二层函数固定传入被装饰函数的对象；第一层函数传入的参数即为装饰器中所传入的参数。

装饰器主要分为系统装饰器和自定义装饰器。对于系统装饰器而言，后面接触最多的将会是@classmethod（类装饰器）和@staticmethod（静态方法装饰器）。

其中，@classmethod 表示如果需要获取一个类中的属性或者方法，除了通过创建对象调用该类的属性和方法，还可以通过类名直接调用其属性和方法，但是此属性必须是类属性，不能够调用对象属性；方法必须是通过@classmethod 进行装饰的，不能够调用对象方法。装饰的方法的第一个参数，参数名通常默认是 cls，与 self 的使用相同，但是意义完全不同：self 表示传入 new 产生的对象，而 cls 表示传入当前的类。

注意：

类只能够调用类属性和类方法，不能够调用对象属性和对象方法；但是对象实例既可以调用类属性、类方法，又可以调用对象属性、对象方法。

@staticmethod 表示静态方法。该方法不需要传递任何参数，既可以通过类进行调用，也可以通过对象进行调用；只能够调用类属性和类方法，不能够调用实例方法（要调必然需要创建对象调用，这样与后续创建的对象无任何关联）；并且表示的所有对象及类都是共享同一份静态属性和方法。

接下来总结装饰器的属性，以便于后面能够更好地理解。

实质：是一个函数。

参数：需要装饰的函数名（并非函数调用）。

返回：装饰完的函数名（也非函数调用）。

作用：在原有函数实现功能的基础上不改变其任何操作，可实现额外的功能扩展。

特点：基于现有的对象不需要做任何代码上的变动。

应用场景：如插入日志、性能测试、事务处理、权限校验等。

需求：在不改变其他代码的情况下，完成检测任意一段代码的执行时间。

分析：先定义一个 timer 装饰器，然后将该装饰器装饰在需要检测代码运行时间的程序块上。

第一步，定义一个 timer 装饰器，具体代码如下。

```
import time
#装饰器函数 timer,其中 function 为要装饰的函数
def timer(function):
    def wrapper():
        time_start = time.time()
        function()
        time_end = time.time()
        spend_time = time_end - time_start
        print("花费时间：{}秒".format(spend_time))
    return wrapper
```

第二步，对 get_sum 函数进行装饰器的添加，@timer 引用 timer 装饰器函数。例如，计算出 1～100000 求和所耗费的时间，具体实现代码如下。

```
@timer
def get_sum():
    sum=0
    for i in range(1,100001):
        sum+=i
    print("1～100000 的累加和：{}".format(sum))

if __name__ == '__main__':
    get_sum()
```

输出结果如下。

```
1～100000 的累加和：5000050000
```

```
花费时间：0.013983964920043945 秒
```

声明了 timer 装饰器后，任何一个需要检测程序代码执行时间的程序，都可以直接使用@timer 装饰器装饰函数，然后被装饰的函数运行后也将获得运行时间，即功能额外实现了扩展。

注意：

运行结果得到的程序所耗费时间并不会是固定的数值，因为代码的执行结果是根据当前的计算机状态的改变而发生变化的，但是整体数值不会相差太大，一般在 0.01 秒以内。

1.4.2 实例二：自定义装饰器

前面提到的都是让函数作为装饰器去装饰其他的函数或者方法，那么可不可以让一个类发挥装饰器的作用呢？答案肯定是可以的，函数和类本质上没有什么不一样。类的装饰器是什么样子的呢？如何自定义类装饰器呢？

下面来自定义一个类装饰器，具体代码如下。

```
class Decorator(object):
    def __init__(self, func_name):
        self.func_name = func_name
    def __call__(self):
        print("decorator start")
        self.func_name()
        print("decorator end")
```

调用类装饰器，将该类装饰器装饰在一个函数上，具体代码如下。

```
@Decorator
def func():
    print("func")
if __name__ == '__main__':
    func()
```

输出结果如下。

```
decorator start
func
decorator end
```

@Decorator 装饰在 func 函数上实际等价于调用以下代码。

```
p = Decorator(func)
p()
```

代码执行过程，首先 p 是类 Decorator 的一个实例，实现了__call__()方法后，p 可以直接被调用，然后传入的参数 func 就是被装饰在 func 函数的函数对象，所以会先输出 decorator start，然后调用 func 函数进行执行，最后输出 decorator end。

注意：

> __call__()是一个特殊方法，它可将一个类实例变成一个可调用对象；要使用类装饰器，必须实现类中的__call__()方法，就相当于将实例变成了一个方法。

1.5 面向对象实战实例

从 C#开发到 Java 开发，再到使用 Python 实现各个类型的自动化测试，无论哪种语言，其入门都是学习面向对象编程。笔者最早学习面向对象是通过一本数据结构的图书，提到的主要就是把数据与数据相关的操作合并在一个对象中。如何提高思维层次、如何高效解决问题，是最早期对面向对象的解释。IT 学习的关键是实践，学习一个技能最快的方法就是通过实践理解其基本原理。希望读者能够在工作实践中不断总结，深入理解面向对象思想，从而能够灵活应用该思想完成程序的设计。

1.5.1 实例一：面向对象之石头剪刀布的实现

面向对象是程序设计语言的一种编程思想，也是程序设计语言的一套完整管理规范，可以很好地提高程序代码的可扩展性（会引入编程的核心特征：类、对象、封装、继承、多态等），还可以完成代码组织结构的创建（提高代码的可维护性）。面向对象编程属于程序语言设计的编程阶段。

需求：使用面向对象思维实现石头、剪刀、布游戏。

分析：石头、剪刀、布游戏大家都玩过，那么规则相信大家也都非常熟悉。首先必须存在至少两个对手，在同一时间做出特定的手势，且必须是石头、剪刀、布中的一种。胜利规则是：

- 布包石头。
- 石头砸剪刀。
- 剪刀剪破布。

到这里，大家可能会联想到前面分析过的猜数游戏。猜数游戏的实现以及分析思路与此题实际是类似的，只不过这里的数据是固定的石头、剪刀、布三个值，那么就得思考使用何种数据结构才能最佳表示。

当然，也可以实现无线功能的扩展，可以设置你与计算机两个角色对玩，还可以设置你与其他玩家对玩等。

最后，直到玩家胜利才能够结束，如果是计算机胜利或者玩家输入错误，则游戏一直继续，这也是整个分析中最简单和最基础的功能实现，具体代码如下。

```
#-*- coding:utf-8 -*-#
#-------------------------------------------------------------------------------
#ProjectName:     Python2020
#FileName:        game.py
#Author:          mutou
#Date:            2020/7/13 15:30
#Description:
#-------------------------------------------------------------------------------
import random
class  Game_2(object):
    def __init__(self):
        self.guess_list = ["石头", "剪刀", "布"]
        #将赢的组合规则先通过元组进行设定
        self.win_combination = [["布", "石头"], ["石头", "剪刀"], ["剪刀", "布"]]
    def paly(self):
        while True:
            computer = random.choice(self.guess_list)       #计算机随机生成一个手势
            people = input('请输入：石头,剪刀,布\n').strip()   #定义玩家输入一个手势
            if people not in self.guess_list:
                print("请给出正确的手势~~~")
                continue                                     #如果输入错误则继续输入
            elif computer == people:
                print("平手，再玩一次！")
            elif [computer, people] in self.win_combination:
                print("计算机获胜，游戏继续，直到玩家获胜才能退出！")
            else:
                print ("玩家获胜！")
                break
#测试代码
if __name__ == '__main__':
    game=Game_2()
    game.paly()
```

执行上述代码，运行结果如图 1.5 所示。

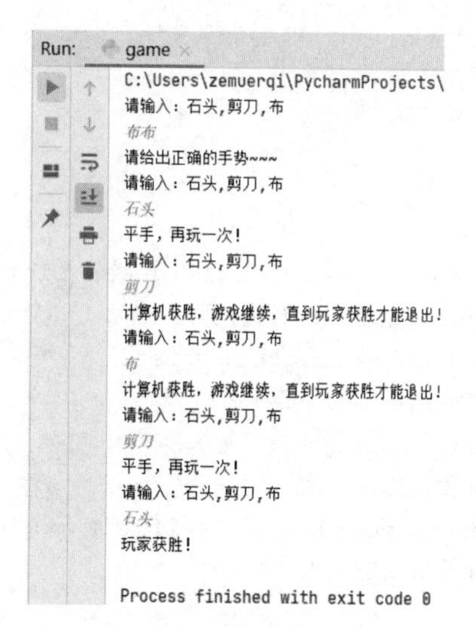

图 1.5　猜数游戏（一）

从上述结果中分析得到，该游戏并没有良好的用户交互性能，以及友好的用户操作体验。要想提升性能或扩展功能，只需要在当前类中新增一个用于控制用户是否继续玩的操作方法，具体实现代码如下。

```
#-*- coding:utf-8 -*-#
#--------------------------------------------------------------------------------
#ProjectName:     Python2020
#FileName:        game.py
#Author:          mutou
#Date:            2020/7/13 15:30
#Description:
#--------------------------------------------------------------------------------
import random
class  Game_2(object):
    def  __init__(self):
        self.guess_list = ["石头", "剪刀", "布"]
        self.win_combination = [["布", "石头"], ["石头", "剪刀"], ["剪刀", "布"]]
        #声明一个标识符，记录是否继续游戏
        self.flag=True

    #声明一个方法，可以实现玩家选择退出游戏还是继续游戏
    def  chioce(self):
        get_choice=input("是否继续游戏 Y/N?")
        if get_choice=="Y":
            self.paly()
        elif get_choice=="N":
```

```
            self.flag=False

    def paly(self):
        while True:
            if self.flag:
                computer = random.choice(self.guess_list)   #计算机随机生成一个手势
                people = input('请输入：石头,剪刀,布\n').strip() #定义玩家输入的手势
                if people not in self.guess_list:
                    print("请给出正确的手势~~~")
                elif computer == people:
                    print("平手，再玩一次！")
                elif [computer, people] in self.win_combination:
                    print("计算机获胜！")
                else:
                    print ("玩家获胜！")
                self.chioce()
            else:
                break


if __name__ == '__main__':
    game=Game_2()
    game.paly()
    print("游戏结束，欢迎下次光临~~")
```

执行上述代码，运行结果如图 1.6 所示。

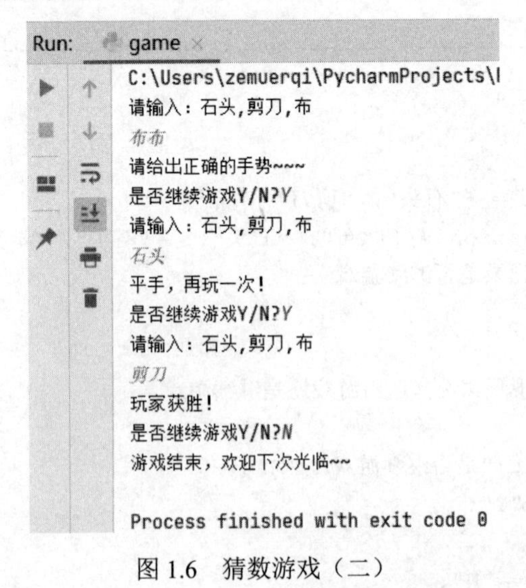

图 1.6 猜数游戏（二）

注意：

flag 是一个 bool 类型的变量，bool 类型只有两个成员 true 和 false。在实际脚本开发过程中，标识符的灵活应用可以很好地解决一些复杂的判定问题。

1.5.2 实例二：面向对象之双色球的实现

扫一扫，看视频

同样，针对该实例可以从简单到复杂进行全过程实现。实例并没有要求双色球需要用户选号，所以只要单纯使用代码生成一个双色球格式的号码即可，那么就可以先完成最基本的，生成双色球号。

双色球由红球和蓝球两部分构成，其中红色有 6 个值，其值从 1 到 33 中进行选择，而蓝球则有一个值，其值从 1 到 16 中选择。

分析可知，假设计算机随机生成的双色球号码为中奖的号码，用户可以自定义选号或者随机选号，那么随机选号与计算机随机生成的双色球实现的代码相同，所以可以将此方法提取出来，把它作为公共方法。

具体实现代码如下。

```
import random
def  random_ball():
    one_group=[]
    while True:
        red_ball = random.randint(1,33)         #随机产生一个红球
        if red_ball in one_group:
            continue                            #跳过本次循环
        one_group.append(red_ball)              #把红色号码添加到列表
        if len(one_group)==6:
            break
    one_group.sort()
    blue_ball=random.randint(1,16)              #随机产生一个蓝球
    s=""
    for i in one_group:
        s=s+"%02d " %i                          #02d 表示是 2 位数的整数，个数自动补 0
    print(s+"+ "+"%02d" %blue_ball)
#测试代码
if __name__ == '__main__':
    random_ball()
```

输出结果如下。

```
01 06 08 10 29 30 + 08
```

下面通过类定义，将红球的获取、蓝球的获取、双色球格式的显示分别声明为三个方法便

于后期调用，具体代码如下。

```
class Random_Ball(object):
    #红球获取
    def  red_ball_1(self):
        list = range(1,34)
        redball = random.sample(list,6)
        redball.sort()
        return redball
    #蓝球获取
    def  blue_ball(self):
        return random.randint(1,16)
    #双色球格式的显示
    def random_ball_1(self):
        s = ""
        for i in self.red_ball_1():
            s = s + "%02d " % i  # 02d 表示是 2 位数的整数，个数自动补 0
        return s + "+ " + "%02d" % self.blue_ball()

if __name__ == '__main__':
    random_obj=Random_Ball()
    print(random_obj.random_ball_1())
```

输出结果如下。

```
04 06 13 29 31 32 + 07
```

对比这两段代码，可以发现第二次迭代的代码又简单了很多，不仅实现了功能，而且使代码的可读性更加友好了，后期的可扩展性也增强了。

从上面两个实例中可以发现，每次功能的新增就是代码的场景迭代，读者有没有发现面向对象的优势呢？面向对象的优势主要有以下 4 点。

1. 易维护

采用面向对象的思想进行设计，可以提高整体代码的可读性。由于继承特征的存在，即使需求发生变动，也只需要维护局部模块，所以提高了维护效率、降低了维护成本。

2. 质量高

根据以往项目的经验总结，在设计时就可以分析是否可重用现有的框架代码，使其不仅可以满足需求，还可以具备较高的质量。

3. 效率高

软件开发的分析设计过程是对现实世界事物的抽象化，然后产生类。使用这样的方法解决问题，接近于日常生活和自然的思考方式，必然可以提高软件开发的效率和质量。

4. 易扩展

基于继承、封装、多态的特性，以及程序设计结构高内聚、低耦合的要求，可以将系统设计得更加灵活、容易扩展。

其实双色球还可以继续以小型项目的形式不断进行开发、完善。例如，可以新增往期结果，往期结果可以存储到指定的文件中，可以设定中奖规则，并且返回最终中奖金额等，具体项目的完整代码可参考【\源代码\C1\Double_Ball.py】。

注意：

执行以上代码产生的双色球是由随机数构成的，所以读者在执行代码时得到的效果并不一定与上述结果一致。

扫一扫，看视频

1.6 多线程、多进程实战实例

关于多进程和多线程，在面试中问得最多的一个问题就是，这两者的区别是什么。很多人会回答它们两者的含义不同，进程是资源分配的最小单位，线程是 CPU 调度的最小单位。但是这句总结是远远不够的。下面从两个实例中理解它们的区别。

此外，经常有读者问道“在实际程序设计过程中使用多进程处理好还是使用多线程处理好”。从测试的角度而言，测试结束并不意味着就能够保证质量，质量需要不断地提高。同样的道理，多线程、多进程的使用，没有最好，只有更好，这需要根据实际情况判断哪个更加合适。

1.6.1 实例一：一万条数据在格式文件中的读写处理

需求：造一万条数据。

数据内容有 name、age、sex、email 等，其中名字的要求是 6～12 位字母、数字或符号的组合，年龄的范围要求是 18～100 岁，性别只能是男或者女，邮件由姓名和@163.com 或者@126.com 构成。

分析：首先要使用面向对象完成数据的结构设计，然后决定将数据写入何种数据格式的文件中。

完成数据结构设计的具体实现代码如下。

```
import random
import string
class CreateData(object):
```

```
    #随机生成一万条数据:姓名随机，要求为 6～12 位
    #可以从数字、字母、符号等内容中随机取值；还可以从网络上获取一些文字；
    #Python 自带一个 String 模块，该模块可以获取对应的字符串
    def  get_name(self):
        str_char=""
        #随机选值的容器：数字、大小写、符号
        get_char=string.ascii_letters+string.digits  #+string.punctuation
        #定义随机的 6～12 位数字
        get_len=random.randint(6,12)
        for i in range(1,get_len+1):
            str_char+=random.choice(get_char)
        return str_char
    #获取性别
    def get_sex(self):
        return random.choice(["男","女"])

    #获取年龄
    def  get_age(self):
        return random.randint(18,100)

    #获取邮件
    def get_email(self):
        return self.get_name()+random.choice(["@163.com","@126.com"])

    #声明一个方法，可以使一条数据放在一个列表
    def  get_one_data(self):
        #此处返回的数据顺序最好与创建表时的结构顺序一致，以便插入数据时一一对应
       return [self.get_name(),self.get_sex(),self.get_age()]
#测试代码
if __name__=="__main__":
    print("随机得到的姓名是：",create.get_name())
    print("随机得到的年龄是：",create.get_age())
    print("随机得到的性别是：",create.get_sex())
    print("随机得到的邮件是：",create.get_email())
```

输出结果如下。

```
随机得到的姓名是： 71ORh0prMyq
随机得到的年龄是： 85
随机得到的性别是： 女
随机得到的邮件是： rrKJqI@126.com
```

从输出结果发现邮件与需求不符，读者知道这是什么原因吗？

因为在创建邮件数据时，重新调用了一次获取姓名的方法，此时就会重新随机生成一个新

的姓名，所以无法与刚开始生成的姓名一致。此时邮件中的姓名应该从获取姓名的方法中进行获取。

具体操作：可以在 CreateData 类中声明一个初始化方法，该方法中存在一个 name 属性，初始值设置为 None 值，然后在 get_name 方法中将随机生成的 str_char 变量的值赋值给 name 属性，最后在 get_email 方法中不要调用 get_name 方法，直接调用 self.name 属性即可。

```
def  __init__(self):
    self.name=None
```

get_name 方法如下。

```
def  get_name(self):
    str_char=""
    get_char=string.ascii_letters+string.digits
    get_len=random.randint(6,12)
    for i in range(1,get_len+1):
        str_char+=random.choice(get_char)
    self.name=str_char      #重点在返回值之前，将生成的姓名值赋值给 name 属性
    return str_char
```

get_email 方法如下。

```
def get_email(self):
    #此处将之前的调用 get_name 方法修改成调用 name 属性
    return self.name+random.choice(["@163.com","@126.com"])
```

最后，执行代码输出结果如下。

```
随机得到姓名是： 5oJu7v
随机得到年龄是： 58
随机得到性别是： 女
随机得到邮件是： 5oJu7v@163.com
```

数据可以生成了，下面需要将生成的数据写入指定的格式文件，如 Excel 数据格式文件、CSV 格式文件、JSON 格式文件、YAML 格式文件、XML 格式文件等。

此实例将数据写入 Excel 数据格式文件，其他类型格式文件的写入实际与在 Excel 数据格式文件中的写入大同小异，大家可以自行尝试完成。

可以通过将行与列进行遍历写入数据，但是那样太过麻烦。在 Python 中 openpyxl 模块实际存在 append 方法，将整条记录写入一行，append 方法传入的参数是可迭代对象，所以可以将前面随机生成的各个数据设置为一个列表，表示一条记录。

```
def  get_one_data(self):
    return [self.get_name(),self.get_sex(),self.get_age(),self.get_email()]
```

最后通过操作 excel 模块调用上面生成一条记录的方法即可完成一万条数据的写入操作，

具体代码如下。

```
from openpyxl import Workbook
from Day14.Data_Opera.Create_Data import CreateData
class ExcelData(object):
    def __init__(self):
        self.data=CreateData()
        self.workbook = Workbook()
        self.get_sheet = self.workbook.active

    def create_data(self):
        for row in range(1,10001):
            self.get_sheet.append(self.data.get_one_data())
        self.workbook.save("data.xlsx")
#测试代码
if __name__ == '__main__':
    excel=ExcelData()
    excel.create_data()
```

如果需求变为将一万条数据修改成一百万条数据，执行代码时会发现，速度明显降低，读数据时甚至会出现文件无响应的情况。所以针对大容量的数据，一般不会使用数据格式文件存储，而是使用数据库存储相关的数据。

1.6.2 实例二：一百万条数据在数据库中的插入处理

从实例一的总结得知，大容量数据的存储选择数据库较为合适，所以现在需要将一百万条数据存储到 mysql 数据库中，具体代码实现如下。

```
import pymysql
from Day14.Data_Opera.Create_Data import CreateData
from Day14.Data_Opera.Decorator_Time import time_dec
from Day14.Data_Opera.Create_Data import get_data
class ConnMysql(object):
    #获取数据库连接:
    def __init__(self):
        self.get_conn=pymysql.connect(host="123.57.71.195",
        user="wood",password="123456",database="python_test")
        #创建游标
        self.get_cursor=self.get_conn.cursor()
    #定义 SQL 语句并通过游标执行
    def create_table(self,tablename):
        #定义创建表的 SQL 语句，其实此处可以将字段全部设置为不定长参数
        str_sql="create table %s(student_namevarchar(20),student_sex
```

```
        char(4),student_age int,student_email varchar(20));"%(tablename)
        #通过游标执行 SQL 语句
        self.get_cursor.execute(str_sql)


    #定义插入数据的方法
    @time_dec()
    def insert_data(self,tablename,*args):
        str_sql = "insert into {0} values(%s,%s,%s,%s);".format(tablename)
        self.get_cursor.executemany(str_sql,args)
        self.get_conn.commit()
    #定义一个关闭对象的方法
    def close_conn(self):
        self.get_conn.close()

#测试代码：以后的测试代码都会定义在 main 方法中
if __name__=="__main__":
    conn=ConnMysql()
    createdata=CreateData()
    conn.create_table("student_test_1")
    list1=[]
    for i in range(1,1000001):
        get_one=createdata.get_one_data()
        list1.append(get_one)
    conn.insert_data("student_test_1",*list1)
    conn.close_conn()
```

输出结果如下。

```
执行程序开始时间： 1594651693.8210464
执行程序结束时间： 1594651721.695471
执行程序总耗费时间： 27.874424695968628
```

上述代码使用了数据库中的 executemany 方法，大大地提高了插入数据的速度，如果使用 execute 方法，则速度会比现在还慢。从结果中可以分析出整体速度还是很慢，能够输出执行耗费的时间是因为添加了时间装饰器，具体实现可以参考 1.4.1 的实例。

既然执行速度过慢，那么肯定还需要继续优化代码，如何优化呢？可以使用多进程或者多线程来完成上述需求。下面按照多个不同的维度来看看多线程和多进程的对比。

（1）数据共享、同步：多进程数据共享是需要通过 IPC（即进程间通信）来完成的，所以其实现相对复杂，然而其数据是分开的，所以同步就相对简单；而多线程因为共享的是进程数据，所以数据共享就会相对简单，而这也会导致同步变得复杂。

（2）内存、CPU：使用过程中多进程的 CPU 利用率低，占用内存多，其主要原因是切换过于复杂；反之多线程的 CPU 利用率高，占用内存少，因为它切换简单。

（3）创建、销毁、切换：多进程的运行速度慢，其原因是需要经历复杂的创建、销毁、切换等操作；而多线程速度相对较快，因为它创建、销毁、切换简单。

（4）编程、调试：多进程的编程简单，调试也简单；多线程的编程复杂，调试也复杂。

（5）可靠性：多进程之间是不会相互响应的，但是多线程就不一样了，其中某一个线程如果挂掉则会导致整个进程挂掉。

（6）分布式：如果需要扩展到多台机器，多进程可以很好地兼容多核、多机等分布式，而多线程适用的是多核分布式。

总结：整体上讲两者各有优势，在内存、CPU、创建、销毁、切换等方面多线程占优势，在编程、调试、可靠性、分布式等方面多进程占优势。

如果在实际编程过程中需要频繁创建销毁、大量计算、实现多核分布式等，建议优先使用多线程；如果是弱相关处理、需要实现多机分布式等情况，则建议优先使用多进程；在都满足需求的情况下，建议读者使用最熟悉、最拿手的实现方式。

使用多进程实现将一百万条数据插入 MySQL 数据库的操作，具体代码如下。

```
import pymysql
from Day14.Data_Opera.Create_Data import CreateData
import multiprocessing
from Day14.Data_Opera.Create_Data import get_data
import time
#定义插入数据的方法
def insert_data(tablename,*args):
    get_conn = pymysql.connect(host="123.57.71.195", user="wood", password="123456",
            database="python_test")
    get_cursor = get_conn.cursor()
    str_sql = "insert into {0} values(%s,%s,%s,%s);".format(tablename)
    get_cursor.executemany(str_sql,args)
    get_conn.commit()
    #定义一个关闭对象的方法
    get_conn.close()

#测试代码
if __name__=="__main__":
    createdata=CreateData()
    list1=[]
    for i in range(1,1000001):
        get_one=createdata.get_one_data()
        list1.append(get_one)
    start_time = time.time()
    print("执行程序开始时间：", start_time)
    p1 = multiprocessing.Process(target=insert_data,args=("student_test_1",\
```

```
        *list1[:310000]))
    p2 = multiprocessing.Process(target=insert_data,args=
       ("student_test_1",*list1[310001:700000]))
    p3 = multiprocessing.Process(target=insert_data, args=("student_test_1",\
        *list1[700001:]))
    p1.start()
    p2.start()
    p3.start()
    p1.join()
    p2.join()
    p3.join()
    end_time = time.time()
    print("执行程序结束时间：", end_time)
    print("执行程序总耗费时间：", end_time - start_time)
```

输出结果如下。

```
执行程序开始时间： 1594653048.7947946
执行程序结束时间： 1594653061.3792942
执行程序总耗费时间： 12.584499597549438
```

使用多线程完成，具体实现代码如下。

```
import pymysql
from Day14.Data_Opera.Create_Data import CreateData
from Day14.Data_Opera.Create_Data import get_data
import time
import threading
def insert_data(tablename,*args):
    get_conn = pymysql.connect(host="123.57.71.195", user="wood", password="123456",
          database="python_test")
    get_cursor = get_conn.cursor()
    str_sql = "insert into {0} values(%s,%s,%s,%s);".format(tablename)
    get_cursor.executemany(str_sql,args)
    get_conn.commit()

#测试代码
if __name__=="__main__":
    createdata=CreateData()
    list1 = []
    for i in range(1, 1000001):
        get_one = createdata.get_one_data()
        list1.append(get_one)
    start_time = time.time()
```

```
print("执行程序开始时间：", start_time)
t1 = threading.Thread(target=insert_data, args=("student_test_1", *list1[:300000]))
t2 = threading.Thread(target=insert_data, args=("student_test_1", *list1\
    [300001:700000]))
t3 = threading.Thread(target=insert_data, args=("student_test_1", *list1\
    [700001:]))
t1.start()
t2.start()
t3.start()
t1.join()
t2.join()
t3.join()
end_time = time.time()
print("执行程序结束时间：", end_time)
print("执行程序总耗费时间：", end_time - start_time)
```

输出结果如下。

```
执行程序开始时间： 1594653551.3112936
执行程序结束时间： 1594653565.4774752
执行程序总耗费时间： 14.166181564331055
```

显然，无论是使用多进程还是多线程，其代码执行速度都比之前执行的速度快两倍多，所以使用多进程或者多线程编程可以很好地提高代码执行效率。

注意：

以上多进程、多线程的实例都是通过使用函数实现的，当然也可以使用类的方式完成，读者可以自行练习。

CHAPTER 2

第二篇

Python 与 Selenium 3

自动化测试实战

第 2 章　自动化测试基础

现如今身处测试行业尤其是进行功能测试的小伙伴，点点点成为其工作中的唯一，不知道自己应该做什么，职业发展也变得非常迷茫。如何打破现有的局面？互联网上有很多规划发展方向的文章，但是无论选择哪一个方向都离不开技术，技术型方向是最实在、最佳的选择，所以自动化测试技术也就成为现如今测试市场的炙热话题和升职加薪的必备利器。

自动化测试是一个非常大的概念，它是将人为驱动转化为机器执行的一种测试过程。从最早的 QTP、LoadRunner 等测试工具到现如今主流的 Web 自动化测试框架 Selenium、APP 自动化测试框架 Appium 及接口自动化测试框架 Requests 等，自动化测试框架及工具在不断发展。在学习以上自动化测试框架之前，必须先对自动化测试有一个完整的认知。

本章主要涉及的知识点如下。

- 自动化测试理论：了解自动化测试的概念，自动化测试在哪些场景中可以实施，并分析其利弊关系。
- 自动化测试分类：了解现如今自动化测试的划分规则，以及各个层次在当今市场上的占比。
- 自动化测试流程：掌握自动化测试过程中各个阶段的入口条件、工作内容、出口条件，从而使得整个测试过程有据可依。

注意：

本章介绍的自动化测试流程为企业级的标准流程，读者可根据实际情况对测试流程进行部分删减。

扫一扫，看视频

2.1　自动化测试理论

本节首先介绍自动化测试的概念，要想掌握自动化技术，就必须先理解其基础、概念，做到知己知彼，才能够灵活应用和实现。

2.1.1　什么是自动化测试

自动化测试就是使用工具或者框架完成相应业务流的脚本设计，然后运行，判断其产生的实际结果是否与预期结果一致的过程，也就是将人执行各种手动测试的过程转换为由机器替代执行。在实际工作中，自动化测试人员会尽可能地模拟所有相关的业务场景，以此完成对应的脚本设计。其中测试用例都是从已编写及已设计好的用例库中进行选取，然后将脚本执行所产生的实际结果与预期结果进行对比，得到最后的结果。这个过程称为自动化测试。

常见的自动化测试工具有 QTP、LR、WebLoad、Robot、WinRunner、Jmeter、Selenium、Appium、HttpRunner 等。

2.1.2　自动化测试的发展历史

1. 第一代自动化测试

这一阶段是自动化测试思想的启蒙阶段，主要使用工具实现“录制—回放”的技术，这种技术就是通过模拟用户对计算机的操作过程而形成脚本，再使用工具完成对业务操作过程中的某些功能点的相关设置，如参数化、检查点等，从而增强脚本的功能。经典代表工具 QTP 就是这一阶段的标杆，该工具使用的是描述性编程，对于环境的依赖性太强，对变化过于敏感，所以这一阶段自动化发展不成规模。

注意：

QTP 如今已更名为 UFT。

2. 第二代自动化测试

这一阶段是结构化脚本自动化测试思想的产生阶段，该思想可以应用于 CLI（命令行界面）和 API（应用程序接口）的自动化测试，并且在这个阶段也开始集成了模块化和库的思想。

模块化思想顾名思义就是以模块为单位，将每个测试用例中的不同测试点进行拆分，并将每个点的测试步骤进行封装，最终形成模块的过程。

库思想实际是对模块化思想的一种升级，其为应用程序的测试创建库文件，这些库文件就是一系列函数的集合。库思想与模块化思想最大的不同就是，库思想拓展了接口思想，可以通过接口完成参数的传递，而不是一个固定死的模块，从而使得交互性更好、灵活性更高。

3. 第三代自动化测试

这一阶段是各种自动化测试思想的爆发阶段，其中主流的有数据驱动与关键字驱动思想，并伴随着对象化思想的产生，造就了现在一系列的自动化测试软件。在测试软件中集成了这些思想，从这时候开始，自动化就开始实现了一定的规模，开始运用在各个行业，并且发展越来越快。

数据驱动思想实现数据与脚本代码的分离操作，将数据存储在指定的数据格式文件或者数据库中，如 Excel、CSV、JSON、XML、YAML、数据库（MySQL、SQLite）等，数据驱动思想实际就是关键字驱动思想的低配，以数据驱动业务。

关键字驱动思想基于数据驱动思想实现进一步的封装，以行为动作驱动业务，会将每一步操作封装在单独的类、单独的函数中，一个函数或者一个类中的方法可以表示一个动作的完成。

简单来说，这实际就是一种面向对象的思想，不同的对象可以驱动不同的测试流向与结果。

注意：

做好自动化测试，不是说单单掌握引言中所提到的某一个框架就可以，而是要掌握其自动化的思想，然后根据这个思想，结合不同的测试环境和流程来构建自己的自动化测试框架。

2.1.3 自动化适用场景

实施自动化测试之前需要对公司的现有状况、公司的软件开发过程等进行全面分析，最后确定当前项目是否适合、适用自动化测试。要想实现自动化测试，一般需要满足如下条件。

1. 软件需求变更不频繁

在实际自动化测试过程中，测试脚本的稳定性一直是自动化测试维护成本的重要因素。如果软件中的需求变更过于频繁，那么测试人员需要根据变更的需求来不断更新相关的测试用例及测试脚本。然而脚本的维护过程本身就可以当作是完整的代码开发过程，同样要经历不断的修改、不断的调试，必要的时候还可能修改自动化测试框架，如果这个过程所花费的成本不低于利用其节省的测试成本，那么自动化测试就是失败的。

在项目中如果有些模块相对稳定，而有些模块的需求变动较大，便可对相对稳定的模块进行自动化测试，而对变动较大的模块仍是使用手工测试，这就是局部自动化。

2. 项目周期足够长

由于自动化测试本身就是一个代码开发过程，所以在需求确定、详细设计、框架设计、脚本编写与调试等各个阶段都需要相当长的时间来完成。如果项目周期比较短，没有足够的时间支持这个过程，那么自动化测试就是多此一举了。

3. 自动化测试脚本可重复使用

如果花费大量的人力、物力、资源开发一套接近完美的自动化测试脚本，但是脚本的重复使用率很低，致使其所耗费的成本大于所创造的经济价值，那么此次的自动化测试相对测试人员而言只是一个实践，并非真正可产生效益的测试手段。

除此之外，在某些场景中手工测试无法完成，还需要投入大量的时间、人力、物力等来考虑自动化测试的引入，如性能测试、配置测试、大数据输入测试等。

2.1.4 自动化测试的优点

首先，自动化测试的主要目的是将人为驱动的过程转换成机器驱动的过程，所以其中一个优点就是当测试人员处于测试疲劳期时可以通过机器替代其完成重复性的测试工作。

其次，既然有机器可以完成重复的回归测试工作，那么就解放了测试人员，使其可以投入新的项目中。

最后，自动化测试可以实现人所无法实现的一些操作，如大量用户的测试，这是需要通过机器进行模拟的，无法同时有几千几万的用户同时操作。

总结：自动化测试的优点主要就是释放人力资源、提高测试效率、解决手工无法实现测试的问题等。

2.1.5　自动化测试的缺点

从自动化测试的发展历史可以发现，自动化框架只是最近几年盛行，所以自动化成为了热点，但在前期自动化测试的发展还是很受阻的，原因有很多，如框架不成熟、工具依赖性强、不稳定、对测试人员技术要求过高等，但其中重要的一个缺点就是无法完全取代手工测试。

其二，手工测试能够比自动化测试发现更多的 BUG，因为脚本是固定的，没有人的灵活性思维，所以自动化只能用于校验功能，无法完全实现测试功能。

其三，对测试人员的要求不断提高，因为自动化需要涉及软件应用、框架设计等，必然要求设计人员会使用编程语言，所以与开发的技术要求等价。

总结：工具本身没有想象力，无法完全覆盖测试的所有功能，所以必须通过手工测试进行弥补。在实际工作中，手工测试与自动化测试两者有效地结合才是保证测试质量的核心、关键。

2.2　自动化测试的分类

本节先通过了解自动化测试的分类来理解后面的软件开发测试流程，然后结合自身公司的现状选择合适的自动化类型进行测试。

2.2.1　自动化测试分层

相信很多读者听说过测试金字塔这个概念，它是由敏捷大师 Mike Cohn 提出的，他的基本观点是：实际存在很多低级别的测试，而不仅是通过用户界面运行高层的、端到端的测试。

大部分公司现在做的是传统自动化测试，其实指的都是 UI 层的自动化，实际就是将黑盒测试功能转换成以工具为驱动的一种自动化测试。

但是，在目前大多数研发团队中存在开发团队与测试团队的割裂、职责的错配等问题，基于这种状态，测试团队的常规反应就是尽量覆盖黑盒测试的所有路径，甚至尽可能覆盖 UI 自动化测试。

上述操作容易导致两个恶果：一个是测试团队规模会急剧膨胀；另一个是 UI 自动化的全面盛行。但是因为 UI 是非常易变的，所以在 UI 自动化中其维护成本也在不断提高。金字塔在整个市场的占比分析如图 2.1 所示。

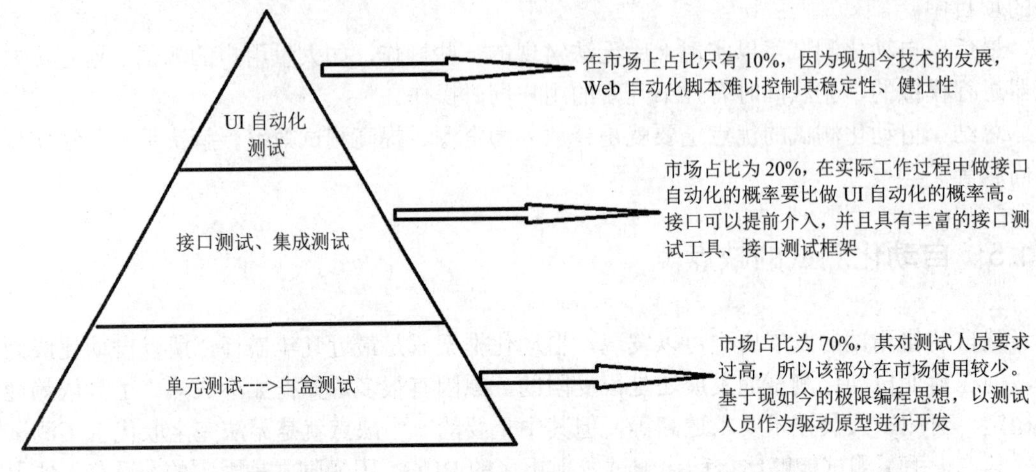

图 2.1　金字塔在整个市场的占比分析

2.2.2　从软件开发周期的角度分类

1. UI 自动化测试

UI 自动化测试主要实现对图像化界面进行流程、功能等方面的测试，会涵盖计算机端 Web、移动端 APP 等不同平台类型的自动化测试。

2. 接口自动化测试

测试系统组件之间接口的请求和返回，接口测试的稳定性要比 UI 自动化测试的稳定性高很多，也更适合开展自动化，这也是现如今中小型企业在投入使用的自动化类型之一。

3. 单元自动化测试

自动化测试完成对代码中的类和方法的测试，是较小代码块的测试，主要关注代码的实现细节和具体业务逻辑实现等方面。这部分对测试人员的要求过高，但是这部分测试人员又过少。这就是之前说的测试团队要么自动化运行非常好，要么就出现膨胀状态。

2.2.3　从测试目的的角度分类

1. 功能自动化测试

功能自动化测试主要检查系统功能是否符合用户需求，是否与预期一致。功能自动化测试以回归测试为主，主要对界面、数据库连接等较为稳定的元素进行测试。

2. 性能自动化测试

性能自动化测试主要是一个基于自动化测试平台完成性能测试、使用平台或者工具后台自动收集测试结果、最后分析测试结果是否达到需求的过程。

2.3 自动化测试的流程

本节介绍一个完整的软件自动化的基本流程，自动化测试流程与软件开发流程本质上是相同的，下面一起来对比分析整个流程。读者可根据公司实际情况对各个阶段进行调整，最后总结出适合自己公司的一套完整自动化测试流程。

测试人员使用自动化测试工具完成脚本的设计（等同于开发人员的开发工具），对测试完成需求分析（等同于软件开发过程中的需求分析阶段），根据分析设计自动化测试用例（等同于软件开发过程中的分析需求规格阶段），从而搭建自动化测试框架（等同于开发过程中的概要设计阶段），设计并编写自动化测试脚本（等同于开发的详细设计与编码阶段）。

下面来介绍软件自动化的基本流程。

1. 可行性分析

可行性分析是自动化测试中最重要的部分之一。在该阶段需要选取抽样 Demo，主要用于验证工具、框架是否可用，当前公司项目是否适合自动化等。并且自动化不是 100%测试，不可能完全覆盖手工测试，所以必须筛选功能点进行自动化测试。

2. 分析需求测试要素

在功能测试过程中，同样需要分析需求，从需求中提取测试要素，尽可能地覆盖所有的需求点。

3. 编写测试计划

任何类型的测试都必须编写测试计划，测试计划可以明确测试目的、测试内容、测试方法、测试对象等，所以自动化测试也需要制定测试计划，明确人力、物力、资源，制定好测试策略，分发给测试用例设计者，便可根据计划有序、有责任地开展自动化工作。

4. 设计测试用例

根据需求分析具体设计出相应的测试用例，输出测试用例文档。通常在实际工作中测试用例会使用 Excel 或者专门的工具平台进行管理，如禅道、TAPD 等。在设计用例之前，需要考虑、设计方便后期测试脚本开发的一套用例模板，还需要分离出相应测试用例的测试数据。

注意：

模板具有多样性，不同的框架实现可以引用不同的用例模板。例如，数据可以使用 YAML 格式文件存储，也可以使用 CSV 格式文件存储等，这需要根据公司现状具体定义。

5. 部署测试环境

在开展测试用例设计工作的同时，也要开始着手测试环境的部署，因为自动化测试脚本的编写需要获取页面元素对象，需要运行、调试等。那为什么不直接引用开发环境？因为测试环境与开发环境是需要相互独立的，开发环境是理想环境，而测试环境需要尽可能地符合用户的使用环境，这样更容易测试出 BUG。

6. 编写测试脚本

首先需要构建好整体的自动化测试框架，基于整体分层框架添加分功能点，即增量式开发脚本。也可以直接使用某些插件工具录制脚本，基于这个脚本状态完成二次开发。每个功能以及高级功能、复杂用例等，需要反复执行、不断调试，直到运行正常。最后，脚本的编写及命名都必须符合对应语言的管理规范，便于后期的代码走读、管理和维护。

7. 分析测试结果

脚本设计后，可以设计执行策略。例如，可以使用套件运行所有或者设定定点执行，当然在脚本中必须设计报告生成以及日志的记录操作。可以直接从报告中进行结果分析，以便尽早发现 BUG。最好后期可以将报告中的 BUG 与公司所使用的缺陷管理平台进行关联，实现 BUG 的自动上报。上报过程中的详情可以通过日志的捕获信息进行提取，便于开发定位 BUG，从而快捷修复 BUG。

8. 跟踪测试 BUG

上报具体的 BUG 到缺陷管理平台后，需要定期跟踪处理。经过开发人员修复后，测试人员还需要执行回归测试，重复执行一次脚本，如果还有问题，则继续修改；如果通过，则关闭 BUG 状态。

9. 维护测试脚本

自动化测试脚本的维护是最为困难的，可以从测试团队内部管理、开发支持测试、运维环境管理三方面进行考虑。测试团队内部首先需要做到脚本编写、脚本提交和脚本变更等的统一性。开发支持测试，例如，在进行 Web 自动化测试时，前端人员应尽量避免修改与当前脚本元素定位的属性相同的元素。运维环境管理，指尽量不要改变自动化脚本所需要的环境参数。

图 2.2 是自动化测试基本流程图，并附有每个阶段的负责人、输出产物等。

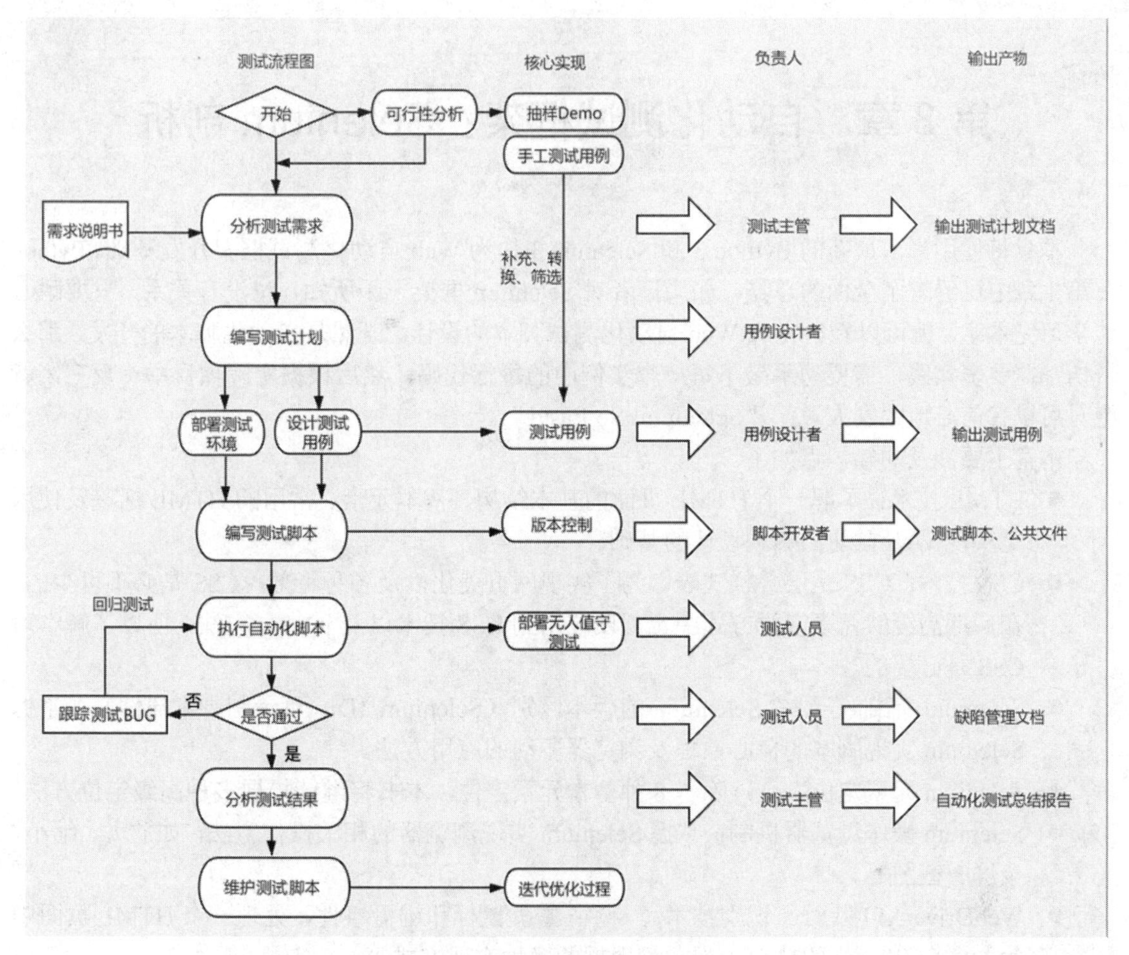

图 2.2　自动化测试基本流程图

2.4　小　　结

自动化测试是测试思想的扩展延伸，为功能测试工程师提供了一个“跳板”，与其将它看成是一个工具，不如认为其是一种思想的升华。

从前面几节的讲述中可以知道，自动化的发展和自动化的优势已然成为当今社会不可或缺的一部分。如何能够在公司中合理地实现自动化才是整个流程的关键，通常自动化引入的最基本条件就是项目必须经历了完整的系统测试。

基于 GUI 的自动化测试通常是指狭义上的自动化测试，而单元测试、API 测试通过手工来完成是不现实的，因为它们本身就属于自动化的范畴。这也是后面分几个大篇幅来逐一讲解不同类型的自动化测试的原因。

第 3 章　自动化测试框架：Selenium 剖析

本章将使用当前最新的 Python 3 和 Selenium 3 作为 Web 自动化测试框架开发基础。Python 在第 1 章中已经有了全面的总结，如果读者对 Selenium 框架一无所知，也没有关系，只要耐心地学习完本章，就可以轻松完成 Web 自动化测试脚本的设计。既然是自动化脚本的开发，那么一切都需要多实践，需要动手敲下每一个实例中的每行代码，然后根据实际项目举一反三，就绝对可以有信心地跟别人说：“Selenium! So Easy!”。

本章主要涉及的知识点如下。

- HTML 技术：了解一个 HTML 页面的基本结构、基本元素、常用的 HTML 标签及使用是实现 Web 自动化脚本设计的基础。
- CSS 技术：CSS 是层叠样式表。为了实现网页美化以及各种特效，CSS 是必不可少的，在后期高级的元素定位方式中也需要应用到 CSS 技术以及 jQuery 方法，所以了解学习 CSS 是必要的。
- Selenium 基础：了解 Selenium 的版本区别（Selenium IDE 可录制脚本插件），掌握 Selenium 实现脚本的核心原理及浏览器驱动的应用方法。
- Selenium 元素定位大全：除了 8 种基本元素定位，本书将继续扩展多种高级定位方法。
- Selenium 操作浏览器机制：掌握 Selenium 实现浏览器的相关操作方法，如放大、缩小、全屏、截图等。
- WebDriverAPI 及对象识别技术（一）：掌握鼠标和键盘事件，处理一个 HTML 页面中包含多个 IFrame 的情况，下拉列表框的多种实现方式等。
- WebDriverAPI 及对象识别技术（二）：掌握如何控制脚本的执行速度，基于不同的文件类型实现文件的上传和下载操作，解决面试必问的一个热点话题，掌握验证码如何实现多种方式的处理等。

注意：

本章介绍的内容将涵盖最全面、最详细、最具体的 Selenium 框架的技术点应用。

扫一扫，看视频

3.1　HTML 技术

进入 Web 3.0 时代，很多应用程序将 C/S 架构模式转换成 B/S 架构模式了。为什么呢？因为管理和部署的简便性，也因为用户追求好的使用体验。相对而言，B/S 技术更容易被广泛应用。所以，在进行 Web 自动化测试之前，必须了解 Web 前端页面是如何实现的，使用的是何种技术。

3.1.1　HTML 简介与编辑器

HTML（Hyper Text Markup Language）称为超文本标记语言，是一种用于描述网页的语言，主要由一系列的标签构成。利用这些标签不仅可以实现网络上文档格式的统一，而且可以让分散的网络资源连接为一个逻辑整体。

HTML 语言的应用不是很复杂，但是其功能非常强大，支持不同的数据格式嵌入，这也是如今 WWW（万维网）盛行的原因之一，其主要具有简易性、高可扩展性、通用性等特点。

HTML 的本质就是文本，但是它需要通过浏览器进行解释并渲染。常用的文本编辑器如下：

（1）操作系统自带的记事本或者写字板，保存时使用.htm 或者.html 作为扩展名即可。

（2）多功能编辑器，如 EditPad、SubLime Text、UltraEdit 等。

（3）傻瓜式的编辑器，如 Dreamweaver、Amaya 等。

3.1.2　HTML 元素

HTML 文档最基本的构成是 HTML 元素，它是使用标签来表现的，也表示从开始标签到结束标签的所有代码。根据 CSS 的显示进行分类，HTML 元素分为三种类型：块状元素、内联元素和可变元素。

（1）块状元素：使该元素的内容相对于其前后的元素内容另起一行。例如，<p>是块状元素，浏览器会单独用一行显示该元素及其内容。

```
<html>
<head>
   <title>这是测试页</title>
</head>

<body>
      <h1>这是测试页</h1>
      <hr>
   <p>这是第一个段落</p>
   <p>这是第二个段落</p>
</body>
</html>
```

使用浏览器打开，块状元素的显示结果如图 3.1 所示。

这是测试页

这是第一个段落

这是第二个段落

图 3.1　块状元素的显示结果

块状顾名思义就是一块一块的，其元素显示为矩形区域，常用的块状元素有 div、dl、menu、dt、dd、ol、ul、h1-h6、p、form、hr、table、tr、td 等。块状元素可以实现自定义高度和宽度，通常作为其他元素的容器，可以实现内联元素和其他块状元素的包含操作。

（2）内联元素：也称为行内元素、行间元素或者内嵌元素。内联元素在网页中的效果是该元素的内容与其前后元素的内容在一行进行显示。例如，<b>元素和<input>元素都是内联元素，浏览器会将它们的内容放置在一行显示。

```
<html>
<head>
    <title>这是测试页</title>
</head>
        <h1>这是测试页</h1>
        <hr>
        <input type='text' ></input>
        <b>这是字体加粗元素</b>
</body>
</html>
```

使用浏览器打开，内联元素的显示结果如图 3.2 所示。

这是测试页

这是字体加粗元素

图 3.2　内联元素的显示结果

内联元素顾名思义就是以行内的形式逐个显示，它没有自己的形状，只能够根据包含的内容来确定高和宽，它的最小内容单元呈矩形。常见的内联元素有 a、br、select、u、span、i、em、strong、img、input、b 等。

（3）可变元素：不知道是何种元素类型时，需要通过其上下文关系来确定该元素是块状元素还是内联元素。常见的可变元素有 applet、button、script、object、map、iframe、del、ins 等。

3.1.3　HTML 属性

在声明HTML标签的同时，实际还可以声明对应标签的属性。属性能够提供更多有关HTML

元素的信息，属性是以键值对的形式存在的，如 name="value"。属性一般在 HTML 元素的开始标签中定义。

（1）定义标题的对齐方式。

```
<h1 align="center">
```

上述代码表示居中显示定义的标题。

（2）定义 HTML 文档主体背景颜色。

```
<body bgcolor="red">
```

上述代码表示将 HTML 文档的主题背景颜色设置为红色。

（3）定义表格边框。

```
<table border="1">
```

上述代码表示添加表格边框的附加信息。

（4）定义超链接。

```
<a href="http://www.baidu.com">百度一下</a>
```

上述代码表示实现文本“百度一下”的超链接。

注意：

（1）属性和属性值对大小写不敏感。不过，万维网联盟在 HTML 4 中推荐属性和属性值使用小写，而新版本 XHTML 要求属性使用小写。

（2）属性值应该始终被包括在引号内。双引号最为常用，不过单引号也可以使用。在某些特殊情况下，如属性值本身包含双引号，那么外部就必须使用单引号，如 name='Wood "Programming" Hello'。

3.1.4 HTML 标题与段落

一个文档的标题非常重要，通过标题可以突出该文档的作用与意义。在 HTML 文档中，标题是通过<h1>到<h6>的标签进行定义的，其中<h1>标签定义最大的标题，<h6>标签定义最小的标题。

下面通过 HTML 标签将六级标题全部显示出来。

```
<html>
<head>
   <title>这是测试页</title>
</head>
<body>
      <h1>这是一级标题</h1>
      <h2>这是二级标题</h2>
```

```
        <h3>这是三级标题</h3>
        <h4>这是四级标题</h4>
        <h5>这是五级标题</h5>
        <h6>这是六级标题</h6>
</body>
</html>
```

使用浏览器打开，标题的显示结果如图 3.3 所示。搜索引擎会根据当前的网页结构以及内容设置索引，而且用户也需要通过标题来快速访问网页，所以标题的级别结构就显得更加重要了。

在 HTML 文档中可以通过<p>标签完成多个段落的分割操作。前面也提到，<p>标签属于块状元素，而使用空段落标记<p></p>完成一个空行的插入是一个坏习惯，应使用
标签进行替代。

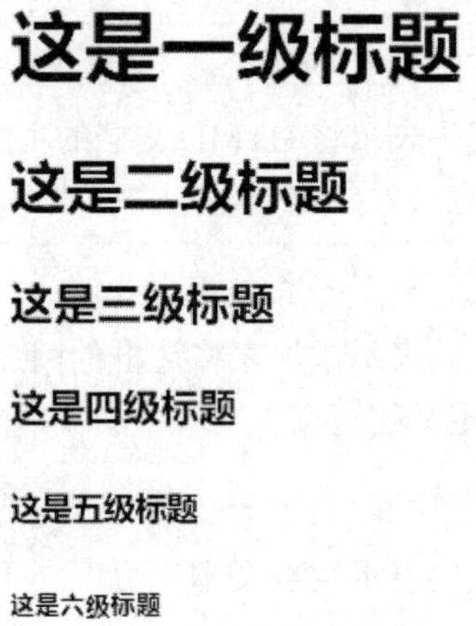

注意：

> 在 XHTML、XML 以及未来的 HTML 版本中，不允许使用没有结束标签的 HTML 元素，即虽然
在所有浏览器中的显示没有问题，但是
表示才是规范的定义操作。

这是一级标题

这是二级标题

这是三级标题

这是四级标题

这是五级标题

这是六级标题

图 3.3　标题的显示结果

有时要在 HTML 代码中插入一些注释说明，主要是为了提高代码的可读性，使代码更容易被人理解，而且浏览器也会忽略注释，不对它们做处理及显示操作。那么在 HTML 中如何定义注释呢？

注释的语法格式：<!-- 注释内容 -->

开始尖括号即左边的尖括号后面需要紧跟一个感叹号，结束尖括号只有尖括号不需要感叹号。

3.1.5 HTML 表单常用操作

对于不同类型用户输入信息的收集，HTML 表单可以实现，如注册、登录等场景。使用<form>元素定义 HTML 表单，所有需要提交的数据都必须存储在<form>标签中。

HTML 表单中包含表单元素，其中表单元素主要有 input、checkout、radio 和 select 等。

<input>元素是整个表单中最重要的元素，该元素拥有很多种形态，其主要由 type 属性决定。type 常用的属性值有 text、password、radio、submit 等。

（1）type 属性：text、password。

```
<form>
用户名:<br>
<input type="text" name="username">
<br>
密码:<br>
<input type="password" name="password">
</form>
```

使用浏览器打开，text、password 属性值的显示结果如图 3.4 所示。

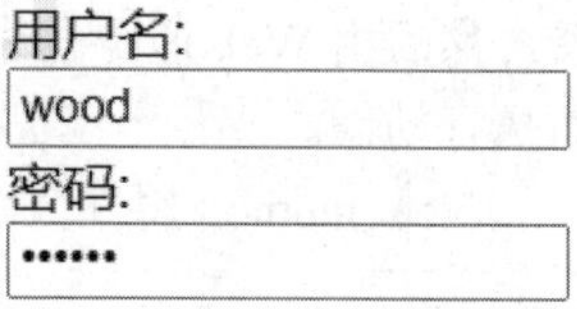

用户名:
wood
密码:
••••••

图 3.4　text、password 属性值的显示结果

注意：

> 在实现登录操作时，输入的密码一般是密文，不会以明文的形式进行显示，所以此处 type 的属性值就必须为 password。

（2）type 属性：radio。

```
<form>
<input type="radio" name="sex" value="male" checked>男
<br>
<input type="radio" name="sex" value="female">女
</form>
```

使用浏览器打开，radio 属性值的显示结果如图 3.5 所示。

（3）type 属性：submit。

```
<form action="#">
用户名:<br>
<input type="text" name="username" value="wood">
<br>
密码:<br>
<input type="password" name="password" value="123456">
<br><br>
<input type="submit" value="登录">
</form>
```

使用浏览器打开，submit 属性值的显示结果如图 3.6 所示。

◉男
○女

图 3.5　radio 属性值的显示结果

用户名:
wood
密码:
••••••
登录

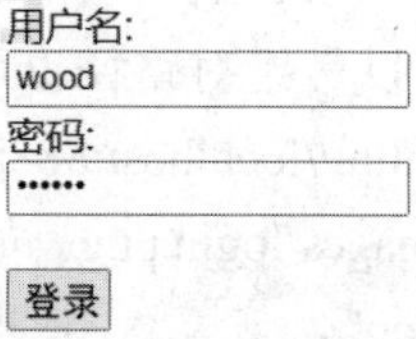

图 3.6　submit 属性值的显示结果

注意：

> 为什么页面会加载出来用户名 wood，且密码中也有值？因为声明并定义了 value 的属性值。

（4）action 属性。

```
<form action="/">
```

action 属性表示在提交表单时执行的动作。通常表单会基于发送请求被提交到 Web 服务器，然后由 Web 服务器进行处理。如果此处省略了 action 属性，那么 action 会默认在当前页面执行动作。

（5）method 属性。

```
<form action="/" method="GET">
```

或者

```
<form action="/" method="POST">
```

method 属性表示提交表单所使用的 HTTP 请求方法，常用的方法主要是 GET 或者 POST。

注意：

> 请求方法在第四篇接口自动化的主流框架及 CI 中会经常遇到，主要有 GET、HEAD、POST、PUT、DELETE、CONNECT、OPTIONS、TRACE 等。

3.1.6 HTML 图像与布局

前面已经学会了如何在 HTML 文档中进行声明元素、标题、段落、表单等常用操作，那么如何在 HTML 中显示图像呢？

使用<img>标签。<img>标签用于定义 HTML 文档中的图像，因为<img>标签属于空标签，只包含属性，所以就没有闭合标签的概念。

如果要在页面中显示图像，除了定义<img>标签以外，还需要使用源属性 src。源属性的值就是图像的 URL 地址。

定义图像的语法：<img src="图像所在路径" />。

图像所在路径可以是绝对路径也可以是相对路径，还可以使用网络路径。例如，如果图片 login.png 位于 http://localhost:8888/服务器的 images 目录下，那么其地址可表示为 http://localhost:8888/images/login.png。如果 login.png 与当前 html 文件在同一目录下，则可以直接表示为 src="login.png"。

注意：

> 虽然可以通过使用绝对路径定义图像，即使用具体的盘符，如 src="d:\\login.png"，但是本书不建议使用此种方法，因为这样容易出现无法显示或者无法加载图片的情况。有时可以以在盘符前面添加“file:///”的形式进行解决，但是也有部分浏览器无法兼容显示。

经常上网的读者会发现一些网站的布局非常漂亮，排版也很整齐，这并不是使用 HTML 代码中的对齐元素形成的，而是通过 HTML 布局完成的。

使用<div>元素来完成 HTML 布局是最常用的方式，因为它能够非常轻松地通过 CSS 进行对齐并定位。

下面的示例使用了三个<div>元素来创建多列布局。

```
<html>
<head>
    <title>这是测试页</title>
</head>
<body>
<div id="header">
<h1>课程选择</h1>
</div>
<div id="nav">
    Python<br/>
    Java<br/>
    C<br/>
</div>
<div id="section">
    <h1>木头编程</h1>
<p>
木头编程致力于为广大师生提供优质的教育服务，让所有的学员都能寻找到最合适自己的
老师，让教与学变得简单、直接！让编程小白轻松学编程。
2020 年 5 月，木头编程、木头教育正式成立。
</p>
</div>
</body>
</html>
```

使用浏览器打开，<div>元素的显示结果如图 3.7 所示。

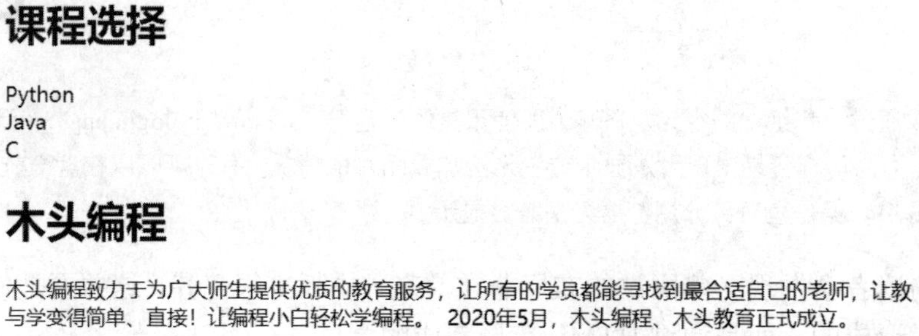

课程选择

Python
Java
C

木头编程

木头编程致力于为广大师生提供优质的教育服务，让所有的学员都能寻找到最合适自己的老师，让教与学变得简单、直接！让编程小白轻松学编程。 2020年5月，木头编程、木头教育正式成立。

图 3.7　div 元素的显示结果

3.1.7　HTML 框架

使用 HTML 框架的主要目的是使打开的一个浏览器选项卡不只有一个 HTML 文档，而是可以包含多个，其中一个 HTML 文档就称为一个框架，每个框架都独立于其他框架。

在 HTML 文档中使用 frame 标签定义框架，还可以使用 frameset 标签将窗口分割为框架。

例如，假设设置一个两列框架集，第一列设置为浏览器窗口的 30%，第二列设置为浏览器窗口的 70%。HTML 文档 frame_1.html 设置在第一列中，HTML 文档 frame_2.html 设置在第二列中。

```
<frameset cols="30%,70%">
    <frame src="frame_1.html">
    <frame src="frame_2.html">
</frameset>
```

在实际开发过程中使用框架存在的弊端是开发人员必须同时跟踪多个 HTML 文档，很难打印整个页面。

注意：

> 不能同时使用 <body></body> 标签与 <frameset></frameset> 标签！不过，假如要添加包含一段文本的 <noframes> 标签，就必须将这段文字嵌套于 <body></body> 标签内。

如果想要在网页中显示网页，可以通过 iframe 标签进行定义。

其定义语法为：<iframe src="隔离页面的位置"></iframe>。

（1）设置 iframe 的宽度和高度。

```
<iframe src="http://www.baidu.com" width="200" height="200"></iframe>
```

使用 width 和 height 属性设置 iframe 的宽度和高度，属性值的默认单位是像素，也可以使用百分比进行设置，如 90%。

（2）删除 iframe 边框。

```
<iframe src="iframe_1.htm" frameborder="0"></iframe>
```

frameborder 属性规定是否显示 iframe 周围的边框，如果属性值设置为 0，则表示移除边框的操作。

（3）使用 iframe 作为链接目标。

```
<iframe src="iframe_1.htm" name="iframe_1"></iframe>
<p><a href="http://www.baidu.com " target="iframe_1">百度一下</a></p>
```

iframe 可以使用 target 属性实现链接目标的操作，但是 target 的属性值必须是 iframe 的 name 属性值。

3.1.8　实战实例：一个静态 HTML 页面

前面说明了 HTML 中的每个知识点，也进行了举例说明，现在综合所有元素设计一个完整的静态 HTML 页面。该页面是木头编程的调查页面，用于填写并提交相关信息。

具体实现代码参考如下。

```
<html>
<head>
    <title>综合所有元素的一个完整 HTML 页面</title>
</head>
<body>
    <!--这是标题-->
    <div id="header">
        <h1>欢迎来到木头编程</h1>
    </div>
    <p>下面是木头编程的二维码</p>
    <!--这是木头编程的二维码-->
    <div id="image">
        <img src="wood.jpg" height="200" width="200">
    </div>
    <!--嵌入 iframe 框架-->
    <p>需要了解更多可以直接百度一下</p>
    <iframe src="http://www.baidu.com" name="iframe_1" width="600" height="300">
    </iframe>
    <!--下面做个简单调查-->
    <from action="success" method="POST">
        <!--输入框、密码框-->
```

```
        <div>
            姓名：<br/><input  type="text" /><br/>
            年龄：<br/><input type="text"  /><br/>
            验证码：<br/><img src="http://123.57.71.195:8787/index.php/home/seccode/
                    makecode.html?1591430678772" /><br/>
            <input type="text" /><br/>
        </div>
        <!--复选框、单选框、下拉列表框-->
        <div>
               喜欢哪门语言：<br/>
                            Java<input type="checkbox" /><br/>
                            Python<input type="checkbox" /><br/>
                            其他<input type="checkbox" /><br/>
               性别： 男<input type="radio" name="sex" />
                      女<input type="radio" name="sex"/><br/>
               学历：<select>
                      <option>未选择</option>
                      <option>博士</option>
                      <option>本科</option>
                      <option>大专</option>
                      </select><br/>
               <!--clos 定义文本区域的宽度，而 row 定义文字区域的高度-->
               备注：<textarea clos="10" rows="6"></textarea><br/>
               <!--按钮操作会触发事件。在 Web 自动化测试中，如果得到了元素定位却无
                法使用 click 方法，则可以使用 onclick 事件进行执行-->
               <input type="submit" value="提交" onclick="javascript:alert('确定提交？');"/>
                  <input type="reset" value="重置" />
               <input type="button" value="确定" />
         </div>
    </from>
/body>
/html>
```

以上代码执行后，在浏览器中打开的页面效果如图 3.8 所示。

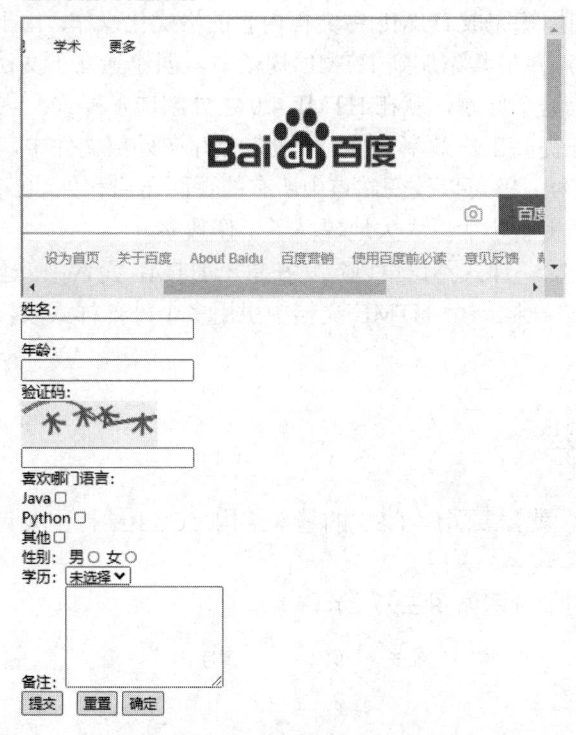

图 3.8　静态 HTML 的页面效果

3.2　CSS 技术

CSS 技术的设计初衷是解决 Web 1.0 时代图片和文字的显示问题。互联网在不断发展，Web 技术的内容不仅仅有图片和文字，更有视频、游戏、多屏幕等一系列需求，所以出现了 HTML 5 体系。HTML 5 体系主要由 HTML 5、CSS 3 和 JS 等技术构成。

在整个技术系统中，CSS 技术就是实现浏览器对 HTML 内容的美化，从而使 HTML 的内容结构和页面展示效果分离。

3.2.1 CSS 简介

CSS（cascading style sheets）称为层叠样式表，它是一种计算机语言，主要用于表现 HTML 或者 XML 等文件样式。它不仅能够非常精确地控制网页中元素的位置，支持几乎所有的字体样式，拥有对网页对象和模型样式的编辑能力，还能够配合各种动态脚本对网页各个元素实现格式化操作。

CSS 能够控制页面的整体样式，而之前的 HTML 标签设计只能用于定义文档内容。简单来说，CSS 就是使用一系列标签完成 HTML 中文档内容的格式化操作。由于主要的浏览器不断地更新 HTML 标签和属性，并将其添加到 HTML 规范中，创建独立于文档表现层的文档内容就变得越来越难。为了解决这个问题，就在 HTML 4.0 之外创造了样式。

CSS 样式可以很好地提高工作效率。样式一般是保存在外部文件中，文件后缀名为.css，后期只需要编辑、修改该文档，就可以改变站点中所有的页面布局和外观。只要简单地改变样式，网站的所有元素均会自动更新，所以大大地提高了工作效率。

CSS 将样式层叠为一个。样式不仅可以定义在单个 HTML 元素中，也可以定义在一个外部的 CSS 文件中，甚至可以在同一个 HTML 文档中引用多个外部样式表，即样式表允许以多种方式实现样式信息的定义。

3.2.2 CSS 基础语法

要理解 CSS 的语法，就需要了解 CSS 的基本结构。CSS 结构主要包括两部分：选择器和声明。

CSS 的语法代码结构示意图如图 3.9 所示。

图 3.9　CSS 的语法代码结构示意图

在上面的结构示意图中，h1 是选择器，color 和 font-size 是属性，red 和 14px 是属性所对应的值。

注意：

声明之间用分号隔开，且所有的声明都要使用大括号括起来。

1. 值的不同定义和单位

上面 color 属性的值是 red。除了可以使用对应的英文单词外，还可以使用十六进制的颜色值进行表示。例如：

```
p { color: #ff0000; }
```

当然，还可以使用 RGB 的值进行表示。例如：

```
p { color: rgb(255,0,0); }
```

或者使用 RGB 值的百分比进行表示。例如：

```
p { color: rgb(100%,0%,0%); }
```

注意：

> 当使用 RGB 值的百分比进行表示时，即使值为 0 也要加上百分比符号。

2. 多重声明

如果声明不止一个，可以使用分号隔开多个声明。下面要求定义一个黄色、居中的段落。

```
p {text-align:center; color:yellow;}
```

注意：

> 实际上，在最后一个声明规则后面是可以不添加分号的，但在工作中一般会添加上，这么做的好处就是当从现有的规则中增减声明时，会尽可能地减少出错的可能性。

3. 空格和大小写问题

CSS 中是否包含空格对浏览器没有影响。与 XHTML 不同，CSS 对大小写不敏感。但是如果涉及与 HTML 文档融合的情况，class 和 id 元素对大小写是敏感的。例如：

```
body {
    color: red;
    background: blue;
    font-family: Georgia, Palatino, serif;
    }
```

3.2.3 CSS 高级语法

CSS 高级语法主要处理一些复杂的样式问题。CSS 高级语法的实现，必须基于 CSS 的基础语法。在 CSS 高级语法中，主要从以下几个方面进行考虑：选择器的分组、选择器的继承及问题、CSS 派生选择器、CSS 后代选择器和 CSS 子元素选择器等。

选择器的分组，简单来说就是对选择器进行分组操作，被分组的选择器可以共享相同的声明，多组选择器之间使用逗号隔开即可。例如，下面实现对六级标题元素的分组，并且设置所有的标题颜色都是红色。

```
h1,h2,h3,h4,h5,h6 {
    color: red;
    }
```

如果声明了父元素的样式，那么所有的子元素将使用相同父元素的样式。考虑到浏览器的不同，为了让所有浏览器都保持相同的样式，就需要对其子元素进行具体声明。这也就是样式继承及其可能存在的问题。

例如，声明父元素 body 的字体格式。

```
body {
    font-family: arial, sans-serif;
}
```

从上面的示例中知道，body 元素使用的字体是 arial，假设访问者系统中存在这个字体，那么通过 CSS 继承，子元素将继承最高元素即 body 中的所有属性（如子元素 p、td、ul、ol、dt、dd、dl 等）。所以 body 的子元素都应该显示 arial 字体，子元素的子元素也是相同的。

注意：

> Netscape 4 浏览器是不支持继承的，它会忽略继承，也忽略应用于 body 元素的规则。此外，IE 6 也存在相关问题，在表格内的字体样式也会被忽略。

针对上述注意中的内容，应如何解决呢？为了摆脱父元素的规则问题，前面已经说过了，可以单独针对子元素进行特殊规则的设定。例如，将段落的字体设置为 Times，只需要创建一个 p 的特殊规则即可。

```
body {
    font-family: arial, sans-serif;
}
p {
    font-family: Times, "Times New Roman", serif;
}
```

有时会需要根据上下文关系来定义其样式格式，此时可以通过派生选择器，依据元素的位置进行标记，这样更加简洁。

在 CSS 1 中，将应用这种规则的选择器称为上下文选择器；在 CSS 2 中，则称为派生选择器，当然只是称呼发生了变化，其本身的作用还是相同的。

例如，如果需要将列表中的 strong 元素的字体改为斜体，而不是通常的粗体字，就可以定义一个派生选择器。

```
li strong {
    font-style: italic;
    font-weight: normal;
    }
```

标记为<strong>元素的代码的上下文关系。

```
<p><strong>我是粗体字，不是斜体字，因为我不在列表当中，所以这个规则对我不起作用
</strong></p>
<ol><li><strong>我是斜体字。这是因为 strong 元素位于 li 元素内。</strong></li>
<li>我是正常的字体。</li>
</ol>
```

从上面的示例中发现只有 li 元素中的 strong 元素样式为斜体字，无须为 strong 元素定义特殊的 class 或者 id，从而使代码更加简洁。

在元素之间是存在以下类型关系的，如父元素、子元素、祖先元素、后代元素、兄弟元素等。选中指定元素作为后代元素，就是后代选择器。

其语法是：祖先元素　后代元素{ }。

如果选中指定父元素作为指定元素，那么就是子元素选择器，这种方法的应用不是很多。

其语法是：父元素>子元素。

例如，声明一个后代选择器，元素为 h1 和 em，其属性颜色的值是红色。声明一个子元素选择器，元素为 div 和 ul，其属性颜色也是红色。具体代码如下。

```
div>ul{color: red; }
h1 em{color:red;}
```

直接将其应用到 HTML 文档上查看它们两者的区别，先看后代选择器 div、p 的效果。

```
<!DOCTYPE html>
<html>
<head>
<style>
div p{
    background-color:yellow;
}
</style>
</head>
```

```
<body>
<div>
    <p>子元素选择器</p>
    <span><p>后代选择器</p></span>
</div>
</body>
</html>
```

运行结果如图 3.10 所示。

再来看子选择器 div、p 的效果。

```
<!DOCTYPE html>
<html>
<head>
<style>
div>p{
    background-color:yellow;
}
</style>
</head>
<body>
<div>
    <p>子元素选择器</p>
    <span><p>后代选择器</p></span>
</div>
</body>
</html>
```

运行结果如图 3.11 所示。

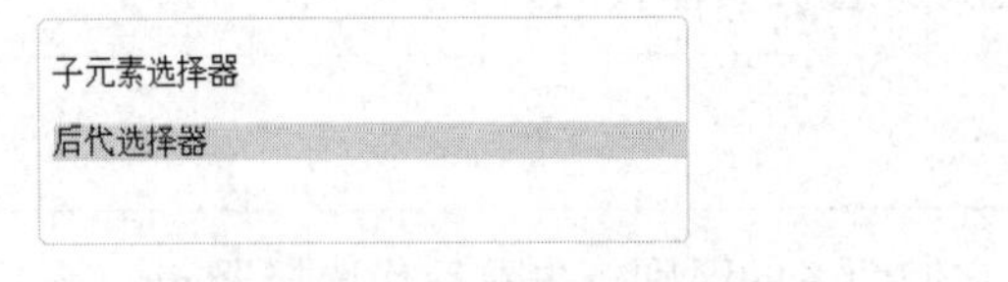

图 3.10　后代选择器

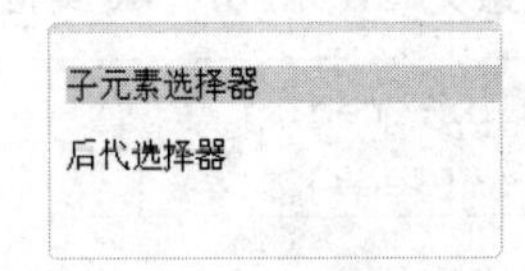

图 3.11　子选择器

从上面的运行结果可以看出，子选择器只作用于其第一代元素，而后代选择器作用于 N（N 为自然数）代元素。

3.2.4　实战实例：编写一个 CSS 样式并应用到 HTML 页面

结合 HTML 技术和 CSS 技术，编写一份试卷的静态页面，其中题型要涉及选择题、问答题等。

完整代码可参考【\源代码\C2\Html+Css.html】。

3.3　Selenium 基础

最近几年，Web 自动化测试发展得非常迅速，自动化测试工具也从传统的工具 QTP 发展到现在开源的测试框架。传统的工具存在稳定性差、编程语言能力要求高、不易学等缺点，而现在的自动化测试框架都是开源的，兼容性强，可以使用多种语言开发等，所以这也是 Web 自动化测试发展迅速的主要原因。

3.3.1　Selenium 简介

Selenium 是一款免费的、开源的、基于 Web 页面的 UI 自动化测试工具，它可以支持多个浏览器（如 IE、FireFox、Safari、Chrome、Android 手机浏览器等）、支持跨平台（如 Windows、Linux、IOS、Android 等）、支持多语言（如 Java、C#、Python、Php 等）等。

Selenium 提供了一套完善的测试函数，功能非常灵活，能够完成界面元素的定位、窗口的跳转、结果的比较等。

3.3.2　Selenium 家族

Selenium 框架其实是由多个工具组成的，分别是 Selenium IDE、Selenium RC、Selenium WebDriver 和 Selenium Grid。

Selenium IDE 是一个可以通过录制操作完成基本脚本构建的工具，拥有简单易用的界面。它是 FireFox 浏览器中的一个插件，可以录制用户的基本操作，生成测试脚本。生成的脚本不仅可以直接在浏览器中进行回放，还可以转换成各种语言的自动化脚本并保存到本地。

Selenium RC 可以说是整个 Selenium 家族的核心，它使用编程语言来创建更为复杂的测试，其编程语言可以是 Java、C#、PHP、Python 等。Selenium RC 主要是由 Client Libraries 和 Selenium Server 组成的，Client Libraries 主要通过编写测试脚本来控制 Selenium Server 库，而 Selenium Server 主要负责控制浏览器的行为，该库又包括三部分：Launcher、Http Proxy 和 Core。Selenium Core 是一系列 JavaScript 函数的集合，只有通过 JavaScript 函数才可以实现用程序对浏览器进行相应的操作。而 Launcher 的作用主要是启动浏览器，然后将 Selenium Core 加载到浏览器页面中，通过 Selenium Server 的 HttpProxy 完成对应浏览器的代理设置。

Selenium WebDriver 其实就是 Selenium RC 的升级版，是基于 Selenium RC 进行再次封装的，可以直接发送命令给浏览器。

Selenium Grid 用于运行不同的机器，不同的浏览器进行并行测试，目的就是加快测试用例的运行速度，从而减少测试运行的总时间。灵活利用 Grid 可以很简单地让多台机器在异构环境中运行测试用例。

3.3.3 安装 Selenium 及 Selenium IDE

安装 Selenium 的方式有很多种，这里介绍常用的三种方式。

（1）直接在 DOS 环境下执行命令 pip install selenium 即可，如图 3.12 所示。

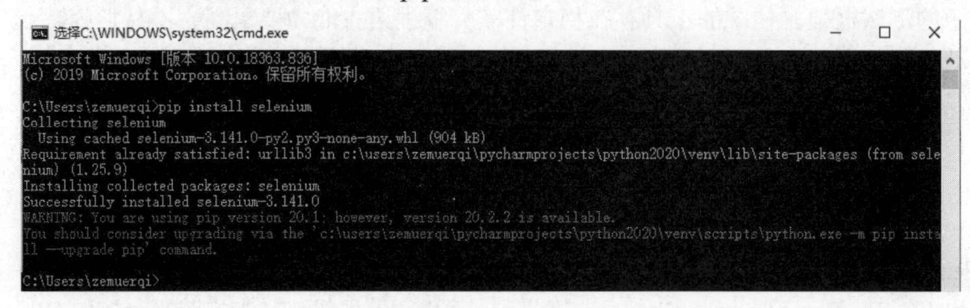

图 3.12 Selenium 安装

（2）下载 Selenium 安装包手动安装。官网下载地址：https://pypi.org/project/selenium/#files，选择扩展名为 gz 的源码包进行下载，如图 3.13 所示。

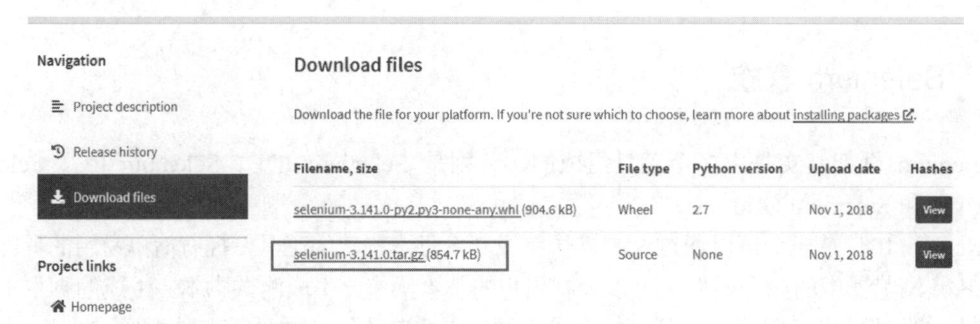

图 3.13 Selenium 安装

下载后解压，在 DOS 环境下切换到 setup.py 文件所在的目录，运行 python setup.py install 命令进行安装。

（3）直接通过 PyCharm 集成工具进行安装。打开 PyCharm，选择 File，单击 Settings，进入 Settings 页面，选择 Project Interpreter，单击“+”搜索 Selenium，选中并单击 Install Package 即可，如图 3.14 所示。

由于 Selenium IDE 是 Firefox 的一个插件，所以需要先安装火狐浏览器。

选择“附加组件”，如图 3.15 所示。

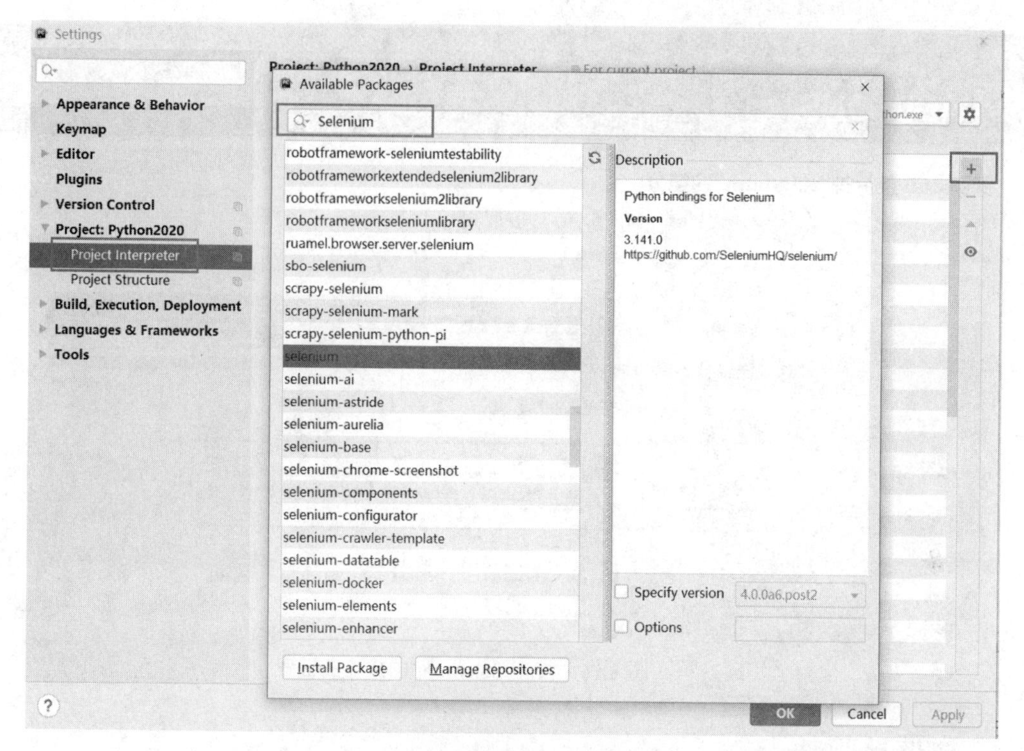

图 3.14　Selenium 安装

图 3.15　附加组件

然后输入需要搜索的组件名，输入 selenium 即可显示相关的结果，如图 3.16 所示。

单击第一个显示的 Selenium IDE 选项，然后添加到 Firefox，添加成功后会在浏览器的右上角显示 Selenium IDE 的图标，单击打开 Selenium IDE 工具。

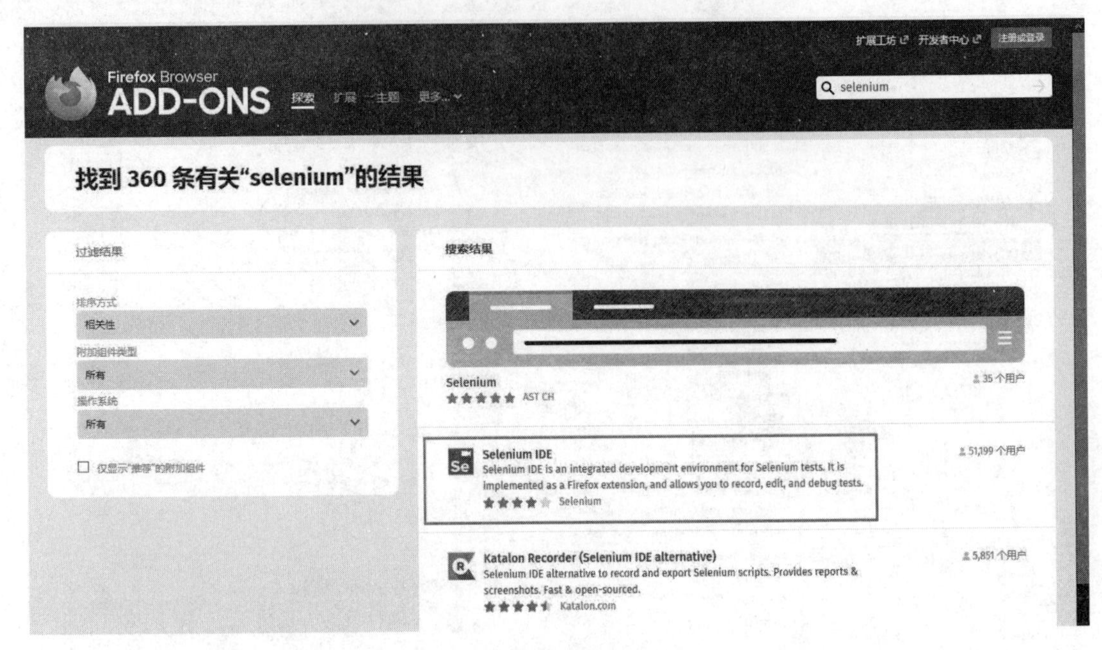

图 3.16 搜索 Selenium IDE

3.3.4 浏览器驱动

在 Selenium 3.x 版本中没有默认浏览器的支持，需要使用哪个浏览器完成自动化，就需要获取该浏览器官方提供的对应版本的驱动，这样会使各个浏览器在自动化测试中更加稳定。

注意：

（1）下载的浏览器的版本和位数，取决于使用的操作系统的类型和位数（64bit 或 32bit）,虽然浏览器的版本位数和操作系统的位数没有映射关系，但是为了防止出现特殊问题，建议尽量保持版本一致。

（2）浏览器的版本和驱动版本存在映射关系，下载时需注意，如果两个版本不匹配，Selenium 将无法驱动浏览器。

（3）Edge 的驱动器需要使用以下命令更新。

```
DISM.exe /Online /Add-Capability /CapabilityName:Microsoft.WebDriver~~~~0.0.1.0
```

并且在 DOS 中以管理员身份运行。

（4）下载完对应的驱动器后，还需要将其配置到 Path 的环境变量中，配置后需要重启 PyCharm 使其生效（除了可以自己新建文件夹以外，也可以直接放置在 Python 的可执行文件路径中）。

以下是各浏览器和驱动的下载地址：https://www.selenium.dev/documentation/en/webdriver/driver_requirements/。

访问后选 WebDriver，然后单击 Driver requirements 即可获取所有浏览器对应版本的下载地址，如

图 3.17 所示。

Browser	Supported OS	Maintained by	Download	Issue Tracker
Chromium/Chrome	Windows/macOS/Linux	Google	Downloads	Issues
Firefox	Windows/macOS/Linux	Mozilla	Downloads	Issues
Edge	Windows 10	Microsoft	Downloads	Issues
Internet Explorer	Windows	Selenium Project	Downloads	Issues
Safari	macOS El Capitan and newer	Apple	Built in	Issues
Opera	Windows/macOS/Linux	Opera	Downloads	Issues

图 3.17　浏览器对应版本的下载地址

3.3.5　Selenium 的第一个脚本

使用 Selenium 访问 CRM 系统首页，具体实现脚本如下。

```
#-*- coding:utf-8 -*-#
#---------------------------------------------------------------------------
#ProjectName:     Python2020
#FileName:        Selenium_Test1.py
#Author:            mutou
#Date:            2020/9/7 15:13
#Description:需要引用 Selenium 模块打开一个网页
#----------------------------------------------------------------------------
#引用模块
from selenium import webdriver
get_driver=webdriver.Chrome()
#打开网页
get_driver.get("http://123.57.71.195:7878/")
```

注意：

http://123.57.71.195:7878/是 CRM 系统的访问地址，已经部署在阿里云上，大家也可以使用。CRM 系统的配置信息说明如表 3.1 所示。

表 3.1　CRM系统的配置信息说明

类　型	用 户 名	密　码
系统登录信息	admin	admin888
系统数据库信息	wood_crm	crm_test@123456

3.3.6 Selenium 的运行原理

根据 3.3.2 中对 Selenium RC 的理解，也就是 WebDriver 的实现过程，可知 Selenium 运行原理的具体描述如下：

客户端（即用 PyCharm 设计的脚本）发送请求，基于 JSON Wire 格式的协议创建一个绑定特定端口的会话连接（Selenium RC），相当于服务端。

服务端又会根据不同的浏览器驱动来启动不同类型的浏览器，浏览器不同的类型（4 种内核：IE、Firefox、Chrome、Opera）、不同的版本具有不同的驱动，此时服务器会将客户端发送过来的事件指令通过驱动在浏览器中完成，浏览器操作完成后会将结果返回给服务端，服务端将结果返回给客户端，具体实现过程如图 3.18 所示。

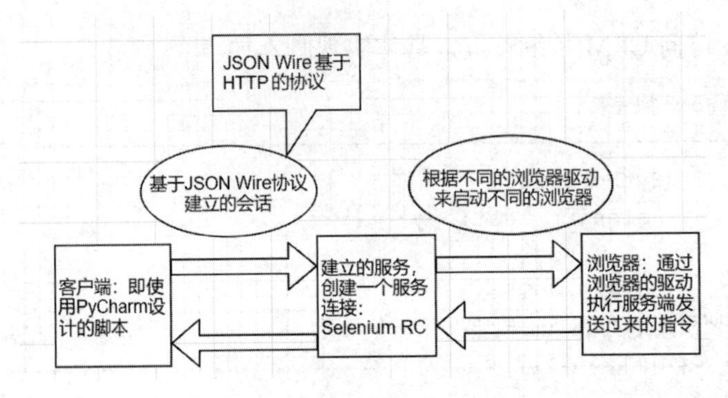

图 3.18 Selenium 运行原理

扫一扫，看视频

3.4 Selenium 元素定位大全

元素的定位是整个 Web 自动化中的重点以及难点。Selenium 实现网页的控制操作主要是通过控制前端的元素来完成，在这个过程中，元素的定位是基础，只有准确抓取到对应元素才能进行后续的自动化控制。下面对各种元素定位的方式进行总结。

3.4.1 8 种基本元素定位

1. id 定位

这是一种最常用的定位方式，假设已知某个元素的 id 或通过 Firebug 查找得到 id 的相关信息，可通过此方法进行定位，如图 3.19 所示。id 属性在 HTML 中是唯一的，类似于元素的身份证号码，WebDriver 提供的 id 定位方法就是通过元素的 id 属性来查找元素，如 driver.find_element_by_id("findpwd")，找到标签为 id、属性值为 findpwd 的元素。

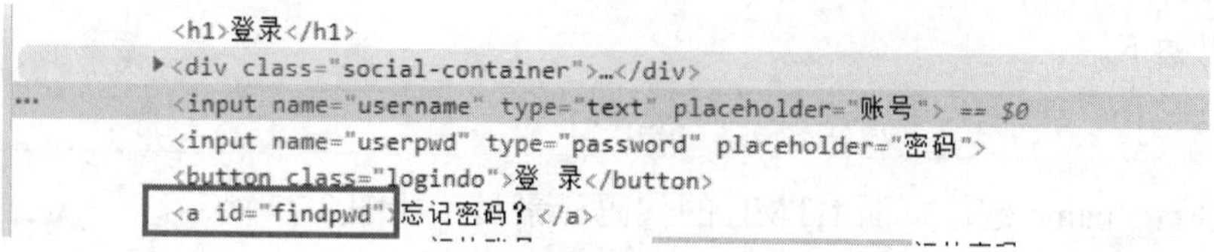

```
<h1>登录</h1>
▶<div class="social-container">…</div>
<input name="username" type="text" placeholder="账号"> == $0
<input name="userpwd" type="password" placeholder="密码">
<button class="logindo">登 录</button>
<a id="findpwd">忘记密码？</a>
```

图 3.19　id 定位

2. name 定位

name 定位方式将会识别首个 name 属性等于定位值的页面元素，如果多个元素的 name 属性都相同，那么可以使用过滤器来进一步细化定位。默认的过滤器类型是 value（也就是 value 属性）。

实例代码如下。

```
driver.find_element_by_name("username")
```

其中使用 name 定位页面 HTML 的代码元素显示如图 3.20 所示。

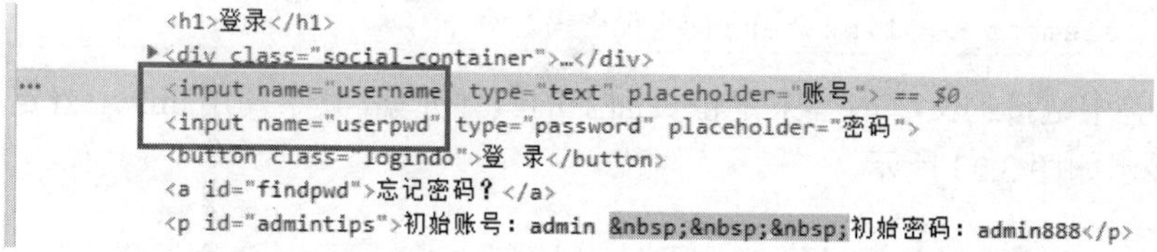

```
<h1>登录</h1>
▶<div class="social-container">…</div>
<input name="username" type="text" placeholder="账号"> == $0
<input name="userpwd" type="password" placeholder="密码">
<button class="logindo">登 录</button>
<a id="findpwd">忘记密码？</a>
<p id="admintips">初始账号：admin    初始密码：admin888</p>
```

图 3.20　使用 name 定位页面 HTML 的代码元素显示

3. class_name 定位

HTML 规定使用 class 来指定元素的类型，class 属性在页面中不是唯一的。

实例代码如下。

```
driver.find_element_by_class_name("logindo")
```

其中使用 class_name 定位页面 HTML 的代码元素显示如图 3.21 所示。

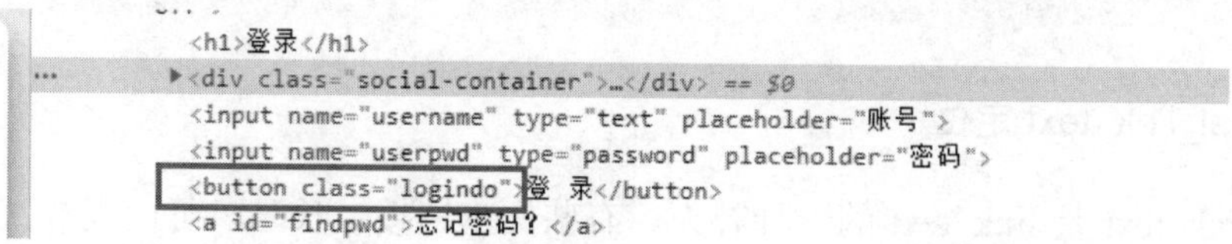

```
<h1>登录</h1>
▶<div class="social-container">…</div> == $0
<input name="username" type="text" placeholder="账号">
<input name="userpwd" type="password" placeholder="密码">
<button class="logindo">登 录</button>
<a id="findpwd">忘记密码？</a>
```

图 3.21　使用 class_name 定位页面 HTML 的代码元素显示

4. tag_name 定位

通过标签的名称来定位元素的位置，这种定位方法比较困难，因为同一个页面中相同名称的标签往往比较多。

实例代码如下。

```
driver.find_elements_by_tag_name("input")
```

其中使用 tag_name 定位页面 HTML 的代码元素显示如图 3.22 所示。

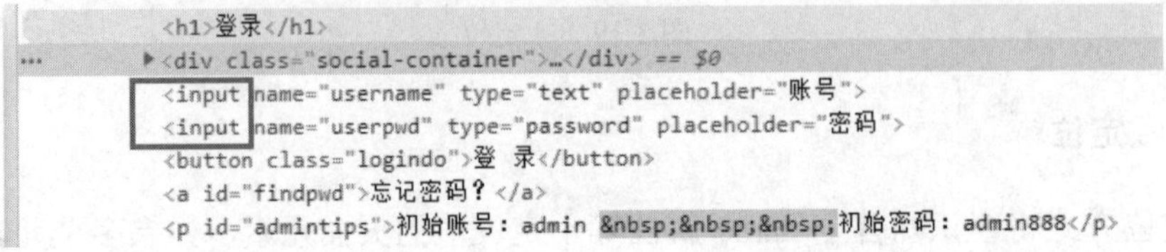

```
<h1>登录</h1>
▶<div class="social-container">…</div> == $0
<input name="username" type="text" placeholder="账号">
<input name="userpwd" type="password" placeholder="密码">
<button class="logindo">登 录</button>
<a id="findpwd">忘记密码？</a>
<p id="admintips">初始账号：admin    初始密码：admin888</p>
```

图 3.22　使用 tag_name 定位页面 HTML 的代码元素显示

5. link_text 定位

link_text 专门用来定位文本链接。

实例代码如下。

```
driver.find_element_by_link_text("忘记密码？")
```

使用 a 标签中链接的文字内容来定位页面上的具体元素。其中使用 link_text 定位页面 HTML 的代码元素显示如图 3.23 所示。

```
<h1>登录</h1>
▶<div class="social-container">…</div> == $0
<input name="username" type="text" placeholder="账号">
<input name="userpwd" type="password" placeholder="密码">
<button class="logindo">登 录</button>
<a id="findpwd">忘记密码？</a>
<p id="admintips">初始账号：admin    初始密码：admin888</p>
```

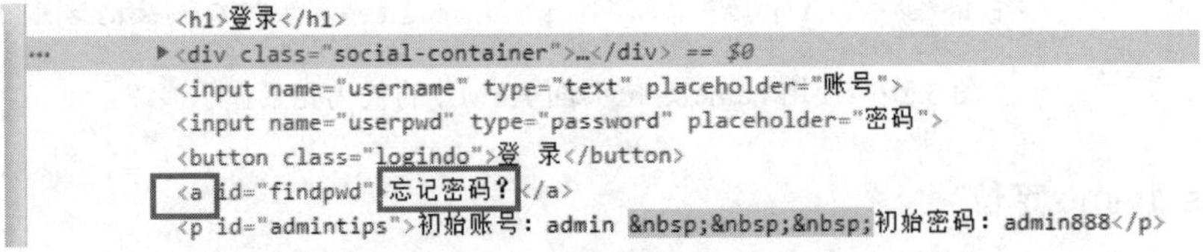

图 3.23　使用 link_text 定位页面 HTML 的代码元素显示

注意：

> 此处的文本最好直接复制页面上的，不建议手动输入，因为手动输入的文本可能会存在部分差异，如空格、中英文符号问题等。

6. partial_link_text 定位

partial_link_text 是 link_text 的一种补充，有些文本链接较长时，可以提取文本链接的一部分进行定位，只要这一部分信息可以唯一地标识出这个链接。

实例代码如下。

```
driver.find_element_by_partial_link_text("忘记")
```

其中使用 partial_link_text 定位页面 HTML 的代码元素显示如图 3.23 所示。

7. XPath 定位

XPath 定位方式由 XML（eXtend Markup Language，可扩展标记语言，也是由一系列标签构成，主要实现数据交换）和 Path 两部分构成，以 XML 格式的树状结构形式进行递归逐级定位。

XPath 定位的两种方式：绝对路径定位、相对路径定位。

绝对路径：从顶级父标签到当前标签的整个路径结构称为绝对路径。在使用绝对路径时，如果同级中存在多个相同标签，则通过索引进行具体选择，其索引的初始值是从 1 开始；但是在实际脚本开发过程中，一般不使用绝对路径，因为绝对路径的跨度较大，只要页面稍微发生变动整个定位就会失败，稳定性极差。

相对路径：表示相对当前标签而言的路径结构。常用的定位方式有以下几种。

（1）属性定位语法：//标签名[@属性名=属性值]。

注意：

（1）标签名可以具体，也可以使用*（表示任意标签，定义的范围会比具体的标签更广，可能会定位出多个对象）。

（2）属性值如果是字符串则需要使用引号。

（2）使用逻辑运算符可以实现多个属性定位，逻辑运算符有 and、or、not。例如，//input[@name='uname' and @pwd='upasswd']，但是一般组合的属性不会超过 2 个，因为设定的属性越多，对脚本的依赖性就越高。

（3）嵌入函数完成 XPath 定位。

① text 函数定位语法：//标签名[text()=对应标签的文本内容]。

② contains 函数定位语法：//标签名[contains(@属性名,对应属性名的部分值)]。

③ starts-with 函数定位语法：//标签名[starts-with(@属性名,对应属性名的前面部分值)]。

④ ends-with 函数定位语法：//标签名[ends-with(@属性名,对应属性名的后面部分值)]。

注意：

一般 starts-with、ends-with 函数能完成定位的，contains 函数也能完成，所以在实际工作中 contains 函数应用得更多。

实例代码如下。

```
get_dri.find_element_by_xpath("//button[text()='登 录']").click()
get_dri.find_element_by_xpath("//button[contains(@class,'login')]").click()
get_dri.find_element_by_xpath("//button[starts-with(text(),'登')]").click()
```

8. CSS 定位方式

CSS 的定位主要是通过选择器来完成的，这属于 CSS 的高级定位。CSS 的详细概念可参考 3.2 节。

CSS 定位与 XPath 定位的使用是同等重要的，两者有很多类似的地方，但是无论从性能还是语法上来说，CSS 定位都是比较有优势的。

CSS 定位中选择器的常用语法如表 3.2 所示。

表 3.2　CSS定位中选择器的常用语法

选　择　器	示　　例	语 法 说 明	CSS
.class	.logindo	选择class='logindo'的所有元素	1
#id	#findpwd	选择id='findpwd'的所有元素	1
*	*	选择所有元素	2
element	p	选择所有<p>元素	1
element,element	div,p	选择所有<div>元素和所有<p>元素	1
element p	div p	选择<div>元素内部的所有<p>元素	1
element>element	div>p	选择父元素<div>元素的所有<p>元素	2
element+element	div+p	选择紧接在<div>元素之后的所有<p>元素	2
[attribute]	[target]	选择带有target属性的所有元素	2
[attribute=value]	[target=_blank]	选择target='_blank'的所有元素	2
[attribute~=value]	[title~=test]	选择在title属性中包含单词test的所有元素	2
[attribute|=value]	[lang|=zh]	选择在lang属性中值以zh开头的所有元素	2
:link	a:link	选择所有未被访问的链接	1
:visited	a:visited	选择所有已被访问的链接	1
:hover	a:hover	选择鼠标指针位于其上的链接	1
:active	a:active	选择活动链接	1
:focus	input:focus	选择获得焦点的input元素	2
:first-letter	p:first-letter	选择每个<p>元素的首字母	1
:first-line	p:first-line	选择每个<p>元素的首行	1
:first-chlid	p:first-child	选择属于其父元素的第一个子元素的每个<p>元素	2
:before	p:before	在每个<p>元素的内容之前插入内容	2
:after	p:after	在每个<p>元素的内容之后插入内容	2
:lang(language)	p:lang(it)	选择带有以it开头的lang属性值的每个<p>元素	2
element1~element2	p~ul	选择前面带有<p>元素的每个<ul>元素	3
[attribute^=value]	a[src^="https"]	选择src属性值以https开头的每个<a>元素	3
[attribute$=value]	a[src$=".pdf"]	选择src属性值以.pdf结尾的所有<p>元素	3

续表

选择器	示例	语法说明	CSS
[attribute*=value]	a[src*="abc"]	选择src属性值中包含abc子串的每个<a>元素	3
:first-of-type	p:first-of-type	选择属于其父元素的首个<p>元素的每个<p>元素	3
:last-of-type	p:last-of-type	选择属于其父元素的最后<p>元素的每个<p>元素	3
:only-of-type	p:only-of-type	选择属于其父元素唯一的<p>元素的每个<p>元素	3
:only-child	p:only-child	选择属于其父元素的唯一子元素的每个<p>元素	3
:nth-child(n)	p:nth-child(2)	选择属于其父元素的第二个子元素的每个<p>元素	3
:nth-last-child(n)	p:nth-last-child(2)	同上，从最后一个子元素开始计数	3
:nth-of-type(n)	p:nth-of-type(2)	选择属于其父元素第二个<p>元素的每个<p>元素	3
:nth-last-of-type(n)	p:nth-last-of-type(2)	同上，从最后一个子元素开始计数	3
:last-child	p:last-child	选择属于其父元素的最后一个子元素的每个<p>元素	3
:root	:root	选择文档的根元素	3
:empty	p:empty	选择没有子元素的每个<p>元素（包括文本节点）	3
:target	#news:target	选择当前活动的#news元素	3
:enabled	input:enabled	选择每个启用状态的<input>元素	3
:disabled	input:disabled	选择每个被禁用的<input>元素	3
:checked	input:checked	选择每个被选中的<input>元素	3
:not(selector)	:not(p)	选择非<p>元素的每个元素	3
::selection	::selection	选择被用户选取的元素部分	3

注意：

上表中的 CSS 列表示该属性是在哪个 CSS 版本中定义的（即 CSS 1、CSS 2 或 CSS 3）。详细的 CSS 选择器参考手册地址：https://www.w3school.com.cn/cssref/css_selectors.asp。

实例代码如下。

```
print(get_dri1.find_element_by_css_selector("div>h3>a"))
print(get_dri1.find_elements_by_css_selector('[id="3"]'))
get_dri1.find_element_by_css_selector('div[id="3"]>h3>a').click()
```

3.4.2　elements 复数定位

上面列举的 8 种基本定位方式，分别有其对应的复数形式，具体方法如下。

（1）id 复数定位方法：find_elements_by_id()。

（2）name 复数定位方法：find_elements_by_name()。

（3）class 复数定位方法：find_elements_by_class_name()。

（4）tag 复数定位方法：find_elements_by_tag_name()。

（5）link 复数定位方法：find_elements_by_link_text()。

（6）partial_link 复数定位方法：find_elements_by_partial_link_text()。

（7）XPath 复数定位方法：find_elements_by_xpath()。

（8）CSS 复数定位方法：find_elements_by_css_selector()。

通过使用复数定位的方法获取到的返回值都是一组元素对象，其返回的是一个列表数据类型，可以通过索引取出具体的元素对象，然后通过该对象完成相应的操作。例如，在百度首页中，右上角有新闻、视频、地图、贴吧等链接，通过 F12 查看源码可以发现，这些链接都有共同的 class，如图 3.24 所示。

```
▼<div id="s-top-left" class="s-top-left s-isindex-wrap">
   <a href="http://news.baidu.com" target="_blank" class="mnav c-font-normal c-color-t">新闻</a>
   <a href="https://www.hao123.com" target="_blank" class="mnav c-font-normal c-color-t">hao123</a>
   <a href="http://map.baidu.com" target="_blank" class="mnav c-font-normal c-color-t">地图</a>
   <a href="https://haokan.baidu.com/?sfrom=baidu-top" target="_blank" class="mnav c-font-normal c-color-t">视频</a>
   <a href="http://tieba.baidu.com" target="_blank" class="mnav c-font-normal c-color-t">贴吧</a>
   <a href="http://xueshu.baidu.com" target="_blank" class="mnav c-font-normal c-color-t">学术</a> == $0
```

图 3.24　百度首页的源码

举个例子，若要定位排在第六个的“学术”，实例代码如下。

```
driver.find_elements_by_class_name("mnav")[5].click()
```

还可以使用 CSS 的复数定位，实例代码如下。

```
driver.find_elements("css selector",".mnav")[6].click()
```

当然，也可以借助 pop()函数，一般 pop()或 pop(-1)表示获取元素中的最后一个，pop(2)表示第三个。

```
driver.find_elements("css selector",".mnav").pop().click()
```

3.4.3 By 定位

对于前面 8 种基本元素的定位方式及对应复数的定位方式，在使用过程中需要灵活选择，需要根据实际情况灵活应对。除此之外，在实际工作中还会使用前面 16 种对应的 By 定位方式来实现，具体语法如下。

（1）find_element(By.ID,"kw")。

（2）find_element(By.NAME,"wd")。

（3）find_element(By.CLASS_NAME,"s_ipt")。

（4）find_element(By.TAG_NAME,"input")。

（5）find_element(By.LINK_TEXT,u"新闻")。

（6）find_element(By.PARTIAL_LINK_TEXT,u"新")。

（7）find_element(By.XPATH,"//button[text()='登 录']")。

（8）find_element(By.CSS_SELECTOR,"div[id="3"]>h3>a")。

分析 Selenium 的源代码会发现，实际上 find_element_by_id 方法就是对 find_element(By.ID, "id 属性值") 方法进行了二次封装，便于直接调用。

注意：

使用上面这些定位方式的前提是需要导入 By 类，具体导入语法：from selenium.webdriver.common.by import By。

3.4.4　父子定位、二次定位

父子定位：如果当前标签或者子级标签中不存在任何属性可以作为定位方式，则可以查找当前标签的父标签是否存在可定位的属性；如果父级还没有，则可以继续向上一级查找，以此类推，直到查找到可定位的标签。

二次定位：可以先定位到可定位的其中一级标签获取对象，然后再通过该对象作为基准再次定位（二次定位实际就是实现多个节点的划分，通过节点进一步明确定位的标签和元素）。

下面是需要定位的 HTML 页面的详细属性信息，如图 3.25 所示。

```
▼<div class="result c-container new-pmd" id="2" srcid="1599" tpl=
"se_com_default" data-click="{"rsv_bdr":"0","p5":2}">
  ▼<h3 class="t c-title-en">
    ▶<a data-click="{
                'F':'778317EA',
                'F1':'9D73F1C4',
                'F2':'4CA6DDEB',
                'F3':'54E5243F',
                'T':'1602563017',
                        'y':'FFFF9EFC'
                                        }" href="http://
    www.baidu.com/link?url=3igxHEw0Hzx6m8bd5ckdzCHloBFyNm5-
    kxQubB6JGPpPZkpsSAbFq2HJ_Bbj99E0" target="_blank" class>…</a> == $0
    </h3>
  ▶<div class="c-row c-gap-top-small">…</div>
```

图 3.25　HTML 页面的详细属性信息

根据上面需要定位的属性信息可编写出对应的定位代码，实例代码如下。

```
get_dri1.find_element_by_xpath("//h3[contains(@class,'c-titile-en')]").
find_element_by_xpath("//a").click()
```

```
<!--当前级中如果没有属性可以定位，则可以寻找上一级父标签进行定位，然后再接子标签;注意父标签的属性是否与其他标签相同-->
#多观察当前标签周围标签的属性
get_dri1.find_element_by_xpath("//div[@id=2]/h3/a").click()
```

3.4.5 JS 定位

除了 Selenium 前面的 WebDriver 的基本定位方式，还有一些使用基本定位方式无法解决的，如 Windows 窗口、浏览器滚动条等，这时就需要使用到 JS 定位。

JS 定位实际是使用 DOM 树的定位方式，那何为 DOM 树呢？

DOM 树表示树形展示的层级结构，层级结构很好地体现了元素与元素之间的联系。当指出树中所包含的 DOM 节点时，简单来说就是这个树实现了 DOM 接口的元素构成，同时这些实现包含了一些其他浏览器内部所需的属性信息。

例如：

```
document.getElementById("su");
```

上面的代码和浏览器中的 console 控制台的定位方式是一样的，所以知识都是相通的。

```
Document.getElementById("su");
<input  type="submit"  id="su" value="百度一下" class="bg s_btn">
```

常用的几种定位方式的总结如下。

（1）id 定位：document.getElementById()。

（2）name 定位：document.getElementsByName()。

（3）tag 定位：document.getElementsByTagName()。

（4）class 定位：document.getElementsByClassName()。

（5）CSS 定位：document.querySelectorAll()。

以上方法都属于 document 对象的方法，document 表示当前 HTML 页面的对象，具体的 API 可参考 https://developer.mozilla.org/zh-CN/docs/Web/API。

注意：

（1）在使用以上方式进行定位时，name、tag、class、CSS 定位返回的对象都是复数形式，所以需要通过索引获取其具体对象。

（2）文本赋值使用的是该方法的 value 属性，如果是按钮则直接使用 click()方法。

（3）如果已通过定位元素获取了对应的对象，但是该对象无法直接完成某些事件的操作，则可以通过该对象调用该标签中声明的操作事件的属性值（使用 js 脚本完成），然后直接使用 execute_script 执行即可。

CRM 登录页面 HTML 代码属性的详细信息如图 3.26 所示。

```
▼<form method="post" action="http://123.57.71.195:
7878/index.php/login" autocomplete="off">
    <h1>登录</h1>
  ▶<div class="social-container">…</div>
    <input name="username" type="text" placeholder="账
    号">
    <input name="userpwd" type="password" placeholder=
    "密码">
    <button class="logindo">登 录</button>
    <a id="findpwd">忘记密码？</a>
    <p id="admintips">初始账号：admin    
    初始密码：admin888</p>
  </form>
```

图 3.26 CRM 登录页面 HTML 代码属性的详细信息

下面给出对应 JS 定位的代码，实例如下。

```
username_js = "document.getElementsByName('username')[0].value='wood';"
username_js2 = "document.getElementsByTagName('input')[0].value='wood';"
button_js = "document.getElementById('findpwd').click();"
button_js2 = "document.getElementsByClassName('logindo')[0].click()"
driver.execute_script(username_js2)
driver.execute_script(button_js2)
```

3.4.6 jQuery 定位

可能有很多读者认为，有了前面那么多的定位技巧和方法，已经没有什么不能够定位的了。其实不然，在有些前端人员开发的系统中，前面的方法都不适用，都无法定位出来，此时需要靠其他的方式解决。例如，先使用 jQuery 定位，然后使用键盘操作。

常用的 jQuery 定位方法有两种：一种是使用 jQuery 选择器来完成元素的选择操作，可以直接获取一个或者一组元素；另外一种就是通过 jQuery 遍历来选择元素，这种方法常用在获取层级较为复杂的页面元素的情况。

jQuery 选择器参考手册地址：https://www.w3school.com.cn/jquery/jquery_ref_selectors.asp。

jQuery 语法实际是为了 HTML 元素的选择设置的，不仅可以完成定位，还可以直接对元素完成一些具体的操作，基础语法如下。

```
$(selector).action()
```

jQuery 通过$符号进行定义，selector 选择器主要用于获取具体的 HTML 元素，而 action()用于实现对获取的元素的具体操作。

常用操作如下。

$(selector).val('input_value')：input_value 表示要输入的文本。

$(selector).val('')：如果为空，则执行后是清空的意思。

$(selector).click()：表示单击操作。

实例代码如下,其中代码的实现还是根据 CRM 的登录页面编写的,具体属性可参考图 3.26。

```
#定位用户名
query_username="$('input:first').val('admin')"
get_dri.execute_script(query_username)
#定位登录按钮
query_js="$('.logindo').click()"
get_dri.execute_script(query_js)
#获取对应标签的文本信息
query_text="return $('#findpwd').text();"
print(get_dri.execute_script(query_text))
#可以引用 CSS 样式中的表示形式，获取属性 href 的值
get_scrip="""return $('div[id="3"]>h3>a').attr("href")"""
print(get_dri1.execute_script(get_scrip))
```

3.4.7 jQuery 常用方法总结

1. 核心方法

$("Element").length：元素的个数，length 是属性。

$("Element").size()：元素的个数，size()是方法。

$("Element").get()：获取元素在页面中的集合，以数组的形式存储。

$("Element").get(index)：功能和上面的相同，index 表示第几个元素，是数组的下标。

$("Element").get().reverse()：将得到的数组逆序排列。

$("Element1").index($("Element2"))：获取元素 2 在元素 1 中的索引值。

2. 基本对象获取(注意这里获取的都是 jQuery 对象而不是 DOM 对象，但是它们是可以转换的)

$("*")：表示获取所有对象，不常用。

$("#XXX")：获得 id=XXX 的元素对象（id 可以是标签的 id 或 CSS 样式的 id），常用。

$("input[name='username']")：获得 input 标签中 name="username"的元素对象，常用。

$(".abc")：获得 class="abc"的元素对象，常用。

$("div")：标签选择器，选择所有的 div 元素，常用。

$("#a,.b,span")：表示获得 id 是 a 的元素、使用了类样式 b 的元素及所有的 span 元素。

$("#a .b p")：表示获得 id 是 a，并且使用了 b 样式的所有 p 元素。

3. 层级元素获取

$("Element1 Element2 Element3 ...")：前面是父级，后面是子集。

$("div > p")：获取 div 元素后面的直接后代 p 元素。

$("div + p")：获取 div 元素后面的第一个 p 元素。

$("div ~ p")：获取 div 元素之后所有同层级的 p 元素。

4. 简单对象获取

$("Element:first")：HTML 页面中某类元素的第一个元素。

$("Element:last")：HTML 页面中某类元素的最后一个元素。

$("Element:not(selector)")：去除所有与给定选择器匹配的元素，如$("input:not(:checked)")表示选择所有没有选中的复选框。

$("Element:even")：获得偶数行。

$("Element:odd")：获得奇数行。

$("Element:eq(index)")：匹配一个给定索引值的元素。

$("Element:gt(index)")：匹配所有大于给定索引值的元素。

$("Element:lt(index)")：匹配所有小于给定索引值的元素。

5. 内容对象的获取和对象可见性

$("Element:contains(text)")：获得包含 text 的元素。

$('Element:empty")：获得不包含子元素或文本的元素。

$("Element:partnt")：获得包含子元素或文本的元素。

$("Element:has(selector)")：获得包含某个元素的元素，如$("p:has(span)")表示所有包含 span 元素的 p 元素。

$("Element:hidden")：选择所有不可见元素。

$("Element:visible")：选择所有可见元素。

6. 其他对象获取方法

$("Element[id]")：获取所有带有 id 属性的元素。

$("Element[attribute = youlike]"：获得所有 attribute 属性为 youlike 的元素。

$("Element[attribute != youlike]"：获得所有 attribute 属性不是 youlike 的元素。

$("Element[attribute ^= youlike]"：获得所有 attribute 属性不是以 youlike 开头的元素。

$("Element[attribute $= youlike]"：获得所有 attribute 属性不是以 youlike 结尾的元素。

$("Element[attribute *= youlike]"：获得所有 attribute 属性包含 youlike 的元素。

$("Element[selector1][selector2][....]")：复合属性选择器。例如，$("input[id][name][value=youlike]")表示获得带有 id、name 属性且 value 属性是 youlike 的 input 元素。

7. 子元素的获取

$("Element:nth-child(index)")：选择父级下面的第 *n* 个元素。

$("Element:nth-child(even)")：选择父级下面的偶数。

$("Element:nth-child(odd)")：选择父级下面的奇数。

$("Element:nth-child(3n+1)")：执行表达式。

$("Element:first-child")：选择父级下面的第一个子元素。

$("Element:last-child")：选择父级下面的最后一个子元素。

$("Element:only-child")：选择父级下面的唯一一个子级元素。例如，dt 在 dl 列表中唯一，那么将选择 dt。

8. 表单对象获取

$(:input)：查找所有的 input 元素，包括下拉列表、文本域、单选框、复选框等。

$(:text)：匹配所有的单行文本框。

$(:password)：匹配所有的密码框。

$(:radio)：匹配所有的单选按钮。

$(:checkbox)：匹配所有的复选框。

$(:submit)：匹配所有的提交按钮。

$(:image)：匹配所有的图像域。

$(:reset)：匹配所有的重置按钮。

$(:button)：匹配所有的按钮。

$(:file)：匹配所有的文件上传域。

$(:hidden)：匹配所有的不可见元素或者 type 为 hidden 的元素。

$(:enabled)：匹配所有可用的 input 元素。例如，radio:enabled 表示匹配所有可用的单选按钮。

$(:disabled)：匹配所有的不可用 input 元素，作用与上相反。

$(:checked)：匹配所有选中的复选框元素。

$(:selected)：匹配所有的下拉列表。

9. 元素属性的设置与移除

$("Element").attr(name)：取得第一个匹配的属性值，例如$("img").attr("src")。

$("Element".attr(key,value)")：为某一个元素设置属性。

$("Element".attr({key:value,key1:value,...}))：为某一个元素一次性设置多个属性。

$("Element").attr(key,function)：为某一个元素设置一个计算的属性值。

$("Element").removeAttr(name)：为某一个元素移除 name 属性。

思考　隐藏元素如何操作

这个思考题是一个出现频率非常高的面试题，但是在面试的过程中面试官可能会这样提问："隐藏元素是如何进行定位的？"。这样的提问方式说明了该面试官太年轻，不擅长 Selenium 元素的定位方式。为什么这么说呢？首先隐藏元素是可以定位的，其定位方式与普通元素的定位方式完全一样，只是隐藏的元素无法进行操作而已。所以隐藏元素如何进行定位这个问题的描述实际是有误的。

那么隐藏元素如何操作呢？其实很简单，可以通过 JS 脚本定位到该元素，获取对应的元素对象，然后通过 removeAttribute 和 setAttribute 两个方法完成属性的删除或者重新赋值操作，使当前的属性处于显示状态，即可完成操作。

注意：

> 实际操作中此种用法一般不存在，如果存在也可能是由某一个功能使该属性的值发生变化所产生。但是，这个问题在面试时出现的频率真的很高。

实例：先自定义一个 HTML 页面，该页面是一个登录页面，用户名的文本框和登录按钮都是隐藏的，具体 HTML 代码如下。

```
<html>
<body>
   用户名:<input id="1" name="username" type="hidden" /><br>
   密码: <input id="2"  name="password" type="text" /><br>
   <button type="button" name="login"  class="login_test" style="display: none;" />
 </body>
</html>
```

使用 Selenium 实现隐藏元素操作的代码如下。

```
#定位隐藏元素
def  get_hidden(self):
   #使用 JS 脚本改变标签的属性值
   hidden_js1="document.getElementById('1').setAttribute('type','text')"
   print(self.get_driver.execute_script(hidden_js1))
   self.get_driver.find_element_by_id("1").send_keys("wood")
   print(self.get_driver.find_element_by_name("login"))
   self.get_driver.execute_script("
   document.getElementsByClassName('login_test')[0].removeAttribute('style')")
```

实战实例　使用元素定位完成 CRM 系统的登录操作

登录 CRM 系统是最基本的业务流操作，这一操作是以浏览器驱动器为对象的。所以可以将驱动器对象定义为 Base_Class.py 模块，该模块主要实现浏览器驱动器对象的创建，具体代码如下。

```
from selenium import webdriver
import time
from Day18.get_path import get_path
class BaseClass(object):
    #需要浏览器驱动
    def __init__(self,url,browserType):
        if browserType=="Firefox":
            #浏览器类的首字母都是大写的
            self.get_driver=webdriver.Firefox()
        elif browserType=="Chrome":
            self.get_driver=webdriver.Chrome()
        self.get_driver.get(url)
        self.get_driver.maximize_window()
        #设定隐式等待的时间
        self.get_driver.implicitly_wait(30)
```

将登录的相关操作定义在 Login_Class.py 模块中，该模块主要实现用户名的输入、密码的输入、单击登录按钮等一系列操作，具体代码如下。

```
from Day18.BaseModule.Base_Class import BaseClass
#该类的前提：是否需要打开网页
class LoginClass(BaseClass):
    def __init__(self,url,browserType):
        super().__init__(url,browserType)
    def  login(self,username,password):
        #用户名的定位
        username_js="""return
        document.querySelector("[name='username']").value='%s';"""%username
        #执行 JS 脚本
        print(self.get_driver.execute_script(username_js))
        self.get_driver.find_element_by_xpath("//input[@name='userpwd']").
        send_keys(password)
        self.get_driver.execute_script("$('.logindo').click()")
```

扫一扫，看视频

3.5 Selenium 操作浏览器

前面学习了元素的定位技巧，已经可以完成对页面的基本操作了。但是如何实现对浏览器的操作呢？

实际上 Selenium 已经考虑到了，浏览器需要调用对应 Selenium 的 API 方法完成相应操作，即浏览器已经完成内置了，并不需要通过元素定位。浏览器常见的 7 种基本操作如下。

1. 浏览器前进操作

forward()：在初始操作时，不存在前进操作，一般与 back 配合使用。
back：后退操作（当前对象必须存在上下文）。

2. 浏览器的最大化、最小化、全屏

get_driver.maximize_window()：实现窗口最大化操作。
get_driver.minimize_window()：实现窗口最小化操作。
get_driver.fullscreen_window()：实现窗口全屏操作。

3. 浏览器 close 和 quit 方法的区别

close 表示关闭当前对象所处页面（操作页面）的窗口，quit 表示关闭所有的页面窗口并关闭驱动器。如果只存在一个窗口，其效果是相同的。

4. 浏览器的相关属性获取

print(get_driver.current_url)：获取当前对象的 url 地址。
print(get_driver.current_window_handle)：获取当前对象的句柄。
print(get_driver.title)：获取当前对象的标题。
print(get_driver.window_handles)：获取当前对象的所有句柄（选项卡）。

5. 浏览器句柄操作

驱动器对象.switch_to_window(句柄名)：这种方法属于保留方法，不建议使用，后期会删除；句柄名可以通过先获取所有句柄然后定义其索引的方式获取。

注意：

> 如果存在多个句柄，建议对每个句柄进行命名操作，便于句柄之间的切换。

6. 浏览器中的 alert 框处理

alert 框是无法直接进行元素定位的，需要使用 switch_to.alert 先切换到 alert 对象中，然后调用对应的方法执行。accept()方法表示确定；dismiss()方法表示取消。也可以获取其文本内容，调用 text 属性即可。

7. 浏览器的滚动条操作

浏览器滚动条无法直接进行定位，所以需要借助 JS 脚本完成操作。

（1）指定上下滚动的高度。此种浏览器滚动条可能会因为浏览器的类型不同、版本不同、环境不同而执行失败。

```
js="var browser=document.documentElement.scrollTop=100"
get_driver.execute_script(js)
```

（2）实现左右滚动，还可以实现上下滚动。调用脚本的语句是 window.scrollTo(x,y)，其中 x 表示横向滚动，y 表示纵向滚动。该语句表示相对原点进行滚动。

```
get_driver.execute_script("window.scrollTo(0,100)")
```

window.scrollBy(x,y)表示相对当前的坐标点进行再次滚动后的 x，y 坐标的值。

（3）不考虑其横向滚动和纵向滚动的坐标值，直接滚动到指定元素位置使用的脚本语法如下。

```
arguments[0].scrollIntoView()
```

其中 arguments[0]表示传入的定位元素的对象，在执行 execute_script 方法时传入的第二个参数，等价于直接使用 JS 脚本的元素定位。

```
document.getElementById('id 的值').scrollIntoView()
```

scrollIntoView 方法中的默认值是 true，表示滚动到的元素作为第一行进行显示；同样可以设置为 false 值，如果是 false 值则表示指定元素，作为最后一行进行显示。

WebElement 接口的常用方法如表 3.3 所示。

表 3.3 WebElement接口的常用方法

方　法	描　述
clear	清除元素的内容
send_keys	在元素上模拟按键输入
click	单击元素
submit	提交表单
size	返回元素的尺寸
text	获取元素的文本
get_attribute(name)	获得属性值
is_displayed()	设置该元素是否可见

扫一扫，看视频

3.6 WebDriver API 及对象识别技术（一）

WebDriver API 相比之前的 Selenium-RC API 而言，不仅解决了一些相关的限制，还使得接口更加简洁，同时更好地支持了页面本身不重新加载而页面元素发生改变的动态网页。所以

WebDirver API 的实现目的不仅是提供一个良好的面向对象 API，而且对 Web 应用程序测试过程中所产生的问题也提供了很大的支持。

Web 应用程序的测试主要是基于调用 WebDirver API 来模拟用户的操作，然后判断操作结果是否与预期结果一致，从而达到自动化测试的目的。所以熟悉 WebDriver 的 API 使用显得至关重要，这也是完成自动化测试的先决条件。

3.6.1　鼠标键盘模块

1. 鼠标事件

API 方法都封装在 ActionChains 类中。

```
from selenium.webdriver.common.action_chains import ActionChains
```

下面列出常用的鼠标事件对应 API 的方法。

（1）context_click()：右击。

（2）double_click()：双击。

（3）drag_and_drop()：拖动。

（4）move_to_element()：鼠标悬停在一个元素上。

（5）click_and_hold()：按下鼠标左键在一个元素上。

注意：

> 在引用鼠标模块时容易出现的两个错误：
> （1）ActionChains(驱动器对象) 容易将驱动器对象漏掉。
> （2）在调用相关操作后，没有添加执行步骤，即 perform()。

具体实例如下。

（1）context_click()：右击。

```
#引入 ActionChains 类
from selenium.webdriver.common.action_chains import ActionChains
...
#定位到要右击的元素
right =driver.find_element_by_xpath("//a[@id='key1']")
#对定位到的元素执行鼠标右击操作
ActionChains(driver).context_click(right).perform()
...
```

（2）drag_and_drop()：拖动。

```
from selenium.webdriver.common.action_chains import ActionChains
...
#定位元素的源位置
element = driver.find_element_by_name("wood")
#定位元素要移动到的目标位置
target =  driver.find_element_by_name("wood")
#执行元素的移动操作
ActionChains(driver).drag_and_drop(element,target).perform()
```

（3）move_to_element()：鼠标悬停。

```
from selenium.webdriver.common.action_chains import ActionChains
...
#定位元素的源位置
element = driver.find_element_by_name("wood")
#定位元素要移动到的目标位置
target =  driver.find_element_by_name("wood")
#执行元素的移动操作
ActionChains(driver).drag_and_drop(element,target).perform()
```

2. 键盘事件

设置键盘事件，其中键盘事件相关的 API 方法都封装在 Keys 类中。

```
from selenium.webdriver.common.keys import Keys   #设置键盘事件
```

（1）键盘删除事件。

```
driver.find_element_by_id('kw').send_keys('WoodProgramming')
time.sleep(5)
driver.find_element_by_id('kw').send_keys(Keys.BACKSPACE)
```

（2）空格事件。

```
driver.find_element_by_id('kw').send_keys(Keys.SPACE)
time.sleep(5)
driver.find_element_by_id('kw').send_keys('WoodProgramming')
```

（3）全选事件。

```
driver.find_element_by_id('kw').send_keys(Keys.CONTROL,'a')
time.sleep(3)
```

（4）复制事件。

```
driver.find_element_by_id('kw').send_keys(Keys.CONTROL,'c')
time.sleep(3)
```

（5）粘贴事件。

```
driver.find_element_by_id('search-input').send_keys(Keys.CONTROL,'v')
time.sleep(2)
driver.find_element_by_class_name('button').click()
```

注意：

键盘事件可以使用上、下键乘以随机产生的数来完成向上或者向下的选择，具体实现代码如下。

```
01 get_driver.find_element_by_name("area").send_keys(Keys.ARROW_DOWN*3)
```

3.6.2　多个 iframe 处理

在 3.1.7 小节中讲到 iframe 是 HTML 中的框架标签，表示文档中可以嵌入文档，或者说是浮动的框架。在 Selenium 中 iframe 同样如此，如果驱动器对象处于当前 iframe 框架中，此时驱动器对象是无法操作其他的 iframe 的。如果需要操作，则需要调用对应的 API 方法完成 iframe 的切换操作。

frame 标签有 frameset、frame、iframe 三种类型，其中 frameset 跟其他普通标签没有区别，不会影响到正常的定位，frame 与 iframe 对 Selenium 定位而言是一样的。Selenium 有一组方法对 frame 进行操作。

1. 如何切换 frame

Selenium 提供了 switch_to.frame()方法来切换 frame。

```
switch_to.frame(param)
```

param 表示传入的参数，该参数可以是 iframe 元素的 id、name、index 等属性，还可以是定位该 iframe 所返回的 Selenium 的 WebElement 对象。假设有如下网页 index.html：

```
<html>
    <head>
        <title>iframe 测试</title>
    </head>
    <body>
        <iframe src="a.html" id="frame1" name="myframe">
        </iframe>
    </body>
</html>
```

想要定位并切换其中的 iframe，可以通过如下代码。

```
from selenium import webdriver
```

```
get_driver=webdriver.Chrome()
get_driver.switch_to.frame(0)                #用 frame 的索引来定位，第一个是 0
get_driver.switch_to.frame("frame1")         #可以使用 id 的值来定位
get_driver.switch_to.frame("myframe")        #使用 name 的值来定位
#使用 WebElement 对象来定位
#get_driver.switch_to.frame(get_driver.find_element_by_id('frame1'))
```

一般情况下，如果 iframe 存在 id 和 name 属性，则使用这两个属性可以直接定位。但有些场景中前端 frame 框架中不一定设置这两个属性，那么就需要使用 index 和 WebElement 来完成定位操作。

（1）index 的值是从 0 开始的，传入整型参数即表示使用 index 来进行定位，但是如果传入的是 String 类型，则表示使用 id、name 来进行定位。

（2）WebElement 对象，即用 find_element 系列方法所取得的对象，可以用 tag_name、XPath、父子定位等方式来定位 frame 对象。

实例如下。

```
<iframe src="mywoodframe.html" />
```

用 XPath 定位，传入 WebElement 对象。

```
get_driver.switch_to.frame(get_driver.find_element_by_xpath("//iframe(contains(@src,
'wood'))"))
```

2. 从 frame 中切回主文档

如果切换至 frame，则不能继续操作主文档的元素。如果需要操作主文档元素，则必须完成文档与 frame 的切换操作。

```
self.get_driver.switch_to.default_content()
```

3. 嵌套 frame 的操作

有时候会遇到多层 frame 嵌套的情况，实例如下。

```
<html>
    <iframe id="iframe1">
        <iframe id="iframe2" />
    </iframe>
</html>
```

（1）先从主文档切换到 iframe1，然后从 iframe1 切换到 iframe2，一层层切换进去。

```
self.get_driver.switch_to.frame("iframe1")
self.get_driver.switch_to.frame("iframe2")
```

（2）从 iframe2 再切换回 iframe1，这里 Selenium 提供了一个方法能够从子 iframe 切回到父 iframe，而不用先切回主文档再切换进来。

```
self.get_driver.switch_to.parent_frame()
```

有了 parent_frame()这个相当于后退的方法，就可以随意切换不同的 frame3。

注意：

在顺序结构中，例如，主文档、iframe1、iframe2……这种顺序，如果需要从 iframe2 切换到主文档，则可以直接调用 default_content()方法；如果在 iframe2 调用 parent_frame 只会切换到 iframe1，这就是顺序结构的操作。如果是同级结构呢？就是主文档下同时存在两个 iframe，即 iframe1 和 iframe2，但是 iframe1 和 iframe2 没有任何关系，都属于主文档下的 iframe，则如何操作呢？此时如果在 iframe1 中，则需要先切换到主文档，然后从主文档切换到 iframe2，并不能够直接从 iframe1 切换到 iframe2，这就是同级结构的操作方式。

多个 iframe 之间的关系切换图如图 3.27 所示。

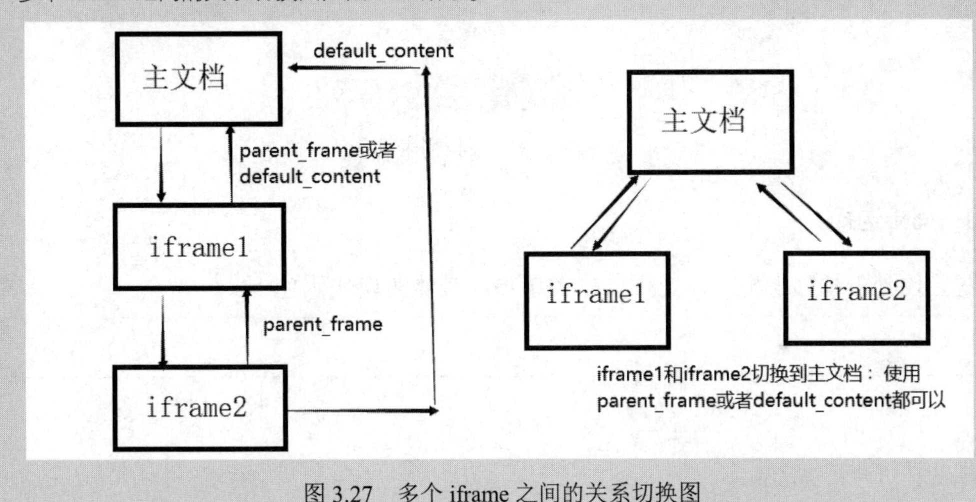

图 3.27　多个 iframe 之间的关系切换图

3.6.3　下拉列表框的多种实现方式

在一个网页中，除了前面遇到的一些控件类型以外，还经常会遇到下拉列表框。对下拉列表框的操作，有时需要 click 两次才能够完成选择，这种操作方式很容易出现问题。实际上 Selenium 也提供了专门的 Select 模块（即下拉列表框处理模块）。下面是使用多种方式实现下拉列表框元素的选择操作的具体实例演示。

需要实操的系统界面如图 3.28 所示。

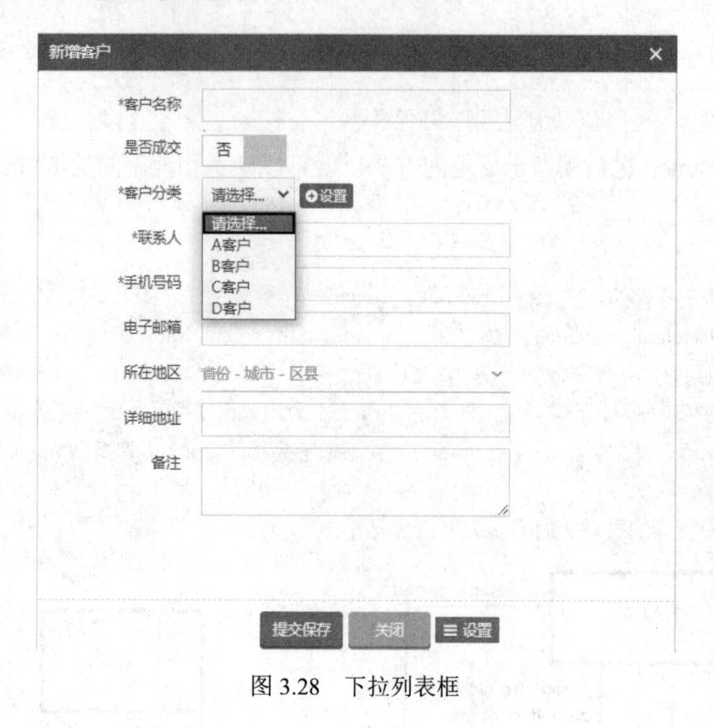

图 3.28　下拉列表框

1. 间接选择

先定位到下拉列表框，再定位其中的选项，具体实现代码如下。

```
#-*- coding:utf-8 -*-#
#-------------------------------------------------------------------------------
#ProjectName:      Python2020
#FileName:         iframeTest.py
#Author:       mutou
#Date:         2020/09/11 21:09
#Description:  iframe 的切换
#--------------------------------------------------------------------------------
from Day18.BaseModule.Login_Class import LoginClass
import time
class AddCustom(LoginClass):
    def __init__(self,url,username,password):
        super(AddCustom, self).__init__(url)
        self.username=username
        self.password=password
    #完成添加客户的单击操作;前置条件：处于登录状态
    def click_add_customer(self):
        self.login(self.username, (self.password))
        #单击客户管理
```

```
        click_first = "$('li:first').click()"
        self.get_driver.execute_script(click_first)
        time.sleep(4)
        #切换 iframe
        #self.get_driver.switch_to.frame("Open11")
        #没有 id、没有 name,可以传入定位 iframe 的对象，切换到客户管理页面
        self.get_driver.switch_to.frame(self.get_driver.find_element_by_xpath
        ("//div[@class='aui_contentaui_state_full']/iframe"))
        self.get_driver.find_element_by_xpath("//a[@data-title='新增客户']").click()
        time.sleep(2)
        #切回主文档
        self.get_driver.switch_to.default_content()
        #切换 iframe，切换到新增客户页面
        self.get_driver.switch_to.frame("OpenOpen11")
        time.sleep(2)
        #先定位到 select 对象
        get_select=self.get_driver.find_element_by_xpath(
        "//*[@id='form1']/div[1]/dl[3]/dd/select")
        #再定位 option
        get_select.find_element_by_css_selector("option[value='A 客户']").click()
if __name__ == '__main__':
    add=AddCustom("http://123.57.71.195:7878/","admin","admin888")
    add.click_add_customer()
```

2. 直接选择

直接定位到下拉列表框中的选项，可以通过以下一行代码表示，具体实现代码如下。

```
self.get_driver.find_element_by_xpath("//*[@id='form1']/div[1]/dl[3]/dd/select/
option[2]").click()
```

3. Select 模块

WebDriver API 中内置了一个 Select 模块，该模块专门用于实现下拉列表框的处理操作，使用时导入即可。

```
from selenium.webdriver.support.select import Select
```

其中有三种定位选项的方法。

（1）select_by_index()：通过索引定位（从 0 开始）。

（2）select_by_value()：通过 value 值定位。

（3）select_by_visible_text()：通过选项的文本值定位。

具体实例代码如下。

```
#获取 Select 对象
select_object=Select(self.get_driver.find_element_by_xpath("//*[@id='form1']\
/div[1]/dl[3]/dd/select"))
#通过索引获取
select_object.select_by_index(2)
#通过 value 值获取
select_object.select_by_value("D 客户")
#通过文本值获取
select_object.select_by_visible_text("B 客户")
```

4. Select 模块提供了四种取消选中项的方法

（1）deselect_all：取消全部的已选择项。
（2）deselect_by_index：取消已选中的索引项。
（3）deselect_by_value：取消已选中的 value 值。
（4）deselect_by_visible_text：取消已选中的文本值。

注意：

在日常的 Web 测试中，经常会遇到某些下拉列表框选项已经被默认选中的情况，这时就需要用到这四种取消选中项的方法。

扫一扫，看视频

3.7 WebDriver API 及对象识别技术（二）

前面学习了 WebDriver 中的鼠标键盘、iframe、下拉列表框等相关 API 接口的操作，本节进一步学习知识点更深入、应用更灵活的 API 接口操作，如元素等待、文件上传以及下载、验证码操作等。

3.7.1 三种元素等待方式

在整个 UI 自动化脚本运行过程中，肯定会遇到环境不稳定、网络慢等情况，如果此时不在脚本中处理，则代码会因为无法找到元素而报错，并结束运行。此时就需要控制脚本执行的速度，可以使用 wait 语句设置脚本的等待操作。在 Selenium 中，设置等待操作有三种方式，每种都有相应的优点和缺点，读者可以根据项目的实际情况选择使用。

1. 强制等待

语法：time.sleep(x)，表示等待 x 秒后，进行下一步操作。直接使用 Python 内置的 time 模块，调用 sleep 方法即可。

强制等待又称为强制休眠，该方式只能够作用于当前行的脚本。如果存在多行，则需要在每行设置休眠操作，此种方式容易造成大量的重复代码，并且使代码的走读性降低。

缺点：影响代码的执行速度（不能精确设定代码的休眠时间，时间过长则一定要等到所设定的时间之后才能继续执行代码，如果元素在设定的时间前就加载完毕，则会浪费时间）。

优点：使用简单，可以在调试时使用。

示例：在 3.6.3 小节下拉列表框的多种实现方式中实现的代码块应用了大量的强制等待，如果不等待则可能无法成功切换 iframe。

2. 隐式等待

语法：driver.implicitly_wait(x)，在 x 时间内，页面加载完成，进行下一步操作。implicitly_wait(x) 方法直接通过使用浏览器驱动器对象进行调用。

隐式等待又称为智能等待，也称为全局等待。表示当整个页面中的所有元素加载完才会执行，会根据其内部所设定的频率不断地刷新页面继续加载并检测当前所执行的元素是否加载完毕；如果在设定的时间之前加载完毕，则不会继续等待，而是直接执行。一般的脚本实际设定该部分的时间范围为 5～30s；直接通过驱动器对象调用，即 driver.implicitly_wait(20)，作用于整个脚本生命周期。

缺点：使用隐式等待，程序会一直等待整个页面加载完成，才会执行下一步操作。但有时页面想要的元素早已经加载完成了，却因为网页上个别元素还没有加载完成，仍要等到页面全部加载才能执行下一步，使用也不是很灵活。

优点：隐性等待对整个脚本的生命周期都起作用，所以只要设置一次即可。

示例：打开登录页面，等待页面加载完成。如果 30s 内页面加载完成，就进行登录操作，不再继续等待；如果 30s 内登录页面没有加载完，下一步操作就会报错。具体代码参考“实战实例：使用元素定位完成 CRM 系统的登录操作”。

3. 显式等待

WebDriverWait 表示显式等待，主要是对单个元素设定一定的频率，使其按频率刷新当前页面并检测是否存在该元素，该模块可以从 ui 包中导入，也可以从 wait 包中导入。例如：

```
from selenium.webdriver.support.wait import WebDriverWait
```

或者

```
from selenium.webdriver.support.ui import WebDriverWait
```

WebDriverWait 的参数如下。

driver：传入当前驱动器对象，即上例中的 driver。

timeout：设定刷新页面的超时时间，即等待的最长时间。

poll_frequency：传入页面刷新频率，默认是 0.5s。

ignored_exceptions：表示忽略异常。如果没有定义为默认值，若页面无法找到元素的异常类型对象，则抛出 NoSuchElementException 异常。

这个模块中共有两种方法：until 与 until_not。

method：传入的对象只能是两种，一种是匿名函数，另一种是预置条件对象 expected_conditions。

message：当执行 until 或者 until_not 方法出现超时时会抛出 TimeoutException 异常，并将 message 信息传入异常。until 表示直到指定某元素出现或某些条件成立才继续执行，until_not 则表示直到某元素消失或者指定的某些条件不成立才继续执行。

可以引用 Selenium 提供的模块 expected_conditions，具体引用代码如下。

```
from selenium.webdriver.support import expected_conditions as Ec
```

具体示例代码如下。

```
from selenium import webdriver
from selenium.webdriver.support.wait import WebDriverWait
from selenium.webdriver.support import expected_conditions as EC
from selenium.webdriver.common.by import By
get_driver=webdriver.Chrome()get_driver.get("http://www.baidu.com")
if "百度一下" in get_driver.title:
    print(True)
else:
    print(False)
# get_driver.find_element_by_id("kw").send_keys("顺丰")
<!--如果是匿名函数，实际就是调用匿名函数将 WebDriverWait 的第一个参数的驱动器对象传入
 method 中-->
try:
    <!--print(WebDriverWait(get_driver,5,1).until(lambda dir:dir.find_
      element_by_id("ghhu")))-->
    <!--expected_conditions 表示预置条件，可以实现当前元素的相关信息判定：判定当
      前元素是否存在，当前元素是否可见，当前页面的标题、当前页面的 alert 框是否存在，iframe
      是否存在等一系列方法-->
    #判断页面的标题是否为“百度一下”
    print(EC.title_is("百度一下")(get_driver))
    print(EC.title_contains("百度一下")(get_driver))
    get_driver.execute_script("javascript:alert('hello');")
    (EC.alert_is_present()(get_driver)).accept()
    <!--传入的 locator 参数必须是一个元组类型，其内部封装就是封装驱动器对象并调用
find_element 方法进行元素定位-->
    print(EC.presence_of_element_located((By.ID,"kw"))(get_driver))
    get_element=WebDriverWait(get_driver,5,1).
    until(EC.element_to_be_clickable((By.CLASS_NAME,"qrcode-img")))
    print("该对象是否可见呢？",EC.visibility_of_element_located((By.ID,"kw"))\
        (get_driver))
```

```
except:
print("元素在页面上无法定位")
```

了解了上面的基本语法操作后，可以进一步利用显示等待完成一系列需求操作。

（1）判断某个元素是否被加入 DOM 树中，并不代表该元素一定可见，如果定位到就返回 WebElement。

```
wood_demo = WebDriverWait(driver,10).until(EC.presence_of_element_located \
((By.ID,'kw')))
```

（2）判断某个元素是否被添加到了 DOM 中并且可见，可见代表元素可显示，且宽和高都大于 0。

```
wood_demo = WebDriverWait(driver,10).until(EC.visibility_of_element_located \
((By.ID,'su')))
```

（3）判断元素是否可见，如果可见就返回这个元素。

```
wood_demo=WebDriverWait(driver,10).until(EC.visibility_of(
driver.find_element(by=By.ID,value='kw')))
```

（4）判断是否至少有 1 个元素存在于 DOM 树中，如果定位到就返回列表。

```
wood_demo =WebDriverWait(driver,10).until(EC.presence_of_all_elements_located(\
(By.CSS_SELECTOR,'.mnav')))
```

（5）判断指定元素的属性值中是否包含了预期的字符串，返回布尔值。

```
wood_demo = WebDriverWait(driver,10).until(EC.text_to_be_present_in_element_value(\
(By.CSS_SELECTOR,'#su'),u'百度一下'))
```

（6）判断指定的元素中是否包含了预期的字符串，返回布尔值。

```
wood_demo = WebDriverWait(driver,10).until(EC.text_to_be_present_in_element(\
(By.XPATH,"//*[@id='u1']/a[8]"),u'设置'))
```

（7）判断某个元素是否存在于 DOM 树中或不可见，如果可见，则返回 False，否则返回这个元素。

```
wood_demo = WebDriverWait(driver,10).until(EC.invisibility_of_element_located(\
(By.CSS_SELECTOR,'#swfEveryCookieWrap')))
```

注意：

> #swfEveryCookieWrap 在此页面中是一个隐藏的元素。

（8）判断某个元素是否可见并且状态是 enable（这代表可单击）。

```
wood_demo =WebDriverWait(driver,10).until(EC.element_to_be_clickable(\
```

```
(By.XPATH,"//*[@id='u1']/a[8]"))).click()
```

3.7.2　文件上传与下载

1. 文件上传

如果定位上传的按钮元素是一个 input 标签则可以使用普通上传，将本地文件的路径作为一个值放在 input 标签中，当通过 form 表单提交时将这个值提交给服务器，也就是此时输入框标签必须为 input。

```
#将一个文件的绝对路径写入上传输入框
get_driver.find_element_by_name('file').send_keys('需要上传文件的路径')
```

如果定位的上传功能未使用 input 标签，则可以使用专门用于 Windows 操作的自动化测试工具 AutoIT 编写代码完成操作。AutoIT 是一款实现 WindowsGUI 窗口的第三方扩展库，也是一款强大的脚本开发语言。通过 AutoIT 编码可以将其转换成 exe 格式后使用 Selenium 中的 os 模块完成可执行文件的运行操作。

AutoIT 可以通过官网进行下载，官网地址：https://www.autoitscript.com/site/。

安装完后如图 3.29 所示。

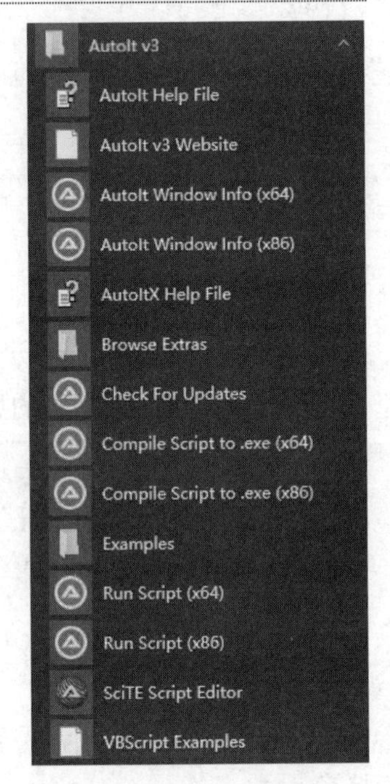

图 3.29　AutoIT 安装

可以通过 AutoIT Window Info 的组件完成元素的定位操作，然后使用 SciTE Script Editor 组件完成 auto 上传文件的编码操作，编码完成后，需要通过 Compile Script to.exe 组件完成 au3 后缀文件的转换操作，最后转换成以.exe 为后缀的文件。

AutoIT 上传文件的具体代码如下。

```
#聚焦一个 Windows 窗口;
#传入的参数中 controlID 的值对应 ClassnameNN
ControlFocus("打开","","Edit1")
#设置窗口的等待时间
WinWait("打开","",5)
#将文件路径写入指定的文本框
ControlSetText("打开","","Edit1",$CmdLine[1])
#最后单击打开
ControlClick("打开","打开(&O)","Button1")
```

上述代码使用 SciTE Script Editor 组件编码后，保存为文件 upfile.au3。下面通过 Compile Script to.exe 组件进行转换，转换后的文件为 upfile.exe。最后使用 Selenium 中的 os 模块完成文件的上传操作，具体代码如下。

```
get_path = os.path.dirname(os.path.abspath(__file__))+"\image\python.png"
get_driver.find_element_by_name('file').click()  #单击上传文件按钮
os.system("upfile.exe %s"%get_path)   #上传本地文件
```

注意：

$CmdLine[1]表示在执行 exe 文件时可以携带一个参数，表示将第一个参数值传入此处。所以可以使用该命令完成文件参数化操作，并不需要设定固定的值。在调用 Selenium 的 os 模块时，只需要传入一个文件所在的具体路径参数，这样就更加灵活方便了。

2. 文件下载

（1）Firefox 文件下载。如果使用火狐浏览器进行文件下载，则需要对 FireFoxProfile()进行相关的设置操作。配置信息如下。

browser.download.foladerList：该选项值如果设置为 0，则表示下载到浏览器的默认下载路径；如果设置为 2，则可以保存到指定的目录。

browser.download.manager.showWhenStarting：表示是否显示开始，其值只有 True 和 False，其中 True 为显示开始，Flase 为不显示开始。

browser.download.dir：主要用于指定下载文件的所在目录。

browser.helperApps.neverAsk.saveToDisk：表示对所给文件类型不再进行弹框询问。

注意：

以上参数可以通过在火狐浏览器中输入 about:config 查看相关的参数信息。

具体示例代码如下，该示例主要实现在 Python 官网中下载 selenium 包的操作。

```
from selenium import webdriver
import os
#对火狐浏览器的下载参数进行设置
fp = webdriver.FirefoxProfile()
#设置成 0 代表下载到浏览器的默认下载路径，设置成 2 则可以保存到指定的目录
fp.set_preference("browser.download.folderList",2)
#True 为显示开始，Flase 为不显示开始
fp.set_preference("browser.download.manager.showhenStarting",True)
<!--browser.download.dir 指定文件下载路径，os.getcwd()返回当前目录；综合即指将文件
 下载到脚本所在目录-->
fp.set_preference("browser.download.dir",os.getcwd())
#下载文件类型
fp.set_preference("browser.helperApps.neverAsk.saveToDisk","applaction/octet-stream")
dr = webdriver.Firefox(firefox_profile = fp) #将设置参数传给浏览器
dr.get("https://pypi.org/project/selenium/#files")
```

```
dr.find_element_by_xpath("//*[@]/div[3]/table/tbody/tr[3]/td[1]/span/a[1]").click()
```

（2）Chrome 文件下载。同样的，如果使用谷歌浏览器完成下载，也需要完成相应的设置，如指定下载目录、禁止弹窗等。

download.default_directory':'C:/Users/Administrator/Desktop/test/，表示指定下载目录。

profile.default_content_settings.popups：通常将该选项的值设置为 0，表示禁止弹出窗口。

profile.default_content_setting_values.images：通常将该选项的值设置为 2，表示禁止图片加载。

具体示例代码如下，同样是实现 selenium 包的下载操作。

```
from selenium import webdriver
import time
options = webdriver.ChromeOptions()
 prefs = {'profile.default_content_settings.popups': 0, 'download.default_directory':\
 'd:\\'}
options.add_experimental_option('prefs', prefs)
#定义驱动位置
driver = webdriver.Chrome(executable_path='F:\chromedriver\chromedriver.exe',
chrome_options=options)
driver.get("http://pypi.Python.org/pypi/selenium")
driver.find_element_by_xpath("//a[@id='files-tab']").click()
time.sleep(5)
#选择下载文件
driver.find_element_by_xpath("//a[contains(@href,'.tar.gz')]").click()
time.sleep(30)
driver.quit()
```

3.7.3 验证码处理的多种实现方式

对于测试人员来说，不管是进行性能测试还是自动化测试，验证码处理都是一个比较棘手的问题；但是对于 Web 应用来说，大部分系统在用户登录时都要求用户输入验证码，且验证码的种类众多，如纯数字、纯字母、汉字组合、数学运算题、滑动图标、图片、短信、邮箱、语音等。

既然需要实现验证码的处理操作，那么就必须了解验证码的作用及实现原理，才能够更好地实现。

在很多网站中，尤其是注册登录页面基本都会嵌入验证码功能，其作用是能有效防止恶意注册和登录。因为每次刷新后验证码都不同，这就可以排除用其他病毒或者软件自动申请注册用户或自动登录的操作，基于此，还可以减少网站的并发量。

程序员会先通过一系列代码处理在服务端生成验证码，然后将其发送给客户端，客户端最终会以图像的格式进行显示（当然会对图像加以处理：添加干扰项、添加干扰像素、添加噪点等）。客户端提交所显示的验证码，服务端接收并进行比较，若比对失败则不能实现登录或注册；反之，成功后跳转至相应界面。

根据验证码的实现原理，可以给出在以下几种自动化测试中处理验证码的方法。

1. 去掉验证码

去掉验证码操作是所有实现验证码处理方法中最简单的。对于开发人员而言，只需要将与验证码功能相关的代码进行注释即可。当然，此方法如果是在测试环境中还是可以实现的，但是针对生产环境，就不能够轻易地去掉了，因为这样会存在一定的风险。

2. 设置万能码

在生产环境中如果去掉验证码，必然存在安全问题。为了能够解决在线系统的安全性问题，可以不注释验证码功能，只需让开发人员在程序中声明一个万能验证码，该验证码只提供给自动化测试人员，用户是无法获取的。这样，程序就可以使用万能验证码通过验证，从而完成自动化操作。

3. 只保留一个资源

如果是图片资源，实际就是在指定的文件夹资源库中随机抽取一张，只需要将服务器上的所有图片全部删除只留一张，相当于固定验证码。

4. 光学字符识别

光学字符识别实际就是通过 Python-tesseract 模块来智能识别图片中的验证码。Python-tesseract 表示光学字符识别 Tesseract OCR 引擎对应的 Python 封装类，它能够读取任何常规的图片文件，如 JPG、GIF、PNG、TIFF 等。现如今由于验证码的形式繁多，所以光学字符识别率是非常低的。

5. 打码平台识别

通过主流的打码平台完成，如斐斐、超人、图鉴等。

6. 记录 cookie

如果登录页面存在验证码，还可以在浏览器中添加登录成功时所携带的 cookie 来跳过登录，这是比较有意思的一种实现方式。例如，在第一次登录某网站时可以勾选“记住密码”的选项，当下次再访问这个网站时就自动处于登录状态了。这样其实也绕过了验证码问题，这个“记住密码”其实就将密码记在了浏览器的 cookie 中。在 Selenium 中可以通过 add_cookie()方法将用户名、密码的登录信息写入浏览器的 cookie 中，当再次访问网站时服务器只需读取浏览器的 cookie 就可以完成登录。

验证码处理的前三种方式较为简单，在此不赘述，这里主要详细讲解后面三种实现方式。

实现光学字符识别需要引用第三方模块 pytesseract，具体实现步骤如下。

（1）通过 PyCharm 或者 pip 命令安装第三方模块 pytesseract。

```
pip install pytesseract
```

（2）使用 PyCharm 或者 pip 命令安装图像处理库。

```
pip install Pillow
```

注意：

Python 2.x 版本使用的库是 PIL，但是在 Python 3.x 版本中图像处理库必须安装 Pillow 或者 Pillow-PIL。

（3）安装 OCR 识别库，可通过官网地址进行下载，现如今最新版本为 5.0，下载地址是 https://github.com/UB-Mannheim/tesseract/wiki。

如果上述地址访问失败，多刷新几次即可，因为该服务器在国外，所以可访问性较低，如图 3.30 所示，单击进行下载。

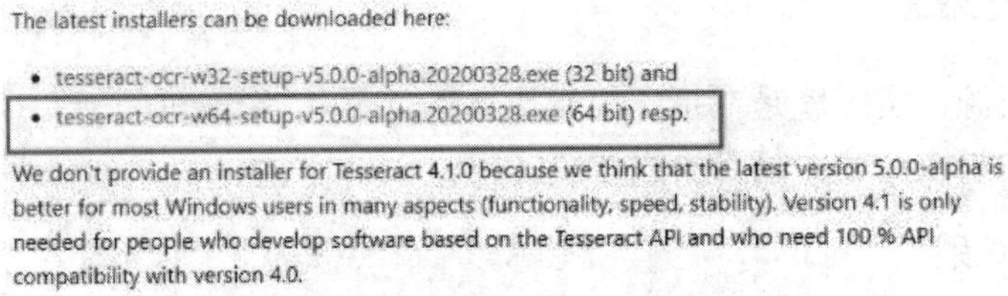

The latest installers can be downloaded here:

- tesseract-ocr-w32-setup-v5.0.0-alpha.20200328.exe (32 bit) and
- tesseract-ocr-w64-setup-v5.0.0-alpha.20200328.exe (64 bit) resp.

We don't provide an installer for Tesseract 4.1.0 because we think that the latest version 5.0.0-alpha is better for most Windows users in many aspects (functionality, speed, stability). Version 4.1 is only needed for people who develop software based on the Tesseract API and who need 100 % API compatibility with version 4.0.

图 3.30　OCR 识别库下载

安装时直接单击“下一步”即可，但是安装完成后必须将其根目录添加到 Path 环境变量中，如图 3.31 所示。

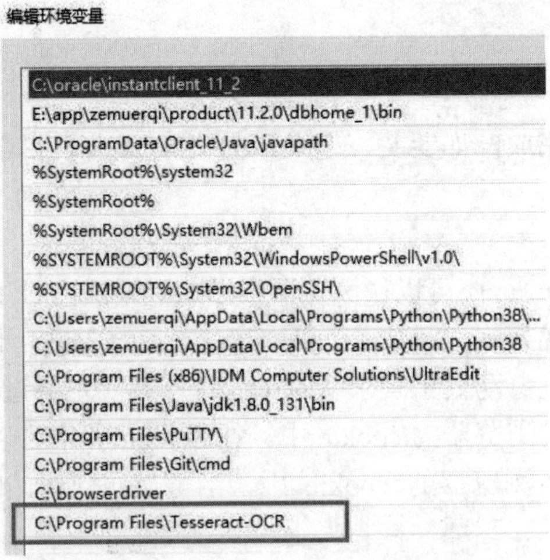

编辑环境变量

C:\oracle\instantclient_11_2
E:\app\zemuerqi\product\11.2.0\dbhome_1\bin
C:\ProgramData\Oracle\Java\javapath
%SystemRoot%\system32
%SystemRoot%
%SystemRoot%\System32\Wbem
%SYSTEMROOT%\System32\WindowsPowerShell\v1.0\
%SYSTEMROOT%\System32\OpenSSH\
C:\Users\zemuerqi\AppData\Local\Programs\Python\Python38\...
C:\Users\zemuerqi\AppData\Local\Programs\Python\Python38
C:\Program Files (x86)\IDM Computer Solutions\UltraEdit
C:\Program Files\Java\jdk1.8.0_131\bin
C:\Program Files\PuTTY\
C:\Program Files\Git\cmd
C:\browserdriver
C:\Program Files\Tesseract-OCR

图 3.31　OCR 环境变量配置

完成上述配置步骤操作后，就可以实现简单识别了。简单识别的一般思路就是通过图片降噪、图片切割，最后输出图像文本等。其中图片降噪的含义就是将图片中一些不需要的信息全部去除，如背景、干扰像素、干扰线等，只留下需要识别的文字，所以让图片变成二进制点阵最好。

如果验证码是彩色背景，其实是把每个像素都放在了一个五维的空间里，这五个维度分别是 X、Y、R、G、B，其中 X、Y 代表的就是这个像素的二维平面坐标，R、G、B 代表的就是这个像素所对应的颜色。

例如，处理以下验证码图片，如图 3.32 所示。

导入 Image 包，打开图片。

```
from PIL import Image
image = Image.open('3.jpg')
```

把彩色图像转化为灰度图像。RGB 转化为 HSI 彩色空间，采用 L 分量。

```
img_new = image.convert('L')
img_new.show()
```

灰度处理结果如图 3.33 所示。

进行图像分割最常用的一种方法是二值化处理。二值化处理主要是指在二值化图像时，将大于某个临界灰度值的像素灰度设置为灰度的极大值，而把小于这个值的像素灰度设为灰度的极小值，其值的设置范围一般为 0～1。由于阈值选择的不同，二值化的算法也有所不同，主要分固定阈值和自适应阈值，这里选用比较简单的固定阈值。

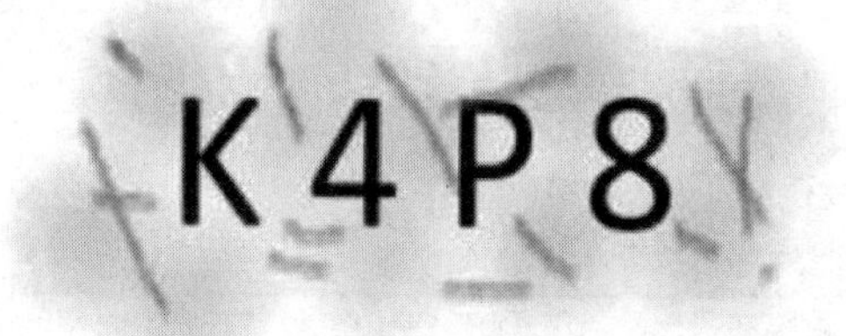

图 3.32　简单识别彩色验证码

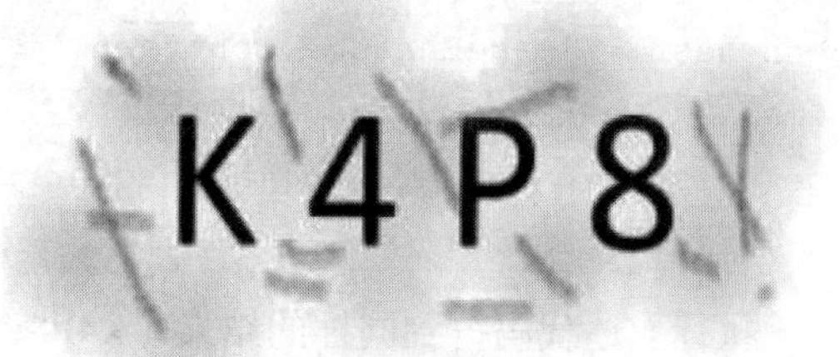

图 3.33　灰度处理结果

```
from PIL import Image
image = Image.open("3.jpg")
im_new = image.point(lambda x: 0 if x<143 else 255) #二值化处理
im_new.show()
```

处理结果显示如图 3.34 所示。

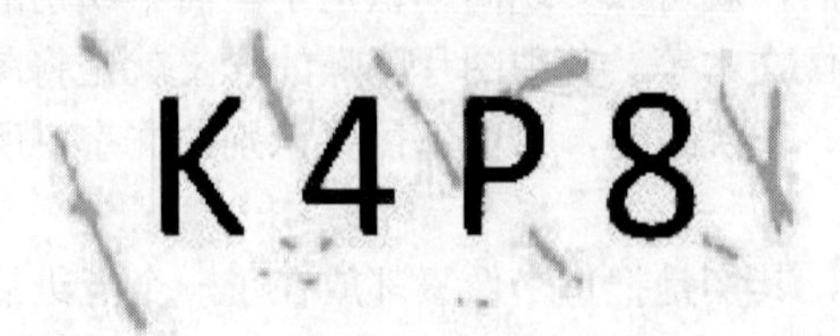

图 3.34　二值化处理结果

简单识别综合代码如下。

```
from pytesseract import pytesseract
from PIL import Image
image = Image.open("3.jpg")
get_new_image=image.convert("L")
im_new = get_new_image.point(lambda x: 0 if x<143 else 255) #二值化处理
#im_new.show()
get_result=pytesseract.image_to_string(im_new)
print(get_result)
```

执行上述代码得到结果：K4P8。

如果对验证码图片稍微多添加点干扰，则很容易识别错误，尤其是 3 和 9、1 和 7 等错误识别的概率非常大。为了解决识别率低的问题，可以增强图片显示效果，或者将其转换成黑白的，这样可以使其识别率提升不少，具体实现代码如下。

```
from PIL import ImageEnhance
enhancer = ImageEnhance.Contrast(im_new)
image2 = enhancer.enhance(4)
get_result=pytesseract.image_to_string(image2)
print(get_result)
```

执行上述代码得到同样的结果：K4P8。

注意：

如果还存在识别率低的情况，只能够使用机器学习不断优化识别库了。但是这种方式在实际工作中并不建议使用，因为搭建一个机器学习识别库需要耗费大量的人力、物力、资源，为了一个简单的验证码功能太不值得了，除非是专门做识别软件的，才有研究的价值。所以，这种验证码处理方式现如今还不是很成熟。

打码平台识别可参考下面的实战实例 1，实现 DSMALL 商城的登录操作，完成验证码的处理。

对于记录 cookie 登录操作，大家需要先了解 cookie 的概念，这部分内容将在后面的接口自动化详细说明。现在首先需要获取到 cookie，如何获取呢？一种方法就是先通过驱动器对象中的 get_cookies 方法获取当前项目的所有 cookie，另外一种方法就是通过抓包工具自己分析 cookie，然后将 cookie 添加到对应的页面中去。下面给出 DSMALL 商城通过抓包工具分析出的 cookie，然后通过使用 cookie 完成登录操作，代码如下。

```
from selenium import webdriver
class DsmallCookie(object):
    def __init__(self):
        self.driver=webdriver.Chrome()
        self.driver.get("http://123.57.71.195:8787/index.php/home/member/index.html")
        #此步相当于建立 session 关系
        self.driver.add_cookie({"name":"PHPSESSID","value":"vcfkkrkd1qu388j66ffhnchkpf"}
        #只需要基于当前 session 完成刷新操作即可
        #self.driver.refresh()
        self.driver.get("http://123.57.71.195:8787/index.php/home/member/index.html")
if __name__ == '__main__':
        dsmall=DsmallCookie()
```

实战实例 1　实现 DSMALL 商城的登录操作（需要完成验证码的处理）

DSMALL 项目已经在阿里云服务器部署好了，大家可以通过以下地址进行访问，其中前台访问地址：http://123.57.71.195:8787/index.php/home，后台访问地址：http://123.57.71.195:8787/index.php/Admin/login/index.html，下面是 DSMALL 系统的基本信息，如表 3.4 所示。

表 3.4　DSMALL系统配置信息说明

类　型	用 户 名	密　码
系统前台登录信息	wood	123456
系统后台登录信息	admin	123456
系统数据库信息	wood_dsmall	dsmall_test@123456

下面以登录 DSMALL 商城后台为例，如图 3.35 所示。

图 3.35　DSMALL 登录页面

首先需要获取到验证码图片，获取验证码图片的代码如下。

```
#获取验证码图片，然后再把验证码图片发送给第三方服务器
def get_code_image(self):
    #获取整个页面的图片
    self.get_driver.get_screenshot_as_file("index.png")
    #需要获取验证码的位置
    #get_code_element=self.get_driver.find_element_by_id("codeimage")
    get_code_element = self.get_driver.find_element_by_id("change_captcha")
    get_left=get_code_element.location["x"]
    get_upper=get_code_element.location["y"]
    get_right=get_code_element.size["width"]+get_left
    get_lower=get_code_element.size["height"]+get_upper
    #创建 image 对象
    get_image=Image.open("index.png")
    #根据验证码的坐标点获取
    get_new_image=get_image.crop((get_left,get_upper,get_right,get_lower))
    get_new_image.save("code.png")
```

然后通过打码平台完成验证码的读取，每个打码平台都有对应的开发文档，根据所提供的 API 接口进行调用，在这里使用图鉴打码平台来完成。

访问图鉴打码平台官网，打开开发文档，选择 Python 接口，会有对应的 API 脚本显示，直接调用并修改相关信息即可，具体实现代码如下。

```
import json
import requests
import base64
```

```
from io import BytesIO
from PIL import Image
from sys import version_info
def base64_api(uname, pwd,  img):
    img = img.convert('RGB')
    buffered = BytesIO()
    img.save(buffered, format="JPEG")
    if version_info.major >= 3:
        b64 = str(base64.b64encode(buffered.getvalue()), encoding='utf-8')
    else:
        b64 = str(base64.b64encode(buffered.getvalue()))
    data = {"username": uname, "password": pwd, "image": b64}
    result = json.loads(requests.post("http://api.ttshitu.com/base64", json=data).\
          text)
    if result['success']:
        return result["data"]["result"]
    else:
        return result["message"]
    return ""
if __name__ == "__main__":
    img_path = "code.png"
    img = Image.open(img_path)
    result = base64_api(uname='wood', pwd='wood1314', img=img)
    print(result)
```

最后，综合实现 DSMALL 后台登录。验证码处理的完整代码如下。

```
#-*- coding:utf-8 -*-#
#-------------------------------------------------------------------------
#ProjectName:      Python2020
#FileName:        DSMall_Login.py
#Author:          mutou
#Date:           2020/9/14 16:17
#Description:
#-------------------------------------------------------------------------
#完成 DSMALL 登录成功操作
from Day18.BaseModule.Base_Class import BaseClass
from Day21.Check_Code.CloudCode import base64_api
#PIL 包中的 image 模块
from PIL import Image
import time
class Dsmall_Login(BaseClass):
    def __init__(self,url,browserType):
        super().__init__(url,browserType)
```

```
    #获取验证码图片，然后把验证码图片发送给第三方服务器
    def  get_code_image(self):
        #获取整个页面的图片
        self.get_driver.get_screenshot_as_file("index.png")
        #需要获取验证码的位置
        #get_code_element=self.get_driver.find_element_by_id("codeimage")
        get_code_element = self.get_driver.find_element_by_id("change_captcha")
        get_left=get_code_element.location["x"]
        get_upper=get_code_element.location["y"]
        get_right=get_code_element.size["width"]+get_left
        get_lower=get_code_element.size["height"]+get_upper
        #创建 image 对象
        get_image=Image.open("index.png")
        #根据验证码的坐标点获取
        get_new_image=get_image.crop((get_left,get_upper,get_right,get_lower))
        get_new_image.save("code.png")
    #完成验证码的输入操作：把验证码发送给第三方服务器
    def get_code(self,uname,pwd,img):
        get_code=base64_api(uname,pwd,img)
        print(get_code)
        self.get_driver.find_element_by_name("captcha").send_keys(get_code)
        #self.get_driver.find_element_by_id("captcha_normal").send_keys(get_code)
if __name__ == '__main__':
    ds=Dsmall_Login("http://123.57.71.195:8787/index.php/Admin/login/index.html",\
                    "Chrome")
    ds.get_code_image()
    ds.get_code(uname='wood', pwd='wood1314', img=Image.open("code.png"))
```

扫一扫，看视频

实战实例 2　实现 12306 火车订票系统的验证码处理操作

在实现自动化测试时，最为困难的就是验证码处理，常规的验证码都可以使用上述方法进行处理和识别，那么如果是类似 12306 火车订票系统等图片验证码的识别该如何实现？

按照常规思路无非两种，一种是将获取的验证码图片发送给第三方服务器，然后通过第三方服务器进行识别后将结果返回；另一种是自己通过机器学习的方式不断进行识别，通过搭建的大量的识别库完成识别操作。第二种方式耗时耗力，显然不可取，所以大部分都是选择第三方服务器完成。

验证码图片的获取可以通过传统的 Pillow 模块，但是此种方式会导致图片失真（图片的质量下降、模糊）。为了提高图片的质量，此处通过先直接获取图片的文件流对象，然后将文件流对象转换成图片这一过程来实现。

分析 12306 火车订票系统页面，通过使用元素定位可以发现验证码的 src 属性可以直接获

取对应图片经过 base64 加密的数据流，如果能够将此数据流转换成字节流，然后将其保存为图片格式就可以获取到原始图片了。

12306 火车订票系统验证码页面的 src 属性如图 3.36 所示。

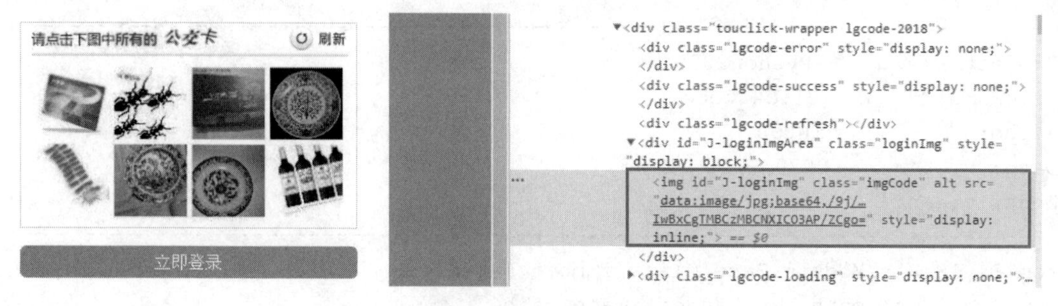

图 3.36　12306 火车订票系统验证码页面

获取 src 属性的结果值可以通过下面代码完成。

```
self.get_code_elment=WebDriverWait(self.get_driver,5).until(lambda driver: \
    driver.find_element_by_id("J-loginImg"))
get_src=self.get_code_elment.get_attribute("src")
```

得到的结果是 base64 编码的数据流，所以可以通过 base 模块将数据流转换成字节流，定义一个方法封装后即可获取到对应验证码图片。

```
def get_code_image(self):
    self.get_driver.find_element_by_class_name("login-hd-account").click()
    try:
        self.get_code_elment=WebDriverWait(self.get_driver,5).until(lambda\
            driver:driver.find_element_by_id("J-loginImg"))
        #此处 src 数据加载
        time.sleep(3)
        get_src=self.get_code_elment.get_attribute("src")
        #得到 base64 编码格式的数据
        get_base64=get_src.split(",")[-1]
        #获取到字节流对象，文件、图像实际都是基于字节流
        get_byte=base64.b64decode(get_base64)
        print(self.image_path)
        with open(self.image_path,mode="wb") as fp:
            #可以实现二进制流的读和写操作
            fp.write(get_byte)
    except:
        print(sys.exc_info())
```

获取到验证码图片后，将其保存到本地，最后将验证码图片发送到第三方服务器进行识别，此处使用的第三方服务器地址是 http://littlebigluo.qicp.net:47720/。访问该网址后发现可以上传一

张图片，上传后会自动识别验证码并返回其对应的图序号，后续只需要根据返回的图完成对应图的单击操作即可。具体代码如下。

```
#-*- coding:utf-8 -*-#
#-------------------------------------------------------------------------
#ProjectName:      Python2020
#FileName:         Click_Code.py
#Author:           mutou
#Date:             2020/9/16 22:43
#Description:
#--------------------------------------------------------------------------
from Day18.BaseModule.Base_Class import BaseClass
from Day22.get_path import get_image_path
import os
class CickCode(BaseClass):
    def __init__(self,url,browserType):
        super(CickCode, self).__init__(url,browserType)
    #声明一个上传图片的方法 up_image
    def up_image(self,image_path):
        self.get_driver.find_element_by_name("pic_xxfile").send_keys(image_path)
        self.get_driver.find_element_by_xpath("/html/body/form/input[2]").click()
        #识别后需要返回并获取识别的结果
        get_result=self.get_driver.find_element_by_xpath("/html/body/p[1]
            /font/font/b").text
        #如果返回多个值，则值与值之间使用空格隔开
        get_result_list=get_result.split(" ")
        #获取结果后，关闭此页面
        self.get_driver.close()
        return get_result_list
if __name__ == '__main__':
    get = GetCodeImage("https://kyfw.12306.cn/otn/resources/login.html", "Chrome",\
"code.jpg")
    get.get_code_image()
    click=CickCode("http://littlebigluo.qicp.net:47720/","Chrome")
    print(click.up_image(get.image_path))
```

获取到验证码的返回结果后，完成单击操作即可。此时单击需要注意以下几个问题：

（1）每个小图对应的坐标点。

（2）如果存在多个图如何实现连续操作。

通过鼠标定位，可以发现验证码图片的长为300，高为188，如果每个小图都取中间点，则可以把整个大验证码图片的中心作为原点，将其他点相对该点进行偏移，最后可得到8个点。

浏览器的坐标方向并不等价于数学的二维坐标方向，浏览器中是以左上角为原点的，此

时高就是 y 轴，坐标方向是从上往下，宽是 x 轴。所以上图分析的坐标点需要完成对称象限的处理，即结果为[-110,-30]，[-40,-30]，[40,-30]，[110,-30]，[-110,50]，[-40,50]，[40,50]，[110,50]。

最后可以通过鼠标模块中的 move_by_offset 方法完成单击操作。实现部分的具体代码如下。

```
#-*- coding:utf-8 -*-#
#-------------------------------------------------------------------------------
#ProjectName:      Python2020
#FileName:         Get_Code_Image.py
#Author:           mutou
#Date:             2020/9/16 20:53
#Description:完成 12306 火车订票系统验证码处理的操作
#--------------------------------------------------------------------------------
from Day18.BaseModule.Base_Class import BaseClass
from selenium.webdriver.support.ui import WebDriverWait
import sys
import base64
import os
import time
from Day22.get_path import get_image_path
from Day22.Code12306.Click_Code import CickCode
from selenium.webdriver.common.action_chains import ActionChains
class  GetCodeImage(BaseClass):
    def __init__(self,url,browserType,image_name):
        super().__init__(url,browserType)
        self.image_name=image_name
        self.image_path=os.path.join(get_image_path,image_name)
        self.location=[[-110,-30],[-40,-30],[40,-30],[110,-30],\
             [-110,50],[-40,50],[40,50],[110,50]
    <!--获取 12306 火车订票系统的验证码图片，最简单的方式就是通过 Pillow 模块将验证码图片从
     首页中截取出来,直接获取的图片质量较低，会变得模糊。提高图片质量的方法：图片都是以二进
     制数据传输的，可以直接获取图片的原二进制数据，然后将二进制数据转存为图片格式，中间就不
     会发生质量问题。-->
    def  get_code_image(self):
        self.get_driver.find_element_by_class_name ("login-hd-account").click()
        try:
            self.get_code_elment=WebDriverWait (self.get_driver,5).until(lambda
            driver:driver.find_element_by_id("J-loginImg"))
            #此处加载 src 的数据
            time.sleep(3)
            get_src=self.get_code_elment.get_attribute("src")
            #得到 base64 格式编码数据
            get_base64=get_src.split(",")[-1]
```

```
            #获取到 bytes 对象，文件、图像实际都是基于 byte 流
            get_byte=base64.b64decode(get_base64)
            print(self.image_path)
            with open(self.image_path,mode="wb") as fp:
                #即可以实现以二进制流的形式读和写两种操作
                fp.write(get_byte)
        except:
            print(sys.exc_info())
    #定义一个方法完成验证码的单击操作
    def click_code(self,server_path,type):
        #获取到第三方返回的结果
        get_result_list=CickCode(server_path,type).up_image (self.image_path)
        print(get_result_list)
        #提取鼠标创建的对象
        action=ActionChains(self.get_driver)
        #遍历对应的图
        for i in get_result_list:
        #可以根据鼠标移动到的指定坐标点完成单击操作
        #创建鼠标对象，此处的 i 表示第几幅图，而下面传入 location 中表示索引
                get_value=self.location[int(i)-1]
            <!--设定的坐标点是相对整个验证码图片而言的，所以可以先将鼠标对象移动到当前
            验证码元素对象上，然后通过偏移单击坐标点-->
            action.move_to_element(self.get_code_elment).
            move_by_offset(get_value[0],get_value[1]).click()
            <!--上面此种实现相当于每一次单击后都重新创建一个鼠标对象。在程序开发中，
            会尽量减少在循环中创建对象；如果提取鼠标创建的对象，则必须在整个循环完毕后执行，
            否则在循环中就有可能已经执行了整个动作，后续动作无法执行；-->
        action.perform()
if __name__ == '__main__':
    get=GetCodeImage("https://kyfw.12306.cn/otn/resources/login.html",\
      "Chrome","code.jpg")
    get.get_code_image()
    get.click_code("http://littlebigluo.qicp.net:47720/","Chrome")
#注意：这两个模块的相互引用容易造成模块初始化错误
```

注意：

完整的 12306 火车订票系统的验证码处理操作的项目代码可参考【源代码/C3/Code12306.zip】。

3.8 小　　结

通过本章的学习，相信读者对 Web 自动化有了一定的了解，而且对于从简单到复杂的业务流都能够通过脚本代码来实现。但是读者是否能感觉到本章的脚本代码不够高级？为什么呢？

其实本章主要是为了让读者学习 Web 自动化的所有 API 接口方法，并能够使用这些方法实现所有相关的业务流，因而没有给出框架结构的概念，所以就显得脚本代码并不是很高级。读者可以进一步学习下一章节的自动化测试框架来编写复杂、高效的脚本代码。

第 4 章　自动化测试框架：unittest 的设计及实现

通过第 3 章的学习，读者能够使用 Selenium 完成最基础的自动化测试。例如，打开一个程序，模拟鼠标和键盘来单击或者操作被测试对象，还可以通过引用第三方模块或者插件完成复杂的业务操作。但是在第 3 章中，最后验证被测试对象的属性以判断程序的正确性并没有通过代码实现，而是只能通过运行结果查看。除此之外，用例的组织、管理、执行，测试完成后统计测试结果等都没有介绍，因为这一类的实现通常是基于自动化测试框架来完成的。为了后期能够更好地维护脚本、更新脚本、分析结果，本章主要介绍这一系列操作具体实现的内容。

本章主要涉及的知识点如下。

- 自动化测试分层思想：学会如何实现自动化分层，如何灵活应用项目及如何提高自动化测试效率。
- 引入 unittest 框架：自由组织测试用例，灵活应用断言方法，实现参数化以达到数据分离的目的。
- unittest 扩展：实现报告的生成，并完成报告的邮件自动发送，最后通过日志分析定位问题并给出合理的解决方案。

注意：

> 本章主要通过 unittest 框架完成自动化的分层操作，实现数据分离，减少代码与数据之间的依赖性，完成报告的生成并自动发送等一系列操作。

扫一扫，看视频

4.1　自动化测试分层思想

很多读者会认为，在进行自动化测试时，测试代码只需要包含测试逻辑即可。其实不然，它需要包括很多类的代码，如 URL 的拼接、访问 UI 控件、HTML/XML 的解析等。如果将测试逻辑代码与上面这些类型的代码混合在一起，那么代码就显得非常难以理解，也不容易维护。所以本章将详细介绍如何使用分层结构来解决自动化测试中遇到的这些问题。

4.1.1　为什么要写框架

首先来了解什么是框架。框架用于解决或者处理复杂的问题并将其简单化。从个人方面来说，如果在自动化测试代码中融入了框架，可以提高脚本的规范性，这也是面试的加分项，是自身能力的硬性指标。从实际工作而言，一个好的测试框架可以提升项目的稳定性、健壮性，降低维护成本，也非常容易解决问题，如准确定位问题等。总而言之，要成为一个合格的自动化测试工程师，框架学习是必修课。

4.1.2　自动化技术

现如今主要的软件自动化测试技术有录制/回放、脚本技术、数据驱动、关键字驱动、业务驱动，读者可以参考第 2 章 2.1.2 小节自动化测试的历史发展章节，该章节详细讲述了每个阶段的发展以及变化。此处主要来讨论数据驱动、关键字驱动、业务驱动等新的概念。

在学习数据驱动之前要先了解脚本技术的发展，脚本技术最早是基于线性脚本发展的，所谓线性就是一行一行顺序执行代码。该阶段只适用于让初学者理解 Selenium 相关 API 接口的操作，该类型脚本在实际工作中没有任何意义。

线性脚本之后就是结构化脚本，主要是通过使用 Selenium+API+Python 模块封装面向对象（类与对象）的脚本，该类型脚本主要包括两种类型：模块化脚本、库/包脚本，不同的业务场景会涉及不同的模块。

随着结构化脚本的发展，慢慢进入数据驱动的时代。数据驱动时代实现了将脚本中的数据与代码进行分离的操作，从而减少了其彼此间的依赖，脚本的利用率、可维护性大大提高，但是界面变换对其的影响仍然非常大。

基于这种考虑，数据驱动技术将测试逻辑按照关键字进行分解，形成数据文件，关键字对应封装的业务逻辑，即关键字驱动，这也是数据驱动测试的一种改进。目前，大多数测试工具技术处于数据驱动技术到关键字驱动技术之间。

最后就是根据关键字驱动完成不同类型的业务驱动，业务驱动可以分为接入层业务驱动、业务层业务驱动、数据层业务驱动和性能驱动等。

4.1.3　如何分层封装

根据不同的设计者、公司定义规则，参考主流分层的架构模式等所得到的分层模型会略有不同，但是整体的核心分层思想不变。

一般将分层层次定义为 4～6 层较为合适，可以根据自身的思想及公司项目的现状进行封装设计。

（1）页面元素处理层：即 Page Object（PO 模式）表示页面对象管理，将每个页面上的所有元素定义在一个模块中，即使后期要对前端页面进行修改，其脚本的维护也十分方便（定位明确）。

（2）业务流操作层：表示基于页面元素处理层实现业务流的自由组织，实际对应自动化测试的业务流场景的执行测试用例。

（3）测试用例层：根据业务流场景设计相应的测试用例并执行，用例的执行都是通过框架完成（如 unittest、pytest 等），并且可以很好地自由组织测试用例的执行并分析产生结果。

（4）数据分离层：将脚本中的所有数据提取出来进行专门的数据模块管理，后期直接修改相应数据即可，不需要进行底层代码的查看分析。

（5）公共层：进行常量数据的存储、报告的生成、日志的保存、邮件的发送等。

（6）主程序入口应用层：执行只需要设定一个入口，最后整体框架只需要执行主程序入口模块、修改数据分离层中的数据、新增测试用例层的用例即可，其他底层进行封装。

例如，整体工程的分层结构如图 4.1 所示。

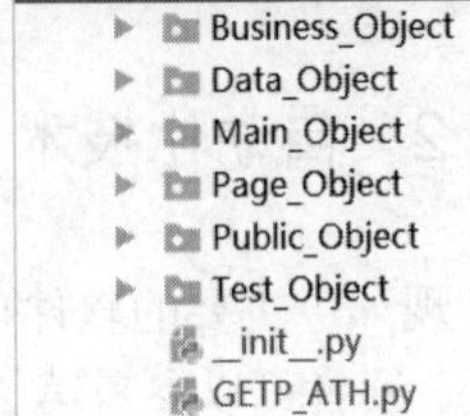

图 4.1　整体工程的分层结构

4.1.4　驱动器对象实例封装

首先需要封装的是驱动器对象的获取方法，可以将驱动器对象中的浏览器进行基本设置，如驱动器文件、浏览器下载默认地址、传入不同浏览器参数完成不同浏览器驱动器对象创建等。再者就是元素定位的方式，前面总结的定位方式有三十多种，其中常规八种、复数形式八种、By 形式八种、JS 方式六种、jQuery，还有 XPath 模糊定位、二次定位等，这些都可以直接封装到一个或者两个方法中。

具体封装后的代码如下。

```
#-*- coding:utf-8 -*-#
#-------------------------------------------------------------------------------
#ProjectName:      Python2020
#FileName:        Base_Page.py
#Author:          mutou
#Date:            2020/9/18 22:17
#Description:是从所有需要获取驱动器对象的页面抽取出来的基类
#-------------------------------------------------------------------------------
#需要获取驱动器对象
from selenium import webdriver
from CRMProject.GETP_ATH import GETPATH
import os
import subprocess
import sys
from selenium.common.exceptions import WebDriverException
#设定驱动器版本参数，当前自带的驱动器 Chrome:70 以上，当前的火狐：80 以上
browser_version={"Chrome":70,"Firefox":60,"Edge":18}
#此模块相当于封装底层的所有相关内容：驱动器对象、元素定位方式
class  BasePage(object):
    def __init__(self, url, browsertype="Chrome"):
        """
        :param url:需要访问的 url 地址
```

```
:param browsertype：传入浏览器类型实现对应浏览器的驱动器对象创建；忽略大小
写;默认使用谷歌浏览器；其值可以是 Firefox、IE、Edge
"""
#该变量不能被外界直接访问,将其设定为私有变量
__browsertype=browsertype.lower()
#所有资源的下载存储目录：
self.download_path=GETPATH + "\Page_Object\Base\DownLoad"
#驱动器地址只需要当前模块引用，其他模块不需要引用
__driverdir=GETPATH+"\Page_Object\Base\DriverDir"
try:
    if  __browsertype == "Firefox":
        fireoptions = webdriver.FirefoxProfile()
        # 设定下载的方式，2 表示保存到指定的文件夹路径
        fireoptions.set_preference("browser.download.folderList", 2)
        # 设定文件夹路径
         fireoptions.set_preference("browser.download.dir", self.download_path)
         <!--去除询问框，下载文件是存在对应的一个文本类型的，其文本类型即
         content-type：text/html text/css  text/json-->
         # 文件是以二进制流的形式进行传输的
         fireoptions.set_preference("browser.helperApps.neverAsk.
         saveToDisk","application/octet-stream")
         self.get_driver=webdriver.Firefox(firefox_profile=fireoptions,
         executable_path=__driverdir+"\geckodriver.exe")
    elif  __browsertype == "Chrome":
         # 对谷歌浏览器进行相关设置
         options = webdriver.ChromeOptions()
         # options 的值都以键值对的形式存在：设置次数最多的就是修改下
         # 载的默认路径
         dict1 = {"download.default_directory":self.download_path}
         # 将设定的操作添加到谷歌浏览器中；prefs 是谷歌浏览器存在一个选项的
         # 关键字名称，不能够随意定义
         options.add_experimental_option("prefs", dict1)
         # 浏览器类的首字母都是大写的
         self.get_driver = webdriver.Chrome(options=options,
         executable_path=__driverdir+"\chromedriver.exe")
    elif  __browsertype =="Ie":
         self.get_driver=webdriver.Ie()
    elif  __browsertype=="Edge":
        # 确保 Edge 的驱动器已安装
        # os.system("DISM.exe /Online /Add-Capability
        /CapabilityName:Microsoft.WebDriver~~~~0.0.1.0")
        # self.get_driver=webdriver.Edge()
        self.__check_edge_driver()
```

```
                <!--以上都错误，则可以抛出驱动器异常，也可以写输出语句 print，实际上后
                期此步还需要优化，此步的操作应该要将其写入日志模块中-->
            else:
                print("传入的浏览器类型参数错误")
            self.get_driver.get(url)
            self.get_driver.maximize_window()
            # 设定隐式等待的时间
            self.get_driver.implicitly_wait(30)
        except:
            print("%s 驱动器与当前浏览器不匹配！"%__browsertype)
# 声明一个方法判定 Edge 的驱动器
def __install_edge_driver(self,username="administrator",password="vA0j26NY"):
        # 默认的管理员身份用户名：administrator、123456  域不写表示当前域
        sub2=subprocess.run('lsrunase
        /user:%s/password:%s/domain:/command:"DISM.exe /Online /Add-Capability
        /CapabilityName:Microsoft.WebDriver~~~~0.0.1.0"/runpath:c:\\'%
        (username,password),capture_output=True)
        # 返回的是输出结果，如果命令执行成功是没有结果输出的，返回码是 0
        return (sub2.stdout,sub2.returncode)
    #实现 Edge 驱动器是否安装的判定
    def  __check_edge_driver(self):
            try:
                self.get_driver = webdriver.Edge()
            except WebDriverException:
                get_result=self.__install_edge_driver()
                if len(get_result[0])==0 and get_result[1]==0:
                    self.get_driver = webdriver.Edge()
                else:
                    print("当前的驱动器版本与浏览器版本不一致")
            except Exception:
                print(sys.exc_info())
    @staticmethod
    def get_element1(get_driver,type,value,js_type="id"):
        __get_type = type.lower()
        if __get_type == "id":
            return get_driver.find_element_by_id(value)
    #封装所有定位方式的方法:就相当于封装 find_element(By.ID,"")
    def get_element(self,type,value,js_type="id"):
        """
        :param type:其值可以是 id、class、name、tag、link、partial、XPath、CSS、
        JS、jQuery ;如果不是指定的此类型参数，则会抛出异常
        # XPath 的模糊定位、文本定位，JS 定位，jQuery 定位
        # XPath 定位的所有封装方法:contains/starts-with/text()
```

```
            :return:
            """
            try:
                __get_type=type.lower()
                if __get_type=="id":
                    return self.get_driver.find_element_by_id(value)
                elif __get_type=="name":
                    return self.get_driver.find_element_by_name(value)
                elif __get_type=="class":
                    return self.get_driver.find_element_by_class_name(value)
                elif __get_type=="tag":
                    return self.get_driver.find_element_by_tag_name(value)
                elif __get_type=="link":
                    return self.get_driver.find_element_by_link_text(value)
                elif __get_type=="partial":
                    return self.get_driver.find_element_by_partial_link_text(value)
                elif __get_type=="XPath":
                    return self.get_driver.find_element_by_xpath(value)
                elif __get_type=="CSS":
                    return self.get_driver.find_element_by_css_selector(value)
                elif __get_type=="JS":
                    return self.js_element(value,js_type)
                elif __get_type=="jQuery":
                    pass
                else:
                    raise ValueError
            except:
                print(sys.exc_info())
        # JS 的定位封装
        def  js_element(self,value,js_type="id"):
            __js_type=js_type.lower()
            if __js_type=="id":
                return self.get_driver.execute_script("return
                document.getElementById('%s')"%value)
            # 如果是 name、tag、CSS 返回多个元素对象，默认操作第一个
            elif  __js_type=="name":
                return self.get_driver.execute_script("return
                document.getElementsByName('%s')"%value)[0]
            elif __js_type=="tag":
                return self.get_driver.execute_script("return
                document.getElementsByTagName('%s')"%value)[0]
            elif __js_type=="CSS":
                pass
```

```
    #大家可以依葫芦画瓢把 JS、jQuery 进行封装
    def get_elements(self, type, value):
        """
        :param type:其值可以是 id、class、name、XPath、CSS、JS、jQuery
        :return:
        """
        __get_type = type.lower()
        if __get_type == "id":
            return self.get_driver.find_elements_by_id(value)
        elif __get_type == "name":
            return self.get_driver.find_elements_by_name(value)
        elif __get_type == "class":
            return self.get_driver.find_elements_by_class_name(value)
        elif __get_type == "tag":
            return self.get_driver.find_elements_by_tag_name(value)
```

4.1.5 认识 Page Object

Page Object 直接翻译就是页面对象的意思，缩写为 PO。简单理解，就是把页面元素定位和页面元素操作分离。在实际的 UI 自动化测试项目中，Page Object 的实现是最好的设计模式之一，因为它实现了页面元素与业务操作之间的分离，对界面的交互完成了封装，使得测试用例主要考虑业务的操作，从而提高了用例的可维护性。

Page Object 设计模式在实际开发过程中需要遵循的原则如下。

（1）Page Object 应该简单、便于应用。

（2）只写测试内容，不写基础内容。

（3）不需要自己管理浏览器。

（4）不需要直接基于 Selenium。

（5）在运行时选择浏览器，而不是类级别。

（6）拥有清晰的结构，如 Page Object 对应页面对象，Page Modules 对应页面内容等。

根据 PO 的含义以及设计原则，总结出其优点如下。

（1）PO 模式实现了页面元素的独立管理，通过每个页面的元素完成业务流程的组织，从而实现两者的分离操作，让脚本代码的整体结构变得非常清晰。

（2）使各个页面对象及用例也完成了分离，从而便于后期对对象的引用。

（3）在用例层，可以自由组织各个业务操作，提高了其页面元素的方法及页面业务的方法的可复用性。

（4）为了更加清晰所操作的 UI 元素，对其方法名赋予更加有效的命名方式。例如，登录首页的方法名为 login_Index()，通过方法名即可清晰地知道其具体功能实现。

4.1.6　实现 Page Object

1. 无模式-V1 版本

无模式表示不使用任何单元测试框架以及模式，在每个文件中编写一个用例，完全实现面向过程的编程方式。

如果一条测试用例对应一个文件，那么当用例较多时文件数也就较多，管理这些文件就会变得困难，也不方便维护，代码也会高度冗余。下面给出示例代码，实现的功能是登录操作。

```
from selenium import webdriver
# 创建浏览器驱动对象，并完成初始化操作
driver = webdriver.Chrome()
driver.maximize_window()
driver.implicitly_wait(10)
# #打开网页
driver.get("http://123.57.71.195:7878/")
# 需要自动化完成登录操作：用户名定位
driver.find_element_by_name("username").send_keys("abcdefg")
# 密码元素定位
driver.find_elements_by_tag_name("input")[1].send_keys("admin888")
#登录按钮元素定位
driver.find_element_by_class_name("logindo").click()
```

2. 无模式-V2 版本

使用 unittest 管理用例，并断言用例的执行结果。如果使用 unittest 框架，可以方便地组织、管理多个测试用例，还提供了丰富的断言方法，方便生成测试报告，减少了代码冗余。

下面给出示例代码，实现的还是 CRM 系统的登录功能。

```
import unittest
from selenium import webdriver
class TestLogin(unittest.TestCase):
    """ 对登录模块的功能进行测试 """
        def setUp(self):
            self.driver = webdriver.Chrome()
            self.driver.maximize_window()
            self.driver.implicitly_wait(10)
            self.driver.get("http://123.57.71.195:7878/")
        def tearDown(self):
            self.driver.quit()
        # 账号不存在
        def test_login_username_is_error(self):
```

```
            # 用户名元素定位
            self.driver.find_element_by_name("username").send_keys("abcdefg")
            # 密码元素定位
            self.driver.find_elements_by_tag_name("input")[1].send_keys("admin888")
            #登录按钮元素定位
            self.driver.find_element_by_class_name("logindo").click()
            # 断言提示信息
            msg = self.driver.find_element_by_class_name(
            "layui-layer-padding").text
            print("msg=", msg)
            self.assertIn("用户名或者密码错误", msg)
        # 密码错误
        def test_login_password_is_error(self):
            # 用户名元素定位
            self.driver.find_element_by_name("username").send_keys("admin")
            # 密码元素定位
            self.driver.find_elements_by_tag_name("input")[1].send_keys("weffwef")
            # 登录按钮元素定位
            self.driver.find_element_by_class_name("logindo").click()
            # 断言提示信息
            msg = self.driver.find_element_by_class_name("layui-layer-padding").text
            print("msg=", msg)
            self.assertIn("用户名或者密码错误", msg)
```

基于 Python+Selenium 3 完成 UI 自动化测试脚本的编写并不是很困难，只需要定位到元素，执行对应元素的操作即可。示例如下。

```
from selenium import webdriver
import time
driver=webdriver.Firefox()
driver.implicitly_wait(30)
#启动浏览器，访问百度
driver.get("http://www.baidu.com")
#定位百度搜索框，并输入 selenium
driver.find_element_by_id("kw").send_keys("selenium")
#定位“百度一下”按钮并单击进行搜索
driver.find_element_by_id("su").click
time.sleep(5)
driver.quit()
```

从上述代码来看，主要做的就是元素的定位，然后使用键盘或鼠标完成相应的操作。代码较简单，维护起来较容易。

随着时间的变迁、需求的变化，测试套件可能会不断地增长。脚本也自然会越来越多。此时就可能需要维护 10 个页面，100 个页面，甚至 1000 个页面。页面元素的任一改变都会让脚本的维护变得烦琐复杂，而且容易耗费大量的时间，脚本也容易出错。

那如何解决呢？在 UI 自动化中常用的一种方式就是使用 Page Object（PO）模式，通过页面对象模式来解决，PO 能让测试代码的可读性更好，可维护性更高，复用性更高。

非 POM 和 POM 结构的区别如图 4.2 所示。

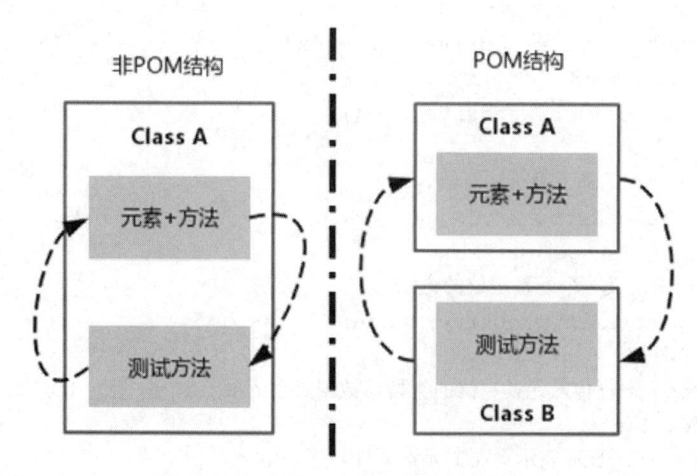

图 4.2　非 POM 和 POM 结构的比较图

4.1.7　Page Object 实例封装

需求：对 DBMALL 商城系统的登录界面使用 PO 模式完成脚本代码的设计。

首先定义一个基础类，用于页面对象的继承。在这里可以先将这个基础类定义得简单些，创建一个模块，模块为 Base_Page.py。

具体代码如下。

```
# -*- coding: utf-8 -*-#
#-------------------------------------------------------------------------------
# ProjectName:     Python1014
# FileName:        Base_Page
# Author:          mutou
# Date:        2020/09/29 14:27
# Description:
#-------------------------------------------------------------------------------
#该类中需要定义：驱动器对象；  #需求：可以根据浏览器类型创建其驱动器对象
from selenium import webdriver
class  BasePage:
    def  __init__(self,browserType,url):
        """
```

```
    param browserType: 表示传入浏览器的类型，传入的数据类型是 string;输入的值
    可以是 Chrome、Firefox、IE 等字符串的任意大小写类型
    """
    __type=browserType.lower()
    if __type=="Chrome":
        self.get_driver=webdriver.Chrome()
    elif __type=="Firefox":
        self.get_driver=webdriver.Firefox()
    elif __type=="Ie":
        self.get_driver=webdriver.Ie()
    else:
        #print("请选择正确的浏览器！")
        raise ValueError
    self.get_driver.get(url)
#在所有页的父类中定义一个元素定位的方法
def  get_element(self,property,value):
    """
    param property:传入元素定位的类型，数据类型为 String；值为 ID，Name，XPath，
    ClassName、Css
    param value:value 表示页面上元素属性对应的值
    return: 返回的是元素定位的对象;如果传入的类型错误或者不存在则会抛出异常
    """
    if property=="ID":
        return self.get_driver.find_element_by_id(value)
    elif property=="Name":
        return self.get_driver.find_element_by_name(value)
    elif property=="Xpath":
        return self.get_driver.find_element_by_xpath(value)
    elif property=="ClassName":
        return self.get_driver.find_element_by_class_name(value)
    elif property=="Css":
        return self.get_driver.find_element_by_css_selector(value)
    else:
        raise ValueError
```

代码分析：首先创建一个基础类 BasePage，在初始化方法中传入不同的浏览器类型参数即可获取对应浏览器的驱动器对象，同时封装了常用的几个元素定位的方法，只需要传入对应的参数即可调用。

然后就可以设计网站登录页模型 Login_Page.py。

```
# -*- coding: utf-8 -*-#
# -------------------------------------------------------------------------
# ProjectName:    Python1014
```

```
# FileName:      Login_Page
# Author:        mutou
# Date:        2020/09/29 22:59
# Description: 后台登录页面元素管理
# ----------------------------------------------------------------------
from DBShop_Program_Project.Page_Manage_Layer.Base_Page import BasePage
class HomeLoginPage(BasePage):
      # 用户名的元素定位
      def get_home_username_element(self):
         return self.get_element("ID", "user_name")
      # 密码的元素定位
      def get_home_password_element(self):
         return self.get_element("ID", "user_passwd")
      # 单击登录的按钮
      def get_home_submit_element(self):
         return self.get_element("Xpath", "//*[@id='admin_login_form']/button")
      # 返回前台页面
      def get_indexPage_element(self):
         return self.get_element("Xpath","//*[@id='admin_login_form']/a")
```

代码分析：HomeLoginPage 类定义了登录页面的每个元素定位的方法。例如，将用户名、密码和登录按钮都封装成了方法。后面可以声明一个业务操作类，自由组织各个元素即可完成不同的业务流的执行操作。

下面是组织业务操作，声明业务流模块 Login_Flow.py。

```
# -*- coding: utf-8 -*-#
# ----------------------------------------------------------------------
# ProjectName:    Python1014
# FileName:      Login_Flow
# Author:        mutou
# Date:        2020/09/29 23:08
# Description:  后台---登录业务流层
# ----------------------------------------------------------------------
from Page_Manage_Layer.Home_Login_Page import HomeLoginPage
class HomeLoginFlow(HomeLoginPage):
   # 后台登录的业务流
   def home_login(self, username="wood", password="123456"):
      # 窗口最大化
      self.get_driver.maximize_window()
      # 输入用户名、密码
      self.get_home_username_element().send_keys(username)
      self.get_home_password_element().send_keys(password)
      # 单击登录
```

```
        self.get_home_submit_element().click()
```

代码分析：HomeLoginFlow 类定义了登录的正常业务流路径，同时可以在这里声明其他路径业务。例如，输入用户名直接单击登录，输入密码直接单击登录等场景。每个场景对应一个用例路径，并声明在一个方法中。最后只需要引用 unittest 单元测试框架具体调用每个场景的测试方法执行断言即可。

扫一扫，看视频

4.2 引入 unittest 框架

Selenium WebDriver 是一个浏览器自动化测试的 API 集合，它提供了很多与浏览器自动化交互的特性，这些 API 集合主要是用于测试 Web 程序。如果仅仅使用 Selenium WebDriver，则无法实现执行测试前置条件、测试后置条件、比对预期结果和实际结果、检查程序的状态、生成测试报告、创建数据驱动的测试等功能。这些功能必然需要引用到单元测试框架，本节主要介绍 unittest 框架。

4.2.1 认识 unittest

unittest 属于 Python 内置模块，它应用最多的场景是单元测试，除了适用单元测试以外还可以应用于 Web、APP、接口等自动化测试的开发与执行，并且该模块提供了丰富的断言方法，用于判断测试用例是否通过，并最终生成测试结果。

其实很多单元测试框架都是从 Java 程序开发出的 Junit 延伸而来的，unittest 框架也是，该框架还会被称为 PyUnit。unittest 框架能够创建测试用例、自由组织用例、完成测试固件的定义等操作。

unittest 框架实际主要由四部分构成：TestCase、TestSuite、TestRunner 和 TestFixture。

（1）TestCase 表示测试用例，它对应的就是一个完整的业务流程，包括测试前准备环境的搭建（setUp），执行测试代码（run），以及测试后环境的还原（tearDown）。TestCase 可以说是单元测试的本质所在，因为一个用例表示一个完整业务，因而对应着一个测试单元，通过执行这个测试单元，即可完成某个问题的验证。

（2）TestSuite 表示一组测试用例的集合，它可以以模块化的形式很好地实现用例，以及以测试类的形式更好地自由组织用例（套件好比容器，可以自定义将每个用例装到容器中），而且 TestSuite 也可以嵌套 TestSuite。

（3）TestRunner 表示测试运行器，可以定义执行测试用例的方式，其中 run(test)会执行 TestSuite/TestCase 中的 run(result)方法。测试的结果会保存到 TextTestResult 实例中，包括运行了多少测试用例、成功了多少、失败了多少等信息。

（4）TestFixture 表示测试固件（夹具），可以完成某些对象初始化操作，即测试用例运行所需的环境搭建和销毁操作。

综上，unittest 框架测试的整个流程就是首先要定义好 TestCase，然后由 TestLoader 加载 TestCase 到 TestSuite 中，再由 TextTestRunner 来运行 TestSuite，运行的结果保存到 TextTestResult 中，最后通过 unittest.main()完成测试用例的执行。

注意：

（1）执行方式：如果光标处于某一个测试方法上，则表示只会执行当前该测试方法；如果光标处于测试类上，则表示执行整个测试类中的所有测试方法。除此之外，还可以定义程序执行入口、直接在__main__方法中执行 unittest.main()方法。

（2）在 unittest 框架中，运行结果状态主要有三种：errors（错误）、failures（失败）、passed（通过）；errors 表示当前测试模块逻辑有错，需要考虑分析是否当前测试代码有 BUG；failures 表示预期与实际结果不一致，则可以推断出源代码内部逻辑有问题。

（3）在 unittest 框架中，存在多个测试用例时，其测试用例执行的顺序是根据测试用例方法名所对应的 ASCII 码值依次执行的（即[0-9],[A-Z],[a-z]）。

4.2.2 unittest 框架中的断言详解

在 unittest 框架中执行了相关测试用例，那如何判断这条用例是通过还是不通过呢？唯一的办法就是将实际结果和预期结果进行比较，如果两者一致则用例通过，否则用例不通过。在 Python 中这种比较的方法就叫作断言，unittest 框架提供了一系列的断言方法。

常用的断言方法如表 4.1 所示。

表 4.1 常用的断言方法

序 号	断 言 方 法	例 子 描 述	版 本
1	assertEqual(arg1, arg2, msg=None)	验证arg1=arg2是否成立，不成立则fail	
2	assertNotEqual(arg1, arg2, msg=None)	验证arg1 != arg2是否成立，不成立则fail	
3	assertTrue(expr, msg=None)	验证expr，如果为false，则fail	
4	assertFalse(expr,msg=None)	验证expr，如果为true，则fail	
5	assertIs(arg1, arg2, msg=None)	验证arg1、arg2是否是同一个对象，不是则fail	3.1
6	assertIsNot(arg1, arg2, msg=None)	验证arg1、arg2是否不是同一个对象，是则fail	3.1
7	assertIsNone(expr, msg=None)	验证expr是否是None，不是则fail	3.1
8	assertIsNotNone(expr, msg=None)	验证expr是否是None，是则fail	3.1
9	assertIn(arg1, arg2, msg=None)	验证arg1是否是arg2的子串，不是则fail	3.1
10	assertNotIn(arg1, arg2, msg=None)	验证arg1是否是arg2的子串，是则fail	3.1
11	assertIsInstance(arg1, arg2,)	验证arg1与arg2的实例对象是否相同，不是则fail	3.2
12	assertNotIsInstance(arg1, arg2,)	验证arg1与arg2的实例对象是否不同，是则fail	3.2

简单的断言实例代码如下。

```
import unittest
class  Assert_Test(unittest.TestCase):
        def test_1(self):
            #断言表达式的结果是 False 时断言通过，非 False 时断言失败
            #self.assertFalse(1==1)
            #self.assertIn(10,[3202,312])
            #在测试用例中的框架中是不会存在判定的，通过使用断言完成
            #判定两个对象的内存地址
            #self.assertIs([1,2],[1,2])
            #主要是测试两个数计算减法后是否无限接近 0，可以通过 places 确定位数取值
            #self.assertAlmostEqual(2,1.8999,places=0)
            #self.assertIsNot()  #与上面的 is 对应，判定两个是否是相同的对象地址
            #self.assertListEqual([1,2,3],[2,3,1])
            #可以直接传入两个列表对象进行比较;实现每个元素依次进行比较
```

两个值或者两个对象都非常容易完成断言操作，但是针对异常应如何断言呢？首先异常断言需要考虑两部分内容断言，一个是断言异常对象，另一个是断言异常的内容。如果是传统的实现代码，会调用 assertIs 方法来断言两个异常对象，同时调用 assertEqual 来断言异常的内容信息。具体实现代码如下。

```
class  MyException(Exception):
        def  __init__(self,message):
             self.message=message
def raise_ex(number):
        if number==10:
             raise MyException("该数不能等于 10")


import sys
import unittest
class  Assert_Test(unittest.TestCase):
        def test_1(self):
            try:
                raise_ex(10)
            #断言异常
            except:
                #需要获取到异常对象和异常信息
                get_ex_res=sys.exc_info()
                get_ex_obj=get_ex_res[0]
                get_ex_msg=get_ex_res[1]
                #获取的是一个 MyException 的字符串对象，需要通过 str 进行转换
                self.assertIs(MyException,get_ex_obj)
                self.assertEqual("该数不能等于 10",str(get_ex_msg))
```

以上的实现过于复杂，针对异常的断言，unittest 框架提供了另外一种断言方法，那就是

assertRaises。

所以在上述代码中将 test_1 方法中的代码替换成如下代码即可。

```
def test_1(self):
        with self.assertRaises(Exception) as ex:
            #会抛出异常的代码
            raise_ex(10)
        self.assertEqual("该数不能等于 10",str(ex.exception))
```

这样会发现代码非常简洁，短短的两句代码就解决了异常的两个内容的断言。with 中的语句块如果抛出异常则会被自动捕获，并与 assertRaises 中传入的参数异常类型进行比较，如果相同则说明两个异常对象相同，断言通过并继续执行下一个语句。assertEqual 完成了异常信息内容的断言操作。

注意：

此处捕获异常的对象调用 exception 属性返回一个异常信息对象，所以需要转换成字符串对象进行比较。

4.2.3 unittest 框架中的 testfixture

testfixture 实现整个测试中所有用例所需要资源的管理操作，如资源（文件流、数据库资源、驱动器对象等）创建、销毁等。该部分主要由两个方法构成：setUp（创建）和 tearDown（销毁）。setUp、tearDown 的方法名是固定的，需严格区分大小写。setUp 表示在每个测试用例执行之前会将用例中使用到的对象进行初始化，tearDown 表示在每个测试用例执行完毕之后将该用例中所涉及的所有对象进行销毁。setUpClass、tearDownClass 两个方法名也是固定的，这两个方法还必须使用 classmethod 装饰器进行装饰，且传入的参数只有一个。setUpClass 表示在所有测试用例执行之前仅执行一次， tearDownClass 表示在所有用例执行之后仅执行一次，这两个方法通常会对文件流、数据库连接等资源对象使用。

1. setUp 和 tearDown

（1）setUp：在设计测试用例之前，每个用例应该基于不同的驱动器对象，那么就需要打开浏览器输入对应网址进行初次访问，这是前置条件。

（2）tearDown：同样的，在执行完测试用例之后，为了不影响后面用例的执行，一般会设置数据还原的操作，这也是执行用例的后置条件。

其实前置条件和后置条件并不是必要的，如果没有可以不进行定义，就算定义了也可以在其语句块中用 pass 语句声明。

具体实例代码如下。

```
import unittest
class  Wood_Test(unittest.TestCase):
    def setUp(self):
        print("已经准备好了")
    def tearDown(self):
        print("已处理")
    def test001(self):
        print("test001")
    def test002(self):
        print("test002")
if __name__ == '__main__':
    unittest.main(verbosity=2)
```

代码分析：以上代码的执行顺序为先执行 setUp 方法，然后执行 test001 方法，再执行 tearDown 方法，再执行 setUp 方法，再执行 test002 方法，最后执行 tearDown 方法。也就是说在每个测试方法执行前会检测当前测试类中是否声明了 setUp 和 tearDown 方法，如果声明了则在执行测试方法之前需要先执行 setUp 方法，执行方法之后还需要执行一次 tearDown 方法。

2. setUpClass 和 tearDownClass

（1）setUpClass：在设计测试用例时，有时需要当前模块所有用例共用同一个浏览器驱动器对象，此时同样需要打开浏览器输入地址进行获取，但是不能够定义在 setUp 中，此时需要定义在 setUpClass 中，这称为类前置条件。

（2）tearDownclass：同理，在执行完测试用例后，最后需要关闭浏览器或者数据库相关的连接，这个只需要关闭一次。这是要创建的类后置条件。

它们两个不是必要的，如果定义了没有实现也可以用 pass 语句声明。

具体实例代码如下。

```
import unittest
from selenium import webdriver
class Wood_Test (unittest.TestCase):
    @classmethod
    def setUpClass(cls):
        cls.driver = webdriver.Chrome()
        cls.driver.maximize_window()
        cls.driver.implicitly_wait(30)
        cls.driver.get("http://www.baidu.com")
    @classmethod
    def tearDownClass(cls):
        cls.driver.quit()
    def test_baidu_new(self):
        self.driver.find_element_by_link_text("新闻").click()
```

```
        self.driver.back()
    def test_baidu_map(self):
        self.driver.find_element_by_partial_link_text("图").click()
        self.driver.back()
if __name__ == "__main__":
    unittest.main(verbosity=2)
```

代码分析：在测试类中声明了两个测试方法，即 setUpClass 和 tearDownclass，其执行顺序为在执行所有的测试方法之前仅执行一次 setUpClass 方法中的代码。也就是说上述代码只会创建一个浏览器对象，两个测试方法共用一个浏览器对象进行操作。然后执行两个测试方法，最后测试方法执行完毕后，执行 tearDownClass 方法进行浏览器退出操作。

注意：

整个 fixture 中的执行顺序结构是：setUpClass 方法，setUp 方法，测试方法 1，tearDown 方法，setUp 方法，测试方法 2，tearDown 方法.....，tearDownClass 方法。

4.2.4　unittest 框架实现参数化——ddt

ddt 是 data driven test 的缩写，表示数据驱动测试，是用于实现测试用例参数化的一种实现方式。它提供了一个类的装饰器 ddt，两个方法的装饰器 data 和 file_data，其中类的装饰器主要应用在类前，方法装饰器应用在测试方法前。data 可以有多个数据作为测试数据，file_data 顾名思义可以支持数据文件作为测试数据。

当然还可以实现多种参数类型的数据结构传入。

（1）单一型数据结构：无论传入的数据是何种类型，都当作一个值处理。

（2）复合数据类型结构处理（list、tuple、dict）：如果需要对这些类型的数据分别对应参数，则必须添加一个装饰器@ddt.unpack。

（3）可以直接读取数据格式文件中的数据进行参数化。

1. 安装 ddt

在 DOS 中直接执行下面命令或者在 PyCharm 中进行安装。

```
pip install  ddt
```

2. 读取单个数据

假设存在一个测试类 Test_DDT，该类中存在一个测试方法 test_001，代码如下。

```
import unittest
class  Test_DDT(unittest.TestCase):
    def test_001(self, a):
```

```
        print("打印数据")
        print(a)
```

这样只会执行一个测试用例，如果测试用例存在 100 条，其中 a 的数据就是 1～100 的数，那么是不是就要声明一百个测试方法呢？显然不是，此时就可以通过参数化完成，上述代码可以使用 ddt 装饰，具体代码如下。

```
import unittest
from ddt import ddt, data, unpack
@ddt
class Test_DDT(unittest.TestCase):
    @data((1,2,3))
    def test_001(self, a):
        print("打印数据")
        print(a)
```

当然也可以这样实现，代码如下。

```
import unittest
from ddt import ddt, data, unpack
test = (1,2,4)
@0ddt
class Test_DDT(unittest.TestCase):
    @data(test)
    def test_001(self, a):
        print("打印数据")
        print(a)
```

代码分析：data 使用动态参数把传进来的数据组成元组，再对元组的用例进行遍历，并根据索引进行取值，相当于对每个参数进行遍历操作。

例如：

```
import unittest
from ddt import ddt, data, unpack
test_1 = (1,2,3)
test_2 = (0,0,0)
@ddt
class Test_DDT(unittest.TestCase):
    @data(test_1,test_2)
    def test_001(self, a):
        print("打印数据")
        print(a)
```

代码输出结果如下。

```
打印数据
(1, 2, 3)
打印数据
(0, 0, 0)
```

3. 增加 unpack 参数化测试用例

unpack 会拆分数据 data 传递的元组，这时就需要增加动态参数。

```
import unittest
from ddt import ddt, data, unpack
@ddt
class Test_DDT(unittest.TestCase):
    @data((1,2,4),(-1,-2,-3))    #装饰测试用例
    @unpack
    def test_001(self, *args):
        print("打印数据")
        print(*args)
```

代码输出结果如下。

```
打印数据
1 2 4
打印数据
-1 -2 -3
```

代码分析：为什么打印的是数据，而不是一个元组呢？因为输出时使用了*args，“*”添加参数实现了元组的解包操作，所以结果就是 1、2、4 三个不定长参数值。如果需要将整个元组实现参数化，则可以声明多个形参并接收，代码如下。

```
import unittest
from ddt import ddt, data, unpack
@ddt
class Test_DDT(unittest.TestCase):
    @data((1,2,4),(-1,-2,-3))#装饰测试用例
    @unpack
    def test_001(self, a,b,c):
        print("打印数据")
        print(a)
        print(b)
        print(c)
```

代码输出结果如下。

```
打印数据
1
```

```
2
4
打印数据
-1
-2
-3
```

添加了 unpack 装饰器后，可以实现拆包操作。不仅可以完成列表和元组的拆包，还可以完成字典的拆包。例如：

```
#被测试代码即源代码声明一个加法运算的函数
def  add(a,b):
    return a+b
import unittest
from ddt import ddt,data,unpack
@ddt
class AddTest(unittest.TestCase):
    @unpack
    @data({"a": 1, "b": 2, "expect": 3}, {"a": 33, "b": 2, "expect": 35})
    def test_add_1(self, a,b,expect):
        self.assertEqual(add(a,b), expect)
```

注意：

测试方法中传入的形参名必须与声明的数据键名一致。

4.2.5 unittest 框架实现参数化——paramunittest、parameterized

在 unittest 框架中需要实现参数化，除了 ddt 以外，还有一个专门的模块 paramunittest，该模块可以实现传入多组参数，自动生成多个测试用例，能够实现与 ddt 一样的效果。

1. 安装 paramunittest

在 DOS 中直接执行下面命令或者在 PyCharm 中进行安装。

```
pip install  paramunittest
```

参考官网文档地址：https://pypi.python.org/pypi/ParamUnittest/，在官方文档中给出了两个使用案例。

2. 实践案例

从官方文档中的案例可以看出，参数可以传入元组也可以传入字典，下面以传入字典参数为例进行讲述。这里需要注意的是，在接受参数时必须定义 setParameters 方法，这个方法名称是固定的，不能够随意更改。括号后面的参数接收传入的参数名称。由于此处要传入的参数为字典类型，所以定义的参数就跟前面字典的 key 保持一致。

具体实例代码如下。

```
import unittest
import paramunittest
@paramunittest.parametrized(
    {"user": "admin", "pwd": "123", "result": "true"},
    {"user": "admin1", "pwd": "1234", "result": "true"},
    {"user": "admin2", "pwd": "1234", "result": "true"},
    {"user": "admin3", "pwd": "1234", "result": "true"},
)
class TestDemo(unittest.TestCase):
    def setParameters(self, user, pwd, result):
        '''这里注意了，user、pwd、result 三个参数和前面定义的字典一一对应'''
        self.user = user
        self.pwd = pwd
        self.result = result

    def test001 (self):
        print("输入用户名：%s" % self.user)
        print("输入密码：%s" % self.pwd)
        print("期望结果：%s " % self.result)
        self.assertTrue(self.result == "true")
if __name__ == "__main__":
    unittest.main(verbosity=2)
```

在这里就不继续赘述元组的实现方式了，详情可参考官方给出的示例。

其实在参数化过程中，paramunittest 还是存在一定的瓶颈。例如。只能够应用在 unittest 框架中，无法兼容多种框架。相比而言，DDT 在实际开发过程中更便于二次开发。

注意：

在运行时，光标最好处于测试类上或者 main 方法中，如果处于测试方法中，执行会抛出异常。

3. 安装 parameterized

如果需要兼容多种测试框架，则参数化可以选择 parameterized 模块。首先，该模块也是第三方的，需要进行安装，安装方式同样可以使用 pip 命令或者在 PyCharm 中完成。

```
pip  install  parameterized
```

该模块可以实现 Python 中多个测试框架的参数化，如 nose 框架、unittest 框架、pytest 框架等，其不仅可以实现测试类的参数化，还可以实现函数的参数化。之前提到的 unittest 框架中是无法实现函数参数化的，函数参数化主要在 pytest、nose 框架中使用。

parameterized_class 如果装饰在类上，那么装饰所传入的参数形式有两种。

（1）直接传入一个列表类型的字典值（在测试方法中进行调用时，直接使用当前对象调用其键名即可获取对应的键值）。

（2）传入一个元组，所对应的值是一个二维序列。

还可以使用 parameterized.expand 装饰在对应的测试方法上，这种方式主要是通过测试方法中的参数进行参数传递，expand 中传入的是一个二维序列，二维中的元素既可以是元组也可以是列表，其中每一个元素表示对应传入参数的一组数据。

4. 实践案例

假设需要完成百度搜索的功能测试，需要搜索多个关键字，若每次搜索都编写一个测试方法，则会造成重复代码过多的情况，非常麻烦，也不利于代码维护。现在使用 parameterized 模块来解决该问题，具体实现代码如下。

```
import unittest
import time
from selenium import webdriver
from parameterized import parameterized
class testBaiduSearch(unittest.TestCase):
    @classmethod
    def setUpClass(cls):
        cls.driver=webdriver.Chrome()
        cls.baseURL="https://www.baidu.com/"
    @parameterized.expand([["case1","one"],["case2","two"],["case3","three"]])
    def test_search(self,case,keys):
        self.driver.get(self.baseURL)
        time.sleep(3)
        self.driver.find_element_by_id("kw").send_keys(keys)
        self.driver.find_element_by_id("su").click()
        time.sleep(3)
        self.assertEqual(self.driver.title,keys+"_百度搜索")
    @classmethod
    def tearDownClass(cls):
        cls.driver.quit()
if __name__=="__main__":
    unittest.main(verbosity=2)
```

注意：

上述代码中的 verbosity 是一个可选默认参数，设置的值不同，其测试结果的信息复杂度也不同，值设定可以是 0,1,2。

（1）0 (静默模式)：只获取总测试用例数和总结果。例如，总共 100 个，失败 30，成功 70。

（2）1 (默认模式)：与静默模式相似，在每个执行成功的用例前面使用“.”表示，如果是失败的用例则在前面使用 F 表示。

（3）2 (详细模式)：最详细的信息模式，测试结果会显示每个测试用例所有的相关信息。而且在命令行里加入不同的参数可以起到一样的效果。例如，加入--quiet 参数实际等价于 verbosity=0，加入--verbose 参数实际等价于 verbosity=2，什么都不加就是 verbosity=1。

4.2.6　unittest 中测试套件

可以通过参数化的形式实现一个测试类中测试用例设计的减少，如直接通过参数化将数据传入一个或两个测试用例中，即可完成对应业务的相关数据测试。但是问题又来了：执行多次测试用例后，会发现测试用例的执行是按照测试用例的名称顺序进行的，在不改变用例名称的情况下，怎样控制用例执行的顺序呢？如果单纯是一个测试文件，直接运行即可，但是如果是多个文件呢？如何一起运行？可以一个文件一个文件地执行吗？

上面的种种问题，需要能够自由组织测试用例、能够实现批量执行、能够自定义执行顺序等的功能，必然需要引用 unittest 框架中的测试套件（TestSuite）。

测试套件表示一组测试用例的集合，可以实现将测试用例进行统一执行，也可以组装单个测试用例，规定其用例的执行顺序，甚至还可以在 TestSuite 中嵌套 TestSuite。下面就来详细了解其中常用的一些方法。

1．第一种方法

可以通过 addTest()、addTests()加载 TestCase 到 TestSuite 中，再返回一个 TestSuite 实例。

addTest(test)：表示添加一个测试用例或者测试套件到套件中。

addTests(tests)：表示添加所有的测试用例，传入的参数是一个可迭代对象或者一个测试套件的实例，这等价于用 addTest 方法实现每个元素的添加。

这两个方法的具体含义是根据官方给出的解释翻译而来的。

具体代码实例如下。

```
from CRMProject.Test_Object.Login_Test import LoginTest
import unittest
#通过 Python 运行器运行执行指定的测试用例（可以通过套件运行器进行一起使用）
def test_all():
    #创建一个套件对象
    suite=unittest.TestSuite()
    <!--runTest 是一种执行方式，可右击，选择该选项，它是基于 unittest 框架的运行器运行的，
      而现在是 TextTestRunner 运行器运行，此时可以覆盖 methodName 属性-->
    #可以指定任意的测试方法进行组合
```

```
    suite.addTest(LoginTest("test_login_success"))
    suite.addTest(LoginTest("test_login_fail_2"))
    <!--传入的参数是可迭代对象，相当于下面代码完成一组用例的执行，上面每次调用 addTest 相
     当于是将一个用例添加到测试套件中-->
    suite.addTests([LoginTest("test_login_success"),LoginTest("test_login_fail_2")])
    # 声明运行器对象
    runner=unittest.TextTestRunner()
    runner.run(suite)
if __name__ == '__main__':
    test_all()
```

上述代码是将每个测试类中的测试用例所对应的方法一个一个添加到套件中，从而完成相关用例的组织操作，但是这样如果需要执行所有文件模块的测试用例，那就太麻烦了，所以需要后面的解决方案。

2. 第二种方法

可以通过将测试用例类或者对应的模块加载到测试套件中进行批量执行，如果是通过具体测试用例类加载，则必须引用 unittest 框架中的测试加载器（即 TestLoader 对象）,具体代码实例如下。

```
from CRMProject.Test_Object.Login_Test_2 import LoginTest2
#导入 Login_Test_2 模块
from CRMProject.Test_Object import Login_Test_2
import unittest
def test_all():
    #创建一个套件对象
    suite=unittest.TestSuite()
    #先创建一个加载器对象
    load=unittest.TestLoader()
    <!--加载整个测试类,loadTestsFromTestCase 会返回一个测试套件;其中传入的参数必须是
      测试类名-->
     suite.addTest(load.loadTestsFromTestCase(LoginTest2))
     #通过模块添加到测试套件中,其中传入的参数是对应模块的对象名
     suite.addTest(load.loadTestsFromModule(Login_Test_2))
     #如果需要通过 FromName 加载测试套件，则传入的参数是一个字符串类型
     suite.addTest(load.loadTestsFromName(\
     "Login_Test_2.LoginTest2.test_succes_login_0_admin"))
      runner=unittest.TextTestRunner()
      runner.run(suite)

 if __name__ == '__main__':
      test_all()
```

3. 第三种方法

如果存在多个模块，则每个模块都需要手动完成，依次运行，这个过程过于麻烦。unittest 框架测试套件考虑到了这一点，它提供了批量执行的套件对象，批量执行的优点是可以避免后期多个测试模块需要一个一个手动执行或者将其手动添加到测试套件中。所有的以.py 为后缀的文件在 Python 3.5 版本以后执行时，discover 加载模块会根据当前模块中的 import 与 discover 的第一个参数开始目录进行确定，如果当前开始目录与 import 的模块是正确的且存在的，则会自动将其加载到加载器中，最后将所有模块中的用例全部生成套件，然后依次运行；如果没有使用 import 导入，可以使用 pattern 定义部分模块，实现模糊匹配筛选执行。

具体代码实例如下。

```
from CRMProject.Test_Object.Login_Test import LoginTest
from CRMProject.Test_Object.Login_Test_1 import LoginTest1
from CRMProject.Test_Object.Login_Test_2 import LoginTest2
from CRMProject.Test_Object.Login_Test_3 import LoginTest3
from CRMProject.Test_Object import Login_Test_2
import unittest
def test_all():
    #创建一个套件对象
    suite=unittest.TestSuite()
    load=unittest.TestLoader()
    #使用此种方式 pattern 会失效，因为已经使用 import 将所有模块导入了
    #全部注释 import 导入的模块则 pattern 会生效。
    suite.addTest(load.discover("../Test_Object",pattern="*Test.py"))
    runner=unittest.TextTestRunner()
    runner.run(suite)

if __name__ == '__main__':
    test_all()
```

注意：

上述描述含义的区别，在 Python 3.5 版本以后，discover 加载的模块如果由 import 正确导入，则会将所有的模块自动加载到对应的套件中的；如果需要使用 pattern 参数，则不需要导入操作。

4.3 unittest 扩展

扫一扫，看视频

本节主要介绍 unittest 框架在运行完脚本后，除了可以在控制台查看运行结果以外，还可以使用 HTMLTestRunner 生成测试报告，并将该报告通过邮件设置，定时发送给相关人员。在分析

报告过程中如果需要查看定位问题，则可以通过日志模块所记录的日志信息进行分析跟踪。

4.3.1 HTML 报告生成

HTMLTestRunner 是基于 unittest 框架的一个扩展，所以它是 Python 的第三方库，需要额外下载与安装。HTMLTestRunner 模块的下载地址：http://tungwaiyip.info/software/HTMLTestRunner.html。首先根据这个链接下载文件到 Python 下的 lib 目录下的 site-packages，然后在 Python 状态下输入 import HTMLTestRunner，不报错则证明安装成功。

但是这个下载文件是不支持 Python 3 语法的，所以在使用过程中会报错，此时需修改源代码，具体更改内容如下。

```
第 94 行： import StringIO 改为 import io
第 539 行：self.outputBuffer = StringIO.StringIO() 改为 self.outputBuffer = io.BytesIO()
第 642 行：if not rmap.has_key(cls)：改为 if not cls in rmap:
第 772 行：ue = e.decode('latin-1') 改为 ue = e
第 776 行：uo = o.decode ('latin-1') 改为 uo=o
第 768 行：uo = o 改为 uo = o.decode('utf-8')
第 774 行：ue = e 改为 ue = e.decode('utf-8')
第 631 行：print >>sys.stderr, '\nTime Elapsed: %s' % (self.stopTime-self.startTime)
  改为 print('\nTime Elapsed: %s' % (self.stopTime-self.startTime),file=sys.stderr)
第 118 行：self.fp.write(s) 改为 self.fp.write(bytes(s,'UTF-8'))
```

支持 Python 3 语法下载的地址：https://github.com/huilansame/HTMLTestRunner_PY3。该地址实际上就是开发人员从上述地址进行下载并根据上述规则进行修改后，上传到 github 后的地址，便于更多读者下载使用。

分析 HTMLTestRunner 模块源代码后可以发现其底层是基于 unittest 框架实现的，并且其中内置了 HTMLTestRunner 运行器，所以通过该运行器替代 TextRunner 运行器，即可获取对应的报告。

具体代码示例如下。

```
#-*- coding:utf-8 -*-#
#-------------------------------------------------------------------------------
#ProjectName:      Python2020
#FileName:        Login_Test_Suite.py
#Author:          mutou
#Date:            2020/9/30 16:06
#Description:测试套件的运行
#-------------------------------------------------------------------------------
import unittest
import time
```

```
#导入报告模块
from HTMLTestRunner import HTMLTestRunner
#获取当前的项目根目录
from CRMProject.GETP_ATH import GETPATH
#构建报告所在的目录路径，便于代码移植时不会出现报告路径错误的情况
path=GETPATH+"\Main_Object\Report\\"
reportname=None
def test_choice():
    #创建一个套件对象
    suite=unittest.TestSuite()
    load=unittest.TestLoader()
    #此处没有 from import 相关的模块，则 patter 生效
    suite.addTest(load.discover("../Test_Object",pattern="*Test.py"))
    #如果需要生成报告，可以使用 HTMLTestRunner 运行器运行；
    #小技巧：如果报告名称固定，则每次运行报告都会将上一次的报告
    #覆盖，所以报告名称建议不要固定
    #报告名称一般会使用“当前项目的名称_当前运行的时间”，如 CRM 系统执行报告_202006262140
    #获取当前时间
    get_time=time.strftime("%Y%m%d%H%M%S",time.localtime())
    global path,reportname
    reportname="CRM_系统执行报告_"+str(get_time)+".html"
    path=path+reportname
    with open(path,mode="w") as fp:
        runner=HTMLTestRunner.HTMLTestRunner(fp,verbosity=2,title="CRM 登录用例
        执行报告",description="详细内容如下")
        #因为 HTMLTestRunner 刚好会返回 TestResult，其本身就是基于 unittest 框架的
        #TestResult 进行实现的，所以可以直接获取该对象
        get_result=runner.run(suite)
    return get_result
if __name__ == '__main__':
    test_choice()
```

在上述生成报告的代码中添加了获取当前时间的内容，目的是使每次运行测试用例后产生的报告不会将前面的报告进行覆盖，后期可以实现报告的对比分析。

执行上述代码后生成一个“CRM_系统执行报告_当前系统时间格式”的 HTML 报告，其报告内容格式如图 4.3 所示。

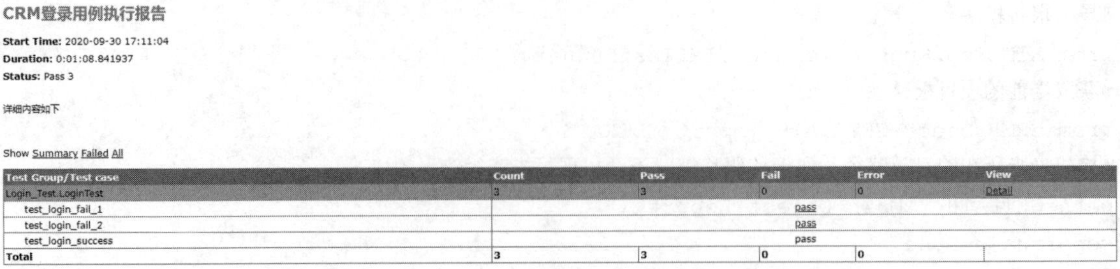

CRM登录用例执行报告

Start Time: 2020-09-30 17:11:04
Duration: 0:01:08.841937
Status: Pass 3

详细内容如下

Show Summary Failed All

Test Group/Test case	Count	Pass	Fail	Error	View
Login_Test.LoginTest	3	3	0	0	Detail
test_login_fail_1			pass		
test_login_fail_2			pass		
test_login_success			pass		
Total	3	3	0	0	

图 4.3　HTML 报告的内容格式

4.3.2　邮件自动发送

虽然 Web 自动化可以自动生成报告，但是在实际工作中，最好能够将报告发送给指定的人员，而不用手动进行，所以邮件发送也是 Web 自动化需要完成的一部分。要完成此部分内容的自动化，有读者一开始会认为要先通过访问邮箱地址，然后定位元素，最后上传附件报告发送。其实这种思维是可以的，但是不稳定且极其复杂，最好的方式是通过其内置的服务进行完成。

在完成邮件自动发送的操作之前，先一起来了解邮件的基础知识。

1. 邮件发送的基本过程与概念

一封邮件的基本内容通常分为三部分：邮件头部、邮件体、邮件附件。

邮件服务器：可以比作是现实生活中的邮局，它主要是完成将用例投递过来的邮件投递到邮件接收者的过程。

From：wzmtest1313@163.com，表示发送者。

To：wzmtest1313@163.com，表示接收者。

Subject：CRM 系统执行测试报告，表示邮件主题。

Body：执行总共用例数、通过用例数、失败用例数，表示邮件内容体。

2. 邮件传输协议

SMTP 协议：全称为 Simple Mail Transfer Protocol，即简单邮件传输协议。它主要是由邮件客户端、两台 SMTP 邮件服务器构成的结构，它们之间根据通信规则完成邮件传输通信操作。

POP3 协议：全称为 Post Office Protocol，即邮局协议。它直接由邮件客户端和 POP3 邮件服务器进行通信，基于一定的通信规则完成邮件传输操作。

IMAP 协议：全称为 Internet Message Access Protocol，即 Internet 消息访问协议，它可以说是 POP3 协议的一种扩展，所以其实现与 POP3 相同。

3. smtplib 模块

Python 中的 smtplib 模块可以非常方便地进行邮件发送操作。该模块完成了对 SMTP 协议简单的封装。Python 中对 SMTP 协议的支持有 smtplib 和 email 两个模块，其中 email 负责构造邮件，smtplib 负责发送邮件。

与邮件服务器建立会话连接的代码如下。

```
import smtplib
from email.mime.text import MIMEText
#声明邮件的发送者、接收者
sender = 'wzmtest1313@163.com'
receivers = 'wzmtest1313@163.com'
# 三个参数：第一个为文本内容；第二个设置文本格式，如 plain；第三个设置编码，如 utf-8
message = MIMEText('详细内容如下', 'plain', 'utf-8')
message['From'] = sender
message['To'] = receivers
message['Subject']="CRM 系统测试报告"
get_smtp=smtplib.SMTP(host="smtp.163.com")
get_smtp.login("wzmtest1313@163.com","wzmtest1313")
get_smtp.sendmail(sender,receivers,message.as_string())
```

上述代码实现了一个最简单的邮件发送，下面来详细说明其具体的操作步骤。

（1）如果想要将邮件发送成功，第一必须先将发送者的 163 邮件服务器的 SMTP 服务启动。进入 163 邮箱，单击设置，如图 4.4 所示。

单击 POP3/SMTP/IMAP 选项开启 SMTP 服务，如图 4.5 所示。

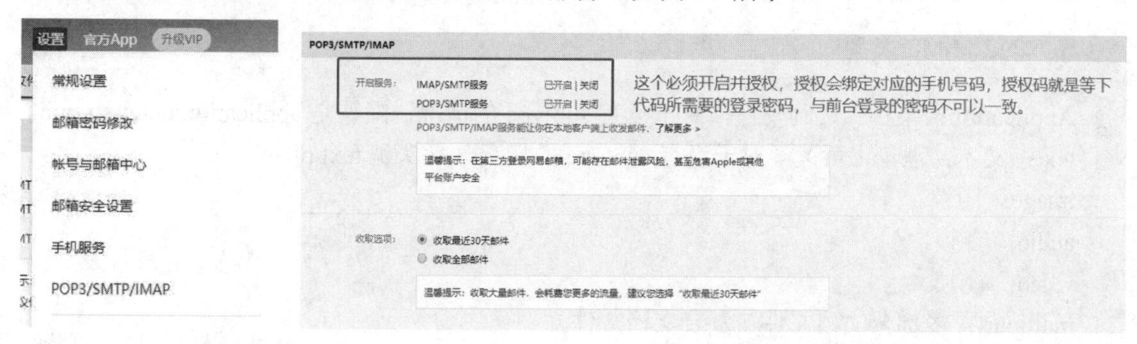

图 4.4　163 邮箱设置　　　　图 4.5　开启 SMTP 服务

注意：

QQ 邮箱的设置也是一样的，先进入设置，然后选择对应的邮件服务进入开启即可，其他邮箱类似，都有相关的服务设置，具体可查看各个邮箱类型的帮助说明。

（2）get_smtp.login 传入的两个参数是用户名和密码，而此处的密码并不是登录邮箱的密码，而是刚才第一步设置的授权码。

（3）get_smtp.sendmail 传入三个参数，第一个参数是发送者，第二个是接收者，第三个是邮件对象，邮件对象可以通过 email 下的 MIMEText 完成文本对象的创建，此时创建的对象只由邮件头、邮件体两部分构成，无法通过该对象创建邮件附件。

（4）MIMEText 同样传入三个参数，第一个参数表示邮件体内容，第二个参数表示邮件内容以什么样的文本类型发送，第三个参数表示编码格式。

（5）获取的 message 对象，其中 From、To、Subject 即发送者、接收者、标题，可以通过字典的形式写入 message 对象，实际就是邮件头的设定。

注意：

> 如果邮件的内容过于简单，内容过于敏感，服务器有可能会拒绝发送邮件甚至提示错误代码。

4. 邮件附件

前面介绍到可以通过 MIMEText 模块完成邮件头和邮件体的构建，但是邮件附件无法构建，需要使用 MIMEMultipart 模块完成。

MIME 是 Multipurpose Internet Mail Extensions 的缩写，表示多用途网络邮件扩展类型，可称为 Media type 或 Content type，它可以设定某种类型的文件当被浏览器打开时，需要用什么样的应用程序，多用于 HTTP 通信和设定文档类型，如 HTML。

MIME 结构主要由“type/subtype；parameter”组成，即“主类型/子类型；参数”，其中参数是可选的，主类型和子类型也可以叫作信息头和段头，这样就更加贴近邮件的定义。

5. 常见 MIME 类型

Application：某种二进制附件，对于没有 subtype 的情况，默认是 application/octet-stream。

text：文本，理论上可读，对于没有 subtype 的情况，默认是 text/plain。

image：图像。

audio：音频。

video：视频。

multipart：多部分文档文件（复合文档文件）。

这其实和 Content-Type 是相同的东西。相信读者已明白 MIMEText 和 MIMEMultipart 的区别了。

构建一个带有附件的邮件的实现如下。

```
from email.mime.text import MIMEText
from email.mime.multipart import MIMEMultipart
#创建的是一个邮件文本
def create_text(self,message):
    message_object=MIMEText(message,_charset="utf-8")
    return message_object
#创建邮件附件
```

```
def create_attach(self,reportname,reportpath):
    with open(reportpath,mode="rb") as fp:
        attach=MIMEText(fp.read(),_subtype="base64",_charset="utf-8")
        attach["Content-Type"]="application/octet-stream"
        attach.add_header('Content-Disposition', 'attachment', filename='%s'%reportname)
        return attach
def create_mail(self,subject,message,reportname,reportpath):
     mail=MIMEMultipart()
     mail["Subject"] =subject
     mail["From"] = self.from_addr()
     mail["To"] = self.show_to_addr()
     mail["Cc"]=self.get_cc
     mail["Bcc"]=self.get_bcc
     mail.attach(self.create_text(message))
     mail.attach(self.create_attach(reportname,reportpath))
     return mail
```

上述代码进行了封装，提取了数据，全部是以参数的形式存在。

create_text 表示构建邮件体，create_attach 表示构建邮件附件，create_email 表示构建一封完整的邮件，由邮件头、邮件体、邮件附件构成。

邮件体还是通过 MIMEText 模块完成，这个在前面介绍过了。

邮件附件是生成的测试报告，测试报告的文本是 HTML 类型，所以必须声明 Content-Type 类型为文件二进制流类型，且需要声明文件所在位置，那么就必须通过 Content-Disposition 进行确定。

在构建一封完整的邮件中，Subject、From、To 在前面讲过，Cc 表示抄送，Bcc 表示密送。

注意：

（1）在构建附件时，本来其文件位置可以通过下面的代码完成。

```
attach["Content-Disposition"]='attachment;filename=%s'%reportname
```

但是上述代码只能够对报告名中非中文的情况起作用，如果报告名中存在中文则上传的文件会被重新编码，从而变为不是原有的格式文件。

（2）此处的 to_address 需要的是字符串信息，不能是列表对象，与 send_mail 方法中传入参数 to_address 的值类型不同。

6. 处理发件人和收件人的显示问题

在发送邮件后会发现，当自己给自己发邮件时，显示的信息是“我”，下面来处理显示邮件的格式问题。将“我”修改成以邮件的账户格式显示，即 wzmtest1313<wzmtest1313@163.com>，具体代码如下。

```
    def to_addr(self):
        get_to_addr=self.get_mail_config["to_addr"]
        get_list=get_to_addr.split(",")
        if len(self.get_cc)!=0:
            get_list+=self.get_cc.split(",")
        if len(self.get_bcc)!=0:
            get_list+=self.get_bcc.split(",")
        return get_list
    def from_addr(self):
        get_from_addr=self.get_mail_config["from_addr"]
        return get_from_addr.split("@")[0]+"<%s>"%get_from_addr
    def show_to_addr(self):
        return ",".join([value.split("@")[0]+"<%s>"%value for value in
        self.get_mail_config["to_addr"].split(",")])
```

上述三个方法中，第一个方法 to_addr 表示当收件人是多个时，获取到的是一个字符串，需要将字符串转换成一个列表对象，因为 send_mail 方法中传入的是列表对象，而邮件头中的是字符串格式，所以最后又使用 show_to_addr 处理“我”类型的邮件，显示格式与发件人格式一致。

7. 封装完整邮件代码

先将固定的配置信息写入 Mail.ini 文件中，如图 4.6 所示。

```
Mail.ini
1 [mail_config]
2 mail_server=smtp.163.com
3 mail_user=wzmtest1313@163.com
4 mail_password=wzmtest1313
5 from_addr=wzmtest1313@163.com
6 to_addr=wzmtest1313@163.com
7 cc="932522793@qq.com"
8 bcc=""
```

图 4.6 邮件配置信息

然后定义一个模块读 ini 文件，具体实现代码如下。

```
#-*- coding:utf-8 -*-#
#-------------------------------------------
#ProjectName:      Python2020
#FileName:         Read_Mysql_Ini.py
#Author:           mutou
#Date:             2020/9/30 14:38
#Description:读取 ini 文件中的数据
#-------------------------------------------------------------------
import configparser
from CRMProject.GETP_ATH import GETPATH
#把该类设定成公共类
class ReadIni(object):
    def read_ini(self,ini_path,section_name):
        #声明一个 dict，用于存储所有的数据，然后以关键字的形式传入
        dict1={}
        conf_read=configparser.ConfigParser()
        get_result=conf_read.read(ini_path,encoding="utf-8")
```

```
        for key,value in conf_read[section_name].items():
            dict1[key]=value
        return dict1

if __name__ == '__main__':
    data_path = GETPATH + "\Public_Object\Mail.ini"
    read=ReadIni()
    print(read.read_ini(data_path,"mail_config"))
```

封装发送邮件后的代码如下。

```
#-*- coding:utf-8 -*-#
#-------------------------------------------------------------------------------
#ProjectName:      Python2020
#FileName:         Send_Mail.py
#Author:           mutou
#Date:             2020/09/30 21:52
#Description:实现邮件报告的发送
#-------------------------------------------------------------------------------
import smtplibfrom email.mime.text import MIMEText  #主要处理邮件正文信息
from email.mime.multipart import MIMEMultipart
from CRMProject.Public_Object.Read_Ini import ReadIni
from CRMProject.GETP_ATH import GETPATH
from CRMProject.Public_Object.Crm_Log import CrmLog,LOG_PATH
import sys
#固定常量，mail 配置文件的所在位置
path=GETPATH+"\Public_Object\Mail.ini"
class  SendMail(object):
    #在创建对象时就完成邮件用户信息的初始化
    def  __init__(self):
            self.log_mail=CrmLog()
            self.log_mail.get_handle(LOG_PATH+"\mail.log")
            __read=ReadIni()
            self.get_mail_config=__read.read_ini(path,"mail_config")
            self.get_cc = self.get_mail_config["cc"]
            self.get_bcc=self.get_mail_config["bcc"]
        #处理 to_addr 中传递给 send_mail 的参数
        def to_addr(self):
            try:
                get_to_addr=self.get_mail_config["to_addr"]
                get_list=get_to_addr.split(",")
                if len(self.get_cc)!=0:
                    get_list+=self.get_cc.split(",")
                if len(self.get_bcc)!=0:
```

```
            get_list+=self.get_bcc.split(",")
          return get_list
      except:
          self.log_mail.log_object.error("收件人信息处理失败")
#将发件人的信息进行处理
def from_addr(self):
      try:
          get_from_addr=self.get_mail_config["from_addr"]
          return get_from_addr.split("@")[0]+"<%s>"%get_from_addr
      except:
          self.log_mail.log_object.error("发件人信息处理失败")
def show_to_addr(self):
      return ",".join([value.split("@")[0]+"<%s>"%value for value in
      self.get_mail_config["to_addr"].split(",")])
#声明一个构建完整邮件的方法，通过 MIMEMultipart 完成附件和文本邮件的构成
#邮件除了发送者、接收者，还有抄送者、密送者
def create_mail(self,subject,message,reportname,reportpath):
    mail=MIMEMultipart()
    mail["Subject"] = subject
    mail["From"] = self.from_addr()
    #此处的 To 需要的是字符串信息而不是列表对象
    mail["To"] = self.show_to_addr()
    #添加抄送者和密送者，后期可自动选择；此处 ini 中存在一个坑：会将在所有的
    #文件中读取出来的键名全部默认为小写
    mail["Cc"]=self.get_cc
    mail["Bcc"]=self.get_bcc
    mail.attach(self.create_text(message))
    mail.attach(self.create_attach(reportname,reportpath))
    self.log_mail.log_object.info("邮件创建成功")
    return mail
#创建邮件附件
def create_attach(self,reportname,reportpath):
    #使用 MIMEText 完成一个文件的读取操作
    with open(reportpath,mode="rb") as fp:
    #_subtype：表示指定文本类型的子类型；默认是文本类型：text/html、text/xml、
    #text/json、application/www--xxxx-form、application/octet-stream
    #对应的 content-type 类型，类似处理 12306 火车订票系统中验证码的方式，将文件
    #以二进制流的形式写入指定的位置
    attach=MIMEText(fp.read(),_subtype="base64",_charset="utf-8")
    #为了能够上传任意格式的文件，将其文件的父类型定义为二进制流
    attach["Content-Type"]="application/octet-stream"
    attach.add_header('Content-Disposition', 'attachment',
    filename='%s'%reportname)
```

```
        return attach
    #封装一封邮件，在 Python 中必须使用 email 模块
    #创建一个邮件文本
    def create_text(self,message):
        message_object=MIMEText(message,_charset="utf-8")
        return message_object
    #与邮件服务器建立会话连接
    def send_mail(self,subject,message,reportname,reportpath):
        try:
            #创建 SMTP 的会话连接对象
            get_smtp=smtplib.SMTP(host=self.get_mail_config["mail_server"])
            #实现登录操作：login 中传入的是实现 SMTP 服务授权的用户名、
            #密码，而不是前台登录的用户名、密码
            get_smtp.login(self.get_mail_config["mail_user"],
            self.get_mail_config["mail_password"])
            #登录成功后发送邮件:声明发送者、接收者、收件信息；发送的信息过于简单或者
            #过于敏感，邮件服务器都会将其屏蔽
            #发送时出现 554 状态，可以考虑发送的信息及邮件的完整性
            #问题（声明邮件头的发送者、接收者等信息）
            get_smtp.sendmail(self.get_mail_config["from_addr"],self.to_addr(),
            self.create_mail(subject,message,reportname,reportpath).as_string())
            self.log_mail.log_object.info("邮件发送成功")
        except:
            self.log_mail.log_object.error(sys.exc_info())
```

4.3.3 日志模块封装

虽然可以通过 IDE 运行的控制台分析整个脚本运行失败的原因，但是如果用例过多，或者执行量过大，则通过这种方式进行分析就过于麻烦。在实际工作中，测试人员最佳的定位方式就是查看日志（log），日志是一种可以记录某些软件在运行过程中发生的事件的文件。在设计脚本时，可以在代码中定义相关的方法来记录发生了哪些事情。

一个事件可以用一个包含可选变量的数据消息进行描述。此外，事件也是有重要性之分的，这个重要性也称为严重性级别（level）。

通过分析 log，便于进行程序的调试，了解软件程序的实时运行情况，判断运行是否正常，分析软件程序运行时产生故障的原因与定位问题。如果应用日志信息足够丰富和详细，还可以对用户的行为进行分析，如分析用户的操作行为、类型喜好、地域分布及其他，并由此可以实现业务改进，提高商业利益。

1. 日志等级

在设计测试用例及提交缺陷时都存在等级的划分，日志同样存在等级的划分。不同的应用

程序定义的日志等级会有所差别，如果详细划分，日志可以包含以下几个等级。

（1）DEBUG。

（2）INFO。

（3）NOTICE。

（4）WARNING。

（5）ERROR。

（6）CRITICAL。

（7）ALERT。

（8）EMERGENCY。

2. 日志的字段信息与日志格式

前面提过，一个事件的发生对应一条日志信息的产生，所以一个事件通常需要包括以下几个内容。

（1）事件发生的时间。

（2）事件发生的位置。

（3）事件的严重程度即日志等级。

（4）事件内容。

上面的内容都是一条日志可能包含的最基本的字段信息，此外，日志还可以包括进程 ID、进程名、线程 ID、线程名等。日志的格式是用于定义一条日志记录包含哪些信息的，通常是自定义的。

注意：

> 输出一条日志时，日志内容和日志级别是需要开发人员明确指定的。对于其他字段信息，只需要定义是否显示在日志中就可以了。

3. logging 模块

理解了日志的基本概念后，如何在 Python 中实现日志的管理呢？其实几乎所有的开发语言都内置了日志相关的功能模块，就算没有也会有非常优秀的第三方库来提供日志操作的功能，如 log4j、log4php 等，它们不仅功能强大，而且使用简单。在 Python 中也内置了一个用于记录日志的标准库模块，那就是 logging 模块。

为了能够灵活地实现日志操作，logging 模块中定义了专门的函数和类，在实际开发时，直接调用相关函数及模块即可。由于 logging 模块是 Python 的内置模块，所以所有的 Python 模块都可以直接使用这个日志记录功能，因为标准库直接提供了对应的日志记录 API，这样开发人员不仅可以完成日志信息的操作，还可以将日志信息与第三方模块信息进行整合操作。

在 logging 模块中默认定义了以下几个日志级别，它也支持自定义其他日志级别，但是在实际开发中不被推荐，因为在实际开发过程中，在相互引用库时容易导致日志级别的混乱。

（1）DEBUG：最详细的日志信息，最经典的应用场景就是调试、问题诊断。

（2）INFO：信息的详细程度仅次于 DEBUG 级别，通常只会记录一些关键节点的信息，主要用于确定当前的所有操作是否是按照预期执行的。

（3）WARNING：表示警告级别，记录某些不希望发生的事件，如磁盘可用空间较低等，但是此时应用程序还是正常运行的。

（4）ERROR：表示错误级别，由于某一个更严重的问题产生，导致某些功能不能够正常运行所记录的信息。

（5）CRITICAL：表示发生严重错误，导致应用程序不能继续运行时记录的信息。

注意：

> （1）上面的日志等级是从上到下依次升高的，即 DEBUG < INFO < WARNING < ERROR < CRITICAL，而日志的信息量是依次减少的。
>
> （2）在实际开发过程中，如果指定了一个日志级别，那么此时记录所有日志级别大于或者等于指定日志级别的日志信息，而不仅仅记录指定级别的日志信息。同样，logging 模块也可以指定日志记录器的日志级别，只有级别大于或等于该指定日志级别的日志记录才会被输出，小于该等级的日志记录将会被丢弃。

在 logging 模块中，实际提供了两种实现日志记录的方式，第一种是使用 logging 模块提供的模块级别函数，第二种是使用 logging 日志系统的四大组件。

先来介绍第一种实现方式，logging 模块定义模块级别的常用函数如下。

（1）logging.debug(msg, *args, **kwargs)：创建一条严重级别为 DEBUG 的日志记录。

（2）logging.info(msg, *args, **kwargs)：创建一条严重级别为 INFO 的日志记录。

（3）logging.warning(msg, *args, **kwargs)：创建一条严重级别为 WARNING 的日志记录。

（4）logging.error(msg, *args, **kwargs)：创建一条严重级别为 ERROR 的日志记录。

（5）logging.critical(msg, *args, **kwargs)：创建一条严重级别为 CRITICAL 的日志记录。

（6）logging.log(level, *args, **kwargs)：创建一条严重级别为 level 的日志记录。

（7）logging.basicConfig(**kwargs)：对 root logger 进行一次性配置。

其中 logging.basicConfig(**kwargs)函数是实现日志记录的最简单方式，它默认可以指定要记录日志级别、日志格式、日志输出位置、日志文件打开模式等信息，其他几个都是用于记录各个级别日志的函数。

例如，分别输出一条不同日志级别的日志记录，具体代码如下。

```
import logging
logging.debug("This is a debug log.")
logging.info("This is a info log.")
logging.warning("This is a warning log.")
logging.error("This is a error log.")
logging.critical("This is a critical log.")
```

还可以这样实现，代码如下。

```
logging.log(logging.DEBUG, "This is a debug log.")
logging.log(logging.INFO, "This is a info log.")
logging.log(logging.WARNING, "This is a warning log.")
logging.log(logging.ERROR, "This is a error log.")
logging.log(logging.CRITICAL, "This is a critical log.")
```

输出结果如下。

```
WARNING:root:This is a warning log.
ERROR:root:This is a error log.
CRITICAL:root:This is a critical log.
```

为什么前面两条日志没有被打印呢？这是因为 logging 模块提供的日志记录函数默认使用的日志级别是 WARNING，所以只有 WARNING 级别的日志记录以及大于它的日志级别记录才会被输出，而小于它的日志记录会被丢弃。

那么输出的结果格式表示的含义是什么呢？上面的输出结果每个字段的含义表示“日志级别：日志名称：日志内容”，之所以会这样输出，是因为 logging 模块提供的日志记录函数所使用的日志器默认设置的日志格式为 BASIC_FORMAT，其值就是"%(levelname)s:%(name)s:%(message)s"。因为在实际代码中并没有提供任何配置信息，这些函数都是直接调用 logging. basicConfig(**kwargs)方法，且不会向该方法传递任何参数。继续查看 basicConfig()方法的代码就可以找到上面这些问题的答案了。

调用 logging. basicConfig(**kwargs)函数可以指定 logging 日志系统的输出格式，具体可接收的参数如下。

（1）filename：表示指定日志需要输出的文件名，显式声明该设置后日志信息就不会在控制台中输出了。

（2）filemethod：表示指定日志文件的打开方式，默认是 a 模式。当然，该选项只有声明了 filename 才有效。

（3）format：表示格式化日志，即指定日志输出时需要包含哪些字段以及这些字段的显示顺序。logging 模块定义的格式字段会在下面列出。

（4）datefmt：表示指定日期时间格式，这个选项需要在 format 中声明时间字段%(asctime)s 才有效。

（5）level：表示指定日志器的日志级别。

（6）stream：表示指定日志输出目标流，如输出流（sys.stdout）、错误流（sys.stderr）及网络流。需要说明的是，stream 和 filename 不能同时提供，否则会引发 ValueError 异常。

（7）style：在 Python 3.2 中新增的配置项，用于指定 format 格式字符串的风格，可取值为'%'、'{'和'$'，默认为'%'。

（8）handlers：在 Python 3.3 中新增的配置项。如果这个选项被指定，则说明创建了多个 Handler 可迭代对象，这些 Handler 将被添加到根日志器中。需要注意的是，filename、stream 和 handlers 这 3 个配置项只能有 1 个存在，不能同时出现 2 个或 3 个，否则会引发 ValueError

异常。

下面先简单配置日志器的日志级别，具体代码如下。

```
logging.basicConfig(level=logging.DEBUG)
logging.debug("This is a debug log.")
logging.info("This is a info log.")
logging.warning("This is a warning log.")
logging.error("This is a error log.")
logging.critical("This is a critical log.")
```

输出结果如下。

```
DEBUG:root:This is a debug log.
INFO:root:This is a info log.
WARNING:root:This is a warning log.
ERROR:root:This is a error log.
CRITICAL:root:This is a critical log.
```

从上面的输出结果可以看出，所有等级的日志信息都被输出了，说明配置生效了。但是只改变了日志级别，日志格式并没有变化，下面来配置日志输出的目标文件和日志格式，具体代码如下。

```
LOG_FORMAT = "%(asctime)s - %(levelname)s - %(message)s"
logging.basicConfig(filename='my.log', level=logging.DEBUG, format=LOG_FORMAT)
logging.debug("This is a debug log.")
logging.info("This is a info log.")
logging.warning("This is a warning log.")
logging.error("This is a error log.")
logging.critical("This is a critical log.")
```

此时会发现控制台中已经没有输出日志内容了，但是在当前 Python 代码文件的目录下会生成一个名为 my.log 的日志文件，该文件中的内容如下。

```
2020-09-08 14:29:53,783 - DEBUG - This is a debug log.
2020-09-08 14:29:53,784 - INFO - This is a info log.
2020-09-08 14:29:53,784 - WARNING - This is a warning log.
2020-09-08 14:29:53,784 - ERROR - This is a error log.
2020-09-08 14:29:53,784 - CRITICAL - This is a critical log.
```

在上面的基础上，继续来设置日期/时间的格式，具体代码如下。

```
LOG_FORMAT = "%(asctime)s - %(levelname)s - %(message)s"
DATE_FORMAT = "%m/%d/%Y %H:%M:%S %p"
logging.basicConfig(filename='my.log', level=logging.DEBUG, format=LOG_FORMAT,
datefmt=DATE_FORMAT)
logging.debug("This is a debug log.")
```

```
logging.info("This is a info log.")
logging.warning("This is a warning log.")
logging.error("This is a error log.")
logging.critical("This is a critical log.")
```

此时 my.log 日志文件中的输出内容如下。

```
05/09/2020 14:29:04 PM - DEBUG - This is a debug log.
05/09/2020 14:29:04 PM - INFO - This is a info log.
05/09/2020 14:29:04 PM - WARNING - This is a warning log.
05/09/2020 14:29:04 PM - ERROR - This is a error log.
05/09/2020 14:29:04 PM - CRITICAL - This is a critical log.
```

掌握了上面的内容之后，已经能够满足实际开发中日志记录功能的需要。

但是如果需要将抛出的异常信息写入日志，那么就需要引用以下几个关键参数：exc_info、stack_info 和 extra。

exc_info：该选项的值是一个布尔类型，如果该参数的值设置为 True，则会将异常信息添加到日志消息中；如果没有异常信息，则添加 None 到日志信息中。

stack_info：该选项的值也为布尔类型，默认值为 False。如果将该参数的值设置为 True，则在日志信息中会添加栈信息显示。

extra：该选项的值是一个字典类型，它用于自定义消息格式中的字段信息，但是它的 key 不能与 logging 模块中定义的字段冲突。

例如，在日志消息中添加 exc_info 和 stack_info 信息，并添加两个自定义字段 ip 和 user，具体代码如下。

```
LOG_FORMAT = "%(asctime)s - %(levelname)s - %(user)s[%(ip)s] - %(message)s"
DATE_FORMAT = "%m/%d/%Y %H:%M:%S %p"
logging.basicConfig(format=LOG_FORMAT, datefmt=DATE_FORMAT)
logging.warning("Some one delete the log file.", exc_info=True, stack_info=True,\
extra={'user': 'Wood', 'ip':'127.0.0.1'})
```

输出结果如下。

```
05/09/2020 16:35:00 PM - WARNING - Wood[127.0.0.1] - Some one delete the log file.
NoneType
Stack (most recent call last):
   File "C:/Users/zemuerqi/PycharmProjects/Python2020/day06/log.py", line 45, in <module>
      logging.warning("Some one delete the log file.", exc_info=True, stack_info=True,
      extra={'user': 'Wood', 'ip':'127.0.0.1'})
```

前面介绍了 logging 模块中的简单应用，下面来讲解 logging 日志模块的四大组件完成日志流的处理流程。

logging 模块的四大组件主要是日志器、处理器、过滤器和格式器，其实前面使用的 logging

模块的日志级别函数也是通过这些组件对应的类实现的，只是进行了封装，便于直接引用而已。

日志器，对应的类名是 Logger，提供了应用程序可以直接使用的相关接口。

处理器，对应的类名是 Handler，日志器创建的日志记录可以发送给处理器进行处理。

过滤器，对应的类名是 Filter，通过过滤器可以很好地控制日志记录中哪条需要被输出，哪条需要被丢弃。

格式器，对应的类名是 Formatter，用于定义日志记录输出的最终格式。

简单来讲，它们之间的关系就是，日志器（Logger）是实现日志记录的入口，真正实现日志处理的是处理器（Handler），处理器还可以通过过滤器（Filter）和格式器（Formatter）对要输出的日志内容做过滤和格式化处理。

下面给出一个已经封装好的完整实例代码，具体如下。

```
#-*- coding:utf-8 -*-#
#-------------------------------------------------------------------------
#ProjectName:      Python2020
#FileName:        LogTest2.py
#Author:          mutou
#Date:            2020/09/01 21:18、
#Description:以面向对象的形式完成一个日志的封装
#--------------------------------------------------------------------------
#要想完成日志自定义的设计，必须完成以下几步操作
#第一步，创建一个日志对象
import logging
class GetLog(object):
    #日志记录器在创建的对象时就需要同步创建
    def  __init__(self):
        self.get_log = logging.getLogger("crm_test")
        # 可以通过日志对象完成日志级别的定义，一般设置的级别是 INFO 或者 ERROR
        self.get_log.setLevel(logging.INFO)
    #声明一个定义格式的方法
    def get_formatter(self):
        # 第二步的核心操作：定义日志的格式
        get_formatter = logging.Formatter("%(asctime)s-%(filename)s\
        【level：%(levelname)s】-【lineNo：%(lineno)d】 %(pathname)s %(message)s")
        return get_formatter
    def get_handle(self,logpath):
        __get_file_handle = logging.FileHandler(logpath)  # FILE 模式
        __get_file_handle.setFormatter(self.get_formatter())
        self.get_log.addHandler(__get_file_handle)

if __name__ == '__main__':
    get=GetLog()
```

```
    get.get_handle("test3.log")
    get.get_log.error("错误")
```

代码分析：Logger 对象实际有 3 个任务需要完成，首先需要向应用程序代码提供方法，使其可以在运行时记录日志消息，其次就是基于日志严重级别或者 filter 对象来决定要对哪些日志进行后续处理，最后将过滤筛选的日志消息返回给日志处理器 handlers。其最常用的配置方法有 setLevel()、addHandler()、removeHandler()、addFilter()、removeFilter()等。formater 对象主要用于实现日志信息的结构、内容以及顺序的配置，它的构造方法需要接收三个可选参数：第一个是 fmt，指定消息格式化字符串，如果不指定该参数则默认使用 message 的原始值；第二个是 datefmt，指定日期格式字符串，如果不指定该参数则默认使用格式%Y-%m-%d %H:%M:%S；第三个是 style，该参数是 Python3.2 新增的，可取值为%、{和$，如果不指定该参数则默认使用%。

上述代码没有引用 Filter 类，Filter 类可以通过被 Handler 和 Logger 调用来做比 level 更细粒度的、更复杂的过滤。Filter 类是一个过滤器基类，它只允许某个 logger 层级下的日志事件通过过滤，该类定义如下。

```
class logging.Filter(name='')
    filter(record)
```

假设向 filter 实例对象中传入 name 的参数，传入的值为 A.B，那么 filter 则会根据过滤规则得到以下结果：A.B、A.B.C、A.B.C.D、A.B.D，而名称为 A.BB、B.A.B 的 loggers 产生的日志则会被过滤掉。如果 name 的值为空字符串，则允许所有的日志事件通过过滤。

filter 方法主要用于决定 record 的记录是否能够完成过滤操作，如果该方法返回值为 0，表示不能通过过滤；返回值为非 0 的值，表示可以通过过滤。

注意：

> 在某些特殊场景中，也可以通过 filter(record)方法在内部改变其 record，如新增、删除或者修改一些指定的属性信息。
>
> 除此之外，如果需要计算一个特殊 logger 或者 handler 处理的 record 的数量，也可以通过 filter 完成统计工作。

4.4 小　结

通过本章的学习，读者也许会发现自动化测试框架其实并不是很难、很复杂，难的是实现过程中的细节。自动化测试框架最核心的就是查找对象，通常每种框架都应该支持通过动态和静态两种方法查找对象的方式。

静态实现对象查找的方式主要是通过对象库实现，对对象库完成一系列读、写、合并、维护等操作，都可以通过框架完成。

动态查找对象主要通过使用“相对路径”实现定位，而对象库即静态查找是采用“绝对路径”，这其实也是相对路径和绝对路径之间的一个区别。当对象中的某些属性发生变化时，静态查找方式可能无法找到对象。现在自动化测试越来越智能，可以通过选取匹配度的方式完成对象返回操作。而动态查找还有一个优势就是其找到的对象是“代码”，即可以通过框架对找到的这些对象进行处理；而对象库中的每个对象都是相对独立的，即可以使用它们，但是很难改变它们。

静态、动态各有优势，所以并不是单纯地选择其中一种作为对象定位方式，在实际自动化测试框架中通常使用动静结合的方式。虽然静态查找的速度会更快、效率会更高，但是静态查找带来的问题也是非常明显的，主要集中在对象的维护管理及合并上，例如，如何共享对象，如何避免重复添加对象等。此时，规范对象命名就显得很重要了。

第 5 章　分布式集群测试：Selenium Grid 的原理及实践

基于前面章节的学习，相信读者已经可以很熟练地应用 Selenium 工具与浏览器进行交互，并结合自动化测试框架完成 Web UI 自动化测试。但是，仅使用 Selenium 工具是无法进行分布式的多任务并行性测试的，因为在同一台计算机中，通常只有一个浏览器对象实例可以正常运行。如果需要运行多个浏览器且要求互不干扰，则需要考虑基于 Selenium Grid 来配置一套分布式测试节点集群。

本章主要涉及的知识点如下。

- Selenium Grid：学会如何配置 Selenium Grid 环境，理解其实现过程并能够灵活应用于实际项目中。
- CRM 系统项目实战：结合项目实战来理解分布式，并从中总结相关经验。

注意：

> 本章主要通过 Selenium Grid 完成分布式测试节点集群操作。

5.1　Selenium Grid

通过 Selenium WebDriver 完成各种脚本的设计及编写后，可能需要满足场景需求，如在不同的系统中、不同的浏览器下进行运行，也可能需要满足数量要求。例如，一个系统存在上万条用例需要执行，此时不希望用例在回归时被一条一条地执行，而是希望节省时间完成批量执行，而这些场景都需要用到本章介绍的强大的组件 Selenium Grid。

5.1.1　Selenium Grid 简介

Selenium Grid 是 Selenium 家族三大组件中的一员，它允许在多态机器的多个浏览器上并行测试，也就是说可以同时运行多个测试。其实 Selenium Grid 的本质还是 Selenium RC，所以它也兼容 Selenium RC 对应的所有相关语言，如 Java、Python、PHP 等。

Selenium Grid 主要有四个版本：Selenium Grid 1.0、Selenium Grid 2.0、Selenium Grid 3.0 和 Selenium Grid 4.0。

2.0 版本与 1.0 版本的不同之处在于 2.0 版本的 Selenium Grid 和 Selenium RC 服务端实现了合并，仅需要下载一个 jar 包即可获取。

Selenium Grid 4.0 在过去的一段时间中一直处于 Alpha 阶段，很多开发人员以及测试人员对此感到非常兴奋，它还新增了一些有用功能（如 Selenium 4 Relative Locator）帮助加速了与 Selenium 测试自动化相关的活动。与早期版本的 Selenium（即 3.x 版）不同，Selenium 4 Server jar 包含运行 Grid 所需的所有内容（包括依赖项）。根据 Selenium 的官方文档介绍，Selenium Grid 4 是从头开始重新设计的，并且不与早期版本共享任何代码库。

官方网站地址：https://www.selenium.dev/documentation/en/grid/grid_4/。

5.1.2　Selenium Server 环境配置

Selenium 4（Alpha）的最新版本是 4.0.0-alpha-6，可以从 Selenium 的官方网站下载对应的版本。为了进行演示，在此将使用 Selenium Grid 版本 4.0.0-alpha-2，它比其他版本更稳定，并提供了最新技术的优势，以便于扩展，同时仍然允许用户执行 Selenium 自动化测试。

官网下载地址：https://selenium-release.storage.googleapis.com/index.html?path=4.0/。

建议将 jar 文件下载到不同浏览器的 Selenium WebDriver 所在的位置，这是因为 Selenium 4 Alpha 能够自动检测节点机器上的 Web 驱动程序。

运行 jar 需要在对应的 Java 环境下，此处略过 Java 环境的搭建。

Selenium 4 Alpha 可以通过在终端执行以下命令运行。

```
java -jar selenium-server-4.0.0-alpha-2.jar
```

例如，将 jar 文件下载到 Chrome、Firefox 和其他浏览器的 Selenium WebDriver 所在的目录中，如图 5.1 所示。

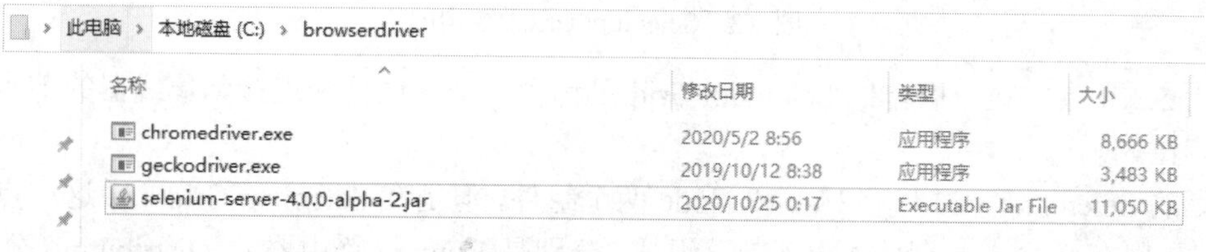

› 此电脑 › 本地磁盘 (C:) › browserdriver

名称	修改日期	类型	大小
chromedriver.exe	2020/5/2 8:56	应用程序	8,666 KB
geckodriver.exe	2019/10/12 8:38	应用程序	3,483 KB
selenium-server-4.0.0-alpha-2.jar	2020/10/25 0:17	Executable Jar File	11,050 KB

图 5.1　jar 文件存放路径

执行上述命令后，即可得到如图 5.2 所示的结果。

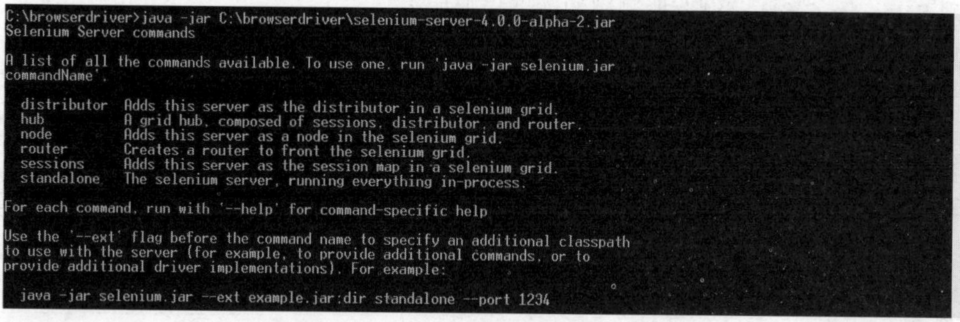

```
C:\browserdriver>java -jar C:\browserdriver\selenium-server-4.0.0-alpha-2.jar
Selenium Server commands

A list of all the commands available. To use one, run 'java -jar selenium.jar
commandName'.

  distributor  Adds this server as the distributor in a selenium grid.
  hub          A grid hub, composed of sessions, distributor, and router.
  node         Adds this server as a node in the selenium grid.
  router       Creates a router to front the selenium grid.
  sessions     Adds this server as the session map in a selenium grid.
  standalone   The selenium server, running everything in-process.

For each command, run with '--help' for command-specific help

Use the '--ext' flag before the command name to specify an additional classpath
to use with the server (for example, to provide additional commands, or to
provide additional driver implementations). For example:

  java -jar selenium.jar --ext example.jar:dir standalone --port 1234
```

图 5.2　服务启动结果

5.1.3 Selenium Grid 工作原理

在详细了解 Selenium Grid 4 的架构之前，先来快速回顾一下 Selenium Grid 3，这将有助于读者更清楚地了解 Selenium Grid 4 和早期 Selenium Grid 之间的架构差异，也可以理解它是如何影响 Selenium 自动化测试过程的。

Selenium Gird 3 版本主要由两部分构成，分别是 Hub 和 Node，其结构如图 5.3 所示。

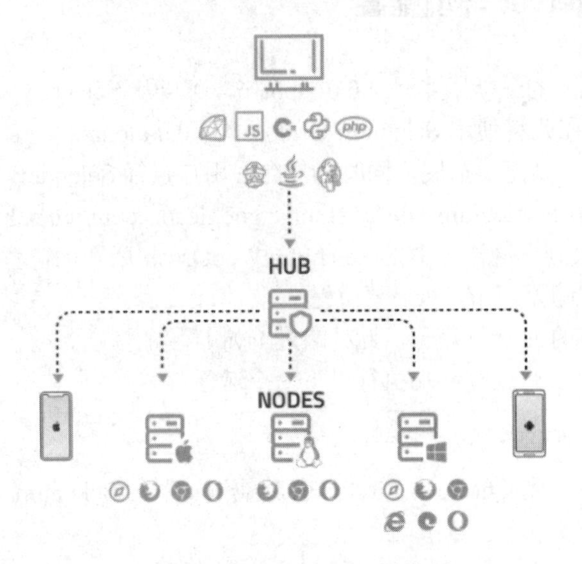

图 5.3　Selenium Grid3 结构图

如图 5.3 所示，这个版本的 Selenium Grid 只包含一个集线器和连接到集线器的节点（在其中执行测试）。

早期的 Selenium Grid 只有 Hub 和 Node 两个组件，但是在 Selenium Grid 4 中这一点已经发生了变化。现在 Selenium Gird 4 由 4 部分组成，分别是 Router（路由器）、Distributor（分发器）、Session Map（会话映射）、Node（节点）。

Selenium Grid4 Alpha 的结构图如图 5.4 所示（图 5.3 和图 5.4 都引自 Selenium 官网）。

实现 Selenium Grid4 跨浏览器测试的详细步骤如下。

（1）启动会话映射，它主要负责将会话 ID 映射到运行会话的相应节点。

```
java -jar selenium-server-4.0.0-alpha-2.jar sessions
```

创建新会话时，会话 ID 和节点 URI（统一资源标识符）的组合存储在会话映射中。

（2）启动分发程序。当 Selenium 客户机请求创建会话时，分发服务器负责分配适当的节点。

```
java -jar selenium-server-4.0.0-alpha-2.jar distributor --sessions http://localhost:5556
```

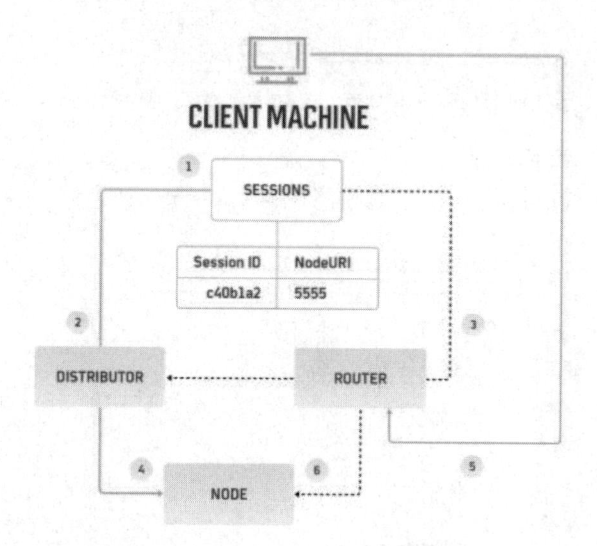

图5.4 Selenium Grid 4的结构图

（3）路由器通常暴露在网络上，它侦听 http://localhost:4444 上的新会话请求，当客户端请求被发送到路由器时，将根据请求类型选择合适的路径。这是将创建新会话的传入请求重定向到路由器进程。

```
java -jar selenium-server-4.0.0-alpha-2.jar router --sessions http://localhost:5556
--distributor http://localhost:5553
```

在使用会话ID从会话映射查询节点URI之后，可以将所有其他类型的请求发送到节点上。

（4）Selenium Grid不能没有节点，各个浏览器的Selenium WebDriver被放置在Selenium Grid 4 jar 文件所在的目录中。在此步可以检测驱动程序选项，以便于自动识别系统中存在的Selenium Web驱动程序。

```
java -jar selenium-server-4.0.0-alpha-2.jar node --detect-drivers
```

当在分发服务器下创建节点时，将在会话映射中更新该节点的详细信息及节点 URI。如图5.5所示，节点URI是5555。

（5）由 Selenium WebDriver 发出的启动远程会话的请求被发送到路由器。命令 curl http://localhost:4444/status 用于检查调用的状态，以及检查会话是否已建立。一旦在节点下建立会话，会话ID将在对应节点的会话映射中更新。正如在步骤（3）中提到的，这有助于路由器识别该节点，以便其他“匹配”客户端的请求可以直接发送到该节点。

（6）会话创建调用由路由器转移到分发服务器，所有其他类型的请求都直接从路由器发送到节点。

在Selenium Grid的早期版本中，这些过程发生在Hub内部，因此使用该版本Selenium Grid的开发人员和测试人员并不完全了解这些内部过程。Selenium Grid 4的更新架构使调试和故障排除过程更加容易，从而使Selenium自动化测试更加完善。

localhost:4444/status
应用
首页 — 速鹰666
文档服务 下载页
微信公众平台
{
"value": {
"ready": true,
"message": "Selenium Grid ready.",
"nodes": [
{
"id": "499ed73a-0519-4a43-ac34-3047c21b0286",
"uri": "http:\u002f\u002fzemuerqi:5555",
"maxSessions": 18,
"stereotypes": [
{
"capabilities": {
"browserName": "chrome"
},
"count": 9
},
{
"capabilities": {
"browserName": "firefox"
},
"count": 9
}
],
"sessions": [
]
}
]
}
}

图 5.5　会话映射

其实上述步骤也可以在独立模式下完成。在官网下载地址中可以看到两个版本，一个是 server 版本，另一个是 server-standalone 版本。这两个版本有什么区别呢？

（1）在 Selenium1.0 版本中需要安装 Selenium-server-standalone 包，并实现服务的启动操作。

（2）Selenium RC 的 jar 包中包含了需要使用的所有方法，它主要是利用 server 完成 code 和 browser 通信通道的建立。

（3）在 Selenium 2.0 版本中，Selenium RC 通过 Selenium WebDriver 进行封装，即这个版本中不再需要这个包了。

（4）WebDriver 对应的 API 会直接与浏览器的 Native 进行交互，现在使用 Selenium-Java.jar 包进行替换。WebDriver 只是实现本地执行，如果需要完成远程执行，还是需要添加 Selenium Server 包来实现。

5.1.4　Selenium Grid 应用

在独立模式下，Selenium 服务器运行所有进程内的内容，在终端上执行以下命令来调用。

```
java -jar selenium-server-4.0.0-alpha-2.jar standalone
```

Selenium Grid 可以自动识别出 Chrome 和 Firefox 的网络驱动程序在系统中是否存在，如图 5.6 所示。

```
C:\browserdriver>java -jar selenium-server-4.0.0-alpha-2.jar standalone
01:26:43.293 INFO [Standalone.lambda$configure$1] - Logging configured.
01:26:43.298 INFO [Standalone.lambda$configure$1] - Using tracer: OpenTracing(NoopTracerImpl)
01:26:43.299 INFO [EventBusConfig.createBus] - Creating event bus: org.openqa.selenium.events.local.GuavaEventBus
01:26:44.613 INFO [NodeOptions.lambda$null$1] - Adding Capabilities {browserName: chrome} 9 times
01:26:44.614 INFO [NodeOptions.lambda$null$1] - Adding Capabilities {browserName: firefox} 9 times
01:26:45.816 INFO [LocalDistributor.add] - Added node e86d822f-637b-4bf9-bd24-e1bdb2098b4c.
01:26:45.816 INFO [Host.lambda$new$0] - Changing status of node e86d822f-637b-4bf9-bd24-e1bdb2098b4c from DOWN to UP. Re
ason: http://zemuerqi:4444 is ok
01:26:46.864 INFO [Log.initialized] - Logging initialized @3869ms to org.seleniumhq.jetty9.util.log.JavaUtilLog
01:26:46.927 INFO [Server.doStart] - jetty-9.4.z-SNAPSHOT; built: 2018-08-30T13:59:14.071Z; git: 27208684755d94a92186989
f695db2d7b21ebc51; jvm 1.8.0_131-b11
01:26:46.950 INFO [ContextHandler.doStart] - Started o.s.j.s.ServletContextHandler@7586beff{/,null,AVAILABLE}
01:26:46.973 INFO [AbstractConnector.doStart] - Started ServerConnector@4116aac9{HTTP/1.1,[http/1.1]}{0.0.0.0:4444}
01:26:46.973 INFO [Server.doStart] - Started @3979ms
```

图 5.6　Selenium standalone 服务

图 5.6 显示服务器正在侦听 http://localhost:4444/，它与远程 WebDriver 配置使用的地址相同。一旦执行了测试代码，Chrome WebDriver 就会在网格中注册。

对应的 Python 示例代码如下。

```
#-*- coding:utf-8 -*-#
#-------------------------------------------------------------------------------
#ProjectName:      Python2020
#FileName:         Test_01.py
#Author:           mutou
#Date:             2020/09/04 0:43
#Description:
#-------------------------------------------------------------------------------
from selenium import webdriver
from selenium.webdriver.common.desired_capabilities import DesiredCapabilities
driver=webdriver.Remote(command_executor='http://localhost:4444',desired_capabilities=Des\
iredCapabilities.CHROME)
driver.get("http://www.baidu.com")
print(driver.session_id)
```

运行上述代码后，在控制台中会显示如图 5.7 所示的日志信息。

```
Only local connections are allowed.
Please see https://chromedriver.chromium.org/security-considerations for suggestions on keeping ChromeDriver safe.
ChromeDriver was started successfully.
01:30:36.189 INFO [ProtocolHandshake.createSession] - Detected dialect: W3C
```

图 5.7　Selenium Grid 应用（一）

检查此命令的输出 curl http://localhost:4444/status，以确认创建了 ID 为 6c4a04b2642c56fcf87eed46e3830f50 的会话，并与在 PyCharm 中运行所获取的 sessionID 值进行比较，如图 5.8 和图 5.9 所示。

```
{
  "value": {
    "ready": true,
    "message": "Selenium Grid ready.",
    "nodes": [
      {
        "id": "e86d822f-637b-4bf9-bd24-e1bdb2098b4c",
        "uri": "http:\u002f\u002fzemuerqi:4444",
        "maxSessions": 18,
        "stereotypes": [
          {
            "capabilities": {
              "browserName": "chrome"
            },
            "count": 9
          },
          {
            "capabilities": {
              "browserName": "firefox"
            },
            "count": 9
          }
        ],
        "sessions": [
          {
            "sessionId": "6c4a04b2642c56fcf87eed46e3830f50",
            "stereotype": {
              "browserName": "chrome"
            },
            "currentCapabilities": {
              "acceptInsecureCerts": false,
              "browserName": "chrome",
              "browserVersion": "86.0.4240.111",
              "chrome": {
                "chromedriverVersion": "86.0.4240.22 (398b0743353ff36fb1b82468f63a3a93b4e2e89e-refs\u002fbranch-heads\u002f4240@{#378})",
                "userDataDir": "C:\\Users\\zemuerqi\\AppData\\Local\\Temp\\scoped_dir18904_333982929"
              },
              "goog:chromeOptions": {
                "debuggerAddress": "localhost:54044"
              },
              "networkConnectionEnabled": false,
              "pageLoadStrategy": "normal",
              "platformName": "windows",
              "proxy": {
              },
              "setWindowRect": true,
              "strictFileInteractability": false,
              "timeouts": {
                "implicit": 0,
                "pageLoad": 300000,
                "script": 30000
              },
              "unhandledPromptBehavior": "dismiss and notify",
              "webauthn:virtualAuthenticators": true
            }
```


图 5.8 Selenium Grid 应用（二）

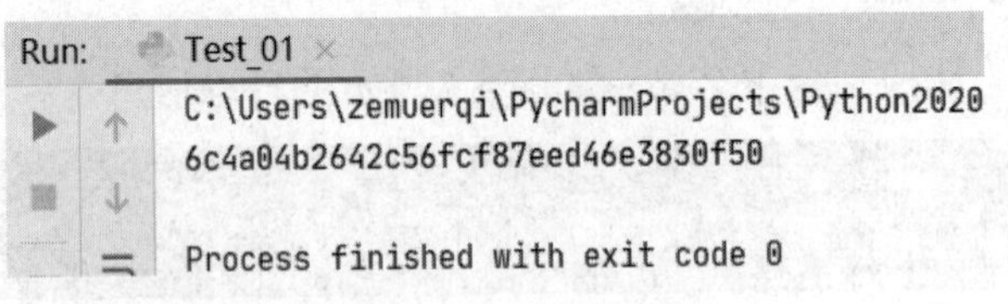

图 5.9 Selenium Grid 应用（三）

5.2 CRM 系统项目实战

前面学习了 Selenium Grid 的一些基本知识，之后如果需要实现对 CRM 系统的操作，实际只需要修改浏览器驱动器对象的配置即可。其余的脚本代码可以不做任何修改。

例如，在完成 CRM 系统的登录界面的同时完成 Chrome 和 FireFox 浏览器的自动化测试脚本的设计，具体代码如下。

```
#-*- coding:utf-8 -*-#
#-------------------------------------------------------------------------------
#ProjectName:      Python2020
#FileName:         Test_CRM_Login.py
#Author:           mutou
#Date:             2020/09/25 1:56
#Description:
#-------------------------------------------------------------------------------
from selenium import webdriver
import time
from selenium.webdriver.common.desired_capabilities import DesiredCapabilities
list={'http://localhost:4545':'chrome',
    'http://localhost:4444':'firefox'
    }

for host,browser in list.items():
    print(host,browser)
    driver=webdriver.Remote(command_executor=host,/
                    desired_capabilities={'platform':'ANY',
                                'browserName':browser,/
                                'version':'',/
                                'javascriptEnabled':True})

    driver.get('http://123.57.71.195:7878/index.php/login')
    driver.find_element_by_xpath("//input[contains(@name,'user')]").send_keys("admin")
    driver.find_element_by_name("userpwd").send_keys("admin888")
    driver.find_element_by_class_name("logindo").click()
    driver.close()
```

然后分别在本机启动两个节点：

（1）java -jar selenium-server-4.0.0-alpha-2.jar standalone --port 4545。

（2）java -jar selenium-server-4.0.0-alpha-2.jar standalone --port 4444。

启动两个节点服务之后，在 DOS 中执行上述命令，在 PyCharm 中执行上述代码，执行后 DOS 中的日志信息如图 5.10 和图 5.11 所示。

这样就可以通过配置多个浏览器信息，一次性地运行完所有浏览器的用例，同时完成兼容性测试。

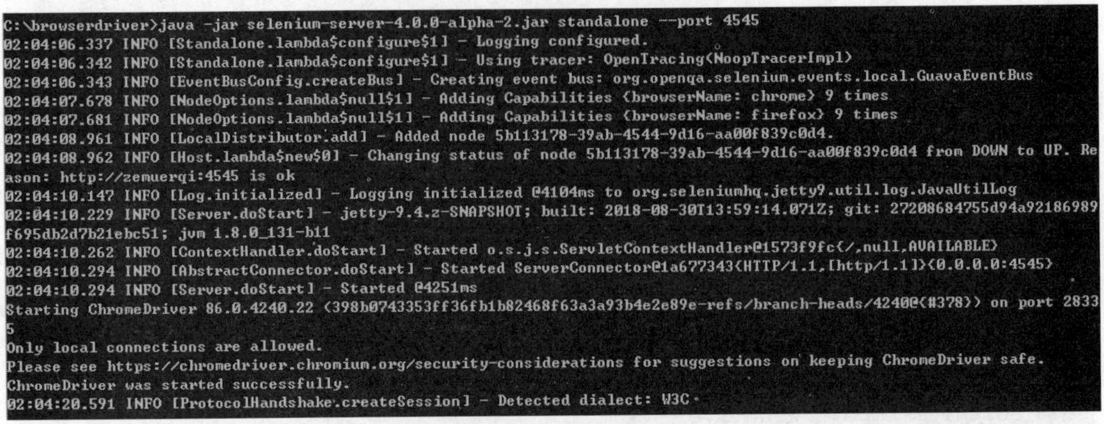

```
C:\browserdriver>java -jar selenium-server-4.0.0-alpha-2.jar standalone --port 4545
02:04:06.337 INFO [Standalone.lambda$configure$1] - Logging configured.
02:04:06.342 INFO [Standalone.lambda$configure$1] - Using tracer: OpenTracing(NoopTracerImpl)
02:04:06.343 INFO [EventBusConfig.createBus] - Creating event bus: org.openqa.selenium.events.local.GuavaEventBus
02:04:07.678 INFO [NodeOptions.lambda$null$1] - Adding Capabilities {browserName: chrome} 9 times
02:04:07.681 INFO [NodeOptions.lambda$null$1] - Adding Capabilities {browserName: firefox} 9 times
02:04:08.961 INFO [LocalDistributor.add] - Added node 5b113178-39ab-4544-9d16-aa00f839c0d4.
02:04:08.962 INFO [Host.lambda$new$0] - Changing status of node 5b113178-39ab-4544-9d16-aa00f839c0d4 from DOWN to UP. Re
ason: http://zemuerqi:4545 is ok
02:04:10.147 INFO [Log.initialized] - Logging initialized @4104ms to org.seleniumhq.jetty9.util.log.JavaUtilLog
02:04:10.229 INFO [Server.doStart] - jetty-9.4.z-SNAPSHOT; built: 2018-08-30T13:59:14.071Z; git: 27208684755d94a92186989
f695db2d7b21ebc51; jvm 1.8.0_131-b11
02:04:10.262 INFO [ContextHandler.doStart] - Started o.s.j.s.ServletContextHandler@1573f9fc{/,null,AVAILABLE}
02:04:10.294 INFO [AbstractConnector.doStart] - Started ServerConnector@1a677343{HTTP/1.1,[http/1.1]}{0.0.0.0:4545}
02:04:10.294 INFO [Server.doStart] - Started @4251ms
Starting ChromeDriver 86.0.4240.22 (398b0743353ff36fb1b82468f63a3a93b4e2e89e-refs/branch-heads/4240@{#378}) on port 2833
5
Only local connections are allowed.
Please see https://chromedriver.chromium.org/security-considerations for suggestions on keeping ChromeDriver safe.
ChromeDriver was started successfully.
02:04:20.591 INFO [ProtocolHandshake.createSession] - Detected dialect: W3C
```

图 5.10 在 Chrome 驱动器中的运行结果

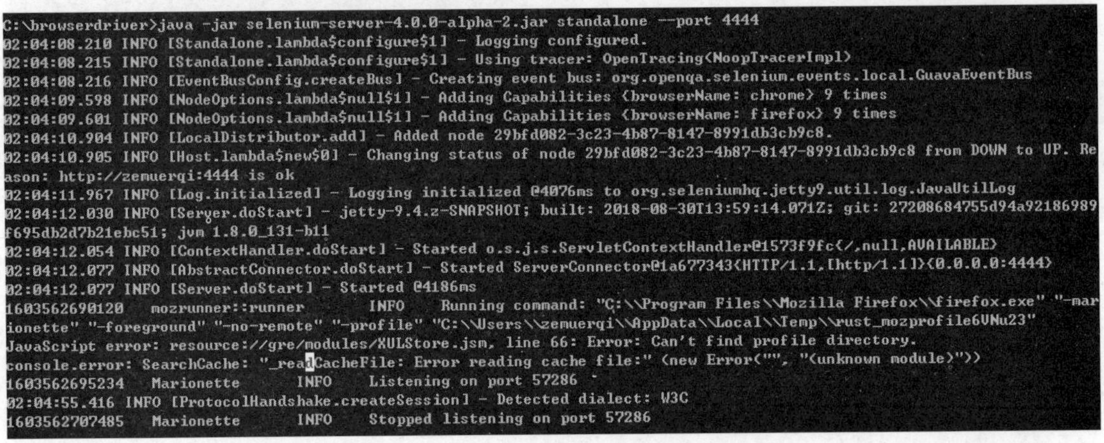

```
C:\browserdriver>java -jar selenium-server-4.0.0-alpha-2.jar standalone --port 4444
02:04:08.210 INFO [Standalone.lambda$configure$1] - Logging configured.
02:04:08.215 INFO [Standalone.lambda$configure$1] - Using tracer: OpenTracing(NoopTracerImpl)
02:04:08.216 INFO [EventBusConfig.createBus] - Creating event bus: org.openqa.selenium.events.local.GuavaEventBus
02:04:09.598 INFO [NodeOptions.lambda$null$1] - Adding Capabilities {browserName: chrome} 9 times
02:04:09.601 INFO [NodeOptions.lambda$null$1] - Adding Capabilities {browserName: firefox} 9 times
02:04:10.904 INFO [LocalDistributor.add] - Added node 29bfd082-3c23-4b87-8147-8991db3cb9c8.
02:04:10.905 INFO [Host.lambda$new$0] - Changing status of node 29bfd082-3c23-4b87-8147-8991db3cb9c8 from DOWN to UP. Re
ason: http://zemuerqi:4444 is ok
02:04:11.967 INFO [Log.initialized] - Logging initialized @4076ms to org.seleniumhq.jetty9.util.log.JavaUtilLog
02:04:12.030 INFO [Server.doStart] - jetty-9.4.z-SNAPSHOT; built: 2018-08-30T13:59:14.071Z; git: 27208684755d94a92186989
f695db2d7b21ebc51; jvm 1.8.0_131-b11
02:04:12.054 INFO [ContextHandler.doStart] - Started o.s.j.s.ServletContextHandler@1573f9fc{/,null,AVAILABLE}
02:04:12.077 INFO [AbstractConnector.doStart] - Started ServerConnector@1a677343{HTTP/1.1,[http/1.1]}{0.0.0.0:4444}
02:04:12.077 INFO [Server.doStart] - Started @4186ms
1603562690120   mozrunner::runner       INFO    Running command: "C:\\Program Files\\Mozilla Firefox\\firefox.exe" "-mar
ionette" "-foreground" "-no-remote" "-profile" "C:\\Users\\zemuerqi\\AppData\\Local\\Temp\\rust_mozprofile6VNu23"
JavaScript error: resource://gre/modules/XULStore.jsm, line 66: Error: Can't find profile directory.
console.error: SearchCache: "_readCacheFile: Error reading cache file:" (new Error("", "(unknown module)"))
1603562695234   Marionette      INFO    Listening on port 57286
02:04:55.416 INFO [ProtocolHandshake.createSession] - Detected dialect: W3C
1603562707485   Marionette      INFO    Stopped listening on port 57286
```

图 5.11 在 Firefox 驱动器中的运行结果

实现多线程启动浏览器的具体代码示例如下。

```
from selenium import webdriver
from time import sleep
from threading import Thread
def test_crm_search(host, browser):
    driver = None
    driver=webdriver.Remote(command_executor=host
                            desired_capabilities={'platform':'ANY',
                            'browserName':browser,
                            'version':'',
                            'javascriptEnabled':True})
    if driver == None:
        exit()
    driver.get('http://123.57.71.195:7878/index.php/login')
```

```
    driver.find_element_by_xpath("//input[contains(@name,'user')]").send_keys("admin")
    driver.find_element_by_name("userpwd").send_keys("admin888")
    driver.find_element_by_class_name("logindo").click()
    driver.close()

if __name__ == "__main__":
    # 节点服务 url 地址
    data = {'http://localhost:4545':'Chrome','http://localhost:4444':'Firefox'}
    # 构建线程
    threads = []
    for host, browser in data.items():
        t = Thread(target=test_crm_search,args=(host,browser))
        threads.append(t)

    # 启动所有线程
    for thr in threads:
        thr.start()
```

以上代码同样需要先存在两个节点服务并且两个节点服务都处于运行状态，上述代码就解决了两个不同的浏览器的并行运行操作问题。

注意：

（1）杀毒软件最好关闭，因为经常会将节点服务禁止。
（2）驱动器的版本必须与浏览器版本一致。
（3）建议将下载的 selenium-server 文件放在浏览器驱动器目录中。
（4）节点服务的端口不要重复，可以避免端口冲突。

5.3　小　　结

从上面的实战中可以看出，自动化测试主要改变了脚本的运行形式，要么是并行的形式，要么是多环境的形式。

这里需要注意的是，Selenium Grid 只提供脚本的运行环境，无法决定脚本以什么样的形式执行（并行的形式，或者多环境的形式）。脚本以什么样的形式执行，是由脚本本身和脚本的运行器的配置决定的。

并行：并行很简单，就是使用普通脚本基于 runner 即运行器，完成相应的配置即可完成并行运行。一般 runner 是用 TestNG、pytest 等，只要通过 TestNG 或者 pytest 框架以并行的形式执行测试，那么此时的测试环境可以由一个 GRID 带多个 RC 组成，也可以由单一的 RC 组成。其实执行测试的过程本身就是并行的，但是添加了 GRID 后产生的唯一区别就是，GRID

会将并发的数量平均到不同的 RC 上，然后每个 RC 启动一个浏览器完成测试运行。如果没有用 GRID，表示就是同一个 RC 直接运行多个，即一个 RC 直接打开多个浏览器窗口运行多个测试。

多环境：这里存在一个误区，很多读者会认为只要把一个普通测试脚本直接丢给 GRID 就实现了多环境测试的自动化。这完全是错误的。这里需要注意几点，一个普通脚本只能测试其中一种环境，如果要测试多个环境就需要多个脚本，而这些脚本的主要区别在于前置条件的定义即 setUp 方法，所以多个测试方法也可以定义在一个测试模块中。如果需要声明两个不同环境的测试方法，那么就需要定义两个不同的 setUp 方法，然后调用同样的测试步骤，这样一个测试模块下就可以包含两个不同环境的测试方法了。

CHAPTER 3

第三篇

Python 与 Appium

自动化测试实战

第 6 章　移动端稳定性实战

随着移动互联网的发展，APP 也得到了飞速的发展，如智能家居、数字家庭以及家庭 WiFi 热点等都为 APP 的扩展提供了广阔的市场空间。由于 APP 市场的极速发展，所以测试技术人员也需要研究并掌握相应的测试技术，尽可能地提高软件产品的质量。

现阶段 APP 普遍可以在后台运行，在用户切换到时唤醒前台，一方面可以避免不必要的冷启动时间，另一方面可以持续接收服务端的推送。在后台持续地运行时，时长可能达几十个小时，甚至几百个小时，所以对 APP 长时间使用的稳定性就有了更高的要求，需要 APP 稳定性测试来查看长时间运行时是否有闪退、内存泄漏、性能变差等问题。

本章主要涉及的知识点如下。

- SDK 测试环境的搭建与调试：了解移动端相关的专业术语，能够灵活部署原生环境和应用第三方模拟器环境，便于后期测试。
- adb 操作指令大全：掌握 adb 相关命令，借助 adb 工具轻松管理手机设备或者模拟器状态。
- monkey 稳定性测试：掌握 monkey 工具的应用方法，能够结合 monkey 中的相关参数完成不同场景稳定性的测试。

注意：

本章主要完成的是 APP 专项测试中的稳定性测试。

扫一扫，看视频

6.1　SDK 测试环境的搭建与调试

在 Windows 平台上完成 Android 开发环境的部署不简单，但也不是很复杂。在部署环境过程中所有问题其实都可以总结为兼容问题，如版本不兼容、软件与软件之间不兼容、硬件与软件不兼容等，所以在部署环境时一定要慢慢地根据提示的错误信息逐步解决问题，不要过于急躁。

6.1.1　移动端专业术语解释

什么是 SDK？在解释 SDK 之前，相信很多读者都知道 Android 原生环境的部署都是通过 Eclipse+SDK+ADT 等组合而成的，那么 Eclipse 和 ADT 又是什么呢？

Eclipse 是一个开放源代码的、基于 Java 的可扩展开发平台，简单来说就是 Java 语言开发的 IDE。

APP 是使用 Java 语言开发的，是 Application 的简称，即应用，通常指手机中的软件、应用程序，如微信、手机 QQ 等。

SDK 是 Software Development Kit 的缩写，一般指软件开发工具包，该工具包是一些软件工程师为特定的软件框架、硬件平台、软件包、操作系统等创建应用软件时的开发工具的集合。简单来讲 SDK 就是辅助开发某一类软件的相关 API 文档、范例和工具的集合。

API 是 Application Programming Interface 的缩写，即应用程序编程接口。

ADT 是 Android Development Tools 的缩写，表示安卓开发工具包，它是 Eclipse 的插件，里面可以设置 SDK 的路径。

在部署完原生环境后，需要通过 AVD 创建模拟器。AVD 是 Android Virtual Device 的缩写，是 Android 的虚拟设备（即模拟器）。可以使用模拟器进行调试，不用实时连接到物理设备上测试。可以通过命令行创建和启动 AVD，也可以运行 AVD Manager.exe 来创建和启动 AVD。

注意：

下载 SDK 的官网：https://developer.android.com/studio/index.html，但这个网址国内较难访问，推荐大家去另外一个国内的 Android 工具的下载网站下载，地址是 https://www.androiddevtools.cn/。

在下载时可能会下载到名称带有 bundle 的 SDK，那么 bundle 的 SDK 和非 bundle 的 SDK 有什么区别呢？简单来说 bundle 的 SDK 集成的东西更多，内部已经集成了某一个版本，可以直接创建模拟器并启动，而非 bundle 的 SDK 则需要通过自己额外下载相关的文件才能够创建模拟器。

6.1.2 原生环境部署

原生操作系统是指谷歌所开发提供的、没有经过修改、优化、破解等操作 Android 系统，是最基层的也是最纯净的系统版本。一般来说，各个操作系统的生产商都会基于原生操作系统建立模型，然后在这个模型基础上不断地优化和改进，从而产生很多不同的新版本（具体可参考手机操作系统的基于 Android 二次开发的操作系统）。

原生操作系统的部署步骤如下。

（1）准备需要部署的相关安装包。部署可以分两种方式：一种是下载 bundle 包，一种是自行下载 Eclipse+ADT+SDK 相关的包逐步安装。

（2）安装 Eclipse。进入官网，选择合适的版本下载，解压之后运行 eclipse.exe 即可。官网下载地址：https://www.eclipse.org/downloads/。

注意：

在启动 Eclipse 的时候会自动检测当前计算机是否安装并配置了 JDK 环境，如果没有安装则需要先安装并配置 JDK 环境再进行启动。当然还可以通过打开 Eclipse，依次选择 Window→Preferences→Java→Installed JREs，在 Preferences 弹框中，单击 Add 添加本机安装的 JDK 或 JRE 路径，单击 Apply and Close 关闭窗口（有多个 jdk/jre 路径时勾选一个即可）。配置 JDK 环境非常简单，在这里就不赘述了。

（3）安装 ADT 插件。安装 ADT 有两种方法：一种是在线配置；另一种是本地配置，可以通过下面的网址下载离线的 ADT 文件，然后进行配置。下载地址：http://tools.android-studio.org/index.php/adt-bundle-plugin。

将下载的 ADT 压缩包放在任意盘符，在如图 6.1 所示的界面中选择 Install New Software 选项，弹出窗口后继续单击 Add，如图 6.2 所示。

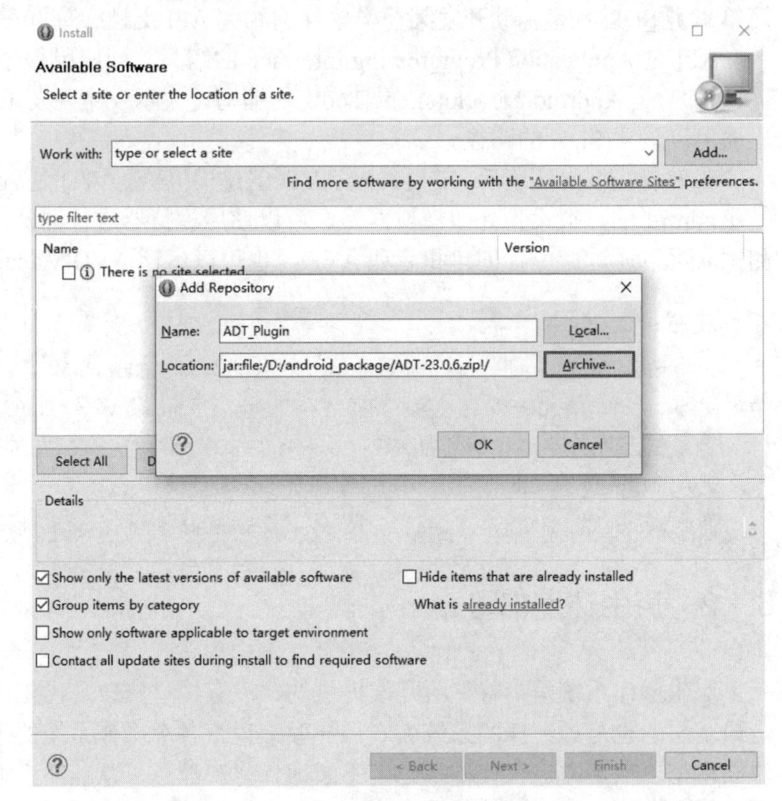

Help
Help Contents
Search
Dynamic Help
Key Assist... Ctrl+Shift+L
Tips and Tricks...
Cheat Sheets...
Check for Updates
Install New Software...
About Eclipse

图 6.1　ADT 安装（一）

图 6.2　ADT 安装（二）

图 6.2 中的 Name 值随意填写，一般写 ADT_Plugin，然后单击 Archive，选择上一步存放的 ADT 安装包所在路径，之后单击 Add 按钮即可。

注意：

> Contact all update sites during install to find required software 及 Hide items that are already installed 这两个选项不要勾选，否则安装会非常慢。

然后选择刚才导入的 ADT 包中的所有插件，如图 6.3 所示。

单击 Next 按钮，最后单击 Finish 按钮会弹出需要重启 Eclipse 的提示，重启后菜单栏中会多了 Android SDK Manager 及 Android Virtual Device Manager 两个图标，在 Window 标签卡中也会有这两个选项，如图 6.4 所示。

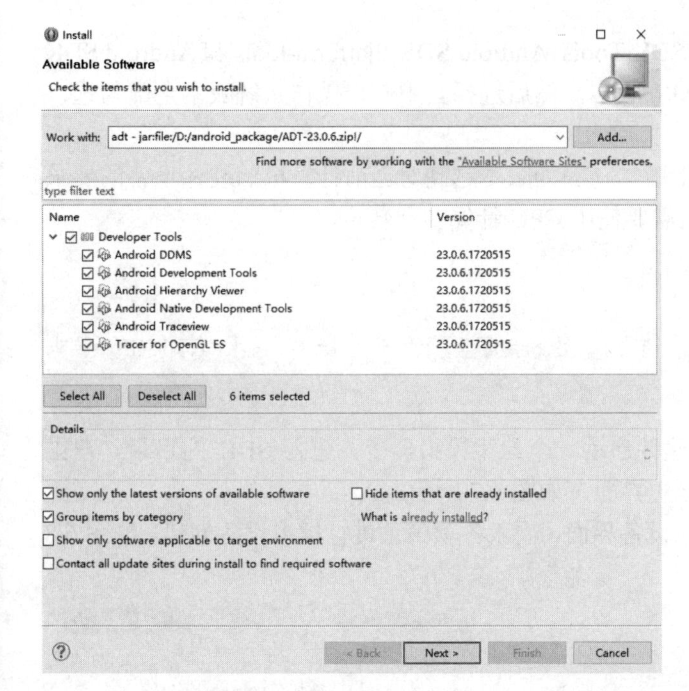

图 6.3　ADT 安装（三）

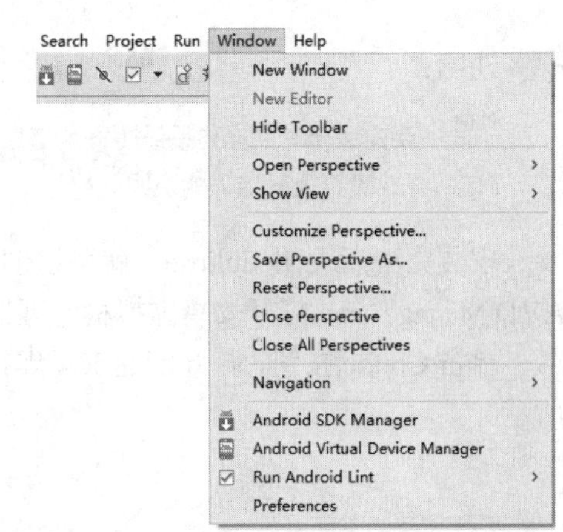

图 6.4　ADT 安装（四）

如果没有显示这些图标，可在 Window→Customize Perspective 中进行自定义添加。

（4）配置 SDK 环境。前面已经给出官网下载地址，准备好 SDK 包后，在 Eclipse 中选择 Window 选项卡中的 Preferences，然后在弹出框的左边选择 Android，在 SDK Location 中选择 SDK 包所在路径，最后单击 Apply 按钮和 OK 按钮即可，如图 6.5 所示。

（6）单击菜单栏中的 Android SDK Manager 图标，会弹出如图 6.6 所示的界面。

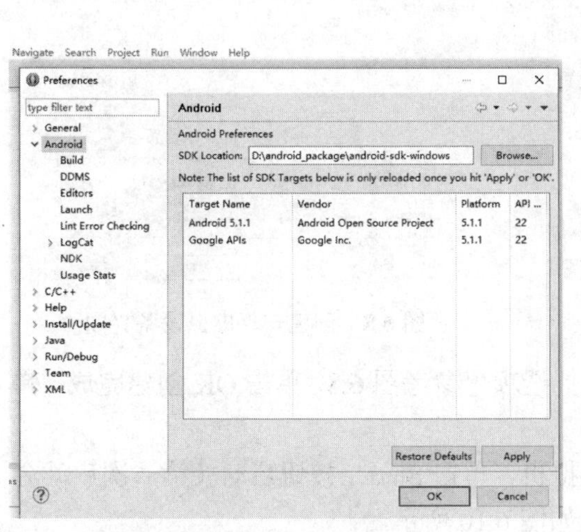

图 6.5　SDK 加载

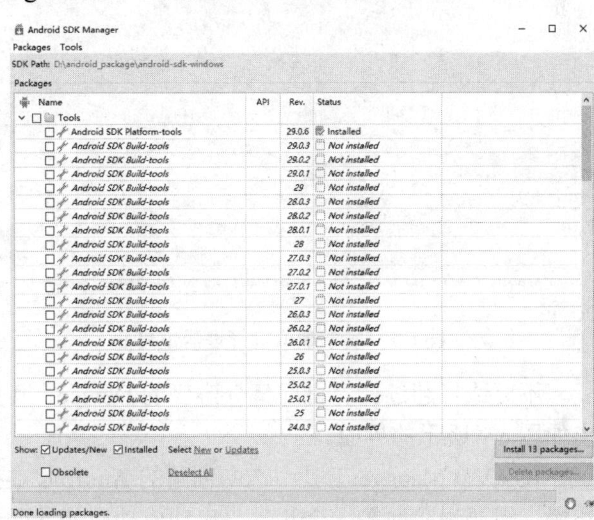

图 6.6　Android SDK Manager 界面

其中在 Tools 中的必选项有 Android SDK Tools、Android SDK Platform-tools 和 Android SDK Build-tools，选择对应安卓操作系统的 API 版本，然后选择其中一个操作系统版本全部勾选，以及勾选 extra 的所有选项。

一般建议选择安卓操作系统 5.0 以下版本，因为版本越高对当前计算机的硬件设备的要求也越高，在 PC 运行移动端系统实际上也需要使用 CPU 计算实现转换。

注意：

> 不要安装所有的操作系统（即勾选所有选项），否则会爆盘，因为一个操作系统大约有 15GB，要求 PC 系统的盘符拥有足够的空间。

安装完毕后关闭 Eclipse，就可以创建并启动一个原生模拟器了。进入 SDK 的目录，双击 AVD Manager.exe 打开安卓虚拟机管理器主界面，如图 6.7 所示。

单击 Create 按钮，打开创建安卓虚拟设备界面，输入各项信息进行虚拟设备创建，如图 6.8 所示。

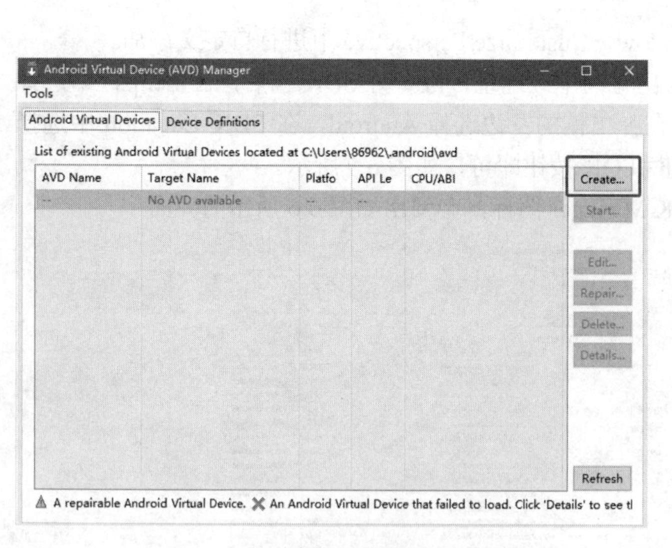

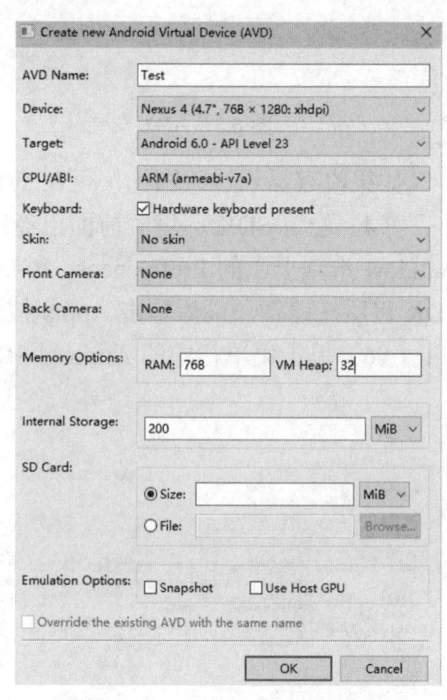

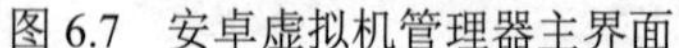
图 6.7　安卓虚拟机管理器主界面

图 6.8　创建安卓虚拟设备界面

不要选择超过计算机屏幕分辨率的 Device，其他选项可参考图 6.8，单击 OK 创建完成，弹出如图 6.9 所示的界面。

在 AVD Manage 工具中选中创建的 Android 虚拟机，单击 Start...按钮启动（第一次启动会略慢，需要耐心地等一会儿），启动成功后的界面如图 6.10 所示。

至此，整个原生模拟器环境部署成功。

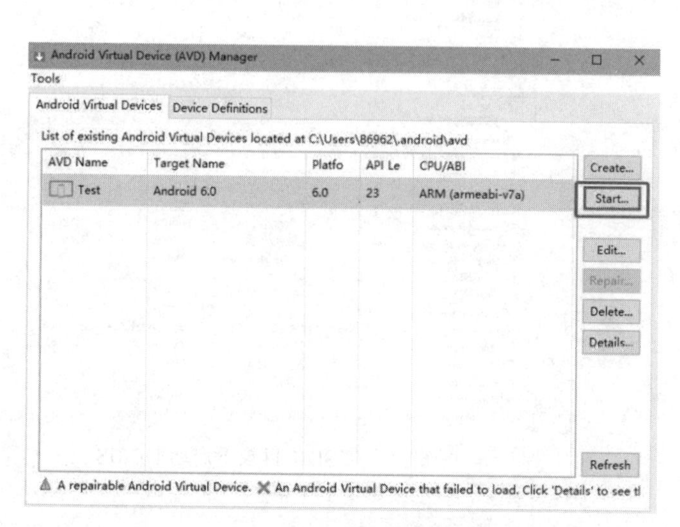

图 6.9　创建虚拟设备成功的界面

图 6.10　模拟器启动成功的界面

注意：

在启动模拟器时如果提示信息带有 ensure Intel HAXM is properly installed and useable……，则需要额外安装 Intel-Haxm 插件，插件的官方下载地址：https://www.filehorse.com/download-intel-haxm/。

6.1.3　DDMS

DDMS（Dalvik Debug Monitor Service）是 Android 开发环境中的 Dalvik 调试模拟器服务，可以进行的操作有：为测试设备截屏，查看特定行程中正在运行的线程以及堆信息、Logcat、广播状态信息，模拟电话呼叫，接收 SMS，虚拟地理坐标等，功能非常强大，对于安卓开发者来说是一个非常好的工具。下面来看看它的具体用法。

1. DDMS 的启动

启动 DDMS 有两种方式：一种是通过 Eclipse 集成 SDK 后进行打开；另一种是直接在 SDK 目录下找到 DDMS 的启动文件。

Eclipse 的打开方式：可以通过单击 Window 选项卡，选择 Open Perspective 选项，可以看到 DDMS 选项，单击即可，具体如图 6.11 所示。

当然，前提条件是 Eclipse 已经完成了 SDK 的集成，不然此处是不会显示 DDMS 的。

另一种方式是直接找到 SDK 的目录，在 SDK 的 tools 目录下有一个 ddms.bat 文件，直接双击启动即可，如图 6.12 所示。

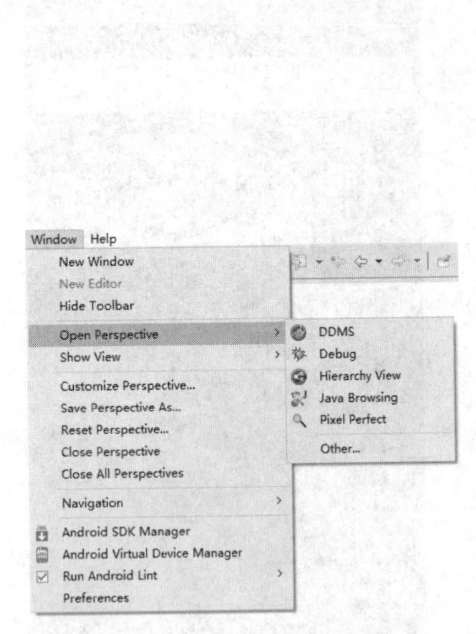

图 6.11　使用 Eclipse 打开 DDMS

图 6.12　在 SDK 目录下启动 DDMS

打开之后的窗口如图 6.13 所示。

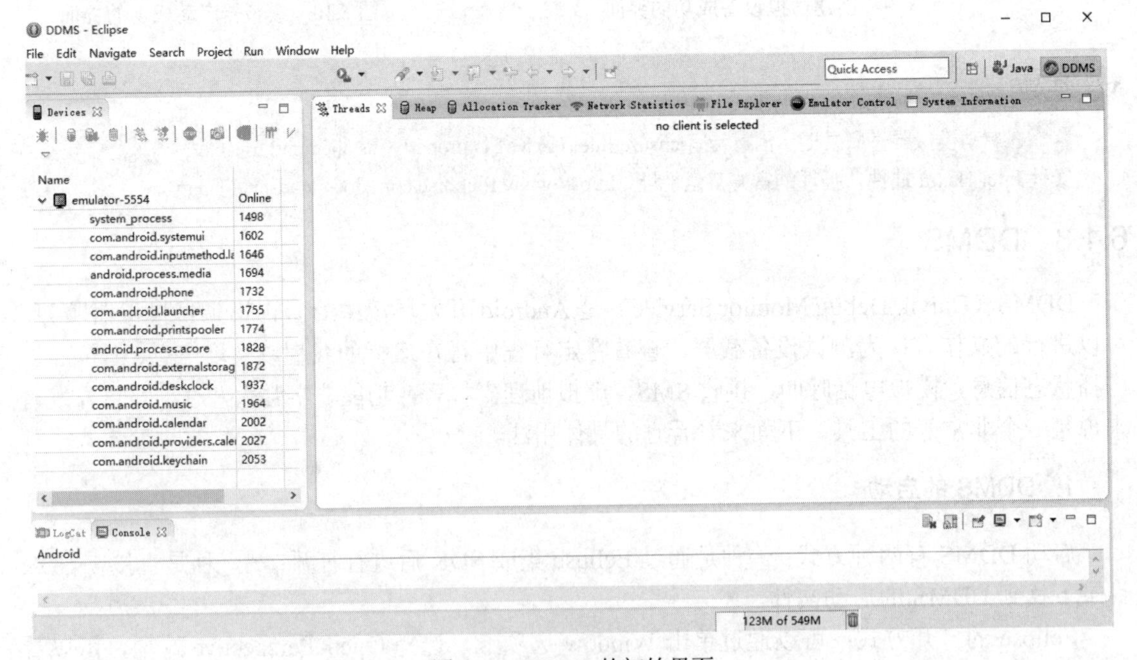

图 6.13　DDMS 的初始界面

（1）Devices：可以获取、监控所有设备的详细信息，及每个设备正在运行的 APP 进程，每个进程还在右边显示对应调试桥链接的端口。

（2）Emulator Control：表示模拟器控制，如模拟接听电话、模拟发送短信、模拟虚拟地址坐标 GPS 的定位等操作。

（3）LogCat：表示获取日志信息，除了能够查看所有日志信息以外，还可以通过 Filter 过滤一些调试信息完成筛选查看。

（4）File Exporler：表示文件浏览器，可以实现 Android 模拟器设备中的文件查看，也可以非常方便地完成文件的导入和导出操作。

（5）Heap：查看每个应用的内存使用情况。

（6）Dump HPROF file：在工具栏中单击 Dump HPROF 按钮，然后选择文件所需要存储的地址，最后运行 hprof-conv。生成的 HPROF 文件可以通过 MAT 工具完成分析，它生成的直方图视图可以很好地检测内存是否泄露。它通过一个可排序的列表来显示各个类的实例，主要内容有 shallow heap（所有实例的内存使用总和）、retained heap（所有类实例被分配的内存总和，里面也包括所有引用的对象）等。

（7）Screen Captrue：表示截屏操作。

（8）Thread：表示可以查看进程中所有的线程情况。

下面通过图片来简单展示它们的使用。

查看进程中的线程，如图 6.14 所示。

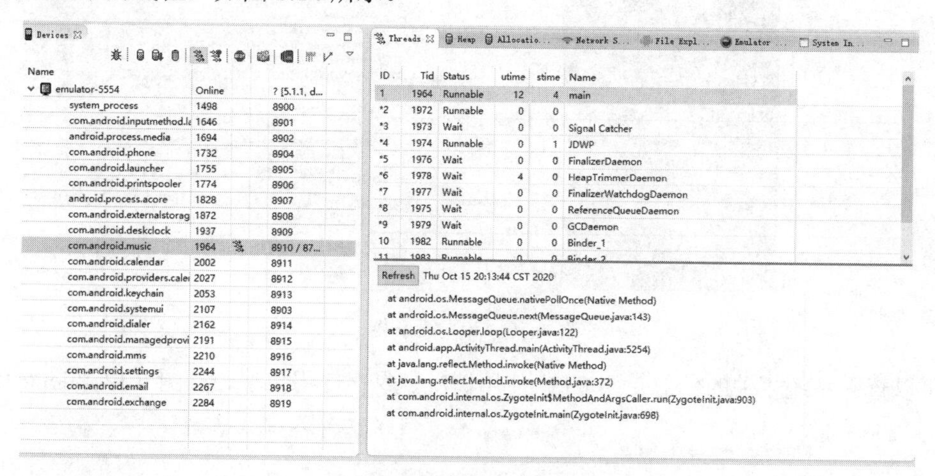

图 6.14　查看进程中的线程

查看堆栈信息，如图 6.15 所示。

文件管理，顾名思义就是实现文件的操作，可以完成文件的导入和导出，这里需要注意的是，如果是真机操作则必须要获取 Root 权限才能够执行。模拟器可以模拟发短信、打电话、定位等，DDMS 版本已经将这些功能直接移植到原生模拟器中了。

布局查看器主要用于查看各个元素的布局情况，可以很好地解决 UI 在不同分辨率下的兼容问题。就像浏览器中的开发者工具，可以选择一个元素查看其大小、位置等信息。单击左侧的 Dump View Hierarchy For UI Automator 图标，鼠标在元素上移动，右侧就会显示详细的信息，如图 6.16 所示。

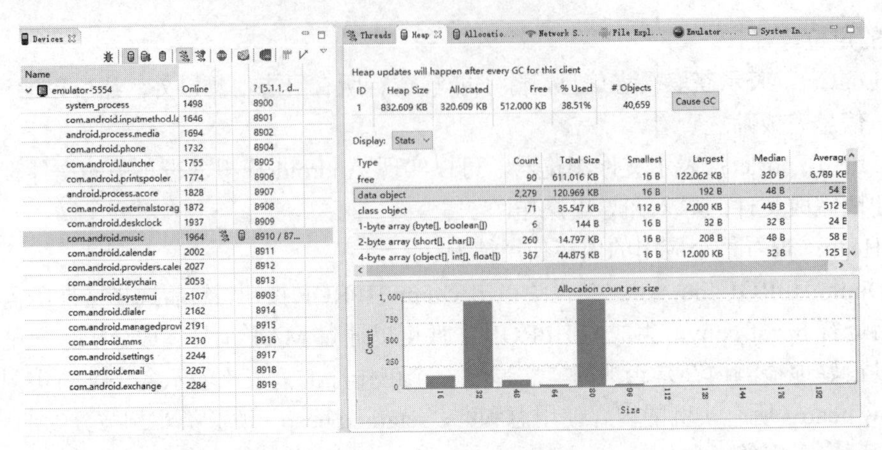

图 6.15 堆栈信息

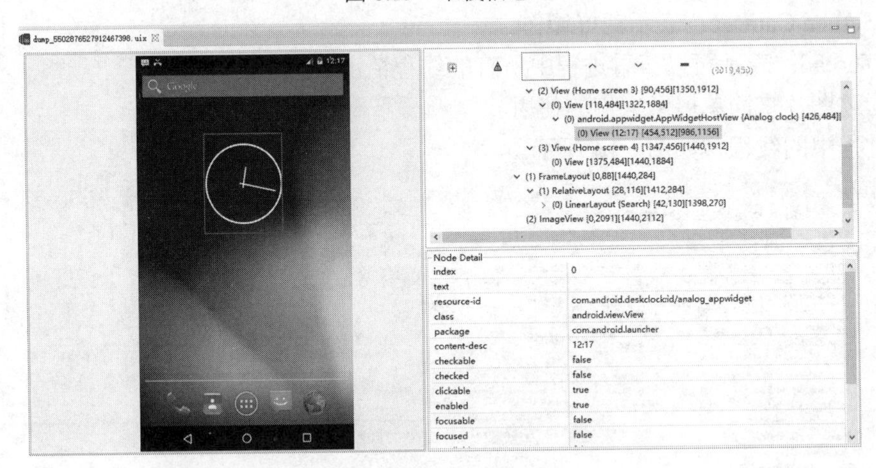

图 6.16 布局查看器

还可以查看系统相关的信息，如 CPU 使用情况、内存使用情况，如图 6.17 和图 6.18 所示。

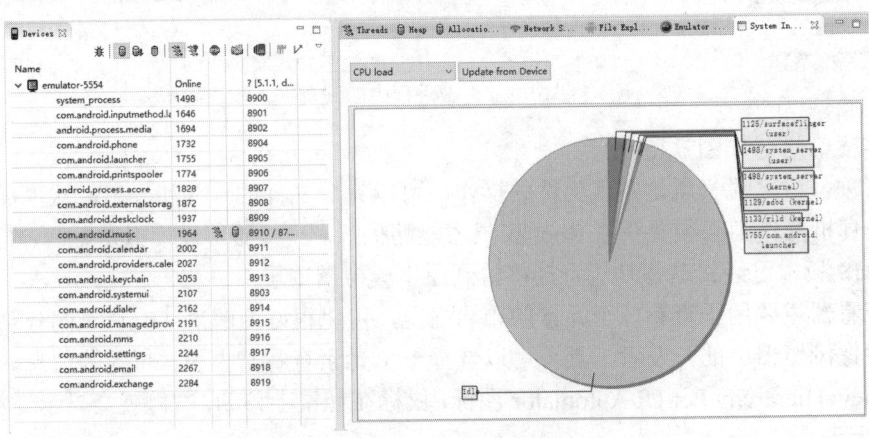

图 6.17 CPU 使用情况

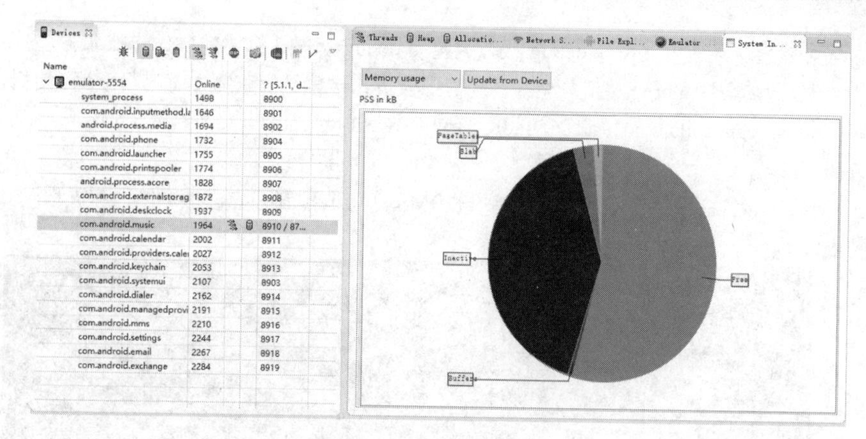

图 6.18　内存使用情况

2. DDMS 的使用

DDMS 中内置有 Allocation Tracker 工具，这是一款非常优秀的跟踪内存分配情况的工具，它不仅可以很清楚地了解分配了哪类对象，还可以了解在哪个类、哪个线程、哪个文件的哪一行等。

（1）展开左侧设备节点，选择进程。

（2）右侧选择 Allocation Tracker 标签。

（3）单击 Start Tracking 按钮。

（4）单击 Get Allocations 按钮，如图 6.19 所示。

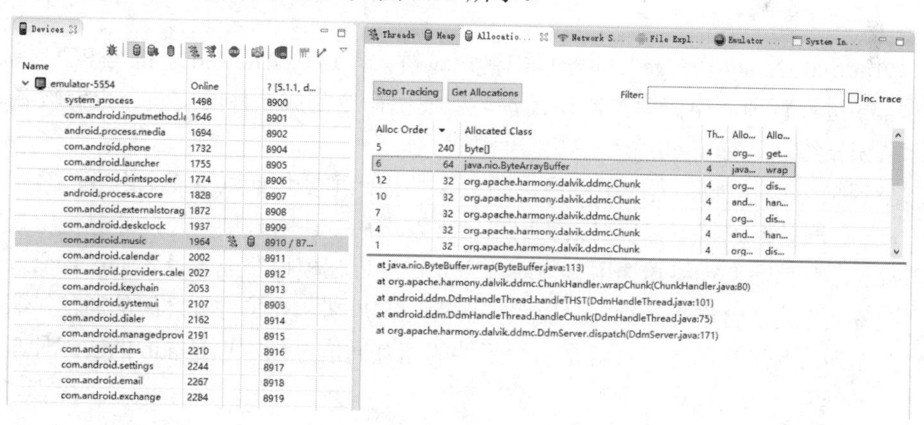

图 6.19　Allocation Tracker

注意：

很多读者打开 DDMS 发现无法监控到真机或者模拟器的相关信息，但是大家的原生模拟器是一定可以监控到的。其主要原因是 DDMS 监控的设备或者模拟器必须处于 debug 状态，如果处于非 debug 状态是无法监控的。

在这里可以通过某些设置将非 debug 状态调整为 debug 状态，具体的操作步骤如下。

（1）下载调试文件 mprop，该文件的下载资源较少，这里给大家提供笔者百度网盘的下载地址。

链接：https://pan.baidu.com/s/1ZZ6DIadK-MrQ7ivX_ziFlQ。

提取码：r3yn。

（2）根据下面的命令操作顺序重启设备，DDMS 即可监控到相应模拟器的程序进程了。具体操作及命令如图 6.20 所示。

```
D:\Program Files\Nox\bin>adb push D:\android_package\mprop\libs\x86\mprop  /data/local
[100%] /data/local/tmp/mprop

D:\Program Files\Nox\bin>adb shell
root@shamu:/ # cd data/local/tmp
root@shamu:/data/local/tmp # ll
-rw-rw-rw- root     root        9628 2017-01-19 16:03 mprop
root@shamu:/data/local/tmp # chmod 777 mprop
root@shamu:/data/local/tmp # ll
-rwxrwxrwx root     root        9628 2017-01-19 16:03 mprop
root@shamu:/data/local/tmp # ./mprop  ro.debuggable  1
WARNING: linker: ./mprop: unused DT entry: type 0x6ffffffe arg 0x508
WARNING: linker: ./mprop: unused DT entry: type 0x6fffffff arg 0x1
start hacking ...
target mapped area: 0x8048000-0x8102000
>> patching at: 0x80df29f [0x2e6f72 -> 0x002e6f73]
>> patched! reread: [0x80df29f] => 0x002e6f73
-- setprop: [ro.debuggable] = [1]
++ getprop: [ro.debuggable] = [1]
root@shamu:/data/local/tmp # getprop ro.debuggable
1
root@shamu:/data/local/tmp # stop;start;
```

图 6.20　设置 debug 状态

扫一扫，看视频

6.2　adb 操作指令大全

adb（Android Debug Bridge）即安卓平台调试桥，是连接 Android 手机与 PCU 端的桥梁。可以通过 adb 进行管理、操作模拟器和设备，如使用命令完成软件的安装、查看设备软硬件参数、进行系统升级、运行 shell 命令等。

adb 是一种客户端、服务器应用程序，即 C/S 架构，主要包括以下三个组件：客户端、守护进程（adbd）、服务器。其中客户端主要用来实现发送命令，它直接在开发计算机上运行，可以通过发送 adb 命令从命令行终端调用客户端。而守护进程在模拟器或者设备上运行命令，守护进程在每个设备上作为后台进程运行。最后服务器管理客户端和守护进程之间的通信，服务器在开发计算机上作为后台进程运行。这就是三个组件的相互通信过程，也是 adb 的实现原理。

6.2.1　adb 常用命令

使用 adb 命令，必须先配置环境变量，否则在 DOS 中会提示“不是内部或者外部命令”。其中 adb 可执行文件在 SDK 安装包的 platform-tools 目录下，如图 6.21 所示。

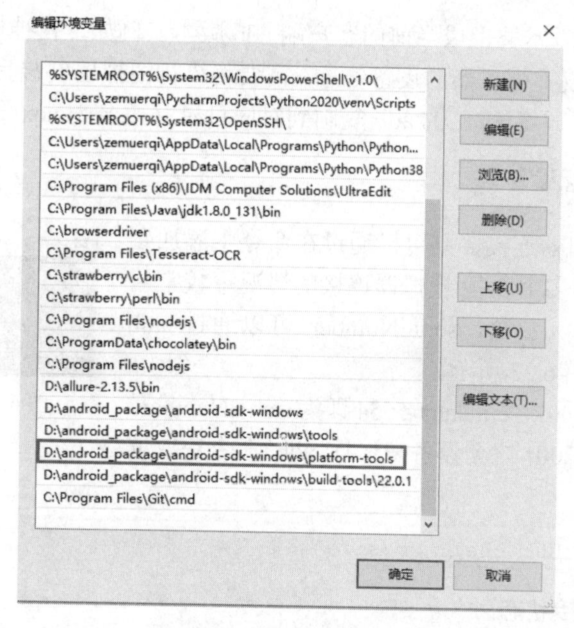

图 6.21　adb 配置环境变量

1. 查看 adb 版本

```
adb  version
```

2. 启动 adb 服务

```
adb  start-server
```

一般无须手动执行此命令，在运行 adb 命令时若发现 adb server 没有启动会自动调起。

3. 停止 adb 服务

```
adb kill-server
```

如果无法使用 adb 获取当前设备连接，可以手动重新启动 adb 服务。

4. 获取当前设备连接

```
adb  devices
```

如果无法获取到设备或者提示 adb 服务正在被停止，则需要注意以下几种原因。

（1）模拟器或者当前真机是否处于开发者选项状态，并开启了 adb 调试状态（进入模拟器或者手机设备的设置，在设置页面选择“关于”，然后选择“版本号”，单击会提示需要单击七次进入“开发者选项”，处于开发者模式下后，进入开发者选项勾选 USB 调试状态即可）。

（2）adb 的客户端版本与服务器的 adb 版本不一致。确定当前的客户端使用的 adb 版本，然后将模拟器中的 adb 版本替换成当前的客户端 adb 版本。例如，夜神模拟器，如果使用 SDK 中的 adb，则无法获取夜神模拟器的设备信息，需要将夜神模拟器安装目录下的 nox_adb.exe 文件替换成 SDK 的 adb，即将 SDK 的 adb 复制到对应目录并改名为 nox_adb.exe 即可。

5. 为命令指定目标设备

如果有多个设备/模拟器连接，则可以通过在命令中添加参数来指定目标设备。在多个设备/模拟器连接的情况下较常用的是 -s <serialNumber> 参数，serialNumber 可以通过 adb devices 命令获取，如图 6.22 所示。

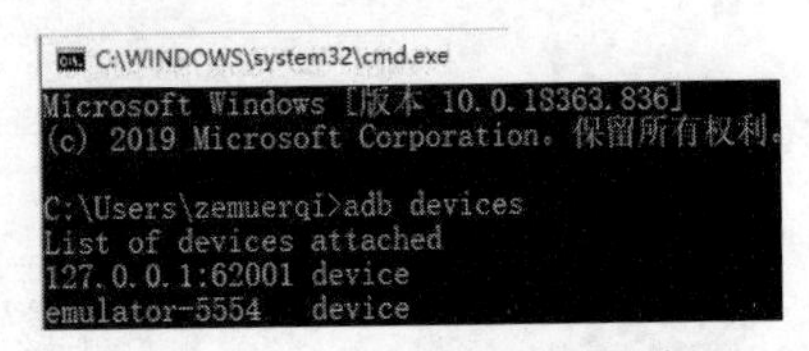

图 6.22 获取多个设备信息

输出的 127.0.0.1:62001、emulator-5554 即为 serialNumber。

如指定 127.0.0.1:62001 这个设备来运行 adb 命令获取屏幕分辨率。

```
adb -s 127.0.0.1:62001 shell wm size
```

6. 获取设备的连接状态

获取的设备状态主要有以下几种。

（1）offline，表示离线状态，设备未连接成功或无响应。

（2）device，表示能够成功获取设备，即设备已连接。但是这个状态并不能够说明 Android 系统已经完全启动或者可操作，只有系统启动完毕才能够处于可操作状态。

（3）no device，表示没有设备或者模拟器进行连接。

（4）unauthorized，表示没有授权的状态。

7. 复制设备里的文件到 PC 端

命令：

```
adb pull <设备里的文件路径> [计算机上的目录]
```

其中计算机上的目录参数可以省略，默认复制到当前目录。

例如：

```
adb pull /sdcard/test.txt  ~/tmp/
```

注意：

设备上的文件路径可能需要 root 权限才能访问，如果设备已经 root 过，可以先使用 adb shell 和 su 命令在 adb shell 里获取 root 权限，再使用 cp /path/on/device /sdcard/filename 命令将文件复制到 sdcard，然后执行 adb pull /sdcard/filename /path/on/pc 命令。

8. 复制 PC 端文件到设备

命令：

```
adb push <计算机上的文件路径> <设备里的目录>
```

例如：

```
adb push ~/test.txt /sdcard/
```

注意：

（1）设备上的文件路径普通权限可能无法直接写入，如果设备已经 root 过，可以先执行 adb push /path/on/pc /sdcard/filename 命令，然后通过使用 adb shell 和 su 在 adb shell 里获取 root 权限后，再执行 cp /sdcard/filename /path/on/device。

（2）上传下载的时候如果 PC 端的文件名与设备模拟器中的文件名设置不一样，则不仅可以完成上传下载操作，还完成了文件名的重命名操作。

9. 进入模拟器或者设备终端命令

```
adb shell
```

10. 查看所有应用

命令：

```
adb shell pm list package
```

11. 查看系统应用

命令：

```
adb shell pm list packages -s
```

12. 查看第三方应用

命令：

```
adb shell pm list packages -3
```

13. 查看包名包含某字符串的应用

例如，要查看包名包含字符串 tencent 的应用列表，命令：

```
adb shell pm list packages tencent
```

当然也可以使用 grep 来过滤：

```
adb shell pm list packages | grep tencent
```

14. 安装 APK

命令格式：

```
adb install [-lrtsdg] <path_to_apk>
```

运行命令后如果见到类似如下输出（状态为 Success）代表安装成功：

```
[100%] /data/local/tmp/xiaomi.apk
pkg: /data/local/tmp/xiaomi.apk
Success
```

而如果状态为 Failure 则表示安装失败，例如：

```
[100%] /data/local/tmp/xiaomi.apk
      pkg: /data/local/xiaomi.apk
Failure [INSTALL_FAILED_ALREADY_EXISTS]
```

上面失败表示已经安装了此应用程序，所以安装失败了，如果需要覆盖安装，则需要添加参数-r。

15. 卸载应用

命令：

```
adb uninstall [-k] <packagename>
```

<packagename> 表示应用的包名，-k 参数可选，表示卸载应用但保留数据和缓存目录。

命令示例：

```
adb uninstall com.tencent.mm
```

表示卸载微信。

16. 清除应用数据与缓存

命令：

```
adb shell pm clear <packagename>
```

<packagename> 表示应用名包，这条命令的效果相当于在设置里的应用信息界面单击清除缓存和清除数据。

命令示例：

```
adb shell pm clear com.tencent.mm
```

表示清除微信的数据和缓存。

17. 耗电量信息

命令：

```
adb shell  dumpsys  batterystats
```

18. CPU 使用率信息

命令：

```
adb shell  dumpsys  cpuinfo
```

19. 启动一个 APP

命令：

```
adb shell am start -n 包名/活动窗口名
```

am 命令是一个命令管理集工具。-n 参数后面直接接组件，由包名和活动窗口名构成，这是启动一个 APP 的最直接、使用最多的操作方式。

当然，还有-d 参数，如果需要携带网址，则可以添加-d 参数，如打开一个网址。

```
adb shell am start -n 浏览器包名/浏览器活动窗口名 -d  需要打开的网址
```

如果需要获取一个 APP 的启动时间，则可以通过-W 参数完成，具体命令如下：

```
adb shell am start -W -n com.tencent.mm/.plugin.account.ui.WelcomeActivity
```

20. 日志的获取

通过 adb logcat 或者 adb shell logcat 都可以完成日志的获取，只是两者的表现形式不同，一个是以参数的形式存在，一个是以命令的形式存在。

将日志保存到文件中：

```
adb shell logcat>d:\android_package\log.txt
```

上面命令表示将所有的日志信息全部写入指定的文件中，其中>表示覆盖，>>表示追加。

如果需要筛选日志，如筛选警告以上级别的日志，命令如下：

```
adb shell logcat *:W>d:\android_package\log.txt
```

如筛选错误以上级别的日志，命令如下：

```
adb shell logcat *:E>d:\android_package\log.txt
```

日志主要有以下几个级别。

（1）V——Verbose（所有的信息全部输出，其日志级别是最低的）。

（2）D——Debug（调试日志信息）。

（3）I——Info（一般日志信息）。

（4）W——Warning（警告信息）。

（5）E——Error（错误信息）。

（6）S——Silent（一般不应用，最高级别，什么都不输出）。

21. 输入事件操作

adb shell 终端中存在一个命令 input，可以通过它完成鼠标键盘的相关操作。

命令：

```
adb shell input keyevent keycode的值
```

其中 keycode 的值既可以是数字，也可以是对应的 keycode 的 name 值，这个具体可以查看 keycode 编码表。

还可以实现文本内容的输入操作，具体命令如下：

```
adb shell input text 字符串
```

如果需要滑动，则命令如下：

```
adb shell input swipe x1 y1 x2 y2
```

其中 x 值相同时，y1 与 y2 值不同则表示上下滑动；y 值相同，x1 和 x2 值不同则表示左右滑动。

22. 查看设备信息

查看型号命令：

```
adb shell getprop ro.product.model
```

查看分辨率命令：

```
adb shell wm size
```

查看屏幕密度命令：

```
adb shell wm density
```

查看显示屏参数命令：

```
adb shell dumpsys window displays
```

查看 Android_id（手机唯一 ID）命令：

```
adb shell settings get secure android_id
```

查看 Android 系统版本命令：

```
adb shell getprop ro.build.version.release
```

查看 IP 地址命令，如果设备连着 WiFi，可以使用如下命令来查看局域网 IP：

```
adb shell ifconfig wlan0
```

还可以通过以下命令获取网络连接名称、启用状态、IP 地址和 Mac 地址等信息。

```
adb shell netcfg
```

注意：

> 查出来的网络信息中 lo 表示环回地址，eth0 表示以太网接口，wlan0 表示无线接口。

6.2.2　adb 获取当前 APP 包名和活动窗口名

如果后期需要完成 APP 的自动化测试，那么必须有能力获取 APP 所对应的包名和活动窗口名。包名就好比创建一个项目所建的文件夹目录，但是活动窗口是什么呢？

理解活动窗口首先需要知道 Android 实际是由四大组件所构成，分别是 Activity、Service、Broadcast Receive 和 Content Provider。其中 Activity 表示活动，为用户提供可视化界面的操作，也为用户提供了操作指令的窗口，与用户完成良好的交互。在所有的 APP 中几乎每个界面都是基于 Activity 存在的，也是所有组件中交互应用最多的一个。

所以在操作 APP 时每打开一个页面，会称之为一个 Activity。启动时存在初始页面，对应存在一个 Activity。

其实获取包名非常简单，可以直接到模拟器或者设备的终端上进行查找，其包在 data/data 目录下。

除了上面的方法以外，还可以通过 pm 命令完成，6.2.1 小节中已经给出包的相关查询命令，这里就不再赘述了。

虽然包名容易获取，但是活动窗口名如何获取呢？

（1）可以先启动需要获取包名和活动窗口名的 APP，然后在 DOS 中运行下面命令即可。

```
adb shell dumpsys | find "mFocusedActivity"
```

当然，上面命令执行的前提条件是先启动 APP，不然获取的是模拟器或者设备的主界面的包名和活动窗口名。

（2）通过反编译 APK 安装包获取其配置文件，通过配置文件查找对应的包名和活动窗口名。

可以下载 AndroidKiller 工具进行反编译操作，直接获取对应的包名和活动窗口名，这个工具大家可以自己在网上下载。反编译后如图 6.23 所示。

图 6.23　AndroidKiller 反编译

（3）可以通过 aapt 命令完成包名和活动窗口名的获取操作。其命令如下：

```
aapt dump badging apk 所在的路径
```

注意：

如果提示 aapt“内部或者外部命令”则说明没有配置环境变量，aapt 命令是在 SDK 的 build-tools 目录下，如图 6.24 所示。

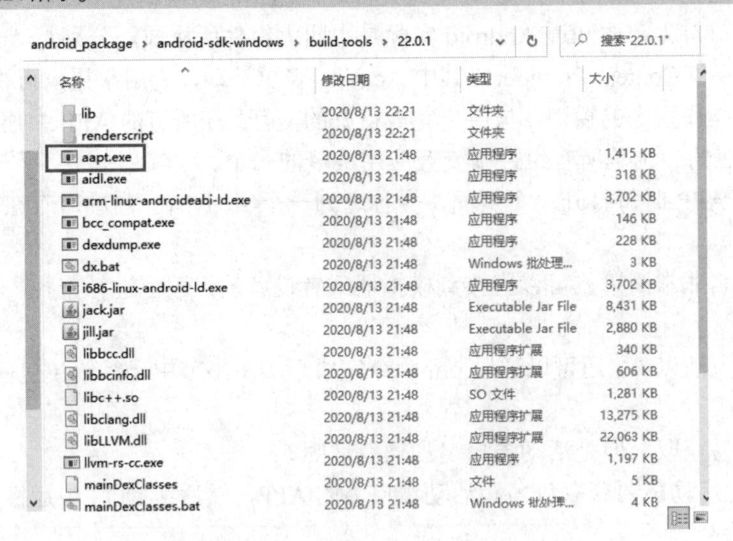

图 6.24　aapt 命令所在位置

扫一扫，看视频

6.3　monkey 稳定性测试

monkey 测试是 Android 平台自动化测试的一种手段。通过随机单击屏幕一段时间，观察 APP 是否会崩溃，能否维持正常运行。

6.3.1　monkey 简介

monkey 顾名思义就是猴子的意思，monkey 测试就好比放一只猴子在模拟器或者设备的屏幕上，不停单击、操作的过程。

通过 monkey 程序模拟用户触摸屏幕、滑动 Trackball、按键等操作来对设备上的程序进行压力测试，检测程序经过多久的时间会发生异常。

monkey 主要用于 Android 的压力自动化测试，其主要目的是测试 APP 是否会 Crash，APP 是否稳定。

monkey 程序由 Android 系统自带，使用 Java 语言编写，在 Android 文件系统中的存放路径是/system/framework/monkey.jar。monkey.jar 程序由一个名为 monkey 的 shell 脚本启动执行，shell 脚本在 Android 文件系统中的存放路径是/system/bin/monkey。

monkey 命令启动方式如下：

（1）可以在 PC 端 CMD 窗口中执行 adb shell monkey {+命令参数} 命令来进行 monkey 测试。

（2）在 PC 上通过 adb shell 进入 Android 系统，通过执行 monkey {+命令参数} 命令来进行 monkey 测试。

6.3.2　monkey 工作原理

monkey 测试的原理就是利用 socket 通信的方式来模拟用户的按键输入、触摸屏输入、手势输入等，看设备多长时间会出异常。

当 monkey 程序在模拟器或设备运行的时候，如果用户触发了比如单击、触摸、手势或一些系统级别的事件，它就会产生随机脉冲，所以可以用 monkey 随机重复的方法测试所开发的软件。其具体实现过程如图 6.25 所示。

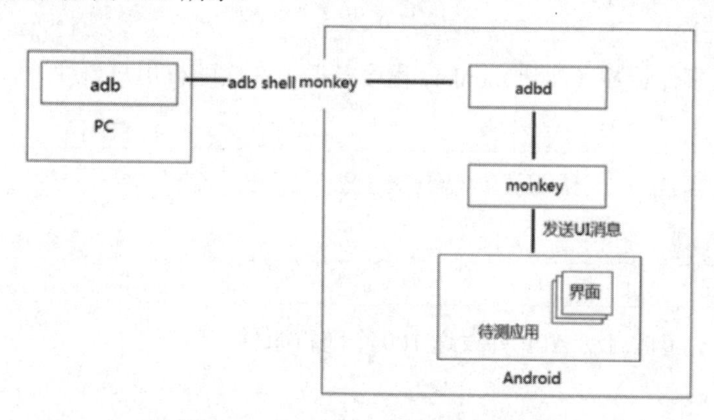

图 6.25　monkey 的具体实现过程

6.3.3 monkey 实例解析

可以通过 adb shell monkey -help 来查看 monkey 命令的帮助说明，如图 6.26 所示。

```
C:\Users\zemuerqi>adb shell monkey -help
usage: monkey [-p ALLOWED_PACKAGE [-p ALLOWED_PACKAGE] ...]
              [-c MAIN_CATEGORY [-c MAIN_CATEGORY] ...]
              [--ignore-crashes] [--ignore-timeouts]
              [--ignore-security-exceptions]
              [--monitor-native-crashes] [--ignore-native-crashes]
              [--kill-process-after-error] [--hprof]
              [--pct-touch PERCENT] [--pct-motion PERCENT]
              [--pct-trackball PERCENT] [--pct-syskeys PERCENT]
              [--pct-nav PERCENT] [--pct-majornav PERCENT]
              [--pct-appswitch PERCENT] [--pct-flip PERCENT]
              [--pct-anyevent PERCENT] [--pct-pinchzoom PERCENT]
              [--pkg-blacklist-file PACKAGE_BLACKLIST_FILE]
              [--pkg-whitelist-file PACKAGE_WHITELIST_FILE]
              [--wait-dbg] [--dbg-no-events]
              [--setup scriptfile] [-f scriptfile [-f scriptfile] ...]
              [--port port]
              [-s SEED] [-v [-v] ...]
              [--throttle MILLISEC] [--randomize-throttle]
              [--profile-wait MILLISEC]
              [--device-sleep-time MILLISEC]
              [--randomize-script]
              [--script-log]
              [--bugreport]
              [--periodic-bugreport]
              COUNT
```

图 6.26 monkey 命令的帮助说明

1. 参数：-p

参数-p 用于约束限制，用此参数指定一个或多个包（Package，即 APP）。指定包之后，monkey 将只允许系统启动指定的 APP。如果不指定包，monkey 将允许系统启动设备中的所有 APP。

指定一个包：

```
adb shell monkey-p com.tencent.mm  100
```

说明：100 是事件计数（即让 monkey 程序模拟 100 次随机用户事件）。

指定多个包：

```
adb shell monkey -p com.tencent.mm -p com.tencent.wstt.gt 100
```

不指定包：

```
adb shell monkey  100
```

说明：monkey 随机启动 APP 并发送 100 个随机事件。

2. 参数：-v

参数-v 用于指定反馈信息级别（信息级别就是日志的详细程度），总共分 3 个级别。

日志级别 Level 0：

```
adb shell monkey-p com.tencent.mm -v 100
```

说明：缺省值，仅提供启动提示、测试完成和最终结果等少量信息。

日志级别 Level 1：

```
adb shell monkey-p com.tencent.mm -v -v 100
```

说明：提供较为详细的日志，包括每个发送到 Activity 的事件信息。

日志级别 Level 2：

```
adb shell monkey-p com.tencent.mm -v -v -v 100
```

说明：最详细的日志，包括测试中选中/未选中的 Activity 信息。

日志保存。在执行 monkey 测试的时候，如果将 monkey 测试的日志存放在手机的 sdcard 或者其他目录下，可用如下命令：

```
adb shell monkey-p com.tencent.mm -v -v -v  100 > D:\monkey.log
```

日志分析。monkey 测试出现错误后，一般的查错步骤如下：

（1）找到是 monkey 里面的哪个地方出错。

（2）查看 monkey 里面出错前的一些事件动作，并手动执行该动作。

（3）若以上步骤还不能找出，可以使用之前执行的 monkey 命令再执行一遍，注意 seed 值要一样。

一般的测试结果分析如下。

（1）ANR 问题：在日志中搜索 ANR。

（2）崩溃问题：在日志中搜索 Exception。

正常情况，如果 monkey 测试顺利执行完成，在 log 的最后会打印出当前执行事件的次数和所花费的时间；// monkey finished 代表执行完成。

异常情况。monkey 测试出现错误后，看 monkey 的日志（注意第一个 swith 以及异常信息等）。

（1）程序无响应的问题：在日志中搜索 ANR。

（2）崩溃问题：在日志中搜索 Exception（如果出现空指针 NullPointerException）肯定是有 BUG。

monkey 执行中断，在 log 最后也能看到当前执行次数。

ANR 输出 log 信息如下。

```
//NOT RESPONDING:com.android.quicksearchbox(pid 6333)
//哪一个进程 ANR
ANR in com.android.quicksearchbox(com.android.quicksearchbox/.SearchActivity)
//CPU 使用情况
CPU usage from 8381ms to 2276ms ago:
```

```
//内存信息
procrank:→通过"adb shell procrank"命令输出
//trace 信息
anr traces:→保存于/data/anr/traces.txt
//meminfo 信息
meminfo:→通过"adb shell dumpsys meminfo"命令输出
//Bugereport 信息
Bugreport:→通过"adb bugreport"命令输出，可用--bugreport 参数控制
```

3. 参数：--ignore-crashes

参数：--ignore-crashes 表示忽略程序异常崩溃。设置此选项后，monkey 会执行完所有的事件，不会因异常崩溃而停止。

```
adb shell monkey-p com.tencent.mm -v --ignore-crashes 500
```

4. 参数：--ignore-timeouts

参数：--ignore-timeouts 表示忽略程序超时。设置此选项后，monkey 会执行完所有的事件，不会因超时而停止。

```
adb shell monkey-p com.tencent.mm -v --ignore-timeouts 500
```

5. 参数：--ignore-security-exceptions

参数：--ignore-security-exceptions 表示忽略一些许可错误，如证书许可、网络许可。设置此选项后，monkey 会执行完所有的事件，不会因许可错误而停止。

```
adb shell monkey-p com.tencent.mm -v --ignore-security-exceptions  500
```

6. 事件选项

事件参数中有一系列以 - pct 开头的控制每种事件百分比的参数，当测试不同类型 APP 时可以针对性地调整百分比。monkey 所有事件参数语法/参数说明如表 6.1 所示。

表 6.1 monkey所有事件参数语法/参数说明

参　数	说　明
- pct-touch PERCENT	百分比，单击事件
- pct-motion PERCENT	百分比，直线滑动事件
- pct-trackball PERCENT	百分比，曲线滑动事件
- pct-nav PERCENT	百分比，导航事件：上下左右；一般设备没有该事件
- pct-majornav PERCENT	百分比，导航事件：返回、确认、菜单；一般设备没有该事件
- pct-syskeys PERCENT	百分比，导航栏：Home、Back、音量键等

续表

参　数	说　明
- pct-appswitch PERCENT	百分比，各Activity的启动比率，启动得越多，越容易覆盖更多的Activity
- pct-flip PERCENT	百分比，不清楚，模拟器适用的事件
- pct-permission PERCENT	百分比，权限事件
- pct-anyevent PERCENT	百分比，其他一些不常用的事件，各种按键之类的
- pct-pinchzoom PERCENT	百分比，多点手势缩放

注意：

> - pct 数值后不用加百分号 %。

源码中可以查看到默认的事件百分比：

```
mFactors[FACTOR_TOUCH] = 15.0f;
mFactors[FACTOR_MOTION] = 10.0f;
mFactors[FACTOR_TRACKBALL] = 15.0f;
// Adjust the values if we want to enable rotation by default.
mFactors[FACTOR_ROTATION] = 0.0f;
mFactors[FACTOR_NAV] = 25.0f;
mFactors[FACTOR_MAJORNAV] = 15.0f;
mFactors[FACTOR_SYSOPS] = 2.0f;
mFactors[FACTOR_APPSWITCH] = 2.0f;
mFactors[FACTOR_FLIP] = 1.0f;
// disbale permission by default
mFactors[FACTOR_PERMISSION] = 0.0f;
mFactors[FACTOR_ANYTHING] = 13.0f;
mFactors[FACTOR_PINCHZOOM] = 2.0f;
```

对应 monkey 日志中的结果如图 6.27 所示。

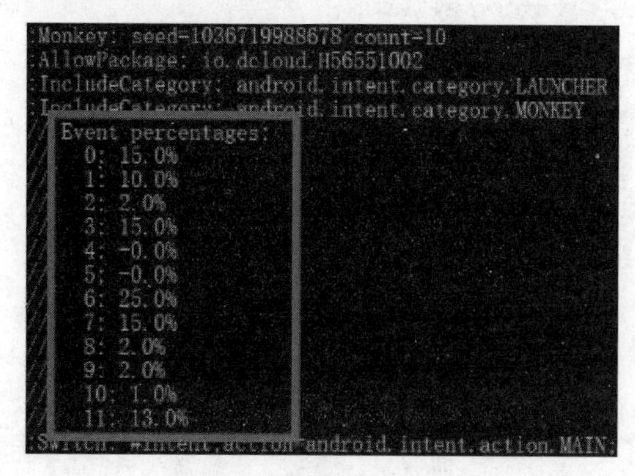

图 6.27　事件占比日志

如果需要指定触屏事件的百分比，命令如下：

```
adb shell monkey  --pct-touch 50 -p com.tencent.mm 100
```

上述命令表示对微信设定触屏的事件占比率为 50%，其他事件百分比的设置方式相同，只需要直接在参数后添加对应的百分比数值即可。

7．参数：--throttle

参数：--throttle 设定两个事件之间的一个固定延迟，可以减缓 monkey 的执行速度。如果不指定，monkey 将不会被延迟，事件将尽可能快地生成和发送消息，单位：ms。

```
adb shell monkey --throttle 3000 -p com.tencent.mm 100
```

向微信发送 100 次随机事件，每次事件间隔为 3s，这样就更可以模拟用户的真实操作行为了。

8．参数：-s

参数：-s 指定产生随机事件种子值，相同的种子值产生相同的事件序列。

```
monkey 测试 1：adb shell monkey -p com.tencent.mm -s 200 100
monkey 测试 2：adb shell monkey -p com.tencent.mm -s 200 100
```

上述示例中 monkey 测试 1 与 monkey 测试 2 执行的事件序列是相同的，如果不指定 seed，则在日志中会随机生成一个 seed 值，如图 6.28 所示。

注意：

因为 monkey 运行的事件都是随机的，所以如果后期出现 BUG 需要重现则必须借助这个 seed 值执行之前相同的序列事件，然后重现定位 BUG。

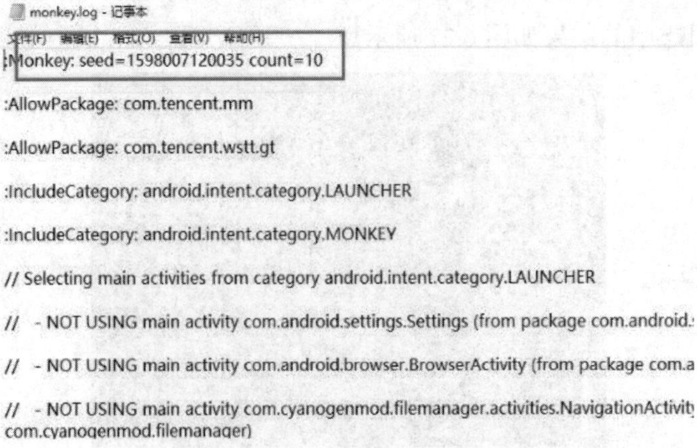

```
monkey.log - 记事本
文件(F) 编辑(E) 格式(O) 查看(V) 帮助(H)
:Monkey: seed=1598007120035 count=10
:AllowPackage: com.tencent.mm
:AllowPackage: com.tencent.wstt.gt
:IncludeCategory: android.intent.category.LAUNCHER
:IncludeCategory: android.intent.category.MONKEY
// Selecting main activities from category android.intent.category.LAUNCHER
//   - NOT USING main activity com.android.settings.Settings (from package com.android.
//   - NOT USING main activity com.android.browser.BrowserActivity (from package com.a
//   - NOT USING main activity com.cyanogenmod.filemanager.activities.NavigationActivit
com.cyanogenmod.filemanager)
```

图 6.28　日志查看 seed 值

9. 不常用参数(以下参数了解其作用即可)

参数：-c。

作用：如果指定一个或多个类别，monkey 将只允许系统启动这些指定类别中列出的 Activity；如果不指定任何类别，monkey 将选择这些列类别中列出的 Activity，Intent.CATEGORY_LAUNCHER 和 Intent.CATEGORY_MONKEY。指定多个类别使用多个-c，每个-c 指定一个类别。

参数：--dbg-no-events。

作用：设置此选项，monkey 将执行初始启动，进入一个测试 Activity，并不会再进一步生成事件。为了得到最佳结果，结合参数-v，一个或多个包的约束，以及一个保持 Monkey 运行 30s 或更长时间的非零值，提供一个可以监视应用程序所调用的包之间转换的环境。

参数：--hprof。

作用：设置此选项，将在 monkey 生成事件序列前后生成 profilling 报告，在 data/misc 路径下生成大文件（大约 5Mb），所以要小心使用。

注意：

> 该参数已经失效了，不会被使用。

参数：--kill-process-after-error。

作用：通常，当 monkey 由于一个错误而停止时，出错的应用程序将继续处于运行状态。设置此项，将会通知系统停止发生错误的进程。注意，正常（成功）的结束，并没有停止启动的进程，设备只是在结束事件之后简单地保持在最后的状态。

参数：--monitor-native-crashes。

作用：监视并报告 Andorid 系统中本地代码的崩溃事件。如果设置了参数--kill-process-after-error，系统将停止运行。

参数：--wait-dbg。

作用：停止执行中的 monkey，直到有调试器和它相连接。

10. 综合所有参数

```
adb shell monkey -p com.tencent.mm -p com.tencent.wstt.gt -throttle 3000
  --pct-touch 20 --pct-motion 20 --pct-appswitch 20 -v -v -v -s 1000 --ignore-crashes
  --ignore-timeouts --ignore-security-exceptions 1000>d:\android_package\monkey.log
```

上面命令语句综合了前面所有的参数，表示对微信、GT 两个 APP 实现 1000 个事件操作，其中每个事件之间的间隔事件为 3s，并且指定三种事件，分别占比 20%，如果运行过程中出现异常、超时等全部忽略，最后将运行的详细日志信息写入本地文件 monkey.log 中。

第 7 章　移动端自动化测试框架

第 6 章前言中提到随着手机应用越来越多，APP 的回归测试用例数量也会越来越多，全量回归也就越来越消耗时间。因此需要引入自动化来协助完成测试。

其实移动端的 APP 的 UI 自动化测试一直以来都是一个难点，这主要是因为 UI 的“变”，变化导致自动化用例需要大量的维护。随着技术的发展，现在也不断涌现出各种自动化测试框架。虽然现在某些框架或者工具的应用还存在缺点，但是随着技术需求的产生，这些缺点都将会被修复，并迎来与 Web 自动化一样的重要地位。

本章主要涉及的知识点如下。

- 主流框架优缺点剖析：了解移动端现如今的主流框架，对比框架之间的差异性，根据公司实际项目以及需求选择合适的框架完成自动化测试。
- Appium 框架：掌握 Appium 框架环境的部署，理解 Appium 框架的整个运行原理。
- 剖析 Desired Capabilities：掌握 Desired Capabilities 参数配置及含义。
- Appium 基本元素定位：掌握 APP 应用程序如何实现元素的定位，以及定位的基本常用方法。
- Appium 高级元素定位及扩展：掌握除了基本元素定位方法以外，针对移动端平台特有的定位方法。
- Appium API 及对象识别技术：掌握 Appium 框架中的基本操作，如键盘、滑动、手势等。
- 详解 Native 与 WebView 控件识别技术：理解原生 APP 与 Web APP 的区别，混合 APP 如何实现页面的切换操作。
- 实战实例：结合前面相关的专业知识点完成移动端上的基本业务流的操作并实现代码封装。

扫一扫，看视频

7.1　主流框架优缺点剖析

随着 Android 应用越来越广，越来越多的公司都要求实现 APP 应用的自动化测试。要实现自动化则必然需要考虑到自动化测试框架和工具的选择了。现在市场上的 APP 自动化测试的框架和工具非常多，甚至还有公司推出自己的移动应用测试平台，如百度的 MTC、东软易测云、Testin 云测试平台等。

目前，Android 基于 UI 层面的自动化测试工具，都可以理解为是基于 Android 控件层面的，涉及 Widgets 和 WebView 两大类。其主流的测试方法主要有以下两种：一种是通过 Android 提供的各种服务来获取当前窗口的视图信息，其代表有 UI Automator；另一种则是基于 Instrumentation，把测试代码和应用代码，确切地说是测试 APK 和被测 APK，运行在同一个进程中，通过 Java 反射机制来获取当前窗口的所有视图，根据该视图查找到目标控件的属性信息，并计算出目标控件中心点坐标，其代表有 Robotium。

现如今主流的几大框架有：UI Automator、Espresso、Selendroid、Robotium、Appium 等。下面详细讲述这几大框架的优、缺点。

UI Automator 是 Android 提供的自动化测试框架，基本上支持所有的 Android 事件操作。对比 Instrumentation，它不需要测试人员了解代码实现细节（可以用 UI Automatorviewer 抓取 APP 页面上的控件属性而不看源码）。基于 Java，测试代码结构简单、编写容易，一次编译，所有设备或模拟器能运行测试，能跨 APP（很多 APP 有打开相册、打开相机的功能，这就是跨 APP）。其缺点是只支持 SDK 16（Android 4.1）及以上，不支持 Hybird APP、Web APP。

Espresso 是 Google 的开源自动化测试框架。相对于 Robotium 和 UI Automator，它的特点是规模更小、更简洁，API 更加精确，编写测试代码简单，容易快速上手。因为它是基于 Instrumentation 的，所以不能跨 APP。

Selendroid 是基于 Instrumentation 的测试框架，可以测试 Native APP、Hybird APP、Web APP，但是网上资料较少，社区活跃度也不大。

Robotium 是基于 Instrumentation 的测试框架，目前国内外用得比较多，资料比较多，社区也比较活跃。其缺点是对测试人员来说要有一定的 Java 基础，了解 Android 基本组件，不能跨 APP。

Appium 是最近比较热门的框架，社区也很活跃。这个框架应该是功能最强大的，这也是本书主要介绍的 APP 自动化测试框架。

7.2 Appium 框架

扫一扫，看视频

Appium 是一个开源、跨平台的测试框架，可以用来测试原生及混合的移动端应用。Appium 支持模拟器（iOS、FirefoxOS、Android）和真机（iOS、Android、FirefoxOS）上的原生应用、混合应用和移动 Web 应用。Appium 使用 WebDriver 的 JSON wire 协议来驱动 Apple 系统的 UI Automator 库、Android 系统的 UI Automator 框架。Appium 同时支持老版本的 Android，主要是因为其集成了 Selendroid 框架。

Appium 支持 Selenium WebDriver 支持的所有语言，如 Java、Object-C、JavaScript、PHP、Python、Ruby、C#、Clojure，或者 Perl 语言，也可以使用 Selenium WebDriver 的 API。Appium 支持任何一种测试框架，这也说明了 Appium 这个框架真正地实现了跨语言、跨平台的自动化测试。

注意：

官方网址：http://appium.io/。另外，Android 自动化要求：Android SDK API 版本 >= 17，即 Android 版本高于 4.2。iPhone 自动化要求：需在 Mac OS 操作系统中，且版本需为 Mac OS X 10.7 或者更高版本，其中稳定版本为 10.8.4。

7.2.1 Appium 框架运行原理

在了解 Appium 框架的运行原理之前，先熟悉下 Appium 框架的设计理念。

（1）测试人员为了自动化测试而重新编译应用或者以任何方式修改它。

（2）基于 Appium 编写自动化测试程序时，不会将测试人员局限在特定的语言和框架上。

（3）移动自动化测试框架不应该另起炉灶，研究出一套自己独有的自动化 API。

（4）移动自动化测试框架应该是开源的。

由于 Appium 是实现跨平台的，且现如今主流的两大平台就是 Android 和 iOS，因此现在主要解析 Appium 在 Android 和 iOS 两大平台下的运行原理。

针对 Android 端，Appium 是基于 WebDriver 协议，利用 Bootstrap.jar，最后通过调用 UIAutomator 的命令，实现 APP 的自动化测试。

注意：

UIAutomator 测试框架是 Android SDK 自带的 APP UI 自动化测试 Java 库。另外，由于 UIAutomator 对 H5 的支持有限，Appium 引入了 chromedriver 以及 safaridriver 等来实现基于 H5 的自动化。

Appium 在 Android 端的具体实现过程如下。

（1）client 端也就是 test script，即 WebDriver 测试脚本。

（2）中间启动 Appium 的服务，Appium 在服务端启动了一个 Server（4723 端口），与 Selenium WebDriver 测试框架类似，Appium 支持标准的 WebDriver JSON Wire Protocol。在这里它提供了一套 REST 的接口，Appium Server 接收 WebDriver client 标准 rest 请求，解析请求内容，调用对应的框架响应操作。

（3）Appium Server 会把请求转发给中间件 Bootstrap.jar，它是用 Java 编写的，安装在手机上。Bootstrap 监听 4724 端口并接收 Appium 的命令，最终通过调用 UI Automator 的命令来实现。

（4）Bootstrap 将执行的结果返回给 Appium Server。

（5）Appium Server 再将结果返回给 Appium Client。

针对 iOS 端，Appium 同样使用 WebDriver 的一套协议。

与 Android 端测试框架不同的是，Appium iOS 封装了 Apple 的 Instruments 框架，主要用 Instrument 中的 UI Automation（Apple 的自自动化测试框架），然后在设备中注入 bootstrap.js 进行监听。

Appium 在 iOS 端的具体实现过程如下。

（1）client 端依然是 test script 即 WebDriver 测试脚本。

（2）中间启动 Appium 的服务，Appium 在服务端启动了一个 Server（4723 端口），与 Selenium WebDriver 测试框架类似，Appium 支持标准的 WebDriver JSON Wire Protocol。在这里它提供了一套 REST 的接口，Appium Server 接收 Web Driver client 标准 rest 请求，解析请求内容，调用对应的框架响应操作。

（3）Appium Server 调用 instruments.js 启动一个 socket server，同时分出一个子进程运行 instruments.app，将 bootstrap.js（一个 UIAutomation 脚本）注入device，用于和外界进行交互。

（4）Bootstrap.js 将执行的结果返回给 Appium Server。

（5）Appium Server 再将结果返回给 Appium Client。

所以可以看到 Android 与 iOS 的区别在于 Appium 将请求转发到 bootstrap.js 或者 Bootstrap.jar，然后由 Bootstrap 驱动 UI Automation 和 UI Automator 去 devices 上完成具体的动作。

同样可以通过流程图来理解，如图 7.1 所示。

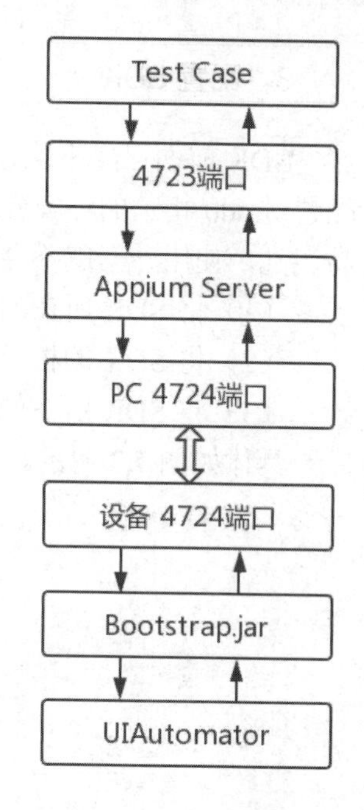

图 7.1　Appium 的工作流程图

7.2.2　Appium 环境部署

1. 安装包准备

需要准备 JDK、SDK、Appium、Node 等安装包，其中 JDK 建议使用 1.8 以上的版本。由于 JDK 和 SDK 在第 6 章节已经下载并配置过了，所以这里就不过多介绍了，只需要下载 Appium 和 Node 的包。

Appium 官网地址：http://appium.io/。

Node 官网地址：https://nodejs.org/en/。

注意：

（1）其实这里的 Node 包可以不下载，因为 Node 包并不是 Appium 安装部署的必须包，该包只是用于校验 Appium 的环境是否配置成功。

（2）其中 SDK 的版本既可以是 bundle 版也可以是非 bundle 版，因为只要 SDK 目录存在 platform-tools、tools 目录，且该目录中都存在文件即可。

2. 安装并配置 JDK

配置 JDK 无非就是配置三个环境变量：JAVA_HOME、CLASS_PATH 和 PATH，这个前面也提到过，所以这里就不过多讲述了。

3. 配置 SDK

SDK 前面已经下载过了，这里需要配置相关的环境变量。在配置之前，首先检查是否之前配置过 adb 相关的环境变量，如果存在则建议删除。因为如果存在多个版本的 SDK，其配置容易混乱，使用一套就不会出现其他问题了。

（1）将 SDK 所在的 platform-tools 目录追加到 Path 环境变量中。

（2）将 SDK 的根目录追加到 Path 环境变量中。

（3）将 SDK 所在的 tools 目录追加到 Path 环境变量中。

具体如图 7.2 所示。

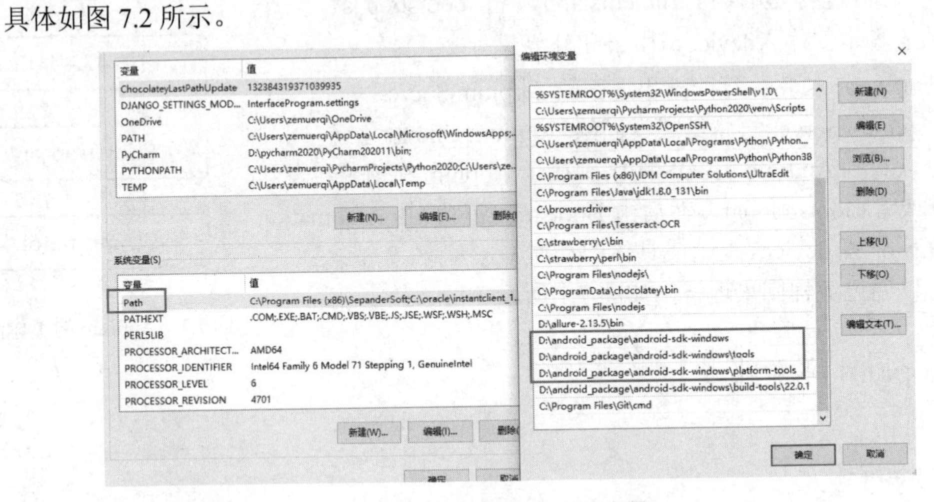

图 7.2　配置 SDK 环境变量

注意：

如果是 Window 7 操作系统，在追加 Path 环境变量时，注意在每个变量后面添加分号，且分号是英文状态下的。

4. 新建 ANDROID_HOME 环境变量

在环境变量中新建一个系统变量，变量名为 ANDROID_HOME，其变量值是 SDK 的根目录，如图 7.3 所示。

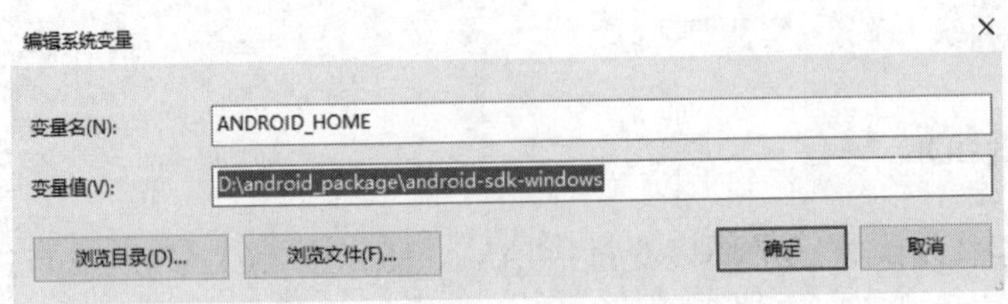

图 7.3　ANDROID_HOME 环境变量

5. 新建 ANDROID_PATH 环境变量

在环境变量中新建一个系统变量，变量名为 ANDROID_PATH，其值是 SDK 所在目录下的 platform-tools 目录，如图 7.4 所示。

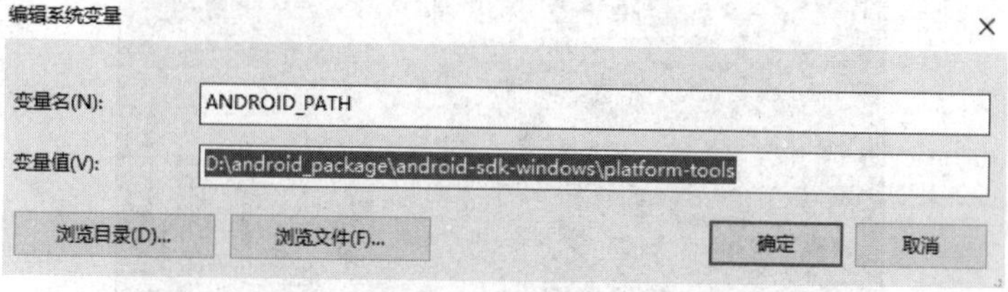

编辑系统变量
变量名(N):
ANDROID_PATH
变量值(V):
D:\android_package\android-sdk-windows\platform-tools
浏览目录(D)...
浏览文件(F)...
确定
取消

图 7.4　ANDROID_PATH 环境变量

6. 安装 Appium

从 Appium 的官网上下载 Appium。进入官网，在首页直接单击 Download Appium 即可。下载后直接单击“下一步”即可安装。

安装完毕，需要配置 Appium 相关的环境变量。新建一个系统变量，变量名为 APPIUM_HOME，其值为 Appium 安装路径的根目录，如图 7.5 所示。

编辑系统变量
变量名(N):
APPIUM_HOME
变量值(V):
C:\Program Files\Appium
浏览目录(D)...
浏览文件(F)...
确定
取消

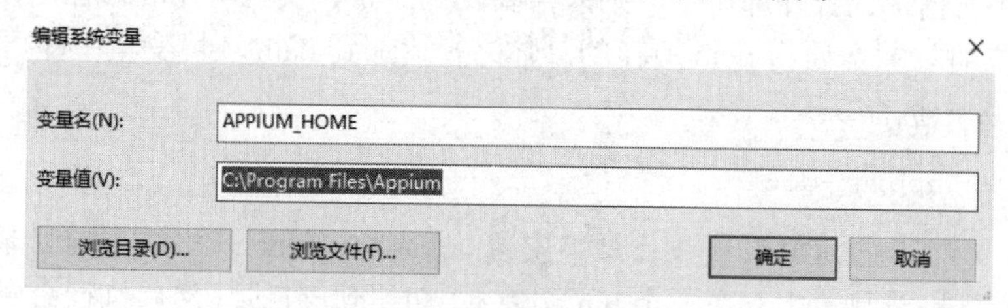

图 7.5　APPIUM_HOME 环境变量

至此，整个 Appium 的服务端环境部署完毕，可以通过 Node 完成 Appium 的环境校验。

注意：

Appium 实际主要有两个版本，一个是 appium-server 版本，该版本在 2015 年就停止维护了；另一个是 appium-desktop 版本，现在主要用的是该版本，该版本应用简单方便。

7. 校验 Appium 配置是否成功

如果没有安装 Node，则可以先安装 Node，安装后可检查是否配置了环境变量，直接在 DOS 中输入 npm 命令，如果得到如图 7.6 所示的界面，则说明配置了环境变量。

```
选择C:\WINDOWS\system32\cmd.exe
Microsoft Windows [版本 10.0.18363.836]
(c) 2019 Microsoft Corporation。保留所有权利。

C:\Users\zemuerqi>
C:\Users\zemuerqi>npm

Usage: npm <command>

where <command> is one of:
    access, adduser, audit, bin, bugs, c, cache, ci, cit,
    clean-install, clean-install-test, completion, config,
    create, ddp, dedupe, deprecate, dist-tag, docs, doctor,
    edit, explore, fund, get, help, help-search, hook, i, init,
    install, install-ci-test, install-test, it, link, list, ln,
    login, logout, ls, org, outdated, owner, pack, ping, prefix,
    profile, prune, publish, rb, rebuild, repo, restart, root,
    run, run-script, s, se, search, set, shrinkwrap, star,
    stars, start, stop, t, team, test, token, tst, un,
    uninstall, unpublish, unstar, up, update, v, version, view,
    whoami

npm <command> -h  quick help on <command>
npm -l            display full usage info
npm help <term>   search for help on <term>
npm help npm      involved overview

Specify configs in the ini-formatted file:
    C:\Users\zemuerqi\.npmrc
or on the command line via: npm <command> --key value
Config info can be viewed via: npm help config

npm@6.14.5 C:\Program Files\nodejs\node_modules\npm
```

图 7.6　使用 npm 命令查看是否配置了环境变量

如果提示不是内部或者外部命令，则只需要找到 Node 安装所在的路径，该路径中存在一个 npm 可执行文件，只需要将 npm 所在的具体路径追加到 Path 环境变量中即可。

然后在 DOS 中执行以下命令：

```
npm install -g appium-doctor
```

执行完毕，会在当前 DOS 所在目录下安装 appium-doctor，DOS 当前目录下会存在一个 mode_modules 目录，该目录中存在一个.bin 文件夹，切换到该目录，然后执行命令 appium-doctor 即可实现 Appium 相关环境的检测操作了。

如果出现如图 7.7 所示的界面，则说明 Appium 的环境配置成功了。

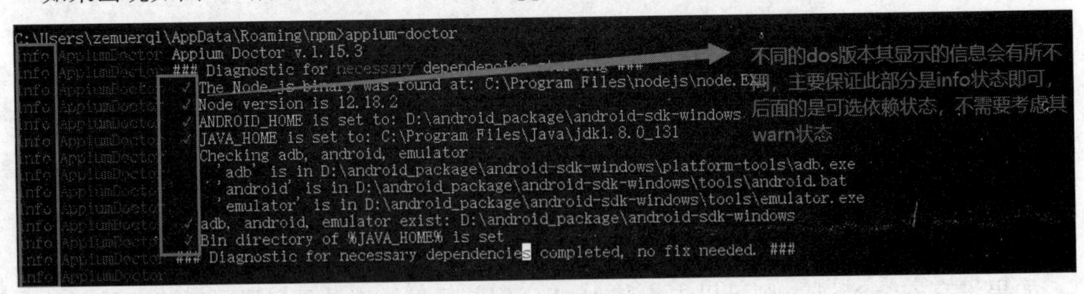

图 7.7　Appium 环境校验

只要按照配置过程一步一步操作，就会很容易配置成功。

在这里总结一下配置过程中的注意事项。

（1）安装软件时记得使用管理员身份。

（2）安装软件的安装目录不使用中文空格等特殊字符。

（3）杀毒软件、防火墙等全部关闭。

（4）配置完环境变量后记得关闭 DOS 窗口，重新打开环境变量才生效。

（5）如果是 Windows 7 系统，添加时值与值之间需要使用英文状态下的分号。

（6）环境变量名书写错误的情况（ANDROID_HOME、ANDROID_PATH）。

（7）不要每个版本都配置一下，导致版本混乱。例如，tools 使用 bundle 下的目录，platform-tools 使用非 bundle 下的目录。

7.3　剖析 Desired Capabilities

扫一扫，看视频

Desired Capabilities 表示由 keys 和 values 组成的 JSON 对象，也可以理解为 Java 中的 map，Python 中的字典，Ruby 中的 hash 以及 js 中的 JSON 对象。这些 keys 和 values 声明了一些配置信息。

这些配置信息主要是用于告诉 server 本次测试的上下文，这次是要进行浏览器测试还是移动端测试。如果是移动端，是测试 Android 还是 iOS；如果是测试 Android，要测试哪个 APP。server 端的这些疑问必须由 Desired Capabilities 给出解答，否则 server 拒绝正确地响应，自然而然也就无法完成 APP 或者浏览器的启动操作了。

简单来说 Desired Capabilities 就是负责启动服务端的参数设置，启动 session 时必须提供。下面来介绍一些通用的参数与一些常见的问题。

1. automationName

该参数表示使用何种自动化测试的引擎：Appium （默认）、Selendroid、UI Automator 2。Appium 使用的是 UI Automator v1，相比之下，UI Automator v2 修复了一些 UI Automator v1 的 BUG，在结构上也有一些优化。对于 Android 7.0 以上的系统，UI Automator v1 可能在查找控件时出现超时导致 Appium 服务端报错，这时候可以考虑改用 UI Automator v2。

2. platformName

该参数表示当前手机或者模拟器设备使用的是何种操作系统，如 iOS、Android 或者 FirefoxOS。

3. platformVersion

该参数表示真机设备或者模拟器使用的操作系统版本，其值如 7.1，4.4 等。

4. deviceName

该参数表示使用的测试设备类型。在 iOS 上，使用 Instruments 的 instruments -s devices 命

令可返回一个有效的设备列表。在 Andorid 上虽然这个参数目前已被忽略，但仍然需要添加该参数。

5. app

该参数表示本地绝对路径或远程 URL 指向的一个安装包（.ipa，.apk，或.zip 文件）。Appium 会将其安装到合适的设备上。

注意：

> 如果指定了 appPackage 和 appActivity 参数（见下文），Android 则不需要此参数了。该参数也与 browserName 不兼容。

6. newCommandTimeout

该参数表示两条 Appium 命令间的最长时间间隔，若超过这个时间，Appium 会自动结束并退出 APP。

7. noReset，fullReset

noReset 表示不要在会话前重置应用状态，默认值为 false。fullReset（Android）通过卸载而不是清空数据来重置应用状态。在 Android 上，这也会在会话结束后自动清除被测应用，默认值为 false。

8. unicodeKeyboard, resetKeyboard

在输入的时候，可能出现键盘挡住控件的情况，这时候需要使用 Appium 提供的输入法（支持输入多语言，没有键盘 UI）。unicodeKeyboard 为 true 表示使用 appium-ime 输入法。resetKeyboard 表示在测试结束后切回系统输入法。

9. appActivity，appPackage

appActivity 与 appPackage 用于启动待测 APP 的 activityName 与 packageName。其中 packageName 简单来说就是 APP 开发者提供的名称。activityName 简单来说就是 APP 提供的各种不同功能，每个程序都有个 MainActivity，就是打开程序时显示在屏幕的活动界面。在 6.2.2 小节中详细说明了如何获取一个 APP 中的 packageName 和 activityName。

10. appWaitActivity，appWaitPackage

Appium 需要等待 activityName 与 packageName，与 appActivity 不同的是，对于有启动动画的 APP 来说，appWaitActivity 应该是启动 activity 消失后出现的 activity，这两个参数可以指定多个。

注意：

以上参数的名称必须是固定的，严格区分大小写，不能够随意定义。Desired Capabilities 的所有详细参数信息参考官网，其地址为 http://appium.io/docs/en/writing-running-appium/caps/。

11. 实例应用

下面就使用 Appium Desktop 来通过配置 Desired Capabilities 信息建立 session，完成指定的 APP 启动操作。

在 Appium 主界面的 File 菜单栏中选择 New Session Window，然后弹出如图 7.8 所示的界面。

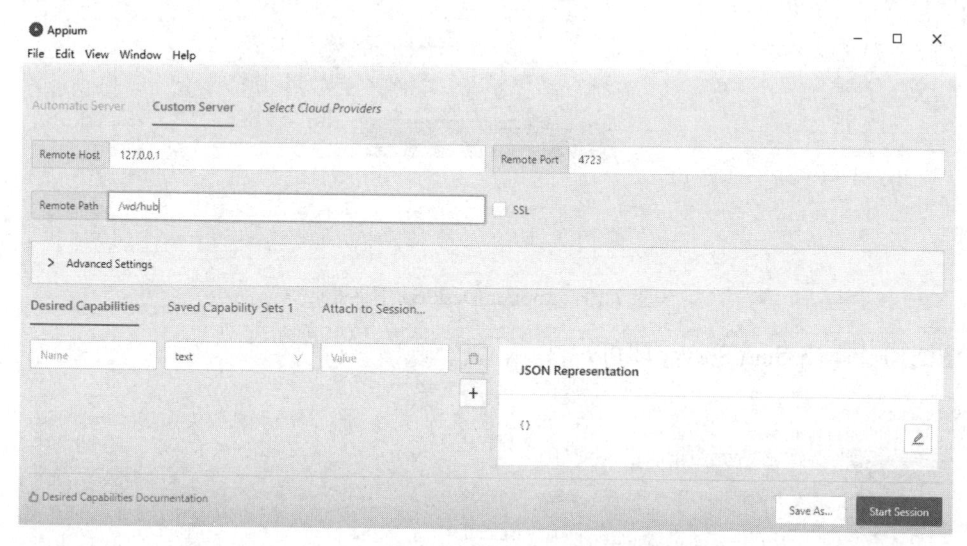

图 7.8 Appium 建立 session 界面

其中，Remote Host 和 RemotePort 是 Appium Server 启动时设定的服务器地址和端口。

在 Desired Capabilities 中配置如下信息，表示启动夜神模拟器中的微信应用程序，如图 7.9 所示。

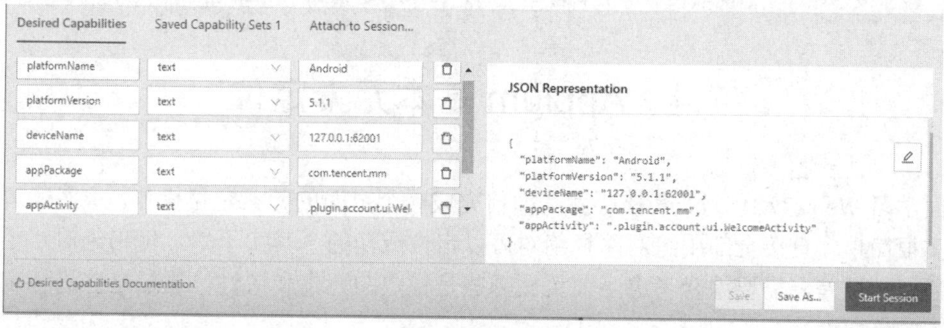

图 7.9 Desired Capabilities 配置信息

配置完成后，单击 Start Session 按钮即可，此时 Appium Server 端会与夜神模拟器建立连接并完成微信 APP 应用程序的启动操作。

在这里需要注意的是，单击 Start Session 建立连接之前必须先启动 Appium Server 端，让服务器处于监听状态，如图 7.10 所示。

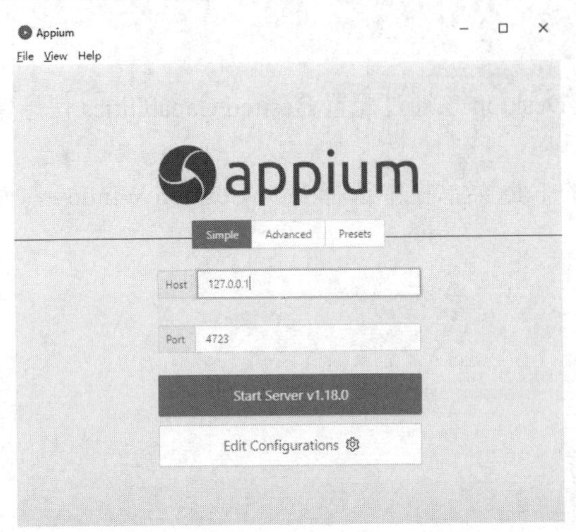

图 7.10　Appium Desktop 主界面

在图 7.10 中单击 Start Server 即可。

注意：

在建立会话过程中需要注意以下几种情况。

（1）capbilities 的值要严格区分大小写，是关键字。

（2）在设定 capbilities 时其值之间不能够存在空格。

（3）创建会话之前必须先启动 Appium 的 Server 服务。

（4）在使用 appium-server 与模拟器建立连接的时候必须保证 adb devices 能够正常获取到设备（获取设备如果提示 adb 的版本不一致，则需要保证 SDK 下的 adb 与模拟器所对应的 adb 版本是一致的）。

（5）建立会话连接后，其截图如果是倒的，则说明模拟器配置是平板，需要将其设定为手机类型。

（6）必须保证当前的环境变量中 Path 里面只存在一个 SDK 所对应的 platforms-tools 的值。

扫一扫，看视频

7.4　Appium 基本元素定位

前面学习 Web 自动化时，其核心就是如何完成一个页面的元素定位操作。很多读者会认为定位其实很简单，直接全部用绝对路径绝对可以定位成功的。其实不然，使用绝对路径定位时脚本的稳定性极差，需要综合考虑当前页面哪些是稳定的元素和属性，通过这些进行定位可以提高脚本的稳定性。

所以同样的，在 APP 自动化中，引用 Appium 时也会遇到一个问题，怎样可以更好地在一个页面中对某一个元素进行更快速的定位以及提高脚本的稳定性。

Appium 定位方式是依赖于 Selenium 的，所以 Selenium 的定位方式 Appium 都支持，还加上 Android 和 iOS 原生的定位方式。这样一来，其定位方式就更加丰富，但是具体挑选哪种使用，也就有一定的讲究了。

7.4.1　uiautomatorviewer、inspect 定位方式

在解释 SDK 之前，相信很多读者看到过 Android 原生环境的部署都是通过 Eclipse + SDK + ADT 等组合完成的。那么 Eclipse 和 ADT 是什么呢？

在使用方法定位之前，需要一些辅助工具来获取页面或者交互窗口的属性信息，这就是要讲的两款辅助工具：Appium-Inspect 和 uiautomatorviewer。

Appium-Inspect 是 Appium Desktop 中自带的一个查看元素的工具。打开这个查看元素工具之前首先需要确保 Appium Server 是运行的。然后根据 7.3 节的实例完成 session 的创建，即可进入界面，如图 7.11 所示。

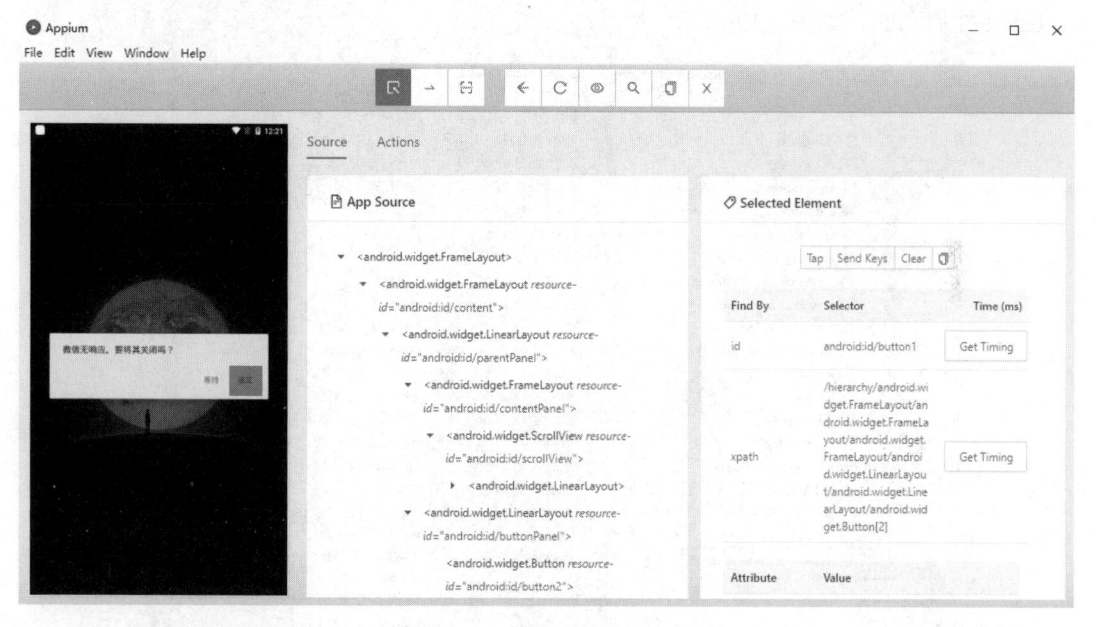

图 7.11　Appium-Inspect 界面

比如，想查看页面上的某个元素，则直接选择 Selected Element 即第一个图标即可。

下面简单描述整个 Inspect 界面上第一行图标的作用。

（1）第一个图标用于进行界面选择元素定位。

（2）第二个图标用于滑动屏幕操作。

（3）第三个图标选择屏幕上的某一点完成的具体操作，用于触发事件操作。

（4）第四个图标表示返回上一步操作，其屏幕也会刷新获取最新界面。

（5）第五个图标表示刷新，重新获取设备中的界面。

（6）第六个图标表示录制操作，也就是说 inspect 工具还支持步骤的录制功能，录制会生成对应的脚本，但是这个脚本并没有太多的应用价值。

（7）第七个图标表示查找元素。

（8）第八个图标表示完成当前 app source 以 XML 的结构形式进行复制操作，可以复制到指定文件中。

（9）第九个图标用于关闭操作窗口。

其实 Appium desktop 中的 inspect 工具比之前 Appium Server 版本的 inspect 工具好用得太多。首先选择元素后，在整个界面的最右边会显示选中元素的所有信息以及所需要的操作。

在图 7.11 中，可以很清楚地看到确定按钮的相关信息，重点是在现在版本中会自动生成对应元素的 XPath 值，就像之前使用 Web 自动化时在浏览器中可以直接右键选择复制 XPath 值一样。

uiautomatorviewer 是 Android SDK 自带的工具。通过截屏并分析 XML 布局文件的方式，为用户提供控件信息查看服务。该工具位于 SDK 目录下的 tools\bin 子目录下。可以看到，它是通过 bat 文件启动的，如图 7.12 所示。

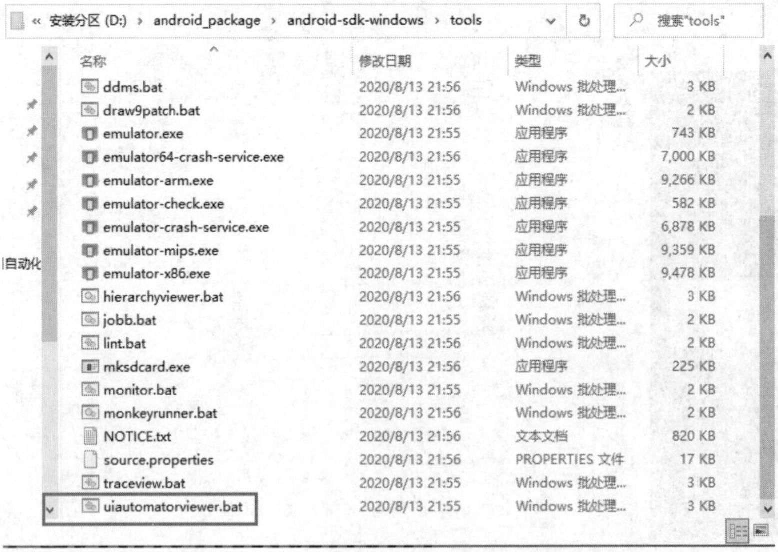

« 安装分区 (D:) › android_package › android-sdk-windows › tools　　搜索"tools"

名称	修改日期	类型	大小
ddms.bat	2020/8/13 21:56	Windows 批处理...	3 KB
draw9patch.bat	2020/8/13 21:56	Windows 批处理...	2 KB
emulator.exe	2020/8/13 21:55	应用程序	743 KB
emulator64-crash-service.exe	2020/8/13 21:56	应用程序	7,000 KB
emulator-arm.exe	2020/8/13 21:55	应用程序	9,266 KB
emulator-check.exe	2020/8/13 21:55	应用程序	582 KB
emulator-crash-service.exe	2020/8/13 21:55	应用程序	6,878 KB
emulator-mips.exe	2020/8/13 21:55	应用程序	9,359 KB
emulator-x86.exe	2020/8/13 21:55	应用程序	9,478 KB
hierarchyviewer.bat	2020/8/13 21:56	Windows 批处理...	3 KB
jobb.bat	2020/8/13 21:55	Windows 批处理...	2 KB
lint.bat	2020/8/13 21:56	Windows 批处理...	2 KB
mksdcard.exe	2020/8/13 21:56	应用程序	225 KB
monitor.bat	2020/8/13 21:55	Windows 批处理...	2 KB
monkeyrunner.bat	2020/8/13 21:56	Windows 批处理...	2 KB
NOTICE.txt	2020/8/13 21:56	文本文档	820 KB
source.properties	2020/8/13 21:56	PROPERTIES 文件	17 KB
traceview.bat	2020/8/13 21:55	Windows 批处理...	3 KB
uiautomatorviewer.bat	2020/8/13 21:55	Windows 批处理...	3 KB

图 7.12　uiautomatorviewer 所在路径

启动界面如图 7.13 所示。

整个界面分四个区域。

（1）工作栏区（上）。共有 4 个按钮，从左至右分别用于打开已保存的布局、获取详细布局、获取简洁布局、保存布局。单击保存将存储两个文件：一个是图片文件，另一个是.uix 文件（XML 布局结构）。

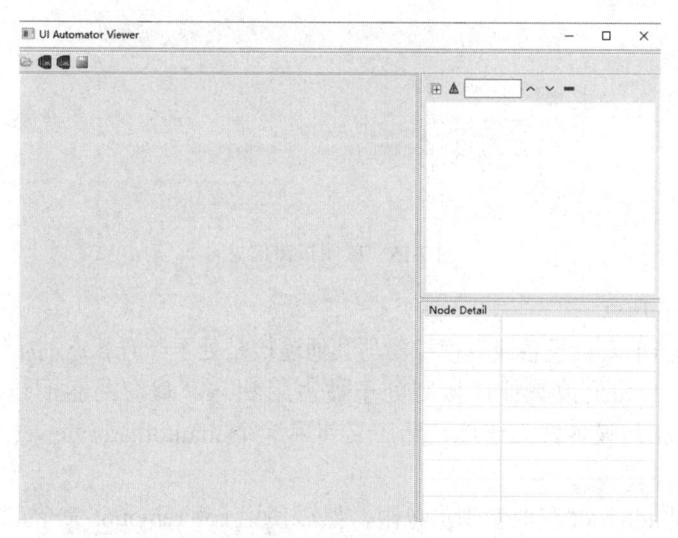

图 7.13　uiautomatorviewer 启动界面

第二个按钮（Device Screenshoot uiautomator dump）与第三个按钮（Device Screenshoot with Compressed Hierarchy uiautomator dump –compressed）的区别在于，第二个按钮把全部布局呈现出来，而第三个按钮只呈现有用的控件布局。比如某一 Frame 存在，但只有装饰功能，那么单击第三个按钮时，可能不被呈现。

（2）截图区（左），显示当前屏幕显示的布局图片。

（3）布局区（右上），以 XML 树的形式，显示控件布局。

（4）控件属性区（右下），当单击某一控件时，将显示控件属性。

建立连接获取到的界面如图 7.14 所示。

在单击 Device Screenshoot 按钮时出现如图 7.15 所示的错误信息。

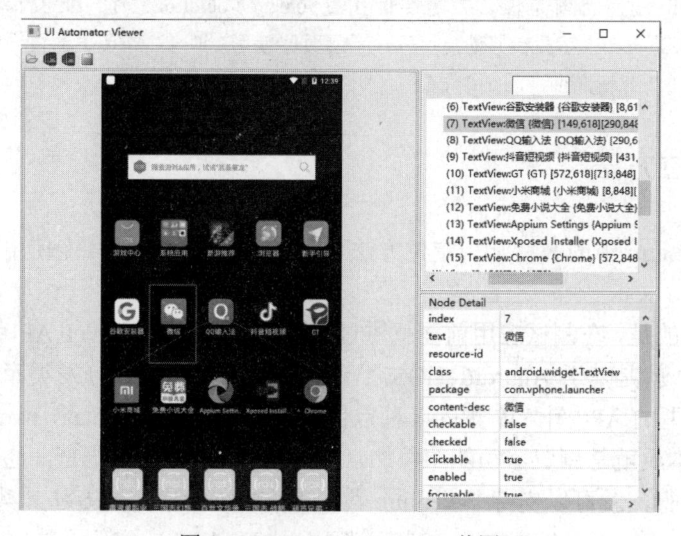

图 7.14　uiautomatorviewer 截图

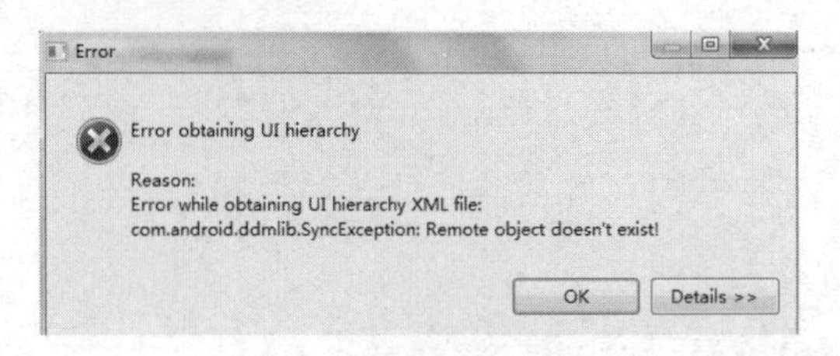

图 7.15　截图报错信息

则需要注意以下几点。

（1）必须保证当前真机设备或者模拟器与其他连接是处于断开状态，因为 uiautomatorviewer 需要与其建立连接，如果被其他连接则处于被占用状态。最容易犯的错就是使用 Appium Desktop 中的 inspect 与设备建立连接，然后又使用这个 uiautomatorviewer 进行定位查看，那肯定是不行的。

（2）可以使用 adb root 获取管理员权限，然后使用 adb remount 命令完成重新挂载操作。

（3）重启设备以及 uiautomatorviewer 获取设备截图。

两个查看元素的辅助工具，大家使用后会发现，其实它们都各有优缺点。Appium inspect 功能丰富、信息全、操作简单，但是必须手动先与被测应用所在的设备建立 session 会话连接。而 uiautomatorviewer 工具不需要配置 Desired Capabilities 即可截图获取页面信息，但是如果需要查看某个元素的属性是否存在重复值，就需要一层层往上查找，一个个地去看，而 inspect 可以直接查找。

当然，在实际工作中也可以用网易出的一款工具 ueditor 或者公司内部研发的小工具完成属性信息查找的操作。这些工具都是大同小异的，都是为后面元素定位具体操作提供辅助的。

注意：

如果是 Web 应用元素定位，就需要使用到 chrome-devtools，在 PC 端浏览器地址栏中输入 chrome://inspect/#devices，然后在移动端打开一个网页，就可以在 PC 端浏览器页面中看到相关 WebView 的信息，具体在 7.7 节将详细说明。

7.4.2　元素定位方法

首先来讲 Selenium 中的 8 种常规定位方法，在 Appium 中实际只能使用 3 种，分别是 id、class 和 XPath。

首先需要注意的是，在测试应用前面就讲过 APP 分原生 APP、Web APP 和混合 APP 三种。

所谓原生 APP 就是基于 Android、iOS 平台官方的开发语言、开发类库、工具进行开发的 APP，此时这种类型的 APP 针对常规的 8 种定位方法就只能用 id、class_name、XPath 三种。

Web APP 的本质就是浏览器功能的叠加，使用普通 Web 开发语言，通过浏览器运行。既然是通过浏览器运行，就可以支持 Selenium 常规的 8 种元素定位方法，其他 5 种（name、tag_name、link_text、partial_link_text、CSS）都属于 HTML 5 的定位方式。

混合 APP 既利用了原生 APP 的开发技术，还应用了 HTML 5 开发技术，是原生 APP 和 HTML 5 的混合应用，其混合比例不限，那么此时就需要综合考虑、综合应用了，这 8 种都有可能使用到。

针对 Web 的八种常规定位在这里不过多介绍，具体参考 3.4.1 节。

1. id

使用元素的 resource-id 属性定位，支持 Android，仅支持 Android 4.2 或以上推荐使用。一般来说，使用 id 能准确定位就使用 id，定位信息简洁，不容易错误。具体实例代码如下。

```
#例如：单击微信的注册按钮，使用 id 直接定位
self.driver.find_element_by_id("com.tencent.mm:id/f3d").click()
```

2. class_name

使用元素的 class_name 属性定位，其实就是根据元素的类型进行定位，但是在一个 APP 中有很多元素的 class_name 都是相同的。具体实例代码如下。

```
#使用 class 定位,如果多个 class 相同则默认定位第一个，使用 class_name 一组元素定位
self.driver.find_elements_by_class_name("android.widget.Button")[1].click()
```

3. XPath

以微信 APP 为例，定位左下角的登录按钮，如图 7.16 所示。

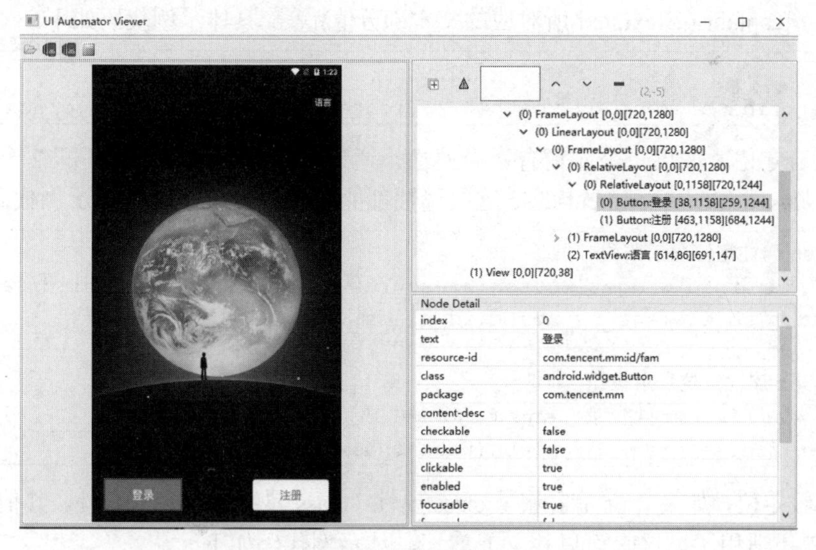

图 7.16 微信登录界面

（1）如果元素 id 是唯一的，也可以使用 resource-id 属性定位，其语法是 //*[@resource-id='id 属性']，具体示例代码如下。

```
# 定位 resource-id
```

```
self.driver.find_element_by_xpath("//*[@resource-id='com.tencent.mm:id/fam']").click()
```

（2）如果 class 属性是唯一的，同样可以通过 class 属性定位，有两种方法。

① 使用 class 作为标签定位：//class 属性。

```
# 定位登录//class 属性
self.driver.find_element_by_xpath("//android.widget.Button").click()
```

② 使用 class 作为属性定位：//*[@class='class 属性']。

```
# 定位登录//*[@class='class 属性']
self.driver.find_element_by_xpath("//*[@class='android.widget.Button']").click()
```

（3）如果元素 text 是唯一的，可以通过 text 文本定位，其语法是：//*[@text='text 文本属性']，具体示例代码如下。

```
# 定位 text
self.driver.find_element_by_xpath("//*[@text='登录']").click()
```

注意：

需要注意的是，这里是 text 元素属性，而在 selenium 中的文本定位是 text()方法。

（4）contains 是模糊匹配的定位方法，对于一个元素的 id 或者 text 不是固定的，但有一部分是固定的，这种就可以模糊匹配。其语法是：//[contains(@resource-id, id 属性)]、//[contains(@clsss, class 属性)]、//[contains(@text,text 所对应的文本部分值)]等。具体示例代码如下。

```
# 模糊定位
self.driver.find_element_by_xpath("//*[contains(@text,'陆')]").click()
```

（5）组合定位，如果一个元素有 2 个属性，通过 XPath 也可以同时匹配 2 个属性，text、resource-id、class、index、content-desc 这些属性都能任意组合定位。具体示例代码如下。

```
# id 和 class 属性定位登录按钮
id_class='//android.widget.Button[@resource-id="com.tencent.mm:id/fam"]'
self.driver.find_element_by_xpath(id_class).click()

#text 和 index 属性定位登录按钮
text_index='//*[@text="登录" and @index="0"]'
self.driver.find_element_by_xpath(text_index).click()
```

（6）层级定位，如果一个元素除了 class 属性（class 属性肯定会有）外，其他属性都没有，上面的方法就不适用了，这时可以找父元素。具体示例代码如下。

```
#通过父元素定位子元素，定位登录按钮
fa_sun='//*[@resource-id="com.tencent.mm:id/fan"]/android.widget.Button[1]'
self.driver.find_element_by_xpath(fa_sun).click()
```

登录的父级是 RelativeLayout，所以可以查看该级的相关属性信息。该父元素下存在多个相同 class 的子元素时，可以通过 XPath 的索引去取对应的第几个，XPath 的索引是从 1 开始的。

同样的，也可以通过子元素定位父元素。

以上就是 Appium 针对原生 APP 中的定位方式方法，还会存在某些情况是无法定位的，那么就可以继续扩展探索一些高级定位方法。

7.5　Appium 高级元素定位及扩展

虽然前面已经介绍了很多定位方法，但是元素定位的方式越多，就具有更多的选择，从所有方法中取出最优的定位方法，以提高脚本的稳定性。Appium 除了继承 Selenium 中的所有定位方式以外，还提供了独有的定位方式，下面一起来学习 Appium 的高级元素定位及扩展。

7.5.1　accessibility_id 定位

在 Android 上，主要使用元素的 content-desc 属性，如果该属性为空，则不能使用此定位方式。

在 iOS 上，主要使用元素的 label 或 name（两个属性的值都一样）属性进行定位，如该属性为空，也不能使用此定位方式。

这个方法属于 Appium 扩展的定位方法，如图 7.17 所示。

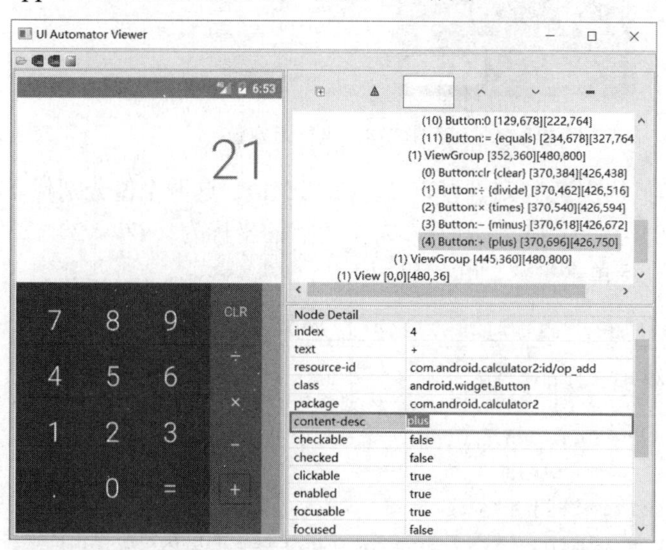

图 7.17　accessibility_id 定位

具体对应上图的代码如下。

```
#找到对应的 content-desc 的属性值
self.driver.find_element_by_accessibility_id("plus").click()
```

7.5.2 坐标点定位

当常使用的定位元素的方法如 name、id、class_name 等都无法使用时，可以采取坐标点定位来实现操作。同样存在一个问题，当手机的分辨率、屏幕大小不一致时，坐标的定位点也会不同，因此将采用相对坐标来实现定位。

打开 uiautomatorviewer，单击要获取的元素，查看右下角的 bounds 值，该值是此元素的坐标值，如图 7.18 所示。

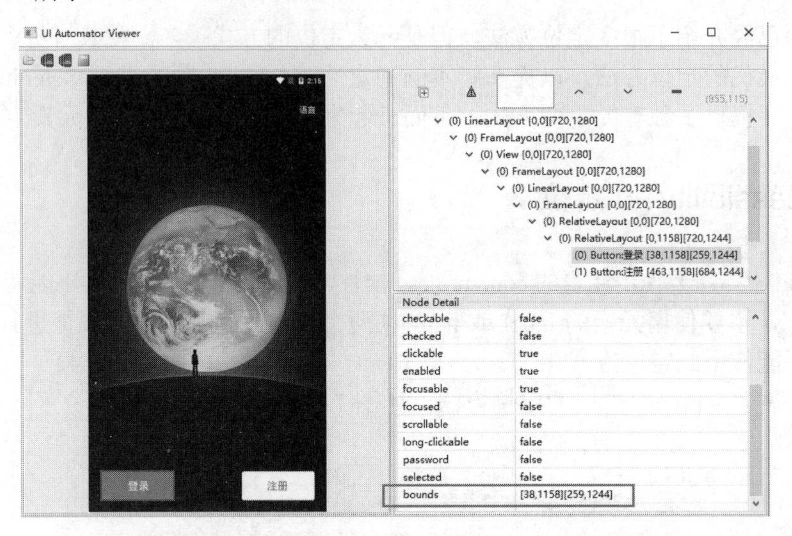

图 7.18 坐标点定位

其中 bounds 的值依次表示 x1、y1、x2、y2 四个值。这四个值分别代表登录按钮的四个点，其中按钮左上角点的坐标为（x1，y1），右下角点的坐标为（x2，y2）。

如果需要通过坐标单击按钮，其代码如下。

```
self.driver.tap([(38,1158),(259,1244)],100)
```

下面实现单击坐标方法的封装。

```
touch_tap(self,x,y,duration=100):                    #单击坐标
    '''
    method explain:单击坐标
    parameter explain:（x,y）坐标值，duration 的值决定了单击的速度
    Usage:
        device.touch_coordinate(277,431)     #277、431 为某个元素的 x 值与 y 值
    '''
    screen_width = self.driver.get_window_size()['width']  #获取当前屏幕的宽
    screen_height = self.driver.get_window_size()['height'] #获取当前屏幕的高
    a =(float(x)/screen_width)*screen_width
```

```
    x1 = int(a)
    b = (float(y)/screen_height)*screen_height
    y1 = int(b)
    self.driver.tap([(x1,y1),(x1,y1)],duration)
```

通过坐标定位是元素定位的下下策，实在没办法才用这个，不同的手机分辨率不同，因此适用性不强，该坐标的变动性极强，需要提前算出所在屏幕的比例。

7.5.3 uiautomator 定位大全

在 Android 自动化测试中，已经学习了很多的定位方式，如 id、class_name、accessibility_id、XPath、坐标点定位等。但这还是不够，这里继续介绍 Android uiautomator 定位方式，它是 Android 原生支持的，其定位方式是最强大的，速度也是最快的，虽然与 XPath 类似，但是比 XPath 更加好用，且支持元素全部属性定位。

首先对应的方法是 find_element_by_android_uiautomator()，在该方法中实际传入的参数是一个 Java 对象，该对象为 UiSelector 对象。既然是 UiSelector 对象，那么就必然调用该对象对应的 API 方法。具体 API 的使用方法可参考官网地址 https://stuff.mit.edu/afs/sipb/project/android/docs/tools/help/uiautomator/UiSelector.html。

下面来详细介绍定位方法，具体以图 7.16 所示的微信的登录界面为例。

1. 通过 text 方法定位

通过文本方法进行定位，既可以使用文本的精确定位，也可以使用文本的模糊定位，其对应的方法有 text()、textContains()、textMatches()、textStartsWith()。

具体示例代码如下。

```
#text
login_text = 'new UiSelector().text("登录")'
driver.find_element_by_android_uiautomator(login_text).click()

#textContains
login_textContains = 'new UiSelector().textContains("录")'
driver.find_element_by_android_uiautomator(login_textContains).click()

#textStartsWith
login_textStart = 'new UiSelector().textStartsWith("登")'
driver.find_element_by_android_uiautomator(login_textStart).click()
#textMatches
login_textMatches = 'new UiSelector().textMatches(".*")'
driver.find_element_by_android_uiautomator(login_textMatches).click()
```

其实上述代码中new UiSelector()部分代码可以省略，即可以直接定义，如login_text='text("登录")'。textMatches()表示需要传入一个正则表达式。

2. resourceId 方法

resourceId 和 Appium 中的 id 一样。只是 resourceId 方法的方法名并不是直接使用属性名，而是使用 resourceId 方法，具体代码如下。

```
# 通过 resourceId 定位输入框
id = 'resourceId("com.tencent.mm:id/fam")'
driver.find_element_by_android_uiautomator(id).click()
```

3. className 方法

className 方法和 Appium 定位方法一样都是通过 class 属性进行定位的，只是其对应的方法名并不是直接使用属性名 class，而是使用 className 方法，具体代码如下。

```
# 通过 className 定位登录按钮
className = 'className("android.widget.Button")'
driver.find_element_by_android_uiautomator(className).click()
```

4. 组合定位

（1）resourceId 和 text 方法组合，具体示例代码如下。

```
# 通过 text+ID 组合 (resourceId(属性).text(属性))
IdText = 'resourceId("com.tencent.mm:id/fam").text("登录")'
driver.find_element_by_android_uiautomator(IdText).click()
```

（2）className 和 text 方法组合，具体示例代码如下。

```
# 通过 text+className 组合 (className(属性).text(属性))
classText = 'className("android.widget.Button").text("登录")'
driver.find_element_by_android_uiautomator(classText).click()
```

5. 父子定位 childSelector

定位时也可以通过父级找到子级定位，有时候不能直接定位某个元素，但是它的父元素很好定位，这时候就先定位父元素，通过父元素找子元素。其格式为（父亲属性）.childSelector（定位属性），具体示例代码如下。

```
# 通过父子定位
fuzi = 'resourceId("com.tencent.mm:id/fan").childSelector(className
("android.widget.Button"))'
driver.find_element_by_android_uiautomator(fuzi).click()
```

6. 兄弟定位 fromParent

有时候父元素不好定位，但是跟他相邻的兄弟元素很好定位，这时候就可以通过兄弟元素，找到同一父级元素下的子元素。其格式为（兄弟属性）.fromParent（定位属性），具体示例代码如下。

```
# 通过兄弟元素定位
xiongdi = 'resourceId("com.tencent.mm:id/faw").fromParent(className
("android.widget.Button"))'
driver.find_element_by_android_uiautomator(xiongdi).click()
```

同样的，后面的组合定位、父子定位、兄弟定位都可以添加 new UiSelector()对象。添加后最后的语句格式：new UiSelector().resourceId("com.tencent.mm:id/faw").fromParent(new UiSelector().className("android.widget.Button"))。

因为通过 new UiSelector()调用其对应方法返回的又是 UiSelector 对象，所以可以继续调用其对象中的方法。

注意：

> resourceId、className、text、textContains、textMatches、textStartsWith、childSelector、fromParent 等方法中传入的内容必须使用双引号，不能使用单引号。若这些方法中的内容使用了双引号，那么外面就必须使用单引号了，这是固定的。因为 new UiSelector 对象是 Java 对象，Java 对象传入字符串参数必须使用双引号。

扫一扫，看视频

7.6　AppiumAPI 及对象识别技术

掌握了页面元素操作的定位方法之后，下面就是具体实现业务流的完整步骤了。每个步骤都涉及具体的实现。例如，怎么使用键盘完成对应的事件操作，移动端独有的一些手势操作等。这些就必然会涉及对应框架的 API 函数。

7.6.1　键盘操作

在正常使用设备的过程中，经常会涉及与键盘相关的操作，如拨号、返回 Home 键、音量键等。同样的，在 Appium 中也可以完成键盘的模拟操作。

API 函数是 press_keycode(AndroidKeyCode)，用于实现发送按键事件，直接通过驱动器对象调用即可。

其中 AndroidKeyCode 是对应的键码值，既可以传入对应的键名，也可以传入对应键名的值，其键名的值就是数字。例如，KEYCODE_HOME 的值是 3。具体的对应表可参考官网

https://developer.android.com/reference/android/view/KeyEvent。

具体示例代码如下。

```
driver.press_keycode(3)        #模拟按下 Home 键
```

实现键盘的模拟操作还可以使用 keyevent 方法，代码如下。

```
driver.keyevent(4)             #模拟按下手机键盘的返回
driver.keyevent(66)            #模拟键盘回车
```

查看 press_keycode 和 keyevent 源码，发现这 2 个方法区别不大，keyevent 上面有个备注 Needed for Selendroid，可能是老版本里面的功能。新版本用 uiautomator 2 可以使用 press_keycode 方法。

注意：

> 实际发送键盘事件，发送的底层原理就是之前学过的 adb 命令：adb shell input keyevent 对应的键码值。

除了按键操作以外，还有长按键，其对应的函数是 long_press_keycode()。这个方法通常应用的场景是长按设备上的某个按钮，比如长按电源键、长按 Home 键等。后续实例解决图案解锁需要引用长按方法 long_press 操作。

如果针对的控件是文本框，那就需要发送内容到该文本框中，使用的方法是 send_keys()，这个方法相信大家都非常熟悉，直接定位某个元素对象调用即可。但是如果需要发送中文，则是无法发送成功的。其原因是需要在 Desired Capabilities 中配置参数 unicodeKeyboard 和 resetKeyboard，这两个参数的值都必须设置为 true，这样发送中文就可以成功了。

7.6.2 滑动和拖曳事件

在做自动化测试时，有些按钮是需要滑动几次屏幕后才会出现的。此时，需要使用代码来模拟手指的滑动，也就是接下来要学的滑动和拖曳了。

1. swipe 滑动事件

从一个坐标位置滑动到另一个坐标位置，只能是两个点之间的滑动。其方法语法：driver.swipe(start_x, start_y, end_x, end_y, duration=None)，参数分别是起点坐标的 x、y 值和终点坐标的 x、y 值，以及滑动时间，滑动事件的单位是 ms。

具体示例代码如下。

```
#实例 1
#模拟手指从(100,2000)滑动到(100,1000)的位置。
driver.swipe(100, 2000, 100, 1000)
#实例 2：
#模拟手指从(100, 2000)滑动到(100, 100)的位置。
```

```
driver.swipe(100, 2000, 100, 100)
#实例 3:
#模拟手指从(100, 2000)滑动到(100, 100)的位置，持续 5 秒。
driver.swipe(100, 2000, 100, 100, 5000)
```

距离相同时，持续时间越长，惯性越小。持续时间相同时，手指滑动的距离越大，实际滑动的距离也就越大。

2. scroll 滑动事件

从一个元素滑动到另一个元素，直到页面自动停止。其方法语法：driver.scroll(origin_el, destination_el)，参数分别是滑动开始的元素和滑动结束的元素。

具体示例代码如下。

```
#从“登录”滑动到“更多”。
login_button = driver.find_element_by_xpath("//*[@text='登录']")
more_button = driver.find_element_by_xpath("//*[@text='更多']")
driver.scroll(login_button, more_button)
```

不能设置持续时间，惯性很大。

3. drag_and_drop 拖曳事件

从一个元素滑动到另一个元素，第二个元素代替第一个元素原本屏幕上的位置。其方法语法：driver.drag_and_drop(origin_el, destination_el)，参数分别是滑动开始的元素和滑动结束的元素。

具体示例代码如下。

```
#将“登录”拖曳到“更多”。
login_button = driver.find_element_by_xpath("//*[@text='登录']")
more_button = driver.find_element_by_xpath("//*[@text='更多']")
driver.drag_and_drop(login_button, more_button)
```

不能设置持续时间，没有惯性。

4. 滑动和拖曳的选择

滑动和拖曳无非就是考虑是否具有惯性，以及传递的参数是元素还是坐标，可以分为以下四种情况。

（1）有惯性，传入元素：scroll。

（2）无惯性，传入元素：drag_and_drop。

（3）有惯性，传入坐标：swipe，并且设置较短的 duration 时间。

（4）无惯性，传入坐标：swipe，并且设置较长的 duration 时间。

7.6.3 高级手势操作

高级手势 TouchAction 可以实现一些针对手势的操作，如滑动、长按、拖动等；可以将这些基本手势组合成一个相对复杂的手势。例如解锁手机或者使用手势解锁一些应用软件。

要想使用 TouchAction，必须要创建 TouchAction 对象，通过对象调用想要执行的手势，通过 perform()执行动作。

需要导入的模块如下。

```
from appium.webdriver.common.touch_action import TouchAction
```

1. tap 单击操作

tap 模拟手指对某个元素或坐标按下并快速抬起。例如，固定单击（100, 100）的位置。其方法语法：TouchAction(driver).tap(element=None, x=None, y=None).perform()，参数可以是元素，也可以是 x、y 坐标值。

启动微信，轻敲微信初始界面的登录，具体示例代码如下。

```
from appiume import webdriver
from appium.webdriver.common.touch_action import TouchAction
#初始化
desired_caps = {}
#使用哪种移动平台
desired_caps['platformName'] = 'Android'
#Android版本
desired_caps['platformVersion'] = '5.1.1'
#使用adb devices -l 查询,当有多台设备时，需要声明
desired_caps['deviceName'] = '127.0.0.1:62001'
#包名
desired_caps['appPackage'] = ' com.tencent.mm'
#活动初始页面窗口名
desired_caps['appActivity'] = ' .plugin.account.ui.WelcomeActivity'
#启动服务
driver = webdriver.Remote('http://127.0.0.1:4723/wd/hub', desired_caps)
el = driver.find_element_by_xpath("//*[contains(@text,'登录')]")
TouchAction(driver).tap(el).perform()
```

2. press 按下和 release 释放操作

press 模拟手指一直按下，release 模拟手指抬起，可以组合成轻敲或长按操作。其中，press 按下方法语法：TouchAction(driver).press(element=None, x=None, y=None).perform()，模拟手指按下，参数和轻敲操作一样。release 释放方法语法：TouchAction(driver).release().perform()，模

拟手指对元素或坐标的抬起操作。

具体示例代码如下。

```
#实例 1：
#使用坐标的形式按下坐标（50, 650），2s 后，按下（50, 650）的位置。
TouchAction(driver).press(x=50, y=650).perform()
sleep(2)
TouchAction(driver).press(x=50, y=650).perform()

#实例 2：
#使用坐标的形式按下（50, 650），2s 后，按下（50, 650）的位置，并抬起。
TouchAction(driver).press(x=50, y=650).perform()
sleep(2)
TouchAction(driver).press(x=50, y=650).release().perform()
```

3. wait 等待操作

wait 模拟手指等待，例如按下后等待 5s 之后再抬起。其方法语法：TouchAction(driver).wait(ms=0).perform()，参数是暂停的毫秒数。

```
#实例：
#使用坐标的形式单击（50, 650），2s 后，按下（50, 650）的位置，暂停 2s，并抬起。
TouchAction(driver).tap(x=650, y=650).perform()
sleep(2)
TouchAction(driver).press(x=650, y=650).wait(2000).release().perform()
```

4. move_to 移动操作

move_to 模拟手指移动操作，比如，手势解锁需要先按下，再移动。其方法语法：TouchAction(driver).move_to(element=None, x=None, y=None).perform()，参数同上。

```
#实例：
#在手势解锁中，画一个如下图的案例。
#手势解锁的包名和界面名：com.android.settings/.ChooseLockPattern
TouchAction(driver).press(x=150, y=525).move_to(x=450, y=525).move_to(x=750,
y=525).move_to(x=750, y=825).move_to(x=450, y=825).move_to(x=150,y=825).
move_to (x=450, y=1125).release().perform()
```

注意：

> 在实现以上手势操作时，一定要记得调用方法 perform()，否则并没有进行动作的执行操作。

扫一扫，看视频

7.7 详解 Native 与 WebView 控件识别技术

现如今很多 APP 中都内置了 Web 页面，这也就是前面所说的混合 APP（Hyprid APP），如常见的电商平台淘宝、京东、拼多多等。那么这些嵌入了 Web 页面的 APP，如何实现自动化操作呢？下面将全面介绍 WebView 和 Native 之间的切换操作。

7.7.1 什么是 WebView

WebView 指的是网页视图，是一个基于 WebKit 引擎展示 HTML 页面的控件。其实它和浏览器展示页面的原理是一样的，所以可以直接把它当作浏览器看待。

注意：

在 Android 4.4 以下系统中，WebView 底层实现是采用 WebKit 内核；而在 Android 4.4 及其以上版本中，Google 采用了 chromium(http://www.chromium.org/)作为系统 WebView 的底层内核支持。

WebView 可以实现内嵌移动端，完成前端的混合式开发，大多数混合 APP 是基于 WebView 模式进行二次开发的。

原生 APP 主要实现页面的布局设计，业务代码打包后由用户进行下载使用，但是 WebView 是通过加装 HTML 文件进行页面展示的，若此时需要更新页面布局以及业务逻辑，如果是原生 APP 就需要修改前端内容并升级打包，重新发布后才能使用最新版本，而 WebView 只需要在服务器端修改更新，用户重新刷新即可获取最新页面，无须通过下载安装完成升级操作。

简单总结 WebView 的主要作用如下。

（1）直接调用 HTML 页面完成布局。

（2）显示并渲染 Web 页面。

（3）可以实现 JavaScript 交互调用。

7.7.2 WebView 页面元素定位

在前面已经讲过可以使用 Appium Desktop 自带的 inspect 和 SDK 中的 uiautomatorviewer 两种方式完成元素的定位操作，但是这两种方式定位 H5 页面元素是行不通的，因为 Web 页面是单独的 B/S 架构，与其原生 APP 的运行环境是不同的，所以需要完成上下文（即 context）切换，便于对 H5 页面元素进行定位以及操作。

对 H5 页面元素的定位并不是直接找一款辅助工具指定定位就行了，而是需要完成相关 H5 元素定位的环境部署操作，具体操作步骤如下。

1. 准备相关组件

（1）Chrome PC 端浏览器，如 Chrome 83。

（2）Chrome 手机端浏览器，如 Chrome 83（可通过 Google play 安装）。

（3）ChromeDriver。ChromeDriver 需要与 Chrome 的版本匹配对应。ChromeDriver 镜像地址：https://npm.taobao.org/mirrors/chromedriver/。ChromeDriver 路径位于 Appium 路径中：C:\Users\Administrator\AppData\Roaming\npm\node_modules\appium\node_modules\appium-chrome-driver\chromedriver\win，这个地址是笔者默认安装 Appium 以及 Node 时的地址，如果读者修改了 Appium 的所在路径，则可能是其他地址，读者可通过分析观察 Appium Server 端的日志查看具体的地址信息。

（4）逍遥模拟器，其他模拟器之前测试还无法正常获取到 WebView context，如夜神模拟器安装谷歌浏览器容易崩溃。

（5）安装 Xposed 框架。

（6）安装 WebViewHook.apk 插件到 Xposed 框架中。WebViewHook.apk 文件大家可以在网上搜索，这里给出笔者百度网盘的下载地址。

链接：https://pan.baidu.com/s/127X2BKMAdh3UMKk6t4gzLA。

提取码：l6eo。

2. 操作步骤

（1）手机与计算机连接，开启 USB 调试模式，通过 adb devices 可查看此设备。

（2）计算机端、移动端需要安装 Chrome 浏览器（建议 PC 端和移动端的 Chrome 版本保持一致或者移动端的 Chrome 版本低于 PC 端），根据对应的 Chrome 浏览器版本来选择对应的 ChromeDriver。

（3）APP WebView 开启 debug 模式（调试模式，参考“3．WebView 调试模式的检查与开启”进行调试检查）。

（4）在计算机端 Chrome 浏览器地址栏输入 chrome://inspect/devices，进入调试模式。

（5）执行测试脚本。

3. WebView 调试模式的检查与开启

（1）WebView 调试模式检查。打开 APP 对应的 H5 页面，在 chrome://inspect/devices 地址中，检查是否显示对应的 WebView，若无则表示当前未开启调试模式。

（2）WebView 调试模式开启。一般在实际开发过程中，可以直接对 APP 进行配置，在 WebView 类中调用静态方法 setWebContentsDebuggingEnabled，代码如下。

```
if (Build.VERSION.SDK_INT>=Build.VERSION_CODES.KITKAT) {
    WebView.setWebContentsDebuggingEnabled(true);
}
```

注意：

> 在实际工作中该模式一般由 APP 开发人员设置。

但是现在无法手动修改要测试的 APP 的配置，这时候可以通过安装 Xposed 框架，在不修改 APK 的情况下影响程序运行的框架服务。

直接在逍遥的应用市场中搜索 Xposed 框架，然后安装即可。安装成功后的状态如图 7.19 所示。

然后选择左上角的菜单选项（☰），会弹出 Xposed 框架左侧栏的选项，如下图 7.20 所示。

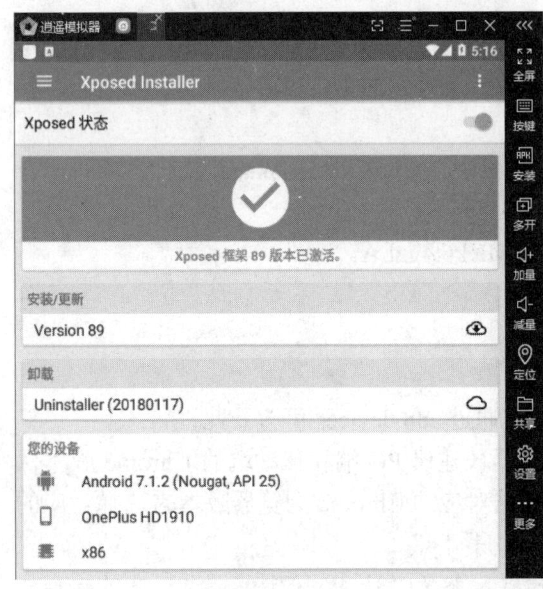

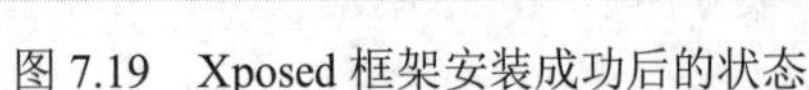

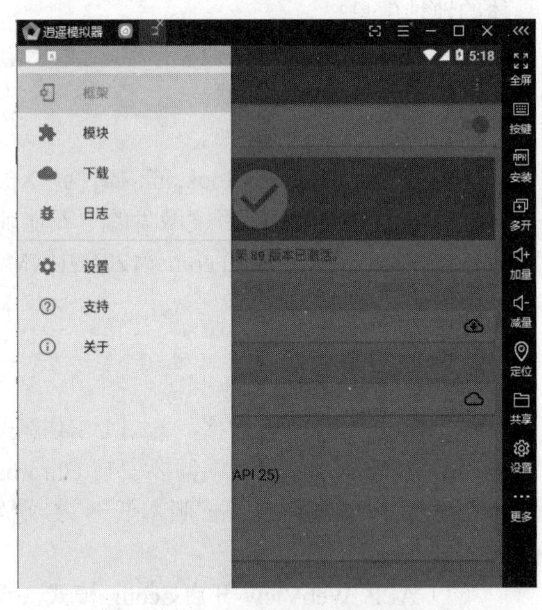

图 7.19　Xposed 框架安装成功后的状态　　　　图 7.20　Xposed 框架左侧栏的选项

单击“模块”，然后将已经下载准备好的 WebViewHook.apk 文件直接拖到此处即可。拖到此处会自动完成模块的安装操作，安装完后进行勾选，最后结果如图 7.21 所示。

勾选后，重启模拟器或者设备。重启成功后，在模拟器或者设备中打开一个 APP，如百度文库。

然后在 PC 端的谷歌浏览器中输入地址：chrome://inspect/devices#devices，出现如图 7.22 所示界面，则说明调试模式开启成功。

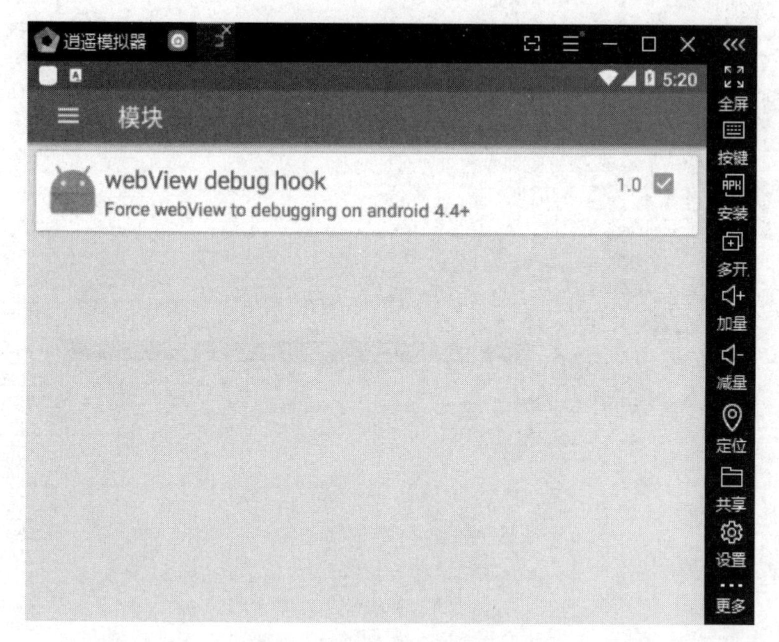

图 7.21　WebViewHook 安装

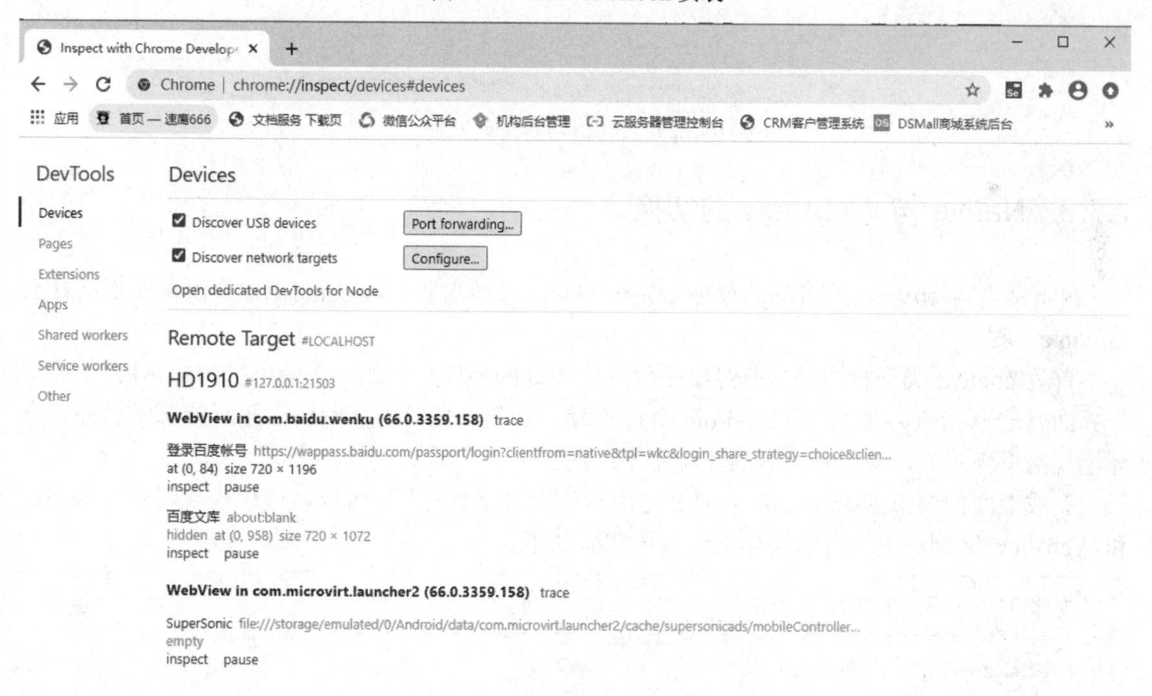

图 7.22　获取 WebView 页面

此时可以通过谷歌浏览器获取 WebView 页面，直接单击 inspect 进行页面跳转，跳转后如图 7.23 所示。下面通过具体的脚本代码来实现操作。

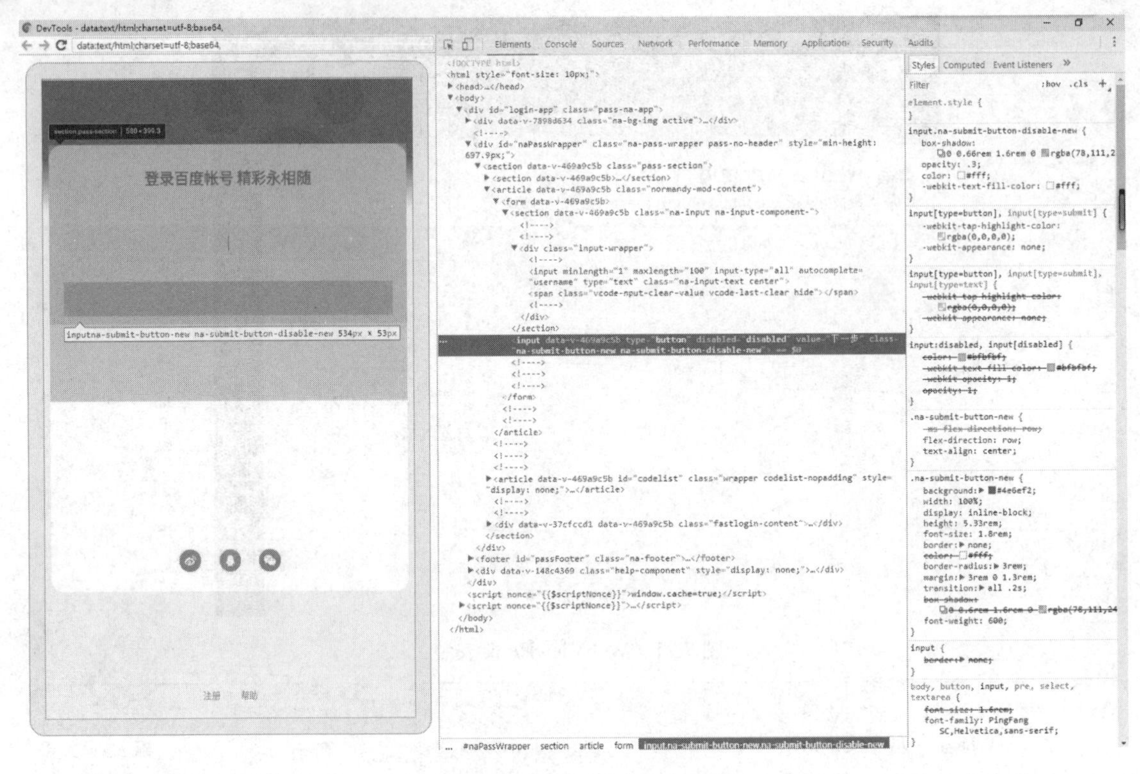

图 7.23　获取 WebView 页面

7.7.3　Native 与 WebView 的切换

Native 与 WebView 两者的运行环境完全不同，必然需要完成 context 切换操作，那么什么是 context 呢？

首先 context 类型相当于当前对象在程序中所处的环境。例如，之前所提到的 APP 中的一个界面属于 Activity 类型，即 Android 界面环境；如果访问时内嵌网页，此时就属于另外一个环境（网页环境），即此时两者的环境是不同的。

完成上面的模拟器或者设备对 APP 应用程序的调试状态后，可以通过程序代码进行 Native 和 WebView 之间的上下文切换操作，具体代码如下。

```
#-*- coding:utf-8 -*-#
#-------------------------------------------------------------------
#ProjectName:      Python2020
#FileName:         WebViewTest.py
#Author:           mutou
#Date:             2020/10/01 21:47
#Description:
#--------------------------------------------------------------------
```

```
from appium import webdriver
import time
class WebViewTest(object):
    def __init__(self):
        des_cap = {
            "platformName": "Android",
            "platformVersion": "7.1.2",
            "deviceName": "127.0.0.1:21503",
            "newCommandTimeout": 100,
            "adbExecTimeout": 50000,
            "appWaitActivity": "*",
            "appPackage": "com.shuqi.controller",
            "appActivity": "com.shuqi.activity.MainActivity",
            #如果不想使用 Appium 自带的目录下的驱动器，则可使用指定参数指定自定义浏
            #览器驱动路径
            "chromedriverExecutableDir":r"C:\Users\zemuerqi\Desktop\driver",
            "autoWebview":True
        }
        # 建立连接并获取对象
        self.driver = webdriver.Remote(command_executor="http://127.0.0.1:4723/wd/hub",
        desired_capabilities=des_cap)
        self.driver.implicitly_wait(30)
    #获取 WebView 的页面
    def get_webview(self):
        time.sleep(20)
        print(self.driver.contexts)
        print(self.driver.current_context)
        #直接切换到指定的 context 即可，如果涉及 WebView 的操作则必然要引用到其驱动器
        self.driver.switch_to.context("WEBVIEW_com.shuqi.controller")
        print(self.driver.current_context)
        #切换成功之后，定位元素的方式就与 Selenium 定位的方式相同
        #表示获取当前模拟器中 APP 的所有上下文，context 的默认值就是 NATIVE_APP
if __name__ == '__main__':
    web=WebViewTest()
    web.get_webview()
```

注意：

切换成功后，H5 页面内的元素定位要想通过 PC 的 Chrome 浏览器访问 H5 页面，采用 Selenium 自动化中的元素定位即可。

扫一扫，看视频

7.8 实战实例

下面通过两个实例场景完成前面知识点的全面梳理以及强化。

7.8.1 完成手机中九宫格任意图形的连线操作

安卓手机的图形锁（九宫格）是 3×3 的点阵，按次序连接数个点从而达到锁定/解锁的功能，最少需要连接 4 个点，最多能连接 9 个点。

在 APP 测试中难免要操作九宫格绘制图案，在使用 uiautomatorviewer 进行元素定位时可以看到九宫格九个点是一个元素，如图 7.24 所示。

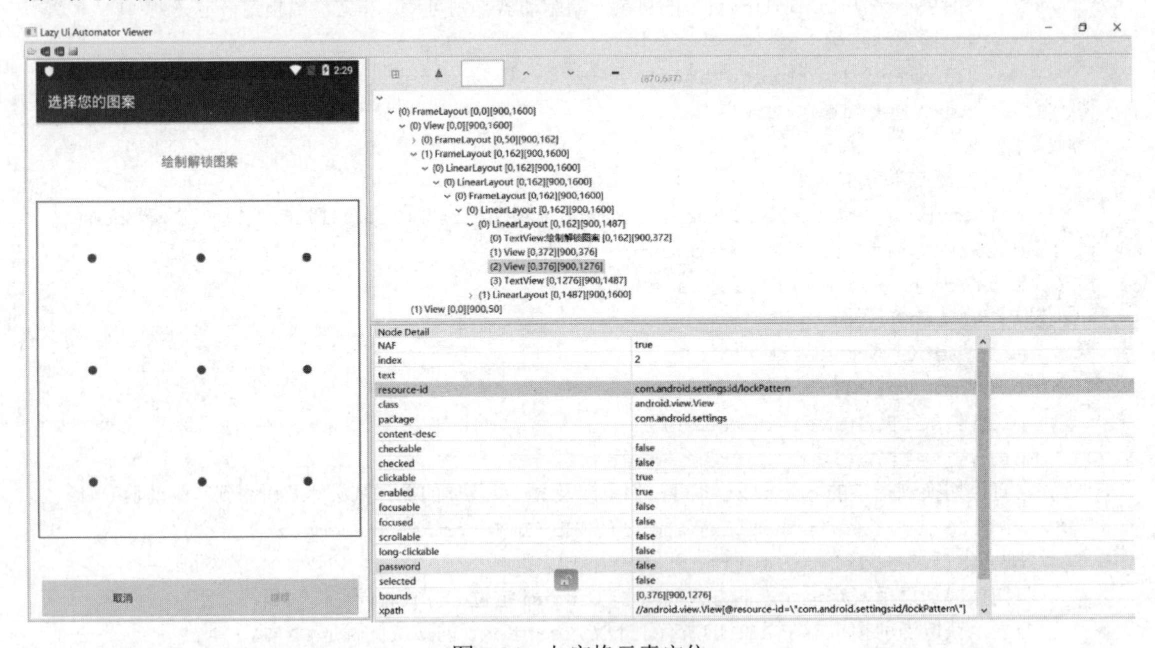

图 7.24　九宫格元素定位

要操作九宫格绘制图案，就需要根据九个点的坐标进行绘制。九宫格简图如图 7.25 所示。

根据简图可以看出，先把九宫格元素切割成九个圆形，再找到每个圆形的中点，就把九宫格的 width 分割成了 6 份，每份假设为 x，那么第一竖排的横坐标就为 x，第二竖排的横坐标就为 3x，第三竖排的横坐标就为 5x。

同样 height 也被分割成了 6 份，每份假设为 y，那么第一横排的竖坐标就为 y，第二横排的竖坐标就为 3y，第三横排的竖坐标就为 5y。

九宫格元素的起始坐标并非为(0, 0)，假设起始坐标为（60, 363），即九宫格的左上角坐标，那么就可以得到：

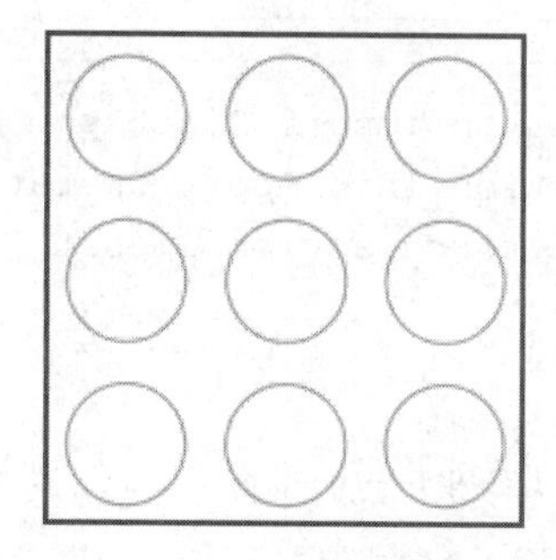

图 7.25　九宫格简图

（1）第一竖排的横坐标就为 x+60，第二竖排的横坐标就为 3x+60，第三竖排的横坐标就为 5x+60。

（2）第一横排的竖坐标就为 y+363，第二横排的竖坐标就为 3y+363，第三横排的竖坐标就为 5y+363。

由 x = width/6, y = height/6 得到：

（3）第一竖排的横坐标就为(width/6+60)，第二竖排的横坐标就为(width/2+60)，第三竖排的横坐标就为(width*5/6+60)。

（4）第一横排的竖坐标就为(height/6+363)，第二横排的竖坐标就为(height/2+363)，第三横排的竖坐标就为(height*5/6+363)。

通过转化即可得到九个点的坐标。

假设起始坐标为（x，y），九宫格九个点的坐标从左到右依次为：

①((width / 6 + x), (height / 6 + y))。

②((width / 2 + x), (height / 6 + y))。

③((width * 5 / 6 + x), (height / 6 + y))。

④((width / 6 + x), (height / 2 + y))。

⑤((width / 2 + x), (height / 2 + y))。

⑥((width * 5 / 6 + x), (height / 2 + y))。

⑦((width / 6 + x), (height * 5 / 6 + y))。

⑧((width / 2 + x), (height * 5 / 6 + y))。

⑨((width * 5 / 6 + x), (height * 5 / 6 + y))。

通过上述分析，可以完成手机中九宫格任意图形的连线操作，代码如下。

```
# -*- coding: utf-8 -*-#
#-------------------------------------------------------------------------------
# ProjectName:    PythonTest2020
# FileName:       NineCellTest
# Author:         MuTou
# Date:           2020/10/02 14:03
# Description:任意图形的连线操作
```

```
#-----------------------------------------------------------------------
from AppAutoTest.Day01.Start_App import StartApp
from AppAutoTest.Day01.Operation_Ini import OperationIni
from appium.webdriver.common.touch_action import TouchAction
import random
import time
class  NineCellTest(StartApp):
       #要想实现九宫格，需要获取九个坐标点的位置
       def  __init__(self,desp,**kwargs):
           super().__init__(desp,**kwargs)
           self.get_driver.close_app()
           self.get_driver.start_activity("com.android.settings",".ChooseLockPattern")
           self.get_lock=self.get_driver.find_element_by_id(
           "com.android.settings:id/lockPattern")
       def get_position(self):
           #获取其位置
           get_x=self.get_lock.location["x"]
           get_y=self.get_lock.location["y"]
           return (get_x,get_y)
       def get_size(self):
           #获取大小
           get_width=self.get_lock.size["width"]
           get_height=self.get_lock.size["height"]
           return (get_width,get_height)
       #根据上述位置和大小进行分析获取九个点
       def  get_nine_method(self,wpercent,hpercent):
            return (None,self.get_position()[0]+self.get_size()[0]*wpercent,
            self.get_position()[1]+self.get_size()[1]*hpercent)
       #此方法获取九个坐标点
       def get_nine_point(self):
           location11=self.get_nine_method(1/6,1/6)
           location12=self.get_nine_method(1/2,1/6)
           location13=self.get_nine_method(5/6,1/6)
           location21=self.get_nine_method(1/6,1/2)
           location22=self.get_nine_method(1/2,1/2)
           location23=self.get_nine_method(5/6,1/2)
           location31=self.get_nine_method(1/6,5/6)
           location32=self.get_nine_method(1/2,5/6)
           location33=self.get_nine_method(5/6,5/6)
           return [location11,location12,location13,location21,
           location22,location23,location31,location32,location33]
       #再次声明一个方法随机点
       def random_point(self):
```

```
            rand=random.randint(4,9)
            print("获取的图形是%d 点图形"%rand)
            get_random_point=random.sample(self.get_nine_point(),rand)
            return get_random_point
        #声明一个画图方法
        def  draw_graphic(self):
            __get_random_point=self.random_point()
            get_touch=TouchAction(self.get_driver).
            long_press(*__get_random_point[0]).wait(1000)
            for i in range(1,len(__get_random_point)):
                get_touch.move_to(*__get_random_point[i]).wait(1000)
            get_touch.release().perform()
if __name__ == '__main__':
    op = OperationIni()
    get_server = op.read_ini("server_info")
    nine=NineCellTest(op.read_ini("desired_capabilities"),**get_server)
    nine.draw_graphic()
```

上述代码模块主要完成九宫格的处理操作，其与模拟器或者设备建立连接的代码分别封装在 Start_App.py 和 Operation_Ini.py 两个模块中。

其中 Operation_Ini.py 模块主要完成的是读取 desired_capabilities 参数配置信息，将所有的配置信息写入 data.ini 文件中，然后 Start_App.py 模块调用 Operation_Ini.py 模块中所读取的数据信息，最后将数据传送给 Appium Server 端。

7.8.2　选择商城 APP 完成登录以及购物流程

本小节完成指定商城 APP 的登录业务流以及购物业务流的操作。商城 APP 使用小米商城，大家直接在对应模拟器的应用商城中下载即可。

这里直接给出封装后的代码，并且引入 unittest 框架完成测试用例的设计。由于涉及两个业务流，所以设计了两个测试方法：一个是 test_login，另一个是 test_shoppingcar。由于将商品添加到购物车的业务流需要基于登录操作，所以完成登录的测试用例之后，需要获取当前的登录状态后，再完成购物的业务操作，那么就需要考虑将对象设计在 setUpClass 中，仅仅在所有测试用例执行之前执行一次。

具体完整代码如下。

```
#-*- coding:utf-8 -*-#
#-------------------------------------------------------------------------
#ProjectName:      Python2020
#FileName:        小米商城 APP 登录脚本.py
#Author:          mutou
#Date:            2020/10/02 13:00
```

```
#Description:
#-------------------------------------------------------------------------
from appium import webdriver
import time
import unittest
import os
import HTMLTestRunner
from selenium.webdriver.support.ui import WebDriverWait
class LoginTest(unittest.TestCase):
    @classmethod
    def setUpClass(cls):
        desired_caps = {}
        desired_caps['platformName'] = 'Android'  # Android 系统 or iOS 系统
        desired_caps['deviceName'] = '127.0.0.1:21503'  # 真机或模拟器名
        desired_caps['platformVersion'] = '7.1.1'  # Android 系统版本
        desired_caps['appPackage'] = 'com.xiaomi.shop'  # APP 包名
        desired_caps['appActivity'] = 'com.xiaomi.shop2.activity.MainActivity'
        # 启动 Activity
        desired_caps['noReset'] = True  # 每次打开 APP 不重置
        desired_caps['resetKeyboard'] = True  # 隐藏键盘
        desired_caps['unicodeKeyboard']=True  #设置 unicode 键盘，能够完成中文输入
        cls.driver = webdriver.Remote('http://127.0.0.1:4723/wd/hub', desired_caps)
        cls.driver.implicitly_wait(30)
    def test_login(self):
        driver = self.driver
        # 进入首页后单击立即登录
        time.sleep(5)
        driver.find_element_by_id('com.xiaomi.shop.plugin.homepage:id/login').click()
        time.sleep(2)
        #单击使用账号密码登录
        driver.find_element_by_id('com.xiaomi.shop:id/entry_to_password_login').click()
        # 跳转到需要输入用户名和密码的登录界面
        driver.find_element_by_id('com.xiaomi.shop:id/et_account_name')
        .send_keys("6373387207")
        driver.find_element_by_id('com.xiaomi.shop:id/et_account_password')
        .send_keys("wood_programm")
        time.sleep(5)
        # 单击登录按钮
        driver.find_element_by_id('com.xiaomi.shop:id/btn_login').click()
        time.sleep(5)
        # APP 登录成功后会返回到首页，需要再次单击“我的”进入个人中心页面
        driver.find_element_by_android_uiautomator('resourceId(
        "com.xiaomi.shop.plugin.homepage:id/main_view_nav_bar_text").text("我
```

```
的")').click()
        # 获取登录后的昵称
        name = driver.find_element_by_id(
        'com.xiaomi.shop.plugin.homepage:id/mine_top_bar_user_name').text
        print(name)
        # 添加断言，若昵称不正确，则打印错误信息
        try:
            assert '6373387207' in name
            print('登录成功，用户信息正确')
        except AssertionError as e:
            print('用户信息错误')
    def test_shoppingcar(self):
        time.sleep(3)
        #切回首页
        self.driver.find_element_by_android_uiautomator('resourceId(
        "com.xiaomi.shop.plugin.homepage:id/main_view_nav_bar_text").text("首
        页")').click()
        time.sleep(5)
        #单击搜索“小米 10”
        self.driver.find_element_by_android_uiautomator(
        'className("android.widget.TextView")').send_keys("小米 10")
        #单击搜索按钮
        self.driver.find_element_by_android_uiautomator('resourceId("com.xiaomi.
        shop2.plugin.search:id/search_fragment_search_btn").text("搜索")').click()
        time.sleep(5)
        #在搜索结果中选择“小米 10”标题的进行单击操作
        self.driver.find_element_by_android_uiautomator('resourceId("com.xiaomi.
        shop2.plugin.search:id/product_title").text("小米 10")').click()
        time.sleep(3)
        #在进入的详情页面选择“加入购物车”
        self.driver.find_element_by_android_uiautomator('text("加入购物车")').click()
        #在弹出的选择界面单击确定按钮
        self.driver.find_element_by_android_uiautomator('text("确定")').click()
        #然后单击购物车，进入购物车检测是否成功添加商品
        self.driver.find_element_by_android_uiautomator('resourceId("com.xiaomi.
        shop2.plugin.goodsdetail:id/cart_icon")').click()
        #获取商品标题
        name=self.driver.find_element_by_android_uiautomator('resourceId("com.xiaomi.
        shop2.plugin.shopcart:id/shopping_cartlist_text_title")').text
        # 添加断言
        try:
            assert '小米 10' in name
            print('商品添加成功')
```

```
        except AssertionError as e:
            print('商品添加失败')
    @classmethod
    def tearDownClass(cls):
        cls.driver.quit()
if __name__ == '__main__':
    # 构造测试套件
        suite = unittest.TestSuite()
        suite.addTest(LoginTest("test_login"))
        suite.addTest(LoginTest("test_shoppingcar"))
        # 按照一定格式获取当前时间
        now = time.strftime("%Y-%m-%d %H_%M_%S")
        #将当前时间加入报告文件名称中，定义测试报告存放路径
        filename = 'F:\ ' + now + 'result.html'
        # 定义测试报告
        fp = open(filename, 'wb')
        runner = HTMLTestRunner.HTMLTestRunner(stream=fp, title='测试报告', description=
        '用例执行情况:')
        runner.run(suite)
        # 关闭报告
        fp.close()
```

从上述代码发现，其实整体代码与 Selenium 所对应的 Web 自动化框架的代码大同小异，只是内部的一些 API 不同而已。之前的一整套分层思想都可以在此直接应用，大家可以去试试。

7.9 小　结

Appium 现在可以说是一款较为稳定的移动端自动化测试框架了，它的功能在不断扩展，还拥有强大的活跃社区作为支撑。但是在模拟器中使用 Appium，在实际研发、运行脚本过程中会发现，其速度远不及 Selenium 快，同时增加了维护难度；脚本运行时，经常容易受到系统的影响，连续运行时产生的错误率较高。

在整个学习过程中，读者可能会感受到一开始的环境部署就存在一定的难度，虽然环境部署的操作步骤是固定的，但整个过程中产生的因素太多。

还有就是混合型 APP 的定位操作以及切换操作过于复杂，如果环境不是很稳定则会一直处于试错过程中，效率不高。

综合以上种种原因，实际工作的 APP 自动化也是只选择部分业务流完成，其覆盖率不会高于 Web 自动化所覆盖的业务流。不过随着不断优化，框架肯定会更加人性化，更加方便简洁。

CHAPTER 4

第四篇

接口自动化的主流框架及 CI

第 8 章　接口测试理论

“错误发现得越早，改正错误的成本越低”，这句话是摘自《软件测试的艺术》。随着现在中台化、微服务化的不断发展，一系列服务支持多种终端，如 Android、iOS 端、Web 端等。这些服务都是由一套后端服务支持的，而接口测试就是直接测试后端服务的，更加接近服务器上运行的程序代码，也就更容易发现影响范围更广的 BUG，所以接口测试实际是大家的必修课。

抛开对项目的影响不说，单单就对测试工程师的影响来看，会发现接口测试几乎成为测试招聘中的一项必备技能。

本章主要涉及的知识点如下。

- 接口测试概念：通过理解接口概念、接口的类型，能够选择合适的流程以及框架。
- 使用主流代理服务器进行报文分析：常用的请求方法类型，请求的完整实现过程，请求与响应过程中所涉及的数据交互与报文结果，分析当前应用程序实现技术方案的利与弊。

注意：

> 本章主要通过了解接口的概念、接口的实现、接口的数据分析等内容为后期自动化接口测试以及工具的应用打下基础。

扫一扫，看视频

8.1　接口测试概念

本节首先介绍接口测试概念，只有清楚接口的概念、接口如何测试、接口的实现过程等基础内容，后期才能够更好地完成测试。

8.1.1　接口的概念及本质

接口是实现前端与后端之间数据通信的桥梁，其本质就是数据的输入与输出的过程。接口测试就是测试系统组件间接口的一种测试，主要用于检测系统内部各个子系统之间、系统内部与外部系统之间的交互、相互逻辑依赖等。简单来说，接口测试就是接口的提供方、接口的调用方之间的交互、逻辑处理。

接口测试的整个实现过程基于通信协议（HTTP），通过该协议发送请求（Request）给服务器，服务器处理并返回相应结果（Response），然后对响应的数据进行分析，判定数据结果是否与预期一致。

8.1.2　接口类型及测试方法

1. 接口类型

按结构划分，接口类型可分为系统内部之间的接口（系统与子系统之间）、模块与模块之间的接口、系统与第三方接口（支付接口、身份校验信息接口等）。

注意：

> 常见的第三方公共接口，如支付宝、微信、身份证等接口，还有一些第三方接口提供平台，如聚合API、通联 API、APIStore、支付宝开发平台 API 等。

按协议划分，接口类型可分为以下三种。

（1）HTTP 类型接口：采用 HTTP 协议（应用层）进行通信，在发送请求时，仅会响应一次，响应的数据格式通常是键值对格式，即影响 JSON 格式数据。

（2）Web Service 类型接口：采用 SOAP 协议（应用层）进行通信，其中，SOAP 协议实际就是基于 HTTP 协议进行封装的，其发送请求和响应请求的数据格式都是 XML 格式。

（3）Windows Sockets 类型接口：该接口类型是基于传输层进行封装所得到的 Socket 抽象层，客户端与服务器建立连接后，就可以相互发送请求和响应，大部分应用为 C/S 架构的软件。

2. 接口测试常用的工具

（1）LoadRunner：一款收费的商业性性能测试工具，也可以用于接口测试，该工具非常强大，一般应用在大型系统中。

（2）Jmeter：一款免费、开源的性能测试工具，使用方便、简单，内置有不同类型的接口取样器，可以通过这些取样器完成接口测试。

（3）Postman：可以免费使用，也可以充值扩展功能。它是谷歌浏览器的扩展工具，以前可以通过谷歌浏览器插件安装，现在直接独立成工具，有独立安装包进行下载安装，工具使用简单，界面简洁。

（4）SoapUI：一款免费、开源的测试工具，主要实现 Web Service 类型的接口测试，可以作为一个单独的接口测试工具使用，还可以完成 Web Service 的功能、负载、性能等相关类型的检测、调用等操作。

3. 测试的依据

接口文档主要包括如下内容：接口概述、HTTP 请求方式、请求限制说明、认证说明、请求参数说明、相关约束、注意事项、调用示例以及返回说明。

其中接口概述主要包括接口名称、接口功能、接口类别、提交者、提交时间、需求来源等。

请求参数说明主要包括参数名、是否必选、类型、取值范围、描述等。

返回说明主要包括返回数据格式、返回结果示例、错误代码以及返回说明等。

4. 测试方法

测试方法可以从不同角度理解，例如，是使用工具完成接口测试还是使用框架脚本完成；又或者是使用自主分析接口，还是通过开发直接提供接口；再或者采用何种测试方法完成接口测试。以下是接口用例编写的要点内容。

（1）测试每个参数类型是否合法（注意 null 类型）。

（2）测试每个参数取值范围是否合法（使用边界值取值）。

（3）参数为空的情况（与 null 类型不同，参数为空的情况是需要传入空值的）。

（4）参数前后台定义是否一致。

（5）参数的上下限处所涉及的内容。

（6）不合理的参数取值情况（比如取的值在该阶段不应该出现）。

（7）对于具有严格请求先后顺序的情况考虑调换顺序。

注意：

用例设计一般考虑参数的组合、极值、是否必填，类型一般不测，因为前台用户没办法发起错误类型的请求。

8.1.3 接口自动化实现的方式

其实接口自动化实现的方式有很多种，可以使用工具直接完成，这对脚本开发或编程语言的能力要求不会很高；也可以使用自动化测试框架完成，这就要求具有一定的技术能力。当然，在本书中，这两种实现方式适合不同层次的测试人员，满足实际工作的日常需要。

现在先来了解如何设计并实现接口自动化测试框架。

（1）使用 Excel 完成用例的设计。

（2）使用面向对象思想完成读取 Excel 中测试用例代码的封装。

（3）完成 Excel 中某些字段的数据映射操作。例如，参数、预期结果映射到对应的数据格式文件，其文件格式可根据个人需要进行定义。

（4）完成数据映射的代码封装操作。

（5）封装发送请求以及获取响应结果的处理。

（6）将所有的路径信息数据存放在环境配置 ini 文件中，并将其设计为常量直接引用。

（7）完成每个 sheet 中的所有用例执行代码的封装。

（8）实现每条用例的预期结果与实际结果比较，并将比较后的结果写入 Excel 的实际结果中（根据实际结果判定该条用例是否通过并将结果值写入 Excel 的是否通过列中）。

（9）分析每条用例是否存在依赖关系，如果存在则再分析依赖的类型，根据依赖的类型设计测试用例的表示方式，依赖的数据是从响应体或响应头中获取的数据表中的某一个字段（依赖字段与被依赖字段的关系）；通过设计是否依赖的字段完成依赖的逻辑处理。

例如，如果针对的是登录态依赖，则会通过关联 cookie 进行完成，即会在 Excel 中设定一个依赖 cookie 的字段。

如果针对的是业务依赖，则需要考虑依赖上一条接口的响应数据还是上一条接口执行完毕后数据库中的数据（某个字段）；如果依赖的数据与被依赖的数据的字段名不一致，则需要添加依赖字段和被依赖字段进行映射。

如果针对的是特殊数据的依赖，只需要在关联过程中实现数据的特殊处理，关联的整体思想与前面两种关联方式完全一致。

注意：

> 依赖过程中出现的问题如下。
> （1）依赖字段与被依赖字段名不一致 。
> （2）Excel 中出现读对象与写对象冲突。
> （3）接口执行完毕后前后接口的数据获取不同（数据库对象冲突）。

（10）完成数据库中数据校验的代码封装。

（11）完成整个接口自动化测试框架代码优化。

最后可以选择合适的框架完成报告的生成以及邮件的自动发送，如有需要，还可以完成持续集成的操作。

8.1.4　企业级接口测试流程

接口测试的原理与功能测试的原理是一样的，它的流程与功能测试的流程也是基本一致的。

对于测试而言，工具只起辅助作用，只能很方便地完成测试。但工具是固定的，工具永远是工具，真正的测试核心应该是测试相关用例的设计以及测试思维。进行接口测试时到底需要做哪些方面的工作呢？

企业级接口测试流程如下。

1. 获取需求文档和接口文档

首先进行需求分析，对于不同的接口场景，实际需要关注的点和需求中所强调的规则有所不同，从主动、被动与数据使用方、数据获取方等不同的维度进行组合，可以得到四种情况：向对方系统主动推送数据、对方主动来获取数据、被动接收对象推送的数据和主动从对方获取数据。

除了弄清楚主动访问还是被动请求以外，其实设计接口还需要理解清楚数据交互的实时性要求，选择合适的接口方式等。

2. 通过需求文档分析出接口的业务逻辑要求以及业务边界

在分析过程中，需要考虑用户提出来的显式要求，还要分析出系统主动包含的隐式要求。显式要求由客户直接提出，这种要求明确，便于沟通；隐式要求由系统自带，不是客户提出的，这需要一定的经验来分析解决。

3. 通过接口文档分析出接口的技术指标（接口地址、请求方式、入参、出参）

对于被测试接口的入参、出参、请求方法以及返回的数据等内容，需要清楚接口参数的输入要求、输入值的范围以及必填项信息；清楚接口的输出即响应，对返回结果的 JSON 结构格式、返回值类型、返回值范围等信息能够熟悉理解；能够很好地理解接口的相关逻辑，接口业务之间的关联，通过各个解决方案能够完成接口之间的关联、依赖关系、接口之间的数据传递等操作。

4. 接口测试用例设计（着重于接口测试数据准备）

首先通用接口用例的设计从通过性验证、参数组合、接口安全、异常验证等几个方面进行考虑。其次就是根据业务逻辑完成用例的设计，需参照系统相关的业务来设计用例，因为每个公司的业务不同，所以具体用例视具体情况而定，这和功能测试设计用例一样。

5. 使用接口测试工具进行接口测试

根据公司项目的实际情况合理地选择接口测试工具，可以选择第三方工具，也可以使用框架设计脚本完成，还可以使用公司自主研发的小工具等完成接口测试的工作。

6. 接口缺陷管理与跟踪

这是与功能测试的接口缺陷管理系统一样的管理实现。

7. 接口自动化持续集成

根据实际情况确定是否需要实现持续集成。

在第 8 章节接口测试教程中，将会根据测试流程将接口测试进行详细剖析，会涉及常见传输协议、抓包工具的使用、接口返回数据解析等内容。在第 9 章以及第 10 章会进一步介绍接口自动化测试的专业工具、接口测试用例设计、接口自动化测试框架等内容。

扫一扫，看视频

8.2 使用主流代理服务器进行报文分析

本节主要介绍接口产生的报文数据分析内容，报文数据分析是整个测试接口过程中的重中之重。从分析接口数据到接口实现，最后选择以何种形式完成接口测试。

8.2.1　GET/POST/PUT/DELETE 等类型请求详解

在了解 GET/POST/PUT/DELETE 等类型之前，先来了解 HTTP 报文的概念。HTTP 报文简单来说就是文本，它由一系列字段构成，其中的每个字段长度不确定，由一些 ASCII 码串构成。HTTP 报文主要有两种类型：请求报文和响应文本。

1. HTTP 请求报文

一个 HTTP 请求报文实际由四部分构成，分别是请求行（request line）、请求头部（request header）、空行（blank line）和请求数据（request body），也可以说是由请求行、请求头部、请求体三部分构成。下面给出请求报文的一般格式，如图 8.1 所示。

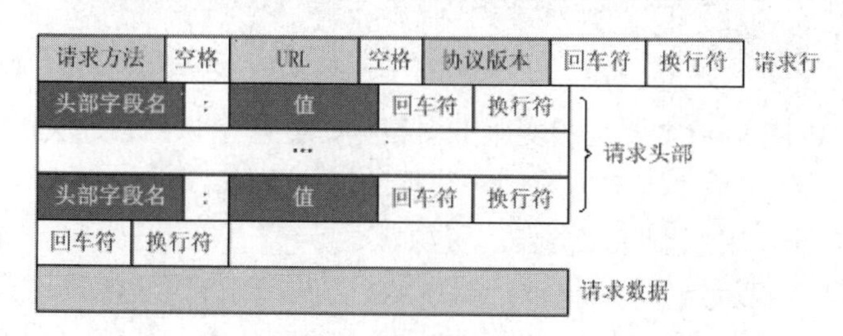

图 8.1　HTTP 请求报文

请求行：主要由请求方法、URL（请求地址）、请求协议版本三部分构成，它们之间使用空格隔开。例如，POST /index.html HTTP/1.1。

在这里需要理解 HTTP 协议中的请求方法类型，主要有 GET、POST、PUT、DELETE、HEAD、TRACE、OPTIONS、CONNECT 等。

（1）GET 方法：GET 方法是请求方法中最常用的一种，GET 方法要求服务器将 URL 定位的资源存储在响应报文中的数据部分，然后将其返回给客户端。使用 GET 方法时，请求参数和对应的值拼接在 URL 后面，利用一个问号（?）代表 URL 的结尾与请求参数的开始，传递参数长度受限制。例如，/login.action?username=zhangsan&pwd=123456，这种方式会使数据直接暴露在地址栏中，这种方式针对私密数据发送请求时不合适。另外，不同的浏览器的地址栏存储的字符长度限制是不同的，一般最多只能识别 1024 个字符，所以如果需要传送大量数据，也不适合使用 GET 方法。

（2）POST 方法：对于刚才提到的不适合使用 GET 方法的，可以考虑使用 POST 方法，因为使用 POST 方法可以允许客户端给服务器提供较多信息。POST 方法在 HTTP 请求数据中封装请求参数，并以键值对的形式存在，可以传输大容量的数据，这样 POST 方法对传送的数据大小没有限制，而且不会显示在 URL 中。

基于现在所说的安全性以及无限制性，很多人认为在设计表单时应一律使用 POST 方法，其实这是一个误区。GET 方法也有自己的特点和优势，应该根据不同的情况来选择是使用 GET 方法还是使用 POST 方法。

注意：

> GET 方法与 POST 方法的本质区别如下。
>
> （1）GET 方法请求的参数直接显示在 URL 中，而 POST 方法将参数显示在请求体中。
>
> （2）浏览器中地址栏的 URL 地址是有长度限制的，POST 方法携带的参数长度范围可以大于 GET 方法。
>
> （3）相对用户而言 POST 方法的请求方式要比 GET 方法请求方式数据更加安全。
>
> （4）GET 方法发送请求时只会提交一次数据，而 POST 方法需要提交两次数据 [因为 GET 方法请求的参数是与 URL 一起发送给服务器直接处理，一次性发送，而 POST 方法是先将 head 数据发送给服务器，服务器处理 head 后返回的响应状态如果是 100，则会接受后续的请求并继续处理（第二次将 body 的数据发送给服务器）]；所以也就会有 GET 方法请求的效率要高于 POST 方法的请求（相对的，实际情况一般不存在，因为人几乎感受不到）。

（3）PUT 方法：PUT 请求主要是改变服务器数据，实际与 POST 方法相似，不同的是 PUT 方法是对数据的修改操作，而 POST 方法是对数据的增加操作。

（4）DELETE 方法：用来删除服务器的资源。

（5）HEAD 方法：表示当服务端接收到 HEAD 方法请求只会返回响应头，而不会返回具体的响应内容，它与 GET 方法相似。如果只查看某个页面状态，使用 HEAD 方法是不行的，因为在输出过程中减少了响应内容的返回。

（6）TRACE 方法：表示回显服务器收到的请求，主要用于测试或诊断。

（7）OPTIONS 方法：表示获取服务器针对某些特定的资源所支持的 HTTP 请求方法。

（8）CONNECT 方法：这是一个预留方法，在 HTTP/1.1 协议中能够将连接方式修改为管道方式的一种代理服务器。

注意：

> 在实际测试过程中，最主要应用的是 GET 方法和 POST 方法。

请求头：主要由键值对组成，每一行为一对，关键字与值之间使用冒号隔开。请求头通知服务器关于客户端请求的信息，典型的请求头如下。

（1）Connection：值主要有两种类型：keep-alive 和 close，其中 keep-alive 表示常连接（如果是此类型则表示客户端可以继续向服务器发送请求，且保持当前状态）；close 表示当前会话结束。

（2）Content-Length：表示请求体的文本长度。

（3）Cache-Control：表示缓存控制，缓存都存在对应的声明周期，其值通常为 age、max-age、min-age（单位默认是秒），还可以设置访问权限，如 private。

（4）Content-Type：表示文本类型，其值语法：type/subtype；params。type 表示主类型，

subtype 表示子类型，params 表示参数。常用的文本类型有 text/html、text/xml、image/jpg、image/png、application/json 等。

下面详细介绍常用的四种类型：text/html、application/json、application/x-www-form-urlencoded 和 application/form-data。

text/html：最常用的一种，表示返回一个 HTML 页面。

application/json：接口测试遇到最多的一种，表示返回数据的类型是 JSON 格式。

application/x-www-form-urlencoded：通常是针对需要提交表单所声明的文本类型，该类型的值语法 key1=value1&key2=value2……。

application/form-data：这种类型的数据格式都是以分割线的形式表示的，通常应用在文件的上传和下载中。

注意：

针对 post 请求，不同的工具、不同的框架对应的文本类型的不同决定着请求是否能够发送成功。

（5）User-Agent：表示声明当前客户端操作系统、浏览器相关的环境信息。

（6）Accept：表示客户端允许进行解析的数据文本类型，如果是*/*则表示允许接收解析所有文本数据类型。

（7）Referer：表示当前 URL 请求所需参照的上一个请求地址信息。

（8）Accept-Encoding：值主要有 gzip、deflate（无损加压），两者区别在于 gzip 考虑的是容量、deflate 考虑的是质量；一般为了提高数据的传输以及响应过程，都会将一些响应的数据进行加压传输；如果需要解码，则选择 decode 即可获取正常数据页面。

（9）Accept-Language：表示客户端允许接收的语言，默认是 zh_cn。

（10）cookie：也可以称为网站 cookie、浏览器 cookie，还可以称为 httpcookie；保存于用户客户端浏览器中。

以上是一个页面请求报文中请求头常用的一些类型。

空行：最后一个请求头之后是一个空行，发送回车符和换行符，通知服务器以下不再有请求头。

请求数据：它不会应用在 GET 方法中，而是应用在 POST 方法中。POST 方法通常应用在用户需要完成表单提交的场景中。与请求数据相关的最常使用的请求头是 Content-Type 和 Content-Length。

2. HTTP 响应报文

HTTP 响应也由三个部分组成，分别是状态行、消息报头、响应正文。HTTP 响应的格式与请求十分相似，如下所示。

＜status-line＞

＜headers＞

<blank line>

[<response-body>]

在响应中唯一真正的区别在于第一行中用状态信息代替了请求信息。状态行（status line）通过提供一个状态码来说明所请求的资源情况。

其实状态行也可以称为响应行，它也由三部分构成：协议/版本、状态码和状态。协议/版本表示服务器 HTTP 协议的版本，状态码表示服务器返回的响应状态代码，状态表示状态代码的文本描述。

状态代码由三位数字组成，第一个数字定义了响应的类别，且有五种可能的取值。

1xx：提示信息，服务器已经接受了当前请求，期待下一步操作请求，代表状态码 100。

2xx：成功，表示请求已被成功接收、理解、接受，代表状态码 200。

3xx：重定向，要完成请求必须进行进一步操作，代表状态码 301、302、304 等。

4xx：客户端错误，请求有语法错误或请求无法实现，代表状态码 403，404 等。

5xx：服务器端错误，服务器未能实现合法的请求，代表状态码 500。

注意：

消息报头中的相关信息与请求头相同，这里就不赘述。响应正文就是服务器给客户端返回的响应结果文本数据，其格式可以是 HTML、JSON 等类型，是由其请求的类型决定的，即 Content-Type。

8.2.2 Fiddler 抓包及数据分析

Fiddler 是一个非常强大的 HTTP 调试抓包工具，它能够完成当前计算机与互联网之间的所有 HTTP 通信，查看所有的“进出”Fiddler 数据包。Fiddler 相比其他的一些抓包工具要应用得更加简单，因为它不仅支持显示 HTTP 通信，还提供了一个用户友好的格式。

对测试人员而言，如果需要实现接口测试，Fiddler 工具是必须掌握的，因为它不仅可以监听 HTTP、HTTPS 的数据包，还可以截取从浏览器或者客户端软件系统向服务器发送的 HTTP、HTTPS 请求。对截取到的请求，还可以查看请求中的详细报文信息，这意味着不需要接口文档，就可以自己分析出接口文档所需要素。

另外，Fiddler 还能实现伪造请求，甚至可以伪造服务器的响应，完成测试网站的性能，模拟弱网测试，提供第三方扩展插件等。从中可以发现其功能非常强大，是 Web 调试的利器。

注意：

Fiddler 是以代理 Web 服务器的形式工作的，它的代理地址是 127.0.0.1，端口是 8888。当 Fiddler 退出时它会自动注销，这样就不会影响别的程序。如果 Fiddler 非正常退出，这时因为 Fiddler 没有自动注销，会造成网页无法访问的情况。解决的办法是重新启动 Fiddler。

可以到官网 https://www.telerik.com/download/fiddler，直接下载安装。

安装完成后启动 Fiddler，然后启动谷歌浏览器访问百度网站，则会自动监听百度网站相关通信信息，如图 8.2 所示。

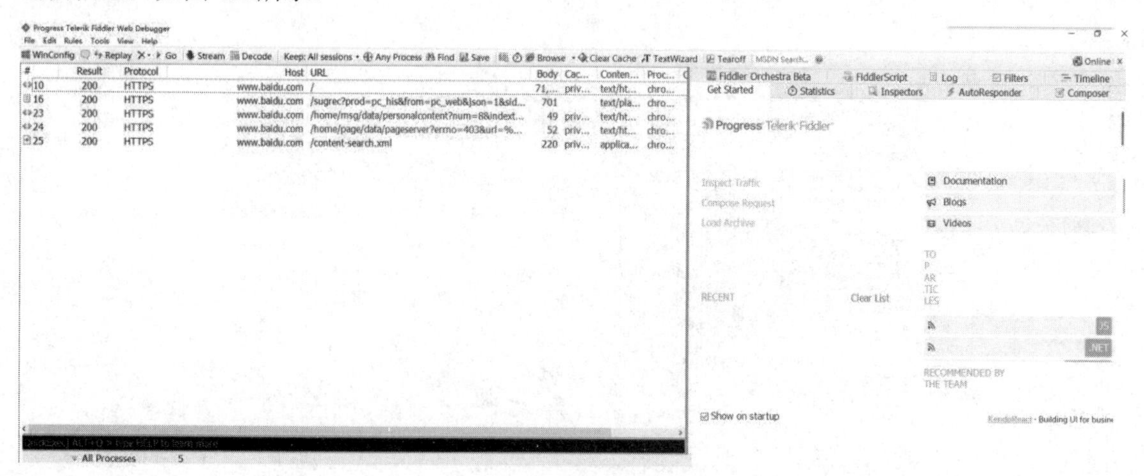

图 8.2　Fiddler 基本界面

在图 8.2 中的 Inspectors 选项卡中可以查看请求和响应相关信息。其中 Raw 选项卡可以查看完整的消息，Headers 选项卡只查看消息中的 header，如图 8.3 所示。

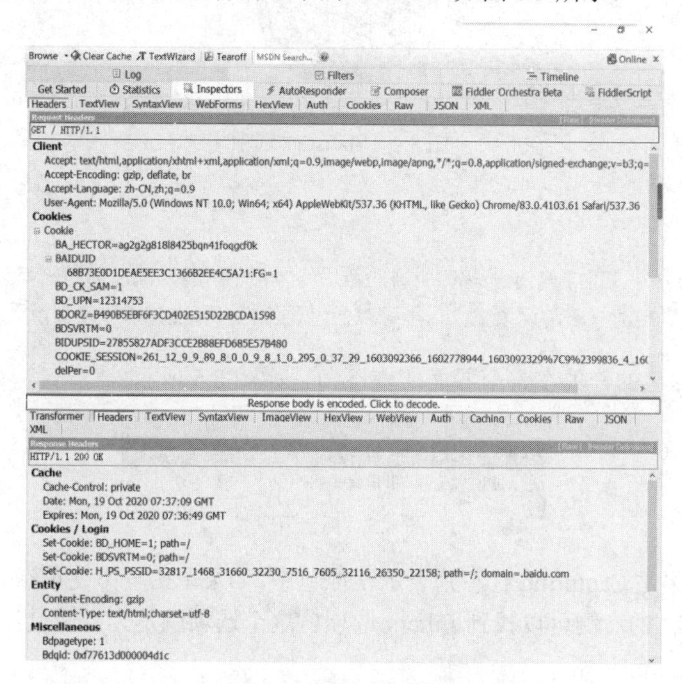

图 8.3　Inspector 选项

单击 Statistics 选项卡，该选项卡实现了会话信息的统计操作，如多个请求和传输的字节数。如果选择第一个请求和最后一个请求，则可以得到整个页面加载所耗费的总时间。从条形图中即可清晰地分析出哪些请求耗时最长，从而可以对这些页面访问的速度进行相应的优化操作，如图 8.4 所示。

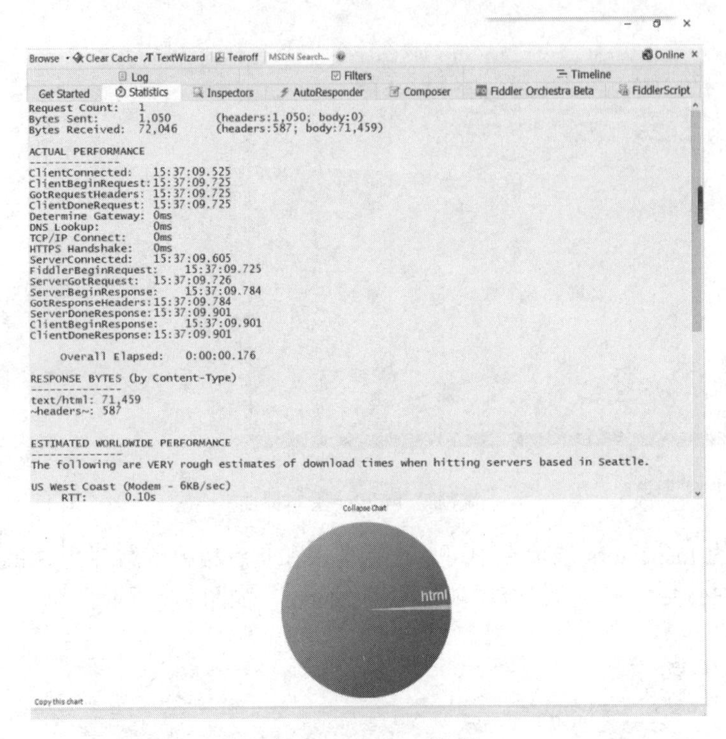

图 8.4 Statistics 选项

注意：

> 在启动 Fiddler 抓包时，如果抓取完所需的包后不暂停，只要访问任何网站都会被记录，这样后期分析自己所需的数据包时就非常麻烦了。这里可以通过暂停抓包和过滤操作来实现数据包分析。

暂停 Fiddler 抓包的开关在整个界面的左下角，如图 8.5 所示。

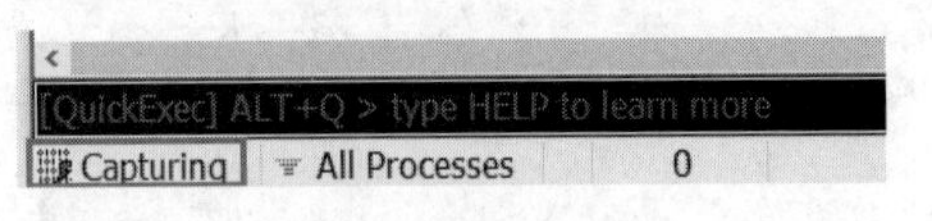

图 8.5 抓包开关

在图 8.5 中如果是 Capturing 状态则表示在抓包中，如果单击一下变成空白则表示暂停抓包。

同样，在图 8.2 的右侧可以找到 Filters 选项，这个选项就是为完成过滤设置的，单击后进入过滤界面，如图 8.6 所示。

（1）Actions：表示动作，需要完成哪些操作，该功能中包含的选项有 Run Filterset now，马上执行过滤操作；Load Filterset，加载本地过滤配置文件；Save Filterset，保存过滤条件到本地文件。

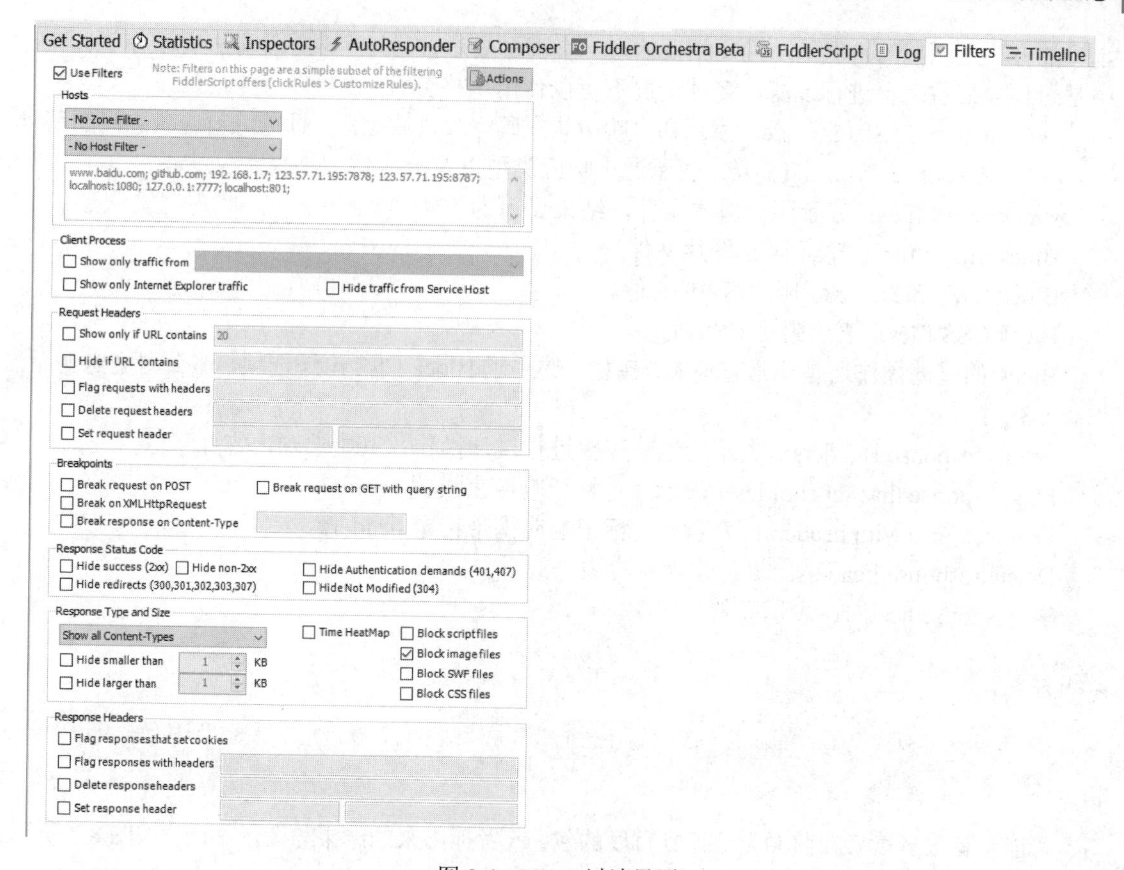

图 8.6　Filters 过滤界面

（2）Use Filters：表示使用过滤操作，只有勾选这个选项才能够实现过滤操作，下面的过滤条件也才会生效，这些过滤条件可以相互独立，也可以相互组合。

（3）Hosts：表示使用主机名来完成过滤操作。

No Zone Filter：表示不使用空间完成过滤，此选项会区分内网与外网。

Show only Intranet Hosts：仅仅使用内网。

Show only Internet Hosts：仅仅使用外网。

No Host Filter：表示不使用主机名完成过滤。

Hide the following Hosts：表示隐藏下边输入的主机名的请求。

Show only the following Hosts：表示显示下边输入的主机名的请求。

Flag the following Hosts：表示标志所需输入过来的主机名请求。

在图 8.6 中，其实已经添加了相关需要过滤的主机名，如果需要过滤多个，则它们之间使用分号隔开。

（4）Client Process：通过客户端进程方式完成过滤操作，如果勾选 Show only traffic from 选项，则可选择对应的进程会话。

（5）Request Headers：该功能中的 Show only if URL contains 选项和 Hide if URL contains

选项的方法是相似的，但是功能是相反的，一个表示显示，另一个表示隐藏；都表示通过 URL 中是否包含某些字符进行过滤，多种情况下可以使用空格分开。

（6）Response Status Code：表示通过响应状态码完成过滤操作，即隐藏对应状态码的请求。

（7）Response Type and Size：表示通过响应类型以及响应体大小来完成过滤。

Block script files：表示阻止脚本文件，结果显示为 404。

Block image files：表示阻止图片文件。

Block SWF files：表示阻止 SWF 文件。

Block CSS files：表示阻止 CSS 文件。

Block 的过滤操作还是非常有趣的，例如，选中了 Block CSS files 选项，那么浏览器就无法加载 CSS 了。

（8）Response Headers：表示通过响应头进行过滤操作，其中选项内容如下。

Flag response that set cookies：表示通过标记响应来设置 cookie。

Flag response with headers：表示通过标记响应携带特定 header。

Delete response headers：表示删除响应头。

Set response header：表示设置响应头。

注意：

> 这里还可以实现 Breakpoints 设置过滤，这个需要先添加断点，断点操作在 8.2 节的数据篡改中详细说明。

可能会有很多读者在前面无法抓到百度的包，或者抓出来的结果与图示不同，如图 8.7 所示。

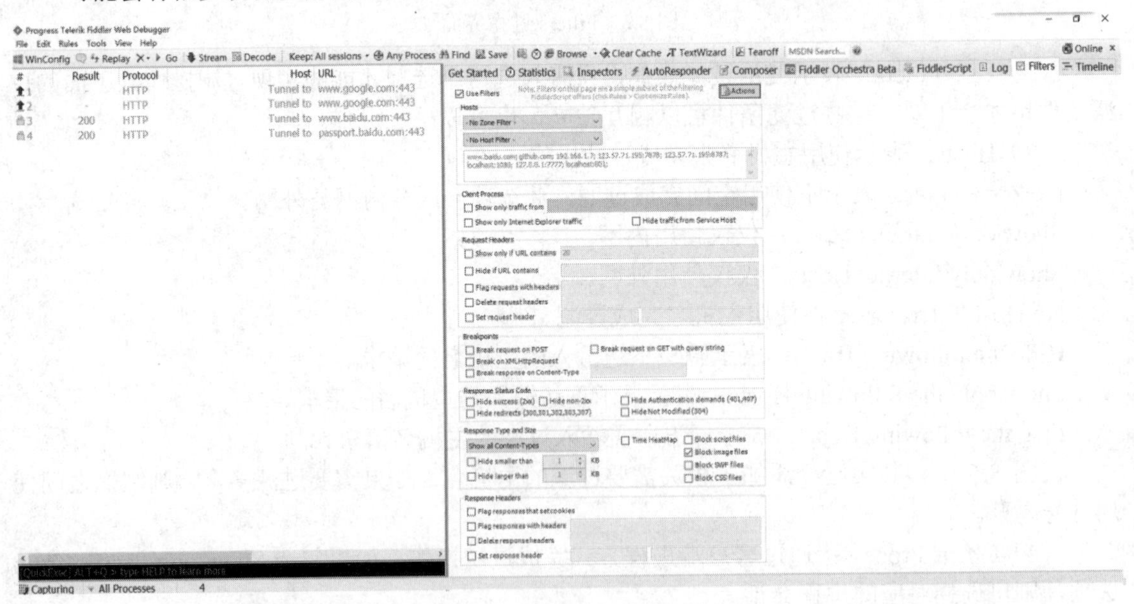

图 8.7　HTTPS 包如何抓取

这是什么原因呢？这主要是因为 Fiddler 启动时只能抓到 HTTP 相关通信协议的数据包，而访问百度是通过 HTTPS 协议完成的。因为前面完成了 HTTPS 包的设置操作，所以前面的可以抓包。

因为 HTTPS 实际就是基于 HTTP 协议封装了一层 SSL，实现传递数据过程中的部分加密处理，所以需要 Fiddler 证书认证操作，才能够抓包相关数据包，具体配置操作如下。

（1）选择 Fiddler 中的 Options，选择 HTTPS 选项卡并勾选相关选项，具体如图 8.8 所示。

（2）将 Fiddler 的根证书导入需要访问抓包的浏览器，如果当前可以抓取到相关 HTTPS 数据包，说明浏览器中已经存在证书，不需要导入。

单击 Actions，单击第二项 Export Root Certificate to Desktop，这时桌面上会出现证书 FiddlerRoot.cer 文件，单击 OK 设置成功，关闭 Fiddler。

PC 端，在浏览器中导入证书 FiddlerRoot.cer，以谷歌浏览器为例说明。在浏览器地址栏中输入 chrome://settings/，然后进入高级设置，单击管理证书。

在受信任的根证书颁发机构对证书进行导入，如图 8.9 所示。

重新打开 Fiddler，就可以在计算机上进行 HTTPS 抓包了。

很多读者在使用 Firefox 浏览器访问时如果还是无法抓取，或提示“您的链接并不安全”，此时可以在 Firefox 中进入配置界面：高级-> 证书 -> 查看证书 -> 导入，如图 8.10 所示。

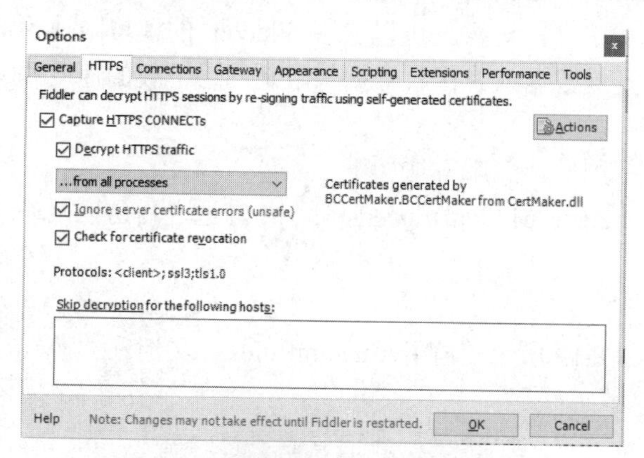

图 8.8　Fiddler 中 HTTPS 设置

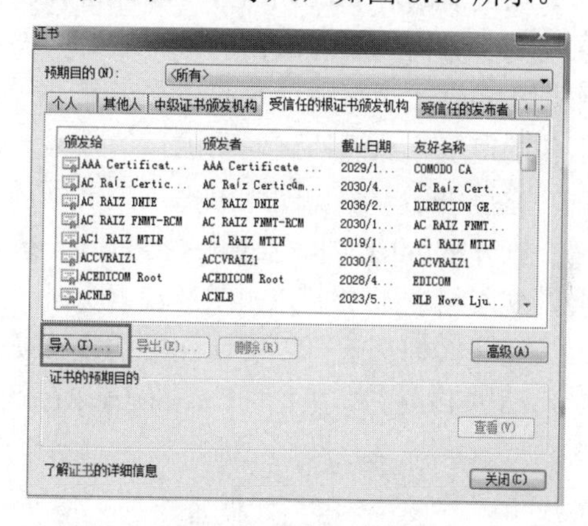

图 8.9　受信任根证书

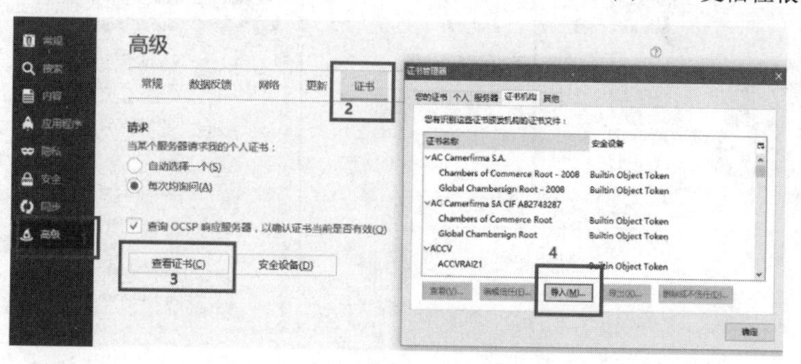

图 8.10　Firefox 证书配置

选择第（2）步导出到桌面的证书文件 FiddlerRoot.cer，在弹出窗口选择三个信任，单击确定按钮，执行证书导入，如图 8.11 所示。

至此，问题解决。当然，不同的浏览器版本，不同的 Fiddler 版本，不同的环境造成的问题的原因也不同，所以如果读者无法解决时可以关注微信公众号【木头编程】共同研究解决。

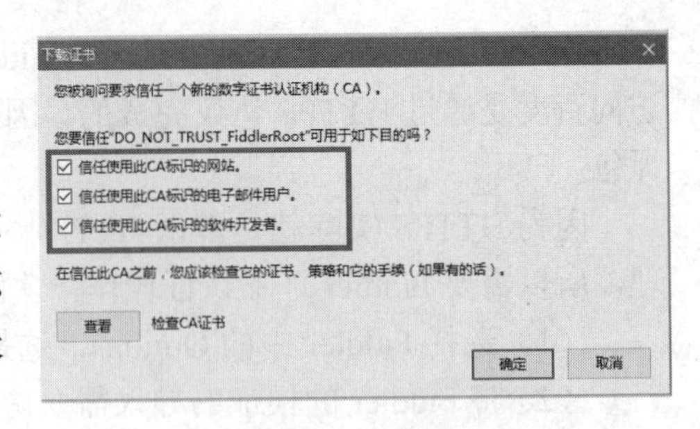

图 8.11　证书导入

（3）如果需要将 tunnel to 相关的数据包请求信息进行隐藏，则可以通过在 rules 中设置 hide connets 实现，因为该部分数据包不需要进行分析。

注意：

执行整个操作过程前建议退出杀毒软件。

8.2.3　弱网测试、数据篡改操作

通过前面对 Fiddler 的一些了解，发现 Fiddler 本身就是一个代理，而且可以通过客户端请求前与服务器响应前的回调接口进行一些逻辑的定义，这样就可以实现 Fiddler 的模拟限速操作。Fiddler 实现限速的核心主要就是通过延迟发送数据或者接收数据来限制网络下载的速度和上传的速度，从而达到弱网测试的效果。

它提供了一个功能，可以模拟弱网环境进行测试，启用方法如下。

打开 Fiddler，执行 Rules->Performance->Simulate Modem Speeds 命令，勾选之后访问网站会发现网络慢了很多，如图 8.12 所示。

为什么勾选就可以实现弱网的模拟操作呢？

通过 Rules 选项下的 Customize Rules，如图 8.13 所示，打开 CustomRules.js 文档。

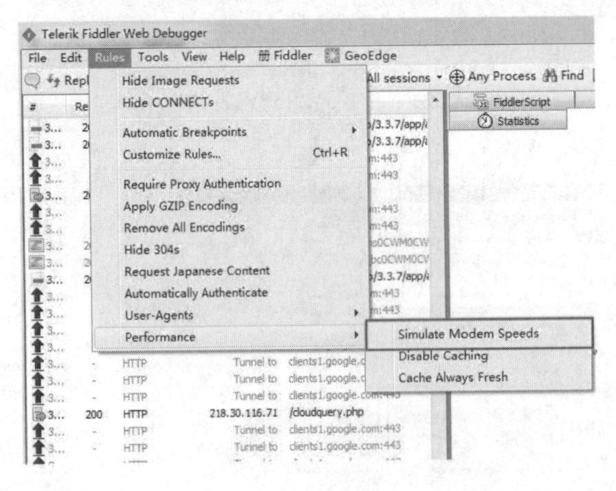

图 8.12　勾选 Simulate Modem Speeds 选项

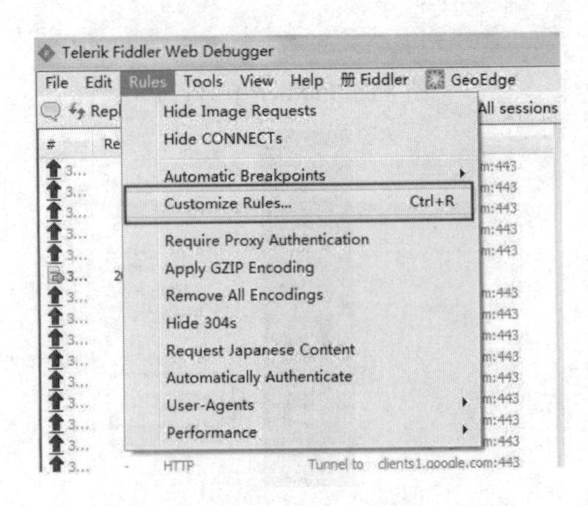

图 8.13　选择 Customize Rules 选项

在文件中搜索关键字 m_SimulateModem，得到结果如下。

```
if (m_SimulateModem) {
//Delay sends by 300ms per KB uploaded.
//每延迟 300ms 发送 1KB 的数据，也就是每 1s 发送 3KB 的数据
    oSession["request-trickle-delay"] = 300
    //Delay receives by 150ms per KB downloaded.
    oSession["response-trickle-delay"] = 150//每延迟 150ms 下行 1KB 的数据
}
```

注意：

> 保存后，Simulate Modem Speeds 会被取消勾选，如有需要可重新手动勾选。

下面来分析上述代码。

（1）对 m_SimulateModem 条件进行判定，如果为 true，进入 if 语句块设置数据传输延迟时间，可以实现弱网设置。

（2）oSession["request-trickle-delay"]这行代码有响应的注释，注释也很明确：Delay sends by 300ms per KB uploaded。上传 1KB 需要 300ms，则上传速度为 1KB/0.3s=10/3(KB/s)。

（3）假设需要设置上传的速度为 50KB/s，则需要设置 Delay 的时间为 20ms。

（4）同样的方法，也可以限制上传的速度，修改 oSession["response-trickle-delay"]的值即可。

注意：

> 使用 Fiddler 模拟网速测试完毕后，一定要记得去掉其模拟网速的设置，否则只要启动了 Fiddler，网络会一直在弱网运行。

在实际测试过程中，为了跳过前端页面的数据校验，可以使用 Fiddler 设置断点从而实现数据的篡改操作，直接校验后端是否进行过数据的校验。

设置断点的方式有两种：在请求前设置（Before Request）、在响应后设置（After Response）。

Before Request：表示请求前设置断点，此时请求不会直接发送到服务器，而是先完成数据篡改的操作，然后将篡改后的数据发送给服务器。

After Response：表示在响应之后添加断点，一个响应可以由一个或者多个 HTTP 资源组成，多个 HTTP 资源之间存在相应的关联，在设置断点后，可以完成发送一个请求后所产生的多个响应的每个资源的响应获取并分析。

下面来实战操作，在 CRM 系统的登录操作上设置前置断点，详细操作步骤如下。

（1）设置请求前断点，执行 Rules->Automatic Breakpoints->Before Requests 命令，这种方式设置的断点会对所有请求生效，如图 8.14 所示。

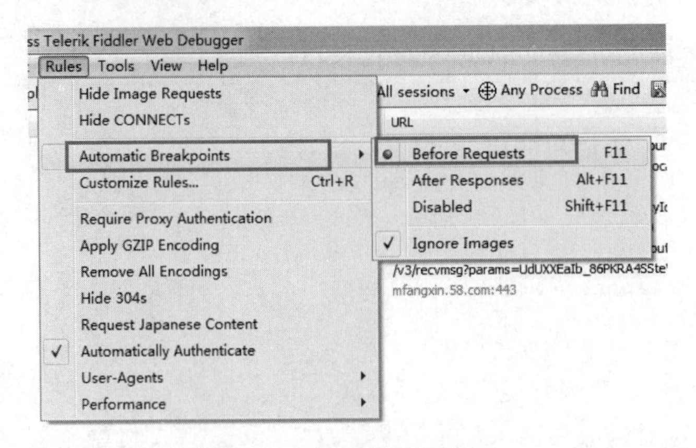

图 8.14　设置请求前断点

（2）选中请求，进入 WebForms 中修改请求信息，如图 8.15 所示。

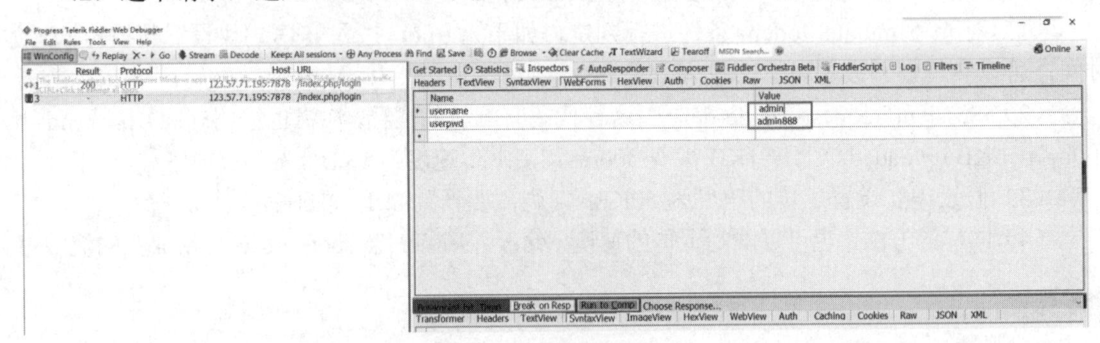

图 8.15　修改请求消息

如果没有添加前置断点，WebForms 中的信息是无法进行修改和编辑的，现在图 8.15 中的信息是可编辑的，直接修改完毕，单击下面的 Run to Comp 就可以完成请求的发送操作。

例如，将 username 的值 admin 修改成 wood，此时原本 CRM 系统应该是登录成功，但是根据修改后的信息发送请求，页面会提示“用户不存在”信息。

如果需要取消断点，则可以直接执行 Rules→Automatic Breakpoints→Disabled 命令，如图 8.14 所示。

Fiddler 除了可以实现篡改数据以外，还可以实现自动响应，通过设置自动响应的规则完成响应部分的篡改操作。

自动响应规则对应的选项卡是 AutoResponder，该功能非常实用，可以根据已创建的规则，在响应请求时自动触发对应的规则；在测试结果时，可以自定义返回结果，相当于可以完成接口中的 Mock 操作。

其界面如图 8.16 所示。

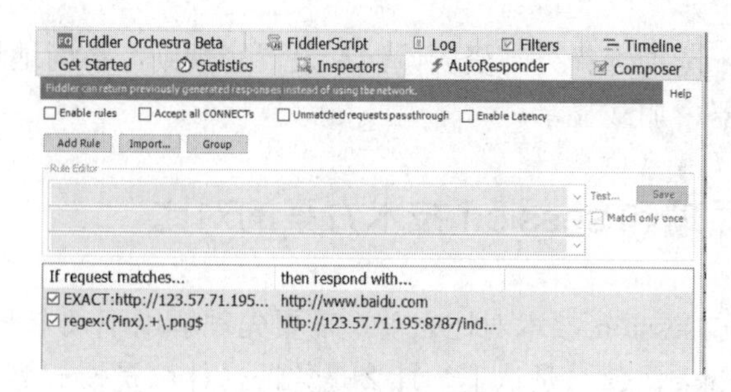

图 8.16　AutoResponder 界面

下面来介绍界面上的基本选项。

Enable rules：表示启用规则。

Unmatched requests passthrough：表示没有匹配的请求正常发送到服务器。如果不选，未匹配的请求会返回 HTTP/404 Not Found；如果是条件请求，请求头中包含 If-None-Match 或 If-Modified-Since，返回响应 HTTP/304 Not Modified。

Enable Latency：表示启用延迟。如果勾选，则会在下方列表中显示 Latency 字段，该字段可以实现设置延迟的毫秒数。

Add Rule：表示添加规则。

Import：表示导入捕获到的 saz 包或者 farx 文件，其中 farx 文件是 XML 定义格式。

下面给出实例操作，将访问的 CRM 登录页面重定向到 Fiddler 的 404 页面，详细操作如下。

（1）勾选 Enable rules。

（2）单击 Add Rule，其中 Rule Editor 第一行填写 CRM 的登录访问地址，第二行选择内置的重定向操作，选择 404_Plain.dat。

（3）在浏览器中刷新页面，则会出现如图 8.17 所示内容。

当然，除了重定向到内置的资源以外，还可以重定向到外部指定的资源。其第二行的设置可选项如图 8.18 所示。

图 8.17　重定向 404

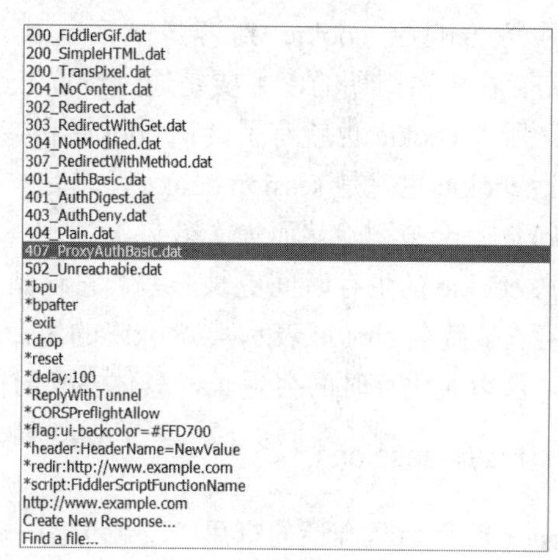

图 8.18　重定向选项

可以通过 Find a file 选项选择外部资源，然后设置好规则，访问地址就会直接重定向到外部指定的资源并在浏览器中加载显示。

8.2.4 token 机制原理和 session 技术方案的对比

在完成 token 机制与 session 技术对比之前，需要先理解以下几个概念：什么是 token，什么是 session，什么是 cookie，什么是认证，什么是凭证，什么是授权等。

1. 什么是 cookie

cookie 翻译过来叫作“曲奇饼”，它是永久存储在浏览器中的一种数据类型。它在服务器上生成，然后发送给客户端浏览器中进行保存，主要是以键值对的形式保存在浏览器指定的某个目录文件中，下一次对同一个网站发送请求时会携带该 cookie 发送给服务器。

cookie 存储在客户端上，为了 cookie 不被恶意应用，会针对 cookie 添加一些限制条件。此外，为了不让它占用过多的磁盘空间，每个域的 cookie 数量是有限的。

下面通过生活的实例来对比 cookie 的实现。例如，去银行办理储蓄业务，第一次去开户办一张新的银行卡，需要提交身份证信息、密码、手机号码等材料对应这张卡。下次再来银行时，银行机器能够识别这张卡，并能够直接办理业务。

cookie 的具体实现机制：当客户端发送一个请求给服务器时，服务器发送一个 HTTP Response 响应到客户端，其中包含 Set-Cookie 的头部，然后客户端会保存 cookie，之后向服务器发送请求时，HTTP Request 请求中会包含一个 cookie 的头部，服务器最后响应数据给客户端，具体如图 8.19 所示。

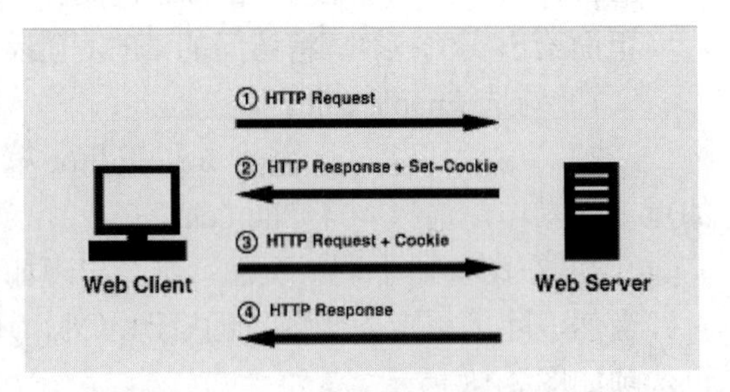

图 8.19 cookie 的具体实现机制

当服务器响应 cookie 到客户端后，实际 cookie 是存在生命周期的，主要是通过设置 Expires 或者 Max-Age 参数来说明扩展的 cookie 过期时间。所以 cookie 也就有了会话 cookie 和持久 cookie 两种。

会话 cookie 也就是 session cookie，它是一种临时 cookie，当用户执行退出浏览器操作时，这个 cookie 就会被删除从而失去效果。

持久 cookie 的生存时间更长一些，它存储在用户的硬盘上，浏览器退出或计算机重启时它们仍然存在。持久 cookie 表示其 cookie 的生命周期不单单局限于当前会话中，也会存储在本地磁盘上，所以其生存时间会更长，具体多长时间由开发人员控制。

2. 什么是 session

session 翻译后是会话的意思。这就像跟一个人进行交谈，如果需要知道当前你所交谈的对象是张三还是李四，或者是王五，肯定要有某些特征来体现当前交谈的对象是谁。

为了能够清楚当前发送请求给自己的是谁，服务器会给每个客户端完成身份标识操作，然后客户端后续每次发送请求给服务器时，都需要携带这个身份标识，这样服务器就非常清楚是哪个客户端发送的请求了。实现客户端保存这个身份标识的方式有多种，可以使用 cookie 的方式将其存储在浏览器客户端，具体实现机制如图 8.20 所示。

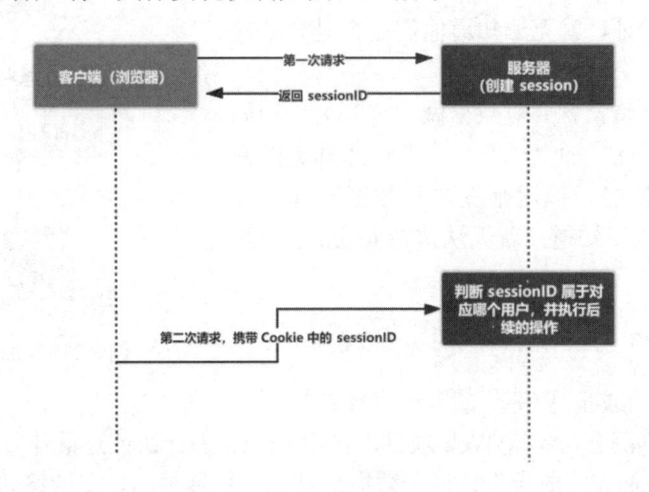

图 8.20　session 机制（一）

session 在用户操作完对应的网站后会被销毁，此时 session 会将用户访问的相关信息临时存储在服务器上。这种实现方式要比 cookie 存储更加安全。但是同样存在问题，当 Web 服务器需要做负载均衡时，一个操作请求转移到另外一台服务器时 session 就会消失，此时可以实现 session 的复制操作，使 session 信息在两个机器之间不断地传输，具体如图 8.21 所示。

但是，如果按照如图 8.21 所示实现，对机器的要求极高，机器的负荷也极高，严重地降低了服务器的运行速度和效率。此时就会考虑把 session 集中存储到一个地方，所有的机器都来访问这个地方的数据，这样一来，就不用复制了，但是增加了单点失败的可能性，要是负责 session 的机器宕机了，所有人都得重新登录一遍，如图 8.22 所示。

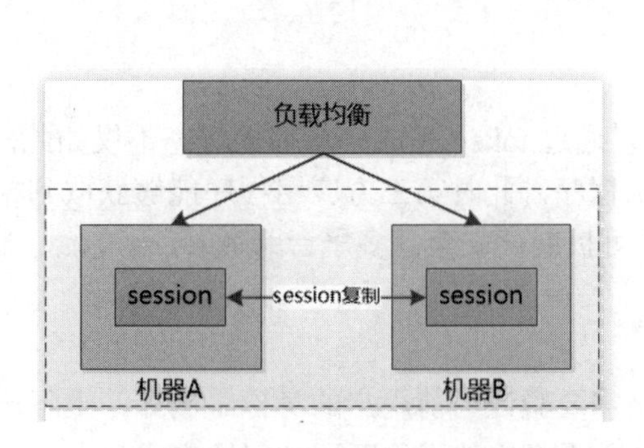

图 8.21　session 机制（二）

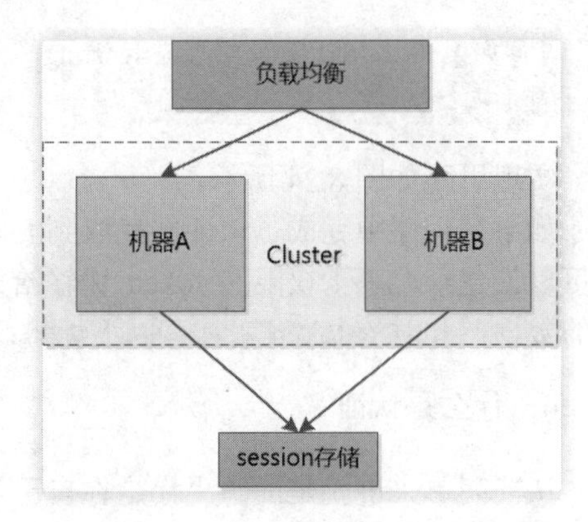

图 8.22　session 机制（三）

有没有发现，一个小小的 session 对计算机来说是一个多么沉重的负担。那么为什么需要保存它，为什么不直接保存在客户端？

从对 session 含义的解释中知道，session 的关键点就是验证。如果不验证，就无法知道他们是否是合法登录的用户。

为了不让别人伪造，就要对数据做一个签名，例如用 HMAC-SHA256 算法，加上一个只有自己才知道的密钥，对数据做一个签名，把这个签名和数据一起作为 token。由于密钥别人不知道，就无法伪造 token 了，具体实现原理如图 8.23 所示。

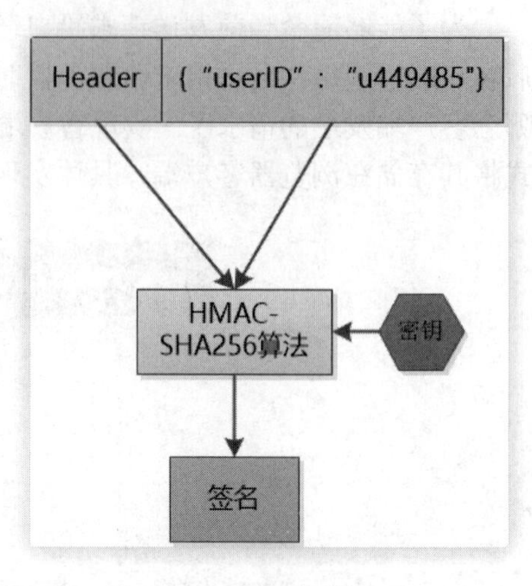

图 8.23　session 机制（四）

3. 什么是 token

在实际项目中，token 身份验证几乎都能够遇到，因为现如今很多互联网公司实现 Web 项目，使用 Token 进行认证是最佳方式。

在程序中使用 token 完成身份认证一般有无状态、扩展性高、支持移动平台、跨程序应用、安全等特征。基于 token 的身份验证的过程如下。

（1）用户通过用户名和密码发送请求。

（2）程序验证。

（3）程序返回一个签名的 token 给客户端。

（4）客户端储存 token，并且用于每次发送请求。

（5）服务端验证 token 并返回数据。

由于 token 是通过 HTTP 的头部进行发送的，所以才使得其拥有 HTTP 请求无状态的特征。还可以设置服务器的属性 Access-Control-Allow-Origin:*，使服务器能接受所有域的请求。

注意：

> 如果在 ACAO 头部声明(designating)*，那么就不能够携带 HTTP 认证、客户端 SSL 证书和 cookies 的证书。

实现思路如图 8.24 所示。

如果在程序中完成了认证并获取到 token，就可以通过 token 完成一系列操作。不仅如此，还可以创建一个基于权限的 token 传输给第三方应用程序，此时第三方应用程序能够获取到相应的数据，此时的 token 就具有以下优势：无状态、可扩展；安全；多平台跨域。

4. 什么是认证

认证简单来讲就是证明“你是你自己”，也就是需要验证当前用户的身份。例如，上下班打卡，打卡需要通过指纹，打卡时指纹必须与之前录入系统中的指纹匹配才能够完成打卡。

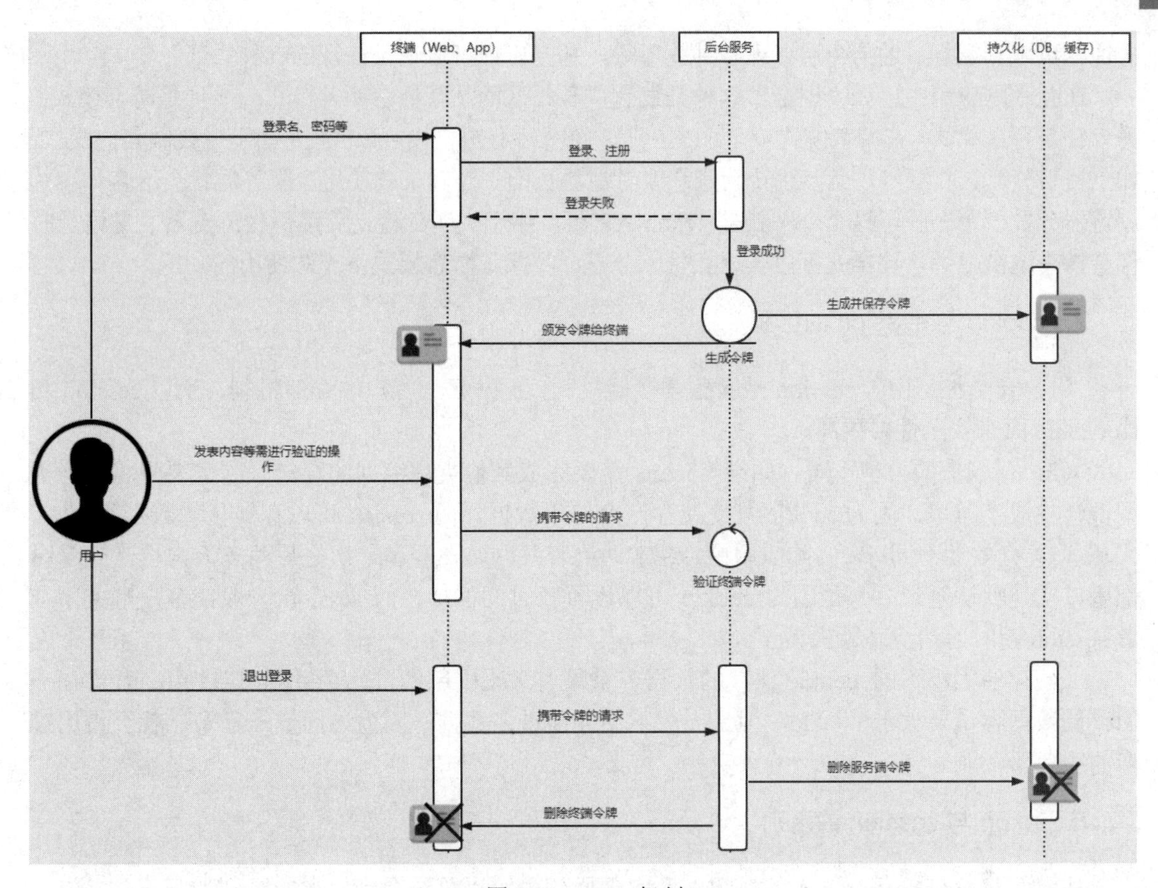

图 8.24　token 机制

那么在互联网中的认证都有哪些场景呢？例如，用户名密码登录，邮箱发送登录链接，手机号接收验证码，只要能收到邮箱/验证码，就默认你是账号的主人。

5. 什么是授权

授权顾名思义就是给第三方授予某些权限，例如，授予第三方应用程序某些用户的资源访问权限等。在安装手机应用时，安装过程中经常会有提示信息“是否允许授予权限”，如访问相册、地址位置等权限。还有就是在访问微信的小程序登录时，小程序经常也会询问是否授予权限，如获取昵称、头像、地区、性别等个人信息。

具体实现授权的方式有 cookie、session、token 等。

6. 什么是凭证

凭证可以说是一种媒介，用于标记访问者的身份。而在完成认证或者授权等操作之前都必须先拥有凭证。

在现实生活中，每个人都拥有自己的居民身份证，这是证明持有人身份的一种方式。通过身份证，可以到银行、通信公司办理各种业务等，那身份证可以说是认证的一种凭证。

在互联网应用中，如“掘金”这种开发者成长社区网站就拥有两种模式：一种是游客模式；另一种是登录模式。在游客模式下，可以正常访问网站上的一些文章，但是如果想要做其他操作，如点赞、分享、收藏等，就会跳转到登录或者注册页面。当登录成功后，服务器就会给客户端的浏览器分发一个令牌，这个令牌就是 token，它可以用于表明身份，后续每次浏览器发送请求时都会携带这个令牌，这样就可以实现点赞、分享、收藏等游客模式下无法使用的功能。

7. cookie 与 session 的区别

（1）安全性：由于 session 是服务器存储机制，cookie 是客户端存储机制，所以 session 相比 cookie 而言安全性要更高。

（2）存取值的类型不同：如果 cookie 需要完成其他类型数据的存储，则需要先将其他类型都转换成字符串，因为 cookie 只支持存储字符串数据，而 session 可以存储任意数据类型。

（3）有效期不同：在实际应用中，经常遇到有些网站在登录一次之后两三天内再次登录时都可以实现默认登录，那是因为 cookie 可以设置长时间保持，而 session 一般在客户端关闭或者 session 超时等情况下就失效了。

（4）存储大小不同：cookie 保存的数据容量是有大小限制的，最大不能够超过 4K，而 session 的存储数据容量要大于 cookie，但是一般不会存储过多数据，因为访问量一旦多，就会占用过多的服务器资源。

8. token 与 session 的区别

从前面对 session 和 token 的介绍以及实现原理中可以总结得到两者的区别如下。

（1）session 是有状态化的，会记录并存储会话信息，而 token 是无状态化的，不会存储会话信息。

（2）session 是依赖链路层来提高通信安全的，而 token 是通过身份认证方式，对请求进行签名从而防止监听或重放攻击等，所以它们两者并不冲突。如果需要实现有状态，可以添加 session 在服务器端来完成状态的保存操作。

总结：其实 session 的认证只是完成 sessionID 信息的存储操作，只是相对安全而已。而 token，不同的机制其认证方式不同，如果是 oAuth token 或相似的机制，提供的是认证和授权两种形式，认证是针对用户，授权是针对应用程序，主要是为了能够让应用程序有权访问某用户的相关信息。那么此种情况的 token 就是唯一的了，不能够转移到其他应用程序中，也不可以转移到其他用户中。所以说 session 实现是一种简单认证方式，只要存在 sessionID，即可得到用户的全部权限。假设系统的用户信息需要与第三方共享，甚至允许第三方调用其 API 接口，那么就需要考虑使用 token 方式。

第 9 章　Postman+Newman 实现接口自动化

在第 8 章中，已经学会了接口相关的知识点。带着这些知识点就可以很轻松地完成接口测试操作。前面也说过，接口测试有两种实现方式：一种是使用现有的工具；另一种是使用框架脚本。那么在这一章中就来学习接口测试工具中非常受欢迎的一款 Postman。

本章主要涉及的知识点如下。

- Postman 工具：学会使用 Postman 工具完成接口的相关测试工作。
- Postman 中的 Collections：无论作任何决策，在所有程序中都需要具备常量、变量、表达式的各种值之间的比较能力。实现 Postman 接口测试后，为了更好地组织和管理，就需要灵活应用 Collections，便于后期的维护、管理及导出。
- Newman：学会使用 Newman 完成报告的定制与生成。

注意：

本章主要使用主流接口测试工具 Postman 完成实例操作，以及结合 Newman 插件生成报告。

9.1　Postman 工具

扫一扫，看视频

本节首先介绍 Postman 工具的基本使用方法，了解这款工具的基本界面，从每个功能中学习其对应的作用意义，最后都能够很好地结合实际工作实例完成操作。

9.1.1　Postman 工具简介

Postman 是一款主流的、功能强大的、可以很好地完成网页调试与模拟发送 HTTP 请求的谷歌插件。无论是前端的开发人员、后端的开发人员还是测试人员，使用 Postman 来完成接口测试的频率是非常高的，因为它操作十分简单。

从 Postman 的官方发布信息中可以了解到以下信息。

（1）很多 Postman 用户都认为 Postman 只能够单纯地在谷歌浏览器中作为插件使用，其实不知道 Postman 已经实现本地化了。

（2）使用最新 Postman 完成登录操作后，所有的历史记录和收藏夹都会实现自动同步。如果是未登录的用户，也可以从外部导入之前已经保存好的数据文件。

（3)Postman 软件是免费的，本地化之后其功能更加强大，包含了 Chrome 应用和 Chrome 扩展的所有功能。

9.1.2 安装 Postman 工具

Postman 官方下载地址：https://www.getpostman.com/downloads/。

Postman 最早是基于 Chrome 浏览器插件存在的，但是于 2018 年年初 Chrome 停止了对 Chrome 应用程序的支持。所以 Postman 现在提供了单独的安装包，不再依赖 Chrome 浏览器，同时支持跨平台，如 MAC、Windows 和 Linux 等。

选择所需对应平台的安装包后，直接单击 Download 即可完成安装。

安装完毕，双击打开进入登录页面，输入用户名密码进行登录操作。如果没有账号，则可以通过单击 Create Account 进行创建；如果不创建，直接单击 Sign in with Google 也可使用，如图 9.1 所示。

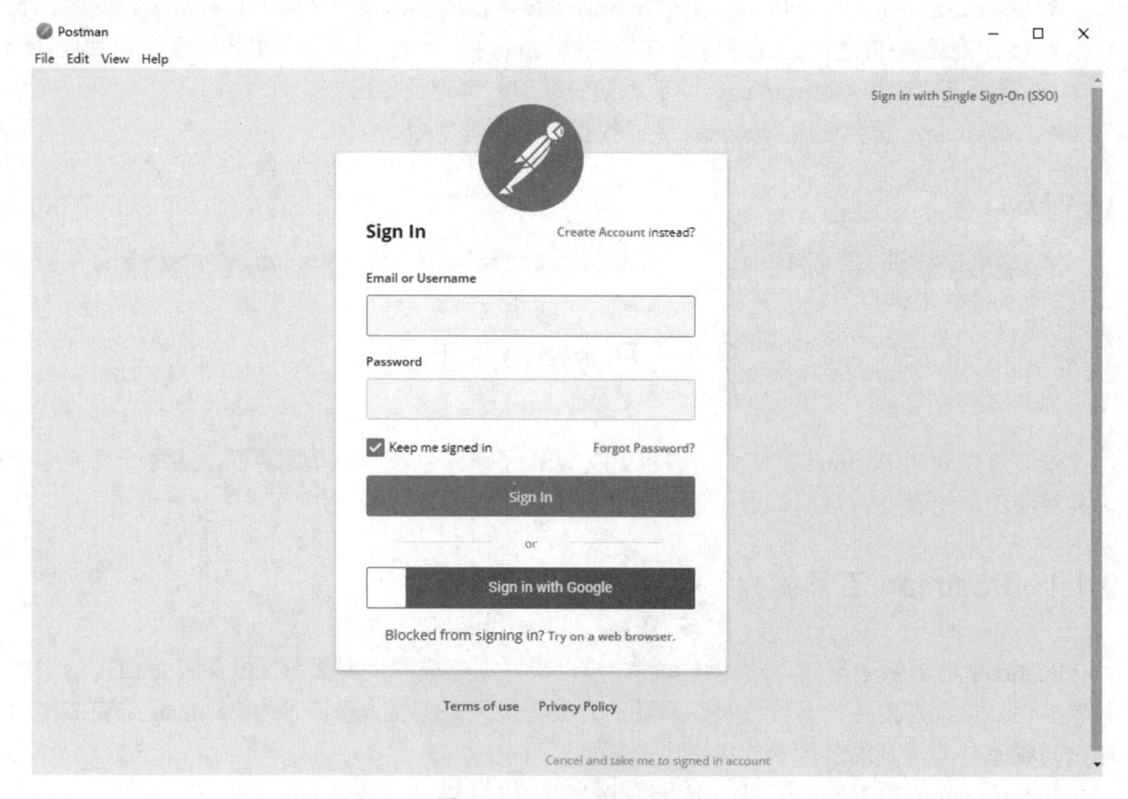

图 9.1 Postman 登录界面

注意：

如果要对 Postman 实现找回密码操作，则需要获取 Google 的验证码进行验证，但是 Google 服务器在国内无法访问。

登录成功后，进入 Postman 的主界面，如图 9.2 所示。

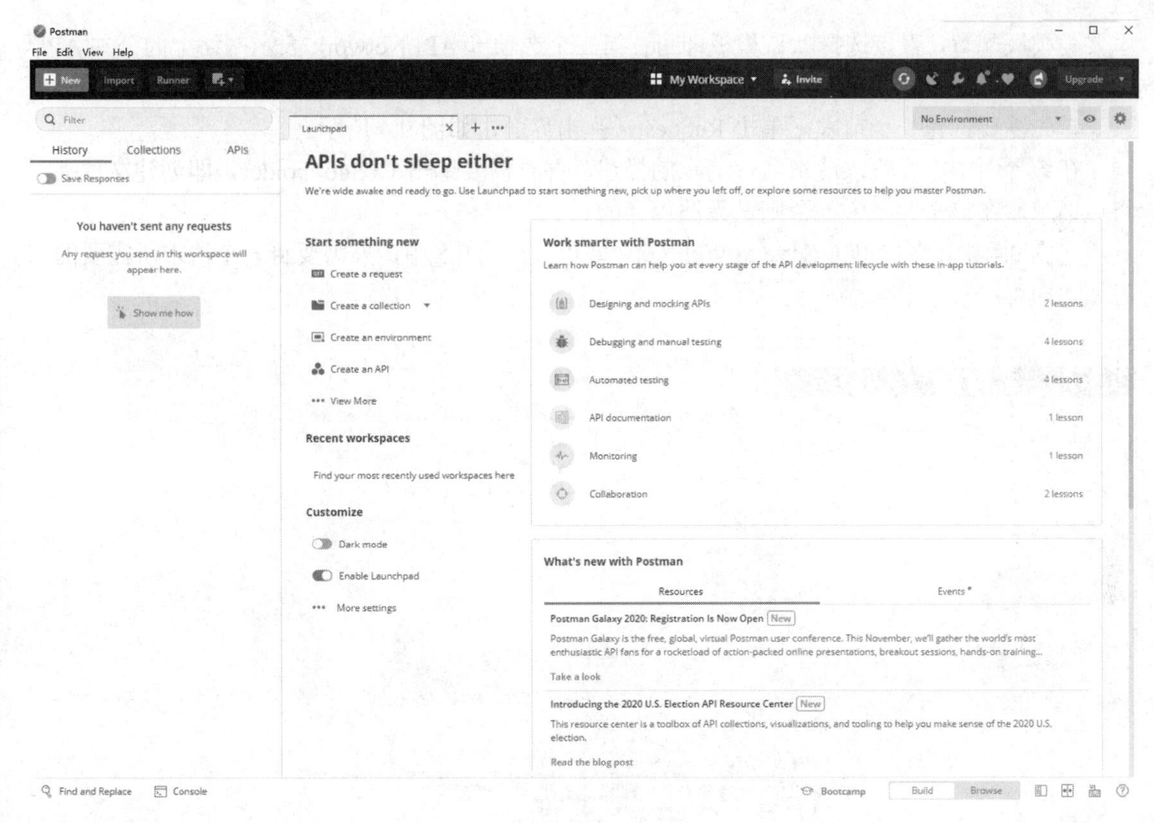

图 9.2　Postman 主界面

9.1.3　发送第一个请求

进入 Postman 主界面后，单击 New 按钮会弹出界面，如图 9.3 所示。

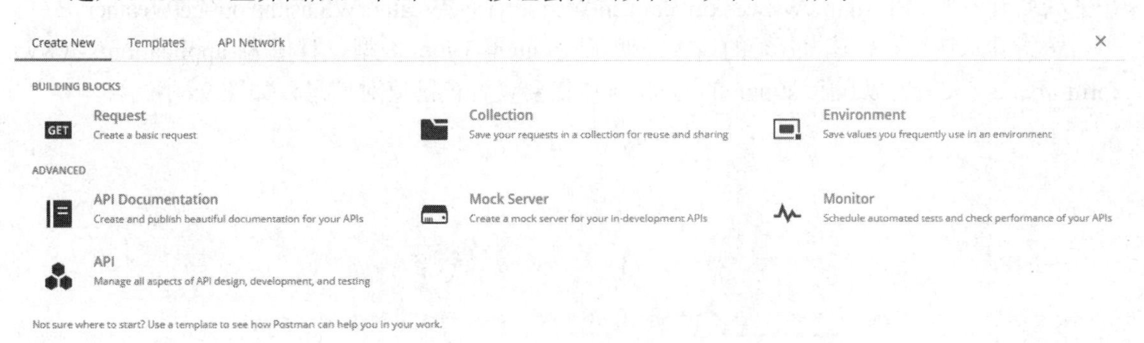

图 9.3　Create New 界面

该界面有三个选项卡：第一个选项卡主要是完成请求的创建、集合的创建以及环境变量的创建，甚至还有 Postman 的高级操作，如模拟器服务器、API 设计等；第二个选项卡 Templates

主要是模板配置，直接选择默认模板即可；第三个选项卡 API Network 表示网络上的公共 API，大家可以参考。

首先需要创建一个请求，单击 Request，弹出界面，如图 9.4 所示。

在该界面中需要输入请求名，请求的描述，并且需要单击 Create Folder，即创建文件夹，将该请求放在该文件夹中，否则是无法保存的。

在图 9.4 中，直接单击 Save to WebXML 即可。在图 9.5 中，只需要将一个请求所需要的信息填入即可。

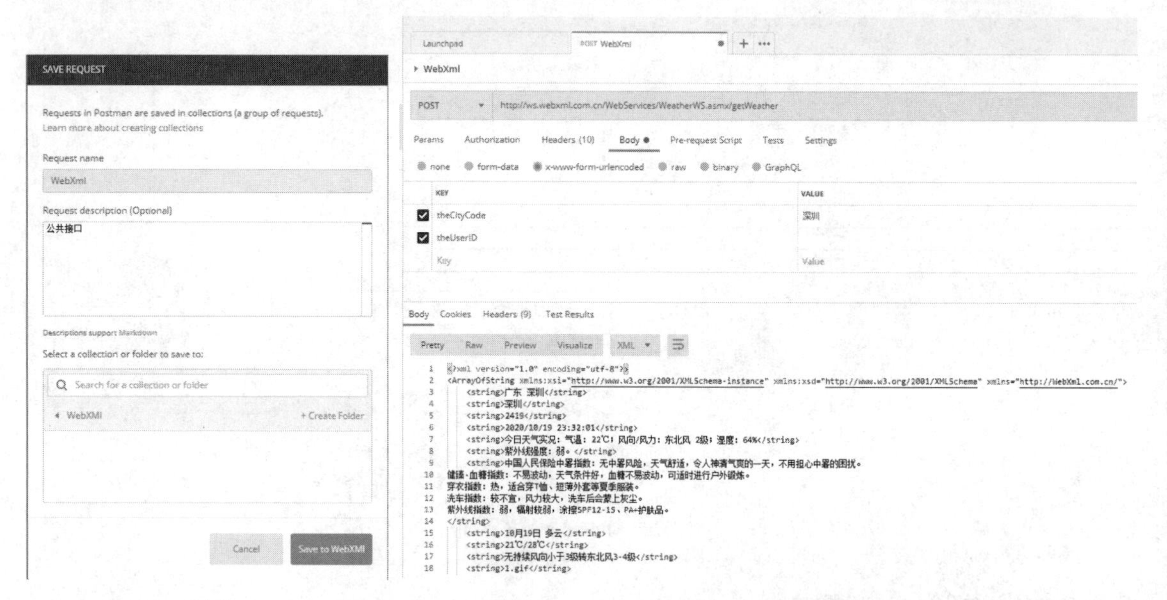

图 9.4　创建 Request　　　　图 9.5　Post 请求

这个示例是选择公共的接口网站 WebXml 上的一个查询某个城市天气的 Post 请求。该接口请求的请求示例地址为：http://ws.webxml.com.cn/WebServices/WeatherWS.asmx?op=getWeather。

分析其示例发现，该 Post 的请求声明了 Content-Type 类型，且值为 application/x-www-form-urlencoded，所以在 Postman 的 headers 中需要设置该键值对信息，如图 9.6 所示。

图 9.6　Headers 设置

选择请求方法 Post，输入请求地址，配置请求头信息，输入请求体信息，最后单击右上角的 Send 即可完成该条接口请求的发送，发送后结果在下面的响应体中显示。

这样就完成了一个接口的请求模拟操作。

9.1.4　Postman 基本操作

1. Import

在 New 按钮的旁边有个 Import 按钮，Import 表示导入的意思。当需要导入其他已经导出的 Postman 的脚本时，就需要使用脚本导入操作。

单击 Import 后进入如图 9.7 所示的界面。

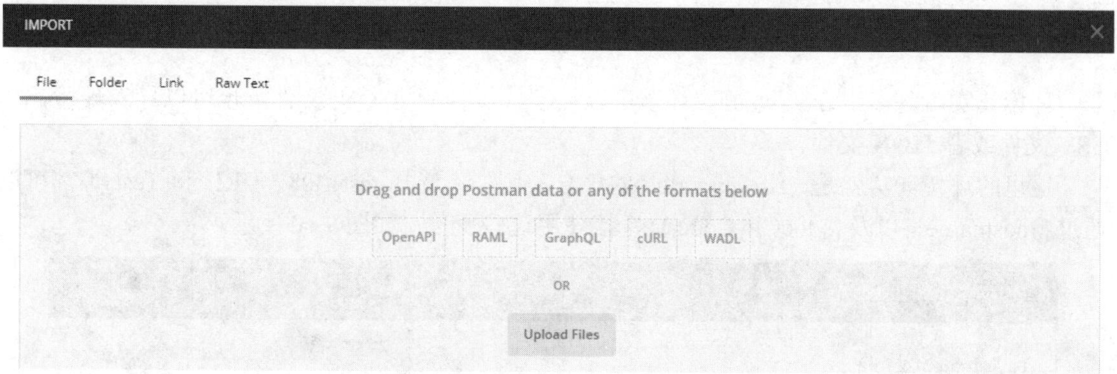

图 9.7　Import 导入脚本

在这里一般默认是在 File 选项卡下完成脚本的导入操作。由于 Postman 导出的脚本文件格式都是 JSON 格式，所以可以直接通过单击 Upload Files 按钮导入。需要导入多个脚本时可以选择在 Folder 选项卡下导入。如果是云共享接口则还可以直接在 Link 选项卡下输入 URL 地址或者通过 API-KEY 授权的 URL 地址，甚至可以通过 CURL 方式定义 Text 文本类型完成脚本导入操作。

导入后，会自动识别脚本并进行加载，最后单击导入即可。然后在左侧的 Collections 中会看到导入成功的脚本信息。

2. History

所有使用 Postman 发送的 request 都会保存在 History 选项卡中，单击之后会显示在当前页面，如图 9.8 所示。

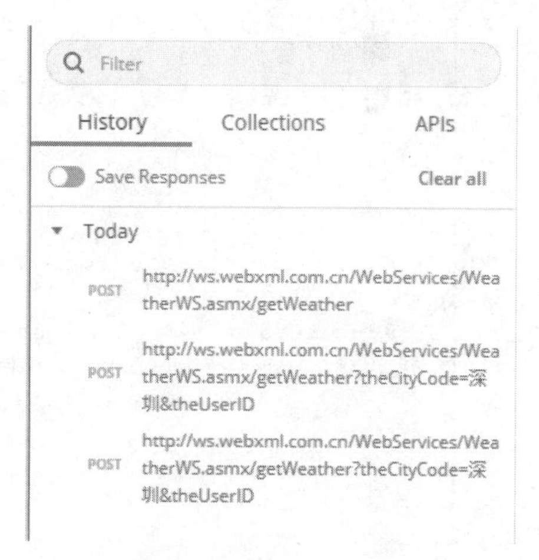

图 9.8　History 历史记录

3. Environment

用来设置当前 request 发送时使用的环境，如此处可以选择 test1308，还可以选择 No Environment，表示当前 request 不使用任何环境，如图 9.9 所示。

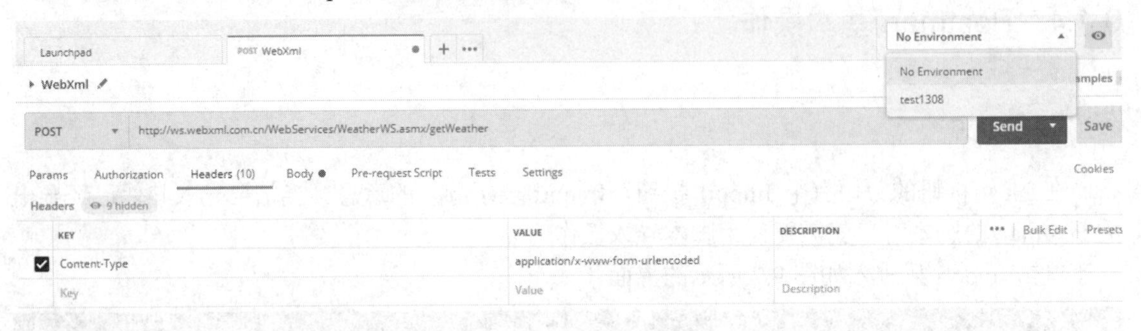

图 9.9　Environments 设置

环境其实就是多组 key-value。环境可以被下载保存为 JSON 文件，也可以导入环境，如 CSV 文件或者 JSON 文件。

这里的环境其实就是一组 key-value 的集合。例如，选择 test1308、URL 和 Test 等都可以通过{{hostname}}以及{{ theCityCode }}直接使用这些变量，如图 9.10 所示。

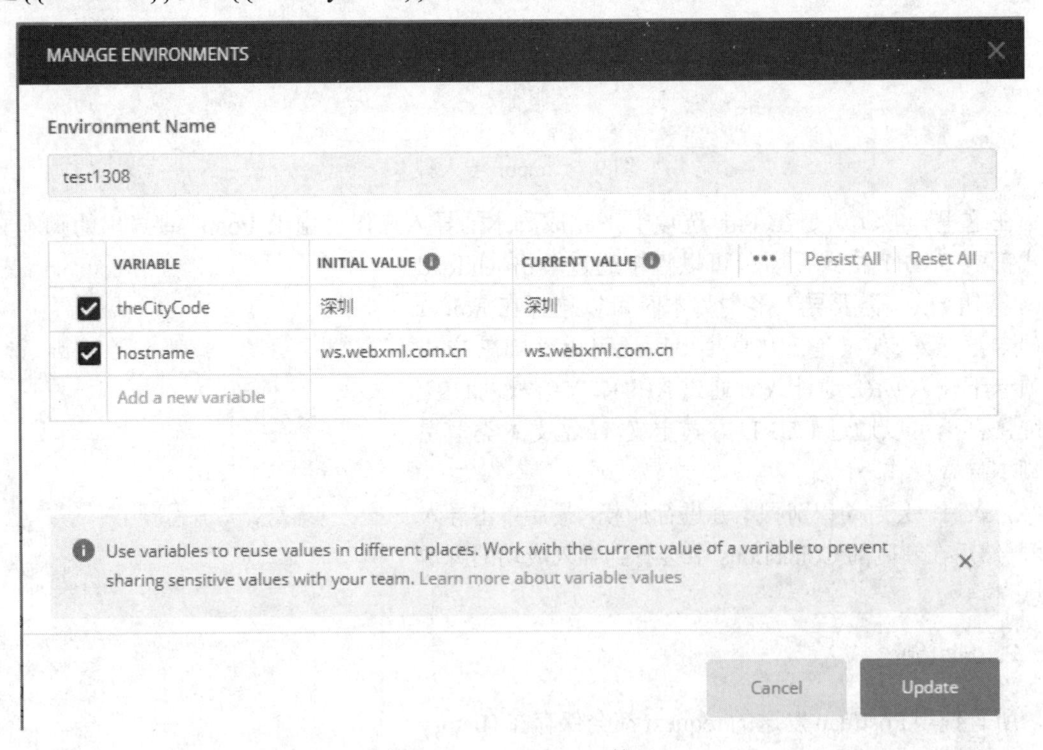

图 9.10　Environment 管理

设置后，可以在请求中直接引用这些变量，如图 9.11 所示。

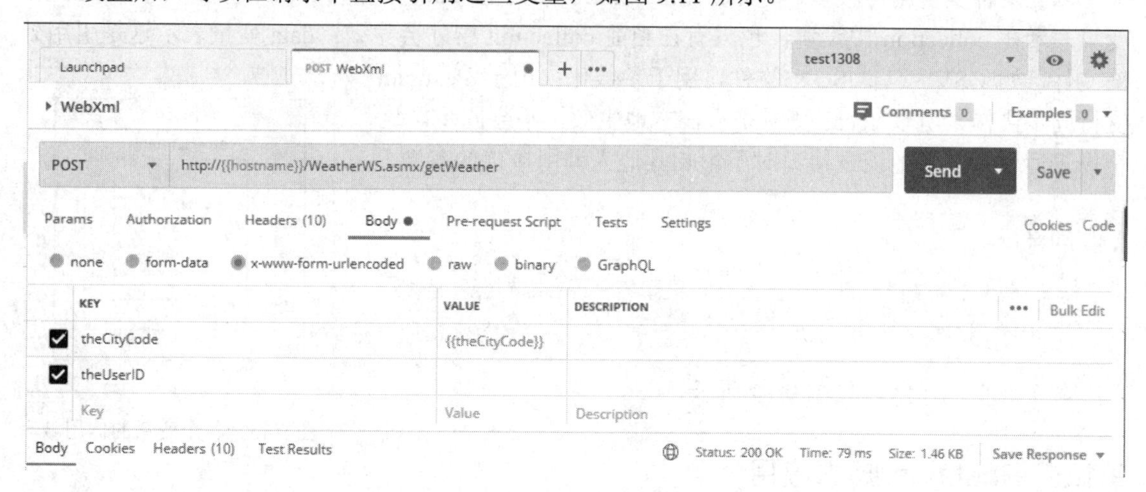

图 9.11　引用环境变量

4. Global

单击眼形图标，可以看到当前可以使用的所有变量，包括选择的 Environment 以及其他 request 添加到 Global 中的变量。

Environment 和 Global 的区别在于：整个 Postman 可以保存多个 Environment，但是只会存在一组 Global。保存在 Global 中的 key-value 可以被所有的 request 使用，但是一个 request 只能选择一个 Environment。

单击图标后如图 9.12 所示。

test1308

test1308　Edit

VARIABLE	INITIAL VALUE	CURRENT VALUE
theCityCode	广州	广州
hostname	ws.webxml.com.cn	ws.webxml.com.cn

Globals　Edit

VARIABLE	INITIAL VALUE	CURRENT VALUE
msg	注册失败	注册失败

Use variables to reuse values in different places. Work with the current value of a variable to prevent sharing sensitive values with your team. Learn more about variable values

图 9.12　全局变量与环境变量

以上两种变量用得较多，其实还存在 collection 变量、data 变量和 local 变量。其中 collection 变量表示在 collection 中设置，也只有在当前 collection 中才会生效；data 变量表示这是引用外部文件，如 CSV 或者 JSON 文件，用于参数化；由于 Postman 支持同步协作，所以 local 变量是只在本地生效，不会同步。这个场景适用于在本地调试接口时不影响其他人调用接口的参数。

注意：

> 以上各种变量尽量不要同名，如果同名，Postman 会默认取 Global 的变量值。

各个变量的作用域如图 9.13 所示。

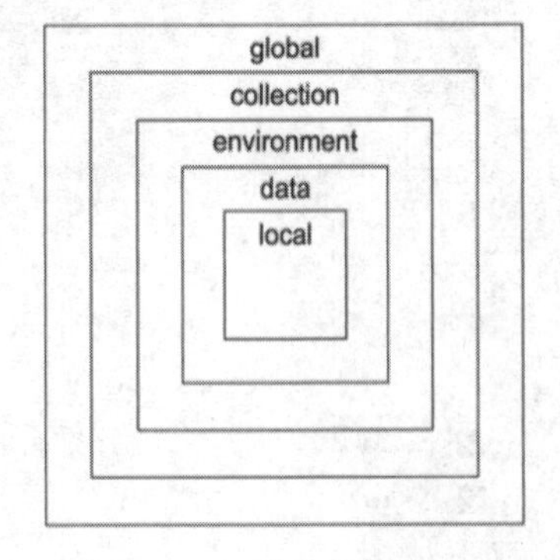

图 9.13　各个变量的作用域

9.1.5　Postman 脚本应用

图 9.5 中 Body 的选项卡旁边有 Pre-request Script 和 Tests 两个选项，在这两个选项中需要编写脚本。其中 Pre-request Script 表示请求之前需要执行的脚本，Tests 表示请求之后需要执行的脚本。

切换到这两个选项卡时，其右侧会显示常用的脚本设置操作，直接单击即可生成对应的脚本，如图 9.14 所示。

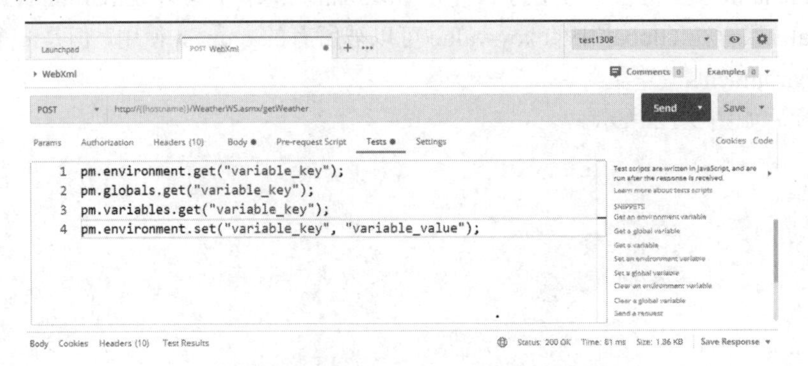

图 9.14　Tests 常用的脚本设置界面

注意：

> 脚本中的字体大小设置，可以通过 Postman 的 File→Settings→General 进行，选择该页面的 Editor Font Size 参数进行设置，可以直接输入字体的大小进行修改。

在 Postman 中的脚本设计主要是基于 pm 对象，通过该对象可以获取正在执行脚本的所有相关信息，可以访问正在发送请求的副本信息，可以获取响应信息，还可以获取和设置各种变量信息。

1. pm.info 对象

info 是信息的意思，表示可以获取正在执行的脚本的相关信息，如请求名称、迭代次数、请求 ID 等。pm.info 对象常用的方法如表 9.1 所示。

表 9.1　pm.info对象常用的方法

方　法	描　述	结果类型
pm.info.eventName	输出脚本是在哪个脚本栏中执行的	字符串类型
pm.info.iteration	输出当前运行迭代的次数（从0开始）	数值类型
pm.info.iterationCount	输出计划运行的迭代总次数	数值类型
pm.info.requestName	返回请求名	字符串类型
pm.info.requestId	返回请求ID	字符串类型

例如，通过 info 对象获取当前请求的名称，具体实现如图 9.15 所示。

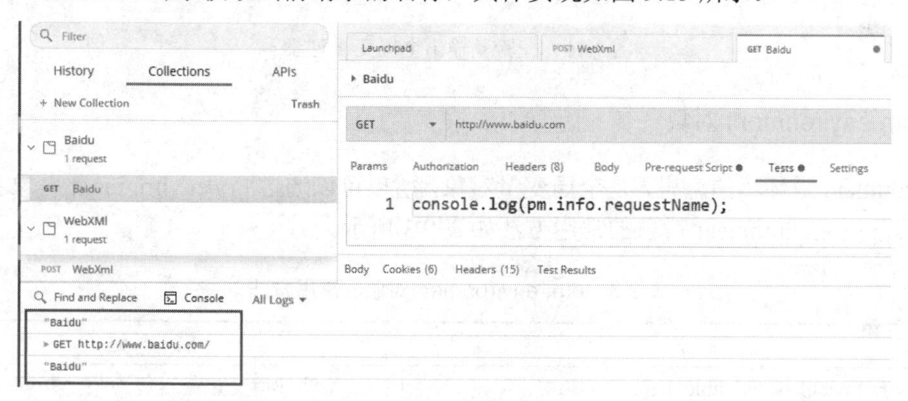

图 9.15　通过 info 对象获取当前请求的名称

2. pm.globals 对象

globals 是全局的意思，pm.globals 对象常用的方法如表 9.2 所示。

表 9.2　pm.globals对象常用的方法

方　法	描　述
pm.globals.has("variableName")	验证是否存在该全局变量
pm.globals.get("variableName")	获取执行全局变量的值
pm.globals.set("variableName","variableValue")	设置全局变量
pm.globals.unset("variableName")	清除指定的全局变量
pm.globals.clear()	清除全部全局变量
pm.globals.toObject()	将全局变量以一个对象的方式全部输出

例如，校验当前全局变量中是否存在指定的变量以及将全局变量以对象形式输出，具体实现如图 9.16 所示。

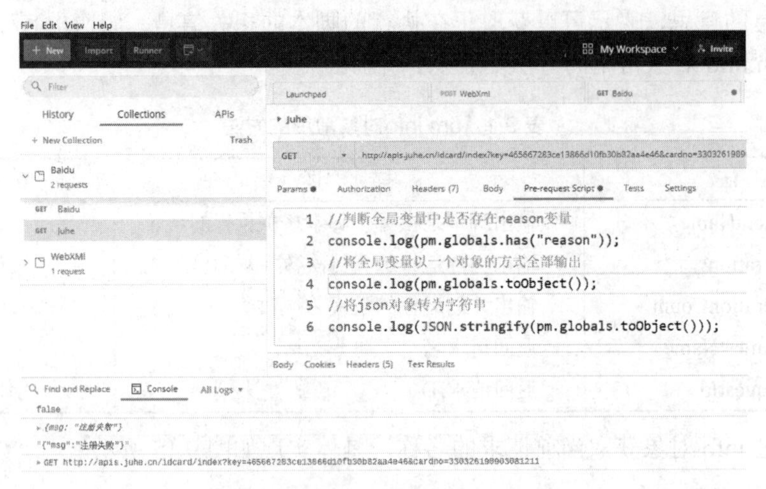

图 9.16 校验及输出全局变量对象

3. pm.environment 对象

environment 是环境的意思，是全局变量对象，所以可以通过 pm.environment 对象获取环境变量信息。pm. environment 对象的常用方法如表 9.3 所示。

表 9.3 pm. environment对象的常用方法

方　法	描　述
pm.environment.has("variableName")	检测环境变量是否包含某个变量
pm.environment.get("variableName")	获取环境变量中的某个值
pm.environment.set("variableName","variableValue")	为某个环境变量设置值
pm.environment.unset("variableName")	清除某个环境变量
pm.environment.clear()	清除全部环境变量
pm.environment.toObject()	将环境变量以一个对象的方式全部输出

常用的方法是 has、get、set、unset 等方法，用于环境变量的判断、获取、重新赋值等。

具体的实现与全局变量一样，只需要将图 9.16 中的代码 globals 替换为 environment 即可将全局变量设置为环境变量。

4. pm.variables 对象

variables 是变量的意思，此变量与全局、环境变量的层次结构都有所不同。在当前迭代中定义的所有变量的优先级要大于当前环境中定义的变量，这些变量覆盖全局范围内定义的变量，即迭代数据<环境变量<全局变量。

pm.variables 对象中主要的方法就是 get 方法，可以通过 get 方法获取变量中的某个值，具体语法为 pm.variables.get("variableName")。

5. pm.request 对象

request 是请求的意思，所以 pm.request 表示获取请求对象，其中从 request 中传入的参数是只读的。

（1）在 Pre-request Script 选项卡下，pm.request 对象表示将要发送的请求。

（2）在 Tests 选项卡下，pm.request 对象表示上一个发送的请求。可以发现这与在 Pre-request Script 选项卡下使用没什么区别，都是同一个请求。

pm.request 对象包含的方法如表 9.4 所示。

表 9.4　pm.request对象包含的方法

方　法	描　述
pm.request	获取当前发起请求的全部headers
pm.request.url	获取当前发起请求的url
pm.request.headers	以数组的方式返回当前请求中的headers信息

例如，对聚合 API 公共接口，身份证信息获取的请求实现其请求头以及请求的 URL 所携带的参数的获取，具体实现如图 9.17 所示。

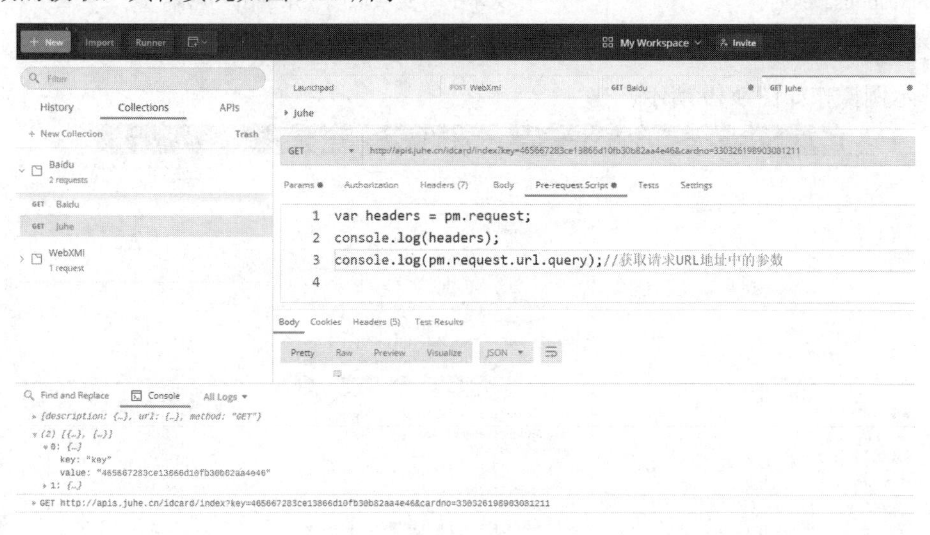

图 9.17　pm.request 对象（一）

如图 9.17 所示，因为这个请求是 GET 请求，所以其参数是拼接在 URL 上的，那么该如何通过脚本获取该携带参数的 key 值呢？

图 9.17 中已经获取了 query 即参数部分，那么可以直接通过索引获取吗？如果直接通过索引获取，则返回的是 null 值，因为返回的结果是一个 JSON 格式对象，所以不能够通过索

引获取。可以先将获取的结果转换成 Object 对象，然后获取 key 值。获取的结果如图 9.18 所示。

```
▸ {key: "465667283ce13866d10fb30b82aa4e46", cardno: "330326198903081211"}
```

图 9.18　pm.reuquest 对象（二）

图 9.18 所示的类型是不是就很熟悉了？此时直接调用键名即可，所以完整实现的语句代码如下。

```
console.log(pm.request.url.query.toObject()["key"]);
```

6. pm.response 对象

response 是响应的意思，所以 pm.response 表示获取响应对象。可以通过该对象获取响应中的相关信息，该对象包含的具体方法如表 9.5 所示。

表 9.5　pm.response对象包含的具体方法

方　法	描　述
pm.response.code	获取当前请求返回的状态码，如200、404、500等
pm.response.reason()	当前请求成功返回OK
pm.response.headers	以数组的形式返回当前请求成功后的response的headers
pm.response.responseTime	获取执行此次请求的时间，单位为ms
pm.response.text()	以文本的方式获取响应中body的内容
pm.response.json()	将body中的内容解析为一个JSON对象

具体示例操作如图 9.19 所示。

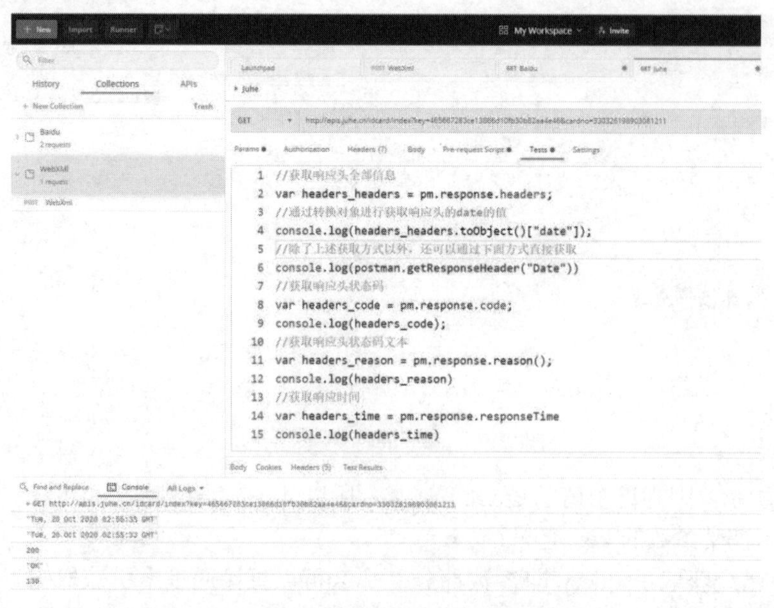

图 9.19　pm.response 对象的具体示例操作

7. pm.sendRequest 对象

sendRequest 是发送请求的意思，所以 pm.sendRequest 可以实现异步发送 HTTP、HTTPS 的相关请求，简单来说就是在后台可以设置该逻辑完成一项繁重的计算任务或者发送多个请求。可以指定一个回调函数，并在底层操作完成时设置通知，而不是等待调用时来完成操作。该方法可以在预请求或测试脚本中使用。

例如，发送 GET 请求，将获取到的响应结果存储到全局变量中，具体代码如下。

```
//发送一个请求
var username_1="";
pm.sendRequest("http://apis.juhe.cn/idcard/index?key=
465667283ce13866d10fb30b82aa4e46&cardno=330326198903081211", function (err, response) {
    console.log(response.json());
    //声明一个变量用于接收该接口返回的数据
    username_1=response.json()["resultcode"];
    console.log("第一个接口获取返回的结果值是：",username_1);
    pm.globals.set("username_1", username_1);
});
```

如果需要实现响应断言，则只需要在 sendRequest 请求函数中添加一个判断语句即可，具体实现代码如下。

```
if(err){
    console.log(err);
}else{
    pm.expect(err).to.equal(null);
        pm.expect(res).to.have.property("resultcode",203);
}
```

8. pm.response.to 对象

在测试过程中最重要的就是断言，如何实现用例的断言操作才是整个测试的核心。在 Postman 工具中是否可以实现断言呢？可以，主要是通过使用 pm.response.to 对象完成，该对象又有两种形式：一种是通过调用 hava 对象；另一种是调用 be 对象。其中 hava 对象包含的方法如表 9.6 所示。

表 9.6　have对象包含的方法

方　法	描　述
pm.response.to.have.status(code:Number)	根据状态码判断响应是否成功
pm.response.to.have.status(reason:String)	根据返回的状态值判断响应是否成功
pm.response.to.have.header(key:String)	根据response中的headers的key判断响应是否成功

续表

方　法	描　述
pm.response.to.have.header(key:String, optionalValue:String)	对response中的header中的key和value进行校验，判断响应是否成功
pm.response.to.have.body()	获取响应返回的资源
pm.response.to.have.body(optionalValue:String)	对响应返回的body内容进行校验，判断响应是否成功
pm.response.to.have.body(optionalValue:RegExp)	对响应返回的body进行正则校验，判断响应是否成功
pm.response.to.have.body(optionalValue:RegExp)	判断响应返回的body是否是JSON，判断响应是否成功

be 对象包含的方法如表 9.7 所示。

表 9.7　be对象包含的方法

方　法	描　述
pm.response.to.be.info	检查响应码是否为1XX，如果是则断言为真，否则为假
pm.response.to.be.success	检查响应码是否为2XX，如果是则断言为真，否则为假
pm.response.to.be.redirection	检查响应码是否为3XX，如果是则断言为真，否则为假
pm.response.to.be.clientError	检查响应码是否为4XX，如果是则断言为真，否则为假
pm.response.to.be.serverError	检查响应码是否为5XX，如果是则断言为真，否则为假
pm.response.to.be.error	检查响应码是否为4XX或5XX，如果是则断言为真，否则为假
pm.response.to.be.ok	检查响应码是否为200，如果是则断言为真，否则为假
pm.response.to.be.accepted	检查响应码是否为202，如果是则断言为真，否则为假
pm.response.to.be.badRequest	检查响应码是否为400，如果是则断言为真，否则为假
pm.response.to.be.unauthorised	检查响应码是否为401，如果是则断言为真，否则为假
pm.response.to.be.forbidden	检查响应码是否为403，如果是则断言为真，否则为假
pm.response.to.be.notFound	检查响应码是否为404，如果是则断言为真，否则为假
pm.response.to.be.rateLimited	检查响应码是否为429，如果是则断言为真，否则为假

以上是常用的响应断言的相关 API 方法，但是这些方法并不是直接定义在脚本中的，而是需要定义在断言的函数中。完成断言的函数主要有 test 和 expect 两个，其语法分别是 pm.test("testName", specFunction)和 pm.expect(assertion:*)。

注意：

（1）pm.test("testName", specFunction)：这个函数主要是应用在沙箱中的编写规范。在这个函数中编写测试可以准确地命名测试，并确保在这个函数内出现任何错误的情况下，脚本的其余部分不会被阻塞。

（2）pm.expect：这是一个通用的断言函数，主要处理响应或者变量相关的数据断言操作，使用 ChaiJS expect BDD 库可以编写可读性很高的测试。

（3）pm.test()：这个方法表示创建一个测试，在 Postman 中用于判定是否为一个测试。其可以接受两个参数：一个是测试的相关描述；另一个是函数（用于执行断言相关的语句）。

例如，断言聚合 API 接口的响应状态码是否是 200，具体实现如图 9.20 所示。

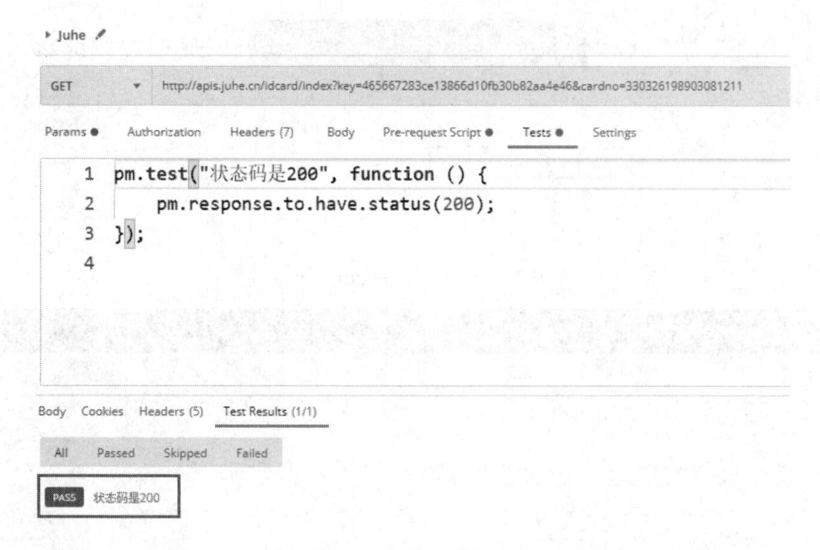

图 9.20　状态码断言

相信有了 Python 语言的基础之后，读者对 pm 对象的理解应该更加容易，不过重点还是要学会查看相应的 API，多练习、多应用，然后会发现 Postman 的脚本实现是非常简单的。

9.2　Postman 中的 Collections

Collections 在 Postman 中主要实现请求的分组以及分类，它可以将实际项目中的每个事件业务流串联起来，或者将相关的模块进行归类处理，保存在一个集合中，方便后期进行维护管理。

可以把 Postman 看作一个便利店，便利店中的每个货架可以看作一个 Collections。货架上的每个物品都可以看作配置好的 request，进便利店时，能够非常清晰地知道哪类货品存放在哪里，根据所需进行相应的购买操作。

9.2.1　创建 Collections

创建 Collections，即创建集合，主要是为了便于快速寻找需要执行的 request 调用操作、测试以及调试。简单总结，创建集合可以方便寻找、管理、执行、批量化执行、导出等。

那么如何实现集合创建呢？

实现集合创建的常用方式有以下两种。

第一种：单击 New，在弹出的框中选择 Collections，如图 9.21 所示。

第二种：直接在左侧栏切换到 Collections，然后单击 New Collection，如图 9.21 所示。

然后会弹出创建集合的界面，在该界面中需要定义集合的相关信息，具体如图 9.22 所示。

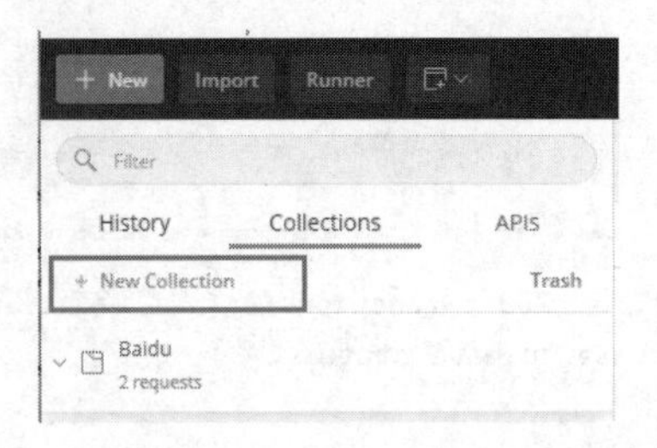

图 9.21　New Collection（一）

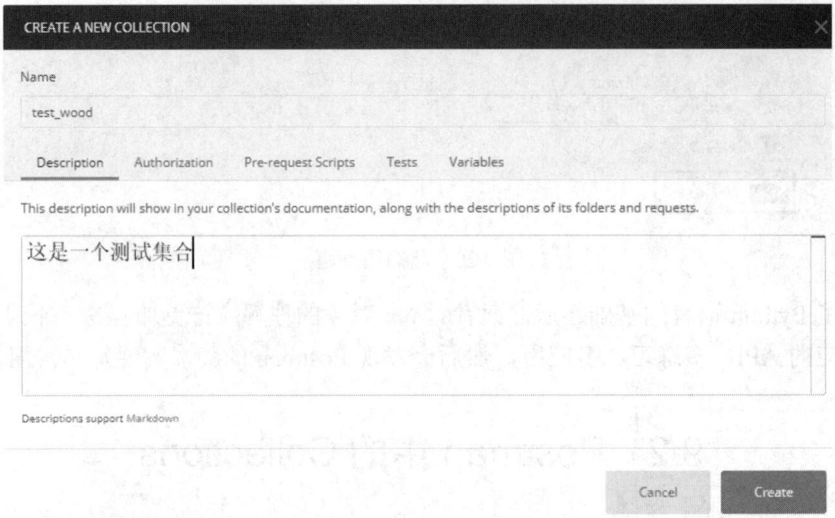

图 9.22　New Collection（二）

图 9.22 所示的界面中字段的具体含义如下。

Name：输入集合名称。

Description：集合的描述说明。

Authorization：选择授权类型。

Pre-request Scripts：输入要在集合运行之前执行的预请求脚本。

Tests：添加要在集合运行后执行的测试。

Variables：将变量添加到集合及其请求中。

最后单击 Create 创建，就会成功创建集合。

9.2.2　共享 Collections

在实际工作中，如果需要共享某些模块的内容，则可以引用共享集合 Collections，可以通过团队空间共享。下面给出具体的操作步骤。

（1）在已经创建好的 Collection 上右击，如图 9.23 所示。

（2）选择 Share Collection 分享集合，弹出如图 9.24 所示的界面。

图 9.23 Share Collection（一）

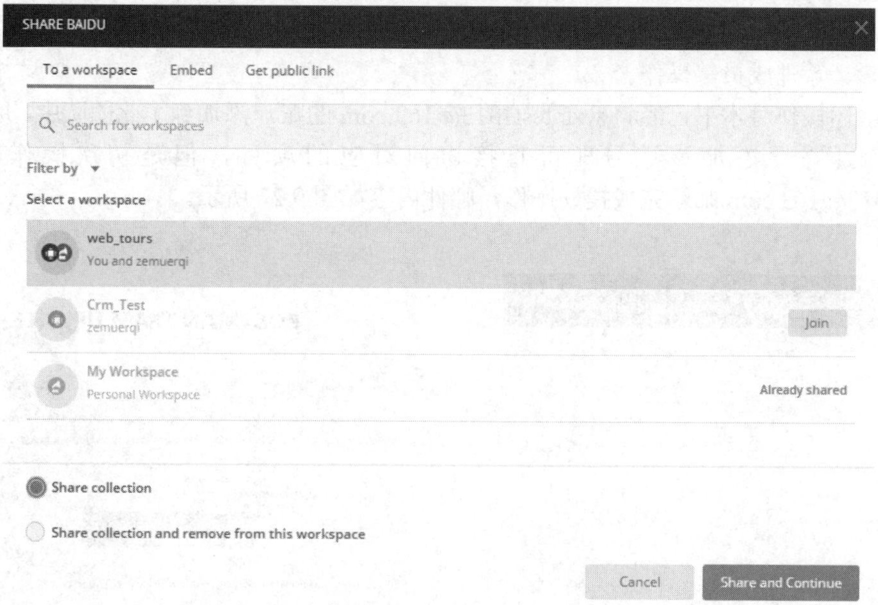

图 9.24 Share Collection（二）

（3）选择分享到工作空间，然后选择要分享的团队，单击 Share and Continue 按钮。

至此，团队空间共享成功，如图 9.25 所示。只需要切换工作空间到团队空间，就可以看到共享的接口了。

这里需要说明的是，当出现没有可以选择的共享空间的情况时，说明读者还没有创建共享空间。创建共享空间需要在如图 9.26 所示的界面中完成。

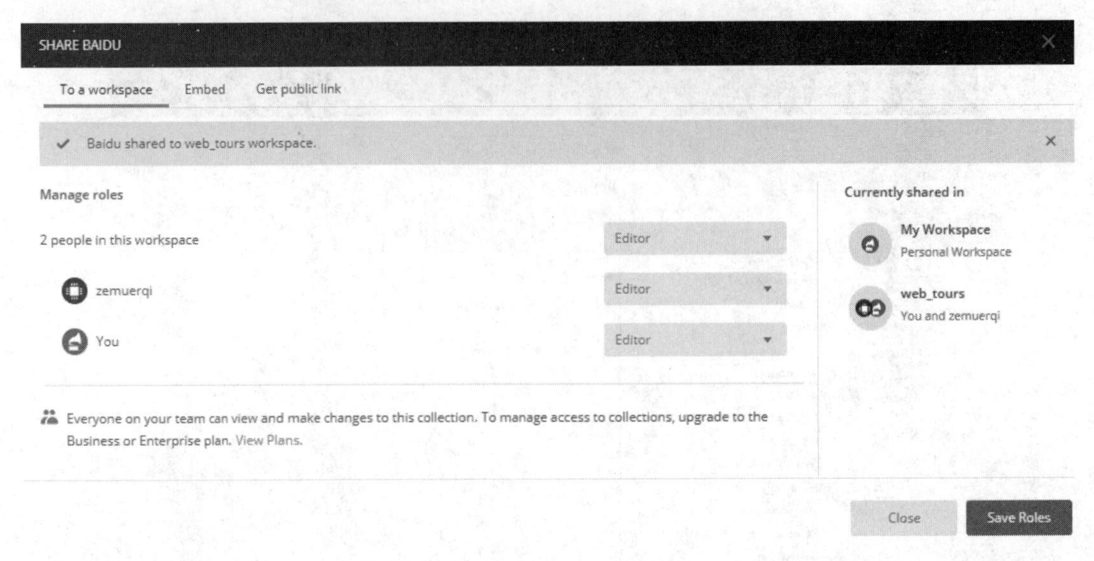

图 9.25　Share Collection（三）

图 9.26 所示的界面表示存在个人项目空间和团队项目空间，当然在两种模式下都可以创建新的项目。团队项目空间的作用就是可以实现项目的共享操作，同时可以对该项目空间进行重命名、删除、管理成员等操作。

执行上述操作时本书已经将 wzmtest1313@163.com 的账户添加到了此团队中，所以后面的项目共享只需要添加该账号即可直接访问对应的项目，但是初次操作需要进入 wzmtest1313@163.com 邮箱完成授权操作，邮件内容如图 9.27 所示。

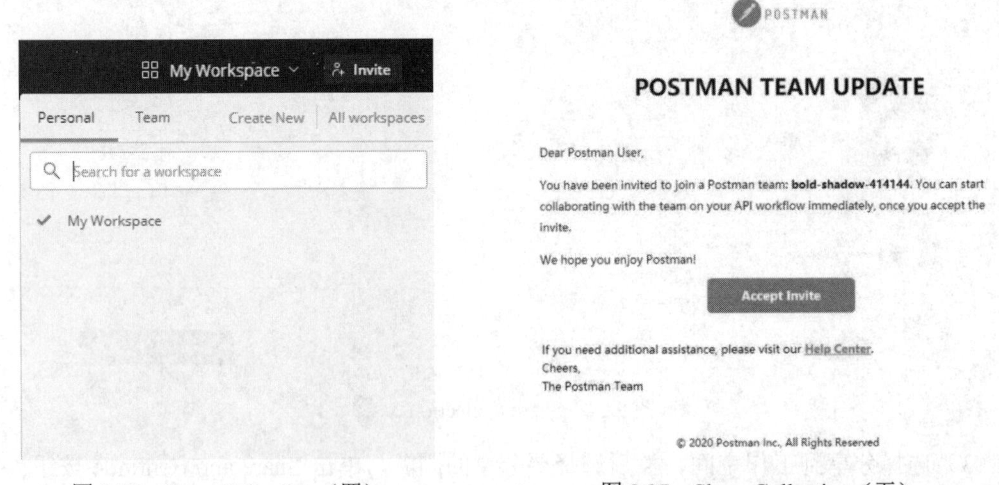

图 9.26　Share Collection（四）　　图 9.27　Share Collection（五）

此时 wzmtest1313@163.com 账户只要接受了邀请，然后按照相同的方式继续添加 932522793@qq.com 账户，那么这两个账户就共享了这个项目，并且 932522793@qq.com 账户也会收到一封实现成员管理操作的邮件，如图 9.28 所示。

注意：

初级用户管理 Collection、分享 Collection 是有数量限制的，如果超过了则需要充值升级扩充容量，如图 9.29 所示。

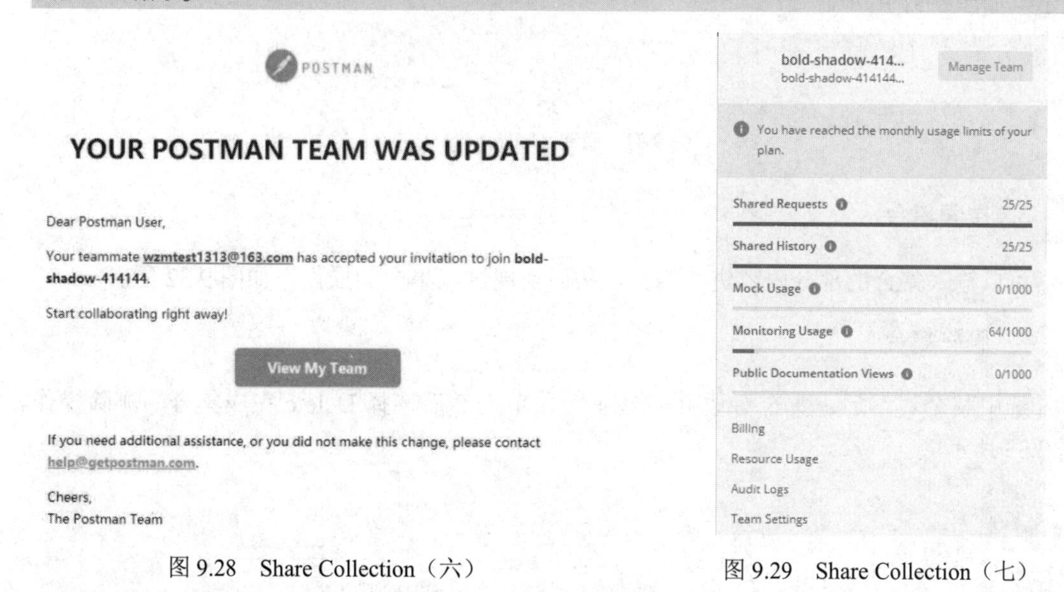

图 9.28　Share Collection（六）　　图 9.29　Share Collection（七）

9.2.3　管理 Collections

1. 浏览集合

在左侧栏中单击任意一个集合，可以显示或者隐藏该集合的相关请求，还可以编辑并查看对应的收藏细节。单击展开右角括号还可以显示集合的详细信息视图，再次单击折叠左角括号即可隐藏详细信息视图，如图 9.30 所示。

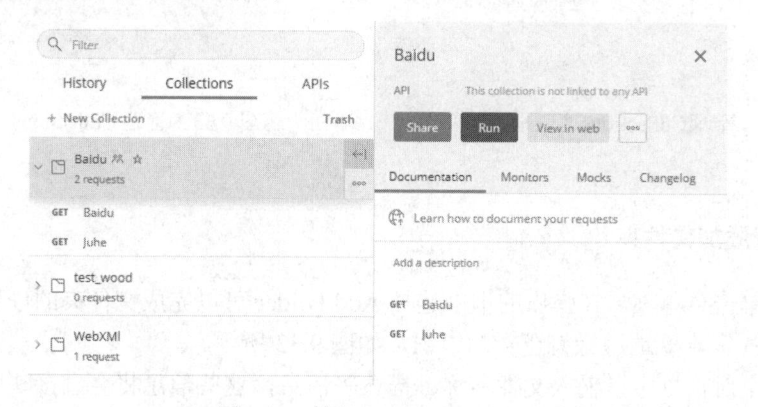

图 9.30　管理 Collections（一）

2. 收藏集合

在选中的某个集合中，单击该集合中显示的五角星图标后，会将该集合在列表的顶部进行显示，如图 9.31 所示。

图 9.31 管理 Collections（二）

3. 搜索集合

可以输入集合的部分内容进行搜索，从而实现过滤集合的操作，如图 9.32 所示。

4. 删除集合

选中某个集合后，集合旁边有菜单项 ，单击然后选择 Delete 完成集合的删除操作，如图 9.33 所示。

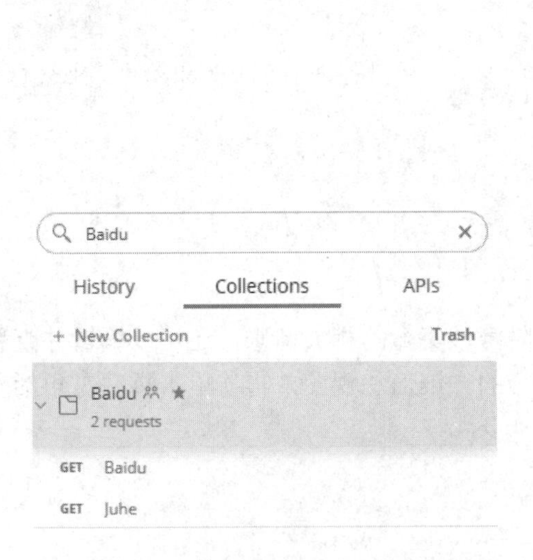

图 9.32 管理 Collections（三）

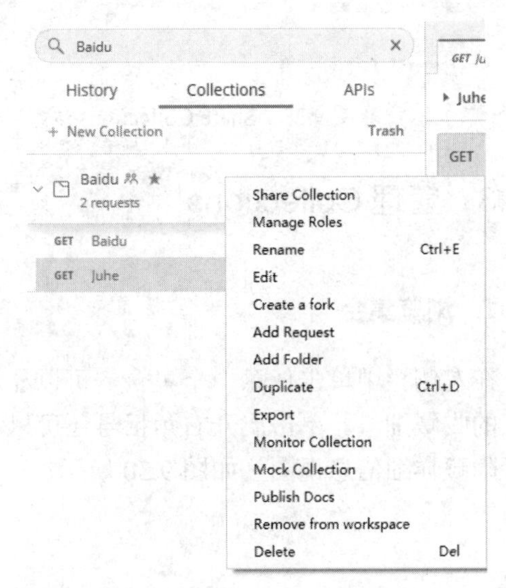

图 9.33 管理 Collections（四）

5. 为集合添加文件夹

同样的，单击菜单项，在弹出的框中选择 Add Folder 可以完成文件夹的创建操作。它可以将集合中的 API 很直观地进行有逻辑的组织，如图 9.33 所示。

在弹出一个对话框中，输入文件名称、描述等信息，这些信息将会直接映射到对应的 API 文档中。其中，文件夹的排序是按照名称字母顺序实现的，如图 9.34 所示。

除了可以添加文件夹以外，在集合中还可以实现文件夹的嵌套操作。如果创建的多个文件夹需要重新排序，则可以直接拖动文件夹来重新调整文件夹的结构。调整后的结构如图 9.35 所示。

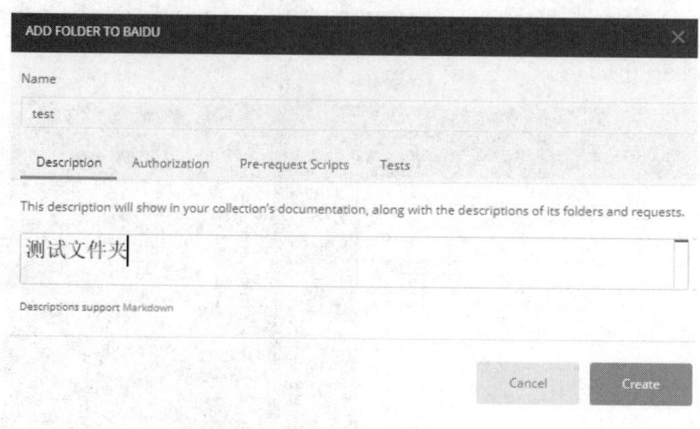

图 9.34　管理 Collections（五）

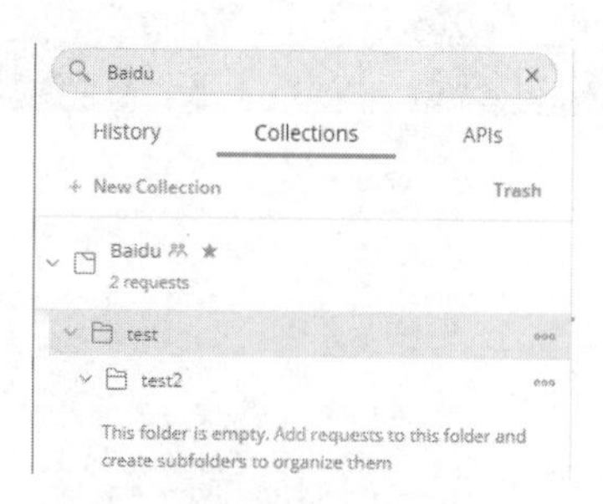

图 9.35　管理 Collections（六）

9.2.4　导入/导出文件

1. 导出 Collection 文件

选择需要导出的 Collection，右击，然后选择 Export，弹出如图 9.36 所示的窗口。

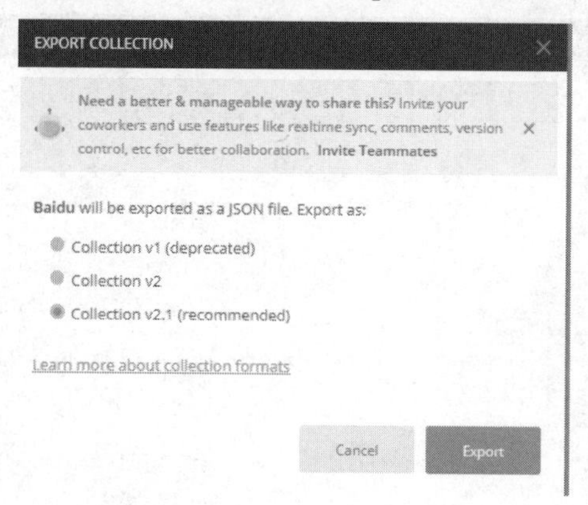

图 9.36　导入/导出文件（一）

注意：

Postman 可以导出 3 种格式的集合文件，官方推荐第三种格式。

然后在图 9.36 所示的窗口中单击 Export 按钮，会弹出保存文件的对话框，输入需要保存的文件名，选择需要存入的路径即可。文件保存的格式为 JSON 格式。

2. 导出、导入 Environment 文件

首先在请求主界面的右上角单击 Manage Environments，然后会弹出如图 9.37 所示界面。

然后单击如图 9.37 所示的向下箭头即可完成环境文件的导出操作。如果需要导入，则直接在如图 9.37 所示的界面上单击 Import 按钮即可。

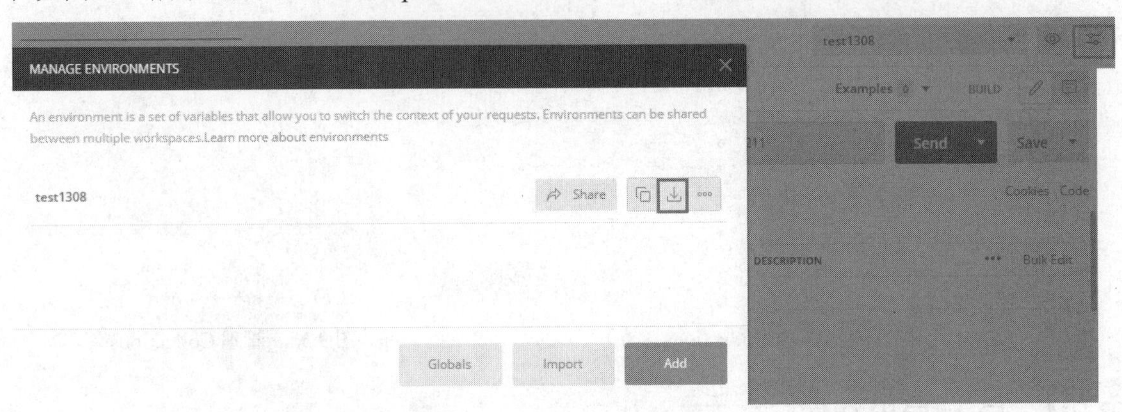

图 9.37 导入/导出文件（二）

3. 导出 Globals 文件

同样的，在图 9.37 界面上单击 Globals，即可进入全局变量的操作界面，如图 9.38 所示。

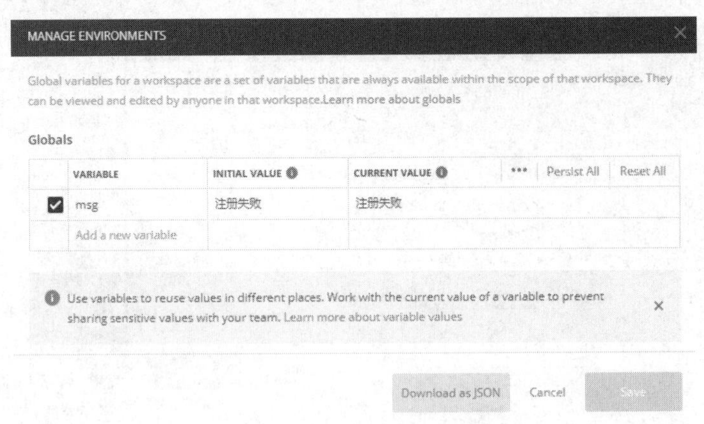

图 9.38 导入/导出文件（三）

然后在图 9.38 的界面上选择需要导出的变量，单击 Download as JSON 即可完成全局变量的导出操作。

4. 导入、导出 Postman 数据

除了可以完成以上脚本、变量的导出操作以外，还可以完成数据的导出操作，在 SETTINGS

窗口的 Data 选项卡下，Postman 允许打包所有 Collections、Environments、Globals、Header Presets，并导出为一个 JSON 文件，如图 9.39 所示。

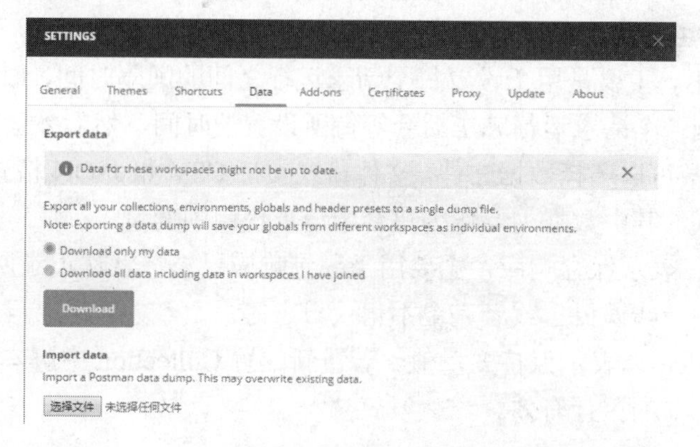

图 9.39　导入/导出文件（四）

在图 9.39 中可选择仅仅导出数据或者导出所有数据，直接单击 Download 按钮即可。如果需要导入则单击 Import data 即可。

9.2.5　Collections 运行参数

在图 9.30 所示浏览集合的界面中，单击 Run 按钮，进入 Collection Runner 运行器界面，如图 9.40 所示。

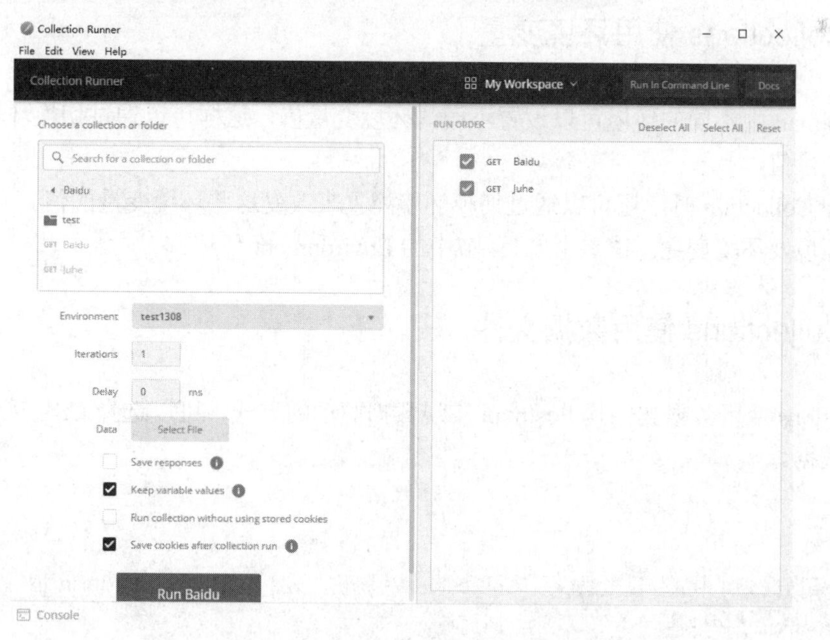

图 9.40　Collection Runner 运行器界面

进入运行器参数设置界面，该界面的相关参数含义如下。

Environment：表示当前脚本运行所需的环境，即每个集合对应的环境变量信息。

Iterations：表示可迭代，可以设置用例需要迭代的次数。

Delay：表示延迟，主要是用于设置每个请求运行之间的间隔时间，时间单位是毫秒。如果设置了间隔时间，则一个请求运行完毕后会等待所设置的时间，然后才运行下一个请求。

Data：表示数据，可以选择数据文件，文件格式支持 CSV 和 JSON 格式类型。这是 Postman 实现数据驱动的方式，其中数据主要作为集合中请求使用的变量。

Save Responses：表示保存响应，主要用于记录响应日志，默认记录所有的请求日志信息，当然也可以设置只记录错误日志或者完全不记录日志等。

Keep variable values：表示保持变量值。若重新配置 Collection 中脚本的环境变量或者全局变量值，默认只对当前的运行有效。

注意：

> 如果勾选了此选项，那么在脚本中重设的变量值会保存下来，也就是会直接修改 Postman 中预设的变量值。

Run collection without using stored cookies：表示执行集合时不会使用 Postman 中的 Cookies 管理器。

Save cookies after collection run：表示在运行后会存储运行过程中所产生的 cookies。

9.2.6 Collections 使用环境变量

在 Postman 中不同的环境可以设置不同的环境变量值，这样可以通过切换环境灵活改变需要修改的变量值。

在运行 Collection 时，还可以通过切换环境配置来改变这些环境变量的值。

关于环境及环境变量，请参考 9.1.4 节中的 Environment 环境。

9.2.7 Collections 使用数据文件

Collections 使用数据文件是 Postman 实现数据驱动的方式，可以选择 CSV 或者 JSON 文件中记录的数据。

注意：

> 如果数据文件中的变量数量少于 Collections 中使用的变量数量，那么 Postman 运行时会尝试从环境（Environment）中取值。

文件上传后，会在 Data 选项下方出现 Data File Type 选项，如图 9.41 所示。

在图 9.41 中，可以单击 Preview 查看数据内容，如图 9.42 所示。

图 9.41　选择数据文件

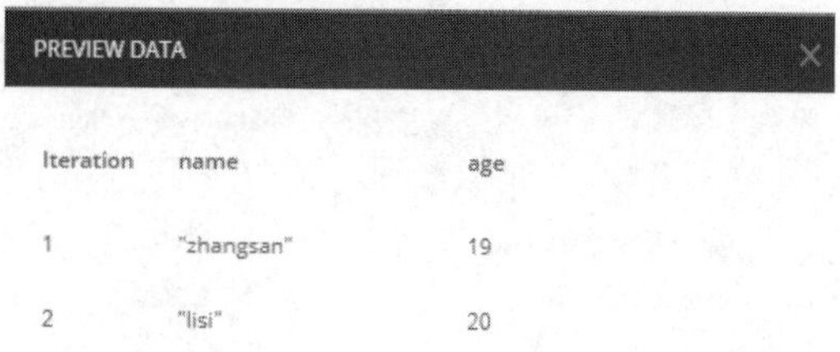

图 9.42　单击 Preview 后查看数据

注意：

Iteration 是迭代的数量，会根据数据的数量自动设置。比如图 9.42 中有 2 条数据，则会自动设置迭代数量 2。

9.2.8　Collections 迭代运行集合

迭代的意思其实就是运行多少次。如下示例，选中 Baidu 文件夹，并根据图 9.42 所导入的数据自动设置迭代 2 次。

然后单击 Run Baidu 按钮即可，运行结果如图 9.43 所示。

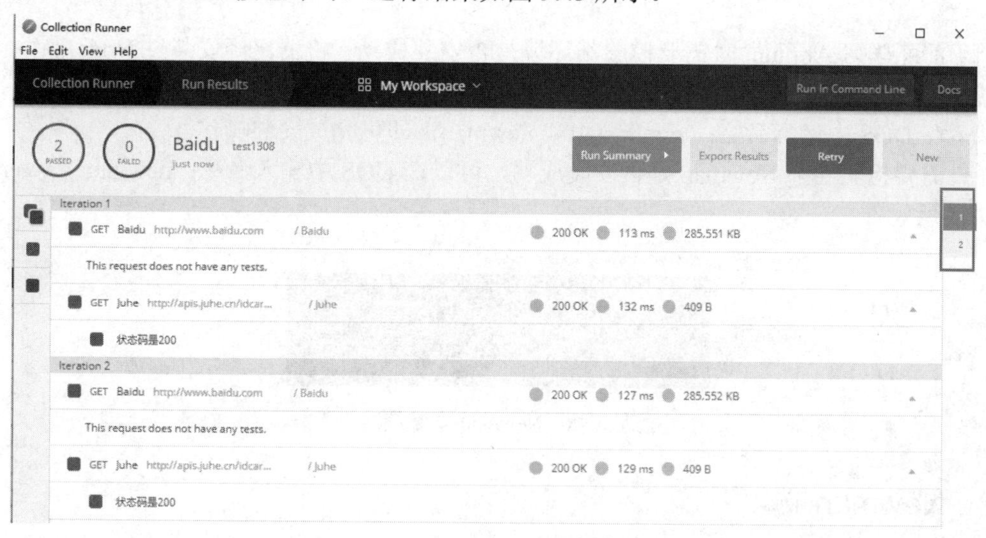

图 9.43　运行结果

从结果中可以看出，设置迭代了 2 次，Runner 会将选中的请求运行 2 次，在运行结果的右侧可以看到一个筛选器，可以单击对应的数值，分别查看每次运行的情况。

还可以通过单击顶部橙色的按钮 Run Summary 查看运行摘要，如图 9.44 所示。

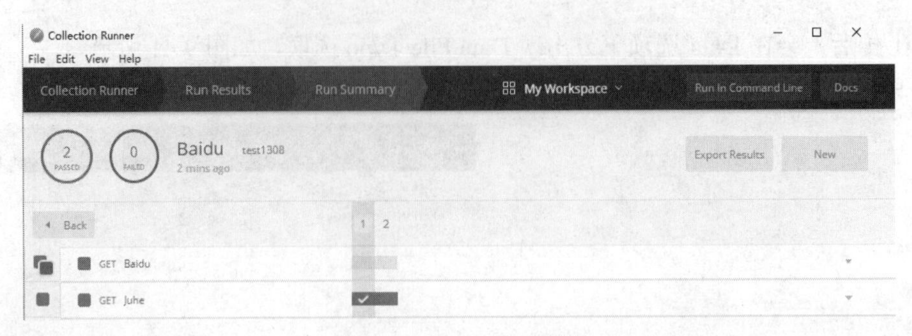

图 9.44 查看运行摘要

扫一扫，看视频

9.3 Newman 工具

9.2 节中完成了 Postman 工具的基本操作，能够应用 Postman 完成接口相关的测试。但是运行之后仅有概要结果，没有像自动化测试框架那样生成漂亮的报告。

Newman 是 Postman 的一个扩展库，即 NodeJs 库，也就是说 Postman 导出的 JSON 格式文件是可以直接通过 Newman 的命令行执行的。Newman 插件可以很好地快速完成测试集合的运行，并且构造接口自动化以及持续集成。

9.3.1 安装 Newman 工具

由于前面学习 Appium 时需要校验其环境是否安装成功，机器已经安装过 NodeJs 了，所以这里就不需要安装了。

然后在 DOS 中运行命令：npm install -g newman，即可完成安装操作。

如果需要检验当前 Newman 是否安装成功，可以在 DOS 中输入命令：newman --version，如图 9.45 所示。

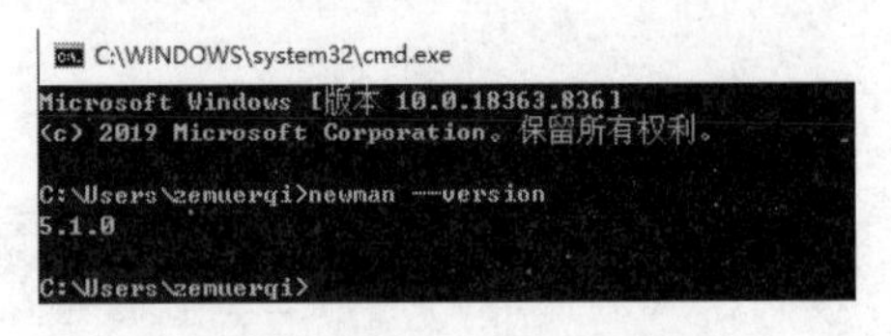

图 9.45 Newman 安装校验

9.3.2 Newman 选项

1. 使用 Newman 运行一个集合

使用 Newman 命令运行时，首先要从 Postman 工具中将脚本导出，导出脚本为 JSON 格式。然后在 DOS 中执行“newman run 脚本所在路径”命令即可，具体如图 9.46 所示。

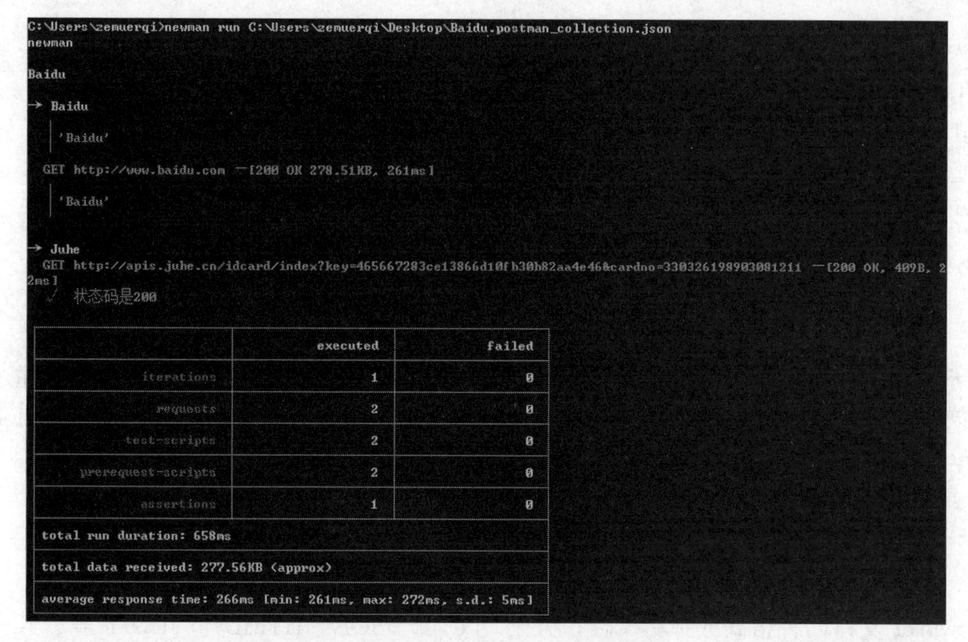

图 9.46　使用 Newman 命令运行集合

如果导出的文件是 URL 地址，则直接执行“newman run URL 地址”命令即可。

2. 查看帮助

直接使用 newman 命令添加-h 或者--help 参数即可获取相关帮助信息。

3. 添加环境变量

由于脚本文件与环境变量是两个文件，上述脚本运行是没有依赖环境变量的情况，如果脚本依赖环境变量该如何执行？添加-e 参数或者--environment，这两个参数都可以用于指定环境文件路径或者 URL。例如，前面 WebXml 接口测试天气提取了环境变量，如果需要使用 Newman 执行，命令如下。

```
newman run C:\Users\zemuerqi\Desktop\WebXMl.postman_collection.json -e
C:\Users\zemuerqi\Desktop\test1308.postman_environment.json
```

如果不指定环境变量的文件路径，则会提示运行失败。

4. 添加全局变量

前面章节已提到这几个变量都可以完成导出操作，或者直接导出整个数据文件。如果需要添加全局变量的文件，则直接在命令行中添加参数-g 或者--globals，其用法与-e 相同。

5. 设置数据源

在 Postman 中可以通过运行器设置迭代次数，那么如何使用命令实现呢？

可以通过-d 或者--iteration-data 参数指定迭代的数据源文件所在路径，命令如下。

```
newman run C:\Users\zemuerqi\Desktop\WebXMl.postman_collection.json -e
C:\Users\zemuerqi\Desktop\test1308.postman_environment.json -d
C:\Users\zemuerqi\Desktop\data.csv
```

如果需要指定迭代次数，则可以通过添加参数-n 或者--iteration-count 进行指定。虽然上述命令的文件中有 2 个参数，但是如果设置迭代次数为 1，则只迭代 1 次。

6. 变量的导出

在运行过程中变量会发生变化，可以通过脚本定义一些变量的设置，最后也可以通过命令将这些变量进行导出操作，其中环境变量使用的参数是--export-environment、--export-globals、--export-collection 等，后面都是直接需要保存到的路径地址。

9.3.3 定制报告

Newman 支持四种格式的报告文件，分别是 CLI、JSON、HTML 和 JUNIT 等。其中生成 HTML 报告时需要安装 HTML 套件，执行命令如下。

```
npm install -g newman-reporter-html
```

安装成功后如图 9.47 所示。

```
C:\Users\zemuerqi>npm install -g newman-reporter-html
npm WARN newman-reporter-html@1.0.5 requires a peer of newman@4 but none is installed. You must install peer dependencie
s yourself.

+ newman-reporter-html@1.0.5
updated 3 packages in 11.397s
```

图 9.47 安装成功

图 9.47 是更新后的结果，因为已安装，之后继续安装则会检查当前版本的更新问题，如果有最新版本则会自动更新升级操作。

输出报告时使用的命令如下。

（1）-r html,json,junit 表示指定生成 HTML，JSON，XML 形式的测试报告。

（2）--reporter-json-export jsonReport.json 表示生成 JSON 格式的测试报告。

（3）--reporter-junit-export xmlReport.xml 表示生成 XML 格式的测试报告。

（4）--reporter-html-export htmlReport.html 表示生成 HTML 格式的测试报告。

默认生成的测试报告保存在当前目录下，如果在文件名前加上路径，则保存在指定的目录下。

输出 JSON 和 HTML 文件报告的命令如下。

```
newman run C:\Users\zemuerqi\Desktop\Baidu.postman_collection.json -r html, json
--reporter-json-export jsonReport.json --reporter-html-export htmlReport.html
```

执行之后，在当前目录下会生成两个文件，如图 9.48 所示。

打开 HTML 报告，其效果如图 9.49 所示。

htmlReport.html　2020/10/20 21:04　360 se HTML Do...　247 KB
jsonReport.json　2020/10/20 21:04　JSON 文件　5,177 KB

图 9.48　JSON 和 HTML 报告

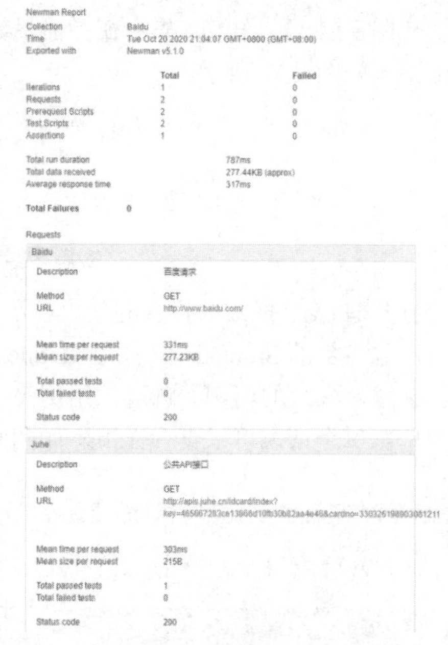

图 9.49　HTML 报告展示效果

如果需要生成比较高级的报告，则需要使用 htmlextra 套件。使用方法与 HTML 相同，同样需要先安装 htmlextra，在命令行中执行如下命令。

```
npm install -g newman-reporter-htmlextra
```

执行成功后，如图 9.50 所示。

```
C:\Users\zemuerqi>npm install -g newman-reporter-htmlextra
npm WARN deprecated gulp-header@1.8.12: Removed event-stream from gulp-header
npm WARN deprecated urix@0.1.0: Please see https://github.com/lydell/urix#deprecated
npm WARN deprecated resolve-url@0.2.1: https://github.com/lydell/resolve-url#deprecated
C:\Users\zemuerqi\AppData\Roaming\npm\newman-reporter-htmlextra -> C:\Users\zemuerqi\AppData\Roaming\npm\node_modules\newman-reporter-htmlextra\bin\htmlextra.js
npm WARN newman-reporter-htmlextra@1.19.4 requires a peer of newman@>=4 but none is installed. You must install peer dependencies yourself.

+ newman-reporter-htmlextra@1.19.4
added 48 packages from 24 contributors, removed 129 packages, updated 90 packages and moved 1 package in 406.488s
```

图 9.50　htmlextra 安装结果

然后通过执行 htmlextra 命令完成报告的生成，其具体执行的命令如下。

```
newman run C:\Users\zemuerqi\Desktop\Baidu.postman_collection.json -r  htmlextra
--reporter-html-export htmlReportNew.html
```

执行完后会提示报告生成后所在的目录，如图 9.51 所示。

```
C:\Users\zemuerqi>newman run C:\Users\zemuerqi\Desktop\Baidu.postman_collection.json -r  htmlextra --reporter-html-export htmlReportNew.html
Using htmlextra version 1.19.4
Newman Run Progress |████████████████████████████████████████| 100% || Requests: 2/2 || ETA: 0s
Created the htmlextra report in this location: /newman
```

图 9.51　执行 htmlextra 命令生成报告

从图 9.51 可以知道，先会在当前目录下生成一个目录 newman，然后报告会生成到 newman 目录下，如图 9.52 所示。

图 9.52　newman 目录下的报告

打开 HTML 格式的报告的效果如图 9.53 所示。

通过头部的 Summary、Total Requests、Failed Tests、Skipped Tests 可以查看统计数据、所有的请求、失败的用例、跳过的用例等。

单击每个请求可以查看详情，如图 9.54 所示。

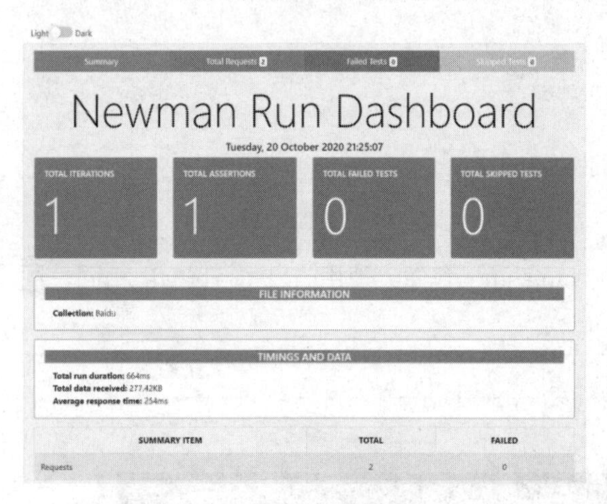

图 9.53　htmlextra 报告展示（一）

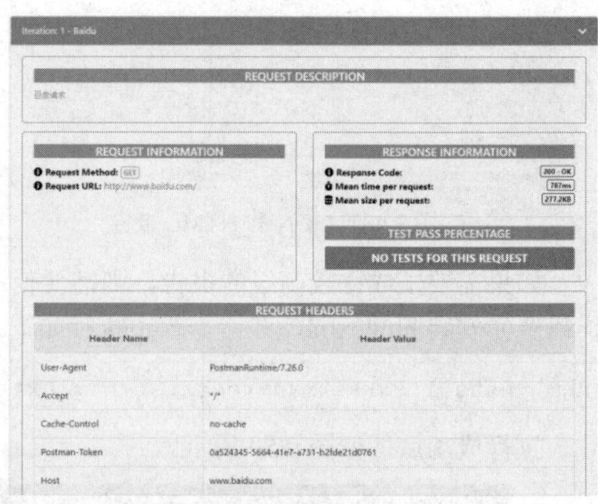

图 9.54　htmlextra 报告展示（二）

9.4　小　　结

掌握了 Postman 和 Newman 相关的知识点，相信读者能够很好、很灵活地应用这两款工具。此外，不得不得到 Postman 工具非常优秀的扩展功能，如 Mock 集合、monitor 集合以及授权等操作。

monitor 集合实际就是监控集合，其操作也是非常简单的，直接选择集合，右击，选择 monitor collection，会弹出监控集合创建的界面，填写相关信息单击 Create 即可完成创建。添加成功后，在对应集合中单击浏览集合的界面，选择 Monitors 即可查找到对应的监控，然后单击，会跳转到 Web 页面，即可完成监控操作。

Mock 集合在本章就不过多说明，后续章节会有详细介绍。

第 10 章　接口的设计与开发

了解接口从设计到开发的全过程的主要目的是能够更好地理解接口的实现过程以及实现原理。如果想成为一名合格的测试开发工程师，那么必须掌握一种接口自动化测试框架。这也就必须学习从设计框架，到开发框架，最后到重构框架的过程。

本章主要涉及的知识点如下。

- Django 框架：掌握 Django 框架的环境部署以及项目的创建，理解 Django 项目中的每个文件存在的作用与意义。
- MVT 模式与三层传统模式：从 Django 中理解 MVT 模式，分析 MVT 模式与传统模式的区别，学会引用 MVT 模式到自身框架中。
- 接口开发：学会利用 Django 框架完成 GET 和 POST 接口请求的开发。
- 实战实例：通过实战加深对 Django 框架的理解深度。

注意：

本章主要利用 Django 框架完成接口从设计到开发的整个阶段，从开发过程中学习哪些内容可以很好地应用到自动化测试过程。

10.1　Django 框架

本节主要介绍 Django 框架的结构以及项目构成。为什么选择 Django 去开发呢？下面一起来探讨下。

为了提高开发效率，很多优秀的框架应运而生，如 Flask、Django、Twisted、Tornado 等。市面上可选的框架较多，开发人员要根据项目业务的实际情况选择合适的框架。其中 Twisted 框架主要是针对底层定义的，而 Tornado 主要是实现高并发的，在所有框架中适合初学者完成接口框架定义的是 Django 和 Flask。

10.1.1　Django 框架介绍

在了解 Django 框架之前，首先需要了解一下 Web 框架。

Web 框架就是已经完成并设定好的一个 Web 模板，可以根据该框架定义的规则，实现对应 Web 网站内容的新增、修改等操作，从而完成相应的需求。

一般 Web 框架的架构模型如图 10.1 所示。

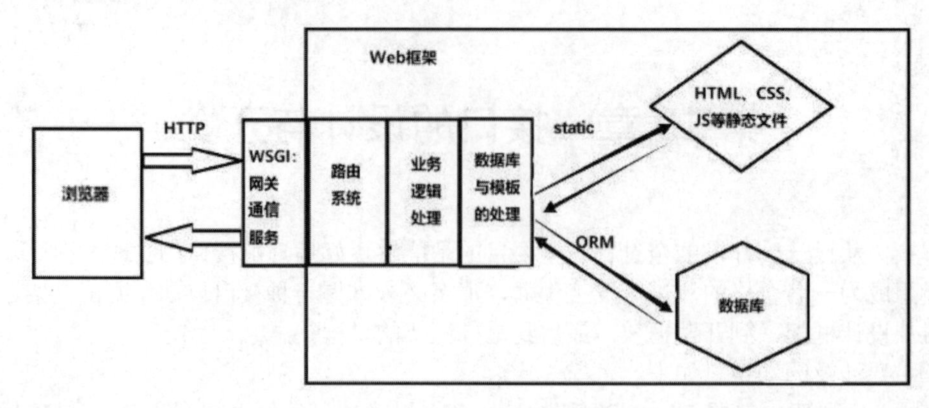

图 10.1 Web 框架模型

说明：

（1）首先浏览器向 Web 服务器发送 HTTP 请求。

（2）服务器接收到请求后解析请求，然后发送给 Web 后端框架，Web 服务器主要是通过 WSGI 网关通信服务完成与 Web 框架的交互。

（3）后端框架接收到请求后进行处理（如封装 JS、数据库交互、业务处理等操作)。

（4）处理结束后把 HTTP 的响应对象返回给服务器。

（5）服务器把接收到的 HTTP 响应对象报文返回给浏览器。

（6）最终浏览器将页面渲染给用户。

总结：Web 框架用于搭建 Web 应用程序，从而避免代码的重复编写，所以开发人员只需要关心 Web 应用核心的业务逻辑实现。

而 Django 是基于 Web 框架模型实现的，它是使用 Python 语言开发的一个开源 Web 开发框架，并且遵循 MVC 模式设计。它具有免费和开源的特点，拥有活跃繁荣的社区、丰富的文档，以及很多免费和付费的解决方案。

10.1.2 Django 框架特点

Django 能够非常简单、快速地开发数据库驱动的网站，对比 Flask 框架，Django 原生提供了众多的功能组件，让开发更快速。

下面详细介绍一下 Django 框架的特点：

（1）完备性。Django 框架能够为开发人员提供几乎所有的功能，充分体现了“开箱即用”的理念。

（2）通用性。Django 从最开始构建内容管理系统，再到构建社交网络，最后到构建新闻网站，这些案例说明它几乎可以构建任意类型的网站。它还可以与任意客户端的框架一起工作，几乎可以兼容所有格式（如 HTML、RSS 源、JSON、XML 等）。

（3）安全性。Django 框架内部设计了“做正确的事情”机制来自动保护网站的框架，从而避免很多常见的安全性错误。

（4）可扩展性。Django 框架的每一部分组件都独立于其他组件，所以可以根据需要进行替换或者更改，这也是 Django 所谓的“无共享”架构模式。

（5）可维护性。Django 框架的代码设计是完全遵循设计模式和设计原则的，它建议大家多创建一些可维护以及可重复使用的代码。

（6）灵活性。Django 框架实现了跨平台性，其主要原因是该框架使用 Python 语言编写，从而可以在多个平台上运行。

10.1.3　Django 安装

在安装 Django 之前，系统需要先确定当前环境是否已经安装了 Python 的开发环境。鉴于笔者实际已经安装并配置过了 Python 环境，所以直接下载 Django 对应平台的安装包安装即可。

官网对应 Django 版本的下载地址：https://www.djangoproject.com/download/。

第一种方式，直接在 DOS 中执行下面命令即可。

```
pip  install  django
```

第二种方式，先从官网下载源码包，再进行解压，并放在和 Python 安装目录的同一个根目录，进入 Django 目录，执行命令。

```
python  setup.py  install
```

然后开始安装，Django 将会被安装到 Python 的 lib 目录下的 site-packages 目录中。

第三种方式，直接通过 Python 的开发工具 IDE，即 PyCharm 进行安装，直接在 PyCharm 中选择 File |Settings | Project: Python2020 | Project Interpreter，然后单击该界面的+，搜索 Django，安装搜索出来的选项。

注意：

> 此处 PyCharm 的版本不同，其 Django 安装后的显示效果不同。如果使用 PyCharm 专业版，则不需要手动安装 Django，可以直接创建 Django 的项目，PyCharm 会自动安装 Django 相关的包，在 PyCharm 的菜单栏中单击 File 选项，选择 New Project 即可弹出创建项目的窗口。但是如果是 PyCharm 社区版则没有在菜单中显示，需要通过命令完成项目的创建。

安装完毕，需要配置 Django 环境，需要将当前 Python 所在目录下的 Scripts 目录追加到 Path 环境变量中，如图 10.2 所示。

配置完毕，在 DOS 的命令行中输入 django-admin，如果出现如图 10.3 所示界面，则说明配置成功。

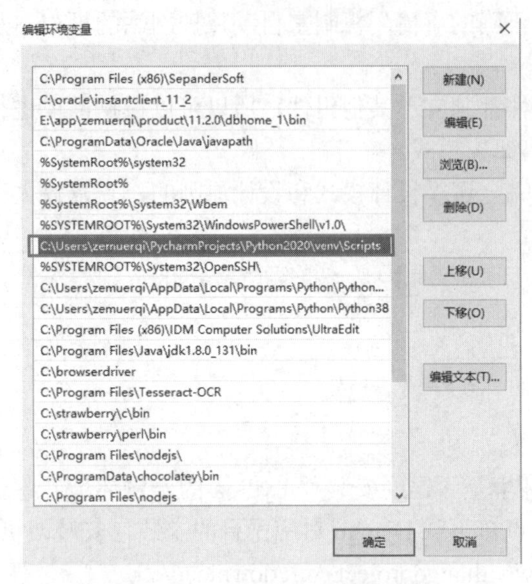

图 10.2　Django 环境变量配置

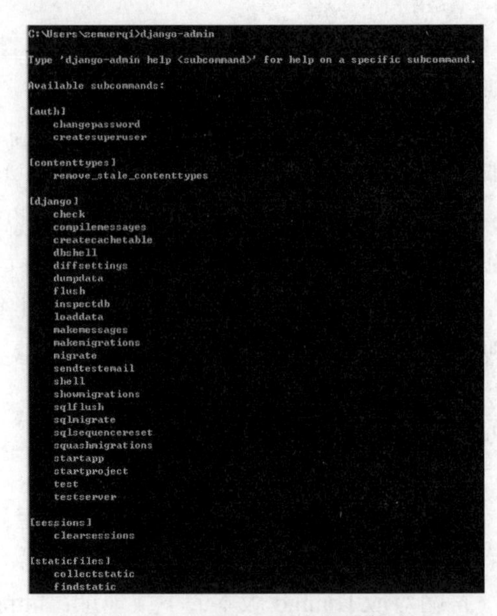

图 10.3　Django 环境变量校验

注意：

如果配置了环境变量，也成功安装了 Django，但是还是提示“不是内部或者外部命令”，则说明当前机器可能存在多个 Python 版本，而此时配置的 Python 的 Scripts 所在目录并不是现在所安装 Django 的目录。

10.1.4　创建 Django 第一个项目

本书使用的 PyCharm 版本是专业版，所以可以直接打开 PyCharm，然后单击菜单栏中的 File，选择 New Project 即可弹出如图 10.4 所示的对话框。

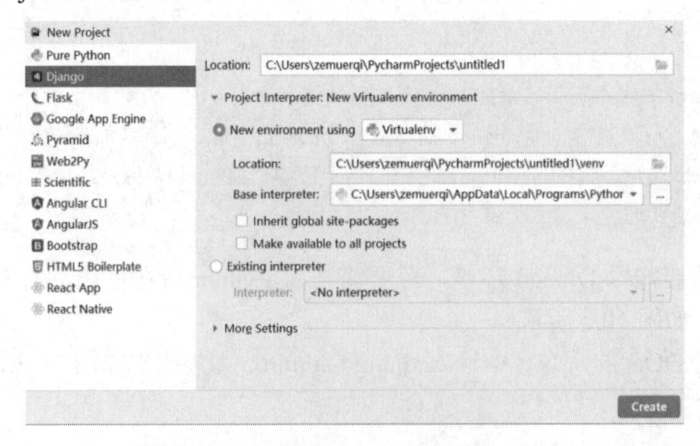

图 10.4　使用 PyCharm 创建 Django 项目

如果 PyCharm 是社区版，这里是不存在可选择创建的 Django 的。除了这种创建方式以外，还可以以命令的形式完成项目的创建。

例如，打开 PyCharm 或者 DOS 命令行环境，如果是 PyCharm，则需要切换到 Terminal 终端（在 DOS 命令行可直接输入），然后输入命令：django-admin startproject 项目名，如图 10.5 所示。

看到终端上显示 Test_Interface 项目名称，就说明创建成功。

然后切换到项目目录下，使用 Python 命令执行 manage.py 文件启动 Django 的服务，命令如下。

```
python manage.py runserver
```

控制台会显示启动服务成功，并给出服务访问地址，如图 10.6 所示。

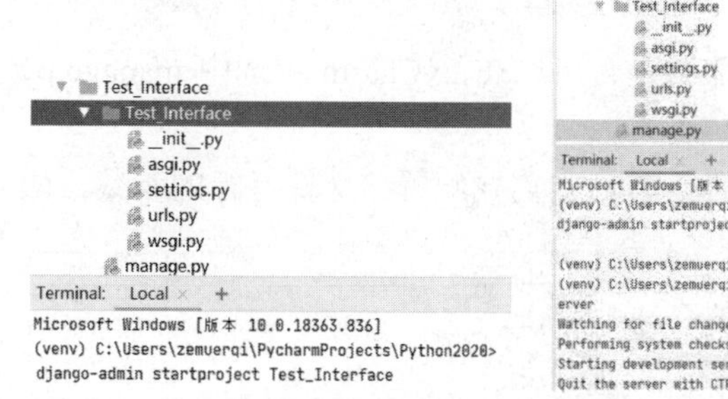

图 10.5　使用命令创建 Django 项目

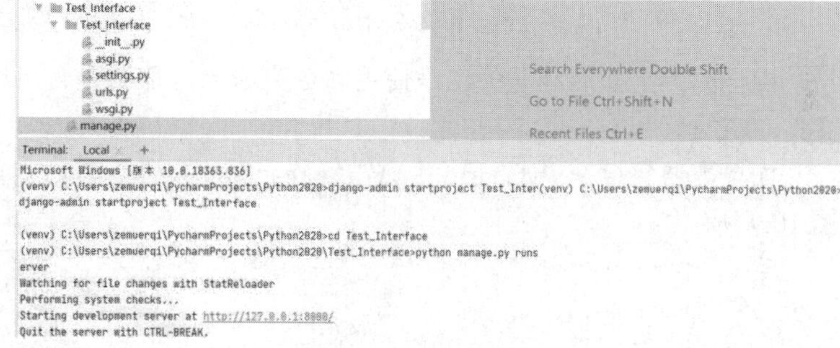

图 10.6　启动项目服务

打开浏览器，访问图 10.6 中的地址，得到如图 10.7 所示的界面。

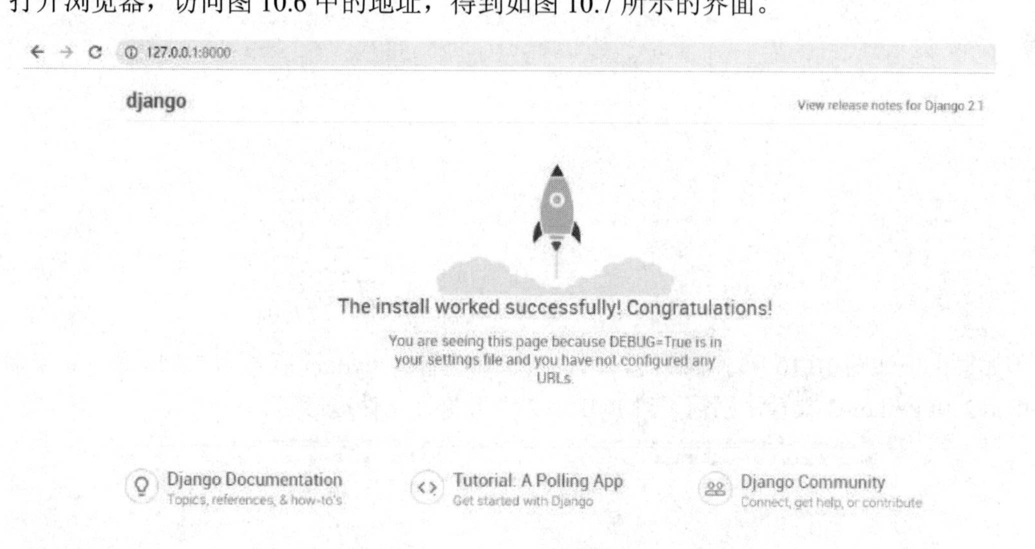

图 10.7　访问 Django 服务

如果访问得到图 10.7，则说明 Django 项目创建成功，且 Django 的服务启动也成功。

注意：

（1）上面启动服务命令表示启动 Django 服务，使用的是环回地址以及默认的端口号，如果需要自定义 IP 和端口号，则可以直接在 runserver 后面添加“IP 地址:端口号”。

（2）端口号不能被占用，不能使用浏览器（限制的端口不同，如 chrome：6666）认为的不安全端口。

（3）如果使用 IP 地址后报错，如 ALLOWED_HOSTS，则需要修改报错所给出的错误提示文件，即 request.py 文件，添加指定的 IP。例如，假如文件所在路径具体地址是：C:\Users\zemuerqi\PycharmProjects\Python2020\venv\lib\site-packages\django\http\request.py，找到该文件中添加需要允许的 IP 地址，如图 10.8 所示。

```
# Allow variants of localhost if ALLOWED_HOSTS is empty and DEBUG=True.
allowed_hosts = settings.ALLOWED_HOSTS
if settings.DEBUG and not allowed_hosts:
    allowed_hosts = ['localhost', '127.0.0.1', '[::1]', '192.168.1.7']
```

图 10.8 配置允许 IP 访问的文件

同样的，上面启动服务也是使用命令完成的，那么是否可以在 PyCharm 中选中 manage.py 文件右击执行呢？

如果需要直接在 PyCharm 中右击 manage.py 文件运行，则需要配置该文件运行的参数，如图 10.9 所示。

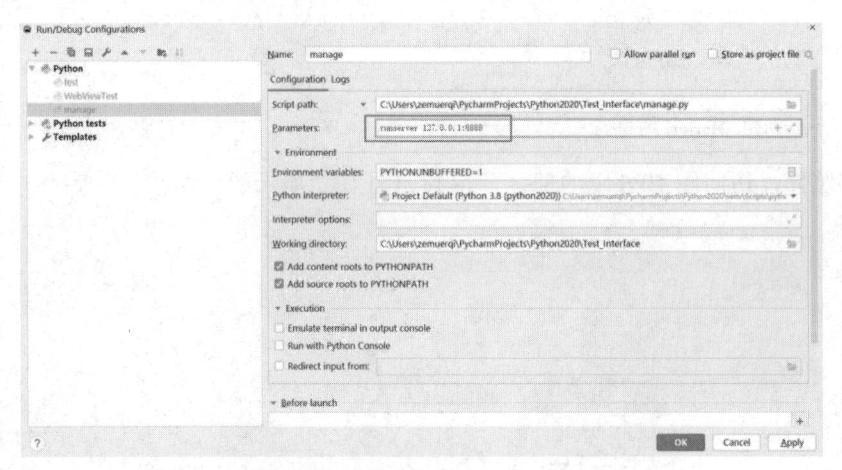

图 10.9 配置 manage.py 文件

如果出现如图 10.10 所示的情况，则说明当前运行的 Python 版本为 2.x 版本，如果需要使 Python 2 和 Python 3 共存，则需要对 Python 2 中可执行文件重命名。

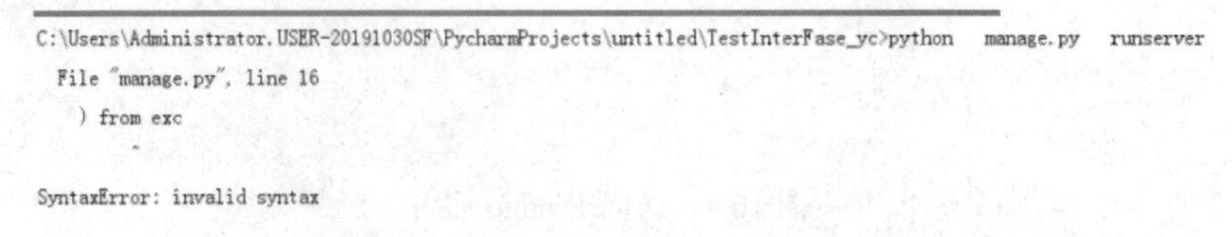

图 10.10 启动服务出现错误

10.1.5　Django 项目文件说明

创建 Django 项目后，会自动生成项目所需文件，其文件的结构如图 10.5 所示。其中项目中的每个文件都有其作用与意义，下面就对每个文件进行详细说明。

（1）__init__.py 文件：由于创建的 Django 项目是一个 Python 包，所以该项目中必然存在__init__.py 文件，即当文件夹中存在该文件时，则说明这不是一个普通的文件夹而是一个包。在 Python 中，包是一组模块的集合，主要用于实现文件的分组操作，还可以避免重复命名的情况。

（2）asgi.py 文件：其实在该项目文件夹中还存在一个文件 wsgi.py，这两个文件表示两种不同形式的 Web 服务。其中 wsgi.py 是以前的一种实现方式，它支持 HTTP 协议，不支持 WebSocket 协议。asgi.py 是新出现的，相比以前的 wsgi.py 不仅实现了 WebSocket 协议的扩展，还支持 Web 开发中的一些新标准。所以 ASGI 可以说是 WSGI 的一种扩展。以前都是 WSGI 的模式，在 Django 3.0 中才新增了 ASGI 模式。

（3）settings.py 文件：这是 Django 项目的主要配置文件，在这个文件中可以具体配置该项目的属性，包括数据库设置、网页语言、环境配置、安全配置、参数配置等。

（4）urls.py 文件：表示 URL 路由，能够实现 Web 中的 URL 路径访问的映射操作。

（5）manage.py 文件：一种命令行工具，允许开发人员以多种方式与该 Django 项目进行交互。可以把它看作项目的 django-admin.py 版本。其实，manage.py 和 django-admin.py 共用相同的后台代码。

10.2　MVT 模式与传统三层架构模式

Django 框架的实现就是采用 MVT 设计模式，在学习 MVT 模式之前必须先了解 MVC 模式。MVC 模式主要由三层构成，那么它与传统三层模式又有何区别？本节主要来探索研究它们之间的联系与区别。在本节的学习过程中，除了理解这三种模式的概念以外，还要学会如何将现有的设计模式应用到当前的自动化中。

10.2.1　传统三层架构模式实现原理

传统三层架构模式是一个典型的架构模式，它能够避免让开发人员因为业务逻辑上的微小变化而修改整个程序，只需要修改业务逻辑层中的一个函数或者一个过程即可，增强了代码的可重用性，便于不同层次的开发人员进行协作。

传统三层架构模式主要是将整个业务应用划分为表现层（UI）、业务逻辑层（BLL）、数据访问层（DAL）。

表现层（UI），简单来说就是为用户提供交互操作界面，即负责接收用户的输入、将输出呈现给用户以及进行访问安全性验证。代表产品就是 Struts 框架。

业务逻辑层（BLL），主要负责业务的处理和数据的传递，对输入数据的逻辑性、正确性及有效性负责。代表产品就是 Spring 框架。

数据访问层（DAL），可通俗理解为负责与数据源交互，即数据库数据的访问操作。它主要为业务逻辑层提供数据，根据传入的数据完成插入、删除、修改及从数据中读取等操作。代表产品就是 Hibernate 框架。

下面用一个生活中的实例来理解这三层之间的具体关系。

例如，一个饭店有服务员、厨师和采购员三个角色。其中服务员只负责接待客人，厨师只负责给客人做菜，采购员只负责按客人点的菜采购食材。他们各司其职，服务员不用了解厨师如何做菜，不用了解采购员如何采购食材；厨师不用知道服务员接待哪位客人，不用知道采购员如何采购食材；同理，采购员也不用了解服务员与厨师的具体工作。

厨师会做炒牛肉、炒鸡蛋番茄、炒空心菜等，就好比厨师构建了三个方法。此时顾客是直接与服务员接触，顾客向服务员下单炒牛肉，此时服务员相当于 UI 层，他不需要负责炒牛肉，只需要将其请求提交给厨师，厨师就好比是 BLL 层。

但是厨师炒牛肉需要牛肉原材料，所以需要将获取牛肉原材料的请求传递给采购员，采购员就好比是 DAL 层，此时采购员可以从仓库中取牛肉给厨师，厨师根据前面构建的炒牛肉的方法完成烹饪，最后返回给服务员，服务员将牛肉呈现给顾客，这就是一个完整的业务操作过程，如图 10.11 所示。

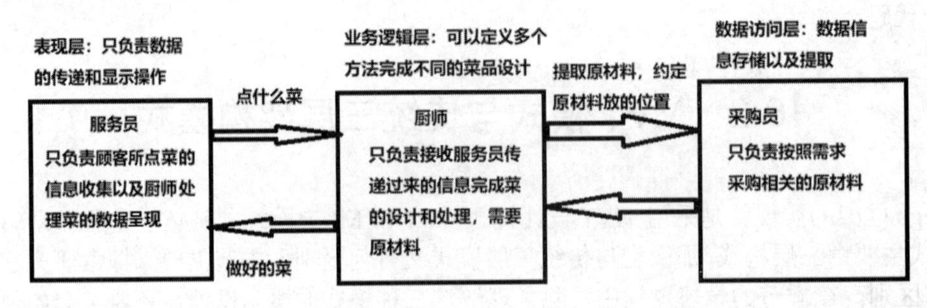

图 10.11　传统三层架构模式

假设没有这种分层的思想，即所有角色如服务员、厨师、采购员、老板等全部在一层，没有分配对应的职责，当顾客需要点餐时，则都相互观望以期对方去接待，或者当顾客要投诉时，也无法明确具体职责过错。

因此，三层架构具有结构清晰、耦合度低、可维护性高、可扩展性强以及利于开发任务同步进行的特点、容易适应需求变化等优势。

当然传统三层架构模式也存在缺点，该模式降低了系统的性能。例如，如果某些业务能够直接访问数据库，不需要使用中间层来完成，如果强行使用该模式，则既会增加代码量，也会增加工作量。

10.2.2　MVT 模式实现原理

MVT 模式和传统的 MVC 模式实际是一样的。MVC 模式是软件工程中常见的一种软件架构模式，该模式把软件系统（项目）分为三个基本部分：模型（Model）、视图（View）和控制器（Controller）。

MVC 模式实际就是将传统的输出、处理、输入等任务运用到图形化用户交互模型中，该思想被广泛应用到软件工程架构中，并且后来被直接应用到 Web 开发方面，被称为 Web MVC 框架。

M：Model，主要对数据库层的访问进行封装，实现数据的增、删、改、查等操作。

V：View，用于将结果封装成页面展示给用户。

C：Controller，用于控制，实现接收请求、完成请求的业务逻辑处理，与 Model 层和 View 层交互。

MVC 模式如图 10.12 所示。

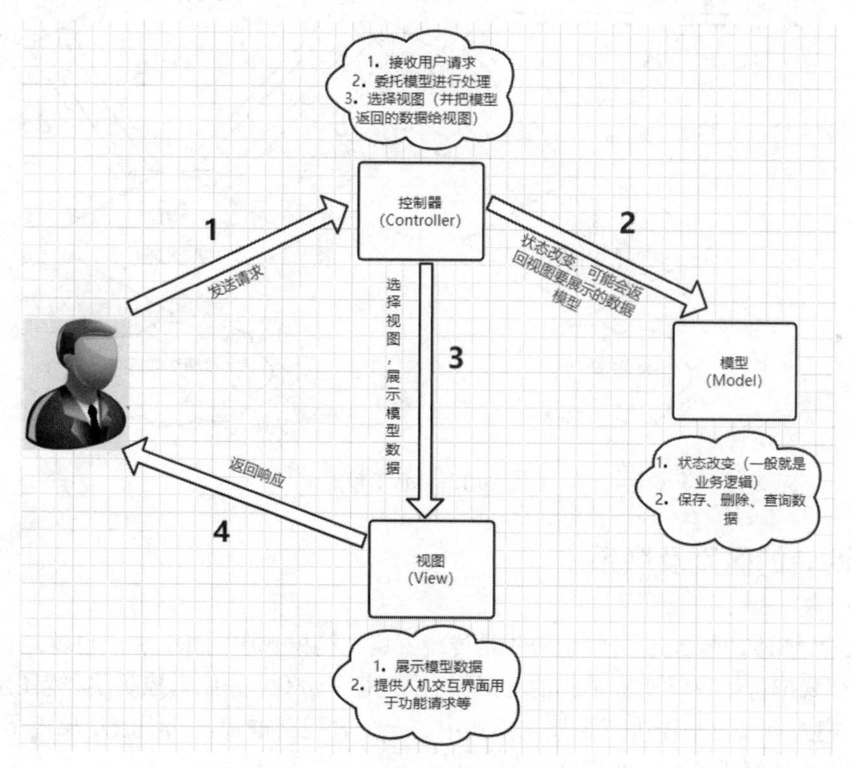

图 10.12　MVC 模式

在创建 Django 框架时，把 MVC 模式改成了 MVT 模式。名称虽不同，但实际上一些功能的组成和 MVC 模式是一样的。

MVT 模式相当于将 MVC 模式中的 C 对应 MVT 模式层中的 V 层，即 View 层；将 MVC 模式中的 V 层对应着 MVT 模式层中的 T 层，即 Template 层。

如图 10.13 所示，是一个注册页面完整工作的 MVT 模式示意图。

浏览器发送请求的命令给 V 视图，视图 V 接收到数据后交给 M 进行和数据库的交互。模块 M 将数据存储到数据库之后，将存储的结果和请求一并发给 V 表示已经存储完成了。然后 V 将接收到的指令发给 T 模块展示给用户，然后模块 T 接收到指令后返回相应的 HTML 给模块 V，最后模块 V 将返回的 HTML 展示给用户。整个过程其实和 MVC 模式如出一辙，只不过就是模块、视图的名称换了。

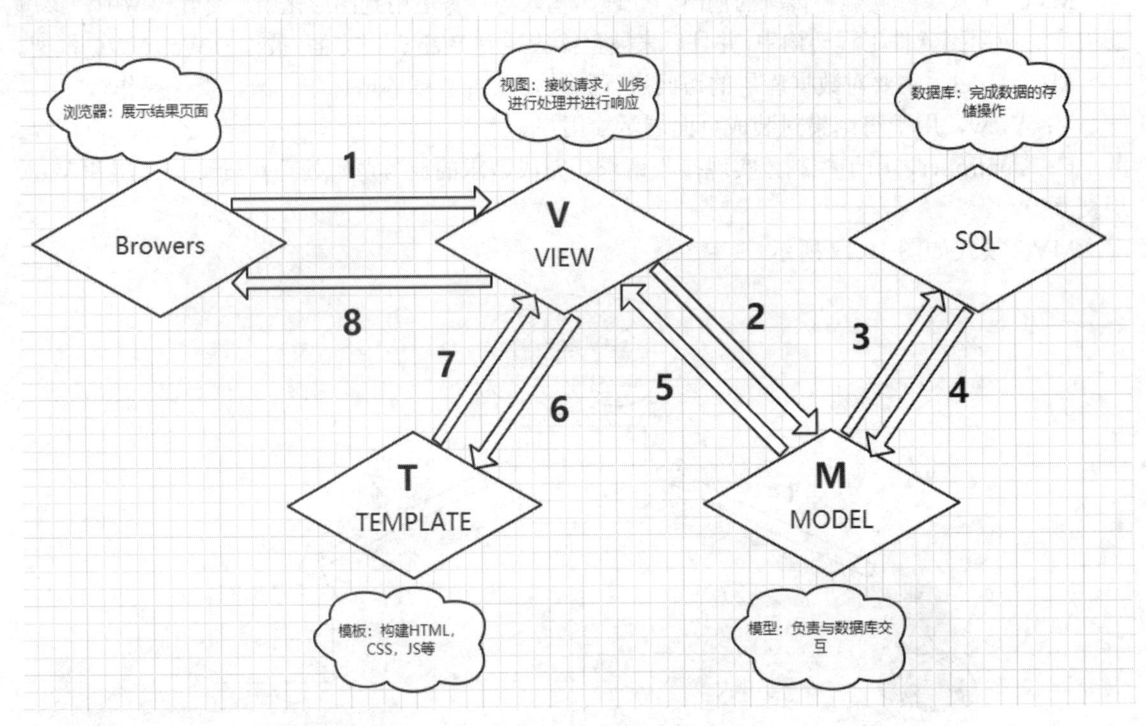

图 10.13　MVT 模式

10.2.3　两者的区别及联系

严格来说，MVC 模式三层加起来才是传统三层架构模式中的 UI 层，也就是说，MVC 模式和 MVT 模式把传统三层架构模式的 UI 层再次进行了分化，分化为控制层、视图层和模型层。所以 MVC 模式可以说是传统三层架构模式中的一个表现层框架，属于表现层，所以传统三层架构模式和 MVC 模式是可以实现共存的。

其次，传统三层架构模式是基于业务逻辑来划分的，而 MVC 模式是基于页面来划分的。

下面给出传统三层架构模式与 MVC 模式对比图，如图 10.14 所示。

MVC 模式是表现模式，传统三层架构模式是典型的架构模式。传统三层架构模式的分层模式是典型的上下关系，上层依赖于下层。但 MVC 模式作为表现模式是不存在上下关系的，而是相互协作关系。即使将 MVC 模式当作架构模式，也不是分层模式。MVC 模式和三层架构模式基本没有可比性，是应用于不同领域的技术。

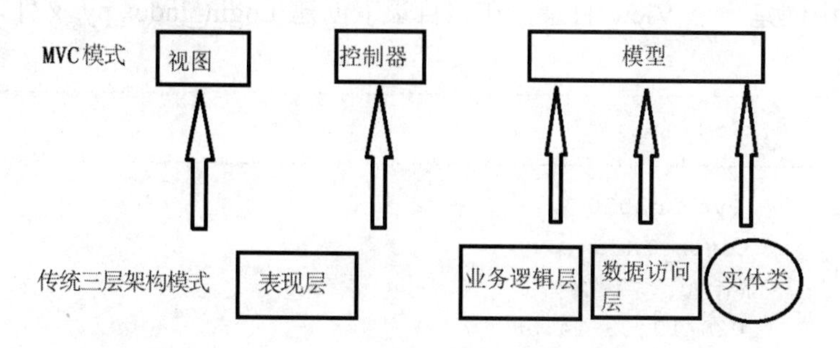

图 10.14　传统三层架构模式与 MVC 模式对比图

注意：

切记 MVC 模式只是三层中的表现层，千万别混淆，这是经典的面试题之一。

10.3　接 口 开 发

理解 Django 框架的基本操作以及 Django 框架的模式之后，下面来利用 Django 框架完成简单的接口开发。

10.3.1　接口工作原理

前面已经能够启动服务并成功访问。如果在 URL 路径后面添加 admin/，则能够跳转到 Django 自带的后台页面，如图 10.15 所示。

查看 url.py 文件，会发现原来该文件中默认配置了 admin 的后台管理页面，如图 10.16 所示。

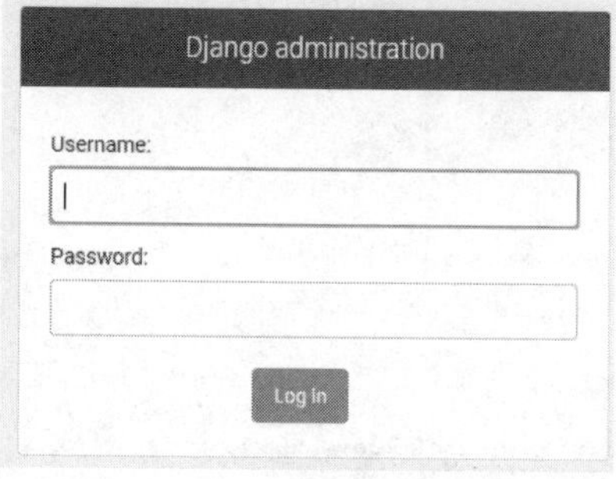

图 10.15　Django 后台页面

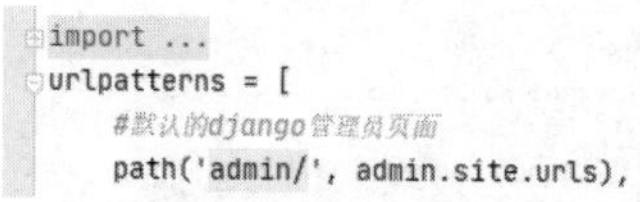

```
import ...
urlpatterns = [
    #默认的django管理员页面
    path('admin/', admin.site.urls),
```

图 10.16　URL 路由配置

所以如果需要自定义一个接口，那么必须在这里做路由配置。例如，新增一个路径，代码是 path("loginIndex",LoginIndex)。

然后在项目中创建一个 View 目录，在该目录下创建 Login_Index.py 文件，在该文件中声明如下代码。

```
#-*- coding:utf-8 -*-#
#-------------------------------------------------------------------------------
#ProjectName:      Python2020
#FileName:         Login_Index.py
#Author:           mutou
#Date:             2020/10/03 14:58
#Description:
#--------------------------------------------------------------------------------
from django.http import HttpResponse   #响应对象
from django.shortcuts import redirect,render
#redirect 表示重定向 URL，render 表示重定向静态页面
def  LoginIndex(request):
    #实现响应处理
    return  HttpResponse("hello world")
    #return  redirect("http://www.baidu.com")
    #return  render(request,"Login_Index.html")
```

在逻辑处理层完成了自定义 loginIndex 映射的逻辑处理，如果使用函数完成逻辑处理，那么必须传入一个参数，该参数是 request 对象，参数名随意，但是一般默认使用 request 表示请求对象。

有请求就有响应，响应处理有三种方式，可以实现响应一个指定的 JSON 文件格式、指定重定向一个 URL 地址、重定向一个 HTML 页面等，对应的方法分别是 HTTPResponse、redirect、render 等。

然后启动服务，在浏览器中访问启动服务所对应的 URL 地址，得到结果如图 10.17 所示。

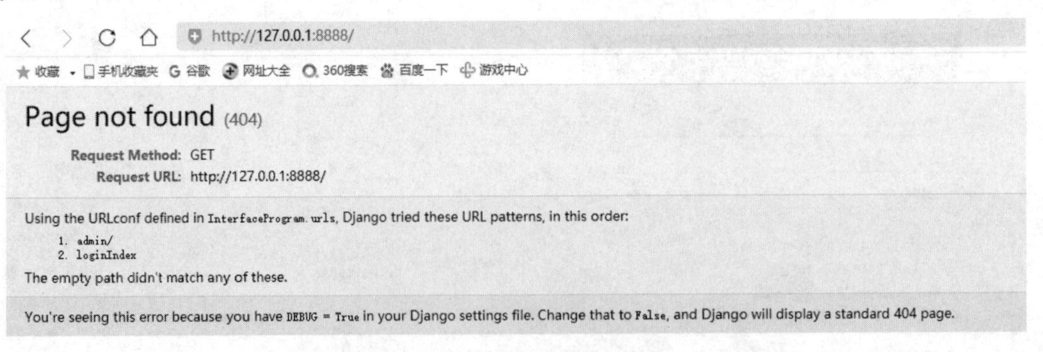

图 10.17　访问服务对应的地址

其实上述界面并不是错误的意思，因为新增了其他的 path 映射，所以如果需要具体访问某一个接口，则需要在 URL 地址后面添加具体的 path，如图 10.18 所示。

图 10.18　loginIndex 接口 path 映射

所以，运行的原理就是，在浏览器中访问的 URL 地址会根据 url.py 的文件中所配置的路径完成映射操作，映射到对应的 View 文件中，根据 View 文件中的具体操作进行响应，最后返回给浏览器界面。

有些读者的浏览器在访问地址时会自动在 URL 地址后面添加“/”，如果不想让浏览器自动完成“/”添加操作，则需要在安装的 Python 的 site-packages 目录下修改一项参数。例如，在目录 C:\Users\zemuerqi\PycharmProjects\Python2020\venv\Lib\site-packages\django\conf\global_settings.py 中，找到该文件的第 228 行，显示 APPEND_SLASH=True。其作用就是在网址结尾自动添加“/”。如果不需要它自动添加，则将该参数的值设置为 False 即可。

在 Django 以前版本中 settings.py 配置文件中存在 APPEND_SLASH 参数，直接修改即可，现在该参数需要到指定的 global_settings.py 文件中查找。

例如，访问 http://127.0.0.1:8888/loginIndex 这个网址时，默认将网址自动转换为 http://127.0.0.1:8888/loginIndex/，那么就会提示找不到匹配的网页。所以需要在 global_settings.py 文件中完成参数 APPEND_SLASH=False 的设置，此时再访问网址 http://127.0.0.1:8888/loginIndex 就能够成功了。

10.3.2　开发 GET 请求接口

（1）在上面的项目结构上新建一个目录 Template，然后在该目录中新建一个 login.html 页面，定义表单提交请求的方式为 post，具体代码如下。

```
<!DOCTYPE html>
<html lang="en">
<head>
    <meta charset="UTF-8">
    <title>login</title>
</head>
<body>
<form action="/login" method="post">
    <h1>用户：<input name = "username"></h1>
    <h1>密码：<input name = "password"></h1>
    <input type="submit" value="登录">
</form>>
</body>
</html>
```

（2）在上面结构的 View 的目录下新建一个文件 views.py 模块，该模块定义响应 login 的方法，具体代码如下。

```
from django.shortcuts import render
from django.http.response import HttpResponse
from django.shortcuts import render_to_response
import json
# GET 接口
def getRequestTest(request):
    if request.method == 'GET':
        username = request.GET.get('username')
        return HttpResponse(username)
    else:
        return render_to_response('login.html')
```

结构如图 10.19 所示。

（3）在 urls.py 模块中定义需要新增的 URL，如图 10.20 所示。

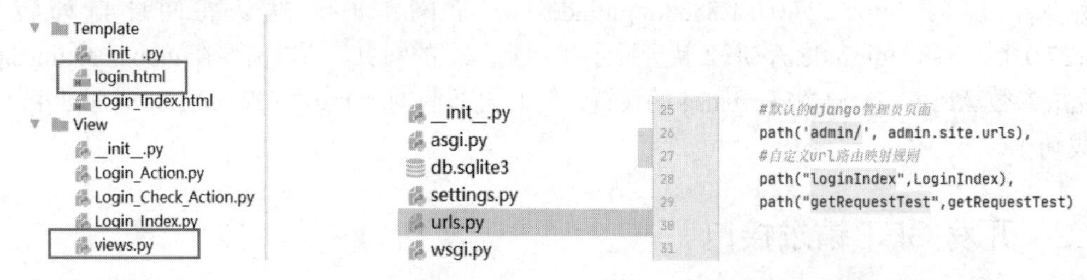

图 10.19　项目结构　　　　图 10.20　URL 路由配置

（4）启动服务，然后在浏览器中访问地址 http://127.0.0.1:8888/getRequestTest?username=wood 即可得到如图 10.21 所示的结果。

图 10.21　访问结果

这样，一个简单的 GET 接口请求就设计好了。其实 POST 请求也是一样的，只需要修改部分代码即可。

注意：

如果在访问的过程中出现 TemplateDoesNotExist at 等相关的提示操作，则说明没有配置 Template，那么就需要找到并配置 settings.py 模块，如图 10.22 所示。

```
57  TEMPLATES = [
58      {
59          'BACKEND': 'django.template.backends.django.DjangoTemplates',
60          'DIRS': [os.path.join(BASE_DIR,"Login/Template")],
61          'APP_DIRS': True,
62          'OPTIONS': {
63              'context_processors': [
64                  'django.template.context_processors.debug',
65                  'django.template.context_processors.request',
66                  'django.contrib.auth.context_processors.auth',
67                  'django.contrib.messages.context_processors.messages',
68              ],
69          },
70      },
71  ]
```

图 10.22　Template 配置

第 60 行只能够定位到当前项目的目录，也可以通过输出 BASE_DIR 的常量查看，然后根据自己的目录结构进行拼接即可。

10.3.3　开发 Post 请求接口

（1）在上面的 views.py 模块中新增响应 POST 请求的方法，具体代码如下。

```
# coding=utf-8
from django.shortcuts import render
from django.http.response import HttpResponse
import json
# Create your views here.
def Login(request):
    if request.method == 'POST':
        username = request.POST.get('username')
        return HttpResponse(username)
    else:
        return render(request,'login.html')
```

（2）然后在 urls.py 文件中定义相关的路径映射，如图 10.23 所示。

```
from Login.View.views import getRequestTest
from Login.View.views import Login
urlpatterns = [
    #默认的django管理员页面
    path('admin/', admin.site.urls),
    #自定义url路由映射规则
    path("loginIndex",LoginIndex),
    path("getRequestTest",getRequestTest),
    path("login", Login)
```

图 10.23　POST 请求路由配置

（3）最后启动服务，会在浏览器中跳转到前面定义的 login.html 页面，输入用户名、密码后会跳转到显示用户信息的页面。

为什么会这样？因为第一次访问 http://127.0.0.1:8888/login 时，相当于发送了一次 GET 请求，那么 Login 函数的业务逻辑处理是执行 else 语句块，所以会返回一个 HTML 页面；输入用户名、密码后，由于 login.html 页面中提交表单的方法是一个 POST 请求，并且跳转回到/login 路径，所以再次执行 Login 函数中的业务处理，因为此次请求是 POST，所以走 if 语句块，即会返回输入用户的信息页面。

上面实现业务逻辑的处理都是使用函数的形式完成的，实际还可以使用类视图完成。即在Django 中，视图主要有两种处理方式：一种是类视图，即 CBV（class base views）；另一种是函数视图，即 FBV（function base views）。函数视图就是使用函数形式进行业务逻辑处理，类视图就是使用类形式进行业务逻辑处理。

如果是 FBV，则在声明一个函数时其第一个参数必须是 request，表示获取当前的请求对象，即 HTTPRequest。

如果是 CBV，则在声明一个类时该类必须继承 View 对象；在 URL 路由映射时，一定要调用 as_view（）方法；并且该类中声明的处理方法即请求方法，其中方法名不能够随意定义（如 GET、POST、PUT、DELETE 等）。

例如，上面的 GET 请求和 POST 请求在 views.py 文件中的代码可以使用下面代码表示。

```
from django.http import HttpResponse
from django.shortcuts import redirect,render
from django.views import View
class LoginClass(View):
    #必然需要传入一个请求对象
    def get(self,request):
        if request.method == 'GET':
            username = request.GET.get('username')
            return HttpResponse(username)
        else:
            return render_to_response('login.html')
    def post(self,request):
        if request.method == 'POST':
            username = request.POST.get('username')
            return HttpResponse(username)
        else:
            return render(request,'login.html')
```

同时在 urls.py 中路由映射的方式也需要进行改变，改变成如下代码。

```
path("loginClass",LoginClass.as_view()),
```

注意：

如果网页正常访问，但是输入用户名、密码后单击登录时提示 Forbidden（403），则表示安全验证性报错，需要找到 settings.py 文件，找到并注释该文件的第 49 行内容 django.middleware.csrf.CsrfViewMiddleware 即可。

10.3.4　使用 SQLite 数据库

SQLite 数据库是 SQL 数据库引擎的一种，它不需要任何配置，不需要服务器，是一个轻量级的嵌入式数据库。

该类型的数据库占用资源非常少（仅仅需要几百 KB），处理速度快，灵活方便，可以使用 C 语言编程，含有大量的内置对象库等。

此外，可以直接在现有的环境下运行 SQLite 数据库，不需要安装。前面讲过了 Appium，并且将相关环境配置到了 platform-tools 目录下。例如，在 D:\android_package\android-sdk-windows\platform-tools，这个目录下会存在一个 sqlite3.exe 文件。其实模拟器或者手机中的文件中有大量的以.sqlite 为后缀的文件，因为移动端实际为了省去服务器上的数据库管理，很多时候都会将一些数据直接存储在移动端本地。

当然，如果没有配置 SDK，可以直接到官网下载 SQLite3 的安装包，下载完成后解压，然后直接配置环境变量到 Path 即可。

官网地址：http://www.sqlite.org/download.html。

下面可以直接在 DOS 中运行 SQLite3 相关的命令，实现 SQLite3 数据库基本命令的应用。

1. 获取 SQLite 版本的命令

```
sqlite3  --version
```

2. 数据库的使用与创建

假设需要使用 test.db 数据库，只需在命令行下输入 sqlite3 test.db 即可，如果数据库 test.db 已经存在，则命令 sqlite3 test.db 会在当前目录下打开 test.db；如果数据库 test.db 不存在，则命令会在当前目录下新建数据库 test.db。为了提高效率，SQLite3 并不会马上创建 test.db，而是等到第一个表创建完成后才会在物理上创建数据库。其命令如下。

```
sqlite3  test.db
```

3. 数据库查询

使用.database 命令可以查询在使用的数据库。其示例代码如下。

```
sqlite>.database
```

4. 表创建

由于 SQLite3 是弱类型的数据库，所以在 create 语句中并不要求给出列的类型（给出也不错）。另外注意，所有的 SQL 指令都是以分号（;）结尾的。如果遇到两个减号（--）则代表注解，SQLite3 会略过去。例如，具体示例代码如下。

```
sqlite> creaet table  student(name,age);
```

5. 数据库表查询

直接使用.table 可以查询数据库中的表内容。

```
sqlite>.table
```

6. 插入数据

```
sqlite>insert into student('wood',20);
```

7. 查询数据

```
sqlite>select *  from student;
```

指定条件和模糊查询的实际操作与 Oracle 数据库相同，读者可以去测试。

8. 更新数据

```
sqlite>update student  set  age=100 where name='wood';
```

9. 删除数据

```
sqlite>delete  from  student
```

如果需要指定某条数据或者某几条，添加 where 条件语句即可。

10.查看帮助

```
sqlite>.help
```

可以直接使用.help 命令查看相关的指令帮助信息，其实学习过相关数据库的 SQL 语句后，会发现上述操作非常熟悉且简单，读者也可以将 MySQL 或者 Oracle 等数据库相关的 SQL 语句直接应用，根据具体提示，会明白有些语句是能够兼容的。这也再次证明很多技术知识点都是相通的。

10.4 实 战 实 例

10.4.1 Django 中 MySQL 数据库的校验及登录接口的实现

新建一个名为LoginInterface项目，在LoginInterface目录中的其他文件全部是在使用PyCharm创建 Django 项目时自动生成的，读者只需要完成相应的配置即可。然后创建 Login 目录，与子目录 Login-Interface 同级别，在 Login 目录中创建 Modle、Template、View 等三个子目录，整体结构如图 10.24 所示。

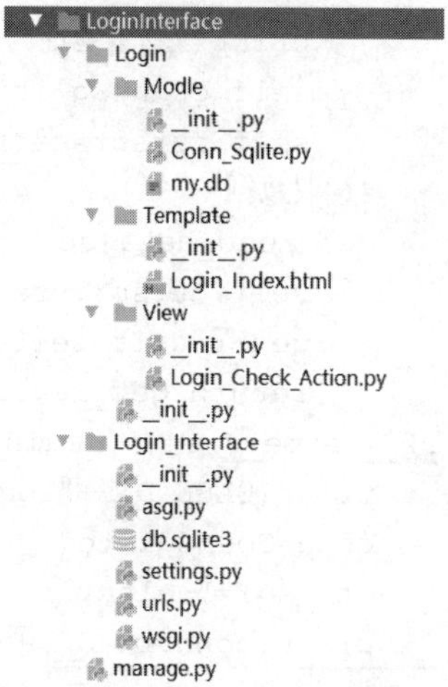

首先配置 urls.py 文件，其配置的具体代码如下。

```
from django.contrib import admin
from django.urls import path
from Login.View.Login_Check_Action import LoginCheckAction
urlpatterns = [
    #默认的 Django 管理员页面
    path('admin/', admin.site.urls),
    #自定义 URL 路由映射规则
    path("loginAction",LoginCheckAction.as_view()),
]
```

然后创建 Modle 目录，在该目录中先创建一个数据库 my.db，该数据库使用 SQLite3 进行创建，其中的数据内容如图 10.25 所示。

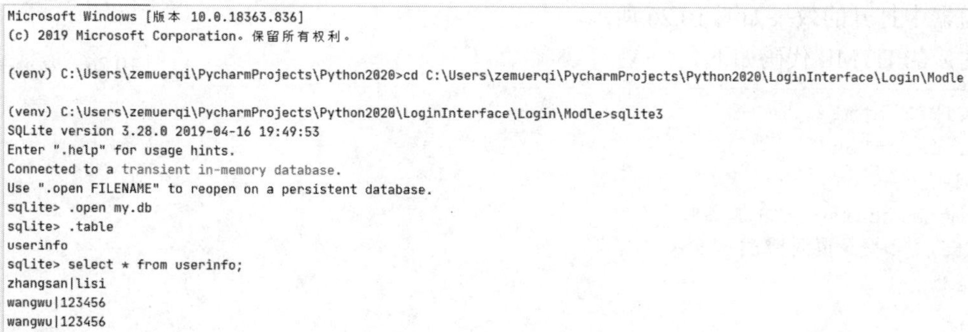

```
LoginInterface
  Login
    Modle
      __init__.py
      Conn_Sqlite.py
      my.db
    Template
      __init__.py
      Login_Index.html
    View
      __init__.py
      Login_Check_Action.py
    __init__.py
  Login_Interface
    __init__.py
    asgi.py
    db.sqlite3
    settings.py
    urls.py
    wsgi.py
  manage.py
```

图 10.24　登录接口目录结构

```
Microsoft Windows [版本 10.0.18363.836]
(c) 2019 Microsoft Corporation。保留所有权利。

(venv) C:\Users\zemuerqi\PycharmProjects\Python2020>cd C:\Users\zemuerqi\PycharmProjects\Python2020\LoginInterface\Login\Modle

(venv) C:\Users\zemuerqi\PycharmProjects\Python2020\LoginInterface\Login\Modle>sqlite3
SQLite version 3.28.0 2019-04-16 19:49:53
Enter ".help" for usage hints.
Connected to a transient in-memory database.
Use ".open FILENAME" to reopen on a persistent database.
sqlite> .open my.db
sqlite> .table
userinfo
sqlite> select * from userinfo;
zhangsan|lisi
wangwu|123456
wangwu|123456
```

图 10.25　查看 my.db 数据

创建一个 Conn_Sqlite.py 文件用于连接 my.db 数据库，进行数据读取，其具体操作代码如下。

```
#-*- coding:utf-8 -*-#
#-------------------------------------------------------------------------------
#ProjectName:      Python2020
#FileName:         Conn_Sqlite.py
#Author:           mutou
#Date:             202010/03 14:57
#Description:
#--------------------------------------------------------------------------------
#该文件完成 SQLite 数据库中的数据读取操作
#数据库操作主要是基于创建的连接对象
import sqlite3
from InterfaceProgram.settings import BASE_DIR
class ConnSqlite(object):
    def __init__(self):
```

```
        print("基本地址",BASE_DIR)
        self.conn=sqlite3.connect(BASE_DIR+"/Login/Modle/my.db")
        self.cursor=self.conn.cursor()
    #读取数据
    def read_data(self,str_sql):
        self.cursor.execute(str_sql)
        get_reuslt=self.cursor.fetchall()
        return get_reuslt
if __name__ == '__main__':
    print(BASE_DIR+"Login/Modle/my.db")
    conn=ConnSqlite()
    str_sql="select password from userinfo where username='%s'"%'zhangsan'
    print(conn.read_data(str_sql))
```

后台数据准备好后可以开始设计前台页面，在 Template 目录下创建一个 Login_Index.html 页面，这个 HTML 页面主要是一个登录界面，在浏览器中打开的效果如图 10.26 所示。

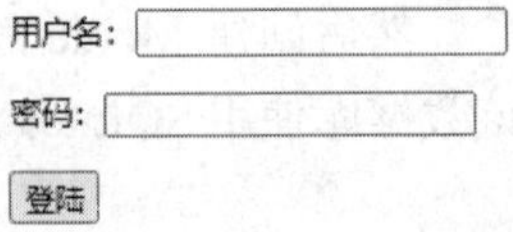

对应的 HTML 代码如下。

图 10.26　登录主界面

```
<!DOCTYPE html>
<html lang="en">
<head>
    <meta charset="UTF-8">
    <title>登录页面</title>
</head>
<body>
        <form method="GET" action="loginAction">
        <p>用户名：<input  id="name" name="username" type="text"/></p>
        <p>密码：<input  id="pwd" name="password" type="password"/></p>
        <input type="submit" name="login"  value="登录" />
        </form>
</body>
</html>
```

最后，在 View 目录中定义一个用于实现具体的业务逻辑处理的模块，如声明模块 Login_Check_Action.py，具体代码如下。

```
#-*- coding:utf-8 -*-#
#-------------------------------------------------------------------------
#ProjectName:       Python2020
#FileName:          LoginCheckAction.py
#Author:            mutou
#Date:              2020/10/03 14:16
#Description:
```

```
#---------------------------------------------------------------------------
#该模块完成数据库的校验，即将从页面上传入的登录数据与后台数据库中的数据进行比较检验
#如果存在且一致则登录成功，否则登录失败
from django.views import View
from django.http import HttpResponse
from Login.Modle.Conn_Sqlite import ConnSqlite
import json
from TestOrm.models import UserInfo
class  LoginCheckAction(View):
    #将页面传入的用户名、密码与数据库中的数据进行比较，检测用户是否存在
    #获取数据库连接对象
    def get_database(self,username):
        conn = ConnSqlite()
        str_sql = "select password from userinfo where username='%s'" % username
        return conn.read_data(str_sql)
    #从页面上获取数据，并封装在一个方法中
    def get_userinfo(self,method_obj):
        #与前端页面进行交互，同样可以设定默认值，如果前端没有对应的属性时，则取默认值
        #如果有值则取前端属性对应的值
        get_username=method_obj.get("username","wangwu")
        get_password=method_obj.get('password')
        return {"password":get_password,"username":get_username}
    #真正完成页面数据与数据库中数据的比较
    # 分析：第一，用户名重名，这时需要返回一个状态，说明数据库中存在两个重名的用户
    # 第二，用户名不存在，在数据库中查询不到
    # 第三，密码错误
    # 第四，都正确
    # 定义 JSON 的格式："reason": "数据库中存在同名的用户","result": [],"error_code": 2000
    # "reason": "用户名不存在","result": [],"error_code": 2001
    # "reason": "密码错误","result": [],"error_code": 2002
    # "reason": "数据库服务错误","result": [],"error_code": 2003
    # {
    #    "reason": "登录成功",
    #    "result": {
    #              username:
    #               password:
    # },
    # "error_code": 0 / * 发送成功 * /
    # }
    def compare_data(self,method_obj):
        get_page_info=self.get_userinfo(method_obj)
        get_database_info=self.get_database(get_page_info["username"])
        print("获取的页面信息：",get_page_info)
```

```
        return_reuslt={"reason": [],"result": [],"error_code":[]}
        if len(get_database_info)>1:
            return_reuslt["reason"]="数据库中存在同名的用户"
            return_reuslt["error_code"]=2000
        elif len(get_database_info)==0:
            return_reuslt["reason"] = "用户名不存在"
            return_reuslt["error_code"] = 2001
        elif get_database_info[0][0]!=get_page_info["password"]:
            return_reuslt["reason"] = "密码错误"
            return_reuslt["error_code"] = 2002
        else:
            return_reuslt["reason"] = "登录成功"
            return_reuslt["error_code"] = 0
            return_reuslt["result"]=get_page_info
        return return_reuslt
    def get(self,request):
        return HttpResponse(json.dumps(
        self.compare_data(request.GET),ensure_ascii=False))
    def post(self,request):
        return HttpResponse(json.dumps(
        self.compare_data(request.POST),ensure_ascii=False))
```

所有代码设计完毕之后启动服务，然后发送请求，并且使用数据库中的第一条数据，其运行结果如图 10.27 所示。

http://127.0.0.1:8989/loginAction?username=zhangsan&password=lisi

收藏 手机收藏夹 谷歌 网址大全 360搜索 百度一下 游戏中心

{"reason": "登录成功", "result": {"password": "lisi", "username": "zhangsan"}, "error_code": 0}

图 10.27　登录成功

10.4.2　Django 中客户信息接口增、删、改、查的设计

同样的，新建一个 Django 项目，名为 InterfaceProgram，项目的整体结构如图 10.28 所示。在这个项目中，主要来讲一下 Django 中的模型层的详细应用。

肯定有读者会有疑问，疑惑上一个实例中没有引用模型层吗？首先，前面那种先进行数据库连接再判定数据的操作是传统的方式，过于麻烦，无法很好地处理数据。而模型层能优化这一过程，但需要应用到 ORM 模式。

ORM 是 Object Relational Mapping 的缩写，表示对象关系映射模式，它可以用于解决面向对象与关系型数据库两者中存在的一些不匹配的情况。简单来说，ORM 模式就是通过描述对象与数据库之间映射的元数据，将程序中的对象自动持久化到关系数据库中的模式。

ORM 模式在业务逻辑层和数据库层之间充当了桥梁的作用，不用直接编写 SQL 语句，只需要像操作对象一样从数据库中操作数据，开发人员只需要考虑业务逻辑的处理，从而提高了开发效率。

下面就来详细了解一下 Django 中如何使用 ORM 模式。

（1）在 Django 项目的 settings.py 文件中，配置数据库连接信息，如图 10.29 所示。默认是 SQLite 的数据库配置信息，这里采用 MySQL 数据库。那其他数据库如何配置呢？可以直接查看官网，官网上都有 MySQL、Oracle 等相关数据库的配置说明。

官网地址：https://docs.djangoproject.com/en/3.1/ref/databases/。

```
InterfacePorgram
    AddCustomer
        migrations
        __init__.py
        admin.py
        apps.py
        models.py
        tests.py
        views.py
    InterfacePorgram
        __init__.py
        asgi.py
        db.sqlite3
        settings.py
        urls.py
        wsgi.py
    Public
        __init__.py
        CheckData.py
        Get_CustromerInfo.py
        JudgeMethod.py
        ResponseData.py
    __init__.py
    db.sqlite3
    manage.py
```

图 10.28　客户信息接口目录结构

```
80  DATABASES = {
81      'default': {
82          'ENGINE': 'django.db.backends.sqlite3',
83          'NAME': os.path.join(BASE_DIR, 'AddUser/Modle/test.db'),
84      }
85  }
86  '''
87  DATABASES = {
88      'default': {
89          'ENGINE': 'django.db.backends.mysql',#指定数据库的引擎
90          'NAME': 'mydatabase',#如果使用mysql,oracle数据库，需要指定数据库名称，所以需要手动建一个库，Django只会创建表
91          'USER': 'root',
92          'PASSWORD': '123456',
93          'HOST': 'localhost',
94          'PORT': '3306',
95      }
96  }
```

图 10.29　配置数据库连接

注意：

MySQL 数据库在模型层中不能够自动创建对应的数据库，所以此处必须手动在 MySQL 服务器上创建一个名为 mydatabase 的数据库，不然后面实现数据迁移和同步时会提示无法找到对应的数据库。

（2）在模型层即 models.py 文件中声明类，该类对应数据库的表，具体实现如下。

```
from django.db import models
#创建一个用户信息表，如果需要将当前类映射到指定数据库完成对应表结构的创建，那么
#当前类必须继承 models.Modle，否则无法生成迁移文，那么就无法实现数据同步操作，
#就相当于是一个普通类
class CustomerInfo(models.Model):
        #声明客户类型的选择
```

```
    customer_chocie=[("A","A类客户"),("B","B类客户"),("C","C类客户")]
    customer_name=models.CharField(max_length=12,name="cus_name",
    verbose_name="客户名称",primary_key=True)
    customer_type=models.CharField(max_length=2,
    choices=customer_chocie,name="cus_type")
    #如果使用IntegerField则不需要声明其长度
    customer_phone=models.IntegerField()
    customer_email=models.CharField(max_length=20)
    customer_address=models.CharField(max_length=100,null=True)
```

（3）定义了 Modle 模型层内容后，需要实现数据文件迁移操作。

使用命令如下。

```
python manage.py makemigrations apps名称
```

注意：

（1）创建好的 apps 必须添加到 settings 中的 INSTALLED_APPS，如果不进行配置，则会提示无法找到对应的 apps。

（2）需要安装 mysqlclient 第三方包，否则提示 mysqldb 的 error 错误。

（3）最新的 django3.0 版本无法兼容 mysql5.5，需要升级 mysql 版本或者降低 django 版本。

（4）完成数据迁移以及同步数据的操作，使用如下命令。

```
python  manage.py  migrate  apps名称
```

上面的操作完成后，会在 MySQL 指定配置的数据库中创建所设定模型层的表结构，如图 10.30 所示。

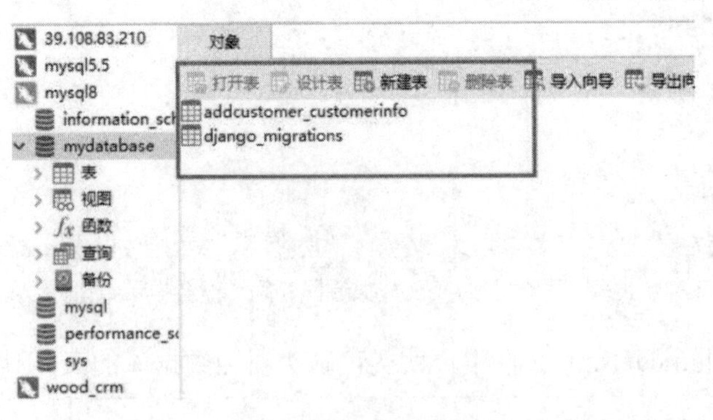

图 10.30　模型层表结构

（5）上面已经完成了表结构的创建，下面要对该表完成数据的插入、修改、删除等操作。操作模型层有两种方式。

一种是通过 Django 请求响应的形式完成数据的操作，具体代码如下。

```
from django.http import HttpResponse
from AddCustomer.models import CustomerInfo
def  add_customer(request):
    #从页面上获取的数据，传入的参数
    get_info={
    "cus_name":request.GET.get("customer_name"),
    "cus_type":request.GET.get("customer_type"),
    "customer_phone":request.GET.get("customer_phone"),
    "customer_email":request.GET.get("customer_email"),
    "customer_address":request.GET.get("customer_address")
    }
    #前面可以一个一个实现赋值操作
    customer=CustomerInfo.objects.create(**get_info)
    return  HttpResponse("新增客户成功")
```

上面的代码就是通过请求获取到相应的参数，然后将数据插入表中，完成客户新增的操作。

另一种是通过 Python 的 main 方法直接执行，完成操作，那么必须先配置 DJANGO_SETTINGS_MODULE 的环境变量，其值是对应 Django 项目的 settings。

环境变量的配置有三种方式。

- 根据当前文件的 configurations 设置添加，如图 10.31 所示。

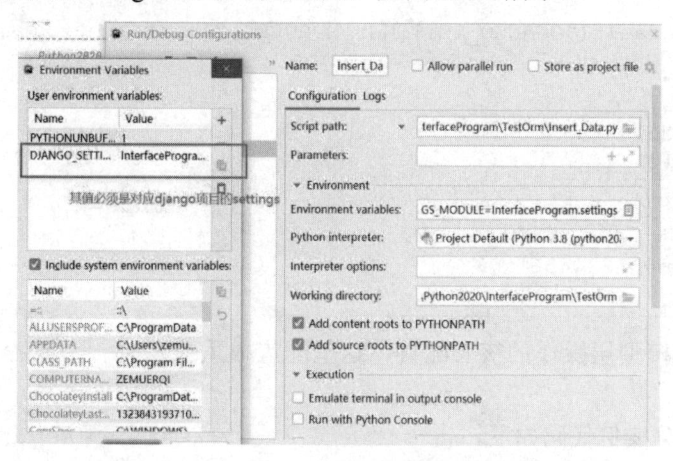

图 10.31　configurations 设置

- 通过代码的形式完成添加，其代码如下。

```
Import os
os.environ.setdefault("DJANGO_SETTINGS_MODULE","InterfaceProgram.settings")
```

但是此种方式的代码必须在 Django 完成初始化时进行添加。

- 上面两种都是局部的，针对的是当前文件，还可以将 DJANGO_SETTINGS_MODULE 变量直接配置到计算机中。

注意：

> 配置完成后，要重启 PyCharm。

在操作模型层之前必须先完成 Django 进程初始化操作，否则会抛出异常（AppRegistryNotReady），在导入模型层模块之前先使用下面的语句。

```
import django
django.setup()
```

具体代码如下。

```
#-*- coding:utf-8 -*-#
#-------------------------------------------------------------------------------
#ProjectName:      Python2020
#FileName:         Insert_Data.py
#Author:           mutou
#Date:             2020/10/03 20:44
#Description:
#-------------------------------------------------------------------------------
#实现模型层的数据插入操作；环境变量的操作必须声明在 Django 初始化之前
Import os
os.environ.setdefault("DJANGO_SETTINGS_MODULE","InterfaceProgram.settings")
import django
django.setup()
from TestOrm.models import UserInfo
if __name__ == '__main__':
    user=UserInfo()
    user.username="zhangsan"
    user.password='1234456'
    user.save()
```

以上都是实现模型层操作的核心配置，这些配置很重要，少一个或者错误一个都可能会导致失败。

插入数据的部分实例代码如下。

```
# 方法 1：直接通过实例化对象来操作，但是需要调用 save 方法
obj = Student(name="wood",age=22)
obj.save()
# 方法 2：通过实例化一个空对象然后增加属性值来操作，但是需要调用 save 方法
obj = Student()
obj.name='wood'
obj.age=22
obj.save()
# 方法 3：直接调用 create 方法创建，不需要调用 save 方法
```

```
# 3.1 方法 1
data = {
   name='wood',
   age=22
}
Student.objects.create(**data)
# 3.2 方法 2
Student.objects.create(name='wood',age=22)
# 方法 4：通过调用 get_or_create 方法来创建，有则查，无则增
Student.objects.get_or_create(name='wood',age=22)
```

修改数据的部分实例代码如下。

```
# 1.单条数据修改
obj = Student()
obj.name='wood'
obj.save()
# 2.整体修改
Student.objects.filter(条件).update(**data)
```

删除数据的实例部分代码如下。

```
# 1. 删单条
Student.objects.get(条件).delete()
# 2. 删多条
Student.objects.filter(条件).delete()
Student.objects.all().delete()
```

查询数据的部分实例代码如下。

```
#先通过字段获取对应的数据，然后完成查询的基本操作 QuerySet
import django
django.setup()
from AddCustomer_2.models import CustomerInfo_2
from django.apps import apps
#from django.db.models import fields
from django.db.models import Count
from django.db.models import F,Q
if __name__ == '__main__':
    #需要获取指定模型层字段中的属性信息
    #通过 apps 获取模型层对象和 fields 对象
    get_model_object=apps.get_model("AddCustomer_2","CustomerInfo_2")
    #模型调用规定的私有属性_meta，再调用对应的 fields 属性即可获取到 fields 对象
    get_fields=get_model_object._meta.fields
    for field in get_fields:
        #print(field.verbose_name)
```

```
        print(field.name)
        #print(field.max_length)
    #聚合统计
    print("数据库总条数:",CustomerInfo_2.objects.all().count())
    print(CustomerInfo_2.objects.aggregate(Count("id")))
    #分组统计
    print({value["customer_type"]:value["type_count"] for value in CustomerInfo_2.objects.
    values("customer_type").annotate(type_count=Count("customer_type"))})
    print(CustomerInfo_2.objects.values("customer_type").annotate(type_count=
    Count("customer_type")).values("customer_type","type_count"))
    #取最后一条记录：last()，可以将 id 倒序，然后取第一条
    print(CustomerInfo_2.objects.order_by("-id").first().customer_name)
    print(CustomerInfo_2.objects.order_by("-id").values()[0])
    #查询：模糊查询，会与 Q 对象、F 对象共同使用
    #Q 对象：用于查询时判断条件之间的逻辑关系，使用 not、and、or，也可以使用&、|、~
    #F 对象：处理类属性（即模型层的某个列数据），实现的是类属性之间的比较
    get_object=CustomerInfo_2.objects.filter(customer_name="woodtest")
    get_object.update(customer_phone=F("customer_phone")+10)
    #get_object.update(id=F("id")+2)
    #update table set id=id+2
    #要查询出 id 大于 2 且客户类型是 B 类的数据
    #select * form 表名 where id>2 and customer_type="B"
    #select * from (select * from 表名  where id>2) where customer_type='B'
    #print(CustomerInfo_2.objects.filter(id__gt=2,customer_type__exact='B'))
    print(CustomerInfo_2.objects.filter(Q(id__gt=2)|Q(customer_type__exact=
        'B')).values())
    print(CustomerInfo_2.objects.filter(~Q(id=3)).values())
    print(CustomerInfo_2.objects.filter(id__lte=2).filter(
    customer_name__startswith='w').values())
```

项目的完整代码可参考源代码【/C10/ InterfaceProgram.zip】。

10.5 小　结

经过本章的学习，读者会发现其实开发一个接口不是很难，只要愿意不断地探索研究，就能够将知识点扩展得更广。

本书给出的网站都是相关框架和工具的官网，笔者希望所有读者去多看、多分析、多思考，因为现在的官方文档每一步都记录得非常详细，所以读者要把官方文档当作 API 去查看，而且官网给出的思路以及解决方案也是最佳的。

本章只实现了简单的接口操作，如果大家需要深入了解 Django 框架，可以关注“木头编程”公众号并在后台留言，与笔者一起探讨研究。

第 11 章　Python+Requests 实现接口测试

前面已经学会使用 Postman 工具完成相关的接口测试，也理解了接口从设计到开发的整个过程以及实现原理，本章就进入通过使用脚本完成接口自动化测试的学习。

在实际工作中，脚本完成接口自动化的使用率会比工具更高，因为脚本可以实现二次封装和开发，更加适合公司所对应的项目场景。

本章主要涉及的知识点如下。

- Requests 框架：学会应用该框架完成不同类型的接口测试脚本的开发。
- Mock 测试技术：实现重构封装 Mock 服务，并将其灵活地应用到接口项目中，在需要 Mock 的情况下直接完成 Mock 服务的操作。

注意：

本章主要通过使用脚本实现不同类型的接口测试，并且针对部分接口还未实现的情况，还可以通过 Mock 服务解决并完成接口的测试工作。

11.1　Requests 框架

扫一扫，看视频

前面使用过 Fiddler、Postman 等工具来完成请求的发送，那么在 Python 中如何实现呢？在 Python 中 urllib 是发送请求最基本的库，且为 Python 的内置库，该库只需要关注请求的连接、参数，提供了强大的解析功能。在 Python 2 中主要使用 urllib 库和 urllib2 库；在 Python 3 中将其整合为 urllib 库。而 urllib3 库则增加了连接池等功能，两者互相都有补充的部分。

但是现如今有更加简单易用的库可以完成接口请求的操作，那就是 requests 库，该库官网的宣传语表明其宗旨是服务于人类。requests 库使用的是 urllib3 库，它继承了 urllib2 库的所有特性，所以需要将 connection 状态置为 keep-alive，多次请求使用一个连接，消耗更少的资源。

11.1.1　Requests 构建请求

Requests 的功能特性如下。

（1）支持 HTTP 连接保持和连接池。

（2）支持使用 cookie 保持会话。

（3）支持文件上传。

（4）支持自动确定响应内容的编码。

（5）支持国际化的 URL 和 POST 数据自动编码。

Requests 是第三方类库，需要另外安装。安装方式有两种：一种直接使用命令；

```
pip  install  requests
```

另一种是直接通过 PyCharm 中的 settings 进行安装即可。

1. requests 库中的 GET 方法

例如，第 10 章中使用 Django 完成了 LoginIndex 的接口开发，是 GET 请求，在此可直接使用代码实现，具体实现代码如下。

```
import requests
#发送一个请求
get_response=requests.get("http://127.0.0.1:7777/loginIndex")
print(get_response.text)
```

2. requests 库中的 POST 方法

例如，第 10 章中实现了 Django 中客户信息接口的新增操作，其请求方式为 POST 方法，具体实现代码如下。

```
import requests
data={
"customer_name": "woodProgram2",
"customer_phone": "18907047890",
"customer_mail": "fjwojefo@163.com",
"customer_type": "C",
"customer_address": "广州天河"
}
get_response=requests.post("http://127.0.0.1:7777/addCustomer",data=data)
print(get_response.json())
```

从上面两个实例代码中可以看到，如果需要发送请求，则可以直接通过 requests 模块调用对应请求的方法，GET 方法直接传入 URL 参数即可，如果存在参数，则可以通过 URL 地址携带传入，也可以通过 params 默认参数传入。

例如：

```
get_response=requests.get("http://127.0.0.1:7777/loginAction?username
=zhangsan&password=123456")
```

或者

```
data1={
"username":"lisian",
"password":121313
}
```

```
get_response=requests.get("http://127.0.0.1:7777/loginAction",params=data1)
```

如果是 GET 请求需要在 URL 中携带参数，那么 params 参数的值就是 None 值；如果不通过 URL 携带则 params 参数需要传入值；如果同时都使用，则实际就是在已有的 URL 中继续拼接 params 所传入的参数。例如，

```
data1={
"username":"lisian",
"password":121313
}
get_response=requests.get("http://127.0.0.1:7777/loginAction?username=
zhangsan&password=123456",params=data1)
```

即实际发送请求的 URL 如下。

```
http://127.0.0.1:7777/loginAction?username=zhangsan&password=123456&username
=lisian&password=121313
```

3. requests 库中的 request 方法

以上方法是直接调用对应请求方法完成请求的发送，也可以只通过一个方法完成请求发送，就是 request 方法，因为该方法进行了所有请求方法的封装，第一个参数传入请求的方法名称即可完成对应方式的请求发送。

例如，使用 request 方法完成 GET 请求，具体代码如下。

```
#request 方法模拟 GET 请求方式
import requests
print(requests.request("GET","http://127.0.0.1:7777/loginIndex").status_code)
```

例如，使用 request 方法完成 POST 请求，具体代码如下。

```
#request 方法模拟 POST 请求方法
import requests
data={
"customer_name": "woodProgram2",
"customer_phone": "18907047890",
"customer_mail": "fjwojefo@163.com",
"customer_type": "C",
"customer_address": "广州天河"
}
print(requests.request("POST","http://127.0.0.1:7777/addCustomer",data=data).json())
```

注意：

（1）通过源代码分析发现，方法的参数会自动转换为全部大写，所以传入的参数值无论是大写还是

小写或者大小写都可以完成对应请求方法的请求操作。

（2）当调用 request 方法时，如果是 GET 请求，则传入的参数同样可以使用 params 完成；但是如果是 POST 请求，则需要以 data 参数的形式传入，不能够使用 params 的形式，否则 POST 请求会发送失败，无法获取到请求体的数据。

11.1.2 Requests 检查方法

发送请求返回响应对象，在 Response 对象中拥有以下属性和方法可以检测当前的运行结果。

（1）status_code：表示 HTTP 请求的返回状态，200 表示连接成功，404 表示失败。

（2）text：表示 HTTP 响应内容的字符串形式，即 URL 对应的页面内容。

（3）encoding：表示从 HTTP header 中猜测的响应内容编码方式。

（4）apparent_encoding：表示从内容中分析出的响应内容编码方式（备选编码方式）。

（5）content：表示 HTTP 响应内容的二进制形式。

（6）hearders：表示获取响应头。

（7）row：表示获取原始响应内容。

（8）json：表示获取 JSON 格式响应内容。

在这里主要来对比响应数据的三种格式，分别是 text、JSON 和 content。如果响应的内容是 HTML，则一般通过 text 进行获取；如果响应的内容是 JSON 对象，则调用 json 方法；如果响应二进制流，如图片或者视频等形式，则使用 content。前面 json 和 text 都使用过，在这里给出一个例子完成 content 响应结果的获取。

具体代码如下。

```
import requests
res=requests.get(url='https://weiliicimg6.pstatp.com/weili/sm/300927029686304782.webp')
with open('wood.jpg','wb') as f:  #写文件
    f.write(res.content)
```

上面的 URL 地址访问的是一张图片的地址，所以响应的结果是一个二进制流，可以通过使用 content 获取并保存这张图片到本地。这也是爬取网络上图片的一种方式。

11.1.3 JSON 处理技巧

JSON 是 JavaScript Object Notation 的缩写，它是一种轻量级的数据交换格式，是 JavaScript 的子集，易于阅读和编写。

JSON 是一种通用的数据类型，一般情况下接口返回的数据类型都是 JSON。JSON 的定义格式与字典相同，也是键值对方式，如{key:value}，其实 JSON 是字符串，由于字符串不能用 key、value 来取值，所以要先转换为字典才可以。

在使用 JSON 这个模块之前，需要先导入 json 库，下面就来讲一下 json 模块中的常用方法。

1. json.dumps

```
#-*- coding:utf-8 -*-#
#-------------------------------------------------------------------------------
#ProjectName:      Python2020
#FileName:         JsonTest.py
#Author:           mutou
#Date:             2020/10/04 16:18
#Description:JSON 模块的四个方法的详细使用
#-------------------------------------------------------------------------------
#导入模块：
import  json
# dupms 表示将 Python
#中的任意对象转成字符串对象
get_list_tostr=json.dumps([1,3,43])
print(type(get_list_tostr))
get_dict_tostr=json.dumps({"name":"wood","age":10})
print(type(get_dict_tostr))
print(type(json.dumps(1)))
print(json.dumps("wood"))  #相当于('"wood"')
```

执行结果如图 11.1 所示。

2. json.loads

```
import json
#loads 与 dumps 相对应；会将字符串中的字符内容自动转换成与字符定义相对应的 Python 对象
str2="[1,3,34,45]"
str3="{'name':'wood'}"
get_str_tolist=json.loads(str2)
print("该值的类型是：",type(get_str_tolist))
```

执行结果如图 11.2 所示。

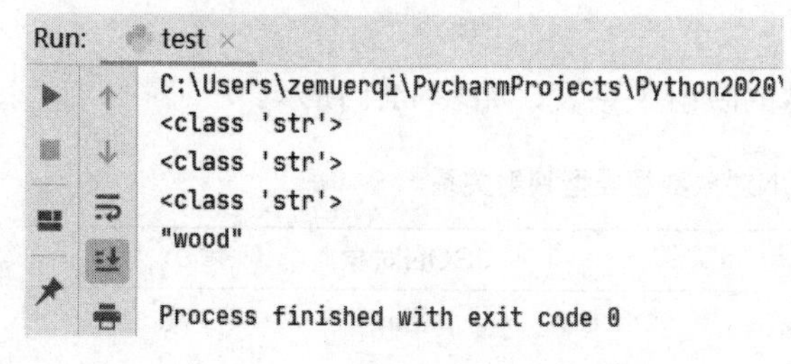

图 11.1　json.dumps 方法

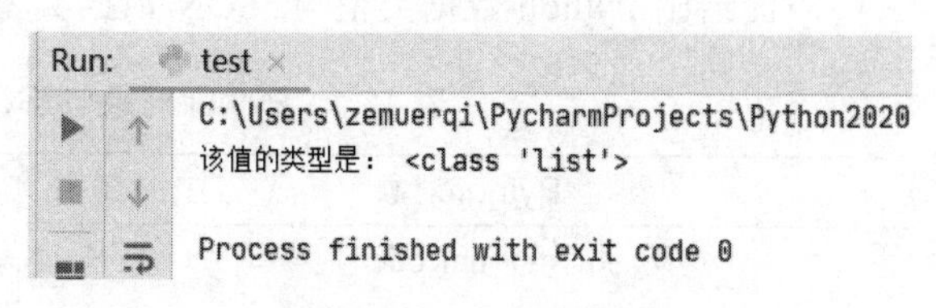

图 11.2　json.loads 方法

3. json.dump

```
import json
#dump 将 dict1 字典写入 JSON 格式文件中；dump 必须与文件流对象同时使用，所以一
#般是将当前的 Python 对象写入 JSON 格式文件中，并可以设定一定的格式
dict1={"name":"wood","age":10,"sex":"男"}
with open("json_test.json","w") as fp:
    json.dump(dict1,fp,indent="\t",ensure_ascii=False)
    #现在已经以 JSON 格式写入，参数 indent 可以很好地显示 JSON 的格式
```

执行结果如图 11.3 所示。

4. json.load

```
#load 方法：与 dump 对应
with open("json_test.json") as fp:
    #print(fp.tell())
    print(type(fp.read()))
    #流一旦被使用其指针就会指向文件的末尾，那么此时流则无任何内容
    #可以为流的指针设定偏移
    fp.seek(0)                        #表示重新将流的指针设定偏移到最开始位置
    print(type(json.load(fp)))        #load 获取的数据是字典类型而非字符串
    # print(fp.tell())                #可以获取当前流指针的位置
```

执行结果如图 11.4 所示。

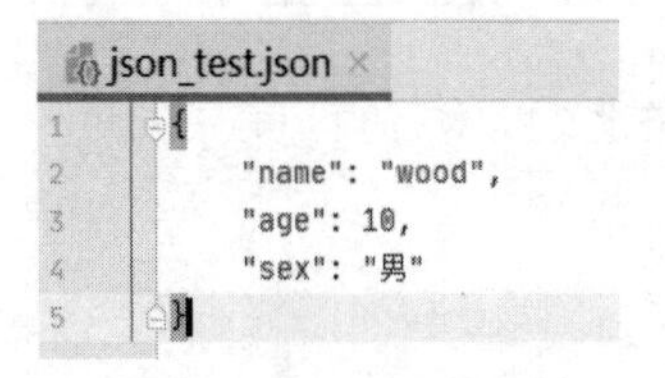

图 11.3 json.dump 方法

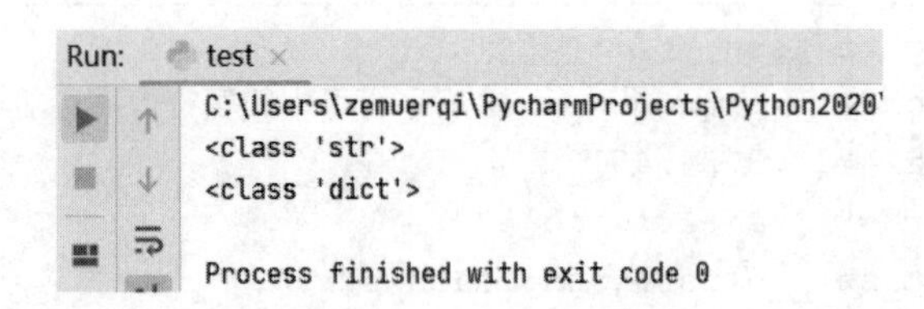

图 11.4 json.load 方法

从上面示例中可以总结得到，不管是 dump 还是 load，带 s 的都是和字符串相关的，不带 s 的都是和文件相关的。

下面给出 Python 数据类型与 JSON 数据类型的映射关系表，如表 11.1 所示。

表 11.1 Python对象与JSON对象数据类型映射关系

Python对象	JSON对象
str，unicode	string
dict	object
list，tuple	array

续表

Python对象	JSON对象
int，long，float	number
False	false
True	true
None	null

11.1.4　Requests 处理 session 实例

在学习 Selenium 框架时利用了 cookie 跳过登录操作这一知识点。那么现在又有问题，在操作 WebTours 网站时，该网站登录需要基于前面一个请求所响应的 session 的 id 值完成登录操作，那么如何实现呢？这就必须引用本节中涉及的 requests 包中的 session 对象完成。

直接来看示例代码，具体代码如下。

```
#-*- coding:utf-8 -*-#
#-------------------------------------------------------------------------------
#ProjectName:      Python2020
#FileName:         InterfaceTest4.py
#Author:           mutou
#Date:             2020/10/03 20:49
#Description:
#-------------------------------------------------------------------
#实现 session 接口的操作
import requests
from requests import Session
#创建 session 会话对象后，则用该对象发送后续请求，表示所有请求在同一个会话中完成
session=Session()
session.get("http://localhost:1080/cgi-bin/welcome.pl?signOff=true")
#前后接口请求存在依赖，先发送服务器会产生 session 值的请求并在响应中取出来
get_first_response=session.get("http://localhost:1080/cgi-bin/nav.pl?in=home")
get_text=get_first_response.text
#print(get_text)
#提取 session 值，使用字符串处理方式
get_index=get_text.find('userSession" value="')+len('userSession" value="')
get_session=get_text[get_index:get_text.find('"',get_index+1)]
import re
get_session_1=re.findall('userSession" value="(.+?)"',get_text)
print(get_session_1)
#分析：userSession 的值是基于上一个请求服务器响应的，当前请求必须携带 session
#值，否则服务器需要重新建立连接，会拒绝当前的请求
data={
```

```
    'userSession': '%s'%get_session,
    'username': 'jojo',
    'password': 'bean',
    'login.x': '49',
    'login.y': '15',
    'JSFormSubmit': 'off'
}
get_response=session.post("http://localhost:1080/cgi-bin/login.pl",data=data)
# print(get_response.text)
```

首先上面定义了三个请求，第二个请求必须基于第一个请求与服务器建立连接，然后能够正常产生 session 的 id 值返回在第二个请求的响应中；然后通过正则表达式将 session 的 id 值提取出来，将其作为参数传入第三个请求中；第三个请求是登录请求。这三个请求必须是基于同一个 session 请求对象才能够发送成功，如果每个请求都独立发送，则永远无法实现登录成功的操作。

另外，session 的 id 值提取在代码中使用了两种实现方式：一种是传统的字符串处理方式；另一种是使用正则表达式完成。

注意：

> 学习过 LR 都知道 WebTours 网站，这是 LR 自带的一个飞机订票网站，读者可以通过 Fiddler 工具抓取数据包分析出具体的 session 值。

正则表达式是一种专业的编程语言，对正则表达式了解后会发现正则表达式使用的符号以及组合并不难理解，可以先从简单开始然后慢慢复杂化，组合理解。

在 Python 中，程序员可以直接通过调用其内置模块 re 来实现正则匹配的操作。正则表达式是通过正则表达式引擎根据指定的正则表达式文本完成编译操作，从而产生正则表达式对象，然后根据需要匹配的文本完成相应的匹配操作，最后得到匹配结果。正则表达式的简单实现过程如图 11.5 所示。

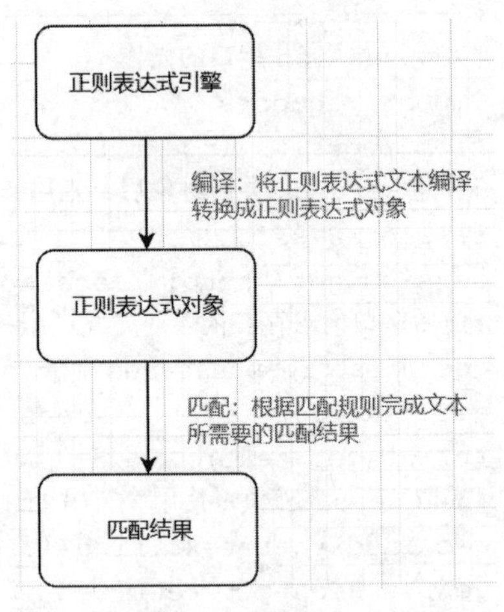

图 11.5 正则表达式的简单实现过程

下面来介绍正则表达式中的常用元字符。

1. .元字符

.元字符表示任意字符的匹配，具体代码如下。

```
import re    #直接导入正则表达式模块
str1="woodprhogrammhootoohoingtesthoohhhkachhraghello\nworldtadhhesttwhat1b2d3cohhhhhhh"
print(re.findall("t..t",str1))    #通过元字符组合完成匹配规则的定义
```

```
str2="test\n"
#标记 DOTALL 用于改变.的匹配规则（\n 的特殊处理：如果声明了，则会将\n 当作一个任意字符处理）
print(re.findall(".",str2,flags=re.DOTALL))
```

上面代码执行后输出结果如下。

```
['test']
['t', 'e', 's', 't', '\n']
```

2. ^元字符

^元字符表示匹配字符串的开头，字符串的开始位置与匹配规则如果符合就完成匹配，否则不匹配。如果是多行模式，需要匹配每一行的开头，则可以通过参数 flags 完成。如果在[]字符集中声明^元字符，则表示取反操作。

```
import re
str1="woodprhogrammhootoohoingtesthoohhhkachhraghello\nworldtadhhesttwhat1b2d3cohhhhhhh"
print(re.findall("^w..",str1,flags=re.MULTILINE))
print(re.findall("[^b-z][a-d]",str1))
```

输出结果如下。

```
['woo', 'wor']
['ac', 'ad', '1b', '2d', '3c']
```

3. []元字符，字符集

[]元字符主要用来表示一组字符，可以单独列出字符，如[abc]，匹配出结果“a”“b”“c”。如果字符串范围可以通过给出的两个字符并使用 - 分隔表示，那么[a-z]将匹配任何小写 ASCII 字母，[0-5][0-9]将匹配 00～59 间的所有两位数。

特殊字符在集合中失去其特殊意义，如[（+*）]将匹配任意文本字符“（”“+”“*”“）”，不在范围内的字符可以通过补充集合来匹配。如果集合的第一个字符是^，则所有不在集合中的字符都将匹配。例如，[^5]将匹配除 5 之外的任何字符，[^^]将匹配除^之外的任何字符，如果^不是集合中的第一个字符，就没有特殊意义。

```
print(re.findall("['o','a'].",str1))
```

['o','a']表示 o 或者 a 进行匹配。

4. $元字符

$元字符匹配字符串的结尾或正好在字符串末尾的换行符之前，并且在多行模式下也匹配新行之前的内容。foo 同时匹配 foo 和 foobar，而正则表达式 foo$只匹配 foo。更有趣的是，在“foo1\nfoo2\n”中搜索 foo.$通常与 foo2 匹配，但在多行模式下匹配 foo1；在“foo\n”中搜索单个$将找到两个（空）匹配项：一个在新行之前；另一个在字符串末尾。

```
import re
str1="woodprhogrammhootoohoingtesthoohhhkachhraghello\nworldtadhhesttwhat1b2d3cohhhhhhh"
print(re.findall(".o$",str1,flags=re.M))
```

上述代码执行后的输出结果如下。

```
['lo']
```

5. *元字符

*元字符表示指定匹配 0 个或者多个字符，贪婪匹配前导字符有多少个就匹配多少个。如果匹配规则中只有一个分组，则尽量避免使用*字符，因为那样可能会匹配出空字符串。

```
import re
str1="woodprhogrammhootoohoingtesthoohhhkachhraghello\nworldtadhhesttwhat1b2d3cohhhhhhh"
print(re.findall("ho*",str1))
```

输出结果如下。

```
['ho', 'hoo', 'ho', 'hoo', 'h', 'h', 'h', 'h', 'h', 'h', 'h', 'h', 'h', 'h', 'h',
'h', 'h', 'h', 'h', 'h']
```

6. +元字符

+元字符表示指定匹配字符的重复一次或多次匹配。“ab+”将匹配 a，后跟任何非零个数的 b；它不会仅匹配“a”。+元字符可以匹配前一个字符 1 次或无限次，贪婪匹配前导字符。

```
import re
str1="woodprhogrammhootoohoingtesthoohhhkachhraghello\nworldtadhhesttwhat1b2d3cohhhhhhh"
print(re.findall("ho+",str1))
```

以上代码的输出结果如下。

```
['ho', 'hoo', 'ho', 'hoo']
```

7. ？元字符

？元字符用于防止贪婪匹配，表示可以匹配 0 或 1 个原本字符，匹配一个字符 0 或 1 次。

```
import re
str1="woodprhogrammhootoohoingtesthoohhhkachhraghello\nworldtadhhesttwhat1b2d3cohhhhhhh"
print(re.findall("ho?",str1))
```

输出结果如下。

```
['ho', 'ho', 'ho', 'ho', 'h', 'h', 'h', 'h', 'h', 'h', 'h', 'h', 'h', 'h', 'h',
'h', 'h', 'h', 'h', 'h']
```

8. {}元字符，范围

{m}匹配前一个字符 *m* 次；{m,n}匹配前一个字符 *m*～*n* 次，若省略 *n*，则匹配 *m* 至无限次。

{0,}匹配前一个字符 0 或多次，等同于*元字符。

{1,}匹配前一个字符 1 次或无限次，等同于+元字符。

{0,1}匹配前一个字符 0 次或 1 次，等同于?元字符。

```
import re
str1="woodprhogrammhootoohoingtesthoohhhkachhraghello\nworldtadhhesttwhat1b2d3cohhhhhhh"
print(re.findall("h{1,}",str1))    #等同于+元字符
print(re.findall("h+",str1))
print(re.findall("h{0,}",str1))    #等同于*元字符
print(re.findall("h*",str1))
print(re.findall("h{0,1}",str1))   #等同于?元字符
print(re.findall("h?",str1))
```

以上代码执行后的输出结果如下。

```
['h', 'h', 'h', 'h', 'hhh', 'hh', 'h', 'hh', 'h', 'hhhhhhh']
['h', 'h', 'h', 'h', 'hhh', 'hh', 'h', 'hh', 'h', 'hhhhhhh']
['', '', '', '', '', '', 'h', '', '', '', '', '', '', 'h', '', '', '', '', '', 'h',
'', '', '', '', '', '', '', '', 'h', '', '', 'hhh', '', '', '', 'hh', '', '', '',
'h', '', '', '', '', '', '', '', '', '', '', '', '', '', 'hh', '', '', '', '', '',
'h', '', '', '', '', '', '', '', '', '', 'hhhhhhh', '']
['', '', '', '', '', '', 'h', '', '', '', '', '', '', 'h', '', '', '', '', '', 'h',
'', '', '', '', '', '', '', '', 'h', '', '', 'hhh', '', '', '', 'hh', '', '', '',
'h', '', '', '', '', '', '', '', '', '', '', '', '', '', 'hh', '', '', '', '', '',
'h', '', '', '', '', '', '', '', '', '', 'hhhhhhh', '']
['', '', '', '', '', '', 'h', '', '', '', '', '', '', 'h', '', '', '', '', '', 'h',
'', '', '', '', '', '', '', '', 'h', '', '', 'h', 'h', 'h', '', '', '', 'h', 'h',
'', '', '', 'h', '', '', '', '', '', '', '', '', '', '', '', '', '', 'h', 'h', '',
'', '', '', '', 'h', '', '', '', '', '', '', '', '', '', 'h', 'h', 'h', 'h', 'h',
'h', 'h', '']
['', '', '', '', '', '', 'h', '', '', '', '', '', '', 'h', '', '', '', '', '', 'h',
'', '', '', '', '', '', '', '', 'h', '', '', 'h', 'h', 'h', '', '', '', 'h', 'h',
'', '', '', 'h', '', '', '', '', '', '', '', '', '', '', '', '', '', 'h', 'h', '',
'', '', '', '', 'h', '', '', '', '', '', '', '', '', '', 'h', 'h', 'h', 'h', 'h',
'h', 'h', '']
```

9. ()元字符，分组

()元字符也就是分组匹配，()里面的为一个组，也可以理解成一个整体。

如果()后面跟的是特殊元字符，如(adc)*，那么*控制的前导字符就是()里的整体内容，不再是前导一个字符。

```
import re
str1="woodprhogrammhootoohoingtesthoohhhkachhraghello\nworldtadhhesttwhat1b2d3cohhhhhhh"
print(re.findall("h(.+?)t",str1))
```

其实该正则表达式整体匹配到的值是 hogrammhoot、hoingt、hhest、hat，但是使用括号后输出的结果就是 h 与 t 之间的内容值。

输出结果：

```
['ogrammhoo', 'oing', 'hes', 'a']
```

\d 匹配任何十进制数，它相当于[0-9]。

\d+匹配一位或者多位的数字。

\D 匹配任何非数字字符，它相当于[^0-9]。

\s 匹配任何空白字符，它相当于[\t\n\r\f\v]。

\S 匹配任何非空白字符，它相当于[^\t\n\r\f\v]。

\w 匹配包括下划线在内的任何字母、数字、字符，它相当于[a-zA-Z0-9_]。

\W 匹配非任何字母、数字、字符，包括下划线，它相当于[^a-zA-Z0-9_]。

|元字符表示或，前后其中一个符合就匹配。

下面给出具体示例。

示例 1：

```
import re
str3="1hello2world3test4linux5python"
print(re.findall("\d",str3))
```

以上代码的输出结果如下。

```
['1', '2', '3', '4', '5']
```

示例 2：

```
import re
str1="woodprhogrammhootoohoingtesthoohhhkachhraghello\nworldtadhhesttwhat1b2d3cohhhhhhh"
print(re.findall("h|t.",str1))  #表示 h 或 t 后面的任意一个字符
```

以上代码的输出结果如下。

```
['h', 'h', 'to', 'h', 'te', 'th', 'h', 'h', 'h', 'h', 'h', 'h', 'ta', 'h', 'h',
'tt', 'h', 't1', 'h', 'h', 'h', 'h', 'h', 'h', 'h']
```

示例 3：

```
import re
str4="a13323b1231c12312d1q33"
print(re.findall("\D",str4))
```

以上代码的输出结果如下。

```
['a', 'b', 'c', 'd', 'q']
```

10. 懒惰限定符

“*?”重复任意次，但尽可能少重复。

例如，字符串“acbacb”使用正则表达式“a.*?b”进行匹配时，只会取到第一个字符串“acb”，原本可以全部取到，但加了限定符后，只会匹配尽可能少的字符，而字符串“acbacb”中最少字符的结果就是“acb”。

“+?”重复 1 次或更多次，但尽可能少重复，与上面一样，只是至少要重复 1 次。

“??”重复 0 次或 1 次，但尽可能少重复，如字符串“aaacb”使用正则表达式“a.??b”匹配只会取到最后的三个字符串“acb”。

常用的函数方法有 findall()函数、match()函数、search()函数、split()函数、sub()函数等，具体语法以及示例操作，读者可以自行阅读官网 API。

11.1.5　WebService 模块 suds-jurko 详解

WebService 是使用 SOAP 协议完成通信的。SOAP 是一种简单的 XML 协议，称为简单对象存取协议，它还可以支持不同的底层接口，如 HTTP、HTTPS 或者 SMTP 等。分析 WSDL 描述文档，可以通过其调用对应 WebService 服务中的一个或者多个操作。

WSDL 是一个 XML 文档，用于说明一组 SOAP 消息以及如何交换这些消息，大多数情况下由软件自动生成以及使用。

测试 WebService 类型的接口可以使用 SOAPUI 工具来完成，如果使用 Python 脚本实现，则需要引用第三方模块 suds-jurko。若直接使用 PyCharm 开发脚本，可以直接在 settings 中搜索 suds-jurko，如图 11.6 所示。然后单击安装即可。

库包准备就绪后，就使用 suds 库来完成 WebService 接口。具体示例使用之前提过的公共接口网站 WebXml，其网址为 http://www.webxml.com.cn/zh_cn/index.aspx。这里选择一个通过输入参数手机号码返回该手机号码归属定的接口，实现的代码如下。

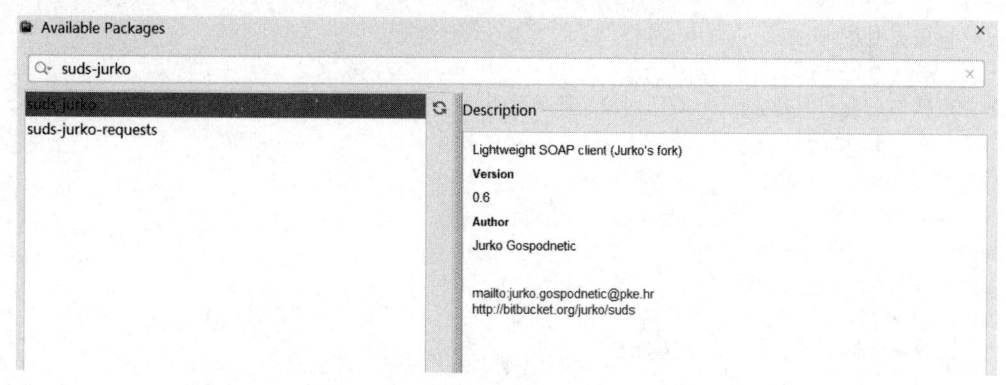

图 11.6　安装 suds-jurko

```
#-*- coding:utf-8 -*-#
#-------------------------------------------------------------------------------
#ProjectName:     Python2020
#FileName:        InterfaceTest3.py
#Author:          mutou
#Date:           2020/10/04 16:45
#Description:
#--------------------------------------------------------------------------------
#session 的接口如何实现
#WebService 的接口处理
#导包
from  suds.client import Client  #完成 SOAP 客户端的操作
#创建对象，直接传入 URL 请求地址  必须是对应接口集合的 WSDL 的地址
get_client=Client("http://ws.webxml.com.cn/WebServices/MobileCodeWS.asmx?wsdl")
print(type(get_client))
print(get_client)
#获取创建客户端的对象后，通过该对象调用
service 服务，然后调用对应的接口方法即可
#执行该接口
get_result=get_client.service.
getMobileCodeInfo("18907037988","")
print(get_result)
print(type(get_client.service.
getMobileCodeInfo("18907037988","")))
```

以上代码执行后的输出结果如图 11.7 所示。

从输出结果看到，得到的对象是 Text，如果需要操作此 Text 对象，可以通过 escape 函数完成类型转换操作，同时可以声明一个方法专门进行处理，具体代码如下。

```
#通过 XML 模块实现相关结果的解析操作
from  xml.sax.saxutils import escape
#直接转换成字符串类型
print("输出类型是",type(get_result))
print(escape(get_result).split(" "))
#suds 处理接口后返回的是 Array 数组对象，可以将其序列化成 JSON 或 dict 类型
def sobject_to_dict(obj):
    if not hasattr(obj, '__keylist__'):
        return obj
    data = {}
    fields = obj.__keylist__
    for field in fields:
        val = getattr(obj, field)
        if isinstance(val, list):
```

```
            data[field] = []
            for item in val:
                data[field].append(sobject_to_dict(item))
        else:
            data[field] = basic_sobject_
                to_dict(val)
    return data
print(get_result)
print(sobject_to_dict(get_result))
```

以上代码执行的输出结果如图 11.8 所示。

```
Run:  InterfaceTest3
C:\Users\zemuerqi\PycharmProjects\Python2020\venv\Scripts\python.exe
<class 'suds.client.Client'>

Suds ( https://fedorahosted.org/suds/ )  version: 0.6

Service ( MobileCodeWS ) tns="http://WebXml.com.cn/"
   Prefixes (1)
      ns0 = "http://WebXml.com.cn/"
   Ports (2):
      (MobileCodeWSSoap)
         Methods (2):
            getDatabaseInfo()
            getMobileCodeInfo(xs:string mobileCode, xs:string userID)
         Types (1):
            ArrayOfString
      (MobileCodeWSSoap12)
         Methods (2):
            getDatabaseInfo()
            getMobileCodeInfo(xs:string mobileCode, xs:string userID)
         Types (1):
            ArrayOfString


18907037988：江西 上饶 江西电信CDMA卡
<class 'suds.sax.text.Text'>

Process finished with exit code 0
```

图 11.7　示例输出结果

```
Run:  InterfaceTest3
C:\Users\zemuerqi\PycharmProjects\Python2020
输出类型是 <class 'suds.sax.text.Text'>
['18907037988：江西', '上饶', '江西电信CDMA卡']
18907037988：江西 上饶 江西电信CDMA卡
18907037988：江西 上饶 江西电信CDMA卡

Process finished with exit code 0
```

图 11.8　处理响应结果的输出

11.2　Mock 测试技术

扫一扫，看视频

在单元测试过程中经常会遇到真实对象无法获取、真实对象不可确定、真实对象很难被创建（如具体的 Web 容器）、真实对象的某些行为难以触发（如网络错误）、真实情况导致程序速度过慢、真实对象并不存在或者还未实现等场景。那么是否遇到以上场景就不需要做单元测试了呢？答案是否定的，此时需要用到 Mock 技术。

11.2.1　Mock 服务介绍

Mock 技术主要分为两类：一类是 Mock 服务，另一类是 Mock 数据。

Mock 服务表示实现 Mock 功能的一个服务。由于现如今的业务系统很少独立存在，它们或多或少地会引用到第三方公司所提供的服务，这也就给实际项目过程中的联调和测试造成很大的麻烦。对于此种情况，常见的解决方案就是搭建和部署一个临时服务，模拟那些服务，提供数据进行联调和测试。这也就是为什么需要实现 Mock 服务的操作了。

Mock 数据即 mock 一个对象，写入一些预期值，通过它进行自己想要的测试，常见的有 EasyMock、Mockito、WireMock 等，主要适用于单元测试。

11.2.2 Mock 实现原理

mock 是 Python 中的一个用于支持单元测试的库，主要功能是实现 mock 对象替换指定的 Python 对象，以达到模拟对象的行为。

在项目单元测试过程中，经常会遇到以下几种场景。

（1）接口的依赖。

（2）外部接口的调用。

（3）测试环境非常复杂。

在实际工作过程中，单元测试只是对当前被测项目或者系统完成单元测试，所有内部或者外部的依赖应该都是固定且稳定的。使用 mock 就可以对外部依赖的组件实现模拟并且替换，从而使单元测试能够顺利进行。

下面给出具体解决依赖的过程。

假设要测试 A 模块，然后 A 模块依赖于 B 模块的调用。但是，由于 B 模块的改变，导致 A 模块返回结果的改变，从而使 A 模块的测试用例执行失败。其实，对于 A 模块以及 A 模块的用例来说，并没有变化。

那么这个时候 Mock 就发挥作用了。可以通过 Mock 模拟影响 A 模块的部分（B 模块）。至于 Mock 掉的部署即 B 模块应该由其他测试用例来完成对应的测试。

现有需求：张三要实现计算器的模块开发，该模块中有加减乘除等运算操作，但是都没有实现，而李四需要实现手机中的计算器模块，该计算器要引用张三的计算器实现，并基于张三的实现完成结果取整操作。

整体项目的目录结构如图 11.9 所示。

```
▼ SourceDir
    __init__.py
    Cal.py
    Mobile.py
▼ TestDir
  ▶ .pytest_cache
    __init__.py
    MobileTest.py
  __init__.py
  MockTest.py
```

图 11.9 整体项目的目录结构

张三实现 Cal 模块，该模块完成加、减法的具体操作实现，具体代码如下。

```
class Cal(object):
    def add(self,a,b):
        pass
    def minus(self,a,b):
        pass
```

李四需要实现的是手机模块，而该模块需要调用张三未实现的加减法操作 Cal 模块，具体代码如下。

```
from  InterFaceTest.Day03.SourceDir.Cal import Cal   #源代码不会动
class Mobile(object):
    def __init__(self):
        self.cal = Cal()
    # 声明加法完成取整操作
    def get_add_int(self, a, b):
        return int(self.cal.add(a, b))
```

此时李四需要完成 get_add_int 的测试操作，但是调用张三的 add 方法并没有实现，所以此时李四可以 Mock 张三 add 方法的返回数据。具体代码如下。

```
import unittest
from unittest import mock
from InterFaceTest.Day03.SourceDir.Mobile import Mobileclass
MobileTest(unittest.TestCase):
    def setUp(self):
        self.mobile=Mobile()
    def test_get_add_int(self):
         mock_add=mock.Mock(return_value=6.2)
         self.mobile.cal.add=mock_add
         self.assertEqual(6,self.mobile.get_add_int(self.cal.add,4.1,2.1))
```

从上面代码了解到，其实 mock 是不需要额外安装的，mock 是 Python 实现单元测试 unittest 框架下的一个模块。

11.2.3　底层函数实现 Mock

之前自定义开发了一个登录的接口，假设此接口服务没有进行启动需要进行测试，那么如何实现呢？需要使用底层函数实现 Mock，具体代码如下。

```
def test_01(self):
    url = 'http://127.0.0.1:8989/loginAction/'
        data = {
            'username': 'wood',
            'password': 123456
        }
        run = RunMain(url, 'POST', data=data)
        #调取 Mock 方法，把 data 的值当成模拟的数据
        mock_data=mock.Mock(return_value=data)
        run.run_main=mock_data           #把 mock 的值替换成 run.run_main 的返回数据
        res = run.run_main(url,'POST',data)
        print(res)
```

```
        self.assertEqual(res['username'],'test1','测试失败')
```

11.2.4　重构封装 Mock 服务

先封装一个 mock 方法，具体代码如下。

```
from unittest import mock
#参数分别是mock模拟的返回值，mock模拟的方法，run_main中的url，方法，请求参数
def mock_test(response_data,mock_method,url,method,request_data):
    mock_method=mock.Mock(return_value=response_data)
    res=mock_method(url,method,request_data)
return res
```

然后调取封装好的方法，具体代码如下。

```
from mock_demo import mock_test
class TestMethod(unittest.TestCase):
    # @unittest.skip('test_01')
    def test_01(self):
        url = 'http://127.0.0.1:8989/loginAction/'
        data = {
            'username': 'wood',
            'password': 123456
        }
        run = RunMain(url, 'POST', data=data)
        res=mock_test(data,run.run_main,url,'POST',data)
        print(res)
        self.assertEqual(res['username'],'test1','测试失败')
```

假设 11.2.2 小节的需求中李四的 Mobile 模块需要实现一个完成计算器的加法、减法、求和再取整操作，那么此时张三的模块既没有实现加法也没有实现减法，则需要考虑 mock 两个对象了。

其中李四模块新增的方法代码如下。

```
def get_int_1(self,a,b):
    return int(self.cal.add(a,b)+self.cal.minus(a,b))
```

对应的具体测试方法代码如下。

```
def test_get_int_1(self):
    #输入4.1  2.1
    #一个测试用例涉及多个对象，且多个对象都没有实现，那么全部都可以mock去
    mock_add=mock.Mock(return_value=6.2)
    mock_minus=mock.Mock(return_value=2.0)
    self.mobile.cal.add=mock_add
```

```
    self.mobile.cal.minus=mock_minus
    self.assertEquals(8,self.mobile.get_int_1(4.1,2.1))
```

解释上述代码：将 mock_add 对象赋值给 Python 的 cal.add 对象，将 mock_minus 对象赋值给 Python 的 cal.minus 对象，调用时实际就是调用 mock 对象。

前面完成了 Mock 数据、Mock 对象的操作，那么是否可以 Mock 一个接口请求？其实接口请求也可以当作一个对象处理，具体代码如下。

```
def test_interface(self):
    #当前接口服务没有启动
    #测试用例设计好的，需要传入的数据，然后会返回的结果
    data = {
        "customer_name": "woodProgram3",
        "customer_phone": "18907047890",
        "customer_mail": "fjwojefo@163.com",
        "customer_type": "C",
        "customer_address": "广州天河"
    }
    get_expect={'reason': '数据库中已存在同名的客户', 'result': [], 'error_code': 2000}
    get_mock=mock.Mock(return_value=get_expect)
    #那也就是需要 mock 响应对象
    get_response=lambda number:requests.request(
    "Post", "http://127.0.0.1:7777/addCustomer", data=data).json()
    get_response=get_mock
    print(get_response())
```

上述代码发现如果 Mock 响应时，不能够直接 Mock 响应结果，而是 mock 其对象，所以此时可以借助匿名函数 lambda 获取响应对象，并进行 Mock，最后调用即可。

下面详细介绍 mock 对象中的参数与属性的应用。

1. side_effect 参数

虽然上述都完成了 Mock 操作，但是如果后期相关功能模块实现了，那么测试代码还是调用 mock 对象，这样后期还是要删除或者修改测试代码，这样过于麻烦，那么可以使用参数 side_effect。

side_effect 参数表示当实际代码已经实现需要被执行时，则可以将该对象赋值给该变量，该变量执行后产生的返回值会将 return_value 的值进行覆盖，这样就不会修改、删除代码了。这还是要加参数或者删除参数才能够完成吗？不需要，可以设定一个标记实现一个判定，由测试用例决定是使用 mock 对象还是非 mock 对象即可，具体示例代码如下。

```
def test_interface(self):
    #当前接口服务没有启动
    #传入测试用例设计好的数据，然后返回结果
```

```
data = {
    "customer_name": "woodProgram3",
    "customer_phone": "18907047890",
    "customer_mail": "fjwojefo@163.com",
    "customer_type": "C",
    "customer_address": "广州天河"
}
get_expect={'reason': '数据库中已存在同名的客户', 'result': [], 'error_code': 2000}
get_mock=mock.Mock(return_value=get_expect)
#那也就是需要 mock 响应对象
get_response=lambda number:requests.request(
"Post", "http://127.0.0.1:7777/addCustomer", data=data).json()
get_mock.side_effect=get_response
#只需要在 mock 之前完成 side_effect 的属性重新赋值即可
get_response=get_mock
#将 mock 对象赋值给响应对象，响应结果表示已经执行，那么执行的时
#候就已经抛出异常，mock 不是 mock 结果，而是 mock 对象
print(get_response())
```

可以通过 mock 对象调用 side_effect 属性完成赋值操作，同时可以在 mock 对象中直接定义其参数。例如：

```
def test_add_2(self):
    #side_effect 作用：当实际代码已经需要被执行时，则可以将该对象赋值给该变量，该
    #变量执行后产生的返回值会将 return_value 的值覆盖
    self.mock_object=mock.Mock(return_value=7.1,side_effect=self.mobile.cal.add)
    self.mobile.cal.add=self.mock_object
    self.assertEqual(7,self.mobile.get_int(2.0,5.1))
```

这就相当于直接将 cal 中的 add 对象赋值给 side_effect，就会使实际代码运行的结果覆盖 return_value 值，这样就相当于执行了实际代码模块。

2. mock 对象参数

（1）name 参数：顾名思义就是 mock 对象定义的名字。例如：

```
from unittest import mock
mock_obj1 = mock.Mock()
mock_obj2 = mock.Mock(name='mock_obj2')
print(mock_obj1)  # <Mock id='50111760'>
print(mock_obj2)  # <Mock name='mock_obj' id='53781776'>
```

（2）return_value 参数：前面在定义 mock 对象时，需要指定某个值，那么创建了 mock 对象后，可以通过该对象调用该属性值。

（3）spec 参数：可以给 mock 对象中声明属性，该参数值的格式是列表中的元素，是字符

串形式。若 sepc_set 的参数为 True，那么 spec 参数必须声明。

在 mock 中必须通过 spec 声明属性，无法直接通过 mock 对象添加属性。例如：

```
def test_add_1(self):
    self.mock_object = mock.Mock(return_value=4.0)
    #mock 了两个测试用例的不同对象
    self.mobile.cal.add=self.mock_object
    #将 mock 对象转换成 Python 对象
    self.assertEqual(4,self.mobile.get_int(1,3.0))
    print(self.mock_object.call_args)
    #self.mock_object.assert_any_call(1,2.0)
    self.mock_object.mock_add_spec(spec=["a","b"],spec_set=True)
    self.mock_object.a=10
    print(self.mock_object.a)
```

如果调用 mock_object.c，则会提示 mock 对象中不存在该属性，必须与 spec 中所声明的属性名相同，才能够进行赋值引用操作。

3. mock 断言语句

（1）assert_called_with：检查 mock 方法是否获取了正确的参数，当至少有一个参数有错误的值或者类型时、当参数的个数出错时、当参数的顺序不正确时，断言失败。示例代码如下。

```
from unittest.mock import Mock
class Cal(object):
    value = 20
    def add(self, arg):
        return arg
    def minus(self, *args):
        return args
mock_obj = Mock(spec=Cal)
mock_obj.add(222)
# mock_obj.add.assert_called_with()             # 报错，没有传参
# mock_obj.add.assert_called_with(11)           # 报错
# mock_obj.add.assert_called_with('6669')       # 报错，传值的类型不对
# mock_obj.add.assert_called_with(222)          # mock_obj.add()传的就是 222
mock_obj.minus(1, 2, 3)
# mock_obj.minus.assert_called_with()           # 报错，没有传参
# mock_obj.minus.assert_called_with(1)          # 报错，少传了参数
# mock_obj.minus.assert_called_with(1, 3, 2)    # 报错，传参顺序不对
mock_obj.minus.assert_called_with(1, 2, 3)      # 传参正确
```

（2）assert_called_once_with：当指定方法被多次调用时，断言失败。示例代码如下。

```
from unittest.mock import Mock
```

```
class Cal(object):
    value = 20
    def add(self, arg):
        return arg
    def minus(self, *args):
        return args
# 实例化mock对象
mock_obj = Mock(spec=Cal)
# 为add方法赋返回值
mock_obj.add.return_value =222
print(mock_obj.add())
mock_obj.add.assert_called_once_with()  # 第一次调用，没问题
print(mock_obj.add())
mock_obj.add.assert_called_once_with()
# 第二次调用，报错 AssertionError: Expected 'add' to be called once. Called 2 times.
```

（3）assert_any_call：断言用于检查测试执行中的 mock 对象在测试中是否调用了方法。

（4）assert_has_call：断言是否按照正确的顺序和正确的参数进行调用。需要给出一个方法的调用顺序，assert 时按照这个顺序进行检查。

（5）called：跟踪 mock 对象所做的任意调用的访问器。called 只要检测到 mock 对象被调用，就返回 True。

（6）call_count：检查 mock 对象被调用次数。

（7）call_args && call_args_list：mock 对象的初始化参数，call_args_list 以列表的形式返回工厂调用时所有的参数。

（8）method_calls：以列表的形式返回 mock 对象调用的方法。

（9）mock_calls：显示工厂调用和方法调用。

（10）acttach_mock：将一个 mock 对象添加到另一个 mock 对象中。需要注意的是，attach_mock(self, mock, attribute)必须为添加进来的 mock 对象指定一个属性名。

（11）configure_mock：用于更改 mock 对象的 return_value 值。

（12）mock_add_spec(self, spec, spec_set=False)：用于给 mock 对象添加一个新的属性，新的属性会覆盖掉原来的属性。spec_set 指属性可读可写，默认是只读。

（13）reset_mock：将 mock 对象恢复到初始状态，避免了重新构造 mock 对象带来的开销。

上述方法的应用都比较简单，就不一一给出示例代码了，针对 acttach_mock 这个 mock 对象管理方法给出具体示例，其代码如下。

```
from unittest.mock import Mock
class Cal(object):
    def add(self, arg):
        return arg
class Mobile(object):
```

```
    def get_add(self, *args):
        pass
# 分别构造 cal 和 mobile 的 mock 对象
mock_cal = Mock(spec=Cal)
mock_mobile = Mock(spec=Mobile)
# 打印
print(mock_cal, mock_mobile)
#结果： <Mock spec='Cal' id='2266643304848'> <Mock spec='Mobile' id='2266634754896'>
# 分别为两个 mock 对象的方法添加返回值
mock_cal.add.return_value = 'Cal.add'
mock_mobile.get_add.return_value = 'Mobile.get_add'
# 正常的调用都没问题
print(mock_cal.add())  # Cal.add
print(mock_mobile.get_add())  # Mobile.get_add
# 使用 attach_mock 将 mock_mobile 对象添加到 mock_cal 中
mock_cal.attach_mock(mock_mobile, 'mobile')
# 现在 mock_mobile 对象成为 mock_cal mock 对象的一个属性 mobile
print(mock_cal.mobile) # <Mock name='mock.mobile' spec='Mobile' id='2266634754896'>
# mock_cal.mobile 等于获取了 mock_mobile 对象，然后调用其中的 get_add 方法，并且得到了
#之前赋值的返回值
print(mock_cal.mobile.get_add())  # Mobile.get_add
```

11.3　小　　结

通过脚本实现接口测试确实要比工具更加灵活、简单，当然这个“简单”的前提是读者要具有一定的编程语言基础。

在接口从设计到开发最后到测试的过程中，会发现接口测试真的很简单，比做功能测试还简单。然而为什么会有接口测试比功能测试更高级的认知呢？原因可能有以下几点。

（1）具有抵触心理。自认为接口测试很难，自己肯定不会。

（2）缺乏自信。没有学不会的东西，只有不努力的自己。

（3）学习没有条理性。不擅长做学习计划，没有一个完整的学习大纲。

（4）遇到问题容易放弃，没有恒心。

本书第 8～11 章诠释了整个接口测试的过程，从工具到脚本，从简单到复杂，只要读者坚持学习和实践，就会距测试工程师更近一步。

第 12 章　主流测试框架 pytest+Allure 报告生成

本章主要讲 pytest 框架和 Allure 两个框架，它们分别是单元测试框架和报告生成框架。前面学习了 unittest 框架和 HTMLTestRunner 框架，为什么还要学习 pytest 和 Allure 呢？

首先，现如今在各个公司面试，面试的问题都与 pytest 相关，涉及 unittest 的较少，也就是说 pytest 成为面试技能点的刚需。其次，之前使用 HTMLTestRunner 生成的报告过于简单，所以生成好的测试报告在整个测试框架中起到了至关重要的作用。代表性框架是 Allure 框架，该框架不仅生成的报告美观，而且方便 CI 集成。

本章主要涉及的知识点如下。

- pytest 框架基础：学会 pytest 框架如何设计测试用例，灵活使用 fixture 对象。
- pytest 高级应用及技术：熟练应用 pytest 框架完成多样式的参数化操作、报告的生成以及报告的优化、源代码的二次封装等。
- Allure 框架：学会使用 Allure 框架生成美观的报告以及实现个性化报告的定制操作。

注意：

> 本章属于对框架的扩展，主要内容是引用最新测试框架完成整个自动化测试脚本的升级与迭代。

扫一扫，看视频

12.1　pytest 框架基础

本节首先介绍 pytest 框架，使读者能够学会灵活地使用该框架替换 unittest 框架的方法，最终达到将前面所有使用 unittest 框架完成的案例都能够使用 pytest 框架完成的目的。

12.1.1　pytest 安装及简介

pytest 框架可以说是 unittest 框架的一种扩展，在 Python 中属于第三方框架，但是它要比 unittest 框架更简洁、更高效。根据 pytest 的官方网站介绍，它具有如下特点。

（1）pytest 直接使用 Python 内置的 assert 语句进行断言，不需要使用 unittest 框架中的 self.assert*等方法。

（2）pytest 能够自动识别测试模块和测试函数，不需要与 unittest 框架一样进行声明一个必须继承 unittest.TestCase 的测试类。但是声明的测试方法和测试类需要满足 pytest 的规则。

（3）pytest 框架中最核心的模块是 fixtures 模块，其能够实现对象、参数、用例等一系列的管理操作。

（4）能够兼容 unittest 框架、nose 框架等测试套件的运行。

（5）pytest 具有丰富的插件。

pytest 的安装同样存在两种方式：一种是直接使用 pip 命令管理工具完成命令安装；另一种是在 PyCharm 的 Settings 中搜索并安装。

```
pip  install  pytest
```

注意：

> 在这里需要注意，通过 PyCharm 和 DOS 安装需要考虑是否同处在一个 Python 环境，之前有同学在安装 PyCharm 之后，在 DOS 中执行测试文件时提示没有找到 pytest 模块，那就说明当前 PyCharm 使用的环境与 DOS 中的 Python 环境不是同一个环境。

安装完毕，可以通过以下两种方式完成 pytest 版本的查看，将命令直接在 DOS 中执行即可，命令如下。

```
pip  show  pytest
```

或者

```
pytest  --version
```

下面使用 pytest 具体应用到实例当中，现有一个源码类计算器，该类实现了加法运算，那么如何定义一个函数完成 pytest 的测试用例设计：在 SourceDir 包下新建一个模块 Calculater，该模块的具体代码如下。

```
class Cal(object):
    def add(self,a,b):
        return a+b
```

然后在 TestDir 包下新建一个测试文件 TestCalculater 模块，该模块中的具体代码如下。

```
from InterFaceTest.Day04.SourceDir.Calculater import Cal
import pytest
#声明一个函数测试用例
def test_add():
    cal=Cal()
    assert 4==cal.add(2,2)   #Python 中的 assert 语句
#使用类似于 unittest 框架调用 main 方法的形式执行测试函数
if __name__ == '__main__':
    pytest.main()
```

然后在 PyChram 中运行会显示如图 12.1 所示的情况，说明当前模块将以 pytest 框架运行。

如果仅仅是 run Calculater，那么说明还是以 Python 运行器运行的，则需要修改相关设置操作，在 PyCharm 菜单栏中单击 File，选择 Settings，然后弹出如图 12.2 所示界面，在该界面的

Testing 中修改其运行器为 pytest 即可。

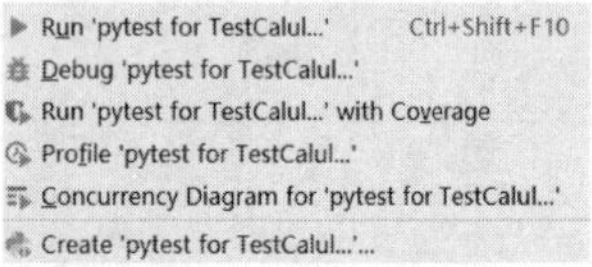

图 12.1 pytest 运行器

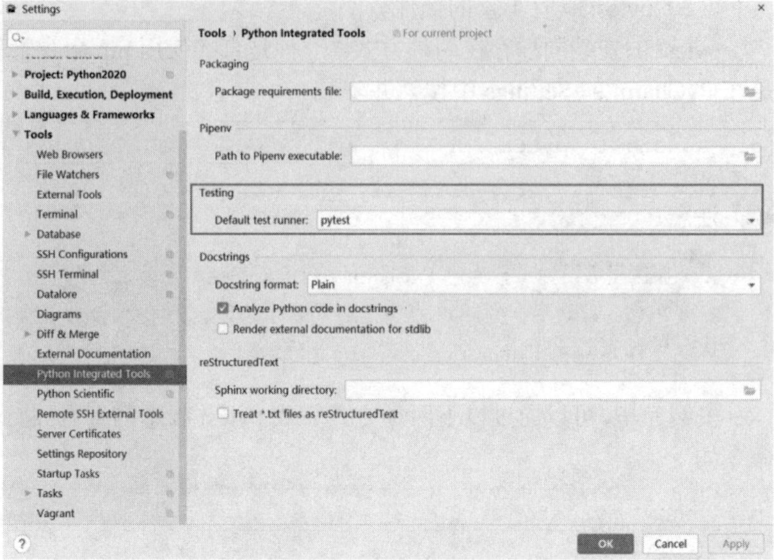

图 12.2 修改运行器

修改上面的运行器后，如果还无法以 pytest 运行，那么考虑模块名是否以 Test 开头，或者可以通过 configuration 配置 pytest 运行，测试用例的方法名还是需要以 test 开头。

注意：

> 使用 pytest 编写用例，必须遵守以下规则。
>
> （1）测试文件名必须以 test_开头（如 test_ab.py）。
>
> （2）测试方法必须以 test_开头。

很明显，编写测试用例的方法 pytest 就比 unittest 简单很多。pytest 可以执行 unittest 风格的测试用例，无须修改 unittest 用例的任何代码，有较好的兼容性。

上面的实现是使用 pytest 完成对函数设计相应的测试用例，如果针对类则如何设计测试用例呢？具体示例代码如下。

```
from InterFaceTest.Day04.SourceDir.Calulater import Cal
import pytest
#如果声明测试类进行设计测试用例，那么测试类的名字必须以 Test 开头
class TestCal():
    def test_add(self):
        cal = Cal()
        assert 4 == cal.add(2, 2)
if __name__ == '__main__':
    pytest.main()
```

这也就再次验证了讲 unittest 框架参数化时提到的一点，pytest 框架既可以完成对类对象形式的测试用例设计，还可以针对函数完成相应的测试用例设计。

除了在 PyCharm 中直接右击运行以外，也可以在 DOS 中执行，在 DOS 中执行的方式有以下 3 种。

（1）pytest 测试文件所在路径。

（2）py.test 测试文件所在路径。

（3）python -m pytest 测试文件所在路径。

如果提示不是内部或者外部命令或者提示找不到对应模块 pytest，则说明当前 Python 环境中没有 pytest 模块或者没有配置环境变量，需要检查。

有了 PyCharm 运行方式为什么还要 DOS 命令的运行方式？如果有此疑惑，说明大家引用持续集成不够多，持续集成需要引用命令的形式完成操作。

如果一个测试模块中声明的测试类中存在多个测试方法，那么在 PyCharm 中可以选中那个测试方法运行，说明指定运行当前的测试方法。如果将光标置于 main 方法中，则执行所有的测试用例，这样可以通过光标的位置决定执行哪个测试用例。

但是，在 DOS 中如何指定某个测试方法进行执行呢？其实可以先通过 PyCharm 执行某一条测试用例，然后在控制台看输出信息，该信息中包含执行的结构信息，如图 12.3 所示。

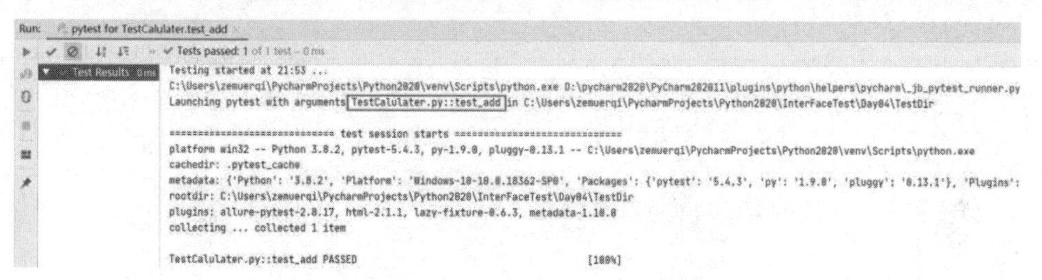

图 12.3　pytest 运行控制台信息

通过图 12.3 可以得到，其执行的格式是“模块名::测试类名::测试方法名”，当然如果不是测试类，则直接使用“模块名::测试函数名”格式。

最后，如果需要在 DOS 中执行，可执行如下命令，如图 12.4 所示。

```
Microsoft Windows [版本 10.0.18363.836]
(c) 2019 Microsoft Corporation。保留所有权利。

C:\Users\zemuerqi>python -m pytest C:\Users\zemuerqi\PycharmProjects\Python2020\InterFaceTest\Day04\TestDir\TestCalulate
r.py::test_add
============================= test session starts ==============================
platform win32 -- Python 3.8.2, pytest-5.4.3, py-1.9.0, pluggy-0.13.1
rootdir: C:\Users\zemuerqi
plugins: allure-pytest-2.8.17, html-2.1.1, lazy-fixture-0.6.3, metadata-1.10.0
collected 1 item

PycharmProjects\Python2020\InterFaceTest\Day04\TestDir\TestCalulater.py .                                  [100%]

=============================== warnings summary ===============================
PycharmProjects\Python2020\venv\lib\site-packages\_pytest\config\__init__.py:935
  C:\Users\zemuerqi\PycharmProjects\Python2020\venv\lib\site-packages\_pytest\config\__init__.py:935: PytestAssertRewrit
eWarning: Module already imported so cannot be rewritten: pytest_lazyfixture
    self._mark_plugins_for_rewrite(hook)

-- Docs: https://docs.pytest.org/en/latest/warnings.html
======================== 1 passed, 1 warning in 0.03s =========================
```

图 12.4　DOS 中节点执行用例

12.1.2 模块级、函数级、类级、方法级

模块级、函数级、类级、方法级其实就是在前面 unittest 框架中介绍过的 test fixture，即测试固件或者测试夹具，这也是整个单元测试框架中的核心操作。

test fixture 主要应用在测试方法之前或者测试方法之后，为测试过程提供前置或者后置条件，可以装置数据，也可以完成环境配置等操作。

在使用 unittest 框架时，应用过前置和后置以及类前置和类后置等，在完成 selenium 自动化时，实现初始化浏览器驱动器对象，它的效率与作用非常突出，可以只启动一次浏览器完成多个用例的执行。在 pytest 框架中也有类似 unittest 框架中的 setUp 和 tearDown 等语法，它们就是模块级、函数级、类级和方法级。

1. 函数级别

函数级别使用的方法名是 setup_function/teardown_function，主要是针对函数而言，在每个函数测试用例执行之前会执行一次（通过全局变量传递对象值）。

具体示例代码如下。

```
#-*- coding:utf-8 -*-#
#-------------------------------------------------------------------------------
#ProjectName:      Python2020
#FileName:         TestCalulater.py
#Author:           mutou
#Date:             2020/10/04 15:12
#Description:
#---------------------------------------------------------------
from InterFaceTest.Day05.SourceDir.Calculater import Calculater
import pytest
cal=None
def setup_function():
    global cal
    cal=Calculater()
def test_add_function_1():
    print("test_add_function_1 使用的对象",cal)
    assert 4 == cal.add(2, 2)
def test_add_function_2():
    print("test_add_function_2 使用的对象",cal)
    assert 6 == cal.add(3, 3)
```

输出结果如图 12.5 所示。

从结果可以看出用例执行顺序：setup_function>用例 1>teardown_function，setup_function>用例 2>teardown_function……

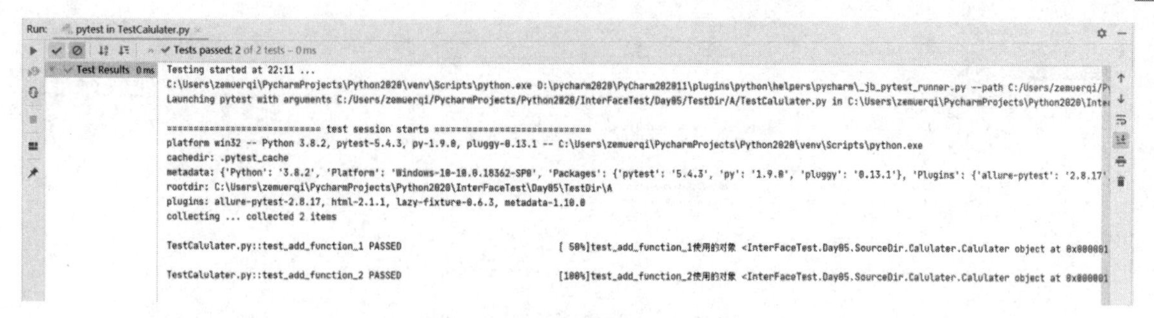

图 12.5　函数级别示例执行结果

2. 类级别

类级别使用的方法名是 setup_class/teardown_class，等价于 unittest 框架中 setUpClass 和 tearDownClass；表示测试类中的所有测试用例执行之前仅执行一次。

3. 方法级别

方法级别使用的方法名是 setup_method/teardown_method，等价于 unittest 框架中的 setUp 和 tearDown，表示测试类中的每个测试用例执行之前会执行一次。pytest 本身是兼容 unittest 运行的，所以也兼容 setup 和 teardown 的方法。

具体示例代码如下。

```
class TestCalculater():
    def setup_class(self):
        print("这是所有测试用例之前执行一次")
    def teardown_class(self):
        print("这是所有测试用例之后执行一次")
    #在 unittest 框架存在统一的实现对象创建，可以使用 setup 方法
    # def setup(self):
    #     self.cal=Calculater()
    def setup_method(self):
        self.cal=Calculater()
    def test_add_2(self):
        assert 4==self.cal.add(2,2)
    def test_add_1(self):
        assert 4.3 ==self.cal.add(2.0, 2.3)
```

输出结果如图 12.6 所示。

从结果看出，运行的优先级：setup_class>setup_method>setup>用例>teardown>teardown_method>teardown_class。

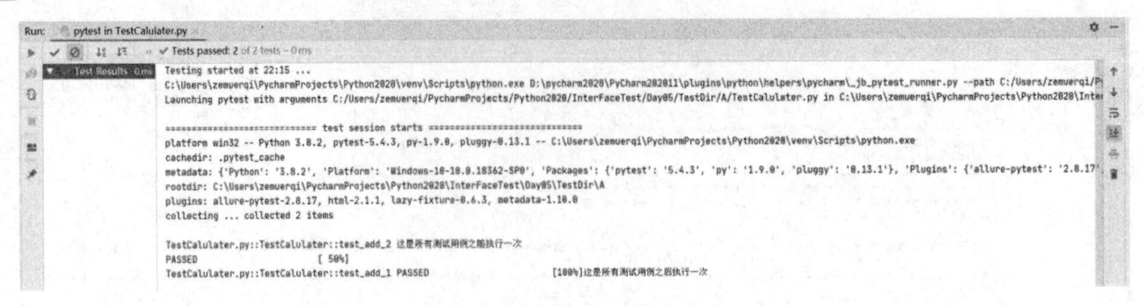

图 12.6　方法级别示例输出结果

注意：

这里 setup_method 和 teardown_method 的功能和 setup/teardown 功能是一样的，一般二者用其中一个即可。

4. 模块级别

模块级别使用的方法名是 setup_module/teardown_moudle，表示针对于函数和类中的所有测试用例全部实现共用同一个测试对象，避免测试函数和测试类中同时创建两个相同的对象进行引用，在当前模块中的所有测试用例执行之前以及执行之后仅会执行一次。

```
#-*- coding:utf-8 -*-#
#-------------------------------------------------------------------
#ProjectName:      Python2020
#FileName:         TestCalculater.py
#Author:           mutou
#Date:             2020/10/04 15:12
#Description:
#--------------------------------------------------------------------
from InterFaceTest.Day05.SourceDir.Calculater import Calculater
import pytest
def setup_module():
    print("setup_module：整个.py 模块只执行一次")
    print("例如：所有用例开始前只打开一次浏览器")

def teardown_module():
    print("teardown_module：整个.py 模块只执行一次")
    print("例如：所有用例结束只最后关闭浏览器")

def setup_function():
    print("setup_function：每个用例开始前都会执行")

def teardown_function():
```

```
    print("teardown_function：每个用例结束前都会执行")

def test_one():
    print("正在执行----test_one")
    x = "this"
    assert 'h' in x

def test_two():
    print("正在执行----test_two")
    assert  2==2
class TestCase():
    def setup_class(self):
        print("setup_class：所有用例执行之前")

    def teardown_class(self):
        print("teardown_class：所有用例执行之前")

    def test_three(self):
        print("正在执行----test_three")
        x = "this"
        assert 'h' in x
    def test_four(self):
        print("正在执行----test_four")
        assert 1+1==2
if __name__ == "__main__":
    pytest.main()
```

执行上面代码的输出结果如图 12.7 所示。

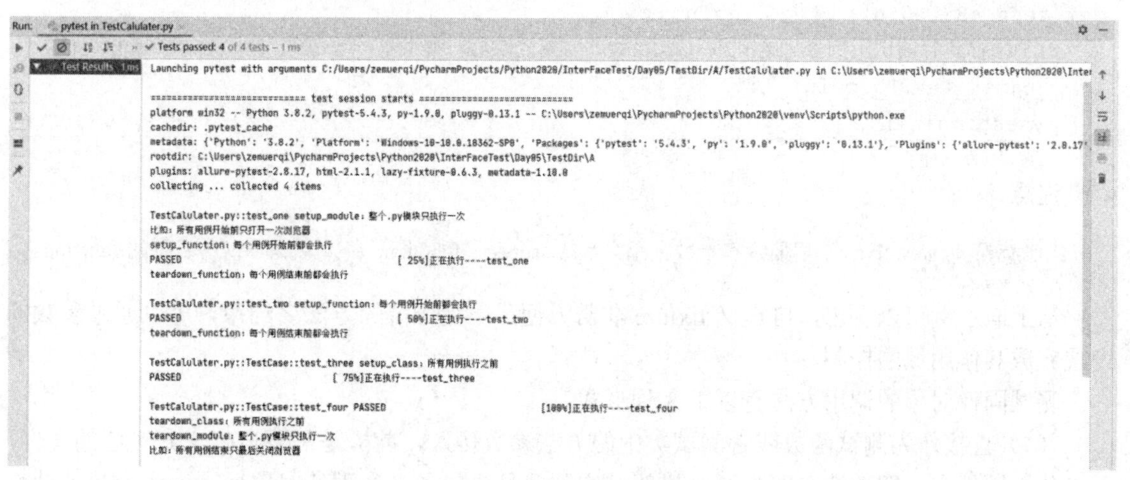

图 12.7　模块级示例执行结果

从运行结果看出，setup_module/teardown_module 的优先级是最大的，函数中用到的 setup_function/teardown_function 与类中的 setup_class/teardown_class 互不干涉。

注意：

> 与 unittest 框架不同，在 pytest 中其测试用例的执行顺序是从上往下依次执行的，并不是按照 ASCII 码完成的。

12.1.3 fixture 的 conftest.py

conftest.py 文件是 pytest 框架中非常重要的一个东西，它可以实现 fixture 对象自对应并自动应用完成跨模块、跨文件的应用操作，从而使 fixture 对象的定义更加灵活、方便。

实例场景：实际项目中登录有 case 执行前与 case 执行后两种测试用例，那么该用什么方法设计呢？

例如，第一条测试用例需要执行登录，第二条测试用例不需要执行，第三条测试用例需要执行，具体实现代码如下。

```
import pytest
@pytest.fixture()
def login():
    print('前置进行输入账号密码登录')
def test_a1(login):
    print('执行测试用例 1，继承 login 函数、前置登录后，继续下一步操作')
def test_a2():  # 不传 login
    print('用例 2 不需要登录，做其他动作')
def test_a3(login):  #传入 login
    print('执行测试用例 3，继承 login 函数、前置登录后，继续下一步操作')
if __name__ == '__main__':
    pytest.main()
```

注意：

> 如果@pytest.fixture()里面没有参数，那么默认 scope="function"，也就是此时的级别的 function。

从上面示例可以看出，自定义 fixture 非常方便，不受传统的方法名约束，可以通过参数的设置完成其作用域的控制。

测试固件对象的调用方法有以下 3 种形式。

（1）直接作为测试函数或者测试类中的方法参数传入，前提是需要自定义好对应的固件，直接传入固件名（即函数名即可）。说明：实际就是自定义一个固件对象后 pytest 会自动地将该固件对象添加到可用的固件资源对象库中，然后在执行对应用例时在固件资源对象库中查找传入的固件名，如果查到则调用固件对象，如果无法找到则抛出异常。

（2）使用 pytest.mark.userfixture 装饰测试函数或者测试方法。注意：此种方法的测试固件需要通过全局变量来进行传递。

（3）直接通过测试固件自带的属性 autouse 完成固件的应用操作，只需要将 autouse 的值设置为 True，那么测试函数和方法可以直接调用其声明的全局对象，会实现执行测试之前的自动创建，不需要额外添加装饰器。

对应具体示例的代码如下。

```
#如果使用此种方法，那么声明的固件对象就需要使用全局完成
get_cal_1=None
@pytest.fixture()
def get_cal_1():
    global get_cal_1
    get_cal_1=Calculater()
# fixture 是以字符串的形式传入的，如果需要使用多个 fixture，则使用逗号隔开，因为传入的
# 参数类型是一个不定长参数
@pytest.mark.usefixtures("get_cal_1")
def test_add_2():
    assert 4==get_cal_1.add(2,2)

class TestCalculater():
    @pytest.mark.usefixtures("get_cal_1")
    def test_add_2(self):
        assert 4==get_cal_1.add(2,2)

get_cal_2=None
@pytest.fixture(autouse=True)
def get_cal_2():
    global get_cal_2
    get_cal_2=Calculater()
def test_add_3():
    assert 4==get_cal_2.add(2,2)
```

上面场景是在同一个.py 文件中，多个用例调用一个登录功能，如果有多个.py 的文件都需要调用这个登录功能，那就不能把登录写到用例中了。

如果需要解决上述问题，则可以通过配置一个文件，单独设计管理一些预置的操作场景，在 pytest 中会实现默认自动读取 conftest.py 的配置。

具体实现可以通过分别创建三个模块完成，第一个模块是 conftest.py 文件，第二个模块是 test_1.py 文件，第三个模块是 test_2.py 文件。具体对应模块的代码如下。

conftest.py 模块的代码如下。

```
import pytest
@pytest.fixture()
def login():
    print('前置进行输入账号密码登录')
```

test_1.py 模块的代码如下。

```
import pytest
def test_a1(login):
    print('执行测试用例 1，继承 login 函数、前置登录后，继续下一步操作')

def test_a2():
    print('执行测试用例 2，不需要登录，继续下一步操作')

def test_a3(login):
    print('执行测试用例 3，继承 login 函数、前置登录后，继续下一步操作')
if __name__ == '__main__':
    pytest.main()
```

test_2.py 模块的代码如下。

```
import pytest
def test_a4(login):
    print('用例 4：继承 login 函数、前置登录后，继续下一步操作')
def test_a5():  # 不传 login
    print('用例 5：不需要登录，继续下一步操作')
if __name__ == '__main__':
    pytest.main()
```

上述代码如果单独运行 test_1.py 与 test_2.py 都能调用到 login()方法，这样就能实现将一些公共的操作独立出来应用。

其实，大家是否注意，自定义固件对象，如上述示例代码中的 login 函数相当于是完成了 setUp 的方法操作，即如果 login 函数中是需要打开浏览器页面，那么肯定需要配对 tearDown 的方法，那 tearDown 如何实现呢？

也就是说最后浏览器驱动器对象需要关闭操作则如何实现？其实在这里需要特别注意一下，fixture 中的 tearDown 是使用 yield 关键字来唤醒其 tearDown 的执行的。

具体示例代码如下。

```
@pytest.fixture()
def login():
    print('前置进行输入账号密码登录')
    yield
    print('执行 tearDown 中的语句')
    print('关闭浏览器操作')
```

12.1.4　conftest.py 作用域

前面虽然通过 conftest.py 文件定义 fixture 对象，同时满足多个.py 文件中的对象引用操作。但是如果需要实现跨类、跨模块、跨目录等一系列操作则需要分析 conftest.py 文件的作用域问题。

例如，在一个测试工程中可以存在多个 conftest.py 文件，如果存在多个，则一般会对所有的 conftest.py 文件中的对象进行提取，提取出所有模块共用的对象，然后在根工程目录下放一个 conftest.py 文件，这样该文件就起到了全局作用。

如果每个子目录下都存放有 conftest.py 文件，则该文件中的对象作用范围只能够在当前层级以及该层级下的子目录有效。

下面给出实际案例，目录结构如图 12.8 所示。

```
▼ SourceDir
    __init__.py
    Calulater.py
▼ TestDir
  ► .pytest_cache
  ▼ A
    ► .pytest_cache
      __init__.py
      conftest.py
      Test_Module_Session.py
  ▼ B
    ► .pytest_cache
      __init__.py
      Test_Module_Session.py
    __init__.py
  __init__.py
  conftest.py
```

图 12.8　目录结构图

其中 SourceDir 目录下的是源代码，声明了一个计算器 Calculater.py，这个模块就是加法运算。具体代码在前面示例中有显示，这里就不再声明了。

在 TestDir 目录下创建 A 目录和 B 目录以及 conftest.py 文件，该目录下的 conftest.py 文件的具体代码如下。

```
import pytest
from InterFaceTest.Day05.SourceDir.Calculater import Calculater
@pytest.fixture(scope="session")
#scope 中 function 的值就相当于函数级别的 setup_function 和类级别的 setup_method
def get_cal_1():
    print("这是父包下的 conftest 文件")
    return Calculater()
```

然后在 A 目录下创建一个局部的 conftest.py 文件，其具体代码如下。

```
import pytest
from InterFaceTest.Day05.SourceDir.Calculater import Calculater
@pytest.fixture(scope="session")
#scope 中 function 的值就相当于函数级别的 setup_function 和类级别的 setup_method
def get_cal():
    print("这是当前包下的测试固件对象")
    return Calculater()
```

再创建一个测试模块 Test_Module_Session.py，其具体代码如下。

```
import pytest
def test_module_session(get_cal_1):
    print("test_module_session 的对象：", get_cal_1)
```

```
def test_module_session_2(get_cal):
    print("test_module_session 的对象：", get_cal)
if __name__ == '__main__':
    pytest.main()
```

执行上面的测试代码后，两个测试用例都能够执行通过，也就是说 A 目录下的 Test_Module_Session 模块既能够调用自身模块中的 conftest.py 中所声明的对象，也能够调用父目录下 conftest.py 中所声明的对象。

同样的，在 B 目录创建一个模块 Test_Module_Session.py，该模块内容与 A 目录下的模块代码内容一样。然后执行，发现 test_module_session_2 这条用例会执行失败，执行失败的提示是无法找到 get_cal 对象，因为 get_cal 对象是声明在 A 目录下 conftest.py 文件中，是无法调用的。但是父目录下的 conftest.py 文件中的对象是可以调用的，所以 test_module_session 方法能够执行成功。

然后，根据上述代码，大家可以修改 conftest.py 文件中创建对象 fixture 中的 scope 参数，即可改变其文件的作用域。具体总结如下。

（1）conftest 中 fixture 的 scope 参数为 session，所有测试.py 文件执行前都会执行一次 conftest 文件中的 fixture。

（2）conftest 中 fixture 的 scope 参数为 module，每一个测试.py 文件执行前都会执行一次 conftest 文件中的 fixture。

（3）conftest 中 fixture 的 scope 参数为 class，每一个测试文件中的测试类执行前都会执行一次 conftest 文件中的 fixture。

（4）conftest 中 fixture 的 scope 参数为 function，所有文件的测试用例执行前都会执行一次 conftest 文件中的 fixture。

注意：

> conftest.py 的配置需要注意以下三点。
> （1）conftest.py 配置脚本名称是固定的，不能改名称。
> （2）conftest.py 与运行的用例要在同一个 pakage 下，并且有 init.py 文件。
> （3）不需要 import 导入 conftest.py，pytest 用例会自动查找。

12.1.5 多个 fixture

在 12.1.3 小节中的示例代码有给出注释说明，一个测试用例实际可以完成多个 fixture 对象的传入操作，如果 fixture 之间存在依赖关系，甚至可以完成相互调用操作。

传入多个 fixture 对象的方式实际可以有两种形式：第一种以元组、列表或者字典等容器的形式存储一个需要返回多个数据的 fixture 对象；第二种将多个数据分为每个 fixture 对象进行返回。

第一种方式的具体实现代码如下。

```
import pytest
@pytest.fixture()
def  get_number():
    print("获取加法运算的两个数")
    a = 1
    b = 2
    return (a, b)

def test_1(get_number):
    a = get_number[0]
    b = get_number[1]
    print("测试加法运算的被加数：%s，加数：%s" % (a, b))
    assert  get_cal.add(a,b)== 3

if __name__ == "__main__":
    pytest.main()
```

第二种方式的具体实现代码如下。

```
import pytest
@pytest.fixture()
def  get_a():
    print("获取被加数值")
    a = 1
    return a

@pytest.fixture()
def get_b():
    print("获取加数的值")
    b = 2
    return b

def test_1(get_a, get_b):
    '''传多个 fixture'''
    assert get_cal.add(get_a,get_b)== 3

if __name__ == "__main__":
    pytest.main()
```

在上述的两段代码中，大家是否能够理解并发现新的知识点？例如，get_cal 本身就是一个固件对象，通过调用 add 方法传入的两个参数值也是固件对象，即固件对象可以完成固件对象的调用操作。

12.1.6 fixture 的相互调用

下面进一步了解 fixture 之间的相互调用。

首先，12.1.5 小节的示例实现了在 fixture 对象的调用中引用 fixture 对象所返回的值，并没有给出示例在定义 fixture 对象时引用其他 fixture 的示例，所以这两者还是有区别的。

下面给出示例代码，从代码中进行具体分析。

```
import pytest
@pytest.fixture()
def get_a():
    print("获取被加数 a")
    a = 1
    return a

@pytest.fixture()
def get_b (get_a):
    '''被加数调用 get_a fixture'''
    a = get_a
    b = 2
    return (a, b)

def test_1(get_b):
    '''用例传 fixture'''
    assert  get_cal.add(get_b[0],get_b[1])== 3
if __name__ == "__main__":
    pytest.main()
```

对上面的代码进行解释，首先 get_b 固件对象需要引用 get_a 固件对象，get_a 固件对象返回的是一个被加数的值，而此时 get_b 的对象就不是单纯地返回加数的值，而是引用 get_a 固件对象一起返回，所以在实际 get_cal 对象中调用 add 方法时不需要调用 get_a 对象，只需要直接调用 get_b 对象即可。

12.1.7 fixture 的作用范围 scope

fixture 中有一个参数 scope，其可以用于控制 fixture 对象的作用范围，其值有 session、module、class、function、package 等。

下面给出具体示例代码，只需要修改代码中 scope 参数的值以区别其运行结果的差异性。

```
#-*- coding:utf-8 -*-#
#-------------------------------------------------------------------------
#ProjectName:      Python2020
```

```
#FileName:        TestCalculater_DefinFixtureDoman.py
#Author:          mutou
#Date:            2020/10/04 16:42
#Description:
#---------------------------------------------------------------------------
#完成 scope 中 class 和 function 的作用域区别
from InterFaceTest.Day05.SourceDir.Calculater import Calculater
import pytest
#scope 中 function 的值就相当于函数级别的 setup_function 和类级别的 setup_method
@pytest.fixture(scope="class")
def get_cal():
   return Calculater()
#声明一个测试函数
def  test_add_1(get_cal):
   print("test_add_1 使用的对象：",get_cal)
#一个类的测试用例
class TestCalculater():
   def test_add_2(self,get_cal):
      print("TestCalculater 类 test_add_2 使用的对象：", get_cal)
   def test_add_1(self,get_cal):
      print("TestCalculater 类 test_add_1 使用的对象：", get_cal)
#第二个函数
def  test_add_2(get_cal):
   print("test_add_2 使用的对象：",get_cal)
if __name__ == '__main__':
pytest.main()
```

修改 scope 参数，多次运行对比之后总结如下。

（1）function 与 class 的区别：两者如果作用于测试函数，则两者是等价的，都表示创建全新的固件对象；但是如果针对的是类中测试方法，function 表示每个测试方法创建全新的对象，而 class 表示测试类中的所有测试用例共用一个固件对象。

（2）session 与 module 的区别：module 表示针对模块而言，每个模块中使用的是同一个固件对象，不同的模块创建的固件对象是不同的；而 session 表示整个会话，不同的模块使用的对象也是相同的。

注意：

package 在实际过程中基本不用，因为该函数作用还处于测试阶段，甚至在后期可能会被舍去，其底层还隐藏着未知的错误以及问题，官网上有详细说明。

下面给出具体 session 和 module 的作用域针对不同场景得到的结果。

（1）每个模块只有一个函数，执行结果如图 12.9 所示。

作用域为 session 时：每个模块及模块中的函数共同使用一个对象。作用域为 module 时：不同的模块使用不同的对象。

（2）每个模块包含多个函数，执行结果如图 12.10 所示。

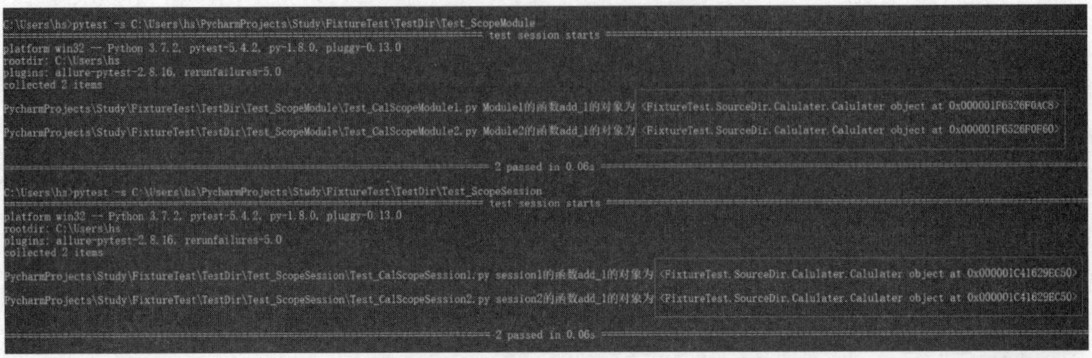

```
C:\Users\hs>pytest -s C:\Users\hs\PycharmProjects\Study\FixtureTest\TestDir\Test_ScopeModule
============================= test session starts =============================
platform win32 -- Python 3.7.2, pytest-5.4.2, py-1.8.0, pluggy-0.13.0
rootdir: C:\Users\hs
plugins: allure-pytest-2.8.16, rerunfailures-5.0
collected 2 items

PycharmProjects\Study\FixtureTest\TestDir\Test_ScopeModule\Test_CalScopeModule1.py Module1的函数add_1的对象为 <FixtureTest.SourceDir.Calulater.Calulater object at 0x000001F6526F0AC8>
PycharmProjects\Study\FixtureTest\TestDir\Test_ScopeModule\Test_CalScopeModule2.py Module2的函数add_1的对象为 <FixtureTest.SourceDir.Calulater.Calulater object at 0x000001F6526F0F60>

============================== 2 passed in 0.06s ==============================
C:\Users\hs>pytest -s C:\Users\hs\PycharmProjects\Study\FixtureTest\TestDir\Test_ScopeSession
============================= test session starts =============================
platform win32 -- Python 3.7.2, pytest-5.4.2, py-1.8.0, pluggy-0.13.0
rootdir: C:\Users\hs
plugins: allure-pytest-2.8.16, rerunfailures-5.0
collected 2 items

PycharmProjects\Study\FixtureTest\TestDir\Test_ScopeSession\Test_CalScopeSession1.py session1的函数add_1的对象为 <FixtureTest.SourceDir.Calulater.Calulater object at 0x000001C41629EC50>
PycharmProjects\Study\FixtureTest\TestDir\Test_ScopeSession\Test_CalScopeSession2.py session2的函数add_1的对象为 <FixtureTest.SourceDir.Calulater.Calulater object at 0x000001C41629EC50>

============================== 2 passed in 0.06s ==============================
```

图 12.9　session 与 module 作用域比较（一）

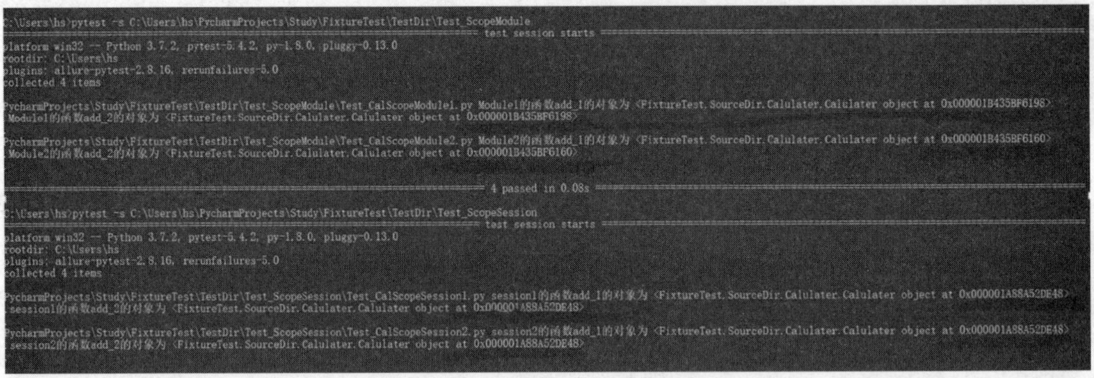

```
C:\Users\hs>pytest -s C:\Users\hs\PycharmProjects\Study\FixtureTest\TestDir\Test_ScopeModule
============================= test session starts =============================
platform win32 -- Python 3.7.2, pytest-5.4.2, py-1.8.0, pluggy-0.13.0
rootdir: C:\Users\hs
plugins: allure-pytest-2.8.16, rerunfailures-5.0
collected 4 items

PycharmProjects\Study\FixtureTest\TestDir\Test_ScopeModule\Test_CalScopeModule1.py Module1的函数add_1的对象为 <FixtureTest.SourceDir.Calulater.Calulater object at 0x000001B435BF6198>
.Module1的函数add_2的对象为 <FixtureTest.SourceDir.Calulater.Calulater object at 0x000001B435BF6198>
PycharmProjects\Study\FixtureTest\TestDir\Test_ScopeModule\Test_CalScopeModule2.py Module2的函数add_1的对象为 <FixtureTest.SourceDir.Calulater.Calulater object at 0x000001B435BF6160>
.Module2的函数add_2的对象为 <FixtureTest.SourceDir.Calulater.Calulater object at 0x000001B435BF6160>

============================== 4 passed in 0.08s ==============================
C:\Users\hs>pytest -s C:\Users\hs\PycharmProjects\Study\FixtureTest\TestDir\Test_ScopeSession
============================= test session starts =============================
platform win32 -- Python 3.7.2, pytest-5.4.2, py-1.8.0, pluggy-0.13.0
rootdir: C:\Users\hs
plugins: allure-pytest-2.8.16, rerunfailures-5.0
collected 4 items

PycharmProjects\Study\FixtureTest\TestDir\Test_ScopeSession\Test_CalScopeSession1.py session1的函数add_1的对象为 <FixtureTest.SourceDir.Calulater.Calulater object at 0x000001A88A52DE48>
.session1的函数add_2的对象为 <FixtureTest.SourceDir.Calulater.Calulater object at 0x000001A88A52DE48>
PycharmProjects\Study\FixtureTest\TestDir\Test_ScopeSession\Test_CalScopeSession2.py session2的函数add_1的对象为 <FixtureTest.SourceDir.Calulater.Calulater object at 0x000001A88A52DE48>
.session2的函数add_2的对象为 <FixtureTest.SourceDir.Calulater.Calulater object at 0x000001A88A52DE48>
```

图 12.10　session 与 module 作用域比较（二）

作用域为 session 时：每个模块及每个模块中的函数共同使用一个对象。作用域为 module 时：不同的模块使用不同的对象，但是同一个模块中的所有函数使用同一个对象。

（3）每个模块有一个类（类中只有一个方法），执行结果如图 12.11 所示。

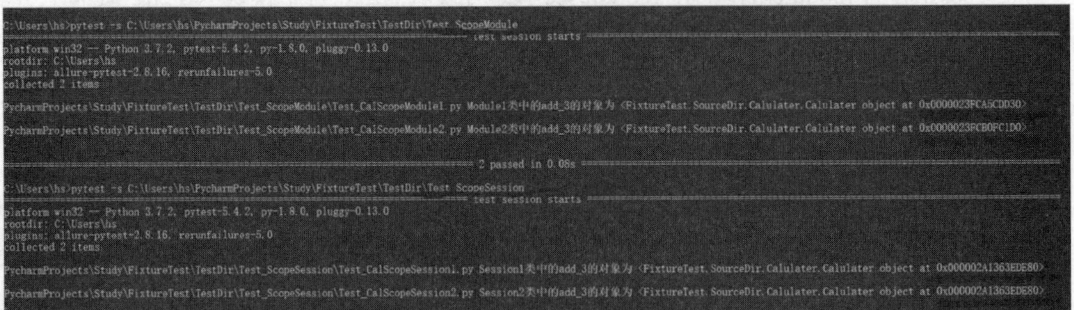

```
C:\Users\hs>pytest -s C:\Users\hs\PycharmProjects\Study\FixtureTest\TestDir\Test_ScopeModule
============================= test session starts =============================
platform win32 -- Python 3.7.2, pytest-5.4.2, py-1.8.0, pluggy-0.13.0
rootdir: C:\Users\hs
plugins: allure-pytest-2.8.16, rerunfailures-5.0
collected 2 items

PycharmProjects\Study\FixtureTest\TestDir\Test_ScopeModule\Test_CalScopeModule1.py Module1类中的add_3的对象为 <FixtureTest.SourceDir.Calulater.Calulater object at 0x0000023FCA5CDD30>
PycharmProjects\Study\FixtureTest\TestDir\Test_ScopeModule\Test_CalScopeModule2.py Module2类中的add_3的对象为 <FixtureTest.SourceDir.Calulater.Calulater object at 0x0000023FCB0FC1D0>

============================== 2 passed in 0.08s ==============================
C:\Users\hs>pytest -s C:\Users\hs\PycharmProjects\Study\FixtureTest\TestDir\Test_ScopeSession
============================= test session starts =============================
platform win32 -- Python 3.7.2, pytest-5.4.2, py-1.8.0, pluggy-0.13.0
rootdir: C:\Users\hs
plugins: allure-pytest-2.8.16, rerunfailures-5.0
collected 2 items

PycharmProjects\Study\FixtureTest\TestDir\Test_ScopeSession\Test_CalScopeSession1.py Session1类中的add_3的对象为 <FixtureTest.SourceDir.Calulater.Calulater object at 0x000002A1363EDE80>
PycharmProjects\Study\FixtureTest\TestDir\Test_ScopeSession\Test_CalScopeSession2.py Session2类中的add_3的对象为 <FixtureTest.SourceDir.Calulater.Calulater object at 0x000002A1363EDE80>

============================== 2 passed in 0.09s ==============================
```

图 12.11　session 与 module 作用域比较（三）

作用域为 session 时：每个模块及每个模块中的类共同使用一个对象。作用域为 module 时：不同的模块使用不同的对象。

（4）每个模块有一个类（类中有多个方法），执行结果如图 12.12 所示。

```
C:\Users\hs>pytest -s C:\Users\hs\PycharmProjects\Study\FixtureTest\TestDir\Test_ScopeModule
================================== test session starts ==================================
platform win32 -- Python 3.7.2, pytest-5.4.2, py-1.8.0, pluggy-0.13.0
rootdir: C:\Users\hs
plugins: allure-pytest-2.8.16, rerunfailures-5.0
collected 4 items

PycharmProjects\Study\FixtureTest\TestDir\Test_ScopeModule\Test_CalScopeModule1.py Module1类中的add_3的对象为 <FixtureTest.SourceDir.Calulater.Calulater object at 0x000002542385F710>
.Module1类中的add4的对象为 <FixtureTest.SourceDir.Calulater.Calulater object at 0x000002542385F710>

PycharmProjects\Study\FixtureTest\TestDir\Test_ScopeModule\Test_CalScopeModule2.py Module2类中的add_3的对象为 <FixtureTest.SourceDir.Calulater.Calulater object at 0x000002542385F550>
.Module2类中的add4的对象为 <FixtureTest.SourceDir.Calulater.Calulater object at 0x000002542385F550>

=================================== 4 passed in 0.09s ===================================
C:\Users\hs>pytest -s C:\Users\hs\PycharmProjects\Study\FixtureTest\TestDir\Test_ScopeSession
================================== test session starts ==================================
platform win32 -- Python 3.7.2, pytest-5.4.2, py-1.8.0, pluggy-0.13.0
rootdir: C:\Users\hs
plugins: allure-pytest-2.8.16, rerunfailures-5.0
collected 4 items

PycharmProjects\Study\FixtureTest\TestDir\Test_ScopeSession\Test_CalScopeSession1.py Session1类中的add_3的对象为 <FixtureTest.SourceDir.Calulater.Calulater object at 0x000001E7C722C8D0>
.Session1类中的add4的对象为 <FixtureTest.SourceDir.Calulater.Calulater object at 0x000001E7C722C8D0>

PycharmProjects\Study\FixtureTest\TestDir\Test_ScopeSession\Test_CalScopeSession2.py Session2类中的add_3的对象为 <FixtureTest.SourceDir.Calulater.Calulater object at 0x000001E7C722C8D0>
.Session2类中的add4的对象为 <FixtureTest.SourceDir.Calulater.Calulater object at 0x000001E7C722C8D0>

=================================== 4 passed in 0.08s ===================================
```

图 12.12　session 与 module 作用域比较（四）

作用域为 session 时：每个模块及每个模块中的类的所有方法共同使用一个对象。作用域为 module 时：不同的模块使用不同的对象，但是同一个模块的类中的所有方法共同使用一个对象。

（5）每个模块包含多个函数和一个类（类中有多个方法），执行结果如图 12.13 所示。

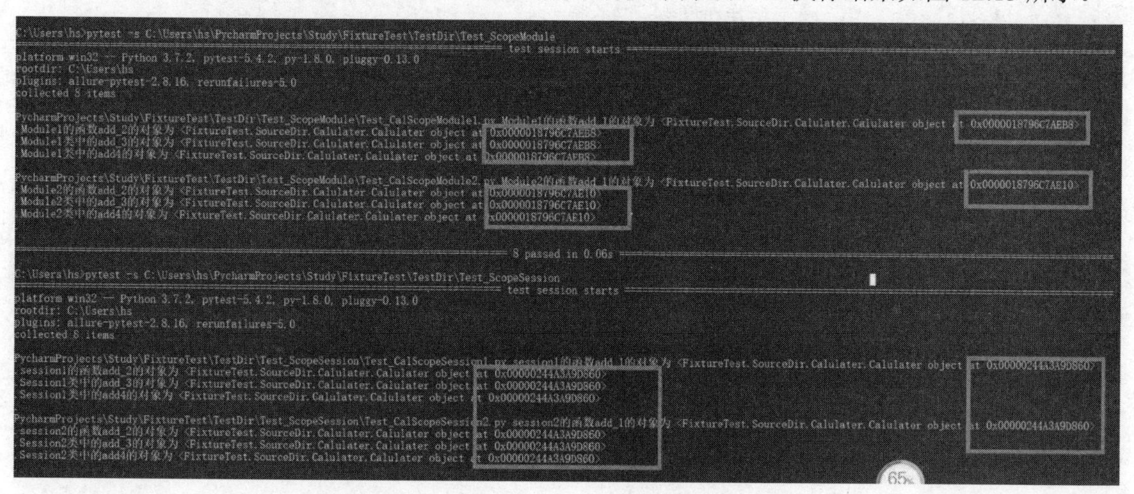

图 12.13　session 与 module 作用域比较（五）

作用域为 session 时：每个模块及模块中的所有函数和类共同使用一个对象。作用域为 module 时：不同的模块使用不同的对象，但是同一个模块中的所有函数和类中的所有方法都使用同一个对象。

12.1.8 fixture 的用例管理

1. 跳过用例 skip

在实际工作过程中会存在这样一种场景：测试人员首先需要将整体的测试框架设计好，然后一个一个完成功能的填充，即每个测试用例的具体实现。当有部分测试用例还没实现，但是又需要先运行整个模块进行调试时，就可以使用 skip 跳过指定的某些用例以达到测试通过的效果。

跳过测试函数的最简单方法是使用跳过装饰器标记它，可以传递一个可选的原因，具体代码语法如下。

```
@pytest.mark.skip(reason="指定跳过原因 ")
def test_skip ():
    pass
```

如果希望有条件地跳过某些内容，则可以使用skipif代替。这是标记测试的示例在Python 3.8之前的解释器上运行时要跳过的函数。

```
@pytest.mark.skipif(sys.version_info[0:3]>(3,8),reason="版本高于 3.8 不执行")
def test_2(get_cal_function):
    assert get_cal_function.add(44, 4) == 48
```

如果条件在收集期间评估为 True，则将跳过测试函数。

注意：

> 上述示例中的 skipif 的第一个参数也可以表示为 sys.version_info[0:3]<(3,7)，所以 skipif 中传入的参数既可以是 bool 类型也可以是 str 类型，但是如果是 bool 类型，必须显式声明 reason 参数，否则报错，而 str 类型可以不需要声明 reason 参数。

2. 标记失败 xfail

同样，在工作中会存在这种场景，执行 A 测试用例时，该用例执行失败，如果 B 和 C 用例都是依赖于 A 用例，那么可以直接跳过 B 和 C 用例的执行，直接给它标记为 xfail。这样就可以节省用例的执行时间了。

具体语法示例代码如下。

```
@pytest.mark.xfail(condition=False,reason="当前用例对象不存在")
def test_a(get_cal_function):
    assert get_cal_function.add(1,2)==3
```

如果 condition 的结果值是 True，表示将 expect 的值设定为 Failure 状态，但是如果实际用例执行断言是通过，那么结果就是 xpass 状态（X），到那时如果 condition 的结果是 False，则相当于没有使用 xfail 标记；如果 condition 是 True 或者默认值，且测试用例的断言是失败的，则运行结果是 xfail 状态（x）。

上面是直接标记单个函数，如果依赖相同则可以通过 if 条件语句进行判定完成。例如，B 和 C 用例中可以添加如下代码。

```
if condition:
    pytest.xfail("由于前置 A 用例操作失败，标记为 xfail")
```

上述代码的 condition 实际与直接标记函数上的 condition 是一样的概念，都是表示条件，指定什么条件下标记该用例为 xfail 状态。

3. 重复执行 repeat

如果在代码中标记重复执行多次测试，则可以使用@pytest.mark.repeat(count)装饰器，具体示例代码如下。

```
import pytest
@pytest.mark.repeat(5)
def test_02(get_cal):
    assert get_cal.add(1,2) == 3

if __name__ == "__main__":
    pytest.main()
```

这样上述 test_02 测试用例就会执行 5 次。为什么要重复执行？在某些场景下，如果需要复现一些偶然性 BUG，则重复执行就起到了重要作用。

除了直接使用上述标记的方式实现以外，还可以使用 pytest-repeat 模块完成，pytest-repeat 是 pytest 的一个插件，用于重复执行单个用例或者多个用例，可以直接在 PyCharm 或者使用 pip 进行安装。

```
pip install pytest-repeat
```

安装完毕，可以直接使用参数--count 指定重复测试的次数。

例如：

```
pytest --count=10 Test_Calulater.py
```

如果这个模块中存在多个测试用例，那么重复执行是如何实现的呢？大家可以去测试下。其实运行结果应该是每个用例先重复执行多次，运行重复次数后才会开始执行第二个用例，第二个用例同样重复执行指定的次数，依次执行所有的用例。

如果在尝试诊断间歇性故障时，一遍又一遍地运行相同的测试直到失败是有用的。可以将 pytest 的-x 选项与 pytest-repeat 结合使用，强制使测试运行器在第一次失败时停止。例如：

```
pytest --count=10000 -x Test_Calulater.py
```

这将尝试运行 Test_Calulater.py 1000 次，但一旦发生故障就会停止。

12.1.9 fixture 的断言机制

断言是自动化测试编码最重要的一步，一个用例没有断言，就失去了自动化测试的意义。什么是断言呢？简单来讲就是对比实际结果和期望结果，符合预期测试就 pass，不符合预期测试就 failed。

1. 常用断言

pytest 中的断言实际上就是 Python 中的 assert 断言，常用的有以下 5 种。

（1）assert xx：判断 xx 为真。

（2）assert not xx：判断 xx 不为真。

（3）assert a in b：判断 b 包含 a。

（4）assert a == b：判断 a 等于 b。

（5）assert a != b：判断 a 不等于 b。

```
import pytest
class Test_Assert():
    def test_assert_1(self):
        assert 1
    def test_assert_2(self):
        assert [1,2,3]==[1,2,3]
    def test_assert_3(self):
        assert 1 in [1,2,3]
    def test_assert_4(self):
        assert 20 not in [10,30,40]
if __name__ == '__main__':
    pytest.main()
```

执行结果如图 12.14 所示。

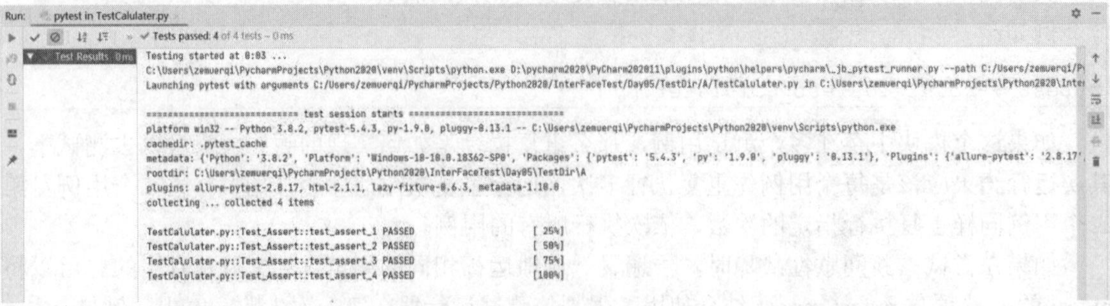

```
Run: pytest in TestCalulater.py
✓ Tests passed: 4 of 4 tests – 0 ms
Test Results 0 ms
Testing started at 0:03 ...
C:\Users\zemuerqi\PycharmProjects\Python2020\venv\Scripts\python.exe D:\pycharm2020\PyCharm202011\plugins\python\helpers\pycharm\_jb_pytest_runner.py --path C:/Users/zemuerqi/P
Launching pytest with arguments C:/Users/zemuerqi/PycharmProjects/Python2020/InterFaceTest/Day05/TestDir/A/TestCalulater.py in C:\Users\zemuerqi\PycharmProjects\Python2020\Inte

============================== test session starts ==============================
platform win32 -- Python 3.8.2, pytest-5.4.3, py-1.9.0, pluggy-0.13.1 -- C:\Users\zemuerqi\PycharmProjects\Python2020\venv\Scripts\python.exe
cachedir: .pytest_cache
metadata: {'Python': '3.8.2', 'Platform': 'Windows-10-10.0.18362-SP0', 'Packages': {'pytest': '5.4.3', 'py': '1.9.0', 'pluggy': '0.13.1'}, 'Plugins': {'allure-pytest': '2.8.17',
rootdir: C:\Users\zemuerqi\PycharmProjects\Python2020\InterFaceTest\Day05\TestDir\A
plugins: allure-pytest-2.8.17, html-2.1.1, lazy-fixture-0.6.3, metadata-1.10.0
collecting ... collected 4 items

TestCalulater.py::Test_Assert::test_assert_1 PASSED                      [ 25%]
TestCalulater.py::Test_Assert::test_assert_2 PASSED                      [ 50%]
TestCalulater.py::Test_Assert::test_assert_3 PASSED                      [ 75%]
TestCalulater.py::Test_Assert::test_assert_4 PASSED                      [100%]
```

图 12.14　常用断言

2. 异常断言

假设现在将接口的服务关闭，且完成接口请求的发送，那么此时会抛出异常 requests.exceptions.ConnectionError，此时需要断言该异常。先考虑使用传统型的异常断言方式，具体示例代码如下。

```
def test_add_customer_lost_name(self):
    data={
        "customer_phone": "18907047890",
        "customer_mail": "fjwojefo@163.com",
        "customer_type": "C",
        "customer_address": "广州天河"
        }
    expect={'reason': '缺少客户名称参数', 'result': [], 'error_code': 2014}
    try:
        get_actual=requests.post("http://127.0.0.1:7777/addCustomer",data=data).json()
        #断言异常
        assert get_actual==expect
    except(requests.exceptions.ConnectionError) as e:
        get_result=sys.exc_info()
        print(get_result[0])  #type 是一个类，不是一个对象实例
        print(get_result[1])  #message
        #类型必须完全一致，不存在父子继承关系比较
        #assert requests.exceptions.ConnectionError==Exception
        #表示两个对象地址是相同的
        #assert requests.exceptions.ConnectionError is get_result[0]
        #myException=Exception()
        #assert isinstance(e,(Exception,))
        #此种情况就可以完成父子关系的实例断言操作
```

上面的方式是通过捕获抛出的异常对象和信息，然后通过断言异常对象和异常信息完成测试的。下面还可以使用 pytest 自带的上下文管理完成异常类型的断言测试操作，直接使用 pytest.raises 方法即可，具体实现代码如下。

```
#使用 pytest 实现异常断言
def test_add_customer_lost_name_1(self):
    data = {
        "customer_phone": "18907047890",
        "customer_mail": "fjwojefo@163.com",
        "customer_type": "C",
        "customer_address": "广州天河"
        }
    with pytest.raises(Exception) as ec:
```

```
        #表示下面代码抛出的异常类型是否与指定的异常类型一致
        get_actual = requests.post("http://127.0.0.1:7777/addCustomer",
            data=data).json()
    print(ec.value)
    print(ec.type)
    print(ec.traceback)
```

对比两段代码，发现上面的代码要比使用传统型的代码实现异常断言简单得多，如果抛出异常直接通过 with 语句进行捕获即可，并且抛出的对象会与 raises 中所传入的参数异常类型进行自动比较。

注意：

> 在此种情况下测试异常时，千万不能使用 try...except 语句捕获异常，否则 with 语句无法获取异常对象。

扫一扫，看视频

12.2 pytest 高级应用及技术

在 unittest 框架中使用 ddt、paramunittest 和 parameterized 等三种方式实现参数化操作，在 pytest 框架中同样存在对应的参数化方式。在 unittest 框架中存在 HTMLTestRunner 框架完成报告生成，在 pytest 框架中是否有对应报告框架呢？下面一起来学习 pytest 框架的一些高级应用操作的实现。

12.2.1 使用 pytest.fixture 装饰携带参数

前面在使用 fixture 时，注意到一个参数 params，而第一种参数化方式就是直接使用测试固件对象中的参数 params 完成，具体实现代码如下。

```
#-*- coding:utf-8 -*-#
#-------------------------------------------------------------------------------
#ProjectName:      Python2020
#FileName:         TestCalculater.py
#Author:           mutou
#Date:             2020/10/05 11:29
#Description:
#---------------------------------------------------------------------
import pytest
#源代码
class  Calculater(object):
    def add(self,a,b):
        return a+b
#声明自定义测试固件并含有参数化数据
```

```
@pytest.fixture(scope="function",params=[[1,2,3],[2,2,4]])
def get_calculater(request):
    return Calculater(),request.param

#声明测试代码
def  test_add(get_calculater):
    assert get_calculater[0].add(get_calculater[1][0],get_calculater[1][1])==get_calculater[1][2]
```

执行结果如图 12.15 所示。

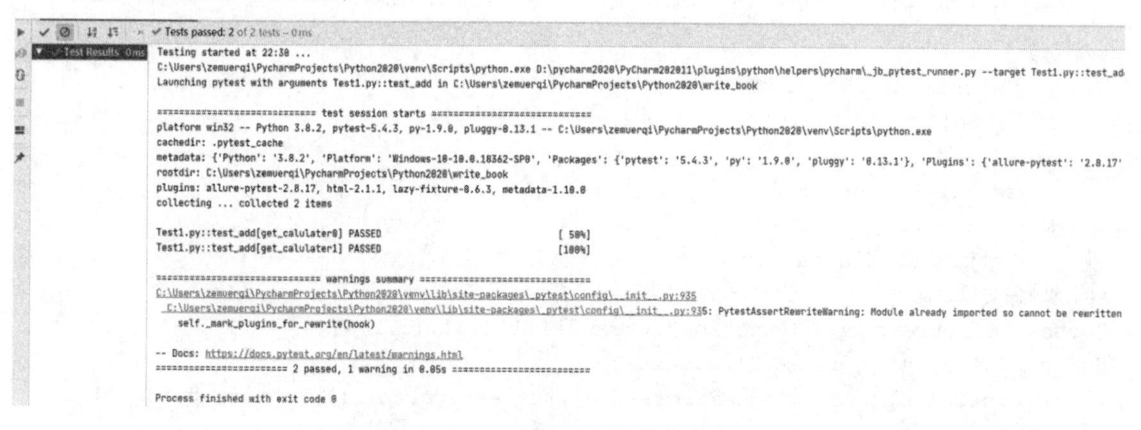

图 12.15　pytest.fixture 装饰携带参数

上述代码中直接声明自定义固件对象返回两个元组，第一个是需要初始化的对象，第二个是参数化的数据，所以测试用例中可以通过索引取值，也可以考虑返回字典对象。

注意：

如果使用 params 方式实现参数化，那么固件对象中传入的参数名固定是 request，且必须返回参数对象，即 request.param。

同样地，还可以将参数化函数直接存放在 conftest.py 模块中修改上述代码，将固件初始化代码以及参数化代码分离，实现两个函数，并将其存放于 conftest 配置文件中，最后调用即可。具体实现过程如下。

conftest.py 文件中的代码如下。

```
import pytest
@pytest.fixture(scope="function")
def get_calculater_1():
    return Calculater()
@pytest.fixture(params=[[1,2,3],[2,2,4]])
def get_calculater_param(request):
    return request.param
```

新建一个测试模块文件 TestCalculater.py，其代码如下。

```
def test_add_1(get_calculater_1,get_calculater_param):
    assert get_calculater_1.add(
    get_calculater_param[0],get_calculater_param[1])==get_calculater_param[2]
```

最后执行结果与上面是相同的。实际会发现只是将一个函数分离成两个函数实现，实际在 conftest 文件中声明一个函数实现也是可以的，只要考虑清楚对象的引用即可，甚至可以实现固件初始化对象直接调用参数化的值并返回整个对象，具体示例如下。

```
#源代码
class  Calculater_2(object):
    def __init__(self,a,b):
        self.a=a
        self.b=b
    def add(self):
        return self.a+self.b
#测试固件对象代码
@pytest.fixture(scope="function",params=[[1,2,3],[2,2,4]])
def get_calculater_param_2(request):
    return Calculater_2(request.param[0],request.param[1]),request.param[2]
#测试代码
def  test_add_2(get_calculater_param_2):
    assert get_calculater_param_2[0].add()==get_calculater_param_2[1]
```

执行结果也是成功的。从上面三个示例中感受到，只要装饰器用得到位，对象理解到位，不管源代码如何定义，都可以使用对应的方案完成测试操作。

下面假设将数据存储到 yaml 文件中，并且通过读取 yaml 文件数据设定一个固件对象，然后设定一个参数化固件对象，参数化固件对象需要调用读取 yaml 数据的固件对象，这就涉及固件对象之间的相互调用。那么如何实现呢？

yaml 文件的数据如下。

```
calculater_add:
    - [1,1,2]
    - [2,2,4]
    - [3,3,6]
calculater_add_1:
    - {"a": 1,"b": 1,"c": 2}
```

读取 yaml 文件操作代码如下。

```
#-*- coding:utf-8 -*-#
#-------------------------------------------------------------------------------
#ProjectName:       Python2020
```

```
#FileName:        Read_Yaml.py
#Author:          mutou
#Date:            2020/10/04 14:31
#Description:
#---------------------------------------------------------------------
import yaml
class ReadYaml(object):
    def read_yaml(self):
        with  open("data.yaml",encoding="utf-8") as fp:
            get_yaml=yaml.load(fp,Loader=yaml.SafeLoader)
        return get_yaml
if __name__ == '__main__':
    read=ReadYaml()
    print(read.read_yaml()["calculater_add"])
```

在 conftest.py 文件中声明一个读取 yaml 文件的固件对象如下。

```
@pytest.fixture(scope="function")
def get_yaml(get_number):
    return ReadYaml().read_yaml()["calculater_add"]
```

如果涉及固件对象之间的操作，可以使用 fixture_request 方法完成，但是在 pytest 模块中无法直接调用。看到 Note 发现，使用第三方模块 pytest-lazy-fixture 模块实现与 fixture_request 作用相同，所以安装第三方模块，进行引用。

安装好后，分析 pytest-lazy-fixture 模块的官网，提示可以直接使用 pytest.lazy_fixture，但又无法调用，因为在 pytest 模块中没有 lazy_fixture 模块，lazy_fixture 模块在 pytest_lazyfixture，所以需导入该模块。

```
from pytest_lazyfixture import lazy_fixture
```

想要在 pytest 直接调用 lazy_fixture 方法也可以，只需要将上面导入的模块操作语句放于 pytest 包的 init 文件中即可，如图 12.16 所示。

```
from _pytest.warning_types import PytestCacheWarning
from _pytest.warning_types import PytestCollectionWarning
from _pytest.warning_types import PytestConfigWarning
from _pytest.warning_types import PytestDeprecationWarning
from _pytest.warning_types import PytestExperimentalApiWarning
from _pytest.warning_types import PytestUnhandledCoroutineWarning
from _pytest.warning_types import PytestUnknownMarkWarning
from _pytest.warning_types import PytestWarning
from pytest_lazyfixture import lazy_fixture
```

图 12.16　pytest 模块中引用 pytest_lazyfixture

下面就可以声明一个参数固件对象调用上面的固件对象了。

```
@pytest.fixture(params=[lazy_fixture("get_yaml")])
def get_params_1(request):
    return request.param
```

但是这样执行又会发现，返回的结果值只有一条用例，因为当作一个整体，且 lazy_fixture 返回的结果值并不是一个可迭代对象，不可拆包操作，而 yaml 文件中有三条数据，此时说明无法实现每个数据的参数化操作，那怎么办呢？可以通过定义另一个固件对象，完成索引的提示，具体完整实现代码如下。

```
import pytest
from pytest_lazyfixture import lazy_fixture
from InterFaceTest.Day06.Read_Yaml import ReadYaml
@pytest.fixture(scope="function")
def get_yaml(get_number):
    return ReadYaml().read_yaml()["calculater_add"][get_number]
#声明一个索引固件对象，将索引固件对象传入 read_yaml 固件对象，实现参数化，完成每组
#值的调用，最后将该对象传入 get_params_1 的固件对象中
@pytest.fixture(params=[0,1,2])
def get_number(request):
    return request.param
#在参数化固件对象中调用固件对象
@pytest.fixture(params=[lazy_fixture("get_yaml")])
def  get_params_1(request):
    return request.param
```

第一个固件对象调用第二个固件对象，第三个固件调用第一个固件对象，它们之间的联系相信大家应该能够理解，只要理解对象之间的调用，就没有什么解决不了的问题，这样实现参数化就会完成三条数据的参数化执行操作了。

当然，上述的操作，实际读取 yaml 数据的对象直接通过普通对象完成就更为简单了，具体操作如下。

```
import pytest
from InterFaceTest.Day06.Read_Yaml import ReadYaml
read=ReadYaml()
#声明一个固件对象实现参数化;将 yaml 中的数据传入当前固件对象中
@pytest.fixture(params=read.read_yaml()["calulater_add"])
def  get_params(request):
    eturn request.param
```

注意：

固件之间的相互调用方式，直接以参数的形式传入固件函数的参数中。

如果需要在 fixture 中传入固件对象，就需要引用第三方模块（pytest-lazy-fixture)，但是该模块完成固件对象调用时返回的是非可迭代对象。使用官网上推荐的 pytest.lazy_fixture 模块完成引用，但是在 pytest 模块中实际是不存在 lazy_fixture 的实现方法的，而是在 from pytest_lazyfixture import lazy_fixture，或者可以将前面导入模块的语句声明到 pytest 模块中，那么就可以直接使用 pytest.lazy_fixture 实现。

两个固件对象之间的调用，需要考虑其作用域的问题，如果作用域不同，则可能相互调用失败。

12.2.2　pytest 的 parametrize 参数化

parametrize 参数的第一个参数表示参数名，其格式可以是一个字符串类型的，如果是多个参数，则使用逗号隔开。同样可以声明为一个列表，列表中每个元素是对应参数的名字以字符串的形式显示。第二个参数表示对应第一个参数名的值，其格式是一个二维的列表，一维中的每个元素表示每组值，二维中的每个元素表示对应参数的值。

示例代码如下。

```
import pytest
#不是用测试固件参数化，直接装饰在测试用例上完成参数化
@pytest.mark.parametrize("a,b,sum",[[1,1,2],[2,2,4],[3,3,6]])
def test_add_2(get_cal,a,b,c):
    assert get_cal.add_1(a,b)==c
```

同样地，其参数化的格式还可以使用以下两种表示方式。

（1）@pytest.mark.parametrize(["a","b","sum"],[[1,1,2],[2,2,4],[3,3,6]])。

（2）@pytest.mark.parametrize(["a","b","c"],[list({"a":1,"b":1,"c":2}.values()),list({"a":2,"b":2,"c":4}.values())])。其中第二种表示引用了列表推导式完成每个变量的值对应操作。

12.2.3　使用 pytest 生成报告

在 pytest 中实现报告生成可以使用以下四种方法：resultlog 文件、junitxml 文件、HTML 文件、Allure 报告等。这里重点讲解 HTML 和 Allure 两种报告的生成方式，本节主要使用 pytest 的扩展模块 pytest-html 完成报告的生成。

（1）resultlog、junitxml 文件生成。直接使用 pytest 运行对应的测试用例模块文件，在该文件后面添加两个参数：--result-log=log 需要存放的路径　--junit-xml=xml 所需要保存的路径，具体实现如图 12.17 所示。

会在 F 盘的 test 目录下生成两个文件，如图 12.18 所示。

根据打开的这两个文件的内容会发现实际不容易分析结果，所以大家只需知道需要使用这两个参数即可，一般很少使用。

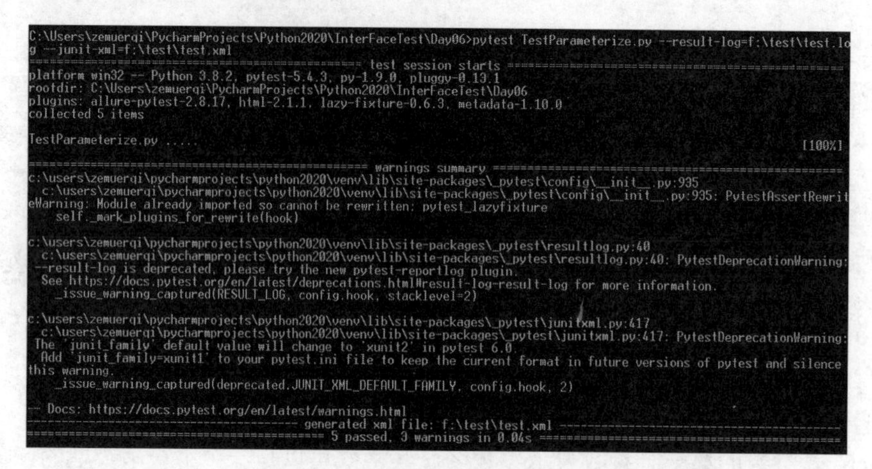

图 12.17　pytest 生成报告（一）

图 12.18　pytest 生成报告（二）

（2）HTML 报告生成。如果想要生成与 unittest 框架一样的 HTML 报告，则需要引用第三方模块 pytest-html。

安装，直接通过 PyCharm 中 Settings 进行安装或者使用 pip install pytest-html 命令。

再次强调，注意使用的环境，有时候装了两套 Python 环境，上面的两种安装方式不同则会在不同的环境中被安装。

安装完成，直接使用命令 pytest --html=需要保存报告所在路径　需要执行的测试用例模块文件，即可生成 HTML 报告了。

在 PyCharm 中具体设置如图 12.19 所示。

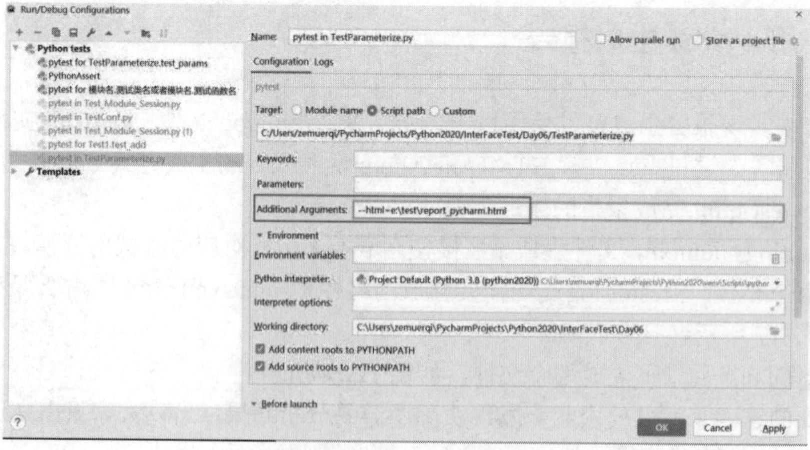

图 12.19　pytest 生成报告（三）

DOS 中执行结果如图 12.20 所示。

图 12.20　pytest 生成报告（四）

同样地，会在 F 盘中生成 HTML 文件，如图 12.21 所示。

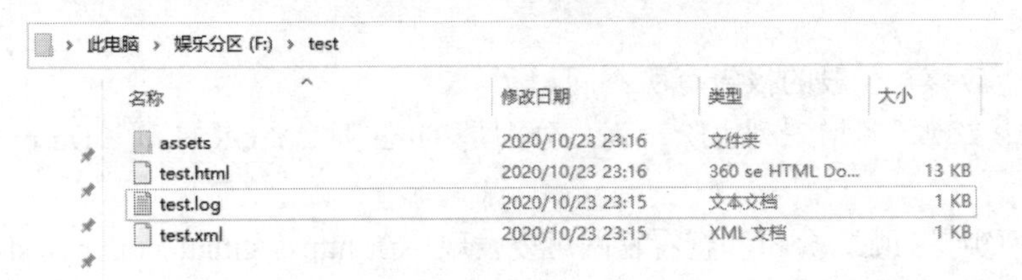

图 12.21　pytest 生成报告（五）

打开 test.html 文件，内容如图 12.22 所示。

TestCaseManager的测试报告

Report generated on 31-Jul-2020 at 17:06:35 by pytest-html v2.1.1

Environment

JAVA_HOME	C:\Program Files\Java\jdk1.8.0_131
Packages	{"pluggy": "0.13.1", "py": "1.9.0", "pytest": "5.4.3"}
Platform	Windows-10-10.0.18362-SP0
Plugins	{"allure-pytest": "2.8.17", "html": "2.1.1", "lazy-fixture": "0.6.3", "metadata": "1.10.0"}
Python	3.8.2

Summary

5 tests ran in 0.05 seconds.

(Un)check the boxes to filter the results.

☑ 5 passed, ☑ 0 skipped, ☑ 0 failed, ☑ 0 errors, ☑ 0 expected failures, ☑ 0 unexpected passes

Results

Show all details / Hide all details

Result	Time	Test	Y OR N	Description	Duration
Passed (show details)	2020-07-31 17:06:35	PycharmProjects/Python2020/InterFaceTest/Day06/TestParameterize.py::test_add_1[get_yaml-0]	Y	None	0.00
Passed (show details)	2020-07-31 17:06:35	PycharmProjects/Python2020/InterFaceTest/Day06/TestParameterize.py::test_add_1[get_yaml-1]	Y	None	0.00
Passed (show details)	2020-07-31 17:06:35	PycharmProjects/Python2020/InterFaceTest/Day06/TestParameterize.py::test_add_1[get_yaml-2]	Y	None	0.00
Passed (show details)	2020-07-31 17:06:35	PycharmProjects/Python2020/InterFaceTest/Day06/TestParameterize.py::test_add_2[1-1-2]	Y	None	0.00
Passed (show details)	2020-07-31 17:06:35	PycharmProjects/Python2020/InterFaceTest/Day06/TestParameterize.py::test_add_2[2-2-4]	Y	None	0.00

图 12.22　pytest 生成报告（六）

文件夹中生成了两个文件：一个是文件夹，里面存放的是 CSS 样式；另一个是 HTML 文件。但是如果只想生成一个 HTML 文件，如何实现？通过添加参数--self-contained-html 即可。

例如：

```
pytest TestParameterize.py --html=f:\test\test.html --self-contained-html
```

最后，在 F 盘中会发现只有一个文件 test1.html，不会生成 asserts 文件了，因为此时已经将 CSS 写入 HTML 页面中去了。

当然，如果不想用它自带的 CSS 样式，可以自己写相关的 CSS 样式，然后应用到报告中即可。添加参数命令--css 自定义的 css 样式文件所在路径。

12.2.4 使用 pytest-html 完成报告的优化、二次封装

上面的报告应该与一般的报告有所不同。

因为报告中实现了新增三列去除一列，分别是 Time 列、Y OR N 列、Description 列，去除了 link 列。

那么是如何实现的呢？分析和查看官网可以发现，在 https://github.com/pytest-dev/pytest-html 中提供了具体的操作方式。

下面根据官网给出的描述说明来完成报告的优化和二次封装操作，部分描述如图 12.23 所示。

Modifying the results table

You can modify the columns by implementing custom hooks for the header and rows. The following example `conftest.py` adds a description column with the test function docstring, adds a sortable time column, and removes the links column:

```
from datetime import datetime
from py.xml import html
import pytest


def pytest_html_results_table_header(cells):
    cells.insert(2, html.th("Description"))
    cells.insert(1, html.th("Time", class_="sortable time", col="time"))
    cells.pop()


def pytest_html_results_table_row(report, cells):
    cells.insert(2, html.td(report.description))
    cells.insert(1, html.td(datetime.utcnow(), class_="col-time"))
    cells.pop()


@pytest.hookimpl(hookwrapper=True)
def pytest_runtest_makereport(item, call):
    outcome = yield
    report = outcome.get_result()
    report.description = str(item.function.__doc__)
```

图 12.23 报告优化、二次封装（一）

分析上面的代码，首先第一个函数是实现表格的表头设计，设计了两列，分别是 Description 和 Time，并且 Time 列实现了排序操作。第二个函数实现对应表头每行值的定义，实际 Description 指的就是在程序中的 doc 注释。而 Time 的值使用的是 utcnow 的值，会发现与当前的系统时间

相差 8 小时，因为我们处于东八区，UTC 获取的是世界协调时间。所以可以自己通过 localtime 以及 strftime 方法完成获取当前计算机时间并自定义格式。

具体实现代码如下。

```
from datetime import datetime
from py.xml import html
import pytest
import time
#声明报告表格的表头定义
def pytest_html_results_table_header(cells):
    #insert 方法的第一个参数表示插入到表格的是第几列，第二个参数是表头名
    cells.insert(2, html.th('Description'))
    cells.insert(1, html.th('Time', class_='sortable time', col='time'))
    cells.insert(3, html.th('Y OR N'))
    cells.pop()
#实现对应表头的行的值的操作，Description 实际就是声明的每个方法对应的 docstring 值
def pytest_html_results_table_row(report, cells):
    cells.insert(2, html.td(report.description))
    #下面自定义格式时间
    cells.insert(1, html.td(
    time.strftime("%Y-%m-%d %H:%M:%S",time.localtime()), class_='col-time'))
    cells.insert(3,html.td("Y"))
    cells.pop()

@pytest.hookimpl(hookwrapper=True)
def pytest_runtest_makereport(item, call):
    outcome = yield
    report = outcome.get_result()
    #__doc__属性是系统内置的，前面讲过，用于获取类、方法、函数的 doc 注释
    report.description = str(item.function.__doc__)
```

一般会将以上代码声明在 conftest.py 文件中。同样地，还可以自定义声明测试报告的标题，具体代码如下。

```
def pytest_html_report_title(report):
    report.title = "TestCaseManager 的测试报告"
```

函数名是固定的，参数也是固定的，表示传入的是 report 对象，调用 title 属性，可以自定义修改其值。

之前讲过，pytest 是兼容 unittest 框架运行的，所以可以直接将 pytest 框架融入之前的 CRM 项目中，然后使用 pytest-html 生成测试报告，但是当执行的用例失败时，能够将页面的截图附录到报告中那就非常好了。其实 pytest-html 模块已经提供并考虑到了，同样可以分析官网。

首先来分析下 pytest.runtest_makereport 这个函数，前面增强表格时主方法也是这个函数，

现在整合为一个函数即可。会发现下面代码，声明以及前面两句代码都是一样的，只是report.description=str(item.function.__doc__)不存在，所以只要将这句代码放到最后即可。

可以封装二次开发代码，具体如下。

```
import pytest
@pytest.hookimpl(hookwrapper=True)
def pytest_runtest_makereport(item, call):
    pytest_html = item.config.pluginmanager.getplugin('html')
    outcome = yield
    report = outcome.get_result()
    extra = getattr(report, 'extra', [])
    if report.when == 'call':
        # always add url to report
        extra.append(pytest_html.extras.url('http://www.example.com/'))
        xfail = hasattr(report, 'wasxfail')
        if (report.skipped and xfail) or (report.failed and not xfail):
            # only add additional html on failure
            extra.append(pytest_html.extras.html('<div>Additional HTML</div>'))
        report.extra = extra
    report.description = str(item.function.__doc__)
```

通过判定报告被调用或者如果调用了测试固件对象，可以判定当前这个用例执行到底是成功的还是失败的，如果是失败的，就需要进行截图操作，截图后写入 HTML 页面中即可。具体实现代码如下。

```
import pytest
import time
from CrmTest.Business_Object.Login.Login_Business import LoginBusiness
login=None
@pytest.fixture()
def get_login():
    global login
    login=LoginBusiness("http://123.57.71.195:7878/index.php/login")
    # print("这是 setup 方法")
    #return login
    yield login
    # print("这是 teardown 方法")
    time.sleep(2)
    login.get_driver.quit()

#缺少驱动器对象
def get_image(filename):
    print("这是外面的 conftest 的驱动器对象",get_login)
    login.get_driver.save_screenshot(filename)
```

```
from CrmTest.GET_PATH import GETPATH
import os
#真正完成扩展模块扩展内容写入报告中的主方法
@pytest.hookimpl(hookwrapper=True)
def pytest_runtest_makereport(item, call):
    pytest_html = item.config.pluginmanager.getplugin('html')
    outcome = yield
    report = outcome.get_result()
    extra = getattr(report, 'extra', [])
    if report.when == 'call' or report.when == "setup":
        xfail = hasattr(report, 'wasxfail')
        if (report.skipped and xfail) or (report.failed and not xfail):
            get_dir=os.path.join(GETPATH,"Report_Object/ErrorImage")
            if not(os.path.exists(get_dir)):
                    os.mkdir(get_dir)
                get_testcase_name=report.nodeid.split("::")[-1]
                get_index=get_testcase_name.find("[")
                get_last_index=get_testcase_name.find("]")
                get_name=get_testcase_name[get_index+1:get_last_index]
                get_name=get_name.split("-")
                get_new_name=""
                for value in get_name:
                    if "\\" in value:
                        value=value.encode("utf-8").decode("unicode_escape")
                        get_new_name+=value+"_"
                print("分割数据名称",get_new_name)
                filename=get_new_name+".png"
                print("图片的文件名",filename)
                filepath=os.path.join(get_dir,filename)
                get_image(filepath)
                extra.append(pytest_html.extras.html('<div><img
                src="../Report_Object/ErrorImage/%s" style="width:400px;height:400px;"
                onclick="window.open(this.src)" align="right" ></div>'%filename))
            report.extra = extra
    report.description = str(item.function.__doc__)
```

这里需要注意的是，首先，这些代码都应该声明在 conftest.py 文件中。

其次，截图必然会要求获取到固件对象实现驱动器初始化操作，从而实现截图操作，所以现在将 get_login 固件对象声明在这里。

再者，需要声明一个截图的函数，在用例执行失败时执行截图并保存操作，在这里将截图的图片名称做了额外的处理，直接引用测试用例的名称进行显示，测试用例名可以通过报告中的 nodeid 属性进行获取。

获取到的名称如图 12.24 所示。

Test_Login.py::TestLogin::test_login[success-admin-admin888-帮管客CRM客户管理系统免费版 bgk100.com]

图 12.24　报告优化、二次封装（二）

12.2.5　使用 pytest-repeat 重复执行用例

使用 pytest-repeat 模块完成重复用例的执行，在 12.1.8 小节中已经简单介绍过了，在这里需要继续讲解一下该模块的另一个参数：--repeat-scope。

--repeat-scope 类似于 pytest 中 fixture 的 scope 参数。--repeat-scope 也可以设置参数 session、module、class 或者 function（默认值）。

（1）function：默认参数，其作用范围是每个用例重复执行后，再执行下一个用例。

（2）class：如果设置参数为 class，则表示以用例集合为单位，重复执行 class 中的用例，然后执行下一个。

（3）module：如果设置参数为 module，则表示以模块为单位，重复执行模块中的用例，再执行下一个。

（4）session：如果设置参数为 session，则表示重复整个测试会话，即所有收集的测试执行一次，然后再次执行所有的测试。

这里就不举例再次说明了，可以参考前面 pytest 中 fixture 的 scope 参数的示例。

扫一扫，看视频

12.3　Allure 框架

前面使用 pytest-html 模块完成了报告生成，虽然可以实现增强操作，但是其报告不是很美观，接下来学习 Allure 报告框架。Allure 框架可以生成非常美观的、适合领导及用户观看的报告。

12.3.1　Allure 框架简介

前面已经多次提过 Allure 框架，该框架是一个报告框架。

Allure 是一个轻量级、非常灵活、支持多平台和多语言的报告框架，并且能够很好地兼容大多数测试框架，如 pytest、TestNG、Junit 等。Allure 还支持使用 Jenkins 工具完成持续集成，整套环境搭建部署下来非常简单，使用起来非常方便。

它不仅是以 Web 的形式展示简要的测试结果，而且允许参与开发过程中的每个人从日常执行的测试中最大限度地提取有用的信息。无论从开发角度还是测试角度，Allure 报告简化了常见缺陷统计，失败的测试可以分为 BUG 和被中断的测试，还可以实现配置日志、步骤、fixture、附件、执行历史等。所以，通过这些配置，所有负责的开发人员和测试人员都可以尽可能地掌握有效的测试信息。

从管理者角度，Allure 提供了一个非常美观而清晰的图像，其中包括已覆盖的特性、执行时间轴的外观等。Allure 模块化和可扩展性保证了开发人员能够对某些东西进行微调，使 Allure 更加实用。

12.3.2　Allure 的安装与配置

Allure 最新版本是 Allure2，旧版本是使用 pytest-allure-adpator 插件完成的，但是这个已经跟不上时代了，并且里面缺少很多用例的描述性操作，网上有些教程大多数是基于该版本的，所以后面有部分操作会调用不了。使用了该插件的读者记得将其卸载，因为这与本书涉及的 Allure2 版本是不兼容、有冲突的。

通过 PyCharm 下载两个包：allure-pytest、allure-python-commons。

安装好后则需要下载 allure 命令行工具。官网的下载地址：https://github.com/allure-framework/allure2/releases，直接访问后单击 Download 即可。

下载完成之后，直接解压到本地计算机目录中，然后将刚才解压缩目录中的子目录 bin 配置到环境变量 Path 中即可。

然后在 DOS 中输入 allure --help 即可得到相应的帮助信息，也可以用于校验当前的 Allure 环境是否正常，如图 12.25 所示。

```
C:\Users\zemuerqi>allure --help
Usage: allure [options] [command] [command options]
  Options:
    --help
      Print commandline help.
    -q, --quiet
      Switch on the quiet mode.
      Default: false
    -v, --verbose
      Switch on the verbose mode.
      Default: false
    --version
      Print commandline version.
      Default: false
  Commands:
    generate      Generate the report
      Usage: generate [options] The directories with allure results
        Options:
          -c, --clean
            Clean Allure report directory before generating a new one.
            Default: false
          --config
            Allure commandline config path. If specified overrides values from
            --profile and --configDirectory.
          --configDirectory
            Allure commandline configurations directory. By default uses
            ALLURE_HOME directory.
```

图 12.25　Allure 安装

如果有提示“不是内部或者外部命令”，则说明没有配置环境变量。如果配置了，说明没有重启现有的 DOS。

12.3.3 使用 Allure 定制报告

首先来看一个完整的 demo 测试用例，具体代码如下。

```
#-*- coding:utf-8 -*-#
#-------------------------------------------------------------------------------
#ProjectName:     Python2020
#FileName:        TestCaseManager.py
#Author:          mutou
#Date:            2020/10/05 15:51
#Description:
#-------------------------------------------------------------------------------
import pytestimport allure
import sys
def test_add_5(get_cal):
    assert get_cal.add_1(1,1)==2

@pytest.mark.xfail(sys.version_info>(3,8),reason="当前版本小于 3.8")
#此形式执行会产生四种状态：passed/xpassed（X）/failed/xfail（x）
def test_add_1(get_cal):
    assert get_cal.add_1(1,0)==2

@pytest.mark.skipif(sys.version_info>(3,8),reason="当前版本小于 3.8")
def test_add_2(get_cal):
    assert get_cal.add_1(1,1)==2

@allure.title("这是减法浮点运算")
@pytest.mark.skip(reason="该方法开发还没有实现")
def test_minus_3(get_cal):
    """
    :param get_cal:测试固件中传入的参数
    :return: 无返回值
    """
    assert get_cal.minus(2,1)==4

@allure.epic("一级别目录")
@allure.feature("二级目录")
@allure.story("三级目录")
@allure.title("这是参数化操作 a:{a},b:{b},c:{sum}")
@allure.testcase("http://lcoahost:XXXX-1",name="登录成功")
#可以指定当前测试用例与功能的测试用例对应
@allure.issue("http://localhost:XXXX")
#实现缺陷的关联@allure.step("输入 a，输入 b，求和")
#添加测试用例的步骤
```

```
@allure.severity(allure.severity_level.BLOCKER)
@allure.link("http://localhost:5858")
#定义一个连接，在报告中进行显示
@pytest.mark.parametrize("a,b,sum",[(1,
1,2),pytest.param(2,2,4,marks=pytest.mark.xfail(reason="该组参数功能还没实现"))])
def test_add_4(get_cal,a,b,sum):
    assert get_cal.add_1(a,b)==sum

@allure.epic("这是一个较大的 story")
@allure.feature("测试加法方法的测试类")
class TestAdd():
    @allure.story("第一个故事")
    @allure.title("test_add2")
    def test_add_2(self,get_cal):
        assert get_cal.add_1(1, 1) == 2

    @allure.story("第二个故事")
    def test_add_3(self,get_cal):
        assert get_cal.add_1(1, 1) == 2
if __name__ == '__main__':
pytest.main()
```

如果需要通过执行上述代码使用 Allure 框架生成报告，操作方式有两种。

（1）直接在 DOS 中执行，语法如下。

```
pytest  测试用例模块所在路径  --alluredir  报告所需要生成的目录路径
```

（2）通过配置 PyCharm 运行，配置如图 12.26 所示。

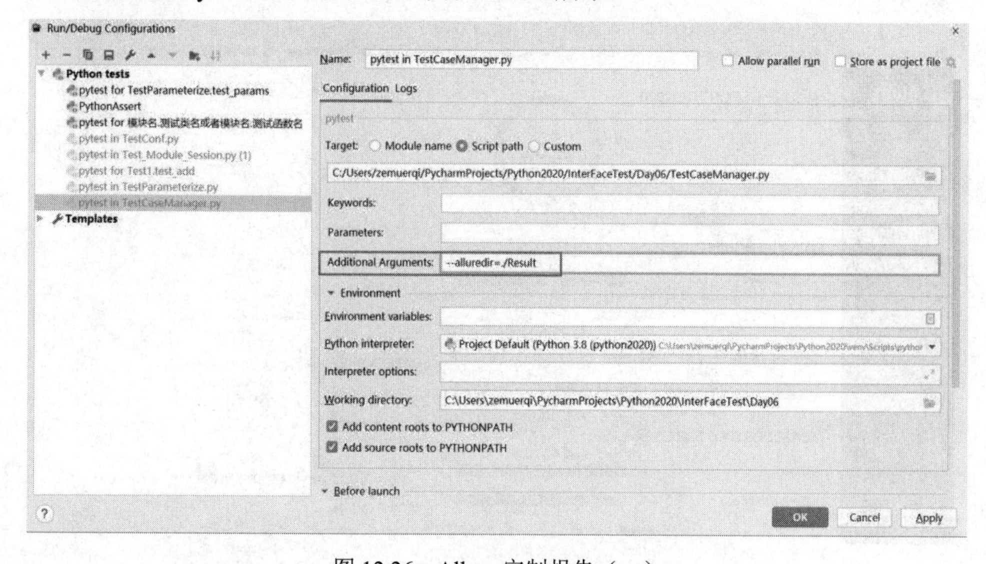

图 12.26　Allure 定制报告（一）

执行后，在该项目的目录下会生成一个 Result 目录，目录中的文件内容如图 12.27 所示。

虽然生成了结果，但是该结果都是 JSON 格式文件，这样的文件显示不太友好，也过于麻烦，所以需要进一步处理这个数据。

实际对 Allure 结果数据的处理有以下几种不同的实现方式。

图 12.27　Allure 定制报告（二）

（1）直接通过命令启动 Allure 服务即可，命令如下。

```
allure server 刚才所生成 JSON 的目录路径
```

所以在 DOS 中只要执行命令 allure serve C:\Users\zemuerqi\PycharmProjects\Python2020\InterFaceTest\Day06\Result。

启动服务后，会自动分配一个端口，直接使用默认浏览器打开，显示结果如图 12.28 所示。

图 12.28　Allure 定制报告（三）

注意：

如果使用 360 浏览器打不开，建议使用谷歌或者火狐浏览器访问。

（2）可以使用命令将 JSON 格式的数据生成 HTML 报告，然后部署到容器中打开，具体命令语法如下。

```
allure generate allure 所生成 JSON 数据的路径  -o  需要生成 html 报告的路径
```

此时会在当前目录下生成 html 目录，如图 12.29 所示。

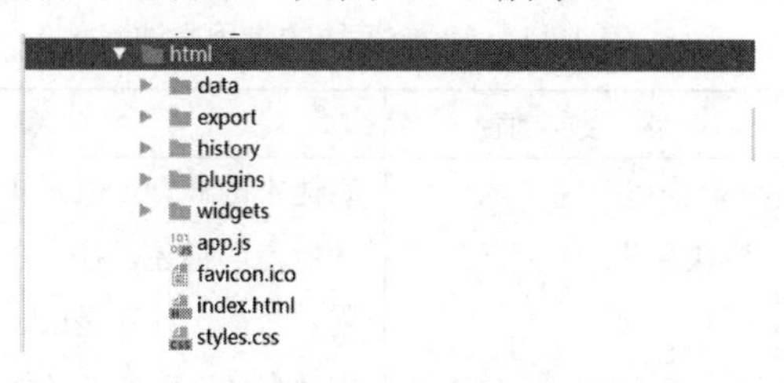

图 12.29　Allure 定制报告（四）

然后选择 index.html 右击选择 Open in Browser，然后选择对应的浏览器打开即可获取与上面报告结果一样的效果。

上面是一种打开方式，不能直接进入 html 目录，需要通过浏览器直接打开 index.html 文件，否则结果无法正常显示，会显示为 Loading…的状态。

注意：

生成的 html 文件夹拥有多个子文件夹，该目录实际是一个 Web 服务目录，需要通过服务进行发布才能正常访问网站，不能直接在本地打开 index.html 页面，因为这样页面不会自动加载数据。可以通过 allure 命令启动服务。

另外，还可以通过 open 命令打开 html 目录报告，具体命令如下。

```
allure  open  allure 所生成的 html 目录
```

open 命令还可以携带参数-h，即对应的主机地址、ip 地址，-p 即端口自定义，这是使用自带的 jetty 容器进行发布的服务。

（3）通过自定义容器发布，容器有很多，如 jetty、jboss、WebSphere、Tomcat 等。下面介绍一款非常简单、小巧的容器 anywhere，直接使用 npm 命令安装即可。

前文已配置过 npm 的环境变量，此处不再赘述。

直接在 DOS 中安装命令。

```
npm  install  anywhere  -g
```

安装完成后，切换到 html 目录，直接使用命令，同样可以添加参数-h 和-p，然后会自动弹出一个浏览器页面，与上面的结果一样。

12.3.4 Allure 模块特征

通过应用前面学习的知识已经可以完美地实现 pytest+Allure 结合了，但是对 Allure 的具体应用还一无所知，后面就一点一点来学习吧。

上述的 demo 实例中添加了大量的装饰器，这些装饰器有什么作用呢？Allure 模块的常用方法如表 12.1 所示。

表 12.1　Allure模块的常用方法

使 用 方 法	参 数 值	参 数 说 明
@allure.epic()	epic描述	敏捷中的概念，表示史诗的意思，往下是feature
@allure.feature()	模块名称	功能点的描述，往下是story
@allure.story()	用户故事	用户故事，往下是title
@allure.title(用例的标题)	用例的标题	重命名HTML报告名称
@allure.testcase()	测试用例的链接地址	对应功能测试用例系统中的case
@allure.issue()	缺陷	对应缺陷管理系统中的链接
@allure.description()	用例描述	测试用例的描述
@allure.step()	操作步骤	测试用例的步骤
@allure.severity()	用例等级	blocker，critical，normal，minor，trivial
@allure.link()	链接	定义一个链接，在测试报告展现
@allure.attachment()	附件	报告添加附件

上面 demo 生成的报告的展示结合上面表格一一说明，如图 12.30 所示。

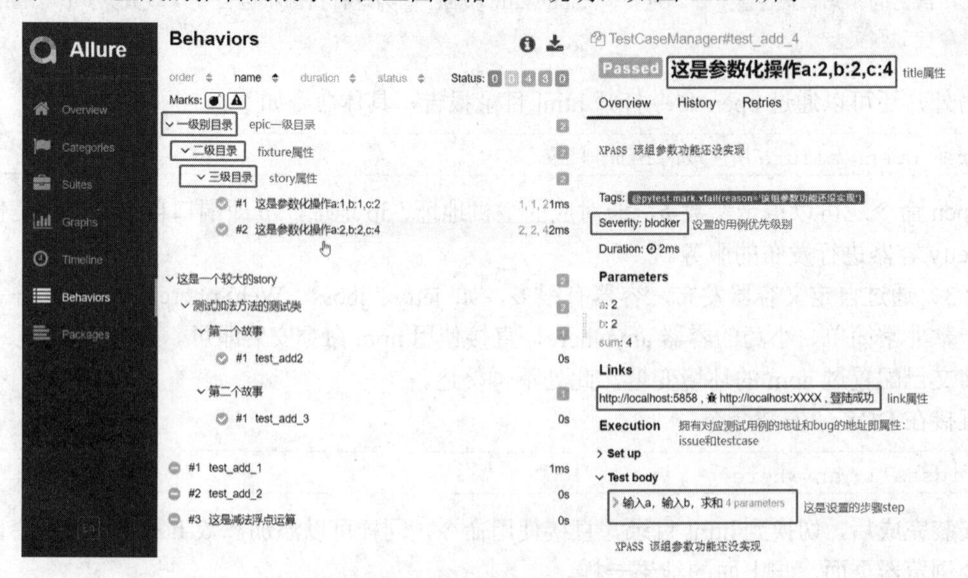

图 12.30　Allure 模块特征（一）

pytest 运行测试用例时可以添加 Allure 标记用例的参数。

（1）运行要执行 epic 的用例。

```
pytest —alluredir ./report/allure —allure-epics=一级别目录
```

（2）运行要执行 features 的用例。

```
pytest —alluredir ./report/allure —allure-features=二级别目录
```

（3）运行要执行 stories 的用例。

```
pytest —alluredir ./report/allure —allure-stories=三级别目录
```

做功能测试时，执行完一轮测试都会有测试报告的输出，用来统计缺陷的数量和等级。

在自动化测试过程中，测试用例越来越多时，如果执行一轮发现有不同的用例，同样希望尽快统计出缺陷的等级。

前文中出现过 Allure 框架的等级划分属性，具体如下。

（1）blocker：阻塞缺陷（功能未实现，无法下一步）。

（2）critical：严重缺陷（功能点缺失）。

（3）normal：一般缺陷（边界情况，格式错误）。

（4）minor：次要缺陷（界面错误与 ui 需求不符）。

（5）trivial：轻微缺陷（必须项无提示，或者提示不规范）。

分析上面 demo 执行的结果图形模块，可以看到 SEVERITY 部分，这表示严重级别，具体如图 12.31 所示。

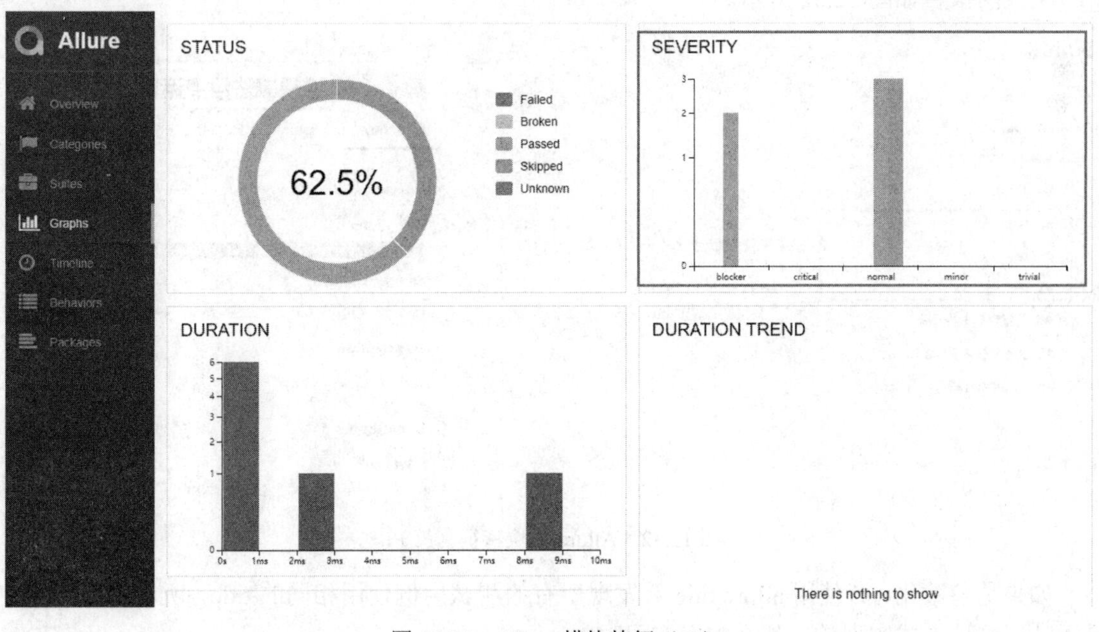

图 12.31　Allure 模块特征（二）

同样可以使用 allure 命令行参数实现指定用例执行，如果有很多测试用例，现在只想做个快速的回归测试，只测试用例级别为 blocker 和 critical 级别的测试用例。

```
pytest —alluredir ./report/allure —allure-severities blocker,critical
```

也可以这样写：

```
pytest —alluredir=./report/allure —allure-severities=blocker,critical
```

如果只执行 blocker 级别的用例：

```
pytest —alluredir=./report/allure —allure-severities=blocker
```

下面来学习 Allure 中的使用 dynamic 完成动态的自定义用例名操作。

如果是单个测试用例，直接使用 allure.title 属性装饰在测试方法上或者测试函数上即可。

具体代码如下。

```
@allure.title("这是减法浮点运算")
@pytest.mark.skip(reason="该方法开发还没有实现")
def test_minus_3(get_cal):
    """
    :param get_cal:测试固件中所传入的参数
    :return: 无返回值
    """
    assert get_cal.minus(2,1)==4
```

生成的报告如图 12.32 所示。

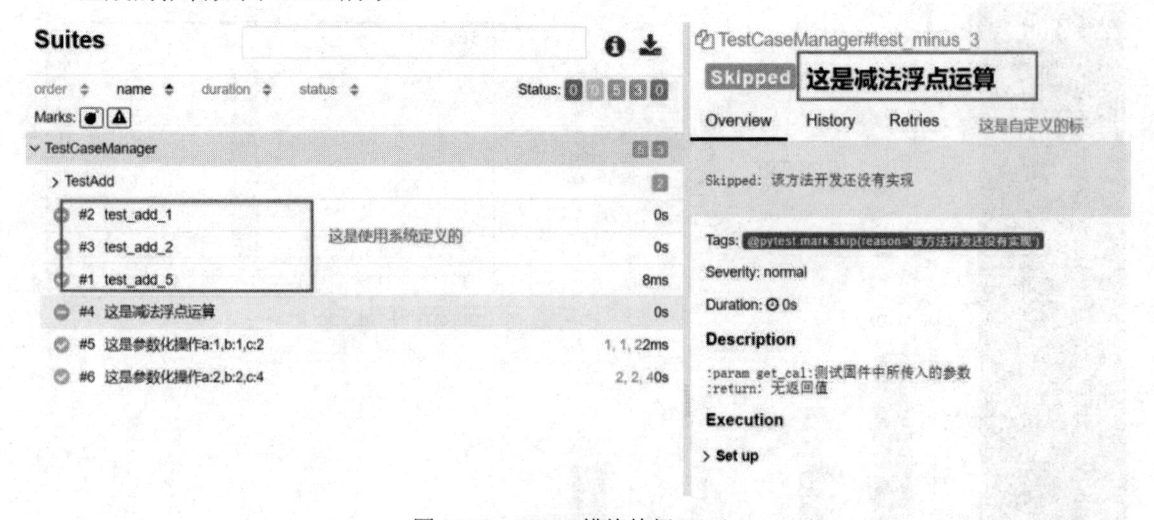

图 12.32 Allure 模块特征（三）

如果是参数化，若使用 allure.title 会发现所有的测试用例使用相同的 title，所以参数化肯定是无法用这种方式实现的，那么如何实现呢？

具体代码如下。

```
#-*-coding:utf-8-*-#
#------------------------------------------------
#@ProjectName: Study
#@FileName:Test_Login
#@Author: huangshan
#@Date: 2020/10/05 21:20
#@Description:登录的测试用例
#------------------------------------------------
import pytest
from CrmTest.Public_Object.ReadYaml import get_list_data
from CrmTest.GET_PATH import GETPATH
import allure
file_path = GETPATH + "\Data_Object\File_Data\Login\Login_Data.yaml"
get_data = get_list_data(file_path,'login_data')

@allure.issue("http://127.0.0.1/biz/bug-view-2.html")
@allure.testcase("http://127.0.0.1/biz/testcase-view-1-2.html")
class TestLogin():
    #自动化测试用例与功能测试用例以及 BUG 实现关联操作;
    @allure.step("输入用户名：{username}，输入密码：{password}，单击登录")
    @pytest.mark.parametrize("flag,username,password,expect",get_data)
    @allure.title("测试登录")
    def test_login(self,get_login,get_conn,flag,username,password,expect):
        get_login.click_login(username,password)
        #灵活应用标记可以很好地解决自动化脚本中的一系列逻辑问题
        if flag=='fail':
            assert expect==get_login.login_error_message
        else:
            assert  expect==get_login.login_success_message
            get_result=get_conn.check_password(username,password)
            assert get_result[0]==True
if __name__ == '__main__':
    pytest.main()
```

以上代码的执行结果如图 12.33 所示。

会发现，所有的测试用例名、BUG 连接地址、对应功能测试用例连接地址等都是一样的，要能够实现自动对应每个测试用例名称，每个 BUG。那如何解决呢？

可以通过 parameterized 自带的属性 ids 完成。

将测试用例名存储到 yaml 文件中，添加一个字段 casename，然后将获取的数据直接复制给参数 ids 即可。例如：Login_Data.yaml 中的数据格式如图 12.34 所示。

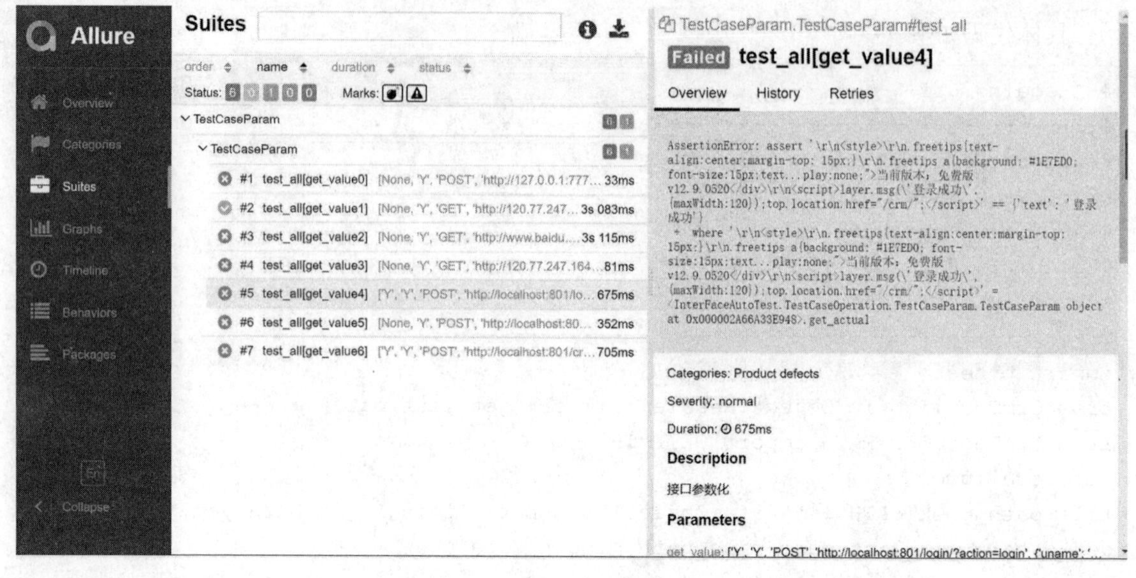

图 12.33　Allure 模块特征（四）

```
login_data:
  - {"casename":"登录成功","flag":"success","username": "admin","password": "admin888","expect": "帮管客CRM客户管理系统免费版 bgk100.com"}
  - {"casename":"用户名为空","flag":"fail","username": "","password": "admin888","expect": "用户名不能为空"}
  - {"casename":"密码为空","flag":"fail","username": "admin","password": "","expect": "密码不能为空"}
  - {"casename":"账号输入错误","flag":"fail","username": "adminwfef","password": "admin888","expect": "账号错误"}
  - {"casename":"密码输入错误","flag":"fail","username": "admin","password": "wfef","expect": "密码错误"}
```

图 12.34　Allure 模块特征（五）

```
#-*-coding:utf-8-*-#
#-------------------------------------------
#@ProjectName: Study
#@FileName:Test_Login
#@Author: huangshan
#@Date: 2020/10/05 21:20
#@Description:登录的测试用例
#----------------------------------------------
import pytest
from CrmTest.Public_Object.ReadYaml import get_list_data,get_casename_list
from CrmTest.GET_PATH import GETPATH
import  allure
file_path = GETPATH + "\Data_Object\File_Data\Login\Login_Data.yaml"
get_data = get_list_data(file_path,'login_data')
casename=get_casename_list(get_data)

@allure.severity("blocker")
```

```
@allure.epic("项目名称：CRM 管理系统")
@allure.issue("http://127.0.0.1/zentao/bug-browse-3.html")
# 禅道 BUG 地址
@allure.testcase("http://127.0.0.1/zentao/testcase-browse-3--byModule-16.html")
# 禅道用例链接地址
@allure.feature("登录模块")
class TestLogin():
    @pytest.mark.parametrize("casename,flag,username,password,expect",
    get_data,ids=casename)
    def test_login(self,get_login,get_conn,casename,flag,username,password,expect):
        get_login.click_login(username,password)
        if flag=='fail':
            assert expect==get_login.login_error_message
        else:
            assert  expect==get_login.login_success_message
            get_result=get_conn.check_password(username,password)
            assert get_result[0]==True
if __name__ == '__main__':
    pytest.main()
```

按照这种方式，每个测试用例会对应使用其 casename，但是对应功能测试用例禅道地址和 BUG 禅道地址还全部是一样的，所以这种方式只解决了标题的自定义对应关系，没有解决 link 的用例对应关系。

这就需要使用下面的方法完成了。

前面使用 pytest+Allure 实现了用例描述，可以使用 title 属性，就算是参数化也可以使用 ids 参数完成，但是 link 无法实现用例一一对应。那么如何实现呢？

allure.dynamic 中分别有以下属性。

（1）feature 模块。

```
allure.dynamic.feature(feature_name)
```

（2）功能点 story。

```
allure.dynamic.story(case_story)
```

（3）用例标题 title。

```
allure.dynamic.title(case_title)
```

（4）description 用例描述。

```
#可以在测试主体内部动态更新描述
allure.dynamic.description
```

其实前面所有的用例描述属性全部可以通过 dynamic 对象完成添加操作，那么具体如何操作呢？

具体代码如下。

```
#-*-coding:utf-8-*-#
#------------------------------------------
#@ProjectName: Study
#@FileName:Test_Login
#@Author: huangshan
#@Date: 2020/10/05 21:20
#@Description:登录的测试用例
#--------------------------------------------
import pytestfrom CrmTest.Public_Object.ReadYaml import get_list_data
from CrmTest.GET_PATH import GETPATH
import allure
file_path = GETPATH + "\Data_Object\File_Data\Login\Login_Data.yaml"
get_data = get_list_data(file_path,'login_data')
class TestLogin():
    @allure.step("输入用户名：{username}，输入密码：{password}，单击登录")
    @pytest.mark.parametrize("casename,flag,username,password,expect,
    function_testcase,bug_id",get_data)
    def test_login(self,get_login,get_conn,casename,flag,username,
        password,expect,function_testcase,bug_id):
        get_login.click_login(username,password)
        allure.dynamic.title(casename)
        allure.dynamic.issue(bug_id)
        allure.dynamic.testcase(function_testcase)
        if flag=='fail':
            assert expect==get_login.login_error_message
        else:
            assert  expect==get_login.login_success_message
            get_result=get_conn.check_password(username,password)
            assert get_result[0]==True

if __name__ == '__main__':
    pytest.main()
```

其生成的报告结果如图 12.35 所示。

从报告中发现，标题名实现了用例名称自定义并一一对象，link 的值这条用例设置的是空值，所以没有值。

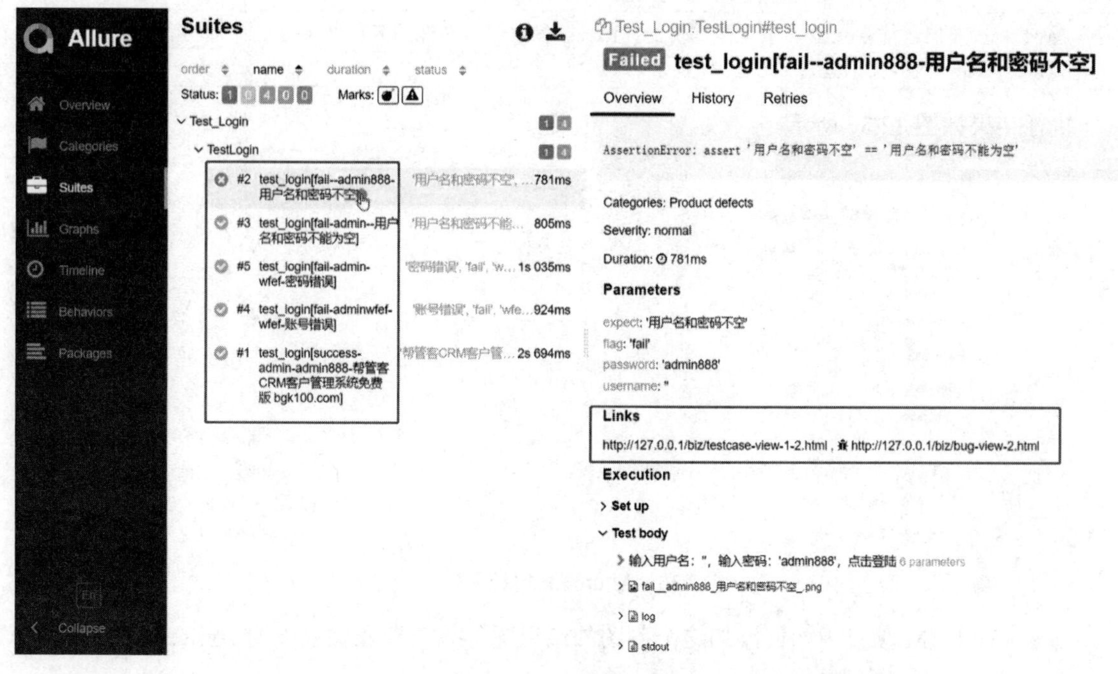

图 12.35　Allure 模块特征（六）

12.3.5　Allure 的附件处理

Allure 如何实现附件添加呢？

分析官网给出的 API 说明可以知道，可以直接通过 allure.attach 完成附件的添加操作。

实际在添加附件时有两种方式：一种是直接调用 attach 方法；另一种是调用 attach_file 方法。那么这两种方法有什么区别呢？

Attach 方法中第一个参数如果是文本则直接传入字符串，如果是文件则需要传入字节流对象。而 attach_file 方法中如果是文件则第一个参数直接声明对应的文件所在路径即可。

具体示例代码如下。

```
def test_add_5(get_cal):
    allure.attach("这是测试的附件文本内容，这个测试用例主要完成了减法运算操作",
        name="文本附件",attachment_type=allure.attachment_type.TEXT)
    allure.attach(open(r"C:\Users\zemuerqi\PycharmProjects\Python2020\CrmTest\
        Report_Object\ErrorImage\fail__admin888_用户名和密码不空_.png",
        mode="rb").read(), name="是不是用 file 形式上传图片",
        attachment_type=allure.attachment_type.PNG)
    allure.attach.file(     r"C:\Users\zemuerqi\PycharmProjects\Python2020\CrmTest\
        Report_Object\ErrorImage\fail__admin888_用户名和密码不空_.png",
        name="使用 file 形式上传图片",attachment_type=allure.attachment_type.PNG)
```

```
#attach.file 与 attach 实现是等价的，name 参数表示文件的名称
assert get_cal.add_1(1,1)==2
```

执行结果如图 12.36 所示。

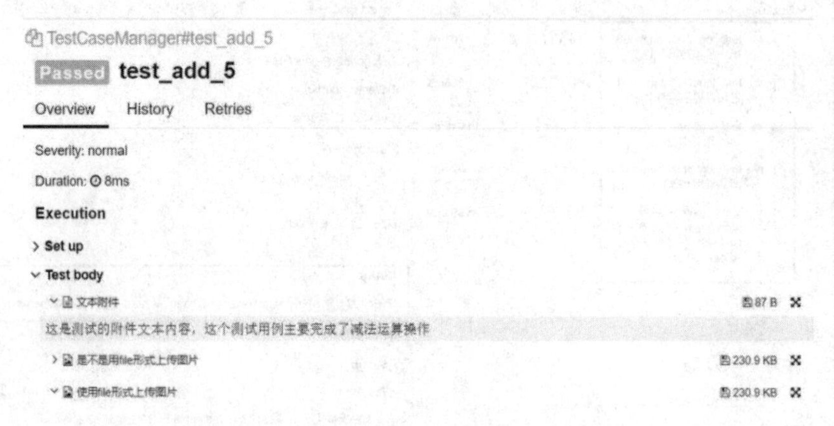

图 12.36　Allure 附件处理（一）

那么，在 CRM 项目中如何添加这个截图的结果呢？只需要在父包下的 conftest 文件中，将之前的 extra.append 语句替换成如下语句。

```
allure.attach.file(filepath,name=filename,attachment_type=allure.attachment
_type.PNG)
```

这样就相当于实现了 Python+pytest+pytest-html+Allure 等四个模块同时集成操作了，所以有些模块的优点可以挑选出来，如 pytest-html 模块生成的报告不好，但是可以很好地用来实现将判定断言失败的用例进行截图操作，最后将图片添加到 Allure 中。

12.4　小　　结

本章首先完成了很多源代码的二次封装以及扩展，这些代码其实都是从官网文档中分析而来的。所以多看官网的 API，多思考它们的实现方式，然后根据当前项目的需要进行选择，最后引用成自身的代码。

其次就是报告的框架，现在种类非常丰富，从最早的 HTMLTestRunner 报告框架，到 pytest-html 报告，最后到现在主流的 Allure 框架，从这些报告框架中可以发现 Allure 框架应用起来是最为灵活的，也是最为美观、最为实用、最容易在实际项目中掌握实时信息的一款优秀的框架。

最后介绍了 pytest 框架和 Allure 框架，这两个框架中需要引用到大量的装饰器。所以，读者必须透彻理解装饰器的含义以及应用，才能够很好地理解 pytest 和 Allure 框架的实现原理，从而熟练地将其应用到实际项目。

第 13 章　Jenkins+Git 持续集成

如今的开发模式都是敏捷开发，为了顺应敏捷开发流程提出了一套敏捷测试。敏捷测试现已成为行业发展的必然趋势。

敏捷测试的主要优势在于快速迭代，在整个过程中，技术团队持续退出各类增量化功能，代码错误也不会不期而至，不会出现导致软件无法正常使用等情况。软件测试不能够成为短板，软件测试工作更需要快速迭代，所以 Jenkins 持续集成也就成了测试人员必须掌握的技能之一。

本章主要涉及的知识点如下。

- Jenkins：学会 Jenkins 持续集成环境如何部署，创建项目实例完成常用场景的配置操作。
- Git：学会使用 Git 进行自动化测试脚本的版本管理，并能够很好地应用命令完成脚本的远程仓库管理和版本迭代操作。
- 接口测试持续集成：学会整合 Git、GitHub 和 Jenkin，建立一个完整的持续集成的实例实战操作。

注意：

> 本章主要扩展测试人员的技术储备，不作为测试人员的强制需求。

扫一扫，看视频

13.1　Jenkins

Jenkins 是搭建内部持续集成环境最佳的一款工具，这里主要介绍 Jenkins 的入门操作。

13.1.1　Jenkins 简介

Jenkins 是目前最流行的一款免费的持续集成及自动化部署工具。它是一个开源项目，提供了一种易于使用的持续集成系统，使开发从烦琐的集成中解脱出来，并专注于更为重要的业务逻辑实现，还允许持续集成和持续交付项目，无论其使用的是何种平台。

Jenkins 的前身是 Hudson，2009 年甲骨文将 Sun 收购后也继承了 Hudson 代码库，2011 年甲骨文与开源社区关系破裂，所以该项目就被分成两个独立的项目，Jenkins 由大部分原始开发人员组成，Hudson 由甲骨文继续管理。

Jenkins 的口号是“构建伟大，无所不能”，这就可以感受到其功能的强大性，它具有如下特点。

（1）免费、开源、由 Java 语言开发。

（2）简单易用、简易安装。

（3）插件丰富。

（4）持续集成、持续交付。

（5）可扩展性强。

（6）分布式。

（7）可以独立运行，也可以基于 apache tomcat 容器运行等。

13.1.2 Jenkins 环境部署

安装包直接从官网下载：https://www.jenkins.io/。

从官网上可以看到，Jenkins 的版本实际存在两种发行版：一种是长期支持版（LTS）；另一种是每周更新版（Weekly）。在这里建议大家使用长期支持版，因为其功能稳定，不容易出问题。如果需要研究或者尝试新功能，则可以使用每周更新版。

无论选择长期支持版还是每周更新版，Jenkins 的安装包又分两种类型：一种是不同的平台拥有不同格式的 Jenkins 安装文件；另一种就是各个平台都通用的 war 包类型。

因为 Jenkins 环境肯定是部署在服务器上的，服务器一般选择 Linux 平台而非 Windows，所以选择 Linux 的 CentOS 平台的包进行下载。

注意：

> 如果选择 war 包，在各个平台中只需要存在 jdk 环境，直接执行命令 java –jar war 包所在路径即可。如果当前计算机中部署了 tomcat 容器，则可以直接将包丢到 tomcat 的 webapp 目录下，然后启动 tomcat 服务即可。

下面详细描述在 CentOS 平台下部署 Jenkins 的操作步骤。

1. jdk 源码安装

（1）从 jdk 的官网下载 Linux 平台的源代码安装包，并上传到 Linux 目录，一般指定在/usr/local 目录下。

（2）对该目录的 jdk 文件进行解压缩，使用命令：tar –zxvf /usr/local/jdk 文件名。

（3）配置环境变量，修改/etc/profile 文件内容，即使用命令 vim /etc/profile，在该文件中添加环境变量，具体内容如下。

```
export  JAVA_HOME=/usr/local/jdk/jdk1.8/bin
export  CLASS_PATH=/usr/local/jdk/jdk1.8/bin
export  PATH=$PATH: /usr/local/jdk/jdk1.8/bin
```

（4）使用命令 source profile 让环境变量生效。

注意：

在这里建议使用 jdk1.8 以上的版本，当然如果当前的 CentOS 平台中自带有 jdk，则可以省略上述步骤操作。使用 java --version 即可查看当前的 Java 版本，如果提示不是内部或者外部命令，则需要完成上述步骤操作。

2. Jenkins 安装

（1）将下载好的包上传到 Linux 服务器，然后使用命令 rpm 完成安装操作，具体命令如下。

```
rpm  -ivh   Jenkins包名
```

注意：

如果需要指定安装的目录，则可以添加参数--prefix=需要指定的目录路径。

安装完毕，在/etc/sysconfig 目录下会存在一个 Jenkins 文件，该文件是 Jenkins 的配置文件，该配置文件可以修改 Jenkins 的家目录、Jenkins 的用户、Jenkins 的端口等。

（2）启动 Jenkins 服务，启动服务的方式有以下 2 种类型。

①直接使用 service jenkins start 命令启动。

②直接进入/etc/rc.d/init.d 目录下使用./jenkins start 启动。

（3）将服务器的防火墙关闭，具体命令如下。

```
systemctl stop firewall
```

（4）首次访问直接使用“服务器地址:端口号”访问即可，访问完后在/var/lib/jenkins 目录下会生成 Jenkins 的相关文件，如图 13.1 所示。

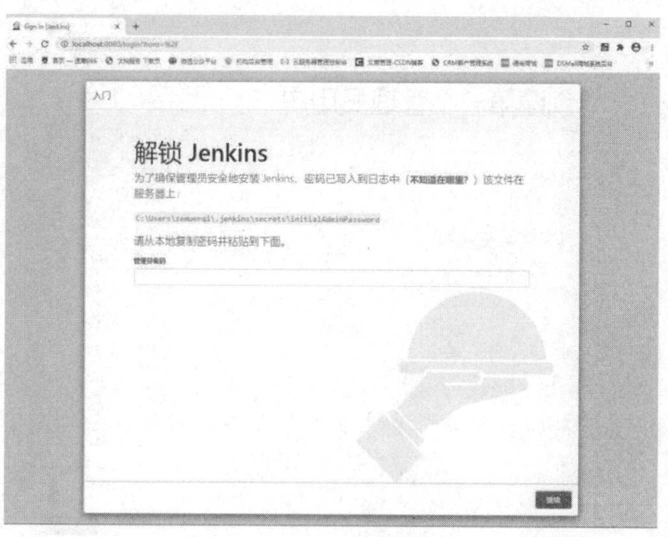

图 13.1　Jenkins 环境部署（一）

（5）根据图 13.1 的提示，找到指定的目录，复制初始密码粘贴在图 13.1 中，然后单击“继续”按钮，弹出如图 13.2 所示界面。

图 13.2　Jenkins 环境部署（二）

此时，可以选择推荐安装，即默认安装，也可以选择自定义安装，即手动选择相关所需的插件完成安装。

选择默认安装后，Jenkins 会进入所需相关插件的安装界面，在该界面可能会出现部分插件安装失败的情况，这与当前的网络速度有关。此时失败也没关系，后期还可以通过插件管理完成离线下载安装。安装的界面如图 13.3 所示。

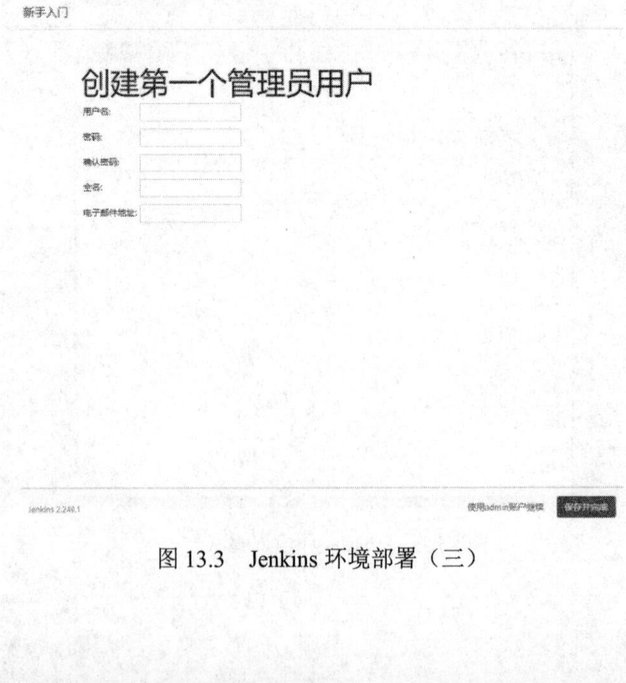

图 13.3　Jenkins 环境部署（三）

注意：

如果登录后单击插件安装并没有进入插件安装界面，而是出现提示“离线实例”的情况，则可以通过以下方案解决。

（1）找到 Jenkins 的目录，对以 hudson 开头的 xml 文件进行修改，将其更新的网址 https 修改成 http。如果还不行，则可以在网上查找其他的镜像访问地址。如果找不到文件，还可以直接访问 http://服务器 ip 地址:端口号/pluginManager/advanced，然后将 URL 地址中的 https 修改为 http 即可。

（2）修改 updates 目录下的 default.json 文件，将其中的 connectioncheckurl 的谷歌地址修改成百度地址。

下面给出几个可选的镜像地址。

https://mirrors.tuna.tsinghua.edu.cn/jenkins/updates/update-center.json

http://mirror.xmission.com/jenkins/updates/update-center.json

http://ftp.tsukuba.wide.ad.jp/software/jenkins/updates/current/update-center.json

http://updates.jenkins.io/update-center.json

最后，重新启动 Jenkins 服务，再次访问即可完成插件安装。如果还不行，则可以将 var/lib/jenkins 目录下所有文件全部删除再重新访问。

（6）根据引导，完成管理用户的创建操作，也可以继续使用 admin 账户，然后单击“保存”按钮，完成。

（7）进入实例配置页面，该页面直接默认即可。

（8）最后出现如图 13.4 所示界面，则表示 Jenkins 安装部署成功。

新手入门

Jenkins已就绪！

你已跳过创建admin用户的步骤。要登录请使用用户名：'admin' 及用于访问安装向导的管理员密码。

Jenkins安装已完成。

开始使用Jenkins

图 13.4　Jenkins 环境部署（四）

单击开始使用 Jenkins，就可以进入 Jenkins 的使用之旅了。

13.1.3　Jenkins 插件管理

Jenkins 的插件除了在安装时可以完成自定义选择安装外，还可以进入系统进行插件管理，在这里同样可以完成插件的安装、卸载、更新等一系列操作。

首先单击“系统管理”，然后单击“插件管理”，出现如图 13.5 所示界面。

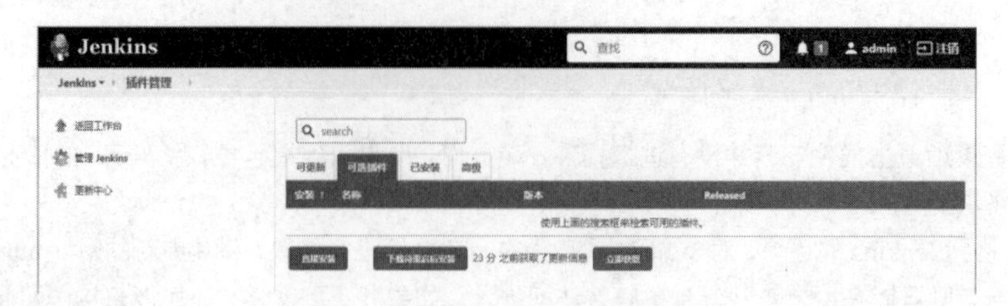

图 13.5 Jenkins 插件管理（一）

该页面主要分为以下几个部分。

（1）右上角的“查找”，可以在该栏输入插件的名称进行搜索。

（2）上方的可更新、可选插件、已安装、高级 4 个标签部分，可进行插件的安装和管理。

（3）底部的按钮区，控制插件的安装方式和插件市场的更新，“直接安装”与“下载待重启后安装”的功能与区别将在下文介绍，“立即获取”是指从 Jenkins 的插件市场上更新可选插件列表，类似于 Ubuntu 系统的 apt-get update。

1. 插件安装

在当前页面中，单击“可选插件”标签，则下方列表为插件市场中未安装的插件，可以在右上角的搜索栏搜索。单击插件名，会跳转到 Jenkins 插件的介绍页，该介绍页是对本插件的介绍及使用教程。

找到想要安装的插件后，勾选前面的复选框，再单击底部的“直接安装”或“下载待重启后安装”，即可进行插件的安装。

直接安装与下载待重启后安装的区别如下。

（1）直接安装是指从插件市场下载完成后，直接进行插件的安装并启动插件。

（2）下载待重启后安装是指从应用市场下载完成后，等待 Jenkins 服务下次启动时再安装，这样做是因为一些插件会对菜单项、正在进行的生产环节构成影响，直接安装可能会导致任务出错，因此需要在重启 Jenkins 时安装。

2. 插件卸载

对于一些插件，安装错了或不想继续使用了，可以卸载它。具体的操作方法是在“插件管理”页面中单击“已安装”标签，可以看到已安装插件的列表。

单击插件右侧的“卸载”按钮即可完成卸载，如图 13.6 所示。

3. 插件更新

Jenkins 的插件管理功能很好，插件可以在线更新，无需手动卸载低版本、安装新版本。在“插件管理”页面中单击“可更新”标签，可以看到被检测到的、可更新的插件列表。

勾选要升级的插件，单击底部的“下载待重启后安装”按钮，更新完成后可重启 Jenkins 服务。

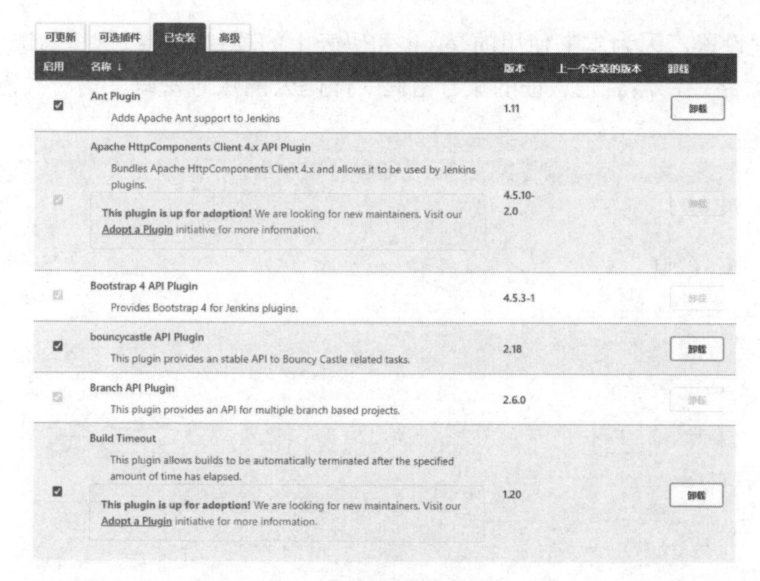

图 13.6　Jenkins 插件管理（二）

13.1.4　Jenkins 项目创建

进入 Jenkins 系统主界面，进行 Jenkins 项目创建。

（1）单击新建 Item，如图 13.7 所示。

（2）填写任务名称，并且选择项目类型，这里选择构建一个自由风格的软件项目，名称为木头编程的 CRM 项目名称 Wood_CRM，然后单击“确定”按钮。

（3）然后进入项目的配置。

①General 设置，默认可以不填，有项目名称即可，也可以加上项目描述，可根据需要选择，如图 13.8 所示。

图 13.7　Jenkins 创建项目（一）

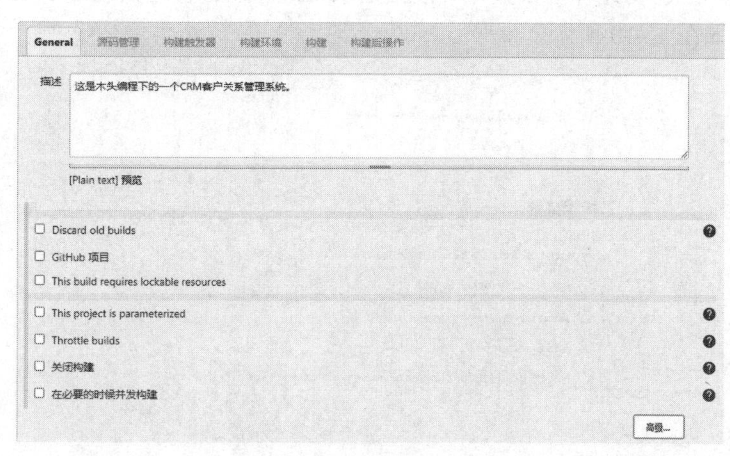

图 13.8　Jenkins 创建项目（二）

②源码管理设置，因为本书使用的是 git 和码云上的项目，所以这里勾选 Git，并填写码云上项目的 Git 路径，然后是认证的账号密码（即码云的账号密码，第一次需要先添加），如图 13.9 所示。

图 13.9 Jenkins 创建项目（三）

注意：

如果没有 Git，先进入“系统管理”，然后单击“插件管理”，搜索 Git Plugin 插件完成安装操作，这在 Jenkins 插件管理章节有说明。

③构建触发器设置，这个是可选的，可以不配置，详细配置在 13.1.5 小节中说明。

④构建环境设置，可根据需求勾选，此处暂时只勾选 Add timestamps to the Console Output，如图 13.10 所示。

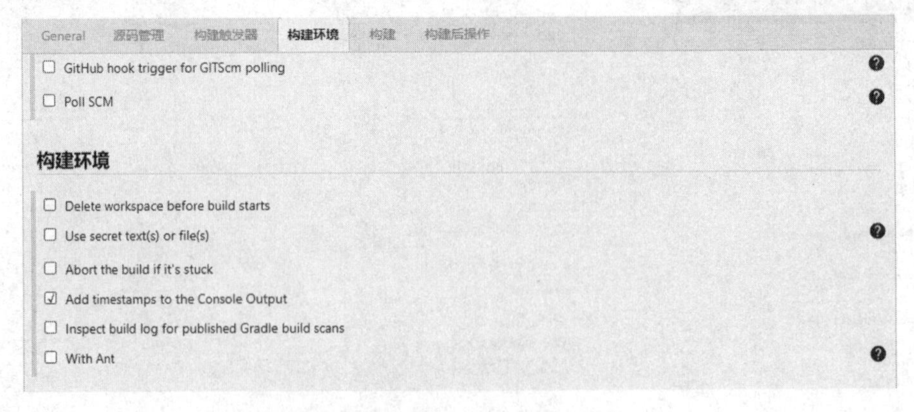

图 13.10 Jenkins 创建项目（四）

上面的选项分别表示如下。

- 构建前删除工作区，如果工作区有其他项目就不要勾选。
- 使用加密文本或者文件。
- 如果构建时卡住，则停止构建。
- 添加时间戳到控制台进行输出。
- 检查已发布的 Gradle 构建扫描的日志。
- 调用 Ant。

⑤构建设置，可以添加构建的步骤，按照需要选择，这里选择 Execute Windows batch command，表示可以执行 Windows 上的 DOS 命令，如果是 Linux 平台执行 shell 脚本以及命令，则可以选择 Execute shell。

⑥构建后操作设置，这里同样可根据需要进行配置，最常用的就是邮件通知配置，详细配置在 13.1.6 小节中完成。

配置完成后，单击“完成”，然后进入任务主页就可以单击“立即构建”，如图 13.11 所示。

构建成功会出现蓝色的小球，失败则是红色的。还可以查看和操作当前构建成功的任务，比如控制台的输出（整个构建过程的信息输出，如果失败了也可以看到具体的错误信息等）、变更记录、测试结果 Test Result（可以看到测试详情，包括测试数量、成功或失败的数量，花费时间，如果测试失败，还可以通过选择测试失败的类显示测试失败的细节等）等，如图 13.12 所示。

图 13.11　Jenkins 创建项目（五）　　　　图 13.12　Jenkins 创建项目（六）

13.1.5　配置运行频率

13.1.4 小节中创建完项目，每完成一次配置，都需要手动触发 job 完成构建操作，这其实是一件很麻烦的事情。job 中可以配置定时构建，定时构建主要分为两种，分别是定时构建和轮询 SCM。

1. 定时构建（Build periodically），周期进行项目构建（不关心源码是否发生变化）

语法：* * * * *。

星号中间使用空格隔开，其中第一个*表示分钟，取值是 0～59；第二个*表示小时，取值是 0～23；第三个*表示一个月的第几天，取值是 1～31；第四个*表示第几月，取值是 1～12；第五个*表示一周中的第几天，取值是 0～7，其中 0 和 7 代表的都是周日。

下面给出示例，job 详细配置如图 13.13 所示。

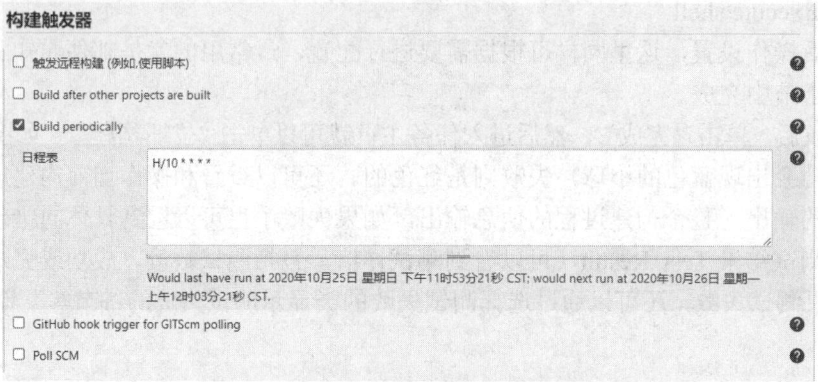

构建触发器

☐ 触发远程构建 (例如,使用脚本)

☐ Build after other projects are built

☑ Build periodically

日程表 H/10 * * * *

Would last have run at 2020年10月25日 星期日 下午11时53分21秒 CST; would next run at 2020年10月26日 星期一 上午12时03分21秒 CST.

☐ GitHub hook trigger for GITScm polling

☐ Poll SCM

图 13.13 Jenkins 配置运行频率

日程表文本框中设置为 H/10 * * * *，指每十分钟执行一次，从图 13.13 中可看出，两次运行时间相差 10 分钟。到了设置时间，则自动开始构建，免除了手动构建的烦恼。

下面给出一些具体的示例用于参考。

（1）每 2 小时构建一次：H H/2 * * * 。

（2）每天的 8 点、12 点、22 点构建一次，即一天构建 3 次：0 8,12,22 * * *，多个时间点之间使用逗号隔开。

（3）每天早上 8 点到晚上 6 点每三小时检查一次：H 8-18/3 * * *。

2. 轮询 SCM（Poll SCM）

定时检查源码变更（根据 SCM 软件的版本号），如果有更新就 checkout 最新 code 下来，然后执行构建动作。

配置如下：*/10 * * * * （每 10 分钟检查一次源码变化）。

13.1.6 配置邮件发送

完成持续集成部署后，任务构建执行完成，测试结果需要通知相关人员，那就必然需要完成邮件通知的配置操作。

1. 安装邮件插件

选择系统管理，然后单击管理插件，在可选插件中，选择 Email Extension Plugin 插件进行安装，如图 13.14 所示。

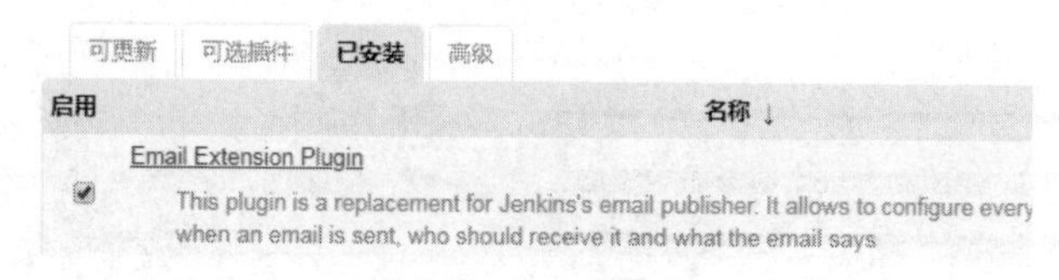

图 13.14　Jenkins 配置邮件发送（一）

2. 系统设置

通过系统管理，单击系统设置进行邮件配置。

（1）设置系统管理员邮件地址，如图 13.15 所示。

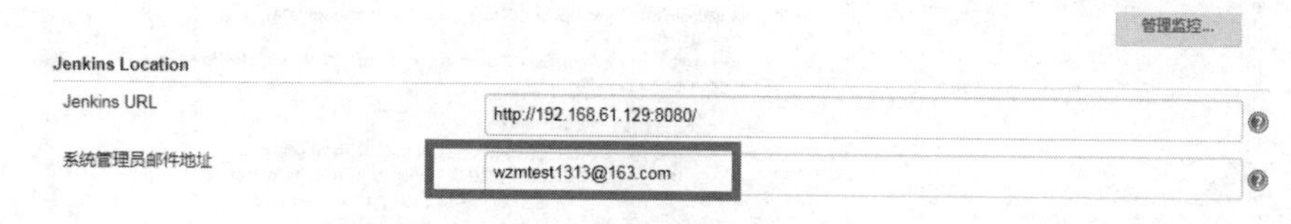

图 13.15　Jenkins 配置邮件发送（二）

（2）配置邮件收发件人信息，如图 13.16 所示。

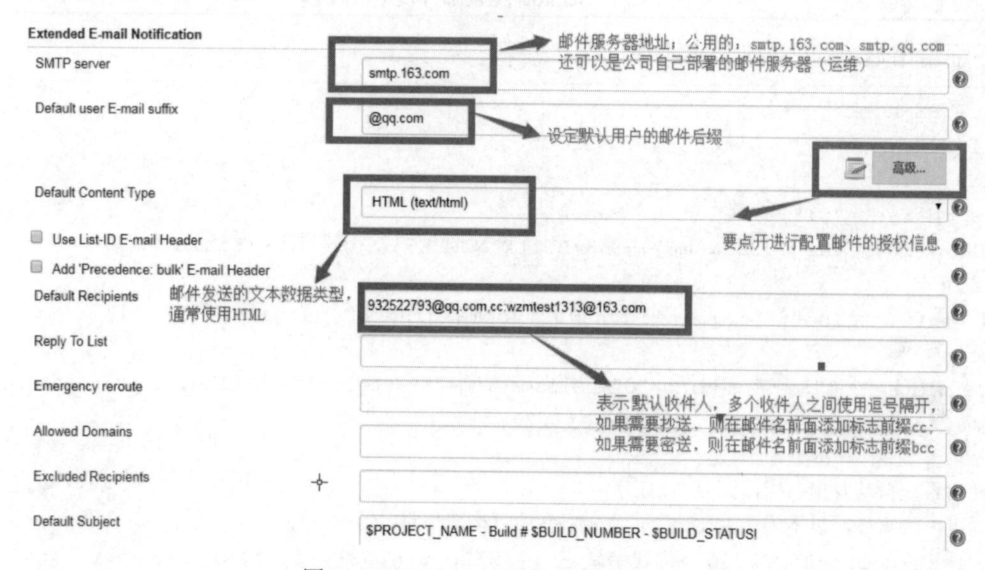

图 13.16　Jenkins 配置邮件发送（三）

（3）单击高级处的相关设置信息，如图 13.17 所示。

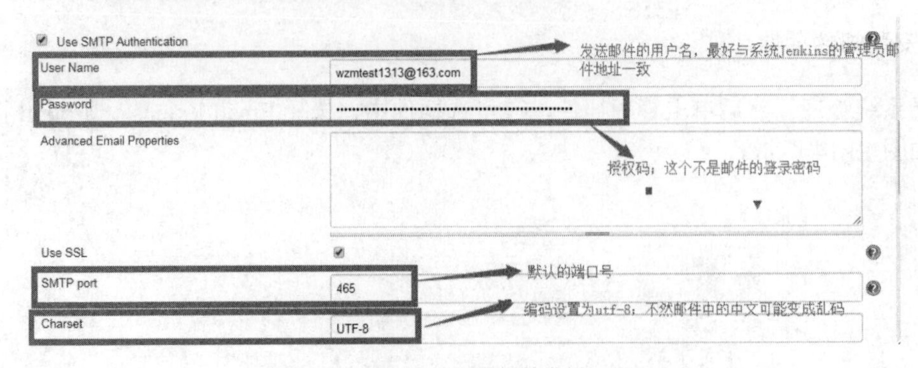

图 13.17　Jenkins 配置邮件发送（四）

（4）正文构建的配置如图 13.18 所示。

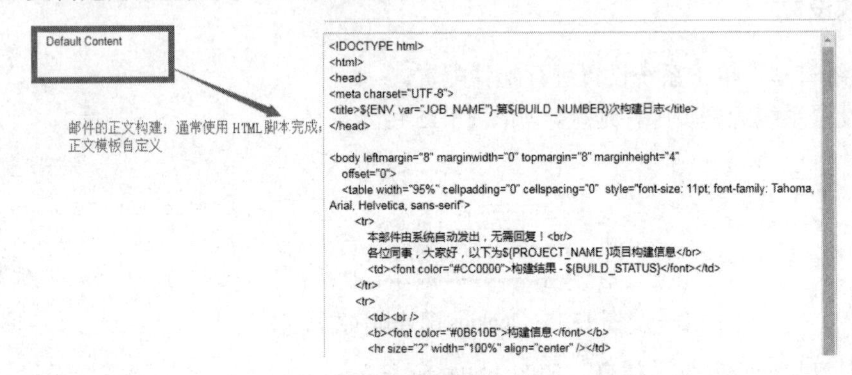

图 13.18　Jenkins 配置邮件发送（五）

下面给出通用的一种邮件模块脚本。

```
<!DOCTYPE html>
<html>
<head>
<meta charset="UTF-8">
<title>${ENV, var="JOB_NAME"}-第${BUILD_NUMBER}次构建日志</title>
</head>
<body leftmargin="8" marginwidth="0" topmargin="8" marginheight="4"
offset="0">
<table width="95%" cellpadding="0" cellspacing="0" style="font-size: 11pt; font-family:
Tahoma, Arial, Helvetica, sans-serif">
<tr>
本邮件由系统自动发出，无需回复！<br/>
各位同事，大家好，以下为${PROJECT_NAME }项目构建信息</br>
<td><font color="#CC0000">构建结果 - ${BUILD_STATUS}</font></td>
</tr>
```

```
<tr>
<td><br/>
<b><font color="#0B610B">构建信息</font></b>
<hr size="2" width="100%" align="center" /></td>
</tr>
<tr>
<td>
<ul>
<li>项目名称 ： ${PROJECT_NAME}</li>
<li>构建编号 ： 第${BUILD_NUMBER}次构建</li>
<li>触发原因： ${CAUSE}</li>
<li>构建状态： ${BUILD_STATUS}</li>
<li>构建日志： <a href="${BUILD_URL}console">${BUILD_URL}console</a></li>
<li>构建 URL ： <a href="${BUILD_URL}">${BUILD_URL}</a></li>
<li>工作目录 ： <a href="${PROJECT_URL}ws">${PROJECT_URL}ws</a></li>
<li>项目 URL ： <a href="${PROJECT_URL}">${PROJECT_URL}</a></li>
</ul>
<h4><font color="#0B610B">失败用例</font></h4>
<hr size="2" width="100%" />测试用例通过数？失败数？通过率？失败率？
<br/>
<h4><font color="#0B610B">最近提交(#$SVN_REVISION)</font></h4>
<hr size="2" width="100%" />
<ul>
${CHANGES_SINCE_LAST_SUCCESS, reverse=true, format="%c", changesFormat="<li>%d
[%a] %m</li>"}
</ul>
<h4><font color="#0B610B">SVN 信息(#$SVN_REVISION)</font></h4>
<hr size="2" width="100%" />
<ul>
<li>SVN 版本： ${SVN_REVISION}</li>
<li>SVNURL : ${SVN_URL}</li>
详细提交：<a href="${PROJECT_URL}changes">${PROJECT_URL}changes</a><br/>
</td>
</tr>
</table>
</body>
</html>
```

（5）邮件通知信息配置，如图 13.19 所示。

（6）以上配置好后，单击“保存”按钮。

（7）在工程中配置邮件信息（通常是在构建后的触发器中配置）；在实际配置中，通常设置邮件的增强版，如图 13.20 所示。

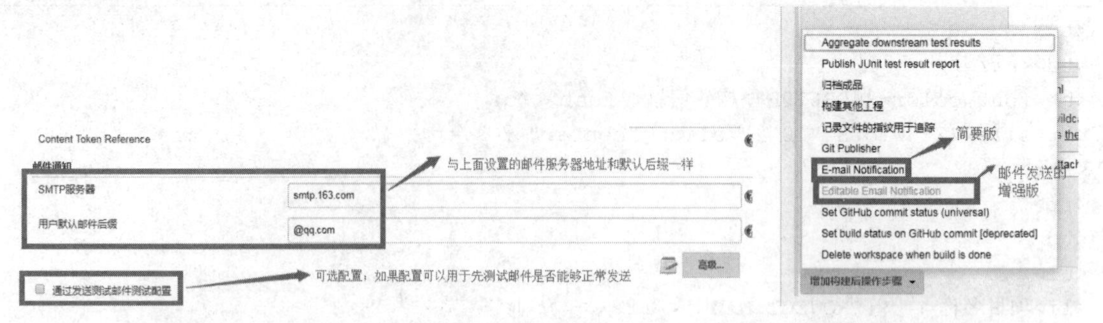

图 13.19 Jenkins 配置邮件发送（六）　　图 13.20 Jenkins 配置邮件发送（七）

（8）直接配置 job 中的构建后操作，具体配置信息如图 13.21 和图 13.22 所示。

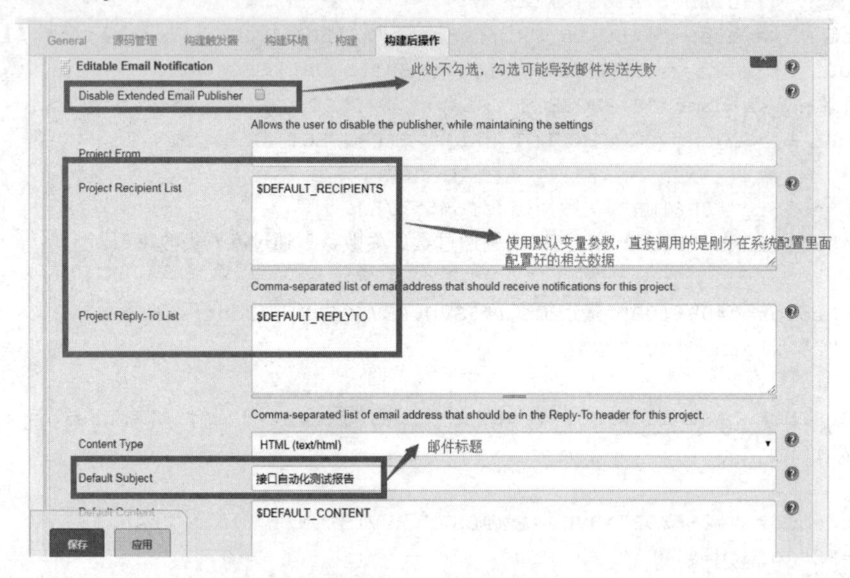

图 13.21 Jenkins 配置邮件发送（八）

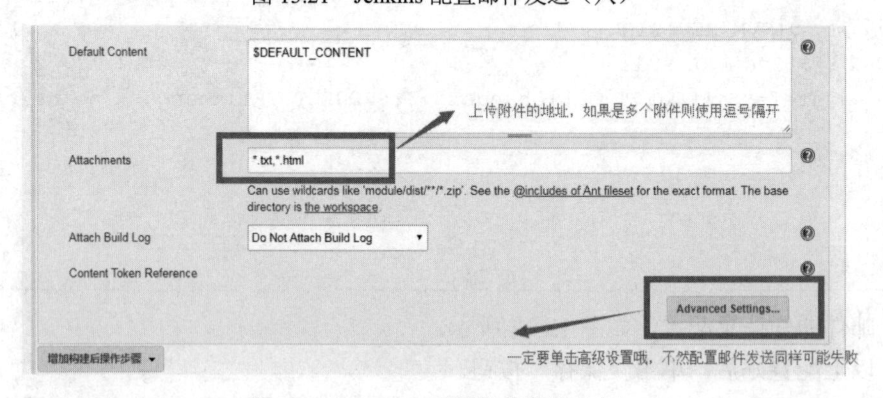

图 13.22 Jenkins 配置邮件发送（九）

（9）在当前页面的触发器中配置信息，如图 13.23 所示。

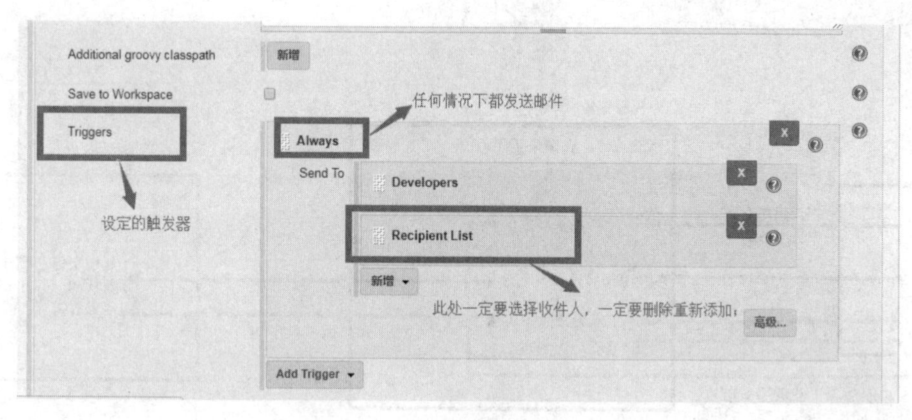

图 13.23　Jenkins 配置邮件发送（十）

至此，整个邮件服务配置就完成了。

注意：

邮件如果收不到，应注意以下内容。

（1）必须保证邮箱的服务名是正确的。

（2）必须保证授权部分的设置是正确的，并且设定了该部分。

（3）查看 content-type 类型的选择，以及收件人的邮箱设定是否正确等。

13.2　Git

扫一扫，看视频

本节首先介绍 Git 分布式版本控制系统，版本控制是整个自动化脚本维护中最为重要、最为核心的流程。可以使用 Git 敏捷高效地处理任何项目的版本管理操作。

13.2.1　什么是 Git

在了解 Git 之前，先来了解版本控制。版本控制主要是指对软件开发过程中的各种程序代码、配置文件以及输出文档的变更进行管理操作。

常用的版本控制系统主要有两大类型，分别是集中式和分布式。

集中式代表是 SVN，即必须存在一个中央控制器（中央服务器：用于存储历史版本和代码信息），无论是个人管理代码或者是团队协作管理，只要使用 SVN 就必然存在中央服务器。

集中式实现过程如图 13.24 所示。

从图 13.24 可以总结出集中式实现过程的弊端如下。

（1）需要联网才能实现历史版本的操作，或者完成一系列连接操作才能实现版本回退操作。

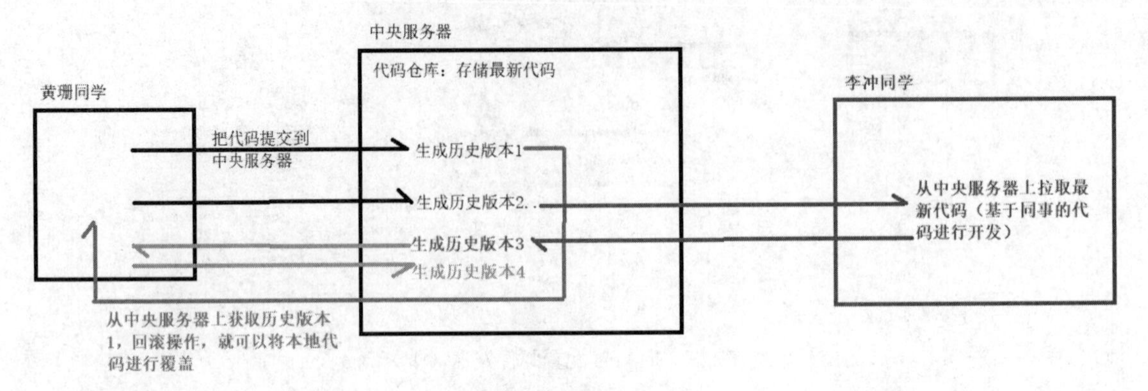

图 13.24 集中式实现过程

（2）中央服务器一旦崩溃，则整个项目就有可能结束（一般公司都会考虑此种风险，设置备份服务器）。

（3）SVN 的两个核心操作（上传、下载）都是基于文件传输方式完成的（速度会很慢）。

分布式代表是 Git，是现如今世界上最先进的分布式版本控制管理系统，每个开发人员都可以在本地设置一个代码管理仓库。

分布式实现过程如图 13.25 所示。

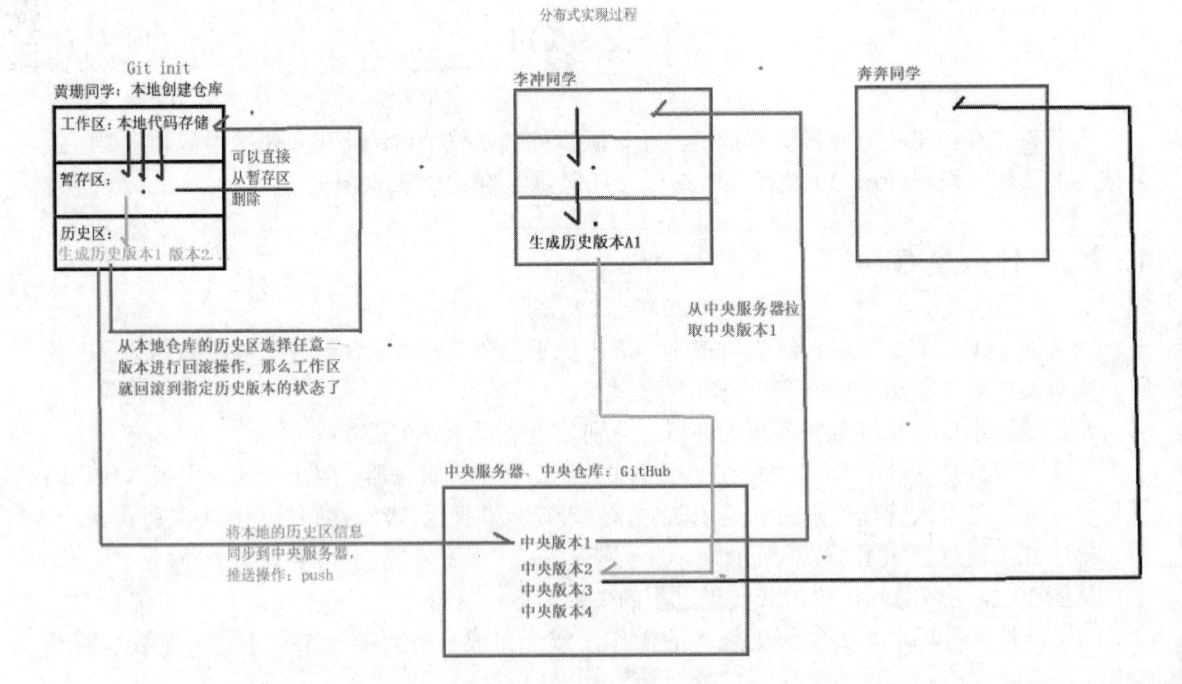

图 13.25 分布式实现过程

从图 13.25 中可以总结出分布式实现过程的优点如下。

（1）每个开发人员都可以拥有全部版本信息，不需要过多地依赖中央服务器。

（2）无需连接网络即可查看历史版本以及回滚任意版本操作。

（3）完成中央服务器传输内容的形式是以文件流的形式，其速度要比 SVN 快。

介绍完版本控制后再来介绍 Git。Git 是一个开源的分布式版本控制软件，用以有效、高速地实现从很小到非常大的项目版本管理。Git 最初是由 Linus Torvalds 设计开发的，用于管理 Linux 内核开发。

13.2.2 安装 Git

Git 安装包的官网地址：http://git-scm.com/downloads。

如果是用 Windows 系统上的浏览器访问的，Git 官网会自动识别访问者使用的操作系统，所以右侧会直接显示下载使用 Windows 系统的最新版本（如果识别错误，可以在中间选择系统），单击即可下载。此处下载的是 2.29.1 for Windows，文件名称是 Git-2.29.1-64-bit.exe，下载后，双击这个文件即可进入安装过程。

下面对安装过程中的部分步骤进行截图并详细说明。

（1）双击后进入使用许可声明界面，单击“下一步”即可。

（2）选择安装路径，可以默认，也可以自定义，然后继续单击“下一步”。

（3）选择需要安装的组件，如图 13.26 所示。

以上勾选的都是默认设置，建议不要去掉，其他都是可选的。例如，Additional icons 表示是否在桌面生成图标，Use a True Type font in all console windows 表示所有控制台窗口中使用 TrueType 字体，Check daily for Git for Windows updates 表示每天检查 Windows 版本的 Git 是否有更新。这三个都是根据具体需求选择。

（4）选择开始菜单页，继续单击“下一步”。

（5）选择 Git 文件默认的编辑器，即 Vim，直接单击“下一步”。

（6）调整 PATH 环境，如图 13.27 所示。

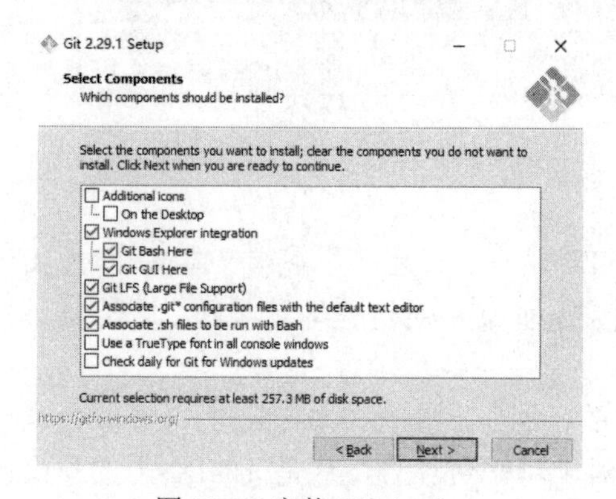

图 13.26 安装 Git（一）

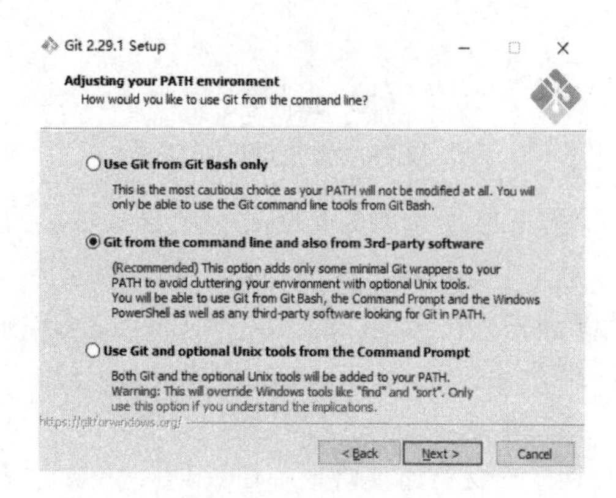

图 13.27 安装 Git（二）

图 13.27 所示界面可调整 PATH 环境。

第一种配置表示“仅从 Git Bash 使用 Git”。这是最安全的选择，因为 PATH 根本不会被修改，只能使用 Git Bash 的 Git 命令行工具。但是这将不能通过第三方软件使用。

第二种配置是“从命令行以及第三方软件进行 Git”。该选项被认为是安全的，因为它仅向 PATH 添加了一些最小的 Git 包装器，以避免使用可选的 UNIX 工具造成环境混乱。将能够从 Git Bash，命令提示符和 Windows PowerShell 以及在 PATH 中寻找 Git 的任何第三方软件中使用 Git，这也是推荐的选项。

第三种配置是“从命令提示符使用 Git 和可选的 UNIX 工具”。警告：这将覆盖 Windows 工具，如“find 和 sort”。只有在了解其含义后才可使用此选项。

此处选择推荐的第二种配置选项，单击 Next 按钮继续到图 13.28 的界面。

（7）选择 HTTPS 后端传输，如图 13.28 所示。

图 13.28 所示界面是选择 HTTPS 后端传输的。

第一个选项是“使用 OpenSSL 库”。服务器证书将使用 ca-bundle.crt 文件进行验证，这也是常用的选项。

第二个选项是“使用本地 Windows 安全通道库”，服务器证书将使用 Windows 证书存储验证。此选项还允许使用公司的内部根 CA 证书，如通过 Active Directory Domain Services。

此处使用默认选项第一项，单击 Next 按钮继续到图 13.29 的界面。

（8）配置行尾符号转换，如图 13.29 所示。

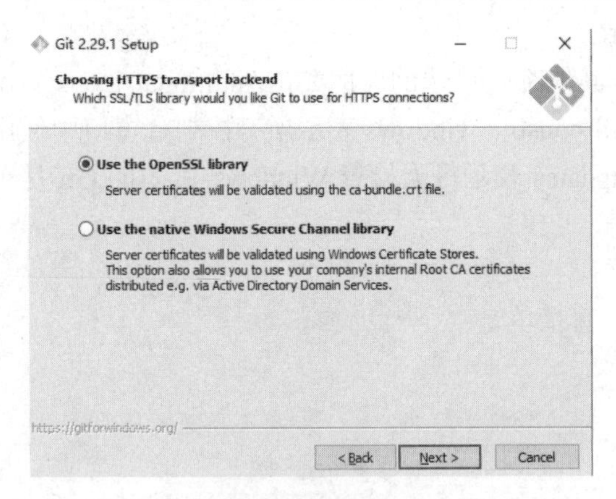

图 13.28 安装 Git（三）

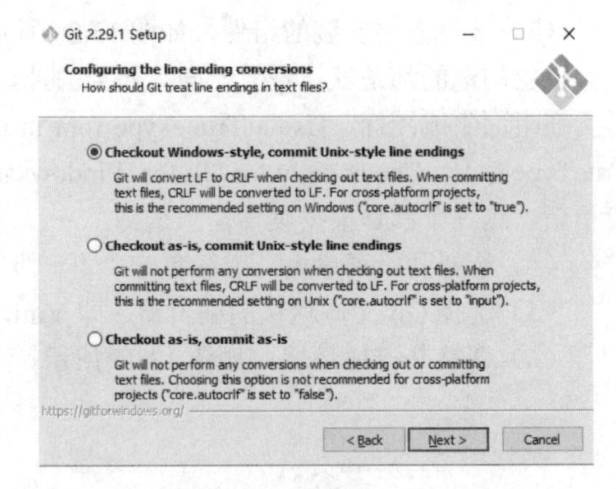

图 13.29 安装 Git（四）

图 13.29 所示界面是配置行尾符号转换的。

第一个选项是“签出 Windows 风格，提交 UNIX 风格的行尾”。签出文本文件时，Git 会将 LF 转换为 CRLF；提交文本文件时，CRLF 将转换为 LF。对于跨平台项目，这是 Windows 上的推荐设置（core.autocrlf 设置为 true）。

第二个选项是“按原样签出，提交 UNIX 样式的行尾”。签出文本文件时，Git 不会执行任何转换；提交文本文件时，CRLF 将转换为 LF。对于跨平台项目，这是 UNIX 上的建议设置

（core.autocrlf 设置为 input）。

第三种选项是“按原样签出，按原样提交”。当签出或提交文本文件时，Git 不会执行任何转换。不建议跨平台项目选择此选项（core.autocrlf 设置为 false）。

此处选择第一种选项，单击 Next 按钮继续到图 13.30 的界面。

（9）配置终端模拟器以与 GitBash 一起使用，如图 13.30 所示。

图 13.30 所示界面可以配置终端模拟器，与 Git Bash 一起使用。

第一个选项是“使用 MinTTY（MSYS2 的默认终端）”。Git Bash 将使用 MinTTY 作为终端模拟器，该模拟器具有可调整大小的窗口，非矩形选择和 Unicode 字体。Windows 控制台程序（如交互式 Python）必须通过 winpty 启动才能在 MinTTY 中运行。

第二个选项是“使用 Windows 的默认控制台窗口”。Git 将使用 Windows 的默认控制台窗口（cmd.exe），该窗口可以与 Win32 控制台程序（如交互式 Python 或 node.js）一起使用，但默认的回滚非常有限，需要配置为使用 unicode 字体以正确显示非 ASCII 字符，并且在 Windows 10 之前，其窗口不能自由调整大小，并且只允许矩形文本选择。

此处选择默认的第一种选项，单击 Next 按钮继续到图 13.30 的界面。

（10）后面的选项直接按照默认选择，单击“下一步”，然后单击 Install 安装即可。

（11）最后如果得到如图 13.31 所示界面，则表示安装成功。

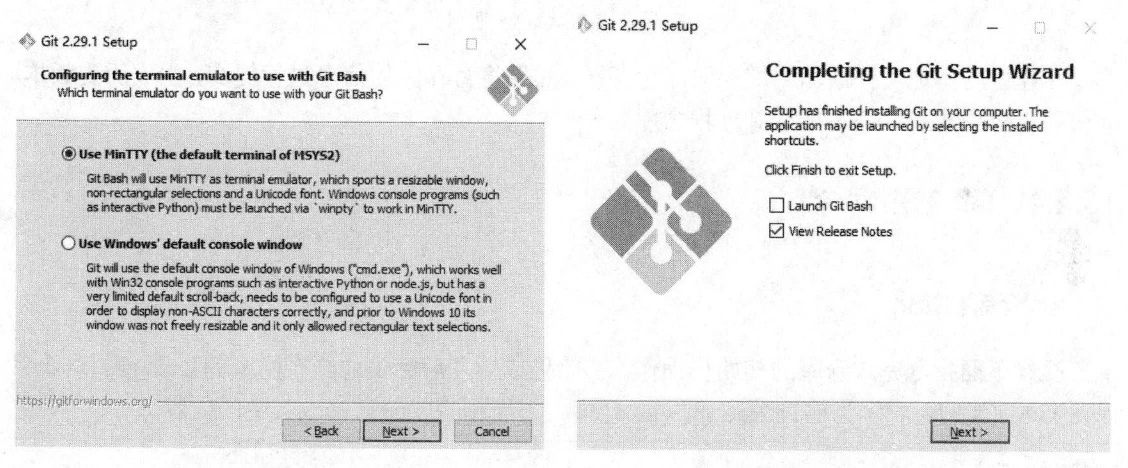

图 13.30　安装 Git（五）

图 13.31　安装 Git（六）

13.2.3　Git 原理

Git 最核心的就是三个区：工作区、暂存区和历史区。

工作区（Working Directory）：可简单地理解为在计算机中能看到的目录。

暂存区（Stage）：Git 的版本库中保存了很多东西，其中最重要的就是称为 stage（或者叫 index）的暂存区，还有 Git 自动创建的第一个分支 master，以及指向 master 的一个指针 HEAD。

历史区（Repository）：也叫作版本库，工作区有一个隐藏目录.git，这个不算工作区，而是 Git 的版本库。

远程仓库与 Git 三大核心区的关系如图 13.32 所示。

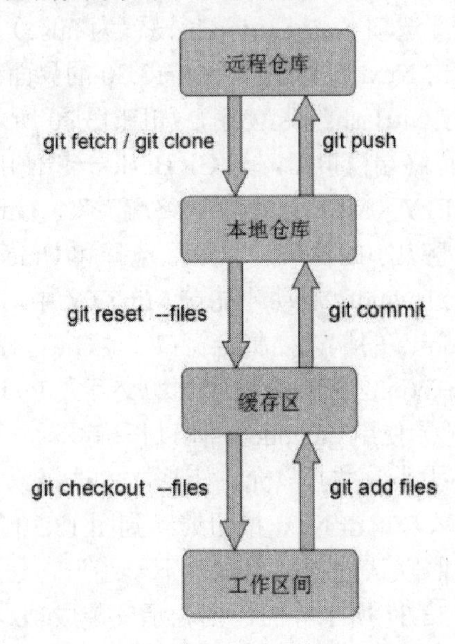

图 13.32　Git 原理

工作区将本地文件添加到缓存区即暂存区，然后将暂存区的信息进行提交，生成历史版本，此时可以将历史版本信息推送到远程仓库。

13.2.4　Git 常用命令

1. 仓库初始化

执行下面指令完成仓库的初始化操作。初始化成功之后会生成一个隐藏的目录.git，这个目录是 Git 创建的，表示当前目录是一个 git 仓库，不能删除或随意修改其中的内容。

```
git init
```

当然，在实现工作区的初始化操作时，也可以直接选择需要初始化的目录，右击选择 git bash，然后执行上述命令即可。

2. 查看当前状态

```
git  status
```

3. 将工作区文件添加到暂存区

```
git  add 文件名
```

如果存在多个文件要添加，则可以使用以下几种语法完成操作。

```
语法 1：git add 文件名 1  文件名 2 文件名 3...
语法 2：git add .
语法 3：git add -A
语法 4：git add *
```

如果需要指定后缀模糊匹配文件，则使用*.后缀名即可。

如果需要添加整个文件夹，则可以使用下面语法。

```
git add 文件夹名
```

4. 提交版本库

```
git commit -m "注释内容"
```

注意：

在这里提交版本时，初次使用 git 会提示需要配置 git 的用户信息，主要需要配置用户名和邮箱地址，具体操作命令如下。

```
git  config  --global  user.email  "zemuerqi@163.com"
git  config  --global  user.name  "zemuerqi"
```

只有配置执行了上述两条命令后才能够提交成功，生成历史版本。

5. 查看全局配置信息

```
git config --global --list
```

注意：

配置了全局信息后，会在本地用户目录下生成一个.gitconfig 文件，后期的配置既可以使用命令配置，也可以直接修改该配置文件。

同时可以使用命令修改该配置文件。

```
git config --global --edit
```

如果需要删除一个配置项信息，除了可以通过修改配置文件操作以外，也可以使用命令完成。

```
git config --global --unset 需要删除的配置项名称
```

6. 查看历史版本

```
git log
```

7. 回退操作

```
git reset --hard 提交编号
```

其中编号可以通过 git log 查看历史版本时查看，执行此命令后，commit 后面会存在对应提交记录的 ID 号，在回退时填写的编号可以是全部，也可以只写前 7 位。

例如，现在从 insert class A 版本回滚到了 first commit 版本，但是后来发现还是需要回滚到 insert class A 版本，那么可以回滚吗？

如果回滚到了 first commit 版本，则使用命令 git log 查看只会有 first commit 一个版本的记录；如果回滚到 insert class A 版本，则无法知道其版本号，此时就需要使用命令 git reflog 获取历史操作记录了。在这里可以查看到 insert class A 的版本号，只需要执行回退命令即可回滚到 insert class A 版本。

8. 分支管理

分支可以理解为多个功能同时推进，最后再合并。其优点在于，各个分支在开发过程中，如果某一个分支开发失败，不会对其他分支产生任何影响，体现了各个功能开发者的独立性。再者就是同时并行多个功能开发，可以提高开发效率。

（1）创建分支。

```
git  branch  分支名
```

注意：

> 基于当前主分支下创建分支，则会复制一份主分支内容为需要创建的分支。

（2）查看分支。

```
git branch -v
git branch -a
git branch -r
```

注意：

> 其中-v 参数表示查看本地分支，如果需要查看远程分支则添加参数-r，如果是添加参数-a 则表示显示所有分支，包括本地分支和远程分支。

如图 13.33 所示，其中分支前面有*代表当前处于那个分支状态。

（3）切换分支。

```
git  checkout  分支名
```

图 13.33　Git 查看分支

（4）合并分支。

场景 1：基于主分支新建的新分支，会复制一份主分支的内容，然后基于新分支修改其中的文件内容并提交产生新的历史版本，不修改主分支的操作也不产生主分支的历史版本，则可以直接将新分支内容合并到主分支中。

场景 2：基于主分支新建新分支后，在新分支上进行修改文件产生历史版本，同时在主分支上修改相同的文件并产生历史版本，那么进行合并时会产生冲突问题。

冲突解决方案如下。

（1）产生冲突后，查看合并后的内容，会将两个分支新增或者修改的代码显示出来。

（2）编辑合并后的文件，将特殊符号内容全部删除。

（3）合并主分支的开发者需要分析以及与新分支的开发者进行沟通，是全部保留两个人新增的代码，还是只选择其中一个人的。

（4）文件修改后，执行“git add　文件名”命令。

（5）最后将暂存区的文件生成版本库：git commit -m 注释内容。

场景 3：新分支中如果新增文件，在主分支中不存在，则可以直接合并，将新分支中的文件同步到主分支中。

9. Git 终端中文乱码问题

设置 1：最好先设置终端显示的编码，右击终端上面的标题栏，选择 Options->Text 将框选的选项修改成如图 13.34 所示。

如果字体显示为英文，也是在这个选项中设置的，选择倒数第二个“窗口”选项，然后在界面语言设置中选择 zh_CN 即可，如图 13.35 所示。

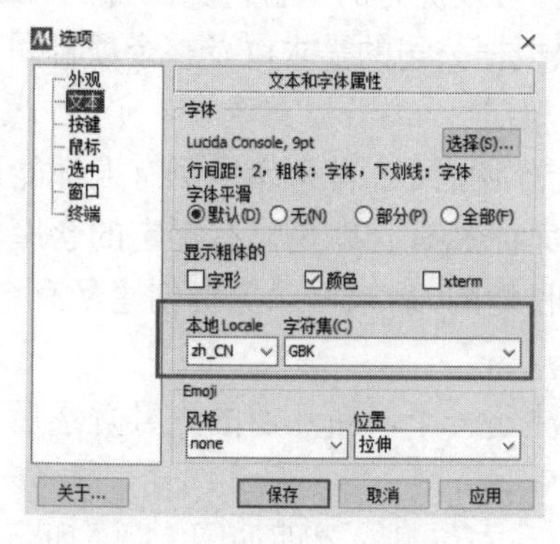

图 13.34　Git 终端乱码问题（一）

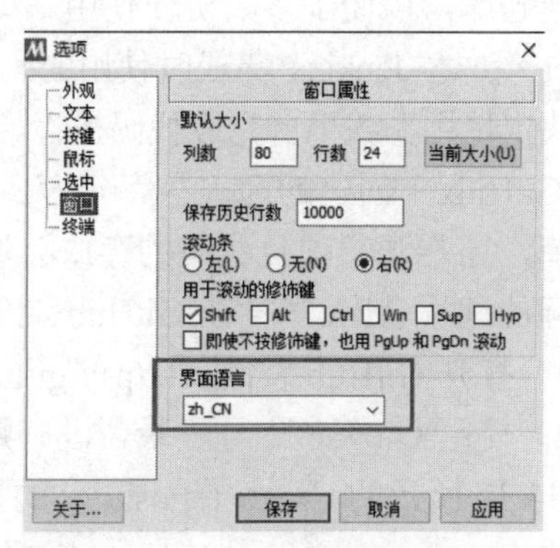

图 13.35　Git 终端乱码问题（二）

设置 2：执行命令。

```
git config --global core.quotepath false
```

注意：

因为中文文件名在 git bash 终端是以八进制的编码格式显示的，所以需要将 core.quotepath 设置为 false，就不会以八进制格式编码了。

终极解决乱码显示问题，由于终端是 Linux 环境，所以显示编码的状态可以考虑通过 Linux 内部命令进行编码转换，使用命令 iconv。

例如，git status|iconv –f utf-8，如图 13.36 所示。

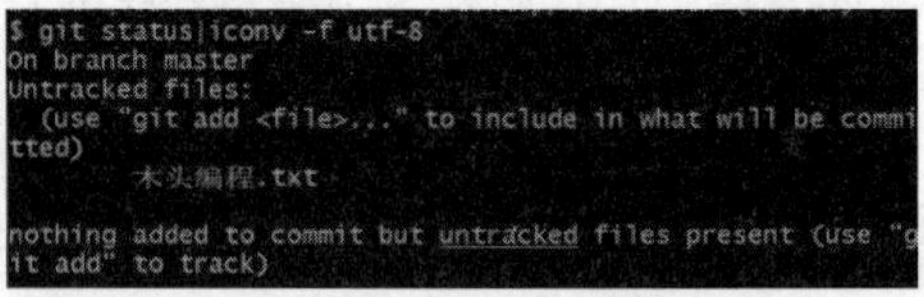

```
$ git status|iconv -f utf-8
On branch master
Untracked files:
  (use "git add <file>..." to include in what will be commi
tted)
        木头编程.txt

nothing added to commit but untracked files present (use "g
it add" to track)
```

图 13.36　Git 终端乱码问题（三）

13.2.5　GitHub 远程仓库

如果存在多人通过 Git 进行协作，通常的做法是创建一个远程仓库。每个人可以把远程仓库克隆到本地，克隆后，每个人就在本地获取一个与远程仓库一样的 Git 仓库，这样，每个人就可以在自己本地库对代码进行开发和管理。

当需要把自己本地最新代码同步到远程仓库中时，只需要进行一个推送操作，将本地最新代码推送到远程仓库中。同理，如果想要从远程仓库中获取别人所推送的最新代码，则只需要进行一个拉取操作，将远程仓库最新代码拉取到本地仓库中，也就是将远程仓库克隆到本地。

这节主要完成在 GitHub 上创建远程仓库。GitHub 是一个代码托管平台，可以通过 GitHub 免费创建仓库，以便于多人协作使用。此外，还有很多著名且优秀的平台，如国外的 GitLab、Bitbucket，讲述 Jenkins 集成时使用的码云等。读者可以根据公司的需求以及整个项目团队的技术情况决定使用哪款平台完成代码托管。

在 GitHub 中创建的远程仓库分为公有仓库和私有仓库两种。公有仓库是所有人都能访问的远程仓库，通常开源项目代码的存放会选择使用公有仓库；私有仓库是只有指定的仓库成员才能够访问的远程仓库。早期在 GitHub 上创建私有仓库是收费的，后来可以免费创建私有仓库了。

（1）打开 GitHub 官网：https://github.com。

（2）使用 GitHub 账号登录，没有账号的可以免费注册一个，新注册的账号登录后可以看到如图 13.37 所示的 Create repository 的按钮，单击此按钮。

单击 Create repository 按钮后，需要填写远程仓库的基本信息，界面如图 13.38 所示。

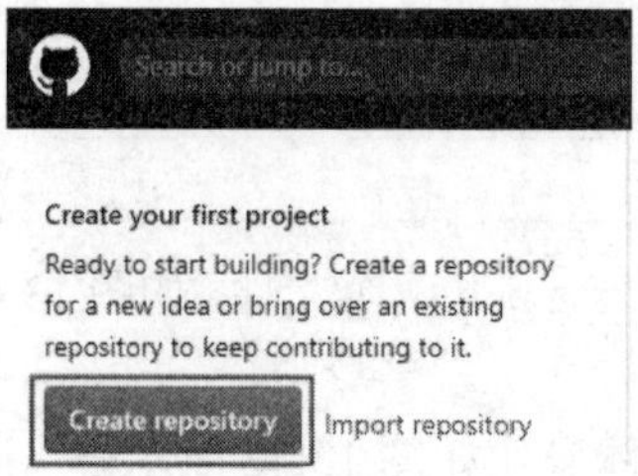

图 13.37　GitHub 远程仓库（一）

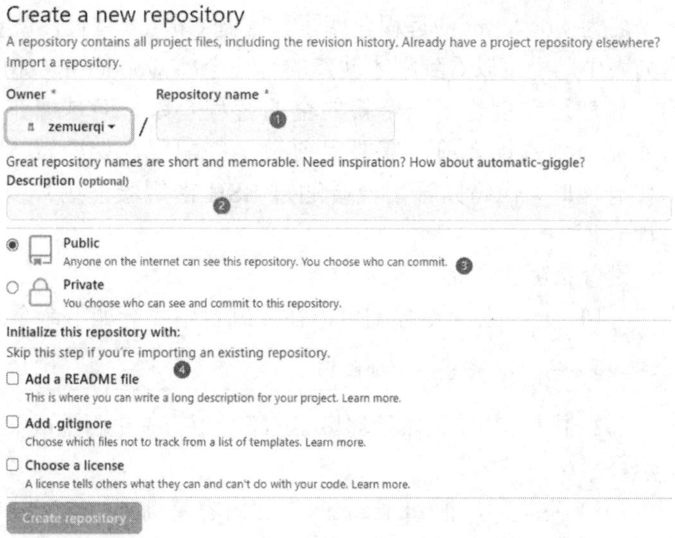

图 13.38　GitHub 远程仓库（二）

图 13.38 所示界面中，在❶处需要填写仓库的名称，此处设置远程仓库的名称为 woodcrm；在❷处可以填写远程仓库的相关注释；在❸处可以选择创建的远程仓库是公有仓库还是私有仓库，此处选择私有仓库；在❹处如果勾选，会在创建远程仓库时，自动在仓库中创建一个 README 文件，此处没有勾选。

如图 13.38 所示，单击绿色的 Creat repository 按钮后，可以看到如图 13.39 所示的仓库地址提示，通常情况下，代码托管平台会提供两种格式的仓库地址：HTTPS 格式的仓库地址和 SSH 格式的仓库地址。

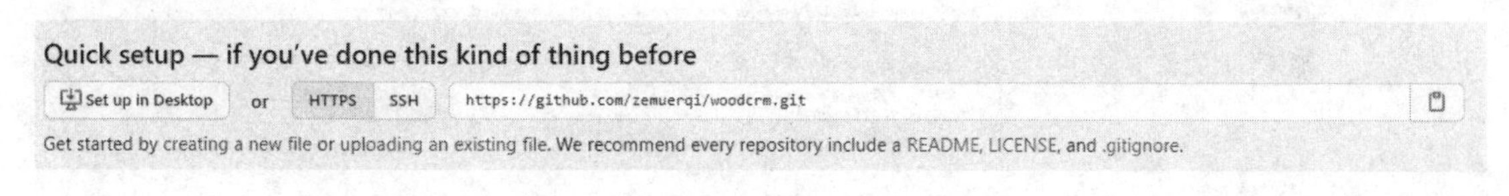
Quick setup — if you've done this kind of thing before
Set up in Desktop
or
HTTPS
SSH
https://github.com/zemuerqi/woodcrm.git
Get started by creating a new file or uploading an existing file. We recommend every repository include a README, LICENSE, and .gitignore.

图 13.39　GitHub 远程仓库（三）

单击图 13.39 所示界面中的 SSH，会看到对应的 SSH 格式的仓库地址，默认情况下会显示 HTTPS 格式的仓库地址。

由于此处创建的是私有仓库，所以当通过 HTTPS 地址克隆远程仓库时，会提示输入 GitHub 的用户名和密码，以便验证是否有权限克隆当前的仓库。如果创建一个公有仓库，可以直接使用 https 地址克隆对应的仓库，不要求输入任何用户名和密码。如果是私有仓库，在执行克隆等操作时，都会提示输入用户名密码进行身份验证。所以为了方便，笔者通常不会通过 HTTPS 地址操作私有的远程仓库，而通常习惯使用 SSH 地址克隆远程仓库，因为使用 SSH 地址只需要一次设置好相关的密钥，之后就能很方便地操作所有有权限的远程仓库了，不需要重复验证用户名和密码。

完成上述操作后，其实远程仓库的创建操作就已经完成了，即已经在 GitHub 账号下创建了一个名为 woodcrmt 的远程仓库了。回到 GitHub 首页，就会看到所有创建过的仓库列表，从仓库列表中已经可以看到刚才创建的远程仓库 woodcrm，如图 13.40 所示。

虽然已经创建了一个新的空的远程仓库，但是现在还没有把它克隆到本地，在将远程仓库克隆到本地之前，需要提前做一些配置，如配置 SSH 密钥。通过使用 SSH 地址操作远程仓库时，代码托管平台会通过 SSH 密钥验证用户身份，验证其是否有权限克隆当前的远程仓库。

设置私钥的步骤。

（1）打开 git 命令控制台，在控制台中执行如下命令。

```
ssh-keygen -t rsa -C "邮箱"
```

（2）执行完后，在本地环境.ssh 路径下查看是否生成 id_rsa，id_rsa.pub 两个文件，如图 13.41 所示。

（3）生成后，把 id_rsa.pub 中的内容复制到 GitHubd 中，具体操作如图 13.42 所示。

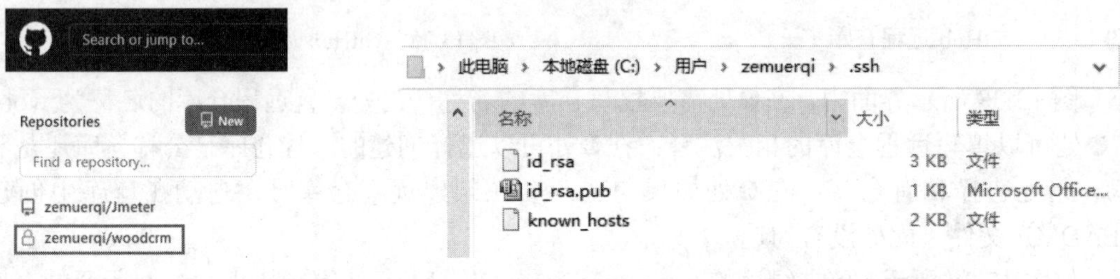

图 13.40　GitHub 远程仓库（四）　　　　图 13.41　GitHub 远程仓库（五）

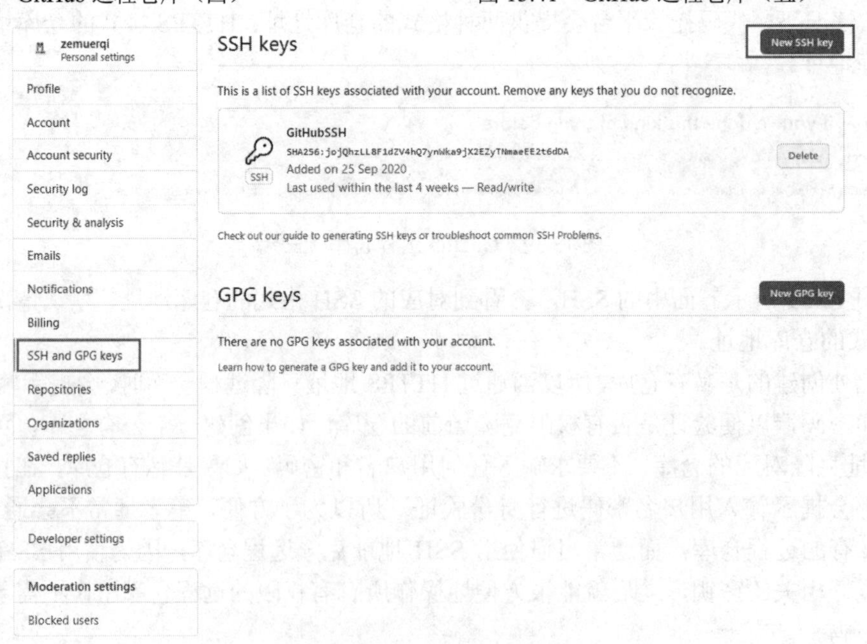

图 13.42　GitHub 远程仓库（六）

注意：

> 公钥的名字自定义，只要不定义一些非法字符即可。

到目前为止，公钥已经配置完成了，也可以为 GitHub 添加多个公钥，以便对应多个私钥使用。配置公钥的操作只需要设置一次，在密钥没有变更的情况下可以一直使用。

实例需求，现将 CRM 项目脚本代码推送到远程仓库上，就是刚才创建的远程仓库 woodcrm 中，具体实现操作步骤如下。

（1）找到项目目录，右击，进入 git 命令行终端，使用命令完成本地仓库初始化操作，如图 13.43 所示。

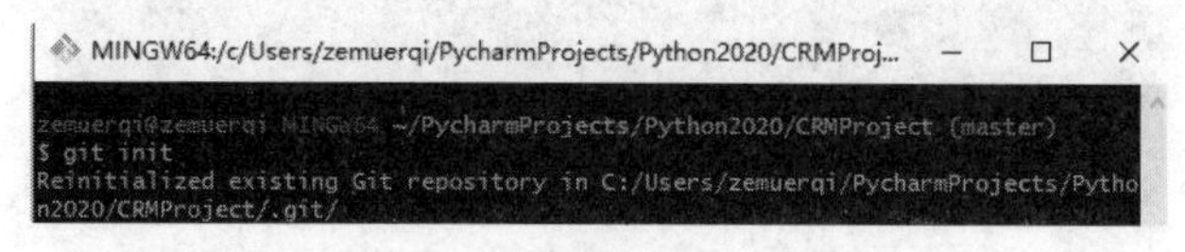

图 13.43　实例操作（一）

（2）将本地项目添加到暂存区，命令：git add .。

（3）使用 commit 命令提交生成本地仓库历史版本：git commit -m “first create”，如图 13.44 所示。

图 13.44　实例操作（二）

（4）为了能够将刚才创建的本地历史版本推送到远程仓库，首先与远程仓库建立连接，具体操作如图 13.45 所示。

图 13.45 实例操作（三）

（5）进行推送操作，具体如图 13.46 所示。

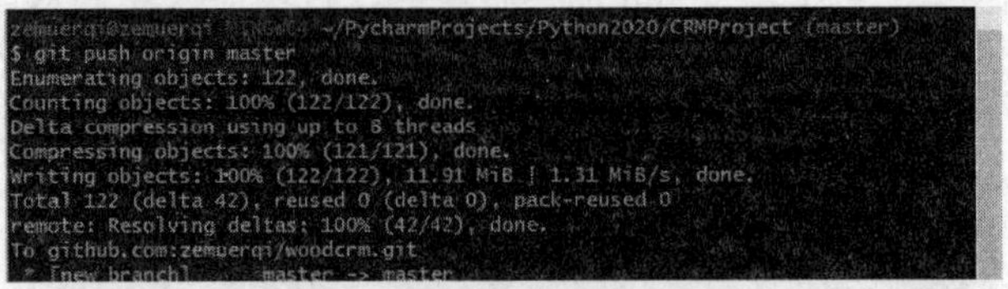

```
zemuerqi@zemuerqi MINGW64 ~/PycharmProjects/Python2020/CRMProject (master)
$ git push origin master
Enumerating objects: 122, done.
Counting objects: 100% (122/122), done.
Delta compression using up to 8 threads
Compressing objects: 100% (121/121), done.
Writing objects: 100% (122/122), 11.91 MiB | 1.31 MiB/s, done.
Total 122 (delta 42), reused 0 (delta 0), pack-reused 0
remote: Resolving deltas: 100% (42/42), done.
To github.com:zemuerqi/woodcrm.git
 * [new branch]      master -> master
```

图 13.46 实例操作（四）

（6）最后，到 GitHub 上刷新查看，发现本地仓库的所有项目文件全部同步到远程仓库，如图 13.47 所示。

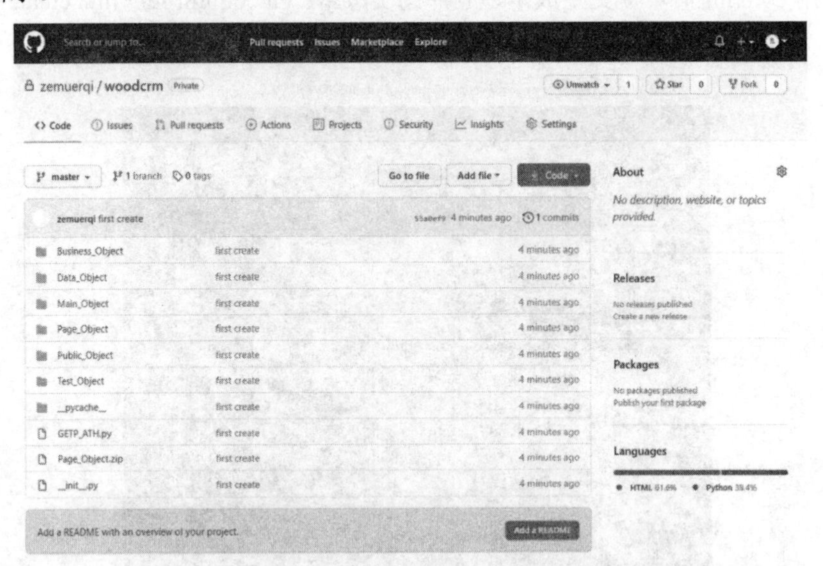

图 13.47 实例操作（五）

13.2.6 部署 GitLab

GitLab 是国外优秀的开源的 Git 仓库管理平台，方便团队协作开发、管理。其实 GitLab 与 GitHub 这个远程仓库管理平台非常相似，它们之间的区别如下：GitHub 是基于 Git 开发的一个大型代码开源社区，免费注册即可托管开源代码，也存在私有仓库；而 GitLab 与 GitHub 相似，都是基于 Git 所开发的，也是免费开源的。两者不同的是，GitLab 可以搭建在个人的服务器上，所有数据信息也都在个人服务器上。

简单理解就是 GitLab 可以看作是一个个人的 GitHub。

下面来介绍 GitLab 的部署操作过程。

1. 下载安装

可以通过官方网站下载相应平台的安装包，下载地址：https://packages.gitlab.com/gitlab/gitlab-ce，由于使用的平台是 CentOS7，所以直接下载 rpm 包即可。

将下载好的包上传到 Linux 平台中的 usr/local 目录下，也可以直接使用命令 wget 进行下载。

然后使用如下命令进行安装。

```
rpm  -ivh  gitlab-ce-13.3.8-ce.0.el7.x86_64.rpm
```

除了上面的 rpm 安装方式以外，还可以直接通过 yum 命令完成安装，先配置 yum 环境再安装即可，具体操作如图 13.48 所示。

```
[root@localhost ~]# cat /etc/yum.repos.d/gitlab.repo
[gitlab-ce]
name=gitlab-ce
baseurl=http://mirrors.tuna.tsinghua.edu.cn/gitlab-ce/yum/el7
repo_gpgcheck=0
gpgcheck=0
enabled=1
gpgkey=
[root@localhost ~]# yum clean all
[root@localhost ~]# yum -y install gitlab-ce
```

图 13.48　部署 GitLab（一）

其实，通过查看官网会发现，官网针对 rpm 提供了自动安装的命令，具体如下。

```
curl -s https://packages.gitlab.com/install/repositories/gitlab/gitlab-ce
   /script.rpm.sh | sudo bash
```

2. 依赖关系安装

安装 curl、policycoreutils、openssh-server、openssh-clients，安装 postfix 以便发送邮件，具体命令如下。

```
yum install curl policycoreutils openssh-server openssh-clients postfix  -y
```

关闭防火墙 firewalld，对应命令如下。

```
systemctl  stop firewall
```

然后修改 GitLab 配置文件，对应的操作命令如下。

```
egrep -v "^$|^#" /etc/gitlab/gitlab.rb
```

重新配置应用程序，每次修改配置文件都要执行此命令，重新加载配置文件，对应的操作命令如下。

```
gitlab-ctl reconfigure
```

3. GitLab 管理

启动服务命令：

```
gitlab-ctl start
```

关闭服务命令：

```
gitlab-ctl stop
```

查看 GitLab 状态命令：

```
gitlab-ctl status
```

重启 GitLab 服务命令：

```
gitlab-ctl restart
```

显示配置信息命令：

```
gitlab-ctl show-config
```

默认配置文件位置说明如下。
主配置文件：/etc/gitlab/gitlab.rb。
日志地址：/var/log/gitlab。
服务地址：/var/opt/gitlab。
仓库地址：/var/opt/gitlab/git-data。

4. 访问 GitLab

完成上述操作后，可以在浏览器中输入服务器 IP 进入 GitLab 界面了，第一次进入会提示修改管理员密码，按照提示修改即可，如图 13.49 所示。

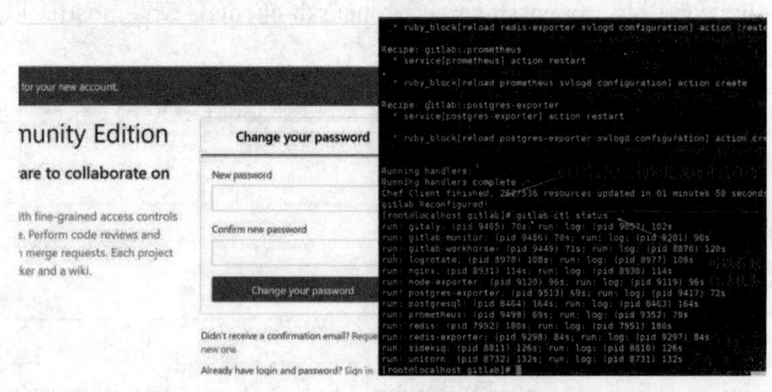

图 13.49 部署 GitLab（二）

修改完成后使用 root 与刚才修改的密码登录，如图 13.50 所示。

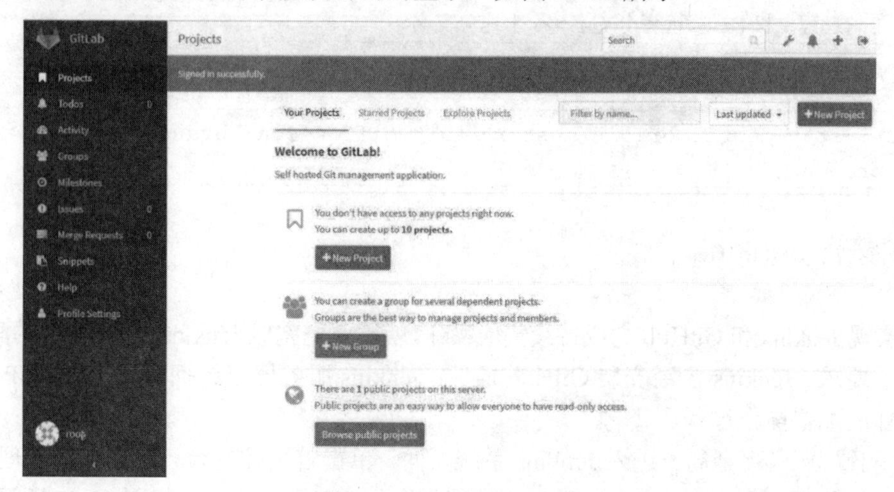

图 13.50　部署 GitLab（三）

现在来创建一个仓库，跟之前在 GitHub 上面创建仓库差不多，后面就不赘述了，大家可以参考 GitHub 的操作来完成后续操作。

13.3　接口测试持续集成

扫一扫，看视频

本节主要完成 Git、GitHub 以及 Jenkins 三者的整合操作，并能够很好地应用到接口自动化测试过程中，使其完成自动持续集成操作。

13.3.1　整合 GitHub

其实 Git 和 GitHub 的整合在 13.2.5 小节中已经详细说明了，通过本地仓库的 pull 和 push 完成远程仓库 GitHub 的推送和拉取操作。

在这里详细说明一下拉取的操作。拉取除了使用 pull 命令以外，还可以使用 fetch，具体区别如下。

fetch 是将远程主机的最新内容拉到本地，不进行合并。

```
git fetch origin master
```

pull 则是将远程主机的 master 分支最新内容拉下来后与当前本地分支直接合并 fetch+merge。

```
git pull origin master
```

如果远程分支是与当前分支合并，则冒号后面的部分可以省略。

```
git pull origin master:feature-wxDemo
#git pull <远程主机名> <远程分支名>:<本地分支名>
```

统计文件改动如下。

```
git diff --stat master origin/master  #git diff <local branch> <remote>/
<remote branch>
```

13.3.2 整合 Jenkins

要想实现 Jenkins 和 GitHub 完成持续集成操作，就需要先完成 Jenkins 和 GitHub 的配置操作。

配置前要求：Jenkins 已经安装 GitHub 插件；Jenkins 服务器已经拥有一个公网 IP 地址。然后进入具体的配置操作过程。

（1）配置 Jenkins 全局。进入 Jenkins 系统页面，单击首页控制台，选择系统管理，再单击系统设置，进入页面后，在 GitHub 插件的配置中单击“高级”按钮，如图 13.51 所示。

图 13.51 整合 Jenkins（一）

启用 Hook URL，将 Hook URL 复制出来，并保存刚才的设置，IP 地址使用当前公网的 IP 地址，如图 13.52 所示。

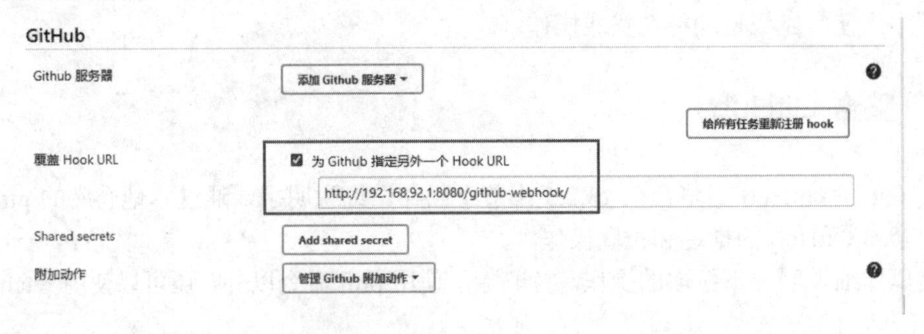

图 13.52 整合 Jenkins（二）

（2）配置 GitHub 项目仓库。因为 GitHub 经常有代码处理动作，需要配置 GitHub 项目仓库，在处理这些动作的同时发送信号至 Jenkins，才能使用 Jenkins 自动构建。选择 woodcrm 项目，进入项目管理页面后，单击 Settings，进入 Settings 选项页后，再单击左侧 Webhooks 选项卡，如图 13.53 所示。

将在 Jenkins 生成的 Hook URL 填入 Payload URL 中，选择自主事件，如图 13.54 所示。

以 Push 为例，并保存，即当 GitHub 收到客户端有 Push 动作时，会触发一个 Hook，如

图 13.55 所示。

保存 Webhook 之后，得到如图 13.56 所示界面。

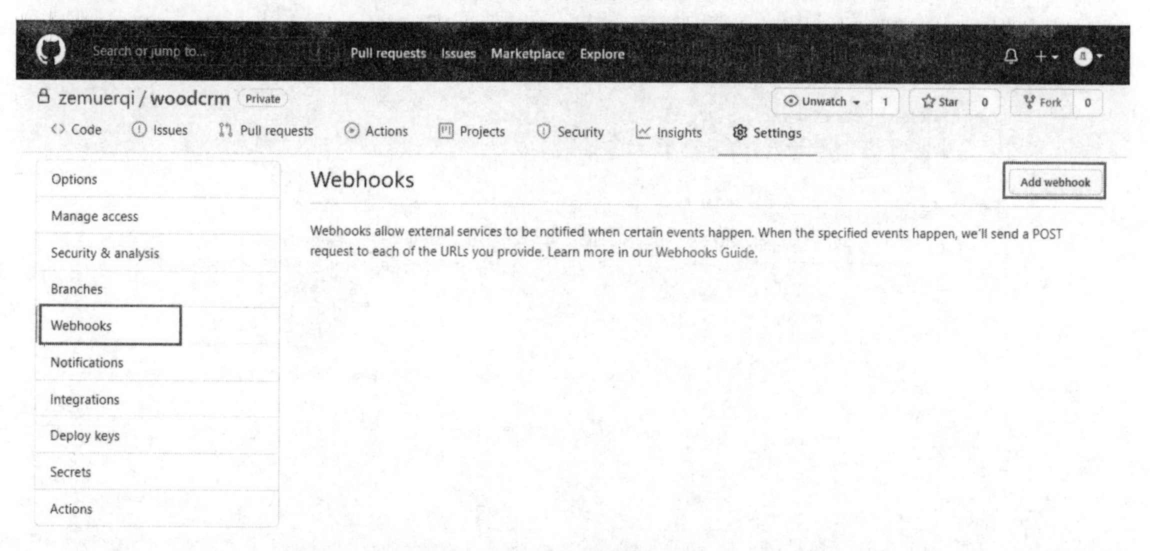

图 13.53　整合 Jenkins（三）

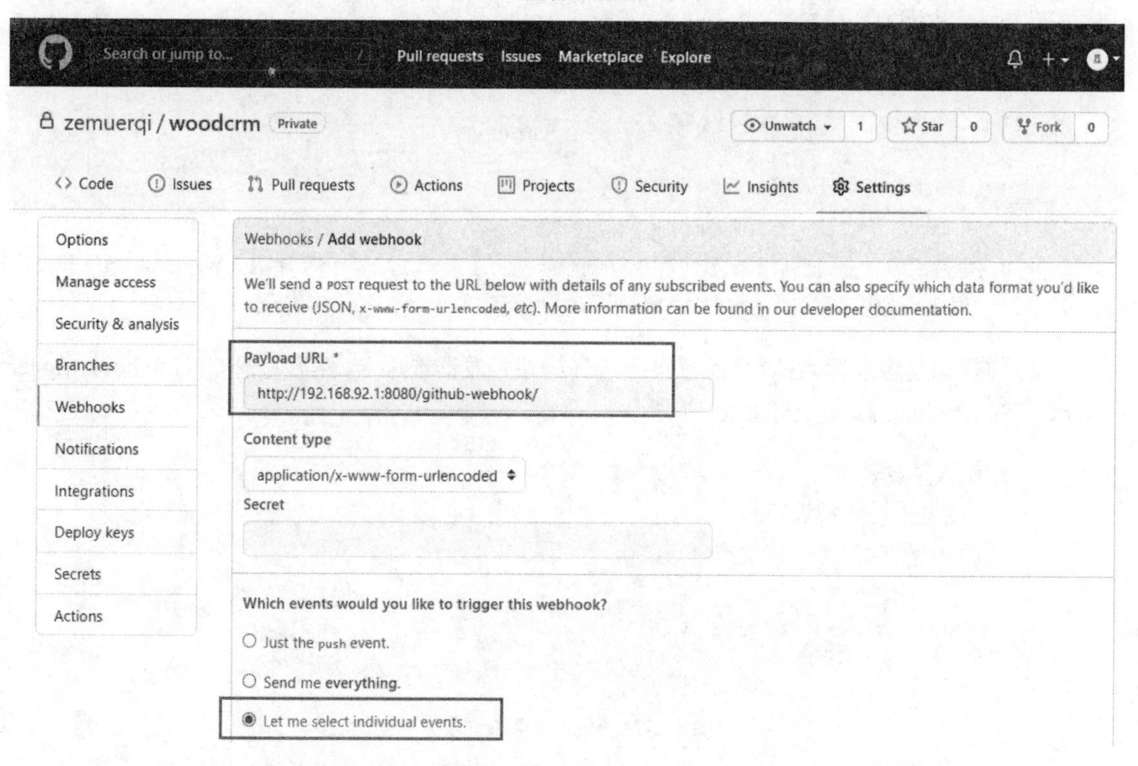

图 13.54　整合 Jenkins（四）

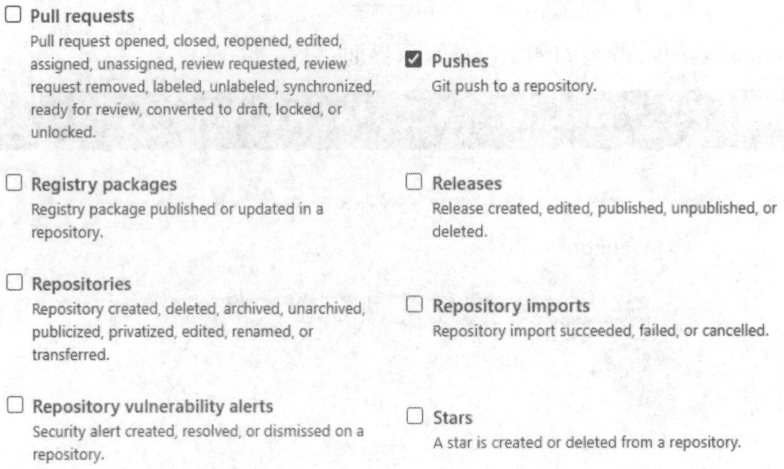

Pull requests
Pull request opened, closed, reopened, edited, assigned, unassigned, review requested, review request removed, labeled, unlabeled, synchronized, ready for review, converted to draft, locked, or unlocked.
Pushes
Git push to a repository.
Registry packages
Registry package published or updated in a repository.
Releases
Release created, edited, published, unpublished, or deleted.
Repositories
Repository created, deleted, archived, unarchived, publicized, privatized, edited, renamed, or transferred.
Repository imports
Repository import succeeded, failed, or cancelled.
Repository vulnerability alerts
Security alert created, resolved, or dismissed on a repository.
Stars
A star is created or deleted from a repository.

图 13.55　整合 Jenkins（五）

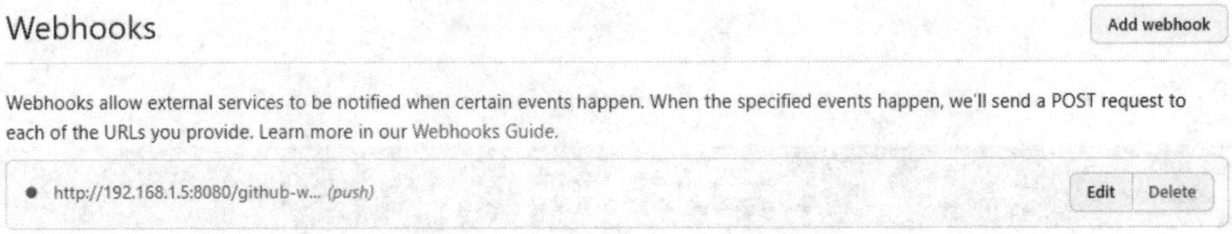

Webhooks
Add webhook
Webhooks allow external services to be notified when certain events happen. When the specified events happen, we'll send a POST request to each of the URLs you provide. Learn more in our Webhooks Guide.
http://192.168.1.5:8080/github-w... (push)
Edit
Delete

图 13.56　整合 Jenkins（六）

注意：

如果保存后地址前面出现的是警告图标，则可能提示当前无法连接，即当前的 Webhook 地址非公网 IP 地址。再次强调 Webhook 的地址必须是公网 IP 地址。

（3）选择构建触发器。在项目配置页面选择构建触发器选项卡，然后勾选 GitHub hook trigger for GITScm polling 触发，如图 13.57 所示。

构建触发器
触发远程构建 (例如,使用脚本)
Build after other projects are built
Build periodically
GitHub hook trigger for GITScm polling
Poll SCM

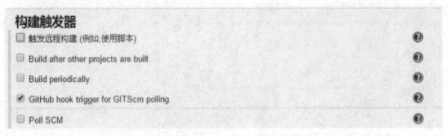

图 13.57　整合 Jenkins（七）

（4）在本地代码中完成部分的修改，并 Push 至 GitHub 后，再去查看 Jenkins 构建的效果，构建成功。至此，整个 Jenkins 与 GitHub 的整合就完成了。

13.3.3 通过 GitHub 维护测试文件

在 GitHub 上可以创建、编辑、移动和删除仓库中的文件。

（1）创建新文件，可以直接在 GitHub 上为拥有写入权限的任何仓库创建新文件。

进入 GitHub 中，导航到仓库的主页面，在文件列表上方使用 Add file（添加文件）下拉菜单，单击 Create new file（新建文件），如图 13.58 所示。

然后在文件名称字段中输入文件的名称和扩展名。要创建子目录，请输入 / 目录分隔符。

在 Edit new file（编辑新文件）选项卡上为文件添加内容。

要查看新内容，请单击 Preview（预览）。

最后，单击 Commit new file 即可完成一个新文件的创建操作。

（2）上传文件，在图 13.58 中可以看到除了可以新建文件以外，还可以通过 Upload files 完成文件的上传操作，单击后得到如图 13.59 所示界面。

将要上传的文件或文件夹拖放到文件树中。最后单击 Commit changes（提交更改）即可。

（3）将文件移至新位置，在仓库中浏览需要移动的文件，在文件视图的右上角单击🖉打开文件编辑器，如图 13.60 所示。

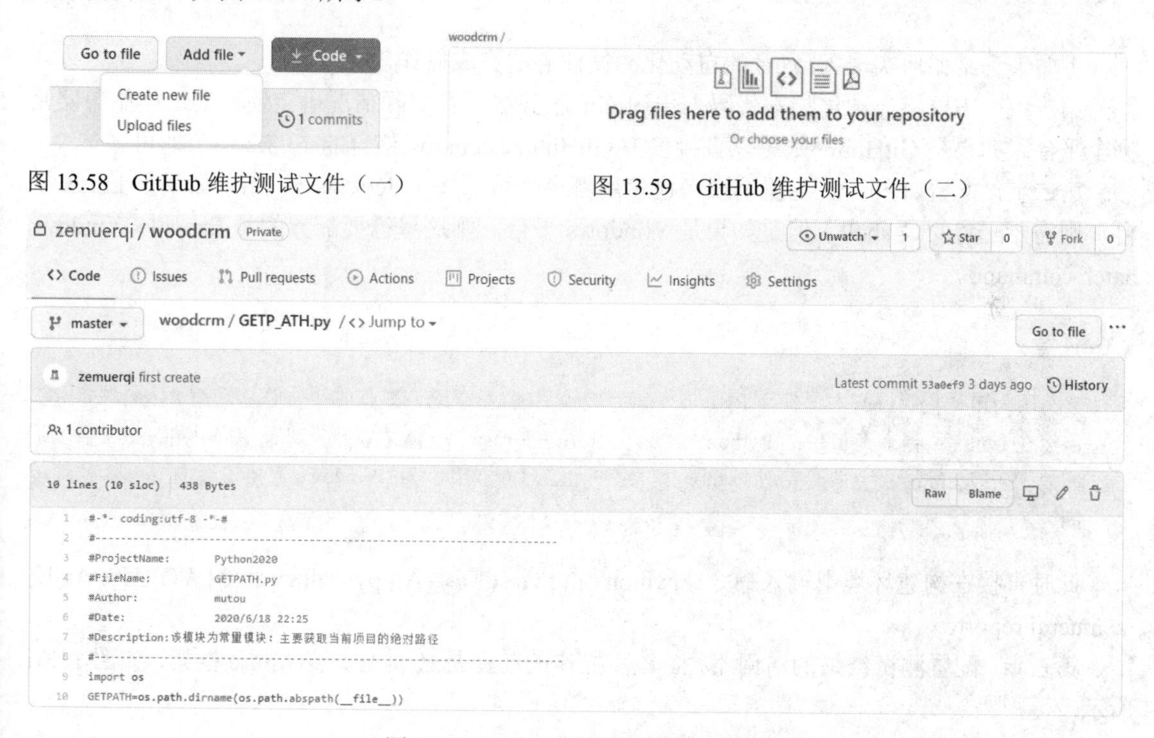

图 13.58 GitHub 维护测试文件（一）

图 13.59 GitHub 维护测试文件（二）

图 13.60 GitHub 维护测试文件（三）

在文件名字段中，按照以下原则更改文件名称，最后单击 Propose file change（提议文件更改）。

注意：

> 要将文件移入子文件夹，请输入所需文件夹的名称，后接 /。新文件夹名称将变成导航层次结构中的新项目。
>
> 要将文件移入当前位置上方的目录，请将光标放在文件名字段的开头，然后输入 ../ 上跳一个完整的目录层级，或者按 Backspace 键以编辑父文件夹的名称。

（4）编辑仓库中文件，可以直接使用图 13.60 中的文件编辑器，在任何仓库中的 GitHub 上直接编辑文件。

（5）删除文件，可以删除 GitHub 上仓库内的任何文件，浏览器需要删除的仓库文件在文件顶部，单击🗑即可。

最后单击 Propose file change（提议文件更改）。

总结：也就是说在 GitHub 上实际是包含了对仓库中的测试文件的增、删、改、查等操作，无需通过 Git 工具完成，可以使用 GitHub 直接维护相关仓库中的测试文件。

13.3.4 配置 Jenkins 自动化测试任务

下面来总结如何实现 Jenkins 的自动化测试任务的完成操作。

第一步，需要将自动化脚本代码上传到 Git 服务器，看实际情况确定使用的远程服务器是哪个平台。如果是 GitHub，则可以直接参考 GitHub 与 Jenkins 整合的 13.3.2 小节即可。

第二步，配置 shell。在这里需要考虑使用哪个平台部署了 Jenkins 和 Git，如果是 Linux 平台，则需要配置的是 shell。但是如果是 Windows 平台，则这里需要配置的是 Execute Windows batch command。

注意：

> 因为自动化测试脚本是使用 Python 语言完成编写的，所以无论是何种平台都必须有 Python 的环境。虽然在 Linux 平台上有自带的 Python 环境，但那都是 Python 2.x 版本，而代码是使用 Python 3.x 版本编写的。所以 Linux 平台需要完成 Python 2 升级 Python 3 的操作，而 Windows 直接安装 Python 3 的环境即可。

此时直接在构建环境中输入命令：python –m pytest Test_All.py --alluredir ${WORKSPACE}/zemuerqi/report。

第三步，配置测试结果的访问路径。该步操作的前提是必须先安装 Allure 框架，如图 13.61 所示。

图 13.61　配置 Jenkins 自动化测试任务（一）

搜索到相应的插件后，直接勾选单击直接安装即可。

然后就可以在构建后的操作模块中选择 Allure Report，如图 13.62 所示。

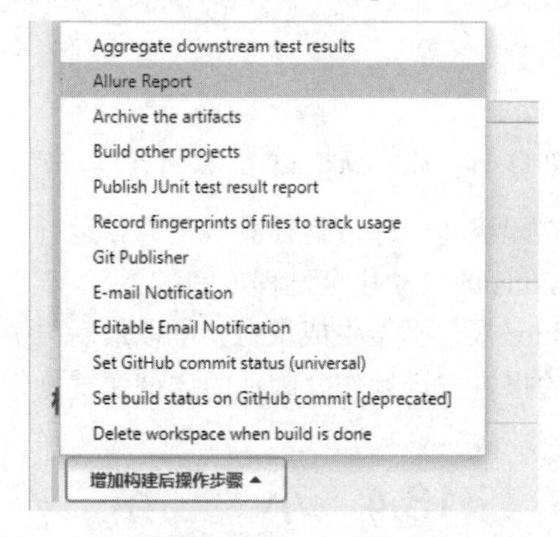

图 13.62　配置 Jenkins 自动化测试任务（二）

初次整合 Allure 与 Jenkins，需要配置 Allure CommandLine，如图 13.63 所示。

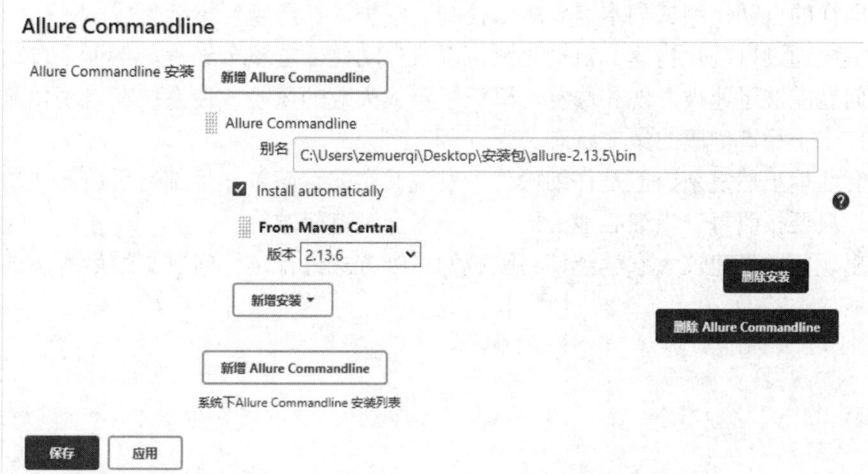

Allure Commandline

Allure Commandline 安装　新增 Allure Commandline

Allure Commandline

别名　C:\Users\zemuerqi\Desktop\安装包\allure-2.13.5\bin

Install automatically

From Maven Central

版本 2.13.6

删除安装

新增安装 ▾

删除 Allure Commandline

新增 Allure Commandline

系统下Allure Commandline 安装列表

保存　应用

图 13.63　配置 Jenkins 自动化测试任务（三）

最后，通过命令执行将报告存储的具体路径完成配置即可，如图 13.64 所示。

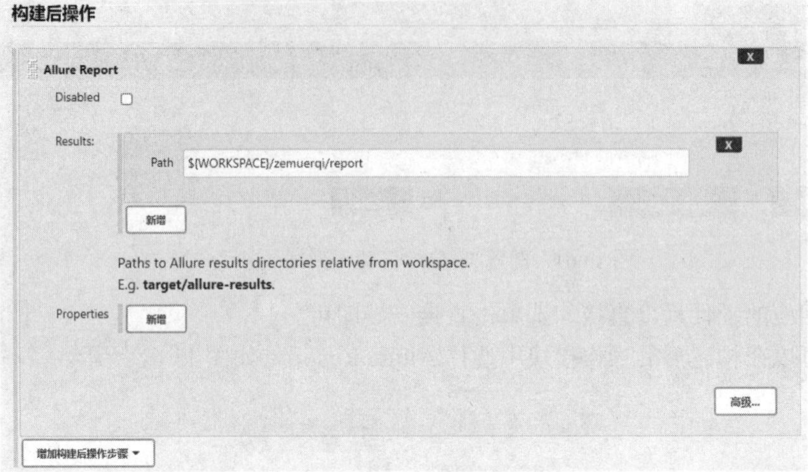

图 13.64　配置 Jenkins 自动化测试任务（四）

配置完成后，单击项目立即构建，即可运行测试任务。运行完成后，查看控制台输出以及分析日志情况。整个配置 Jenkins 的自动化全过程就完成了。

由于前面选择的都是 Allure 报告框架生成报告，所以最后只需要配置邮件指定报告所在路径，即可完成指定相关人员的报告发送操作。邮件的详细配置操作参考 13.1.5 和 13.1.6 小节。

13.4　小　　结

Git、GitHub、Jenkins 等工具插件都是运维人员、开发人员必须掌握的，自动化测试人员也是，因为同样的自动化测试脚本需要版本控制、维护，甚至需要持续集成。

持续集成通过自动化构建、自动化测试以及自动化部署整个过程，保证了自动化测试开发过程中的问题能够迅速被发现和修复，降低了集成失败的风险，使系统在自动化测试脚本开发中始终保持一个稳定健康的集成状态。

每一套环境虽然复杂，但是仔细操作会发现其实非常简单，且部署后访问成功是有很强的成就感的。只要按照每一步细心地去操作，是完全没有问题的。

如果出现问题，建议大家学会使用测试的思维方式进行定位问题，最后解决该问题。

CHAPTER 5

第五篇

项目实战篇

第 14 章　Web 自动化项目实战（CRM 系统）

通过 Web 自动化项目实战，大家能够熟悉自动化测试的完整流程，能够独立对一个 Web 项目实现自动化测试，能够熟练使用 Selenium 常用的 API，能够把 Unittest 框架应用到项目中，能够把 PO 模式、数据驱动、日志收集等功能应用到项目中。最后根据脚本运行生成测试报告并分析结果。

本章主要涉及的知识点如下。

- 结构分层：学会 Web 自动化的分层策略，在项目中根据实际情况使用分层思想完成自动化脚本结构的设计。
- 数据分离：基于结构的分层思想，为了更好地减少依赖，还会实现各种数据信息的分离操作，掌握主要的应用数据、公共数据的分离操作。
- 报告生成及发送：学会使用框架自动生成报告，并完成邮件的自动发送操作。

注意：

本章主要通过对 CRM 系统完成一套完整的 Web 自动化测试框架的设计。

14.1　结 构 分 层

本节首先介绍结构分层，为了避免出现测试代码、业务代码和其他代码混在一起，导致测试逻辑很难理解、运营维护很不容易等情况，必然需要使用结构分层的概念来解决以上这些问题。

14.1.1　项目结构分层定义

项目结构分层，即可以根据每层对应的功能，使每层负责相应的逻辑，实现代码分离，可以很好地提高程序的可读性，且整体代码结构非常清晰，易于理解，利于后期维护。但是不同程序设计者、不同公司的分层思想、分层架构会略有不同。

下面给出笔者总结出的详细分层以及每层存在的具体作用与意义。

（1）页面元素处理层（PO 模式）：Page Object 表示页面对象管理，将每个页面上的所有元素全部定义在一个模块中，即.py 文件，只要前端不变其页面属性，则该部分代码将可以一直不变，即底层完成封装。

（2）业务流层：表示基于页面元素处理层实现的业务流的自由组织，在实际过程中该层可以融入测试用例层。

（3）测试用例层：该层通常会使用单元自动化测试框架（unittest，pytest）完成设计；实践表明在整个脚本中用例管理使用单元自动化测试框架是最佳的管理方式（组织用例、设计用例、管理用例）。

（4）数据处理层：该层主要实现数据处理和数据分离操作。

（5）公共层：该层主要完成的是报告的生成、邮件的发送、日志的生成以及分析等，在实际操作过程中可以将数据处理层也放在公共层。

（6）主程序入口：执行模块也会放在公共层，也会额外地独立设计一层主程序入口层。

从上面各层的理解可以得知，实际也可以将项目结构分为四层：页面元素处理层，测试用例层，数据处理层和公共层。如果项目不是特别复杂，可以适当减少层数，视实际项目情况而定。

14.1.2　Base 层驱动器对象封装

Web 自动化中最为核心的是浏览器驱动器对象，需要考虑后期兼容各个浏览器能够运行该脚本，需要创建所需的浏览器驱动器对象，而不是单纯只创建某一个浏览器驱动器对象。

除了获取浏览器驱动器对象以外，每个浏览器的相关设置也需要完成配置，便于后期直接引用。

最后，还需要考虑，如果驱动器创建对象失败，需要将失败的信息写入相关日志信息，即需要融入日志收集的操作。

基于以上需求，要完成 Base 底层驱动器对象的封装，定义一个模块 Base_Pase.py，具体封装的代码已经在 4.1.4 节中全部显示。

前面章节并没有给出 GETPATH 这个常量信息，这里来说明一下。

由于整个项目中可能会引用到结构中的某一个文件，那就必然需要引用这个文件相对于这个项目结构而言的相对路径设置，不能够使用绝对路径。如果使用绝对路径，项目脚本一旦移植到其他地方，则执行可能报错。为了解决这个问题，必须设置一个常量，用于获取当前项目的根目录路径，然后将需要引用项目结构目录下的某一个文件与其根目录进行拼接即可。

所以在整个项目的根目录下创建一个模块 GET_PATH.py，该模块对应的具体代码如下。

```
#-*- coding:utf-8 -*-#
#-------------------------------------------------------------------------------
#ProjectName:      Python2020
#FileName:         GET_PATH.py
#Author:           mutou
#Date:             2020/10/10 22:25
#Description:该模块为常量模块：主要获取当前项目的绝对路径
#-------------------------------------------------------------------------------
import os
```

```
GETPATH=os.path.dirname(os.path.abspath(__file__))
```

注意：

如果浏览器驱动版本不一致，如何实现升级或者降级操作？甚至如果没有驱动器对象还可以通过给出指定的下载地址然后自动下载安装，这些操作可以通过定义一个批处理脚本完成，即再封装一个脚本实现。

但是，本书不建议这样实现。因为过于麻烦，本来自动化就是希望尽可能地简单，可以通过当前脚本环境所需的驱动器版本下载，然后存放于整个项目结构中的某个目录。例如，在该模块同级中创建一个目录 DriverDir，用于存放浏览器驱动器对象，然后脚本配置其驱动器对象地址在该目录下查找即可。

14.1.3 Base 层定位元素方法封装

完成浏览器驱动器对象的封装之后，下一步需要完成通过驱动器对象调用不同的定位方法，完成元素的定位操作。

基于前面 Selenium 所学的定位方法，有 30 多种不同的定位方式。但是底层封装的直接可调用方法只有常规的 8 种，并且那 8 种定位方法调用时方法名太长，使整个代码后期过于冗长，为了解决这些问题，可以完成定位元素方法的二次封装。

具体的代码也是在 4.1.4 节中完成了封装，其模块为 Base_Page.py。在该模块中声明了 get_element、get_elements 方法，这两个方法分别是用于封装所有定位方式的方法，通过传入三个参数决定底层调用何种定位方法，该参数分别是 type、value 和 js_type，其中 js_type 参数是根据 js_element 方法进行封装 DOM 所对应的定位方法，只需要传入定位的值即可获取对应 js 定位的对象。

通过分析代码，发现 Base_Page.py 模块中还有 jQuery 的方式没有进行封装。其实 jQuery 的封装与 js 的封装是相似的，可以参考 js 封装的形式完成 jQuery 的封装。整体封装完毕，后期只需要直接传入对应的定位类型即可调用对应的方法。

14.1.4 PO 层封装

上面两节的封装都是底层的二次封装，下面就需要真正地完成系统相关的封装，即 CRM 系统。针对一个完整的业务流，需要拆分出一个流程，会有多个页面构成，每个页面上都存在对应的元素，那就先封装每个页面上的元素为一层。然后，由每个页面的元素构成一个业务，就可以封装在业务逻辑层。

以 CRM 系统的登录业务流为例，创建一个模块为 Login_Page.py，然后在该模块中实现登录页面中每个元素的获取方法，具体实现代码如下。

```
#-*- coding:utf-8 -*-#
#-------------------------------------------------------------------------------
#ProjectName:     Python2020
```

```
#FileName:        Login_Page.py
#Author:          mutou
#Date:            2020/10/12 22:06
#Description:登录页面元素处理
#-------------------------------------------------------------------------
from CRMProject.Page_Object.Base.Base_Page import BasePage
class LoginPage(BasePage):
    def username_element(self):
        try:
            self.username_element=self.get_element("xpath",
            "//input[contains(@name,'user')]")
            self.log_page.log_object.info("用户名定位成功")
            return self.username_element
         except:
            self.log_page.log_object.error("用户名元素定位失败")

    #声明一个定位密码的方法
    def password_element(self):
        try:
            return self.get_element("name","userpwd")
        except:
            self.log_page.log_object.error("密码元素定位失败")
    #声明登录按钮
    def login_element(self):
        return self.get_element("class","logindo")
    #声明忘记密码的元素对象
    def forget_element(self):
        return self.get_element("js","findpwd")
#习惯：每次引用包之前，要先测试引用包相关代码的正确性；先保证调用接口的正确性
#分析错误：
if __name__ == '__main__':
    login=LoginPage("http://123.57.71.195:7878/index.php/login")
    login.password_element().send_keys("wood")
```

上述代码每个元素使用一个方法完成定义。当然，还可以直接将所有元素声明在一个初始化方法中，代码如下。

```
def __init__(self,url):
    super().__init__(url)
    #账号元素对象
    username_element=self.get_element("xpath","//input[contains(@name,'user')]")
    #密码元素对象
    password_element=self.get_element("name","userpwd")
```

```
    #登录按钮元素对象
    login_element=self.get_element("class","logindo")
```

如果觉得调用每个方法过于麻烦，声明在初始化方法又受创建对象的约束，还可以定义每一个元素为对象属性，具体实现代码如下。

```
#该类的值不执行任何动作，单纯存储元素对象
#声明一个定位用户名的方法
 @property
 def  username_element(self):
    try:
    #如果需要修改成 xpath，则需要重新写代码;以后只需要获取到定位元素的结果值进行修改即可
        return  self.get_element("xpath","//input[contains(@name,'user')]")
    except:
        self.log_page.log_object.error("用户名元素定位失败")
```

那么此时调用用户名元素，不用通过驱动器对象调用 username_element()方法了，直接调用 username_element 属性即可，这样就更加方便代码的引用了。

14.1.5 业务逻辑层封装

有了每个页面的所有元素对象之后，就可以自由组织业务流了。下面创建新的目录 Business_Object，在该目录下创建一个模块 Login_Business.py，该模块主要实现 CRM 登录的业务流，具体实现代码如下。

```
#-*- coding:utf-8 -*-#
#-------------------------------------------------------------------------------
#ProjectName:      Python2020
#FileName:         Login_Business.py
#Author:           mutou
#Date:             2020/10/19 16:10
#Description:该模块主要用于进行组织登录相关的操作
#--------------------------------------------------------------------------------
#如果需要获取一个类中的方法或者属性，一种可以直接通过类调用
from CRMProject.Page_Object.Login.Login_Page import LoginPage
from selenium.webdriver.support.ui import WebDriverWait
import time
#如果继承 LoginPage 就可以直接调用该 page 页中的所有元素对象
class LoginBusiness(LoginPage):
    #输入用户名、密码单击登录的操作;提取数据
    def click_login(self,username,password):
        self.username_element.send_keys(username)
        self.password_element().send_keys(password)
```

```
        self.login_element().click()

    def login_error_message(self):
        try:
            get_element=WebDriverWait(self.get_driver,5).until(lambda
            get_driver:self.get_element("class","layui-layer-padding"))
            self.log_page.log_object.info("登录失败提示信息获取成功")
            return get_element.text
        except:
            self.log_page.log_object.critical("登录失败提示信息获取失败")

    #单击忘记密码的操作
    def click_forget(self):
        try:
            self.forget_element().click()
        except:
            self.log_page.log_object.error("忘记密码单击失败")

if __name__ == '__main__':
    login=LoginBusiness("http://123.57.71.195:7878/index.php/login")
    login.click_login("","")
    login.login_error_message()
```

上述代码完成输入用户名、输入密码、单击登录等登录的正常完整业务操作过程。在设计用例时，实际可能面对以下场景：输入用户名直接单击登录，输入密码直接单击登录等。如果需要覆盖这些场景，实际只需要在这个模块直接自由组织业务操作即可，具体实现代码如下。

```
#只输入用户名
def click_username_login(self):
    self.username_element.send_keys("admin")
    self.login_element().click()
    get_string=str(self.get_driver.page_source)
    get_index=get_string.index("layer.msg('")
    print(get_string[get_index+len("layer.msg('"):get_string.index(",",get_index+1)])

#只输入密码
def click_password_login(self):
    self.password_element().send_keys("admin888")
    self.login_element().click()
```

那么，后面如果需要引用框架设计测试用例，直接调用对应场景业务操作即可。

分析上面代码会发现，其实除了正常和异常业务路径以外，还有错误信息的获取操作也在该模块中进行了定义，便于测试用例断言时可以直接调用。

登录错误信息的获取除了上面的直接使用显式等待元素定位获取以外，还可以通过获取整个页面资源，然后使用切片的技术完成信息的提取操作，具体实现代码如下。

```
def login_error_message(self):
    get_string = str(self.get_driver.page_source)
    get_index=get_string.index("layer.msg('")
    return get_string[get_index+len("layer.msg('"):get_string.index(",",get_index+1)]
```

只要切片引用得好，整个页面资源想要获取哪部分内容都可以进行获取。既然可以使用切片，是不是可以更简单地实现呢？是的，可以直接使用正则表达式进行完成，这里就不赘述了，大家可以思考完成。

从上述内容可以总结出：其实一个功能的实现，可以以多种不同的形式体现，具体情况视个人以及公司的实际情况而定。

14.1.6 引用 unittest 框架

有了业务逻辑层实现之后，就可以引用 unittest 框架完成具体的测试用例设计。例如，创建新的目录 Test_Object，在该目录中创建一个模块 Login_Test.py，对应的具体代码如下。

```
#-*- coding:utf-8 -*-#
#-------------------------------------------------------------------------------
#ProjectName:      Python2020
#FileName:         Login_Test.py
#Author:           mutou
#Date:             2020/10/19 17:07
#Description:
#--------------------------------------------------------------------------------
#此模块主要是用于执行测试用例的;单元测试框架：unittest
import unittest
from CRMProject.Business_Object.Login_Business import LoginBusiness
from CRMProject.Data_Object.DataBase_Data.Conn_Crm import ConnCrm
from CRMProject.Data_Object.File_Data.Login_Data.Read_Login_Data import
ReadLoginData
connect=None
class LoginTest(unittest.TestCase):
    get_yaml_data=None
    def setUp(self): #在每个测试用例执行之前会先执行 setUp 方法,
        self.login = LoginBusiness("http://123.57.71.195:7878/index.php/login")
    #操作完之后需要退出浏览器
    def  tearDown(self):
        self.login.get_driver.quit()
```

```
    <!--数据库连接在整个测试过程中只需要建立一次即可，最后所有用例执行完毕之后关
闭一次即可，没有必要在每个测试用例中进行定义-->
    @classmethod
    def setUpClass(cls):
        global connect
        connect=ConnCrm()
        cls.get_yaml_data=ReadLoginData().read_data()

    @classmethod
    def tearDownClass(cls):  #在所有的测试用例执行完毕之后关闭对象
        connect.get_cursor.close()
        connect.get_conn.close()
    #登录成功
    def  test_login_success(self):
        get_param=LoginTest.get_yaml_data["login_success_1"]
        self.login.click_login(get_param[0],get_param[1])
        #完成两部分校验：数据库、页面
        get=connect.check_password(get_param[0],get_param[1])
        self.assertTrue(get[0],get[1])
    #用户名为空
    def test_login_fail_1(self):
        get_param = LoginTest.get_yaml_data["login_fail_1"]
        self.login.click_login(get_param[0],get_param[1])
        print(self.login.login_error_message())
        self.assertEqual("用户名和密码不能为空",self.login.login_error_message(),
"预期与实际不一致")

    #密码为空的情况
    def test_login_fail_2(self):
        get_param = LoginTest.get_yaml_data["login_fail_2"]
        self.login.click_login(get_param[0],get_param[1])
        print(self.login.login_error_message())
        self.assertEqual("用户名和密码不能为空",self.login.login_error_message(),
"预期与实际不一致")

if __name__ == '__main__':
    unittest.main()
```

上述模块中声明了三个测试用例，分别是登录成功、用户名为空、密码为空。每个测试用例中都是直接调用业务逻辑方法 click_login，然后输入用户名、密码。从上面代码分析可以看出，并没有直接引用固定的数据，而是将数据存储到对应的 yaml 文件中，然后读取对应的 yaml 文件。

yaml文件中数据的具体定义以及读取封装的代码将在14.2.1小节详细说明。

除了需要考虑页面上的提示信息以外，有时还需要考虑后台数据库中数据的准确性问题，所以需要使用断言。使用断言时必然要分析每条用例需要比较哪些内容、比较哪些数据，这都决定着这条用例是否能够通过。

后台数据的准确性、正确性必然需要应用到数据库，所以与数据库创建连接对象直接申明在 setUpClass 方法中。只需要建立一次，整个测试类执行完所有用例后，通过 tearDownClass 方法完成数据库连接的断开操作。

注意：

> 如果需要考虑每个测试用例的执行顺序问题，可以使用测试套件或者注意其测试用例的命名规则。unittest 框架中的测试用例执行顺序并不是从上往下的，其用例是根据方法名首字母的 ASCII 码值依次执行。

14.2 数 据 分 离

本节介绍如何实现项目中的数据分离，以及数据分离会涉及哪些类型的数据。为当前项目选择合适的数据存储方式，并封装相应代码完成数据的读取操作。

14.2.1 分离应用数据

如果不实现数据分离操作，则脚本的可扩展性极低。如果后期需要新增某一条数据的执行，还需要通过阅读代码找到具体的某一条用例修改数据才能够完成。例如，针对登录成功这条用例，如果需要校验十个用户，则需要每次都修改数据然后运行一次。

所以，必然需要将应用数据进行统一管理、统一存储，然后直接被测试用例引用即可。

在14.1节中通过unittest框架的代码发现，可以将数据存储在yaml文件中。创建新的目录Data_Object，该目录主要实现数据的处理操作。然后创建两个目录，一个DataBase_Data，另一个是File_Data，分别用于实现数据库的数据处理和文件数据的处理操作。

首先，在File_Data目录，每个业务所涉及的数据都存储在yaml类型的数据文件格式中。例如，针对登录而言，新建一个目录 Login_Data，在该目录中创建一个文件 Login_Data.yaml 以及Read_Login_Data.py模块。

其中Login_Data.yaml中的数据内容如下。

```
login_success_1:
  - admin
  - admin888
```

```
login_success_2:
  - zhangsan
  - 123456

login_fail_1:
  - ""
  - admin888

login_fail_2:
  - admin
  - ""
```

Read_Login_Data.py 模块中的具体代码如下。

```
#-*- coding:utf-8 -*-#
#-------------------------------------------------------------------------------
#ProjectName:      Python2020
#FileName:         Read_Login_Data.py
#Author:           mutou
#Date:             2020/10/18 20:41
#Description:操作读取登录的相关数据
#-------------------------------------------------------------------------------
import yaml
from CRMProject.GETP_ATH import GETPATH
path=GETPATH+"\Data_Object\File_Data\Login_Data\Login_Data.yaml"
class ReadLoginData(object):
    def read_data(self):
        <!--声明了文件，只是相对当前包下的模块目录而言，如果该模块被引用，则该文件无法找到-->
        with open(path, 'r', encoding='utf-8') as file:
            result=yaml.load(file,Loader=yaml.SafeLoader)
        return result

if __name__ == '__main__':
    read=ReadLoginData()
    print(read.read_data("Login_Data.yaml"))
```

Read_Login_Data.py 模块主要实现读取 yaml 中的数据，通过 yaml 中的键取出对应的数据，然后被 unittest 框架中的每条测试用例直接传入引用即可。

既然需要读取 yaml 文件的数据，yaml 文件的路径肯定不能够使用绝对路径，所以还是使用相对项目而言的相对路径，引用根目录下的 GET_PATH.py 模块中的常量 GETPATH 值。

继续分析 yaml 中的数据格式，只声明了用户名和密码两个数据，预期结果并没有声明。且上面的声明方式中如果数据过多，则键名过多，难以维护，所以可以修改为以下格式表示。

```
login_data:
  - {username: "admin",password: "admin888",expect: ""}
  - {username: "",password: "admin888",expect: "用户名和密码不能为空"}
  - {username: "admin",password: "",expect: "用户名和密码不能为空"}
  - {username: "adminwfef",password: "wfef",expect: "账号错误"}
  - {username: "admin",password: "wfef",expect: "密码错误"}
```

或者将成功与失败的数据分开，表示形式如下。

```
login_success_data:
  - ["admin","admin888", ""]


login_fail_data:
  - ["","admin888","用户名和密码不能为空"]
  - ["admin","","用户名和密码不能为空"]
  - ["adminwfef","wfef","账号错误"]
  - ["admin","wfef","密码错误"]


login_fail_data_2:
  - {username: "",password: "admin888",expect: "用户名和密码不能为空"}
  - {username: "admin",password: "",expect: "用户名和密码不能为空"}
  - {username: "adminwfef",password: "wfef",expect: "账号错误"}
  - {username: "admin",password: "wfef",expect: "密码错误"}
```

总结，yaml 格式的多样性也取决于个人的编码习惯，并没有绝对的固定格式。除了 yaml 格式以外，实际在工作中还可能使用 CSV、Excel、JSON 等格式。如果使用 JSON 表示，其内容表示形式为如下。

```
{

    "login_success_data": {"username": "admin","password": "admin888,","expect": ""},
    "login_fail_data_1": {"username": "","password": "admin888,","expect":
    "用户名不能够为空"},
    "login_fail_data_2": {"username": "admin","password": "","expect":
    "密码不能够为空"},
    "login_fail_data_3": {"username": "admin","password": "fwfw","expect":
    "用户名、密码不正确"}
}
```

上面是业务相关的输入数据，还需要考虑后台数据，即断言时业务操作完成后需校验后台数据是否存在、是否准确。所以在 DataBase_Data 目录下创建一个模块 Conn_Crm.py，该模块的具体代码如下。

```
#-*- coding:utf-8 -*-#
#-------------------------------------------------------------------------------
#ProjectName:      Python2020
#FileName:         Conn_Crm.py
#Author:           mutou
#Date:             2020/10/18 14:34
#Description:
#-------------------------------------------------------------------------------
import pymysql
from CRMProject.Public_Object.Read_Ini import ReadIni
#该模块主要用于连接 CRM，在此处获取 CRM 的 MySQL 的 ini 文件地址
from CRMProject.GETP_ATH import GETPATH
from CRMProject.Public_Object.Md5_Data import get_md5
from CRMProject.Public_Object.Crm_Log import CrmLog,LOG_PATH
import sys
#MySQL 的 ini 文件所在路径
INI_PATH= GETPATH + "\Public_Object\MysqlIni.ini"
class ConnCrm(object):
    def __init__(self):
        #创建一个日志对象
        self.log_db=CrmLog()
        self.log_db.get_handle(LOG_PATH+"\DB.log")
        __read_ini=ReadIni()
        __get_result=__read_ini.read_ini(INI_PATH,"crm_conn")
        self.get_conn = pymysql.connect(**__get_result)
        self.get_cursor = self.get_conn.cursor()
    #声明一个方法根据自定的用户名查询密码
    def  select_password(self,username):
        try:
            str_sql="select userpwd from bgk_user where username='%s'"%username
            self.get_cursor.execute(str_sql)
            get_select_result=self.get_cursor.fetchall()
            return get_select_result
        except:
            self.log_db.log_object.error(sys.exc_info())
    #判断根据指定的用户名查询的密码结果值
    def  check_password(self,username,password):
        try:
            get_password_result=self.select_password(username)
        except:
            self.log_db.log_object.error("这是密码错误信息")
        get_len=len(get_password_result)
        if get_len>2:
```

```
            return (False,"当前数据库中用户重名，存在多条%s 用户数据"%username)
        elif get_len==1:
            if get_md5(password)!=get_password_result[0][0]:
                return (False,"当前登录的密码与数据库不符")
            else:
                return (True,"登录的用户名、密码与数据库一致")
        elif get_len==0:
            return (False,"当前数据库中不存在该数据")


if __name__ == '__main__':
    conn=ConnCrm()
    print(conn.get_conn)
    conn.select_password("admin")
```

因为 CRM 系统的后台数据库使用的是 MySQL，所以上面代码需要使用模块 Pymysql 完成数据库的连接操作。需要建立连接，就必然需要数据库连接的相关信息，如用户名、密码、连接服务器地址、端口等。从代码中可以看出，这些信息又被存储到了公共的配置文件即 MysqlIni.ini 中。还有就是登录密码在数据库中的存储使用了 MD5 进行加密，那么取出数据后需要与前端输出的数据比较时，就需要实现 MD5 解密操作了。

MD5 数据的解密以及 MysqlIni 配置文件都属于公共数据，所以这部分数据分离的提取操作可以在公共层中实现，具体实现参考 14.2.2 小节。

14.2.2 分离公共数据

公共层主要用于实现对读取数据库配置信息建立连接的操作、日志数据的存储目录、邮件的公共信息配置、MD5 数据解密的操作等。

首先，创建一个目录 Public_Object，在该目录下创建一个文件 MysqlIni.ini，该文件的内容如下。

```
[crm_conn]
host=123.57.71.195
user=wood
password=123456
database=crm
```

然后，声明一个模块 Read_Ini.py，该模块主要实现读取 ini 配置文件的操作，具体代码如下。

```
#-*- coding:utf-8 -*-#
#-------------------------------------------------------------------------------
#ProjectName:       Python2020
#FileName:          Read_Mysql_Ini.py
```

```
#Author:          mutou
#Date:            2020/10/19 14:38
#Description:读取 ini 文件中的数据
#-----------------------------------------------------------------------
import configparser
from CRMProject.GETP_ATH import GETPATH
#把该类设定成公共类；其他数据库
class ReadIni(object):
    def read_ini(self,ini_path,section_name):
        #声明一个 dict，用于存储所有的数据，然后以关键字的形式传入
        dict1={}
        conf_read=configparser.ConfigParser()
        get_result=conf_read.read(ini_path,encoding="utf-8")
        for key,value in conf_read[section_name].items():
            dict1[key]=value
        return dict1


if __name__ == '__main__':
    data_path = GETPATH + "\Public_Object\MysqlIni.ini"
    read=ReadIni()
    print(read.read_ini(data_path,"crm_conn"))
```

上述代码的实现非常简单，主要就是通过 configparser 模块完成 ini 配置文件的读取操作，然后通过定义 ReadIni 类进行相应的封装。configparser 模块的详细实例操作可参考官网。

针对登录密码的数据加密，由于 MD5 加密后是不可逆的，所以其数据无法直接解密。为了能够实现断言操作，可以将输入的数据实现 MD5 加密，对比加密后的数据与数据库中存储的数据是否一致，这样就可以完成校验数据的准确性操作。新建一个模块 Md5_Data.py，该模块中的具体实现代码如下。

```
#-*- coding:utf-8 -*-#
#-----------------------------------------------------------------------
#ProjectName:       Python2020
#FileName:          Md5Data.py
#Author:            mutou
#Date:              2020/10/19 15:03
#Description:
#-----------------------------------------------------------------------
import hashlib
#传入一个数据完成 MD5 的加密操作
def get_md5(data):
    """
    :param data: 完成传入的数据进行 MD5 加密，data 为 str 类型值
```

```
    :return:md5 加密后的数据
    """
    get_md5 = hashlib.md5()
    get_md5.update(str.encode(data))
    return get_md5.hexdigest()

if __name__ == '__main__':
   print(get_md5("admin"))
```

除了这些公共数据以外，前面的每个模块几乎都引用了日志收集的操作。这个模块的实现也直接定义在公共层，创建一个模块 Crm_Log.py，该模块中具体的代码如下。

```
#-*- coding:utf-8 -*-#
#-------------------------------------------------------------------------------
#ProjectName:      Python2020
#FileName:         LogTest2.py
#Author:           mutou
#Date:             2020/10/19 21:18
#Description:
#--------------------------------------------------------------------------------
import logging
from CRMProject.GETP_ATH import GETPATH
LOG_PATH=GETPATH+"\Public_Object\Log"
class CrmLog(object):
    def __init__(self):
        self.log_object = logging.getLogger("crm_test")
        self.log_object.setLevel(logging.INFO)

    def get_formatter(self):
         get_formatter = logging.Formatter(
            "%(asctime)s-%(filename)s【level: %(levelname)s】
【lineNo: %(lineno)d】 %(pathname)s %(message)s")
        return get_formatter

    def get_handle(self,logpath):
        __get_file_handle = logging.FileHandler(logpath)  # FILE 模式
        __get_file_handle.setFormatter(self.get_formatter())
        self.log_object.addHandler(__get_file_handle)

if __name__ == '__main__':
    get=CrmLog()
    get.get_handle("test3.log")
    get.log_object.error("错误")
```

14.2.3　参数化的应用

在 Unittest 框架中讲过可以使用 DDT、Paramunittest、Parameterized 等模块完成参数化操作。

对比 Login_Test.py 模块完成测试用例的设计会发现，一个测试用例只能够执行一条数据，如果存在多条数据，实在是难以实现，此处可以通过参数化完成。

创建一个模块 Login_Test1.py，该模块具体的实现代码如下。

```
#-*- coding:utf-8 -*-#
#-----------------------------------------------------------------------
#ProjectName:      Python2020
#FileName:        Login_Test_1.py
#Author:          mutou
#Date:            2020/10/20 20:57
#Description:该模块可以实现与 Login_Test 模块相同的效果，只是该模块使用参数化完成，前
#面模块是针对每个用例进行设计的
#使用 paramunittest 模块完成参数化操作
#------------------------------------------------------------------------
import unittest
from CRMProject.Data_Object.File_Data.Login_Data.Read_Login_Data_1 import
ReadLoginData1
from CRMProject.Business_Object.Login_Business import LoginBusiness
from CRMProject.Data_Object.DataBase_Data.Conn_Crm import ConnCrm
import paramunittest
import parameterized
get_params=ReadLoginData1().read_data()
@parameterized.parameterized_class(get_params["login_data"])
class LoginTest1(unittest.TestCase):
   #定义的前置操作
   get_yaml_data = None
   #声明类属性
   username=None
   password=None
   expect=None
   def setUp(self):  # 在每个测试用例执行之前会先执行 setUp 方法
      self.login = LoginBusiness("http://123.57.71.195:7878/index.php/login")

   def tearDown(self):
      self.login.get_driver.quit()

   @classmethod
   def setUpClass(cls):# 在所有用例执行之前进行创建数据库连接对象，通过全局变量获取
      global connect
```

```
        connect = ConnCrm()
    @classmethod
    def tearDownClass(cls):  #在所有的测试用例执行完毕之后关闭对象
        connect.get_cursor.close()
        connect.get_conn.close()

    #声明一个测试方法完成多组数据的测试；通过参数化完成
    def  test_params(self):
        self.login.click_login(self.username,self.password)
        if len(self.expect)==0:
            #登录成功的断言
            get_success=connect.check_password(self.username,self.password)
            self.assertTrue(get_success[0],get_success[1])
        else:
            #登录失败的断言
            self.assertEqual(self.expect,self.login.login_error_message(),
"预期与实际不一致")
if __name__ == '__main__':
    unittest.main()
```

上述代码使用的是 parameterized 模块的类参数化实现方式，其实与 paramunittest 模块实现是相似的，只需要使用@paramunittest.parameterized(*get_params['login_data'])装饰类即可。然后类中需要声明一个方法 setParameters，用于接收 username、password 和 expect 三个参数的值。

如果存在成功与失败多组数据，就可以设计两个测试用例，成功的测试用例使用一组测试数据，失败的测试用例使用一组测试数据，此时就需要使用 parameterized 模块中的方法参数化实现。例如，创建一个模块 Login_Test2.py，对应的具体实现代码如下。

```
#-*- coding:utf-8 -*-#
#-------------------------------------------------------------------------------
#ProjectName:      Python2020
#FileName:        Login_Test_2.py
#Author:          mutou
#Date:            2020/10/20 22:08
#Description:使用 parameterized 模块完成参数化操作
#--------------------------------------------------------------------------------
import unittest
from CRMProject.Data_Object.File_Data.Login_Data.Read_Login_Data_2 import
ReadLoginData2
from CRMProject.Business_Object.Login_Business import LoginBusiness
from CRMProject.Data_Object.DataBase_Data.Conn_Crm import ConnCrm
from parameterized import parameterized
get_params=ReadLoginData2().read_data()
```

```
class LoginTest2(unittest.TestCase):
    def setUp(self):        #在每个测试用例执行之前会先执行 setUp 方法
        self.login = LoginBusiness("http://123.57.71.195:7878/index.php/login")

    def tearDown(self):
        self.login.get_driver.quit()

    @classmethod
    def setUpClass(cls):    #在所有用例执行之前创建数据库连接对象，通过全局变量获取
        global connect
        connect = ConnCrm()

    @classmethod
    def tearDownClass(cls):# 在所有的测试用例执行完毕之后关闭对象
        connect.get_cursor.close()
        connect.get_conn.close()

    #声明登录成功的测试方法；此种方式相当于将每个数据通过测试方法中的形参进行传入
    @parameterized.expand(get_params["login_success_data"])
    def  test_succes_login(self,username,password,expect):
        print(username,password,expect)
        self.login.click_login(username, password)
        get_success = connect.check_password(username,password)
        self.assertTrue(get_success[0], get_success[1])

    #登录失败的用例，如果是方法，其 expand 中传入的参数是列表或者元组类型
    #@parameterized.expand(get_params['login_fail_data'])
    @parameterized.expand([list(dict_param.values()) for dict_param in
get_params['login_fail_data_2']])
    def test_fail_login(self,username,password,expect):
        print(username, password, expect)
        self.login.click_login(username, password)
        self.assertEqual(expect, self.login.login_error_message(), "预期与实际不一致")

if __name__ == '__main__':
    unittest.main()
```

同样的，如果使用 DDT 模块是否能够实现呢？可以的，可以继续创建一个模块 Login_Test3.py，对应的具体代码如下。

```
#-*- coding:utf-8 -*-#
#-------------------------------------------------------------------------------
#ProjectName:       Python2020
#FileName:         Login_Test_2.py
```

```
#Author:          mutou
#Date:            2020/10/20 22:08
#Description:使用 DDT 模块完成参数化操作
#-----------------------------------------------------------------------------
import unittest
from CRMProject.Business_Object.Login_Business import LoginBusiness
from CRMProject.Data_Object.DataBase_Data.Conn_Crm import ConnCrm
from CRMProject.Data_Object.File_Data.Login_Data.Read_Login_Data_2 import
ReadLoginData2
from CRMProject.Data_Object.File_Data.Login_Data.GET_FILE_PATH import
GETFILEPATH
# import ddt
# from ddt import data
from ddt  import  ddt,data,unpack,file_data
@ddt
class LoginTest3(unittest.TestCase):
    def setUp(self):          #在每个测试用例执行之前会先执行 setUp 方法，
        self.login = LoginBusiness("http://123.57.71.195:7878/index.php/login")
    def tearDown(self):
        self.login.get_driver.quit()

    @classmethod
    def setUpClass(cls):    #在所有用例执行之前进行创建数据库连接对象，通过全局变量进获取
        global connect
        connect = ConnCrm()

    @classmethod
    def tearDownClass(cls):     #在所有的测试用例执行完毕之后关闭对象
        connect.get_cursor.close()
        connect.get_conn.close()
    #声明登录成功的测试方法；此种方式相当于将每个数据通过测试方法中的形参进行传入
    # @data(*get_params["login_success_data"])
    # def  test_succes_login(self,list_value):
    #     self.login.click_login(list_value[0], list_value[1])
    #     get_success = connect.check_password(list_value[0], list_value[1])
    #     self.assertTrue(get_success[0], get_success[1])
    #上述方法是把每个列表当作一个值进行传入，该值对象是列表，然后取值分别使用索引即可
    # @data(*get_params["login_success_data"])
    #获取的如果是复合结构类型的数据则需要进行解包操作
    # @unpack
    # def  test_succes_login(self,username,password,expect):
    #     self.login.click_login(username,password)
    #     get_success = connect.check_password(username,password)
```

```
    #    self.assertTrue(get_success[0], get_success[1])

    # @data(*get_params["login_fail_data"])
    # @unpack   #如果传入的是列表、元组，unpack 操作后，其测试方法传入的形参名自定义
    # def test_fail_login_1(self,username,password,expect):
    #     print(username, password, expect)
    #     self.login.click_login(username, password)
    #     self.assertEqual(expect, self.login.login_error_message(), "预期与实际
    #                    不一致")

    # @data(*get_params["login_fail_data_2"])
    # @unpack
    # 同样可以实现字典的解包操作，但是字典的键名必须以测试方法的形参形式传入测试方法中进行引用
    # def test_fail_login_2(self, username, password, expect):
    #     print(username, password, expect)
    #     self.login.click_login(username, password)
    #     self.assertEqual(expect, self.login.login_error_message(), "预期与实际
    #                    不一致")

    #直接解析数据格式文件
    # @file_data(GETFILEPATH+"\Login_Data.json")
    # def  test_file(self,username,password,expect):
    #     print(username,password,expect)

    <!--如果是 yaml 文件，需要进行解包的获取对应字典的值，需要分析 DDT 中 file_data 获
    取 yaml 数据的格式类型-->
    # @file_data(GETFILEPATH+"\Login_Data_3.yaml")
    # def  test_file(self,username,password,expect):
    #     print(username,password,expect)
        #print(list1[0]["username"],list1[0]["password"],list1[0]["expect"])
    <!--同样可以实现字典的解包操作，但是字典的键名必须以测试方法的形参形式传入测试方
    法中进行引用-->
    @file_data(GETFILEPATH+"\Login_Data_3.yaml")
    def test_fail_login_2(self, username, password, expect):
        print(username, password, expect)
        self.login.click_login(username, password)
        self.assertEqual(expect, self.login.login_error_message(), "预期与实际不
                       一致")

<!--如果是参数化运行器运行，一般会使用 Unittest 框架的 main 方法运行，不会将光标处于测
试方法中执行，否则可能会报错-->
if __name__ == '__main__':
    unittest.main()
```

以上代码使用 DDT 模块实现多种形式读取数据，可以直接使用 data 获取一组数据，然后通过装饰器@unpack 进行拆包操作，也可以直接使用装饰器@file_data 读取指定整个文件的所有数据，大家可以仔细对比它们之间的实现方式。

14.3 报告的生成及发送

本节主要基于 CRM 系统的项目实战完成报告的生成以及通过邮件能够自动发送。其实前面章节中有相应功能的实现，在此只需要融入项目加以封装即可。

14.3.1 生成报告

报告生成可以直接在测试层中完成，但是又不能够在每个测试模块中都生成一个测试报告，那样会太麻烦。

为了能够批量执行所有测试模块的测试用例，可以创建一个模块用于执行所有的测试模块。例如，新建一个模块 Test_All.py，该模块所对应的具体代码如下。

```
#-*- coding:utf-8 -*-#
#-------------------------------------------------------------------------------
#ProjectName:      Python2020
#FileName:         Test_All.py
#Author:           mutou
#Date:             2020/10/20 16:06
#Description:测试套件的运行
#--------------------------------------------------------------------------------
import unittest
import time
#导入报告模块
from HTMLTestRunner import HTMLTestRunner
from CRMProject.GETP_ATH import GETPATH
path=GETPATH+"\Main_Object\Report\\"
reportname=None
#通过 Python 运行器运行执行指定的测试用例（可以通过套件运行器进行一起使用）
def test_choice():
    #创建一个套件对象
    suite=unittest.TestSuite()
    #先创建一个加载器对象
    load=unittest.TestLoader()
    suite.addTest(load.discover("../Test_Object",pattern="*Test.py"))
    #获取当前时间
```

```
    get_time=time.strftime("%Y%m%d%H%M%S",time.localtime())
    global path,reportname
    reportname="CRM_系统执行报告_"+str(get_time)+".html"
    path=path+reportname
    with open(path,mode="w") as fp:
        runner=HTMLTestRunner.HTMLTestRunner(fp,verbosity=2,title="CRM 登录用例
执行报告",description="详细内容如下")
        get_result=runner.run(suite)
    return get_result


#声明一个函数用于获取报告路径的值
def  get_path():
    return reportname,path

if __name__ == '__main__':
    print(path)
    test_choice()
```

注意：

避免后期多个测试模块逐个手动执行或者手动添加到测试套件;*.py 所有的以 py 为后缀的文件都要执行。Python3.5 版本以后，discover 加载模块会根据当前模块中的 import 与 discover 的第一个参数开始目录进行确定，如果当前开始目录与 import 的模块是正确的且存在的，则会自动将其加载到加载器中，最后将所有的模块中的用例全部生成套件依次运行。如果没有 import，pattern 可以定义部分模块，实现模糊匹配筛选执行。

上面报告的名称使用了一个小技巧：如果报告名固定，则每次运行报告都会将上一次的报告进行覆盖处理，所以不建议不固定名称。报告名称的一般格式：当前项目的名称_当前运行的时间，如 CRM 系统执行报告_202006262140。

14.3.2　报告优化

为了能够在发送邮件时提取报告中的相应数据，如测试用例总数、用例通过数、用例失败数等，可以直接在报告页面中显示，但是若没有提取这个数据，没有将这些数据存储到某个变量中，如果写邮件需要标明相关数据信息，就无法实现。

在 14.3.1 节的代码实现中，第 31 行代码返回的是 TestResult 对象，进行 HTMLTestRunner 源代码的分析会发现，该对象中有 success_count、failure_count、error_count 等属性，所以可以通过 get_result 对象调用相关属性获取到测试用例通过数、测试用例失败数和错误数等。

进一步分析源代码可以发现，不直接调用其相关数据，还可以调用方法 getReportAttributes，

该方法需要传入一个 result 对象，就是刚才获取的 get_result 对象，返回的是一个列表，具有开始时间、运行时间以及状态。其对应的源代码如图 14.1 所示。

```
652 def getReportAttributes(self, result):
653     """
654     Return report attributes as a list of (name, value).
655     Override this to add custom attributes.
656     """
657     startTime = str(self.startTime)[:19]
658     duration = str(self.stopTime - self.startTime)
659     status = []
660     if result.success_count: status.append('Pass %s'    % result.success_count)
661     if result.failure_count: status.append('Failure %s' % result.failure_count)
662     if result.error_count:   status.append('Error %s'   % result.error_count  )
663     if status:
664         status = ' '.join(status)
665     else:
666         status = 'none'
667     return [
668         ('Start Time', startTime),
669         ('Duration', duration),
670         ('Status', status),
671     ]
```

图 14.1　HTMLTestRunner 源代码

如果想要统计相应数据的属性，可以将这些数据加入返回列表中，具体代码如下。

```
return [
    ('Start Time', startTime),
    ('Duration', duration),
    ('Status', status),
    ('success',result.success_count),
    ('faliure',result.failure_count),
    ('error',result.error_count)
]
```

自己返回字典格式也可以，具体想要返回什么格式类型以及哪些数据取决于自己的需要。所以，如果能够看懂源代码，是可以很轻松地完成一些优化操作的。

此时就可以通过 get_result 对象获取相应的数据完成用例比例的统计操作，具体代码如下。

```
get_result = runner.run(suite)
get_success=get_result.success_count
get_fail=get_result.failure_count
get_error=get_result.error_count
get_count=get_success+get_fail+get_error
get_success_point=get_success/get_count*100
get_fail_point=get_fail/get_count*100
get_error_point=get_error/get_count*100
```

14.3.3　邮件自动发送

邮件代码的封装实际在 unittest 扩展中的邮件自动发送（4.3.2 节）有详细说明，每一步实现的含义以及步骤可以详细参考前面的章节。在这里还是提供一个完整的封装模块，在 Public_Object 目录下创建 Send_Mail.py 模块，对应的代码如下。

```
#-*- coding:utf-8 -*-#
#-------------------------------------------------------------------------------
#ProjectName:      Python2020
#FileName:        Send_Mail.py
#Author:          mutou
#Date:            2020/10/20 21:52
#Description:实现报告邮件的发送
#-------------------------------------------------------------------------------
import smtplib
from email.mime.text import MIMEText  #主要处理邮件正文信息
from email.mime.multipart import MIMEMultipart
from CRMProject.Public_Object.Read_Ini import ReadIni
from CRMProject.GETP_ATH import GETPATH
from CRMProject.Public_Object.Crm_Log import CrmLog,LOG_PATH
import sys
#固定常量，mail 的配置文件所在位置
path=GETPATH+"\Public_Object\Mail.ini"
class  SendMail(object):
    #实现在创建对象的同时完成邮件的用户的信息初始化
    def  __init__(self):
        self.log_mail=CrmLog()
        self.log_mail.get_handle(LOG_PATH+"\mail.log")
        __read=ReadIni()
        self.get_mail_config=__read.read_ini(path,"mail_config")
        self.get_cc = self.get_mail_config["cc"]
        self.get_bcc=self.get_mail_config["bcc"]
    #需要处理 to_addr，传递给 send_mail 中的参数
    def to_addr(self):
        try:
            get_to_addr=self.get_mail_config["to_addr"]
            get_list=get_to_addr.split(",")
            if len(self.get_cc)!=0:
                get_list+=self.get_cc.split(",")
            if len(self.get_bcc)!=0:
                get_list+=self.get_bcc.split(",")
            return get_list
        except:
            self.log_mail.log_object.error("收件人信息处理失败")

    #将发件人的信息进行处理  wzmtest1313wzmtest1313@163.com
```

```
def from_addr(self):
    try:
        get_from_addr=self.get_mail_config["from_addr"]
        return get_from_addr.split("@")[0]+"<%s>"%get_from_addr
    except:
        self.log_mail.log_object.error("发件人信息处理失败")

def show_to_addr(self):
   return ",".join([value.split("@")[0]+"<%s>"%value for value in
   self.get_mail_config["to_addr"].split(",")])
#声明一个完整邮件的方法；通过 MIMEMultipart 完成附件和文本邮件的构成
#邮件除了收件人、发件人以外还有抄送者、密送者
def create_mail(self,subject,message,reportname,reportpath):
    mail=MIMEMultipart()
    mail["Subject"] = subject
    mail["From"] = self.from_addr()
    #此处的 to_address 需要的是字符串信息不能是列表对象
    mail["To"] = self.show_to_addr()
    #添加上抄送者和密送者，后期可自动选择
    #此处 Ini 中存在一个坑：文件读取出的键名全部默认为小写
    mail["Cc"]=self.get_cc
    mail["Bcc"]=self.get_bcc
    mail.attach(self.create_text(message))
    mail.attach(self.create_attach(reportname,reportpath))
    self.log_mail.log_object.info("邮件创建成功")
    return mail

#创建邮件附件
def create_attach(self,reportname,reportpath):
    #使用 MIMEText 完成一个文件的读取操作
    with open(reportpath,mode="rb") as fp:
        attach=MIMEText(fp.read(),_subtype="base64",_charset="utf-8")
        #为了能够上传任意格式文件的类型，将其文件的父类型定义为二进制流类型
        attach["Content-Type"]="application/octet-stream"
        attach.add_header('Content-Disposition', 'attachment',
                          filename='%s'%reportname)
        return attach

#封装一封邮件：在 Python 语言中必须使用 email 模块
#创建一个邮件文本
def create_text(self,message):
    message_object=MIMEText(message,_charset="utf-8")
    return message_object
```

```
    #与邮件服务器建立会话连接
    def send_mail(self,subject,message,reportname,reportpath):
        try:
            get_smtp=smtplib.SMTP(host=self.get_mail_config["mail_server"])
            get_smtp.login(self.get_mail_config["mail_user"],
            self.get_mail_config["mail_password"])
            get_smtp.sendmail(self.get_mail_config["from_addr"],self.to_addr(),
            self.create_mail(subject,message,reportname,reportpath).as_string())
            self.log_mail.log_object.info("邮件发送成功")
        except:
            self.log_mail.log_object.error(sys.exc_info())

if __name__ == '__main__':
    #收件人如果存在多个，可按如下方式处理
    send=SendMail("smtp.163.com","wzmtest1313@163.com",
    "wzmtest1313","wzmtest1313@163.com","932522793@qq.com")
```

14.4 小　　结

本章完成 CRM 系统的项目实战，从 Web 自动化涉及的 Selenium 知识点，再到整个项目引用的 unittest 自动化测试框，最后生成报告并发送，实现了完整的流程，也使读者对以前的每个章节的知识点进行巩固，还很清晰地介绍了 Web 自动化测试的框架。

CRM 项目的 Web 自动化底层框架基本已经实现，后期如果存在新的功能、新的模块需要实现自动化，只需要在对应的一层添加相应的实现即可。底层的代码不需要被改动，甚至这些底层脚本大家以后在工作中可以直接拿来套用，只需要做功能点的开发即可。

经历过一个完整的项目实战后，相信大家可以更加自信地去完成公司交付的 Web 自动化测试项目。

完整的项目代码参考【源代码/C14/CRMProject.zip】。

第 15 章　接口自动化项目实战（DSMALL 商城）

本章主要通过接口自动化项目实战，让大家能够独立完成接口自动化测试框架底层的设计；熟练应用 Requests 框架完成接口测试，针对某些未实现的接口可以通过 Mock 技术完成，需要将 Mock 技术融合到 Requests 框架完成底层分装；熟练应用主流的单元测试框架 pytest 以及报告生成框架 Allure，最终整合为整个接口自动化底层框架，便于大家直接引用或者基于该框架完成二次开发。

本章主要涉及的知识点如下。

- 接口自动化工具类二次封装：学会设计接口自动化测试用例模板，基于模板的设计完成数据的读取以及代码的封装。还有就是需要完成测试用例中数据的映射操作，以及发送接口请求的底层 Requests 框架的封装。
- 接口自动化结果封装：灵活应用接口请求之后产生的响应结果，需要将响应结果按照一定的格式写入 Excel 中，还需要利用该数据完成 Pytest 框架中测试用例的断言操作。
- 接口数据依赖解决方案：学会如何实现复杂业务的接口测试，针对复杂的接口，尤其是存在相关依赖的场景，给出合理的依赖解决方案。
- 报告生成及邮件自动发送：学会主流框架 Allure 报告的生成，然后与 pytest 框架进行整合，最后完成报告的自动发送操作。

注意：

> 本章主要通过接口自动化项目实战，为读者梳理前面所有接口自动化涉及的技术知识点，能够灵活地应用 API 到实际项目中。

扫一扫，看视频

15.1　接口自动化工具类的二次封装

本节首先介绍接口自动化工具类的二次封装，接口自动化中测试用例的封装是极为重要的。这部分主要涉及的是一些数据格式文件的操作，需要将这些数据根据格式的操作进行底层封装，便于后期直接调用。再者就是发送请求底层的基类封装。

15.1.1　封装 Excel

在实现接口自动化操作之前，需要完成一系列的分析。例如，被测试对象设计测试用例的方法、用例维护、脚本的设计、框架的选用等。其实每个类型测试的核心都是测试用例的设计，测试用例的管理可以使用工具，最为常用的就是使用 Excel。

注意：

> 在这里主要使用 Excel 管理用例，如果使用工具，其实只需要调用工具的底层，获取所有用例的数据即可。二者实现方式是差不多的，只是相对用例管理的方式不同而已。

不同公司的测试用例的模板设计方式不一样，具体需根据各个公司的实际项目情况而定。下面给出一个参考模块，如图 15.1 所示。

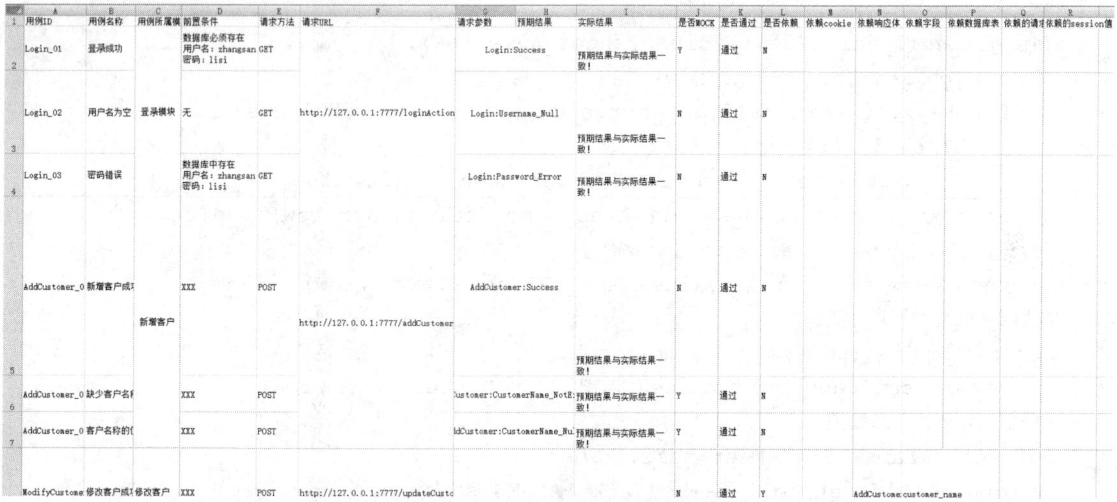

	A	B	C	D	E	F	G	H	I	J	K	L	M	N	O	P	Q	R
1	用例ID	用例名称	用例所属模	前置条件	请求方法	请求URL	请求参数	预期结果	实际结果	是否MOCK	是否通过	是否依赖	依赖cookie	依赖响应体	依赖字段	依赖数据库表	依赖的请求	依赖的session值
2	Login_01	登录成功		数据库必须存在 用户名：zhangsan 密码：lisi	GET		Login:Success		预期结果与实际结果一致！	Y	通过	N						
3	Login_02	用户名为空	登录模块	无	GET	http://127.0.0.1:7777/loginAction	Login:Username_Null		预期结果与实际结果一致！	N	通过	N						
4	Login_03	密码错误		数据库中存在 用户名：zhangsan 密码：lisi	GET		Login:Password_Error		预期结果与实际结果一致！	N	通过	N						
5	AddCustomer_0	新增客户成		XXX	POST		AddCustomer:Success		预期结果与实际结果一致！	N	通过	N						
			新增客户			http://127.0.0.1:7777/addCustomer												
6	AddCustomer_0	缺少客户名		XXX	POST		ustomer:CustomerName_NotE		预期结果与实际结果一致！	Y	通过	N						
7	AddCustomer_0	客户名称的		XXX	POST		dCustomer:CustomerName_Nu		预期结果与实际结果一致！	Y	通过	N						
	ModifyCustome	修改客户成	修改客户	XXX	POST	http://127.0.0.1:7777/updateCusto				N	通过	Y		AddCustome	customer_name			

图 15.1　接口自动化测试用例模板

上面模板需要注意的是，一个接口需要的请求参数的数据有可能会过多，直接定义在 Excel 中不是很美观。所以可以通过关键字映射的方式，直接将数据存储到指定的格式文件中，然后根据关键字提取数据即可。具体实现在 15.1.4 小节中讲述。

下面先创建一个项目 AutoInterFaceFrame，然后在该项目中创建一个包 Data_Layer，再在这个包下创建一个目录 Data_Dir，该目录用于存放 Excel 管理的测试用例文档。然后在 Data_Layer 包下创建一个模块 Read_TestCase.py，该模块中对应的具体代码如下。

```
#-*- coding:utf-8 -*-#
#-----------------------------------------------------------------------------------
#ProjectName:      Python2020
#FileName:         Read_TestCase.py
#Author:           mutou
#Date:             2020/10/21 16:15
#Description:实现测试用例读取操作并完成代码封装，将 Excel 中的每行每列提取出来
#-----------------------------------------------------------------------------------
import openpyxl
from AutoInterFaceFrame.Data_Layer.EXCEL_CONSTANT import *
```

```
from AutoInterFaceFrame.Data_Layer.From_File.Read_Yaml import ReadYaml
from AutoInterFaceFrame.Common_Layer.PATH_CONSTANTS import
EXCEL_PATH,EXPECT_PATH,PARAMS_PATH
class  ReadTestCase(object):
    def __init__(self):
        #获取操作 Excel 的对象,需要传入 Excel 文件所在路径
        self.read_excel=openpyxl.load_workbook(EXCEL_PATH)
        #获取所有的 sheet
        self.get_sheets=self.read_excel.sheetnames

    def get_cell_value(self,column,sheet_name,row):
        cell_coord=column+str(row)
        for key,value in self.get_merge_cells(sheet_name).items():
            if cell_coord in value:
                return self.read_excel[sheet_name][key].value
            return self.read_excel[sheet_name][column+str(row)].value
    def get_url(self,sheet_name,row):
        return self.get_cell_value(CASE_URL,sheet_name,row)
    #获取 Excel 中的方法
    def get_method(self,sheet_name,row):
        return self.get_cell_value(CASE_METHOD,sheet_name,row)
    #获取 Excel 中的参数
    def get_params(self,sheet_name,row):
       return self.get_cell_value(CASE_PARAMS,sheet_name,row).split(":")
    #获取 Excel 中的最大行
    def get_max_row(self,sheet_name):
        return self.read_excel[sheet_name].max_row  #直接调用 sheet 对象的 max_row 属性
    #声明一个方法完成合并单元格的处理
    def get_merge_cells(self,sheet_name):
        list_cell = []
        dict_cell = {}
        for cellrange in self.read_excel[sheet_name].merged_cells.ranges:
            # 想要的格式：{"C2":["C2","C3","C4"],"C5":["C5","C6","C7"]}
            get_cell=cellrange.coord.split(":")
            key = get_cell[0]
            if get_cell[0][0]==get_cell[1][0]:
                # 获取每个 cellrange 的行
                rows = len([value for value in cellrange.rows])
                start_row = int(key[1:])  # 定义一个开始行
                for row in range(start_row, start_row + rows):
                    list_cell.append(key[0] + str(row))
                dict_cell.update({key: list_cell})
                # 每个 cellrange 存储一个 list，存储完之后要将 list 清空
```

```
            list_cell = []
        else:
            columns = len([value for value in cellrange.cols])
            for col in range(ord(key[0]),ord(key[0])+columns):
                list_cell.append(chr(col) + str(get_cell[0][1:]))
            dict_cell.update({key: list_cell})
            list_cell=[]
    return dict_cell

#获取是否是 mock 的值
def get_ismock(self,sheet_name,row):
    return self.get_cell_value(CASE_MOCK,sheet_name,row)


#获取通过的单元格对象
def get_ifpass(self,sheet_name,row):
    return self.read_excel[sheet_name][CASE_PASS + str(row)]


#获取预期结果的值
def get_expect(self, sheet_name, row):
    return self.get_cell_value(CASE_EXPECT, sheet_name, row).split(":")
#获取实际结果单元格
def get_actual(self,sheet_name,row):
    return self.read_excel[sheet_name][CASE_ACTUAL + str(row)]

#获取测试用例名
def get_case_name(self,sheet_name,row):
    return self.get_cell_value(CASE_NAME, sheet_name, row)


#获取测试是否存在依赖
def get_depend(self,sheet_name,row):
    return self.get_cell_value(CASE_DEPEND, sheet_name, row)

#获取依赖 cookie 的关联字段
def get_cookie(self, sheet_name, row):
    return self.get_cell_value(CASE_COOKIE, sheet_name, row)
#获取用例 ID
def get_case_id(self,sheet_name,row):
    return  self.get_cell_value(CASE_ID, sheet_name, row)
```

```
    #获取响应依赖的用例 ID
    def get_case_response(self,sheet_name,row):
        return  self.get_cell_value(CASE_RESPONSE, sheet_name, row)
    #获取响应依赖的字段
    def get_case_field(self,sheet_name,row):
        return  self.get_cell_value(CASE_FIELD, sheet_name, row)

    #获取请求的字段
    def  get_request(self,sheet_name,row):
        return self.get_cell_value(CASE_REQUST, sheet_name, row)

    def get_session(self, sheet_name, row):
        return self.get_cell_value(CASE_SESSION, sheet_name, row)


if __name__ == '__main__':
    read=ReadTestCase()  #{"C2":["C2","C3","C4"],"C5":["C5","C6","C7"],"G3":["G3","H3"]}
    for cellrange in read.read_excel["Sheet2"].merged_cells.ranges:
        print(cellrange)
    print(read.get_merge_cells("Sheet2"))
```

由于需要操作测试用例 Excel 文档，同样地，上述代码中不能够直接定义 Excel 的绝对路径，所以此处需要在 Data_Dir 目录下创建一个模块 PATH.py，该模块对应的代码如下。

```
#-*- coding:utf-8 -*-#
#-------------------------------------------------------------------------------
#ProjectName:      Python2020
#FileName:         PATH.py
#Author:           mutou
#Date:             2020/10/21 15:38
#Description:
#-------------------------------------------------------------------------------
import os
FROM_FILE_BASE_DIR=os.path.dirname(os.path.abspath(__file__))
```

因为获取当前项目的路径在后续开发中可能每个工具类都需要完成数据文件的拼接操作，所以需将这个变量设置为常量。

15.1.2 封装 JSON

Excel 中的请求参数和预期结果都是通过关键字进行映射的，如果使用 JSON 格式存储请求参数的数据，就需要封装 JSON 工具的基本操作。

在 Data_Dir 目录下创建文件 RequestParams.json，该文件的内容如下。

```
{
    "Login": [{
    "Success": {
    "username": "zhangsan",
    "password": "lisi",
    "login": "登录"
    }
},
{
    "Username_Null": {
    "username": "",
    "password": "lisi",
    "login": "登录"
    }
},
    {
        "Password_Error": {
        "username": "zhangsan",
        "password": "123456",
        "login": "登录"
        }
    }
],
    "AddCustomer":[{
    "Success":{
        "customer_name": "woodtest",
        "customer_phone":"18907047890",
        "customer_mail": "fjwojefo@163.com",
        "customer_type":"C",
        "customer_address": "广州天河"
    }
},
    {
        "CustomerName_NotExist": {
            "customer_phone": "18907047890",
            "customer_mail":"fjwojefo@163.com",
            "customer_type": "C",
            "customer_address": "广州天河"
    }
},
    {
```

```
        "CustomerName_Null": {
            "customer_name": "",
            "customer_phone":"18907047890",
            "customer_mail": "fjwojefo@163.com",
            "customer_type":"C",
            "customer_address": "广州天河"
        }
    }
]
}
```

然后定义模块 Read_Json.py，用于操作上述数据，具体实现代码如下。

```
#-*- coding:utf-8 -*-#
#-------------------------------------------------------------------------------
#ProjectName:      Python2020
#FileName:         Read_Json.py
#Author:           mutou
#Date:             2020/10/21 11:28
#Description:
#--------------------------------------------------------------------------------
from AutoInterFaceFrame.Data_Layer.CONSTANT import JSON_PATH
import json
class  ReadParams:
    def __init__(self):
        with open(JSON_PATH) as fp:
            self.get_param_object=json.load(fp)
    #获取指定 Excel 中所映射的具体数据
    def get_param_value(self,get_param):
        if get_param:
            return self.get_param_object[get_param]


if __name__ == '__main__':
    read=ReadParams()
```

15.1.3 封装常量方法

分析发现 Excel 是一个二维的结构，每个单元格的值由行与列构成。如果在读取数据时行与列都是变动的，则脚本很难维护，稳定性极差。可以通过固定列，通过循环遍历每个 sheet 中的每一行，这样就相当于获取了每个单元格的值。

也就是说通常在设计用例时，底层脚本也会要求将 Excel 中的每一列定义一个固定的常量值。在 Data_Layer 目录下创建一个模块 EXCEL_CONSTANT.py，具体代码如下。

```
#-*- coding:utf-8 -*-#
#-------------------------------------------------------------------------------
#ProjectName:      Python2020
#FileName:         CONSTANT.py
#Author:           mutou
#Date:             2020/10/20 16:35
#Description:该文件为常量文件
#-------------------------------------------------------------------------------
#设置列的常量
CASE_ID="A"
CASE_NAME="B"
CASE_MODULE="C"
CASE_PRECONDITION="D"
CASE_METHOD="E"
CASE_URL="F"
CASE_PARAMS="G"
CASE_EXPECT="H"
CASE_ACTUAL="I"
CASE_MOCK="J"
CASE_PASS="K"
CASE_DEPEND="L"
CASE_COOKIE="M"
CASE_RESPONSE="N"
CASE_FIELD="O"
CASE_DATABASE="P"
CASE_REQUST="Q"
CASE_SESSION="R"
```

如果后期需要新增列，只需要在 Excel 每个 sheet 后面直接添加即可，在对应的上述模块的代码中新增对应的一个常量即可。

通过这种方法就可以很轻松地实现一个单元格由两个动态值变成由一个动态值进行获取。

注意：

> 常量的变量名都是大写，以区别于其他变量。

15.1.4　封装获取接口数据的代码

在 15.1.2 节中实现了 JSON 工具类的封装，前面给出的示例是基于 JSON 文件格式存储接口所需的请求数据。在本节使用 yaml 文件格式实现，yaml 的实现要比 JSON 的实现更加简单，格式也更加好看。依赖提取数据如果需要存储，可以将数据存储到本地 JSON 格式。

在 Data_Dir 目录下创建 RequestParams.yaml，该文件中对应的代码如下。

```
Login:
  - {"Success": {"username": "zhangsan","password": "lisi","login": "登录"}}
  - {"Username_Null": {"username": "","password": "lisi","login": "登录"}}
  - {"Password_Error": {"username": "zhangsan","password": "123456","login": "登录"}}

AddCustomer:
  - {"Success":{ "customer_name": "woodtest", "customer_phone":
"18907047890","customer_mail": "fjwojefo@163.com","customer_type":
"C","customer_address": "广州天河" }}
  - {"CustomerName_NotExist": {"customer_phone": "18907047890","customer_mail":
"fjwojefo@163.com","customer_type": "C","customer_address": "广州天河" }}
  - {"CustomerName_Null": {"customer_name": "","customer_phone":
"18907047890","customer_mail": "fjwojefo@163.com","customer_type":
"C","customer_address": "广州天河" }}
```

然后在 Data_Layer 目录下创建一个模块 Read_Yaml.py，该模块实现的具体代码如下。

```
#-*- coding:utf-8 -*-#
#-------------------------------------------------------------------------------
#ProjectName:      Python2020
#FileName:         Read_RequestParams.py
#Author:           mutou
#Date:             2020/10/21 16:31
#Description:主要完成的是对接口所需要的参数提取的代码封装
#--------------------------------------------------------------------------------
import yaml
from AutoInterFaceFrame.Common_Layer.PATH_CONSTANTS import
PARAMS_PATH,EXPECT_PATH
class  ReadYaml(object):
    def __call__(self,yamlpath,parent,child):
         with open(yamlpath,encoding="utf-8") as fp:
             self.read_yaml=yaml.safe_load(fp)
         for value in self.read_yaml[parent]:
             for key, value in value.items():
                 if key == child:
                     return value


if __name__ == '__main__':
    read=ReadYaml()
    print(read(PARAMS_PATH))
```

从 Excel 中的用例设计可以看到，除了拼接请求接口的参数使用了映射以外，预期结果也使用了。所以上述代码封装提取了参数 yamlpath，只要调用传入具体的 yaml 文件位置即可获取对应数据。

因为可能会存在多个业务对应的 yaml 文件数据，所以可将 yaml 文件的路径设置成常量。在 Data_Layer 目录下创建一个模块 CONSTANT.py，对应的代码如下。

```
import os
#数据层的绝对路径
DATA_PATH=os.path.abspath(os.path.dirname("__file__"))
#获取 Excel 文件所在的路径
EXCEL_PATH=os.path.join(DATA_PATH,"Data_Dir/InterfaceTestCase.xlsx")
#获取 yAML 文件所在的路径
YAML_PATH=os.path.join(DATA_PATH,"Data_Dir/RequestParams.yaml")
JSON_PATH=os.path.join(DATA_PATH,"Data_Dir/RequestParams.json")
```

前面创建的 EXCEL_CONTANT.py 模块用于存储 Excel 列的常量信息，CONSTANT.py 模块用于存储所有文件路径的常量信息。如果觉得没必要创建这么多模块，可以只创建一个常量模块，该模块存储所有的常量信息即可。两个模块可以合并处理操作。

15.1.5　GET、POST 基类封装

需要实现通过代码完成模拟发送请求操作，在实际工作中都是使用 Requests 框架。可以通过该框架中的 GET、POST、DELETE、REQUEST 等方法完成对应请求的发送操作，并获取相应的响应结果。最后根据需求对响应结果做相应的处理即可。

新建目录 Request_Layer，在该目录中创建一个模块 Request_Operation.py，该模块中对应的代码如下。

```
#-*- coding:utf-8 -*-#
#-------------------------------------------------------------------------------
#ProjectName:       Python2020
#FileName:          Request_Operation.py
#Author:            mutou
#Date:              2020/10/21 15:51
#Description:
#--------------------------------------------------------------------------------
#请求操作的代码封装
import requests
from AutoInterFaceFrame.Data_Layer.From_File.Read_Yaml import ReadYaml
from AutoInterFaceFrame.Data_Layer.From_File.Read_TestCase import ReadTestCase
from AutoInterFaceFrame.Common_Layer.PATH_CONSTANTS import
EXPECT_PATH,PARAMS_PATH
```

```
from unittest import mock
class  RequestOperation(object):

    def __init__(self):
        self.flag=True  #用于判定结果是 Text 还是 JSON 的

    def send_request(self,requestobj,url,method=None,params=None,cookies=None):
        if method=="GET":
            return requestobj.get(url,params=params,cookies=cookies)
        elif method=="POST":
            return requestobj.post(url,data=params,cookies=cookies)
        else:
            return "其他请求方法还未实现"

    #声明一个方法获取响应体
    def get_response(self,requestobj,url,method=None,params=None,cookies=None):
        self.get_resp=self.send_request(requestobj,url, method, params,cookies)
        if type(self.get_resp)==str:
            pass
        else:
            try:
                self.flag=True
                return self.get_resp.json()  #响应体可以调用 json 也可以调用 text
            except:
                self.flag=False
                return
{"text":self.get_resp.text,"Content-Type":self.get_resp.headers["Content-Type"]}


if __name__ == '__main__':
    read = ReadTestCase()
    mock_requst=RequestOperation()
    for row in range(2, read.get_max_row("Sheet1") + 1):
        get_params = read.get_params("Sheet1", row)
        get_params_value=ReadYaml()(PARAMS_PATH, get_params[0], get_params[1])
        get_method=read.get_method("Sheet1",row)
        get_url=read.get_url("Sheet1",row)
        get_mock=read.get_ismock("Sheet1",row)
        get_expect = read.get_expect("Sheet1", row)
        get_expect_value = ReadYaml()(EXPECT_PATH, get_expect[0], get_expect[1])
```

上述代码主要实现了 GET 和 POST 两个请求的封装，因为在实际工作中这两个请求最为常用，其他不常用的就直接给出提示信息。如果项目存在其他类型的请求方法，则需要扩展封装相应类型的请求方式。

除了对请求方法封装以外，还完成了请求后得到的响应结果的封装。响应结果主要处理两种，一种是 Text 类型；另一种是 JSON 格式类型。JSON 格式类型返回对断言非常方便，这里不再赘述。但是 Text 类型需要额外定义，返回字典格式，其字典需要返回的信息有文本内容以及响应头中的 Content-Type 字段信息，断言这两个信息即可。

15.2　接口自动化结果封装

扫一扫，看视频

本节继续实现对脚本执行之后产生的响应结果进行处理。响应结果的处理好坏决定着后期 pytest 单元测试框架的断言是否能够轻松调用并实现，能够针对不同的响应结果类型完成相应的断言操作。

15.2.1　主流程封装

前面完成了一系列基础工具类的封装之后，就需要完成整个 Excel 中的所有用例的请求操作，并能够携带相应的参数以及得到响应结果。

此时，创建一个新目录 RunMain_Layer，在该目录中创建一个模块 Run_Main.py，该模块对应的具体代码如下。

```
#-*- coding:utf-8 -*-#
#-----------------------------------------------------------------------
#ProjectName:      Python2020
#FileName:         Run_Main.py
#Author:           mutou
#Date:             2020/10/22 21:36
#Description:程序主入口
#------------------------------------------------------------------------
from AutoInterFaceFrame.Request_Layer.Mock_RequestOperation import
MockRequestOperation
from AutoInterFaceFrame.Data_Layer.From_File.Read_Yaml import ReadYaml
from AutoInterFaceFrame.Data_Layer.From_File.Read_TestCase import ReadTestCase
from AutoInterFaceFrame.Common_Layer.PATH_CONSTANTS import
EXPECT_PATH,PARAMS_PATH,EXCEL_PATH
from AutoInterFaceFrame.Data_Layer.From_File.Com_Expect_Actual import
CompareExpectActual
from  openpyxl.styles.fonts import Font
from openpyxl.styles import Alignment
from openpyxl.styles import Color
from AutoInterFaceFrame.Depend_Layer.Depend_Cookie import DependCookie
```

```
from AutoInterFaceFrame.Depend_Layer.Depend_Response import DependResponse
from AutoInterFaceFrame.Request_Layer.Session_RequestOperation import
SessionRequestOperation
import re
import requests
class RunMain(object):
    def __init__(self):
        self.flag_depend=True
        self.get_cookie_value=None
        self.get_expect_value=None
        self.get_actual_value=None
        #self.read = ReadTestCase()


    #判定 session 的值
    def  depend_session(self,read,sheet,row):
        dict_session={}
        get_request_value=read.get_request(sheet,row)
        get_session=read.get_session(sheet,row)
        if get_request_value:
            get_value_list=get_request_value.split(",")
            for value in  get_value_list :
                get_value=value.split(":",maxsplit=1)
                dict_session[get_value[0]]=get_value[1]
            get_session_value=get_session.split(":")
            return dict_session,{get_session_value[0]:get_session_value[1]}
        return None

    #声明一个主方法
    def  runmain(self):
        #声明一个变量
        read = ReadTestCase()
        mock_requst = MockRequestOperation()
        session_request=SessionRequestOperation().session
        for sheet in read.get_sheets:
            for row in range(2, read.get_max_row(sheet) + 1):
                get_params = read.get_params(sheet, row)
                get_params_value = ReadYaml()(PARAMS_PATH, get_params[0],
                get_params[1])
                get_method = read.get_method(sheet, row)
                get_url = read.get_url(sheet, row)
                get_mock = read.get_ismock(sheet, row)
                get_expect = read.get_expect(sheet, row)
```

```
self.get_expect_value = ReadYaml()(EXPECT_PATH, get_expect[0],
get_expect[1])
get_ifpass = read.get_ifpass(sheet, row)
# print(get_method,get_url,get_params_value)
dict_session_response={}
get_depend_session_value=self.depend_session(read,sheet,row)
if get_depend_session_value:
   for request_key,request_value in get_depend_session_value[0].items():

        dict_session_response[request_key]=mock_requst.send_request(
        session_request,request_alue,"GET").text
        #dict_session_response[request_key] =
        session.get(request_value).text
    #完成映射取出完整的响应文本
    get_key=list(get_depend_session_value[1].keys())[0]
    print("两个结果值",get_depend_session_value[1][get_key],
    dict_session_response[get_key])
    get_session=re.findall(get_depend_session_value[1][get_key],
    dict_session_response[get_ke])
    print("之前的值",get_params_value)
    get_params_value.update({"userSession":get_session[0]})
    print("之前的值", get_session[0])
    print(get_params_value,get_url,get_method,
    self.get_expect_value,get_mock)
    get_response=mock_requst.get_response(session_request,get_url,
    method=get_method,params=get_params_value,
    cookies=self.get_cookie_value)
    #get_response=session.post(get_url,data=get_params_value)
    print("Webtours 的响应结果",get_response)
else:
    #判断是否存在 cookie 依赖
    get_depend_value = read.get_depend(sheet, row)
    if get_depend_value == "Y":
        self.get_cookie_value = DependCookie.get_cookie_value(read,
        mock_requst, sheet, row)
        #print("获取到的 cookie 值",get_cookie_value)
        get_depend_response_value=DependResponse.
        get_depend_response(read,mock_requst,seet,row)
        #print("响应的依赖结果值",get_depend_response_value)
        #更新依赖的数据
        if get_depend_response_value:
            self.flag_depend=get_depend_response_value[1]
            if type(get_depend_response_value[0])==dict:
```

```
                get_params_value.update(get_depend_response_value[0])
                get_cell = read.get_actual(sheet, row)
            #如果被依赖的接口本身就运行失败，那么依赖的接口就没必要执行了
            if self.flag_depend:
                self.get_actual_value=mock_requst.mock_request(
                requests,get_mock, self.get_expect_value,get_method, get_url,
                get_params_value,cookies=self.get_cookie_value)
                print(self.get_actual_value)
                # print(get_params_value,get_method,get_url,get_expect_value)
                #将实际与预期比较的结果值写入Excel中
                #font = Font(name="微软雅黑", size=11, bold=True)
                align=Alignment(horizontal="left",wrap_text=True)
                #比较后返回一个元组，第一个值是需要写入Excel中，第二个
                #是用于进行依赖，取关联数据
                get_compare_value=CompareExpectActual.compare_text_json
                (mock_requst.flag,self.get_epect_value,self.get_actual_value)
                get_cell.value=get_compare_value
                #get_cell.font=font
                get_cell.alignment=align
                #写是否通过
                read.get_ifpass(sheet,row).value=CompareExpectActual.
            write_pass(get_cell.value)
                read.read_excel.save(EXCEL_PATH)
            else:
                get_cell.value=get_depend_response_value[0]
                get_ifpass.value="不通过"
                read.read_excel.save(EXCEL_PATH)
                self.flag_depend=True
        #每执行完一条后，其cookie的变量变为None值，可以获取到新的cookie值
        self.get_cookie_value=None
if __name__ == '__main__':
    run=RunMain()
    run.runmain()
```

代码分析，上述代码可以说是整个接口自动化实现的核心逻辑。runmain 方法实现了 Excel 中所有用例的读取操作，然后调用前面封装好的请求模块，实现模拟发送请求。在模拟发送请求过程中会涉及相关参数的传入，如请求参数、是否需要 mock、是否存在依赖等。在完成模拟请求发送时，需要将相关模块全部引用。

下面举例说明。例如，针对是否需要 Mock 的情况，可以在 Request_Operation.py 模块中声明一个方法 mock_request，用于判断 Excel 中用例的标记是否需要 Mock，如果需要 Mock 则调用 Mock 对象，如果不需要则返回当前接口执行的本身响应结果，具体代码如下。

```
def mock_request(self,requestobj,mock_value,expect,method,url,params,cookies=None):
        if mock_value=="Y":
            get_mock=mock.Mock(return_value=expect)
            #将 mock 对象赋值给需要 mock 的 python 对象
            #self.get_response=get_mock
            #如果将 get_mock 对象赋值 self.get_response,
            #则表示当前对象中添加一个 get_response 属性,
            #get_mock 的值赋值给该属性
            self.repsonse=get_mock
        elif mock_value=="N":
            get_mock=mock.Mock(side_effect=self.get_response)
            #那么 side_effect 中调用的也是之前 mock 的属性结果值
            self.repsonse=get_mock
            #self.get_response=get_mock
        return self.repsonse(requestobj,method,url,params,cookies)
```

在 Mock 过程中会发现，可能存在两种对象，一种是直接 Mock 单独对象；另一种是 Mock 共享同一对象。针对 session 的处理，Mock 不能够每次创建新的对象，所以可以新建一个模块 Mock_RequestOperation.py，该模块用于继承 RequestOperation 类，具体代码如下。

```
#-*- coding:utf-8 -*-#
#-------------------------------------------------------------------------
#ProjectName:      Python2020
#FileName:        Mock_RequestOperation.py、
#Author:          mutou
#Date:            2020/10/22 16:05
#Description:
#--------------------------------------------------------------------------
from AutoInterFaceFrame.Request_Layer.Request_Operation import RequestOperation
from AutoInterFaceFrame.Data_Layer.From_File.Read_Yaml import ReadYaml
from AutoInterFaceFrame.Data_Layer.From_File.Read_TestCase import ReadTestCase
from AutoInterFaceFrame.Common_Layer.PATH_CONSTANTS import
EXPECT_PATH,PARAMS_PATH
from unittest import mock
class MockRequestOperation(RequestOperation):

    def __init__(self):
        super().__init__()
        self.repsonse=RequestOperation().get_response

    #如果测试接口过程中某些用例需要实现 Mock，实现如下
  . def mock_request(self,requestobj,mock_value,expect,method,url,params,cookies=None):
        if mock_value=="Y":
```

```
            get_mock=mock.Mock(return_value=expect)
            self.repsonse=get_mock
        elif mock_value=="N":
            get_mock=mock.Mock(side_effect=self.get_response)
            self.repsonse=get_mock
        return self.repsonse(requestobj,url,method,params,cookies)


if __name__ == '__main__':
    read = ReadTestCase()
    mock_requst=MockRequestOperation()
    for row in range(2, read.get_max_row("Sheet2") + 1):
        get_params = read.get_params("Sheet2", row)
        get_params_value=ReadYaml()(PARAMS_PATH, get_params[0], get_params[1])
        get_method=read.get_method("Sheet2",row)
        get_url=read.get_url("Sheet2",row)
        get_mock=read.get_ismock("Sheet2",row)
        get_expect = read.get_expect("Sheet2", row)
        get_expect_value = ReadYaml()(EXPECT_PATH, get_expect[0], get_expect[1])
        print(get_method,get_url,get_params_value)
```

然后创建一个模块 Session_RequestOperation.py，该模块中的 Session 类用于继承 MockRequestOperation 类，具体代码如下。

```
from AutoInterFaceFrame.Request_Layer.Mock_RequestOperation import
MockRequestOperation
from requests import Session
import requests
class  SessionRequestOperation(MockRequestOperation):
    def __init__(self):
        super().__init__()
        self.session=Session()
```

这样就可以在主程序中，对 session 的接口和非 session 的接口都完成调用相应的参数。

当然，以上的实现是所有情况中的一种，在实际过程中也会将 session 和非 session 的接口分开处理。

15.2.2 错误调试

以上代码中几乎每个模块都声明了 main 方法。为什么要声明这个方法？该方法主要就是为了保证当前模块的内部逻辑是正常的，能够运行通过。如果当前模块都运行失败，则需要先调试保证当前模块的正确性，然后继续后续的开发。

如果已保证自己的每一个模块都正确，那么在编写脚本后如果出现问题则可以分模块排除，从而缩小报错原因的范围。如果真的在整个脚本中出现了错误，那么如何完成错误的解决呢？错误是必然出现的，调试错误也是作为一个自动化测试人员的基本必备能力。下面介绍调试错误的思路以及方法。

（1）遇到有疑问的返回值，立即打断点或者将当前返回值在控制台上输出，即添加 print 语句。如果有输出则表示程序已执行到指定的代码块中，如果没有输出则表示没有执行到当前的代码块。

（2）unittest 框架存在一个特殊的处理方式，就是会自动加载符合规则的脚本，脚本被执行后，导入类涉及的类属性也会被同时加载。要记住这个的原因是，当调用数据库表相关表数据总量时，使用相关模型层方法一直得到的数量是 0，经过排查后才发现脚本获取的数量一直都是表数据为空的时候。

（3）针对需要存储 session 对象的接口，需要考虑 session 对象存储方式、后续接口模块如何调用，在 15.2.1 节中已经给出了解决方案。

（4）在调试过程中针对工具的一些使用小技巧。例如，需要看函数、方法、类在哪些模块中被引用，可以将鼠标移动到指定的方法或者函数上，然后按住 Ctrl 键单击即可显示当前函数或方法被哪个模块脚本所引用。

（5）表单字段的问题，在接口执行完毕后会产生实际结果，实际结果需要写入 Excel 的指定单元格中。此时需要注意写入 Excel 单元格中值的语法问题。读者容易在这一步出现问题，要么写入后忘记保存，要么就是赋值给单元格对象时格式出现错误等。还有就是单元格合并问题，大家可以先针对这个技术点单独提取实现理解，然后再融入框架中。

（6）对象冲突问题，在发送请求时，需要读取 Excel 中的相关用例数据。但是执行完毕后，实际结果需要写入 Excel 中，此时就存在两个 Excel 操作对象，一个完成读的操作，另一个完成写的操作。这两个对象容易搞混甚至使用同一个对象完成。

（7）unittest 框架执行速度过快，容易导致某些接口返回值取值报错，这时就需要对报错接口对应的接口用例进行调试。

（8）最后，就是数据依赖的问题。需要单独分模块进行调试，每个模块都有对应的实现功能。例如，数据依赖首先需要能够判定是否存在依赖的这个字段，得到结果后再判定是何种类型的依赖。在编写这部分脚本时，不要一次性将依赖全部考虑进去，应该逐步添加完成每一个依赖。

注意：

在实际脚本编写过程中，调试是需要大家从多方面进行考虑的。并且需要细心、逐步地进行问题的定位，最后发现问题并解决。还有一点就是一定要学会看控制台的输出错误结果，根据其报错回溯进行分析。

15.2.3 获取返回状态

在前面声明的 Request_Operation.py 模块中声明了一个方法 get_response，可以用来获取每个请求的响应结果，对接口返回值做了相关的规范，如果是 JSON 格式的则直接返回 JSON 结果数据，如果是 Text 的取值返回的也是字典对象。

在 15.2.2 小节的代码中声明了 get_actual_value 值，该变量用于获取执行接口后所获取的实际结果，然后与预期结果进行比较。如果两者一致则返回“预期与实际结果一致”，否则将两者结果的差异性写入实际结果所对应的单元格中。

最后，通过分析 runmain 方法中的代码发现，每条用例执行的状态是否通过都有判定，主要是通过 get_ifpass 这个变量进行处理。

15.2.4 预期结果判定

在 15.2.3 小节中有提到，判定每条用例是否通过主要是依据预期结果与实际结果的比较返回值而定。那么预期结果与实际结果如何进行判定，如何比较呢？

在 runmain 方法中发现，其调用了一个模块 CompareExpectActual，在该模块中有一个方法 compare_text_json 被调用。在 Data_Layer 目录下创建一个模块 Com_Expect_Actual.py，该模块所对应的具体代码如下。

```
#-*- coding:utf-8 -*-#
#-----------------------------------------------------------------------
#ProjectName:     Python2020
#FileName:        Write_Result.py
#Author:          mutou
#Date:            2020/10/22 16:22
#Description:将请求运行运行的结果写入 Excel 中
#------------------------------------------------------------------------
from AutoInterFaceFrame.Common_Layer.PATH_CONSTANTS import EXCEL_PATH
import openpyxl
class  CompareExpectActual(object):

    #该方法用于判定是 Text 还是 JSON 的响应结果值
    @staticmethod
    def  compare_text_json(flag,expect,actual):
        if flag==True:
           return CompareExpectActual.compare_expect_actual(expect,actual)
        else:
            #实际结果值固定 Text 和 Content-Type
            if expect["Content-Type"]==actual["Content-Type"] and expect["text"] in
```

```
            actual["text"]:
            return "预期结果与实际结果一致！"
        elif expect["Content-Type"]!=actual["Content-Type"]:
            return "预期结果：%s\n 实际果：%s"%(expect["Content-Type"],
                actual["Content-Type"])
        else:
            #print("得到的实际文本内容：",actual)
            return "预期的文本没有在实际结果中存在"
    @staticmethod
    def compare_expect_actual(expect,actual):
        expect_new={}
        actual_new={}
        #求两个字典的键的并集，然后通过键判定是否在并集的结果中
        union_set=set(list(expect.keys())+list(actual.keys()))
        for key in union_set:
            if key not in expect.keys():  #说明这个 key 在 actual 当中
                actual_new[key]=actual[key]
            elif key not in actual.keys():  #说明这个 key 在 expect 当中
                expect_new[key]=expect[key]
            elif expect[key]!=actual[key]:   #说明两个字典中都存在对应 key
                actual_new[key] = actual[key]
                expect_new[key] = expect[key]
            return "预期结果与实际结果一致！"
        return "预期结果：%s\n 实际结果：%s"%(expect_new,actual_new)

    #声明一个方法判断通过还是不通过
    @staticmethod
    def  write_pass(result):
        if result=="预期结果与实际结果一致！":
            return "通过"
        else:
            return "不通过"
if __name__ == '__main__':
    write=WriteResult()
    expect={"reason": "用户名同名", "result": [], "error_code": 2000, "test": "hello"}
    actual={"reason": "用户名同名", "result": [],"error_code": 210,"status":111}
    print(write.compare_expect_actual(expect,actual))
```

为什么在 runmain 方法中能够直接通过类调用对应的方法？原因是在这个类中声明的方法都是静态方法，可以直接通过类名调用。

最为核心的方法是 compare_expect_actual，该方法实现了预期结果与实际结果的比较操作。最后呈现的效果是，假设预期结果值格式为 expect:{"reason": "用户名同名", "result": [], "error_code": 2000}，实际结果值格式为 actual：{"reason": "用户名同名", "result": []}，最后要求返回值结果为 expect:{"error_code": 2000} actual:{}，简而言之就是进行两个字典的比较操作并取出两个字典的差异值。

在该模块中还声明了一个方法 write_pass，这个方法主要实现判断返回状态的结果，最后将该结果值写入 Excel 中是否通过的那一列。

15.2.5 case 是否执行

查看前面的所有代码以及给出的用例模板，其中并没有 case 这个字段，因为这个字段可以通过是否 Mock 替代。如果 case 声明不被执行，则说明当前 case 所对应的接口可能还没有开发成功、接口存在问题还未修复等。但这不能够影响自动化的接口测试，此时就可以 Mock 这条接口。

如果非要在这个基础上继续添加一个是否执行的需求也是可以的，整体非常简单，只需要在整个 Excel 的末尾列新增一个是否执行。相应哪些代码需要进行改动呢？

首先，EXCEL_CONSTANT.py 模块中需要新增一个常量 CASE_EXCUTE=“S”。

然后，在 Read_TestCase.py 模块中新增一个方法读取该列的单元格值，具体代码如下。

```
def get_execute(self,sheet_name,row):
    return self.get_cell_value(CASE_EXECUTE,sheet_name,row)
```

最后，只需要在 runmain 方法中的第二 for 循环第一个 if 前再套入一个 if 即可，这个 if 用于判定其值是 Y 还是 N，如果是 Y 则表示需要执行这条用例，后面的代码不变，如果是 N 即 else 中的语句块为 pass 语句块。

这样就完成了一个功能的扩展。在每条用例执行之前都需要先判定这条用例是否需要被执行，如果不需要被执行则没有任何操作。

注意：

> 在 Excel 中新增的这一列千万不能够在已设计好的前面列或者任意一列中插入，否则后续脚本代码可能会乱。所以只要保证每次新增的功能列都是追加在末尾，就对整体代码没有任何影响。

15.2.6 实际结果的写入

在预期结果判定的章节中讲到对实际结果的格式是有要求的，要求返回预期与实际两者的差异值，这样在后期打开 Excel，可以非常直观地看到每条用例的执行情况，以及它们不通过的原因是返回的结果哪个具体字段的差异性导致的。

在 runmain 方法中先声明了一个 get_cell 对象专门获取实际结果的单元格对象；然后通过 get_cell.value=get_compare_value 语句将预期与实际比较后的结果值赋值给单元格对象，使其调用 value 属性值；最后通过 read.read_excel.save(EXCEL_PATH)语句完成 Excel 的保存操作。这样就将实际结果写入 Excel 对应的单元格中。

其中，get_compare_value 值是通过调用每个结果返回的实际结果值与预期结果进行比较处理后的值。该部分处理代码在 CompareExpectActual 类中，具体参考 15.2.4 小节中的代码。

扫一扫，看视频

15.3　接口数据依赖解决方案

在整个接口自动化测试框架中，难点就是接口数据的依赖问题。其实每条独立的接口使用脚本执行是非常简单的，但是如果接口之间存在数据依赖就需要分析其内部的逻辑问题，需要根据不同的依赖设置不同的依赖字段完成关联操作。

15.3.1　数据依赖之思路设计

本书现有场景中接触过的数据依赖的类型主要有以下几种。

（1）上下文业务依赖：接口之间的数据依赖，例如，A 接口的响应结果值需要作为参数传入 B 接口，那么此时就必然需要先执行 A 接口才能够执行 B 接口，并传入准确的那个值。

（2）登录 cookie 的依赖：例如，后续的每个接口执行需要依赖登录态，而登录态的获取可以通过 cookie 完成，此时后续每个接口的请求发送都必须携带登录成功的 cookie 信息。

（3）非业务流上的字段依赖：依赖前一请求的某一个接口的请求头或者响应头、响应体的某个对应的键值字段依赖。

（4）特殊数据依赖：例如，服务器生成一串字符串，作为客户端进行请求的一个令牌。当客户端第一次登录后，服务器生成一个 token 并将此 token 返回给客户端，那么后续客户端发送的请求就必须携带此 token 值。

针对以上类型的依赖分别有对应的解决方案，具体方案如下。

（1）登录态 cookie 的依赖：例如，DSMALL 系统，先提取出两个接口：一个是登录接口；另一个是添加客户接口，这个新增客户的接口必须基于登录的状态才能够实现。

注意：

> 添加客户的接口需要依赖登录接口响应的 cookie 信息，cookie 信息是由服务器返回的，如果开发人员的设计中没有 cookie 的返回，那么此时还需要考虑显式分析 cookie 并进行关联；如果开发人员的设计中直接有返回且可用则直接关联即可。在 Excel 中用例 ID 将会是唯一值，所以 cookie 的管理可以直接通过用例 ID 进行关联。

（2）响应中的数据依赖：首先是业务上的数据，如订单（生成订单号）、支付（订单号）、如果订单的接口没有运行，则需运行订单接口先获取响应结果的订单号，并作为参数传入支付的接口中；如果订单的接口已经运行了，那么订单的接口不需要再次运行，只需要提取实际结果中的响应数据即可（该订单接口必须是运行成功的）。

特殊数据：依赖于响应中的响应头的某些特殊数据、token 数据（A 接口的响应，然后执行提取操作，提取后传入 B 接口）。

（3）依赖于 A 接口中写入数据库中的某个字段：例如，客户端新增一条记录，假设返回数据内容为{reason:XXX,staus:XXX}，这会在数据库中会生成一个 ID，那么可依据该 ID 修改客户端传入的参数。

这有两种解决方案：一种是让开发在响应中新增所需要依赖的字段；另一种是设定数据库的表对应的字段完成数据的依赖值返回操作（封装）。

（4）环境的依赖：例如，有些数据执行成功后，再次执行会提示已经存在，这表示该条用例执行没有达到预期，所以在进行自动化测试时，一定要考虑哪些数据会存在环境上的依赖（例如，新增一个客户，再次使用这个客户新增，肯定会新增失败，但是预期又是新增成功）。每次框架运行一遍，如果需要再次运行但不改变框架中的数据时，可以直接清空恢复到框架的初始环境状态。

15.3.2　数据依赖之获取 case 数据

查看 Excel 的 Sheet 2 的用例，模拟一条 DSMALL_AddCustomer 接口用例依赖 DSMALL_Login1 接口产生的 cookie 信息，具体设计如图 15.2 所示。

	A	B	C	D	E	F	G	H	I	J	K	L	M	N
1	用例ID	用例名称	用例所属模块	前置条件	请求方法	请求URL	请求参数	预期结果	实际结果	是否MOCK	是否通过	是否依赖	依赖cookie	依赖响应体
2	DSMALL_Login_1	DSMALL登录成功	登录模块	XXX	POST	http://localhost:801/login/?actior	DSMALL_Login:Success		预期结果与实际结果一致！	N	通过	N		
3	DSMALL_Login_2	用户名不存在		XXX	POST		DSMALL_Login:UserNameNot		预期结果与实际结果一致！	N	通过	N		
4	DSMALL_AddCustome	DSMALL新增用户成	新增客户模块	XXX	POST	http://localhost:801/DSMALL/kehu_a	DSMALL_AddCustomer:Success		预期结果与实际结果一致！	N	通过	Y	DSMALL_Login_1	
5	DSMALL_Login_3	密码错误	登录模块	XXX	POST	http://localhost:801/login/?actior	DSMALL_Login:PasswordError		预期结果与实际结果一致！	N	通过	N		
6	DSMALL1_AddCustom	DSMALL1新增用户成	新增客户模块	XXX	POST	http://123.57.71.195:7878/index.ph	DSMALL1_AddCustomer:Success		预期的文本没有在实际结果	N	不通过	Y	DSMALLCookie.json	
7	DSMALL1_Login_1	DSMALL1登陆成功	登录模块	XXX	POST	http://123.57.71.195:7878/index.ph	DSMALL1_Login:Success		预期结果与实际结果一致！	N	通过	N		

图 15.2　cookie 依赖用例设计

从图 15.2 中可以看出，需要依赖哪条接口，直接在依赖 cookie 的列字段中填写对应那条接口的用例 ID 即可。因为用例 ID 是唯一的，所以可以通过用例 ID 进行关联，这是最好的方式。

下面通过代码具体实现，首先在项目中创建一个新的目录 Depend_Layer，该目录主要是完成所有数据依赖的操作。然后在该目录下创建一个模块 Depend_Cookie.py，对应的具体代码如下。

```
#-*- coding:utf-8 -*-
#-----------------------------------------------------------------------
#ProjectName:      Python2020
```

```
#FileName:        Depend_Cookie.py
#Author:          mutou
#Date:            2020/10/21 22:15
#Description:解决 cookie 的依赖
#-----------------------------------------------------------------------
from AutoInterFaceFrame.Data_Layer.From_File.Read_TestCase import ReadTestCase
from AutoInterFaceFrame.Data_Layer.From_File.Read_Yaml import ReadYaml
from AutoInterFaceFrame.Common_Layer.PATH_CONSTANTS import
EXPECT_PATH,PARAMS_PATH,EXCEL_PATH
from AutoInterFaceFrame.Depend_Layer.Repeat_Excute import repeate_excute
class DependCookie(object):


    @staticmethod
    def  get_cookie_value(read,mock_request,sheet,row):
        # 获取关联的 cookie 对应的用例 ID
        get_public_case_id = read.get_cookie(sheet, row)
        print(get_public_case_id)
        #print("依赖 cookie 的字段：",get_public_case_id)
        if get_public_case_id:
            if get_public_case_id.endswith(".json"):
                pass   #pass 部分自行添加
            else:
                return repeate_excute(read,mock_request,sheet,
                row,get_public_case_id).cookies
```

代码分析：获取依赖的 cookie 类型后，需要判定 cookie 的依赖是何种方式。在图 15.2 所示 Excel 中定义了两种 cookie 依赖的方式，一种是依赖其中某一个接口响应中的 cookie 信息；另一种是直接在本地保存相关的、JSON 格式文件的 cookie 信息，直接调用 JSON 中的数据即可。

上述代码中的 pass 语句，即处理 JSON 格式的 cookie 信息，实际可以直接调用前面封装好的 Read_Json.py 模块，获取 JSON 中的数据，以一定的格式返回即可。

由于第一种是依赖另外一个接口执行的响应结果，必然要在执行该接口之前先执行依赖的那个接口，所以又封装了另外一个模块 Repeat_Excute.py，表示重复执行需要依赖的那个接口用例，该模块对应的代码如下。

```
#-*- coding:utf-8 -*-#
#-----------------------------------------------------------------------
#ProjectName:     Python2020
#FileName:        Repeat_Excute.py
#Author:          mutou
#Date:            2020/10/21 15:43
#Description:表示需要重复执行测试用例的操作
```

```
#---------------------------------------------------------------------------
from AutoInterFaceFrame.Data_Layer.From_File.Read_TestCase import ReadTestCase
from AutoInterFaceFrame.Data_Layer.From_File.Read_Yaml import ReadYaml
from AutoInterFaceFrame.Common_Layer.PATH_CONSTANTS import
EXPECT_PATH,PARAMS_PATH,EXCEL_PATH
import requests
def repeate_excute(read, mock_request, sheet, row,get_public_case_id):
    # 获取总行
    max_row = read.get_max_row(sheet)
    for row in range(2, max_row + 1):
        if get_public_case_id == read.get_case_id(sheet, row):
            get_params = read.get_params(sheet, row)
            get_params_value = ReadYaml()(PARAMS_PATH, get_params[0],
get_params[1])
            get_method = read.get_method(sheet, row)
            get_url = read.get_url(sheet, row)
            get_response = mock_request.send_request(requests,get_url,get_method,
get_params_value)

            return get_response
```

代码思路：首先遍历整个 sheet 中的所有用例，然后提取出 case_id，将刚才那个接口需要依赖管理的 case_id 在这里进行判断比较，如果相同则表示依赖的是这个接口。然后将这个接口所需要的数据进行获取，最后模拟请求发送获取到的响应结果。

得到响应结果后，只需要根据这个接口依赖的部分对应提取数据即可。

注意：

在 runmain 方法中的遍历循环运行所有测试用例产生的 row 与上面代码遍历产生的 row 是不同的值，所以这一点读者需要注意。简单一点就是，一个 row 是依赖的，另一个 row 是被依赖的。

15.3.3 数据依赖之提取数据

数据一般是从响应体中进行提取，作为下一次或者下一个接口使用。那么如何提取需要的那部分数据呢？

在这里提出两种实现方式：一种是通过切片的形式提取；另一种是使用正则表达式提取。

例如，提取响应中的 session 实现方式，具体代码如下。

```
# -*- coding: utf-8 -*-#
#---------------------------------------------------------------------------
# ProjectName:    PythonTest1014
# FileName:     SessionTest
```

```
# Author:       mutou
# Date:       2020/10/21 15:30:20
# Description:session 的操作
#-------------------------------------------------------------------------------
import requests
import re
#如果是 session 接口请求，那么需要使用 session 对象完成
get_session_object=requests.session()
get_session_object.get("http://localhost:1080/webtours/welcome.pl?signOff=true")
str1=get_session_object.get("http://localhost:1080/webtours/nav.pl?in=home").text
# get_first_index=str1.index("userSession value=")+len('userSession value=')
# get_second_index=str1.index(">",get_first_index+1)
# print(str1[get_first_index:get_second_index])
get_session=re.findall("userSession value=(.+?)>",str1)
print(get_session)
#说明：data1 中传入的 usersession 的值是一个动态值
data1={'userSession':"%s"%get_session[0],
       'username': 'jojo', 'password': 'bean',
       'login.x': '0', 'login.y': '0', 'JSFormSubmit': 'off'}
get_response=get_session_object.post("http://localhost:1080/webtours/login.pl",data=data1)
print(get_session_object.get("http://localhost:1080/webtours/login.pl?intro=true").text)
```

上面示例是 Webtours 项目，访问登录首页服务器会返回一个 sessionID 值，此时登录必须携带服务器的这个 sessionID 值，所以就必须在登录首页时，从响应体中获取这个 sessionID 值。

因为返回的页面是一个 HTML 页面，所以可以通过切片的形式从页面中提取所需的值。上述代码注释部分就是通过切片的形式完成的。切片稍微有点复杂，所以如果熟悉正则表达式的用法，一般在提取数据时是使用正则表达式完成。然后将上述代码封装为一个方法，后期只需要传入提取响应体中的正则表达式即可获取返回结果值。

15.3.4　数据依赖之数据页面

这里所说的数据页面也就是业务逻辑中的上下游数据的依赖问题，其实也是响应体数据提取以及处理方式的问题。在这里可以专门创建一个模块 Depend_Response.py，用于解决响应体数据的依赖处理，对应的具体代码如下。

```
#-*- coding:utf-8 -*-#
#-------------------------------------------------------------------------------
#ProjectName:       Python2020
#FileName:        Depend_Response.py
#Author:        mutou
```

```
#Date:          2020/10/22 14:52
#Description:解决依赖响应体中的数据
#-------------------------------------------------------------------------------
from AutoInterFaceFrame.Depend_Layer.Repeat_Excute import repeate_excute
from AutoInterFaceFrame.Data_Layer.From_File.Read_Yaml import ReadYaml
from AutoInterFaceFrame.Common_Layer.PATH_CONSTANTS import
EXPECT_PATH,PARAMS_PATH,EXCEL_PATH
class  DependResponse(object):
    @staticmethod
    def get_depend_response(read, mock_request, sheet, row):
        # 获取关联的 cookie 对应的用例 ID
        get_response_case_id = read.get_case_response(sheet, row)
        get_field_case_id=read.get_case_field(sheet,row)
        get_depend_value=read.get_depend(sheet,row)
        if get_depend_value=="Y":
            #print("依赖响应体中的字段",get_response_case_id)
            if get_response_case_id:
                # 获取总行
                max_row = read.get_max_row(sheet)
                for row in range(2, max_row + 1):
                    if get_response_case_id == read.get_case_id(sheet, row):
                        get_ifpass=read.get_ifpass(sheet,row).value
                        get_expect = read.get_expect(sheet, row)
                        get_expect_value = ReadYaml()(EXPECT_PATH, get_expect[0],
                        get_expect[1])
                        if get_ifpass=="通过":
                            get_field_column_value=DependResponse.get_field_value(
                            get_field_case_id,get_expect_value)
                             if get_field_column_value:
                                 return {get_field_case_id:get_field_column_value},True
                             return "指定的字段在响应体不存在",False
                        elif get_ifpass=="不通过":
                             return "被依赖的接口执行失败",False  #依赖接口的具体结果
                        elif get_ifpass==None:
                      #表示 ifpass 的单元格值是空值，那么需要先执行该用例并提实际结果
                            get_actual_value=repeate_excute(read,mock_request,
                            sheet,row,get_response_case_id).json()
                            returnDependResponse.get_depend_response
                            (read,mock_request,sheet,row)
            else:
                return None
```

```
    #获取键值,设置递归的方法在响应体中查找数据
    @staticmethod
    def get_field_value(field,actual_result):
        for key in actual_result.keys():
            if key == field:  #[reason,result,]
                return actual_result[key]
            elif type(actual_result[key]) == dict:
                #使用递归遍历查找
                return DependResponse.get_field_value(field,actual_result[key])

if __name__ == '__main__':
    dict1={
        'reason': 'sucess',
        'result': {
            'customer_name': 'wood2',
            'customer_type': 'C',
            'customer_phone': '18907047890',
            'customer_mail': 'fjwojefo@163.com',
            'customer_address': 广州天河'},
        'error_code': 0
    }
```

代码分析：get_depend_response 方法主要是处理存在依赖的、存在多种类型依赖的响应体数据，然后返回其响应结果。在实际过程中，可能某一个接口存在多种类型的依赖，所以需要方法完成各种类型的判定操作。但是，有些依赖返回的可能是多层 JSON 格式的数据，而此时需要提取响应结果中的某个字段，则必须使用递归遍历，所以在这里也就声明了一个方法 get_field_value，该方法主要实现递归查找指定的键的对应值。

注意：

上述代码使用了递归思想，引用递归的核心就是需要考虑其出口问题。

15.3.5　数据依赖之依赖结构构建

经过上述各种依赖模块的实现，整体依赖层的结构如图 15.3 所示。

```
▼ Depend_Layer
    __init__.py
    Depend_Cookie.py
    Depend_Response.py
    Repeat_Excute.py
```

图 15.3　整体依赖层的结构

Depend_Cookie.py 模块主要实现 cookie 相关的依赖情况，Depend_Response.py 模块是针对于业务或者特殊数据的响应体的依赖情况，而 Repeat_Excute.py 模块是独立出来对被依赖的那个接口再次执行的操作。这些可以完成主流的一些依赖，如果需

要针对某些特殊依赖进行解决，例如，数据库的字段依赖，那么就可以再创建一个模块Depend_Database.py，该模块主要通过从Excel中提取对应的依赖字段，然后找到对应数据库的表，获取具体的数据，最后传入下一个接口中。其实解决思路与cookie以及响应的依赖是一样的，重点就是如何进行一些模块化的封装操作。

15.4 报告的生成及邮件自动发送

一个完整自动化项目必然不能够缺少其报告生成的过程。美观而详细的报告是整个自动化脚本执行后的展示成果，所以报告的生成尤为重要。其次就是通知，生成了报告但是没有完成通知操作也是无意义的。所以将报告及时发送给相关人员是整个自动化中最后也是最为重要的一步。

15.4.1 生成报告

前面Web自动化的报告生成使用了HTMLTestRunner框架，在这里结合使用Allure报告框架生成报告。在项目目录下创建一个新的包TestCase_Layer，然后在该包下创建一个模块Test_All.py，该模块中所对应的具体代码如下。

```
#-*- coding:utf-8 -*-#
#---------------------------------------------------------------------------
#ProjectName:      Python2020
#FileName:         Test_All.py
#Author:           mutou
#Date:             2020/8/9 17:05
#Description:直接测试所有的测试用例
#----------------------------------------------------------------------------
from AutoInterFaceFrame.RunMain_Layer.Run_Main import RunMain
import pytest
from allure import dynamic
import allure
from AutoInterFaceFrame.RunMain_Layer.Read_Result import ReadResult
readresult=ReadResult()
get_all_result=readresult.get_all_result()
#参数化：数据问题：caseid、casename、caseurl...  [(),(),()]
@pytest.mark.parametrize("requestobj,method,url,params,mock_value,expect,get_ifpass,
cookies,sheet,row,get_casename",get_all_result)
def test_all(mock_request,requestobj,mock_value,expect,method,url,
        params,get_ifpass,cookies,sheet,row,get_casename):
    dy=dynamic()
```

```
    #声明测试用例的名称
    dy.title(get_casename)
    #获取用例中的优先级
    dy.feature(url,method,params)  #完整的数据信息显示
    get_depend_value = readresult.get_response_depend(sheet, row)
    if get_depend_value:
        params.update(get_depend_value)
    #完成 Excel 中的所有用例读取，并实现 pytest 的参数化操作
    get_actual_value=mock_request.mock_request(requestobj,mock_value,
    expect,method,url,params,cookies)

    readresult.write_actual_result(mock_request,get_actual_value,expect,sheet,row)
    print("对应的",get_actual_value)
    if mock_request.flag:
        assert get_actual_value==expect
    else:
        assert expect["text"] in get_actual_value["text"]
```

代码分析：动态获取了测试用例的名称，测试用例的优先级，测试用例的特征信息（如请求地址、请求方法、请求参数等）。为了运行所有测试用例，直接实现了参数化操作，即引用了 pytest 框架中的 parameterized 模块完成参数化。

上述代码还大量引用了自定义的 fixture 对象，所以在根目录下创建一个模块 conftest.py，该模块中具体的代码如下。

```
#-*- coding:utf-8 -*-#
#-------------------------------------------------------------------------------
#ProjectName:       Python2020
#FileName:          conftest.py
#Author:            mutou
#Date:              2020/10/21 20:49
#Description:这是所有包都共享的 conftest 中的固件对象
#--------------------------------------------------------------------------------
import pytest
from AutoInterFaceFrame.RunMain_Layer.Run_Main import RunMain
from AutoInterFaceFrame.Request_Layer.Mock_RequestOperation import
MockRequestOperation
from AutoInterFaceFrame.Request_Layer.Session_RequestOperation import
SessionRequestOperation
import time
@pytest.fixture(scope='class')
def  mock_request():
    mock_request=MockRequestOperation()
    return mock_request
```

```
#声明 session 对象
@pytest.fixture(scope='class')
def  session_request():
    session_request=SessionRequestOperation().session
    return session_request
```

15.4.2 统计分析结果并构建发送邮件服务

在 14.3.2 小节中完成报告优化时，涉及了测试结果统计的实现。但是那是针对 HTMLTestRunner 框架而言，而现在使用的是 Allure 框架，该如何实现结果统计呢？

其实 Allure 框架生成的报告会自动获取用例总数、用例通过数、失败数，还会生成各种类型的图形，用于分析当前执行的结果。

在这里扩展一下，其实 Allure 框架可以与 pytest-html 框架进行整合。例如，在 conftest.py 文件中，声明如下内容即可将 pytest-html 所生成的内容融入 Allure 框架中。具体代码如下。

```
from datetime import datetime
from py.xml import html
import pytest
import time
#声明报告表格的表头定义
def pytest_html_results_table_header(cells):
    cells.insert(2, html.th('Description'))
    cells.insert(1, html.th('Time', class_='sortable time', col='time'))
    cells.insert(3, html.th('Y OR N'))
    cells.pop()
#对表头的行的值进行操作，description 实际就是声明的每个方法对应的 docstring 值
def pytest_html_results_table_row(report, cells):
    cells.insert(2, html.td(report.description))
    cells.insert(1, html.td(time.strftime("%Y-%m-%d %H:%M:%S",time.localtime()),
class_='col-time'))
    cells.insert(3,html.td("Y"))
    cells.pop()
from CrmTest.GET_PATH import GETPATH
import os
from PIL import ImageGrab
import allure
#真正完成扩展模块，将扩展内容写入报告中的主方法
@pytest.hookimpl(hookwrapper=True)
def pytest_runtest_makereport(item, call):
```

```
    pytest_html = item.config.pluginmanager.getplugin('html')
    outcome = yield
    report = outcome.get_result()
    extra = getattr(report, 'extra', [])
    if report.when == 'call' or report.when == "setup":
        xfail = hasattr(report, 'wasxfail')
        if (report.skipped and xfail) or (report.failed and not xfail):
        #需要实现截图操作;图片宽和高的单位是像素,如果单击图片则可以显示当前图片
            #可以专门设定一个目录完成报告以及图片的存放
            get_dir=os.path.join(GETPATH,"Report_Object/ErrorImage")
            if not(os.path.exists(get_dir)):
                os.mkdir(get_dir)

                #获取每个测试用例的具体名字，但是文件命名不能够存在::特殊符号
            get_testcase_name=report.nodeid.split("::")[-1]
            get_index=get_testcase_name.find("[")
            get_last_index=get_testcase_name.find("]")
            get_name=get_testcase_name[get_index+1:get_last_index]
            get_name=get_name.split("-")[:4]
            print("测试用例的前四个构成的用例名：",get_name)
            get_new_name=""
            for value in get_name:
                if "\\" in value:
                    value=value.encode("utf-8").decode("unicode_escape")
                get_new_name+=value+"_"
            print("分割数据名称",get_new_name)   #"_".join(get_name)
            filename=get_new_name+".png"
            print("图片的文件名",filename)
            filepath=os.path.join(get_dir,filename)
            #get_image(filepath)
            im=ImageGrab.grab(bbox=(760, 0, 1160, 1080))
            im.save(filepath)
            print(im.size)
 allure.attach.file(filepath,name=filename,attachment_type=allure.attachment_type.PNG)
        report.extra = extra
    report.description = str(item.function.__doc__)
```

构建发送邮件服务在 4.3.2 小节、14.3.3 小节中都有详细代码，也对代码进行了详细说明，给出的代码都已完成底层封装，所以那部分代码后期可以直接引用，在这里就不赘述了，大家可以尝试将那部分代码融入此处的接口自动化测试框架中。

15.5 小　　结

本章完成 DSMALL 接口自动化的项目实战，从使用接口自动化涉及的 Requests 框架模拟发送基本请求，再到整个项目引用的 pytest 自动化测试框，最后使用 Allure 框架生成详细报告，对之前的知识点进行了巩固，也很清晰地介绍了接口自动化测试底层框架的完整封装过程。

DSMALL 项目的接口自动化底层框架基本全部实现，后期如果存在新的功能、新的模块需要实现自动化，只需要在对应的一层添加相应的实现即可。项目的底层代码将不需要被改动，甚至这些底层脚本在工作中可以直接拿来套用，只要做功能点的开发即可。

完整的项目代码参考【源代码/C15/ AutoInterFaceFrame.zip】。